स्वर
विज्ञान एवं गणित

स्वर
विज्ञान एवं गणित

कान्ता प्रसाद मिश्रा

कनिष्क पब्लिशर्स, डिस्ट्रीब्यूटर्स
नई दिल्ली-110 002

कनिष्क पब्लिशर्स, डिस्ट्रीब्यूटर्स
4697/5-21 ए, अंसारी रोड, दरियागंज
नई दिल्ली-110 002
फोनः 2327 0497, 2328 8285
फैक्सः 011-2328 8285
E-mail : kanishka_publishing@yahoo.co.in
kanishkabooks@gmail.com

स्वर-विज्ञान एवं गणित

प्रथम संस्करणः 2009
संस्करणः 2024

ISBN: 978-81-8457-127-1

भारत में मुद्रित

कनिष्क पब्लिशर्स, डिस्ट्रीब्यूटर्स, 4697/5-21 ए, अंसारी रोड, दरियागंज, नई दिल्ली-110 002 से मदन सचदेवा द्वारा प्रकाशित; क्वालिटी प्रिंटर्स, दिल्ली द्वारा शब्द-संयोजन तथा नाइस प्रिंटिंग प्रेस, दिल्ली द्वारा मुद्रित।

लेखक का मनोगत

"स्वर–विज्ञान एवं गणित" नामक पुस्तक आप पाठकों के समक्ष रखते हुए मुझे अपार प्रसन्नता हो रही है। प्रस्तुत पुस्तक में श्रुति व स्वर के विविध पक्षों पर ध्यान केन्द्रित करते हुए उन सब प्रश्नों के उत्तर देने की कोशिश की गई है जिन्हें संगीत से जुड़े जिज्ञासु सब समय तलाशते रहते हैं। इसमें कोई भी संदेह की संभावना दिखलाई नहीं देती है कि इन जिज्ञासुओं में अधिकांश वे प्रतिभाशाली व्यक्ति हैं जो सफल मंच-प्रदर्शन के स्तर तक पहुँच चुके हैं। ऐसे सज्जन जब विद्यार्थी थे तभी से उनमें श्रुति व स्वर के विषय को गहराई से समझने के लिए लगन उत्पन्न हो चुकी थी। ऐसे विद्यार्थियों को जब-जब विवेचना करने का सुयोग मिलता रहा वे लोग अपनी जिज्ञासा को सन्तुष्ट करने की चेष्टा में लगे रहे परन्तु यथोचित समाधान न मिलने के कारण उनकी जिज्ञासा कुछ समय के लिए शिथिल होती रही। ऐसे अवसर कई बार मिलने पर भी जिज्ञासुओं को श्रुति व स्वर के उन अंगों से परिचित होने से वंचित रह जाना पड़ा, जिसे वे अध्ययन अवधि में लगातार खोज रहे थे। विद्यार्थी व जिज्ञासु के समक्ष आने वाली कठिनाई को मैंने स्वयं अन्तःकरण से अनुभव किया है। मैं लगातार सोचता रहता था कि कहीं ऐसा साहित्य उपलब्ध हो जाए जिसके द्वारा आधुनिक विज्ञान की दृष्टि के अन्तर्गत स्वर व श्रुति से जुड़े हुए अंगों को समझने में सहायता मिल सके।

वैसे तो मेरी वंशावली के अनुसार हमारा परिवार संगीत से लगभग 400 वर्षों से जुड़ा हुआ माना जाता रहा है परन्तु व्यक्तिगत रूप से मुझे संगीत की प्रारम्भिक शिक्षा मेरे पिता/गुरु स्व. पं. रघुनाथ प्रसाद जी मिश्र द्वारा मिली। बात उस समय की है जब अविभाजित भारत, ब्रिटिश सरकार के अनुशासन में था। राजस्थान की कुछ रियासतें जैसे जोधपुर, जयपुर, उदयपुर, बीकानेर आदि भारतीय संगीत की धरोहर को संजो कर रखने में सजग थीं परन्तु यह स्थिति केवल राजमहलों तक ही सीमित थी। भारत के अन्य प्रान्तों के कलाकारों को इन राजाओं व महाराजाओं द्वारा, यथानुसार राज सम्मान व कला सम्मान अवश्य मिलता था परन्तु साधारण जनता अशिक्षित

होने के कारण, सामाजिक विचारधारा कुछ अलग दिशा में बह रही थी। यदि किसी भले घर के युवक को संगीत में रुचि उत्पन्न हो जाती थी तो उसके घर वालों के लिए उस युवक के विवाह के लिए एक भले घर से सम्बन्ध जोड़ना एक दुष्कर कार्य बन जाता था। ऐसा समझा जाता था कि संगीत ढोली और मिरासियों के निर्वाह का एक मात्र साधन है। संगीत का बहाव केवल राजमहलों और रियासत के कुछ गिने-चुने परिवारों तक ही सीमित था।

संयोगवश मेरे पिता जी का कार्यभार, जोधपुर रियासत के उस विभाग से सम्बन्धित था जो राजकीय सराय (Inn) व देव-स्थान (मन्दिर आदि) से सम्बन्धित था। उस समय, लगभग सभी राजकीय अतिथि कलाकारों के ठहरने की व्यवस्था जसवंत सराय जोधपुर में ही की जाती थी। जसवंत सराय के परिसर में ही हमारे परिवार के निवास की सरकारी व्यवस्था थी। पिता जी द्वारा अतिथि कलाकारों से सीधा सम्पर्क व राजभवनों में संगीत कार्यक्रमों को सुनने की अनुमति का सीधा-सीधा लाभ, सौभाग्य से मुझे प्राप्त हुआ। ऐसा मैं मानता हूँ।

जब मेरी आयु 6/7 वर्षों की होगी, उस समय युग पुरुष स्व. विष्णु नारायण भातखण्डे जी का जयपुर, जोधपुर व बीकानेर का भ्रमण हुआ। हमारे परिवार के सदस्यों से सीधा सम्पर्क होने के नाते, श्री भातखण्डे जी ने पूज्य पिता जी को नेक सलाह दी कि ''पण्डित जी, अब परिवर्तन हो गया है। अपने बच्चों को Science (विज्ञान) भी पढ़ाइए। और...महाराजा साहब ने तो आपकी फैमिली को यू.पी. से जोधपुर, बुलवाया ही पढ़ाई और स्कूल निर्माण के लिए है...आदि-आदि।''

पूज्य पिता जी को, भातखण्डे जी की नेक सलाह घर कर गई। धीरे-धीरे हमारी संगीत की गतिविधियों पर लगाम कसना आरम्भ हो गया। प्रातःकालीन संगीत-साधना में जहाँ पूज्य पिता जी का कठोर नियन्त्रण था, उसमें शिथिलता आने लगी। कुछ समय पश्चात् तानपूरा, वीणा, सितार, पखावज, सारंगी, बाँसुरी आदि सभी वाद्यों को कपड़े में बाँधकर, नज़रों से ओझल कर दिया गया। संगीत की गतिविधियों पर प्रतिबन्ध लग गया। कड़ा अनुशासन था। सन् 1930 से 1942 तक कुछ ऐसा ही क्रम चलता रहा। अब बाल अवस्था से युवा अवस्था की ओर बढ़ने के कारण एवं कुछ मानसिक साहस जुटा पाने के फलस्वरूप, मेरी दैनिकचर्या का अधिकांश भाग संगीत-प्रेमी मित्रों की मंडली में अधिक समय व्यतीत होने लगा। उस समय जोधपुर दरबार के राज्य गवइये के पद पर उस्ताद नसीर मोइनुद्दीन डागर थे। घरवालों की नज़रों से छुपकर वहाँ जाना सुखप्रद प्रतीत होता था क्योंकि वहाँ स्वर व सप्तपदी जैसे विषयों पर क्रियात्मक रूप से चर्चा करने का अवसर मिलता था। डागर उस्ताद जी भी मुझे 'छोटे पण्डित जी' (शायद पिता जी के सन्दर्भ में) कहकर संबोधित करते थे और विवेचना में लिप्त हो जाते थे।

1946-47 के आसपास उस्ताद अलीअकबर खाँ साहब ने जोधपुर राज्य गवइये के पद को सँभाला और उसी अवधि के अन्तर्गत एक अच्छे संगीत शिक्षक व गायक पण्डित रघुनाथ राव मुसलगाँवकर जी का, जोधपुर में आगमन हुआ। उ. अलीअकबर खाँ साहब से भी खूब ज्ञान-चर्चा का सिलसिला आरम्भ हुआ परन्तु श्री मुसलगाँवकर जी से कुछ अधिक ही मेल-मिलाप हो गया। संगीत से जुड़े व्यक्तियों में से, श्री मुसलगाँवकर जी ही एक मात्र ऐसे व्यक्ति थे, जिनका स्व. पिताजी आदर के साथ हमारे घर में आना पसन्द करते थे। इधर मुसलगांवकर जी भी रक्षा बन्धन के पुण्य त्यौहार पर हमारी माताजी के हाथों से अपनी कलाई पर राखी बंधवाने अवश्य आते थे।

पूज्य पिताजी की प्रारम्भ से ही एक इच्छा थी कि मैं स्वर सम्बन्धित विद्या को आधुनिक विज्ञान के आवरण में एक पुस्तक के रूप में प्रस्तुत करूँ। अब श्री मुसलगाँवकर जी भी पूज्य पिताजी के विचारों के साथ जुड़ गए। इधर मुझे विज्ञान-स्नातक (B.Sc) के पश्चात् अपने जीवन-वृत्ति की घुड़दौड़ में तेजी से जुट जाना पड़ा। जीवन के 60-70 वर्ष पारिवारिक कर्त्तव्यों में व्यतीत हो गये। संकट व व्यस्तता के समय भी, मैं अनवरत सोचता रहता था कि पूज्य पिता व गुरु को दिए हुए वचनों को शीघ्रता से कैसे पूरा किया जाए? स्वर शास्त्र को, विशेषकर शास्त्र के उस अंग को जिसमें गणित भरा हुआ हो, उसे ग्रन्थ के रूप में कैसे प्रस्तुत किया जाए? कण्ठ संस्कार जैसी वस्तु जो पूर्णरूप से क्रियात्मक पदार्थ है, उस विद्या को काग़ज़ पर कैसे समझाया जाए? वाद्य निर्माण के विशेष रहस्यों को पुस्तक का रूप कैसे दिया जाए? आदि-आदि। ग्रन्थ का आकार बहुत भीमकाय दिखलाई दे रहा था इसलिए पिछले 8-10 वर्षों से लेखन कार्य में जुटे रहने के पश्चात् अब यह निर्णय लेना पड़ा कि सम्पूर्ण सामग्री को तीन हिस्सों में विभाजित करना सुविधाजनक होगा।

1. स्वर–विज्ञान एवं गणित
2. कण्ठ-संस्कार रहस्य
3. भारतीय-वाद्यनिर्माण के आवश्यक घटक

कोई ऐसा कारण नहीं है कि लिखित पुस्तक, मात्र विद्यार्थियों के लिए ही हो। "स्वर–विज्ञान एवं गणित" को लिखते समय विशेष ध्यान रखा गया है कि यह पुस्तक विद्यार्थी, शिक्षक, अनुसंधानकर्ता, कलाकार और संगीत में रुचि रखने वालों को समान रूप से लाभकारी सिद्ध हो सके। कदाचित् यही कारण हो कि विविध विचारों की और गणित द्वारा उपलब्ध परिणामों की पुनरावृत्ति, इस पुस्तक का एक आवश्यक अंग बनता चला गया है।

1. संगीत की पुस्तकों में विशेषकर पाठ्यक्रम की पुस्तकों में कुछ पेचीदे व जटिल विषयों पर, जहाँ गिनती की कुछ पंक्तियाँ लिखकर छोड़ दिया गया है, ऐसे विषयों पर गहराई से प्रकाश डालने के लिए पूरा अनुच्छेद या पूरा अध्याय लिखा

गया है। शास्त्रों में जहाँ केवल एक-दो शब्द लिखे गए हैं, उस रहस्य को कई पृष्ठों में समझाने की कोशिश की गई है।

2. क्लिष्टता को सरल बनाने के लिए तथा विषय को स्पष्ट रूप देने के लिए, रेखांकित चित्रों का प्रयोग किया गया है।

3. आन्तरिक भाव को ठीक से समझाने के लिए, आवश्यकतानुसार उपयुक्त अँग्रेजी शब्दों का भी प्रयोग किया गया है।

4. आम धारणा यह है कि प्रमाण-श्रुति जैसा विषय केवल भरतादि काल की ही स्वर प्रणाली पर ही घटित हो सकता है परन्तु ऐसा नहीं है। भरत मुनि द्वारा बतलाए गए मार्ग द्वारा प्रमाण श्रुति और द्विश्रुतिक, त्रिश्रुतिक व चतुःश्रुतिक इकाइयों का मूल्य, वर्तमान स्वर प्रणाली पर भी समान भाव द्वारा लागू होता है। स्वर व श्रुति के स्थानों को अहि कुण्डली के उदाहरण के बदले वृत्ताकार रेल पटरियों द्वारा भी समझा जा सकता है। ऐसे विषयों को जो मुझे मेरे बाल्यकाल में सीखने को मिला, उसी पदार्थ को ज्यों का त्यों, प्रस्तुत करने का प्रयत्न किया है।

5. आज हम 21वीं शताब्दी में प्रवेश कर चुके हैं। संगीत से जुड़ा प्रत्येक व्यक्ति इस बात को स्वीकार करता है कि हमारे संगीत की गुणवत्ता (Quality) का स्तर दिन पर दिन गिरता जा रहा है और हम स्वर-प्रदूषण के चक्रव्यूह में घिर चुके हैं। "स्वर–विज्ञान एवं गणित" के अध्ययन द्वारा यदि एक पाठक भी इस विचार से सहमत हो जाता है कि हमें इस चक्रव्यूह को तोड़ना चाहिए, तो लेखक अपने आप को धन्य समझेगा।

—लेखक

ऋण-निर्देश

सर्वप्रथम मेरे कुलदैवत श्रीमहालक्ष्मी, श्री महासरस्वती, श्रीमहाकाली तथा गायन, वादन व नृत्य के भगवान शिवशंकर एवं विघ्नहर्ता श्री गणपति के चरणों में विनम्र अभिवादन करके प्रस्तुत ग्रन्थ के लेखन हेतु, मुझे आशीर्वाद प्रदान करने की मैंने प्रार्थना की। उसी प्रकार मैं स्वर्गीय पूज्य पिताजी की पादुकाओं के सम्मुख प्रतिपल प्रार्थना करता रहा हूँ कि उनकी इच्छानुसार यह ग्रन्थ समापन हो जाए। मेरी यह दृढ़ श्रद्धा है कि उन्हीं की कृपा से यह ग्रन्थ मेरे हाथों लिखकर पूर्ण हुआ है। अतः सबसे पहले मैं उन्हें नमन करता हूँ।

इस ग्रन्थ का लेखन-कार्य आरम्भ करने की स्थिति से लेकर इसके प्रकाशित होने तक अनेक व्यक्तियों ने खुले हृदय से, व विविध प्रकार से मुझे सहयोग दिया है। उनके प्रति ऋण-निर्देश व्यक्त किए बिना आगे बढ़ना असंभव ही नहीं बल्कि कृतघ्नता होगी। इसलिए सर्वप्रथम यह 'कृतज्ञता का अध्याय' लिखकर मैं अपनी भावनाएँ व्यक्त कर रहा हूँ।

मेरे मित्र व ज्येष्ठ भ्राता समान श्री एन.एन. घोष के साथ सम्पन्न चर्चा व प्रोत्साहन मुझे अविरल रूप से मिलता रहा। मेरी प्राण चेष्टा के उपरान्त भी, उनकी उपस्थिति में, मैं इस ग्रन्थ को प्रकाशित करने में असफल रहा। घोष बाबू दिनांक 18 फरवरी 2008 को दिवंगत हो गए। उनके स्नेहपूर्ण सहयोग के लिए मैं उनका ऋणी हूँ।

दिल्ली निवासी डॉ. सत्या भार्गव (ध्रुवपद) व डॉ. रवि शर्मा (सितार) के द्वारा दिए गए प्रोत्साहन से मुझे अपने संकल्पित लेखन कार्य में अत्यधिक प्रेरणा प्राप्त हुई। इसी प्रकार समय-समय पर रायपुर (म.प्र.) निवासी प्रा. श्री गुणवंत व्यास और डॉ. मुकेश गर्ग, सम्पादक 'संगीत' मासिक पत्रिका, से चर्चात्मक मार्ग द्वारा लेखन सम्बन्धी उपयुक्त ज्ञान प्राप्त होता रहा। इस प्रकार ग्रन्थ लेखन सम्बन्धित, मेरा आत्मविश्वास सुदृढ़ हो गया। ऐसा मुझे अनुभव हुआ। इन चारों से, उदार एवं स्नेहपूर्ण सहयोग प्राप्ति के लिए, मैं उनका ऋणी हूँ।

दुर्ग (मध्य प्रदेश) निवासी श्री सुधाकर राव शेवलीकर, श्री कीर्ती व्यास, श्री रघुनाथ सिंह ठाकुर द्वारा इस ग्रन्थ में दिए गए उद्धरणों का संस्कृत/अंग्रेजी अनुवाद व मुद्रित संशोधन कार्य में अति लगन के साथ योगदान किए गए परिश्रमों का विशेष उल्लेख करके, उनके प्रति मैं अपनी कृतज्ञता व्यक्त करता हूँ।

इसके पश्चात् कृतज्ञ भाव से स्मरण होता है दुर्ग (मध्य प्रदेश) के ही पाठक परिवार का। सुश्री आशा पाठक व संध्या पाठक से मुझे प्रस्तुत ग्रंथ का प्रारम्भिक टाइपिंग व संशोधन कार्य के सम्बन्ध में सभी सुविधाएँ घरेलूपन के साथ उपलब्ध हुईं। उनके द्वारा दिए गए सहयोग से उऋण होने की अपेक्षा उनके ऋण में रहना ही मैं अधिक पसन्द करूँगा।

स्वास्थ्य लाभ हेतु मुझे दुर्ग/भिलाई में दीर्घ समय तक रहना पड़ा। संगीत समाज से जुड़े, दुर्ग/भिलाई के प्रत्येक व्यक्ति द्वारा मुझे प्रत्यक्ष व परोक्ष रूप से सहयोग मिलता रहा है। यह मेरा अंतःकरण जानता है। उनके इस सहयोग का उल्लेख करना मुझे आवश्यक प्रतीत हो रहा है। उन सभी के प्रति आभार।

इन्दिरा कला संगीत विश्वविद्यालय खैरागढ़ म.प्र., दिल्ली विश्वविद्यालय, गांधर्व महाविद्यालय दिल्ली व संगीत नाटक अकादमी दिल्ली के संगीत विभागों के ग्रन्थालयों से 'सन्दर्भ-ग्रन्थों' तक पहुँचने में मुझे पर्याप्त सहयोग प्राप्त हुआ है। उनका कृतज्ञतापूर्वक उल्लेख करना, मैं अपना कर्त्तव्य मानता हूँ।

—कान्ता प्रसाद मिश्रा

अनुक्रम

अध्याय-1

शास्त्रीय संगीत–अल्प चिंतन

संगीत कला व संगीत-शास्त्र

भारतीय संगीत पूर्णरूप से मानव निर्मित कला है। स्वतः मानव विकास के साथ संगीत का विकास भी समान्तर गति द्वारा होता आ रहा है। संगीत का जो विकसित रूप आज हमें दिखलाई दे रहा है, वह निश्चय ही हमारे पूर्वजों, आचार्यों व कलाकारों के योगदान का प्रतिफल है। भारतीय कलाओं की ओर यदि हम झाँककर देखें तो पता चलेगा कि बहुत-सी कलाएँ ऐसी हैं जो मानव-विकास के साथ विकसित तो हुईं परन्तु कालान्तर में प्रायः लुप्त हो गईं और वर्तमान में भी, धीरे-धीरे लुप्त होती जा रही हैं। मिट्टी के बर्तन बनाने की कला व कुम्हार और धनुष-बाण की कला व उसके विद्याधारी आज के समाज से ओझल होते जा रहे हैं। बहुत से उदाहरण हैं, जहाँ ऐसी कलाएँ ऐतिहासिक विषय बनकर रह गई हैं। यह माना जाता है कि सभी प्रकार की कलाएँ सामाजिक परिस्थितियों से जुड़ी रहती हैं तथा उनका उत्थान व पतन, समय की आवश्यकताओं के साथ बँधा रहता है। संगीत कला अपने आप में एक ऐसा अनूठा उदाहरण है, जहाँ समय के अनेक उतार-चढ़ाव के पश्चात् भी भारतीय संगीत अपना परिचित स्थान बनाए हुए है।

भारतीय संगीत एक गुरुमुख आधारित कला है। इसलिए प्रशिक्षण का सम्पूर्ण कार्य गुरु-शिष्य पद्धति द्वारा ही पनपता है। यद्यपि गायन के तत्त्व और उससे सम्बन्धित गूढ़ शास्त्रीय सिद्धान्त, दोनों ही गुरु द्वारा शिष्य तक पहुँचते रहे हैं परन्तु शिक्षण की इस प्रद्धति का पूर्ण रूप से निभाव न हो सका। ऐतिहासिक दृष्टि से यदि विचार किया जाए तो काल अवधि को तीन विभागों में विभाजित कर सकते हैं, जैसे– 1. आदि काल, 2. मध्य युग, 3. वर्तमान युग। मध्य युग में गुरुमुख शिक्षण पद्धति बुरी तरह छिन्न भिन्न हो गई, विशेषकर इस शिक्षण पद्धति से जुड़ा शास्त्रीयज्ञान कालान्तर में प्रायः लुप्त-सा हो गया।

ऐसा दुर्भाग्यपूर्ण परिवर्तन किन-किन कारणों से हो सकता है, इस विषय पर अलग से स्वतन्त्र अध्ययन हो सकता है लेकिन यह सौभाग्य की बात है कि पिछले सात-आठ दशकों में संगीत के क्रियात्मक पक्ष (Political) के साथ-साथ शास्त्रीय ज्ञान (Theory) संगीत के विद्यार्थियों को यथावत् पहुँच रहा है। यह सब शालेयशिक्षा की देन है। जहाँ तक शास्त्रीय ज्ञान को शिक्षार्थी तक पहुँचाने का सम्बन्ध है, इसमें दो राय नहीं है कि इस दिशा में बहुत कुछ विकास व प्रगति हो सकती है। यह एक गम्भीर और विशाल विषय है जो सामाजिक, राजनीतिक व आर्थिक स्थिति से सीधा सम्बन्ध रखता है। भारतीय शास्त्रीय संगीत से जुड़ी प्रशिक्षण प्रद्धतियों को लेकर गुणी समाज में बहुत गहरा मतभेद है। इसलिए यह विषय न केवल गम्भीर व विशाल है परन्तु अपने आप में पेचीदा भी है। कुछ लोग घराना पद्धति को ही मान्यता देते हैं और शालेय शिक्षण को पूरी तरह अनुपयुक्त मानते हैं। आज की स्थिति में यह आवश्यक नहीं है कि एक अच्छा गुरु, संगीत शास्त्र का भी अच्छा ज्ञाता हो। ऐसी स्थिति में संगीत का क्रियात्मक ज्ञान तो शिष्य को मिल सकता है परन्तु जहाँ तक शास्त्रीय ज्ञान का प्रश्न है, ऐसे शिष्य शास्त्रीय ज्ञान से अल्प परिचित रह जाते हैं।

शास्त्रीय ज्ञान सम्बन्धी भ्रम

स्कूल, कॉलेज या किसी संस्थागत विद्यार्थी को, संगीत की दो प्रमुख विधाओं को सीखना पड़ता है। प्रथम–क्रियात्मक विधा, जिसे बोलचाल की भाषा में प्रैक्टिकल (Practical) कहा जाता है और द्वितीय–शास्त्रीय ज्ञान, जिसे थ्योरी के नाम से जाना जाता है। बहुधा देखा गया है कि संगीत के विद्यार्थी विशारद, डॉक्टर ऑफ म्युज़िक आदि-आदि डिगरियाँ प्राप्त कर लेते हैं परन्तु 'संगीत शास्त्र' में उनकी रुचि विकसित नहीं हो पाती है। सच पूछा जाए तो उनकी रुचि केवल नाम मात्र के लिए पाई जाती है और वह भी औपचारिकता निभाने के लिए होती है। जहाँ संगीत शास्त्र का विषय आता है, उसे भार समझकर या यों कहिए कि केवल परीक्षा की देहली को लाँघना है, विद्यार्थीगण कुछ खानापूर्ति कर लेते हैं। आम धारणा यह रहती है कि नाद, श्रुति, ग्राम, मूर्छना आदि एक पुरानी प्रथा थी, वह हमारे किस काम की? जब ग्राम मूर्छना जातिगायन पद्धति पूर्ण रूप से लुप्त हो चुकी है, तो व्यर्थ ही में पुरानी प्रथा सम्बन्धित सामग्री को क्यों रटा जाए? आदि-आदि। नाद, श्रुति, ग्राम, मूर्छना आदि विषयों को इस प्रकार रटने की भावना से देखना ही विद्यार्थियों को, शास्त्र रुचि से अलग कर देता है।

जिस प्रकार से गायन व वादन के क्रियात्मक पक्ष (Practical) में रुचि उत्पन्न कर, कुछ विद्यार्थी जीवन भर गायन विद्या के अभ्यास में जुट जाते हैं, ठीक उसी प्रकार यदि वे संगीत के शास्त्रीय ज्ञान में भी रुचि उत्पन्न कर सकें, तो वे विद्यार्थी अपने गायन, वादन व नृत्य के प्रस्तुतिकरण (Performance) को कहीं अधिक निखार

सकते हैं। बहुधा यह भी कहते देखा गया है कि उच्चकोटि के गायक व वादक जिनकी संख्या उंगलियों पर गिनी जा सकती है क्या ऐसे कलाकारों ने शास्त्र पढ़कर, अपने आप को इस स्थिति तक पहुंचाया है? जब हमें तथाकथित श्रुति, मूर्च्छना आदि विषय, मंच प्रदर्शन/प्रस्तुतिकरण (Performance) में लाभ नहीं पहुँचा सकते, तो ऐसे शास्त्रों से क्यों जूझना? ऐसा सोचना पूर्ण रूप से भ्रमात्मक है। जो विद्यार्थी ऐसे अर्थहीन विचार बनाए रखते हैं, उन्हें मालूम नहीं है कि जिन उच्चकोटि के गायकों की तरफ वे संकेत कर रहे हैं, ऐसे गायक अपनी साधना द्वारा, उन सभी अवययों का आनन्द ले रहे हैं जिन्हें शास्त्रों ने पुकार पुकारकर कहा है। वे कलाकार उन्हीं सिद्धान्तों को अपनाकर, उच्च श्रेणी तक पहुँच पाए हैं जिन्हें हमारे शास्त्रों ने भाषा द्वारा व्यक्त कर रखा है। इन उच्चकोटि के गायकों ने, घोर परिश्रम द्वारा उस वस्तु को हासिल किया है जिसका उनके गुरु ने, मौखिक पद्धति द्वारा परिचय करवाया था। हमें पूर्ण विश्वास है कि इस प्रकार का परिचय शास्त्रों के अध्ययन द्वारा सरलता से प्राप्त किया जा सकता है।

इसमें संशय नहीं है कि संगीत के क्रियात्मक पक्ष के लिए तो परिश्रम की हर क़दम पर आवश्यकता पड़ती है। यहाँ यह नहीं समझ लेना चाहिए कि शास्त्रीय ज्ञान अर्जित करने के पश्चात् विद्यार्थी स्वतः गायक बन जाएगा। परिश्रम तो हर परिस्थिति में उतना ही करना पड़ेगा, जितना गायक बनने के लिए आवश्यक है। शास्त्रीय पक्ष संगीत को समझने की वस्तु है। गायन, वादन व नृत्य सदैव से करने की वस्तु रही है। यह अनुभवसिद्ध तथ्य है कि यदि संगीत को प्रारम्भ से ही शास्त्रीय ज्ञान के सहारे अपनाया जाए तो निश्चय ही संगीत का क्रियात्मक मार्ग सरल हो जाता है। ऐसी अवस्था में साधनारत विद्यार्थी को, हर क़दम पर उसी रस का आनन्दमय अनुभव होता रहता है, जिसे उपर्युक्त कहे गए चोटी के कलाकार, अपनी संगीत यात्रा के अंतिम पड़ाव की अभिव्यक्ति में अनुभव कर पाते हैं।

शास्त्रोक्त विद्या अपनी सच्चाई द्वारा एक अद्भुत चमक पैदा करती है और साधनारत विद्यार्थी व कलाकार दिन पर दिन साहस व आत्मविश्वास (Selfconfidence) अर्जित करता रहता है जिसके द्वारा कला का प्रदर्शन अविश्वसनीय (Unbelievable) अच्छा तो होता ही है परन्तु साथ ही साथ, वह कलाकार अपना अनुभव अन्य व्यक्तियों तक, भाषा के माध्यम द्वारा लिखित रूप से भी पहुँचाने में सफल हो जाता है। इसलिए संगीत शास्त्र में रुचि रखना, अपने आप में संगीत सीखने के लिए एक आवश्यक व ठोस क़दम है।

संस्थागत विद्यार्थियों के प्रति भ्रमात्मक स्थिति

यह भी एक भ्रमात्मक स्थिति है कि संगीत की स्नातक आदि परीक्षा उत्तीर्ण करते ही समाज यह अपेक्षा करने लगता है कि प्रत्येक विद्यार्थी अपने आप में एक कलाकार

बन गया है आदि-आदि। यहाँ ध्यान देने की बात है कि संगीत को छोड़कर, अन्य विषयों के स्नातक (बीए, बी-कॉम आदि) डिग्री हासिल करते ही साहित्यकार या कवि बन जाते हैं क्या? और विज्ञान के स्नातक बी.एस.सी. डिग्री प्राप्त करने के साथ-साथ ही वैज्ञानिक बन जाते हैं क्या? आजकल स्कूल व कॉलेज में जो अन्य विषय पढ़ाए जाते हैं, उन सभी विषयों पर यह विचारधारा लागू होती है।

यह सर्वविदित है कि चाहे गुरु-शिष्य परिपाटी द्वारा, घरानेदार परिपाटी द्वारा या शालेय पद्धति द्वारा संगीत सीखा जाए, कोई भी दावे के साथ नहीं कह सकता कि शिक्षार्थी सफल कलाकार बन जाएगा। संगीत शिक्षा के दो मुख्य स्तम्भ हैं—शास्त्रीय ज्ञान व क्रियात्मक कौशल। ये दोनों अंग एक-दूसरे के पूरक हैं। सामान्य ज्ञान होना एक पहलू है और उसी विषय में परिपक्वता अर्जित करना दूसरा पहलू है। सभी विद्यार्थी सफल कलाकार नहीं बन सकते। अच्छा कलाकार बनना, शिक्षार्थी पर निर्भर करता है। प्रतिभाशाली विद्यार्थी ही कलाकार की श्रेणी तक पहुँच पाते हैं और उन कलाकारों में से कुछ ही भाग्यशाली होते हैं, जिन्हें उच्चतम कोटी का स्तर प्राप्त होता है।

गुरु-शिष्यपरिपाटी के प्रति भ्रम

बहुत कम अवसर मिलता है, जब हमें पत्र-पत्रिकाओं के माध्यम द्वारा विशुद्ध समालोचना से जुड़े विचार पढ़ने को मिल पाते हैं क्योंकि एक लेखक को, विभिन्न दृष्टिकोणों को सामने रखते हुए व कुछ को छिपाते हुए, अपने भावों को प्रस्तुत करना पड़ता है। इसके विपरीत संगीत की गोष्ठियों में, विशेषकर उन गोष्ठियों में जो पारिवारिक स्तर (घरेलू बैठक) पर आयोजित की जाती हैं, वहाँ वातावरण स्वच्छन्द होता है। बहुधा ऐसी बैठकों में गुरु-शिष्य या घराने से जुड़े व्यक्तियों के विषय में लांछना से सने शब्द, व्यापक रूप से सुनने को मिलते रहते हैं—'घराने/सम्प्रदाय वाले गुरुओं ने संकुचित मार्ग अपना रखा था। विशेष जाति वर्ग या अपने कुटुम्ब परिवार के लोगों को ही संगीत विद्या सीखने को मिल सकती थी। संगीत के पतन के लिए ऐसे सम्प्रदाय या घराने वाले उत्तरदायी हैं, आदि-आदि।' इस प्रकार से कहे गए भ्रामिक विचार वास्तविकता के कितने निकट हैं, इसका अनुमान तो व्यक्त करने वाले महानुभावों को भी नहीं मालूम होता है परन्तु हमारे विचार से इतना अवश्य है कि यदि सम्प्रदाय या घरानेदार गुरु-शिष्यों ने जाने-अनजाने में सौ गलतियाँ भी की हैं, तो एक वास्तविक व ठोस तथ्य उनके सभी अवगुणों को धो डालने में सक्षम है। जितना भी संगीत आज हमें धरोहर के रूप में सुनने अथवा देखने को मिल रहा है, वह ऐसे ही घरानेदारों की कृपा का सूक्ष्म अनुदान है। इन्हीं व्यक्तियों ने संगीत को सँवार कर रखा और गुरु-शिष्य की परिपाटी द्वारा समाज में संगीत का स्थान बनाए रखा। इन्हीं लोगों के गायन/वादन सुन-सुनकर स्वर्गीय पण्डित विष्णुनारायण

भातखण्डे अपने छः भागों की रचित क्रमिक मालिका में, पुरानी बन्दिशों का संकलन कर सके।

राजस्थान और गुजरात में अभी भी ऐसे कई परिवार मिलेंगे जो कि 10/12 पीढ़ियों से संगीत से जुड़े हुए हैं परन्तु उनकी आजीविका आज तक कभी भी संगीत पर निर्भर नहीं रही। वे लोग गुरु-शिष्य परिपाटी द्वारा संगीत का अभ्यास करते रहे और समय-समय पर लेखन कार्य द्वारा भी योगदान देते रहे। आज के दिन भी उन लोगों को सैकड़ों संस्कृत श्लोक कंठस्थ हैं। अधिकांश इन लोगों के द्वारा श्लोकों का उच्चारण, अपभ्रंश मिलेगा और दुर्भाग्यवश किसी को भी उसका अर्थ मालूम नहीं होता है। ये लोग समाज के सभी वर्गों में से हैं और शिक्षित व अशिक्षित परिवार भी संगीत से जुड़े हुए पाए जाते हैं। स्वर्गीय भातखंडे जी और पलुस्कर जी व उनके साथियों ने घूम-घूमकर संगीत से जुड़े ऐसे परिवारों से संपर्क किया और उपयुक्त सामग्री एकत्रित की। ऐसे घरानेदार/सम्प्रदाय के पूज्य व्यक्ति, अनामिका व अज्ञात की श्रेणी में आते हैं और हर संगीत-प्रेमी व संगीत से जुड़ा व्यक्ति उन सभी का ऋणी है। विषय अनुपयुक्त लम्बा न हो जाए, हम सूक्ष्म में यह कहना चाहेंगे कि पुरानी प्रथा के अनुयायी कलाकार, शास्त्र-ज्ञान में भी स्वयं परिपूर्ण (Self Sufficient) थे।

जिस प्रकार शास्त्र सम्बन्धित ग्रन्थ अधिकांश लुप्त हो गए हैं, उसी प्रकार कण्ठस्थ शास्त्र विद्या वाले कलाकार भी अज्ञात हो गए। यदि ढूँढ़ने से कहीं मिल भी जाएँ, तो आज का संगीत समाज उन्हें मान्यता देने को तैयार नहीं होगा क्योंकि जो सामग्री उन्हें कण्ठस्थ है, उससे सम्बन्धित लिखित सामग्री व ग्रंथ आज हमारे पास उपलब्ध नहीं है।

संगीत के प्रति रुचि

हर संगीत-प्रेमी व गुणी यह चाहता है कि संगीत की प्रगति हो। यह तभी सम्भव हो सकता है जब संगीत में रुचि उत्पन्न की जाए। रुचि एक उपजाऊ शक्ति है जिसे अलग-अलग मार्गों द्वारा पैदा किया जा सकता है। इसी शक्ति का सहारा लेकर एक संगीत-प्रेमी दिन पर दिन नवीन विधियों के तार बुनने में लगा रहता है क्योंकि उसे अपने विषय में रुचि है। यदि ऐसे कलाकार/प्रेमी क्रियात्मक पक्ष के साथ-साथ शास्त्रीय-ज्ञान (Theory) में भी उतनी ही रुचि रख सकें तो निःसन्देह वे अपने क्रियात्मक पक्ष (Performance) को कहीं अधिक शक्तिशाली बना सकते हैं।

पिछली पीढ़ियों के लोगों ने अपने परिश्रम व अनुभव द्वारा संगीत के अमूल्य सिद्धान्तों को स्थापित किया और नई शैलियों का निर्माण भी किया। यह उपलब्धि संगीत के प्रति प्रगाढ़ रुचि होने का प्रमाण है। कई सदियों से "गुरु वाक्यं प्रमाणं" वाली प्रथा के अन्तर्गत, जिज्ञासु विद्यार्थी अपने अधिकार का बलिदान करता आ रहा **है और पूर्ण**

भक्ति व श्रद्धा रखकर गुरु के आदेशों का पालन करते हुए संगीत की प्रगति में योगदान देता रहा है। साथ-साथ इस तथ्य को स्वीकार करना होगा कि संगीत में रुचि प्रधान विचार होने के कारण ही ध्रुपद, ख्याल, तराना, ठुमरी आदि का जन्म हो सका। सच पूछा जाए तो यह कहना अतिशयोक्ति न होगा कि रुचि प्रधानता के कारण ही पण्डित भातखण्डे व पण्डित विष्णुदिगम्बर जी द्वारा शालेय पद्धति का निर्माण हो सका।

मध्य युग में गुरुशिष्य प्रणाली चरमरा गई और 19वीं शताब्दी के अन्तिम चरण तक संगीत की प्रगति में ठहराव (Stagnancy) आ गया। 20वीं शताब्दी के प्रथम दशक से संगीत में एक नया मोड़ आया। यहाँ एक बात ध्यान देने योग्य है कि 20वीं सदी के अन्त तक विश्व भर में विज्ञान ने अद्भुत प्रगति की, जिसके कारण हमारे जन-जीवन में गहरा बदलाव आया। यह परिवर्तन बहुत ही शीघ्र गति से हुआ। स्वतः सामाजिक बदलाव के साथ-साथ संगीत की रुचि पर भी उसी गति द्वारा प्रभाव दिखलाई देने लगा।

अब प्रश्न यह उठता है कि आजकल का संगीत विद्यार्थी, शास्त्र ज्ञान (Theory) में मन वांछित रुचि उत्पन्न करने में सफल क्यों नहीं हो पा रहा है? इस प्रश्न के विविध उत्तर मिल सकते हैं परन्तु इस समय उन सभी कारणों व उत्तरों का संकलन करना हमारे लेखन लक्ष्य से कुछ हटकर प्रतीत हो रहे हैं। हाँ, उन ढेर सारे कारणों में से एक प्रमुख कारण उभरकर सामने दिखलाई दे रहा है, वह है शास्त्रीय ज्ञान या थ्योरी सम्बन्धी उपयुक्त सामग्री का अभाव।

किसी भी अंग का संगीत हो यानी, ध्रुपद, ख्याल, ठुमरी, लोक संगीत या फिर सिने संगीत हो, यह स्वयंसिद्ध है कि उसका मूलाधार 'स्वर' ही है। जहाँ तक क्रियात्मक पक्ष (Practical) का प्रश्न है, आवश्यकता अनुसार, शालेय या संस्थागत विद्यार्थियों को 'स्वर' के विषय में यथासम्भव समझाया जाता है और विद्यार्थी उसमें रुचि भी लेते हैं परन्तु शास्त्र-ज्ञान (Theory) के क्षेत्र में अल्प विषयों का सामान्य अध्ययन कराकर छोड़ दिया जाता है। आज का विद्यार्थी थ्योरी में वैज्ञानिक विकल्पों की अपेक्षा रखता है जिसकी उसे विद्याग्रहण अवधि में झलक मात्र मिलती है। यही कारण है कि क्रियात्मक विषय में, विद्यार्थी की रुचि कुछ बढ़ तो जाती है परन्तु अधिकांश विद्यार्थियों में इस प्रकार की रुचि, क्रमश शिथिल पड़ जाती है क्योंकि विद्यार्थियों के अध्यन काल में क्रियात्मक पक्ष (Practical) को शास्त्रीय ज्ञान का पूरी तरह सहारा नहीं मिल सका था। अन्त में विद्यार्थीगण डिग्री या सर्टिफिकेट हासिल करने के पश्चात्, कलाकार बनने का स्वप्न देखते रह जाते हैं।

शास्त्रीय ज्ञान का प्रमुख अंग–'स्वर'

भारतीय संगीत का क्षेत्र विशाल है। इसलिए इस विषय में जितना भी चिन्तन किया जाए उतना ही कम प्रतीत होगा। यह सर्वविदित है कि संगीत की उत्पत्ति 'स्वर'

से होती है। स्वतः शास्त्रीय ज्ञान का प्रमुख अंग 'स्वर' को ही माना जाएगा। हम जानते हैं कि शास्त्रीय विचार के अन्तर्गत, संगीत शब्द में गायन, वादन व नृत्य का समावेश रहता है। इसलिए संगीत के इन तीनों अंगों में 'स्वर' निश्चित रूप से विद्यमान रहना चाहिए और रहता भी है। यहाँ एक बात ध्यान देने योग्य है कि दृश्य प्रदर्शन में, आरम्भ से अन्त तक, स्वर व ताल का अद्भुत योगदान रहता है। परन्तु कभी कभी इस प्रकार का मोड़ आ जाता है, जब प्रदर्शन अवधि के अन्तर्गत दृश्य पूरी तरह शान्त व निःशब्द पाया जाता है। कलाकार इस शब्द रहित वातावरण में भी अपने कौशल द्वारा वांछित परिणाम प्रस्तुत करने में सफल रहता है परन्तु नृत्य या नाटक के ऐसी शान्त स्थिति में भी, लगभग सभी क्षणों में पार्श्व-गायन व वादन द्वारा, 'स्वर' अपना प्रभुत्व जमाए रहता है। इसी प्रकार गायन या वादन की प्रस्तुतिकरण-अवधि के अंतर्गत 'स्वर' किसी न किसी प्रक्रिया द्वारा श्रोताओं के कानों तक पहुँचता रहता है। यदि गायक अपनी प्रस्तुतिकरण (Performance) की अवधि में थोड़े समय के लिए विश्राम करता है तो भी तानपूरा, सारंगी, तबला या हारमोनियम आदि का स्वर उस वातावरण में अपना रंग जमाए रहता है। इसलिए यह कहा जा सकता है कि, 'स्वर' के गुण अपार हैं। वह गायन व वादन को जीवित रखने के लिए, एक प्रकार से प्राणवायु का काम करता है। जब स्वर ही नहीं तो संगीत कहाँ? स्वर जैसे महत्त्वपूर्ण तत्त्व के गुणों के विषय का अध्ययन सभी के लिए लाभप्रद है—चाहे वह संगीत का विद्यार्थी हो, शोधकर्ता हो या साधनारत कलाकार हो।

'स्वर' शब्द एक विशेष संज्ञा का द्योतक है। स्वर शब्द सामने आते ही मस्तिष्क में संगीत से जुड़ी छबि बन जाती है मानो कि यह दोनों पर्यायवाची शब्द हैं। इसी को समझाने के लिए शास्त्रों में नाद, ध्वनि आदि शब्दों का प्रयोग किया गया है। आदिकाल से भारत में संगीत को धर्म का सहचर माना गया है। मोक्ष-प्राप्ति के साधनों में संगीत को प्रथम स्थान प्राप्त है। हमारे संगीत के आचार्यों महामुनियों ने इसी स्वर/नाद की महिमा का वर्णन करते हुए अधिकांश अपने ग्रंथों का प्रारंभ, नाद के महात्म्य द्वारा ही किया है। इस संदर्भ में एक-दो उदाहरण नीचे दिए जा रहे हैं—

''न नादेन बिना गीतं न नादेन बिना स्वराः।
न नादेन बिना नृत्तं तस्मान्नादात्मकं जगत्॥
नादरूपः स्मृतो ब्रह्मा नाद रूपो जनार्दनः।
नादरूपा परा शक्तिर्नादरूपो महेश्वरः॥

अर्थात्—नाद के बिना न स्वर, न गीत और न नृत्य ही सम्भव है। अतः सम्पूर्ण जगत नादमय है। ब्रह्म नाद स्वरूप है, जनार्दन स्वरूप है, पराशक्ति नादरूप है, और तो और स्वयं महेश्वर नाद रूप हैं।

—बृहद्देशी—मुनि मतंग''

"चैतन्यं सर्वभूतानां विवृतं जगदात्मना।
नादब्रह्म तदानन्दमद्वितीयमुपास्महे॥

अर्थात् जो समस्त प्राणियों में चैतन्य है, जगत की आत्मा के रूप में प्रकट हुआ है, उस ब्रह्म स्वरूप नाद की हम उपासना करते हैं।

–संगीत रत्नाकर–पं. शार्ङ्गदेव

नाद/स्वर की महिमा हमारे धर्म व संगीत ग्रंथों में जगह-जगह भरी पड़ी है। स्वतः हर संगीत-प्रेमी यह चाहेगा कि जब नाद/स्वर की इतनी महिमा है, तो वह स्वयं में क्या है? इस प्रकार की जिज्ञासा एक वैज्ञानिक सोच है और इस जिज्ञासा की तृप्ति वैज्ञानिक ढंग से ही की जा सकती है।

स्वर व ध्वनि विज्ञान

प्राचीन काल में हमारे यहाँ ध्वनि-विज्ञान (Science of Sound) जैसी अलग शाखा (Branch) नहीं थी। भाषा-शास्त्री जिन्होंने व्याकरण शास्त्रों के सिद्धान्तों को स्थापित किया, वे मुनिजन ही उच्चारण व ध्वनि के विषय पर अपना अधिकार रखते थे। प्रायः सभी मुनिजन व आचार्यों ने, जिन्होंने संगीत शास्त्र की रचना की, उन्होंने व्याकरण शास्त्र के सिद्धान्तों को ही अपनाया है। आजकल के विज्ञान (Modern Science) जगत में, ध्वनि विज्ञान (Sound) अपना अस्तित्त्व अलग से जमाए हुए है। विज्ञान (Science) के विद्यार्थी भौतिक विज्ञान (Physics) के अन्तर्गत ऊर्जा, प्रकाश, चुम्बक व ध्वनि (Heat, Light, Magnetism & Sound) आदि का अध्ययन करते हैं। जिस प्रकार से, आधुनिक विज्ञान (Modern Science) जगत में, ध्वनि (Sound) जैसे विषय पर अलग से अनुसंधान (Research) करने का अवसर मिलता है, यह उसी का फल है कि वर्तमान समय में ध्वनि के क्षेत्र में आश्चर्यजनक प्रगति हो सकी है। आधुनिक ध्वनि विज्ञान के पुष्ट व प्रबल सिद्धान्तों के आधार पर, संगीत जैसे विषय के गूढ़ तत्त्वों को आसानी से समझने में सहायता मिली है व नये-नये उपकरणों की उपलब्धि भी हो सकी है।

ऐसा लगता है कि भारत में प्राचीन काल से ही संगीत व भाषा के प्रमुख तत्त्व, आपस में एक-दूसरे से जुड़े हुए हैं। भाषा के लिए 'व्याकरण' को मूल आधार माना जाता रहा है। हमारे आचार्यों ने व्याकरण को न केवल भाषा के नियमों का पुञ्ज माना वरन् उसको ध्वनि विज्ञान के विशिष्ट मर्मों तक पहुँचने की कुंजी के रूप में प्रतिष्ठा प्रदान की है। उच्चारण क्रिया यानी कण्ठ द्वारा अभीष्ट ध्वनि निर्माण की शुद्धताई प्राप्त करने के मार्गों को भी स्थापित किया। इसी लक्ष्य को सामने रखकर मैत्रेय ऋषि प्रणीत 'सप्त पदी', नन्दिकेश्वर प्रणीत 'नन्दीमत', आप्तपुरुष वायु कृत 'गात्र वीणा योग' व पं. शार्ङ्गदेव रचित 'अध्यात्म विवेक' आदि ग्रन्थों का निर्माण

हुआ है, जिसमें इन ऋषि-मुनियों ने स्वर उच्चारण के सिद्धान्तों को स्थापित किया और इन्हीं सिद्धान्तों को आधार मानकर कण्ठ-संस्कार जैसी विधियों को आचरण में ढालने का निर्देश भी दिया। दुर्भाग्य की बात है कि ये सभी ग्रन्थ आज उपलब्ध नहीं हैं परन्तु इन ग्रन्थों में वर्णित सिद्धान्तों को टूटे-फूटे रूप में गायक समाज, आज भी उपयोग में लाते हैं। प्राचीन काल में लिखने की पद्धति पर बल नहीं दिया जाता था। सभी विषय कण्ठस्थ करने पड़ते थे। इस प्रकार कण्ठस्थ करने की परिपाटी केवल संगीत से ही सम्बन्धित नहीं थी बल्कि सभी कलाओं व विद्याओं से जुड़े हुए व्यक्तियों को, अपनी स्मरण शक्ति द्वारा ही विद्याधन संचित करना पड़ता था। समय-समय पर कुछ ग्रन्थ भी लिखे गए परन्तु इसके उपरान्त भी विद्यार्थियों को, तभी सम्मान की दृष्टि से देखा जाता था, जब वे क्रियात्मक पक्ष के साथ-साथ विद्या के अधिकांश भाग को कण्ठस्थ करके दिखला सकते थे।

दुर्भाग्यवश बहुत-सी हस्तलिखित सामग्री लुप्त हो गई, या तो वह सामग्री नष्ट हो गई या नष्ट कर दी गई। इधर कालान्तर में कण्ठस्थ करने की परिपाटी शिथिल पड़ती गई। आज भी ऐसे बहुत से विद्वान मिल जाएँगे जिन्हें वेद, वेदान्त व अन्य शास्त्र कुछ अंशों में या सम्पूर्ण रूप से कण्ठस्थ हैं। इसके विपरीत चोटी के संगीत-कलाकारों में, एक भी ऐसा कलाकार नहीं दिखलाई पड़ेगा जिसे बृहद्देशी, संगीत रत्नाकर, भरत नाट्यं आदि ग्रन्थों के कुछ ठोस अंश ही कण्ठस्थ हों। बहुत से कलाकारों ने तो इन ग्रन्थों के दर्शन भी नहीं किए होंगे। यह तो बात रही तथाकथित घरानेदार या सम्प्रदाय से उपजे कलाकारों की। दूसरी ओर स्कूल/कॉलेज/संस्था द्वारा उपाधि-सुशोभित कलाकारों से, इस प्रकार की कण्ठस्थ विद्या की अपेक्षा नहीं की जा सकती क्योंकि संगीत के क्षेत्र में शालेय शिक्षा प्रणाली बिलकुल ही अलग है। यहाँ विद्या को कण्ठस्थ करने पर भले ही बल नहीं दिया जाता हो परन्तु शालेय पद्धति द्वारा उन श्लोकों के अंशों को समझाने का प्रयास किया जाता है व विषय के गूढ़ तत्त्वों के निचोड़ को विद्यार्थी तक पहुँचाने की चेष्टा की जाती है।

स्वर का जो रूप आज दिखलाई दे रहा है, कदाचित वैसा प्राचीन समय में नहीं था। समय के उतार-चढ़ाव के साथ-साथ, स्वर के मौलिक मूल्यों की मान्यता में भी परिवर्तन होता रहा। भिन्न-भिन्न आचार्यों ने अपने-अपने मतों द्वारा, स्वर को विभिन्न श्रुतियों द्वारा मान्यता दी। यद्यपि स्वर के पुकारे जाने वाले नाम (षड्ज, रिषभ, गान्धार, मध्यम, पंचम, धैवत, निषाद) में, कोई परिवर्तन नहीं दिखलाई देता है परन्तु इन नामों से जुड़े गुणों में कुछ परिवर्तन अवश्य हो गया है। जो विज्ञान या ज्ञान प्राचीन काल में उपलब्ध था, उसी को आधार मानकर स्वर के मान (Values) व गुणों (Properties) को निर्धारित किया गया था। जो सिद्धान्त स्वर के मान (Values) स्थापित करने के लिए निर्धारित किए गए, वे सिद्धान्त आज भी संगीत जगत में पूर्ण रूप से मान्य हैं और आदर की दृष्टि से देखे जाते हैं। सौभाग्यवश

ग्रन्थों में पड़े ये सिद्धान्त, वर्तमान कलाकारों द्वारा, जाने-अनजाने में आज भी काम में लाए जाते हैं।

विद्यार्थीगण या कलाकार ऐसे सिद्धान्त व शास्त्रीय-ज्ञान को समझने में रुचि नहीं ले पा रहे हैं। वर्तमान स्थिति में, समाज हर पहलू को वैज्ञानिक दृष्टि के माध्यम द्वारा समझना चाहता है। इसमें सन्देह नहीं है कि आज का ध्वनि विज्ञान खूब पनप चुका है और हमारे पास आधुनिक विज्ञान की ठोस उपलब्धियों का सशक्त भण्डार उपलब्ध है। इन आधुनिक विज्ञान की नवीन उपलब्धियों द्वारा यदि स्वर के गुणधर्मों को समझ लिया जाए, तो इसमें दो राय नहीं है कि विद्यार्थीगण भी संगीत शास्त्र में रुचि रखने लग जाएगा।

रुचि व पाठ्यक्रम

हम पहले ही इस तथ्य से अवगत करा चुके हैं कि रुचि एक उपजाऊ वस्तु है। अब प्रश्न उठता है कि रुचि को कैसे उपजाया जाए? विस्तार भय के कारण, सम्प्रति हम रुचि को उपजाऊ बनाने के सम्बन्ध में, अधिक विवरण नहीं दे सकेंगे परन्तु समस्या के समाधान हेतु, आवश्यक बिन्दुओं पर प्रकाश डालना आवश्यक है।

वर्तमान स्थिति में संगीत सीखने वालों की सबसे अधिक मात्रा स्कूल, कॉलेज व संस्थाओं में ही पाई जाती है। इसलिए संस्थागत पाठ्यक्रम ऐसे तैयार करने चाहिए जिनके द्वारा शास्त्रीय ज्ञान (Theory) की ओर अधिक झुकाव हो सके। स्वतः रुचियों में भी वृद्धि होगी। यदि पाठ्यक्रम की सामग्री सरल व रोचक ढंग से तैयार की जाती है, तो ऐसा पाठ्यक्रम अच्छी नींव बनाने में सहायक हो सकता है। इस प्रकार का नया पाठ्यक्रम यदि ढंग से क्रियान्वित कर दिया जाता है तो यह निश्चित है कि केवल शास्त्रीय ज्ञान ही में तो क्या, प्रत्येक विद्यार्थी पूरे संगीत में पूर्ण रूप से रुचि रखने लग जाएगा।

पाठ्यक्रम की सरलता से तात्पर्य

भारत के सभी प्रान्तों में शास्त्रीय संगीत सीखने की अभिरुचि पाई जाती है। अधिकांश प्रान्तों में संगीत की संस्थाएँ, स्कूल व कॉलेज सुचारु रूप से चल रहे हैं। विभिन्न प्रान्तवासी अपनी-अपनी भाषाएँ बोलते हैं परन्तु जब संगीत के क्रियात्मक पक्ष का प्रश्न आता है, तो सम्पूर्ण भारत में स्वरों के सात नाम सा रे ग म प ध नी अक्षरों का उच्चारण व उपयोग एक जैसा ही पाया जाता है।

शास्त्रीय पक्ष को पढ़ने व समझने के लिए भाषा की अवाश्यकता पड़ती है। हिन्दी राष्ट्र भाषा होने के कारण, संगीत-शास्त्र को भी हिन्दी ही में पढ़ना व पढ़ाना चाहिए। आजकल भारतीय शास्त्रीय-संगीत विदेशों में काफी फैल गया है। अँग्रेजी (English) अन्तरराष्ट्रीय भाषा होने के नाते, हमारे संगीत विषयक साहित्य को भी,

अंग्रेजी में लिखने की प्रथा ने ज़ोर पकड़ रखा है। यदि हम ध्यान से अध्ययन करें तो पाएँगे कि भारत में साधारण बोलचाल के अन्तर्गत अँग्रेजी के शब्दों का खुलकर प्रयोग होता है। साधारण बोलचाल की भाषा में हिन्दी, संस्कृत, उर्दू, अंग्रेजी आदि सभी भाषाओं के शब्द काम में लिये जाते हैं। यदि हम गम्भीरता से विचार करें तो इस परिणाम पर पहुँचेंगे कि वर्तमान समय में विज्ञान की प्रगति के साथ-साथ, हमें बहुत से ऐसे शब्द काम में लाने पड़ते हैं जो अँग्रेजी व उर्दू स्रोत के होते हैं। उनमें से बहुत से ऐसे शब्द हैं जिनका हिन्दी में सही अनुवाद होना अत्यन्त कठिन है। उदाहरण के लिए निम्न शब्दों को ले लीजिए—

1. Bass बेस शब्द, मन्द स्वरों के लिए काम में लाया जाता है।
2. Mike माइक्रोफोन
3. Loud Speaker लाउडस्पीकर
4. Light रोशनी या बिजली
5. Hall हॉल (भवन का बड़ा कमरा या महाकक्ष)
6. क़ाग़ज़
7. ग़ज़ल
8. क़व्वाली

बहुत से ऐसे शब्द हैं जिनका अनुवाद हिन्दी में हो सकता है परन्तु फिर भी हम उन शब्दों को जैसे का तैसे व्यवहार में लाते हैं—

1. म्युज़िक	=	संगीत
2. सोलो	=	एकल वादन
3. नक़ल	=	अनुकरण
4. मिज़राब	=	कोण या नखिका
5. रियाज़	=	अभ्यास, साधना
6. बन्दोबस्त	=	Arrangement या प्रबन्ध या व्यवस्था

प्राचीन ध्वनि विज्ञान सामग्री, जो संगीत से सम्बन्ध रखती है, ऐसी सामग्री प्रायः संस्कृत भाषा में उपलब्ध है। ऐसे ग्रन्थों का अनुवाद/टीका संस्कृत भाषा में ही मिलता है, जैसे भरतनाट्यं की टीका अभिनव भारती, संगीत रत्नाकर की टीका कल्लिनाथ द्वारा आदि-आदि। धीरे-धीरे कुछ ग्रन्थों का हिन्दी अनुवादित प्रकाशन मिलना प्रारम्भ हो गया है। सब ग्रन्थों का हिन्दी अनुवादित साहित्य नहीं मिल पाता है और यदि मिलता भी है तो कोई पुस्तक या टीका, अपने आप में इतनी क्लिष्ट होती है कि सम्पूर्ण विषय वास्तव में नीरस बन जाता है।

पाठ्यक्रम की पुस्तकें, विशेषकर जो शास्त्रीय ज्ञान से सम्बन्धित हों, आम बोलचाल की भाषा में लिखी जानी चाहिए। भाषा इतनी सरल होनी चाहिए कि विद्यार्थी अपनी प्रारम्भिक शिक्षा में ही शास्त्र के तत्त्वों को सहजता से समझ सके। यदि भाषा

सरल होती है तो, जो तत्त्व भाषा के कारण अरुचिकर प्रतीत होते हैं, ऐसे विषयों का विद्यार्थी स्वयं सफलता पूर्वक हल निकाल सकेगा। विषय को समझ कर, गायन व वादन क्रिया से सम्बन्धित, शास्त्रीय सिद्धान्तों को क्रियान्वित (Implement) करने की चेष्टा कर सकेगा और फिर अनुमान लगा सकेगा कि उसने उस विषय की लिखित सामग्री अनुसार, अपने पाठ को कितना समझा है? यह सब कुछ तभी सम्भव है जब शास्त्रीय विषय को सरल भाषा द्वारा विद्यार्थी तक पहुंचाया जा सके।

वास्तविक स्थिति ऐसी हो गई है कि साधारण बोलचाल में, जब किसी विचार या भाव को समझने में कुछ अड़चन प्रतीत होती है, तो उर्दू या अंग्रेजी के शब्दों द्वारा स्फुरित समाधान निकल आता है। इस प्रकार समझने वाले व्यक्ति व सुनने वाले व्यक्ति, दोनों को तुरंत संतुष्टि मिल जाती है। हमारा अभिप्राय इतना ही है कि वर्तमान विद्यार्थी, संगीत के शास्त्रीय ज्ञान को सहजता से समझ सके। उपस्थित परिस्थिति कुछ ऐसी है कि प्रथम तो वैसे ही संगीत का शास्त्रीय विषय नीरस समझा जाता है, उस पर भाषा की क्लिष्टता विषय को और भी जटिल बना देती है। स्वाभाविक है कि विद्यार्थी बाध्य होकर, रट-रटाने की पद्धति अपना लेता है। अंत में इन्हीं विद्यार्थियों में से कुछ लोग स्कूली अध्यापक व संस्थागत टीचर या तथागत मास्टर बन जाते हैं। स्वतः नई पीढ़ी के विद्यार्थियों में, शास्त्रीय सोच क्रमशः कम होती जा रही है। हाँ, इतना अवश्य है कि गुरु-शिष्य परम्परा द्वारा विद्यार्थियों को शास्त्र ज्ञान से जुड़े कुछ मर्म तत्त्वों की अनुभूति देर-सबेर से हो ही जाती है यद्यपि ऐसे गुरु व शिष्य, संगीत शास्त्रों को भूल से भी देखने की इच्छा नहीं रखते हैं। वर्तमान समाज में ऐसे बहुत कम कलाकार मिलेंगे, जो संगीत के मर्म तत्त्वों को समझने की चेष्टा करते हैं या समझकर उन तत्त्वों को प्रयोग में लाते हैं। स्वतः संगीत की बारीकता, कोमलता व भावुकता वाले गुण, कलाकारों से दूर होते जा रहे हैं। अच्छे गुरुओं को कहते देखा गया है कि उन्हें अच्छे शिष्य नहीं मिल पाते हैं और अच्छी व सच्ची लगन वाले विद्यार्थियों को तो बहुधा कहते देखा गया है कि अच्छे गुरु को कैसे और कहाँ से पकड़ें?

हमारा ध्यान संगीत के पूर्ण उत्थान की ओर है। इसलिए हमें उस दिशा में सोचना चाहिए जिससे हमारा उद्देश्य पूरा हो सके। वर्तमान परिस्थितियों को ध्यान में रखते हुए यह उचित होगा कि हमें संगीत की विद्यालयीन शिक्षा प्रणाली की गुणवत्ता सुधारने के लिए विशिष्ट ध्यान देना चाहिए, तभी इस समस्या के समाधान की आशा की जा सकती है। यह बात तो सभी जानते हैं कि विद्यालय की दो-चार वर्षों की अवधि, विद्यार्थी को साथ-साथ कलाकार नहीं बना सकती परन्तु इस अवधि में इतना तो अवश्य हो जाना चाहिए कि यदि शालेय विद्यार्थी कलाकार बनना चाहे तो उसका अग्रिम पड़ाव सरल व सुगम बन सके। यह निश्चित है कि यदि विद्यार्थियों में संगीत के प्रति उचित रुचि उत्पन्न की जा सकती है, तो कलाकार बनने वालों की संख्या

अवश्य बढ़ सकती है। इस उद्‌देश्य को पूरा करने के लिए, संगीत के विद्यार्थी का पाठ्यक्रम, आधुनिक विज्ञान आधारित होना चाहिए व सरल भाषा रचित होना चाहिए।

आधुनिक विज्ञान आधारित पाठ्यक्रम से अभिप्राय

हम यह जानते हैं कि सात स्वरों के नाम षड्ज, रिषभ, गान्धार आदि, युगों से वही चले आ रहे हैं। मन्द्र, मध्य व तार सप्तकों की नीची ऊँची ध्वनि व्यवस्था में भी कोई बदलाव नहीं हुआ है और न ही काल (समय) की मात्रा नापने की इकाइयों में बदलाव आया है। सदियों पहले भारत के ऋषि-मुनियों ने ध्वनि उच्चारण (Phonetics) सम्बन्धी सिद्धान्त स्थापित किए थे। उन सिद्धान्तों की रूपरेखा के अन्तर्गत भारत में हिन्दी व विभिन्न प्रांतीय भाषाओं का जन्म हुआ है। उन सिद्धान्तों में आज तक कोई परिवर्तन नहीं हुआ है। पाश्चात्यों ने भी ऐसी विचारधारा की पुष्टि की ओर संकेत दिए हैं।

हमारा सम्पूर्ण संगीत, श्रवण शक्ति पर आधारित है। इस विचार की मान्यता प्राचीन समय में भी थी और आज भी है। सिद्धान्तों की जाँच-पड़ताल प्राचीन समय से होती आ रही है। और ऐसी जाँच प्रक्रिया का आधार पूर्णतः बुद्धि व श्रवण शक्ति पर माना जाता रहा है। स्वाभाविक है कि जाँच करने के लिए स्वर ज्ञान का होना अति आवश्यक है। इसलिए इस तथ्य का निर्णय लेना कठिन हो जाता है कि अमुक व्यक्ति का स्वर ज्ञान इस प्रकार की जाँच करने के लिए सक्षम भी है या नहीं? आधुनिक विज्ञान जगत में ऐसे यन्त्र तैयार हो चुके हैं जिनके द्वारा जाँच सरलता से की जा सकती है। ऐसे यंत्र/उपकरण श्रवण शक्ति पर बिलकुल भी आश्रित नहीं हैं और उनकी परिशुद्धता (Accuracy) की अपनी प्रतिष्ठा है। ऐसे यन्त्रों द्वारा स्वरों की जाँच, सामान्य बुद्धि द्वारा भी की जा सकती है। स्वर कण्ठ द्वारा उत्पन्न हुआ हो या वाद्य द्वारा किया गया हो, यदि उसकी जाँच आधुनिक उपकरण द्वारा की जाती है तो वह जाँच निश्चय ही निष्पक्ष होगी क्योंकि वह जांच एक बुद्धिहीन व निर्जीव माध्यम के द्वारा की गई है।

यह आवश्यक नहीं है कि जाँच करने या समझने के लिए आधुनिक उपकरणों का ही उपयोग होना चाहिए। हमें आधुनिक ध्वनि-विज्ञान के उन प्रमुख सिद्धान्तों को समझ लेना चाहिए, जिनके आधार पर, ऐसे आधुनिक उपकरणों (Modern Appliances) का निर्माण किया गया है। इतना समझ लेने के पश्चात्, हमारे प्रचीन सिद्धान्तों को इन आधुनिक उपकरणों द्वारा जाँचा भी जा सकता है और शास्त्रीय ज्ञान सम्बन्धित समस्याओं का हल भी सरलता से आँका जा सकता है। संक्षेप में यह कह सकते हैं कि संगीत के विद्यार्थी को भी, ध्वनि विज्ञान के आधुनिक सिद्धान्तों का प्रारम्भ से ही परिचय करवा देना चाहिए। यह तभी सम्भव होगा जब शिक्षार्थियों के पाठ्यक्रम, ऐसी विचारधारा के अन्तर्गत रचे जाएँगे।

कुछ विद्वानों का मत हो सकता है कि संगीत के विद्यार्थियों को ध्वनि विज्ञान के आधुनिक सिद्धान्तों को समझने से क्या लाभ हो सकता है, जबकि हमारा सम्पूर्ण शास्त्रीय संगीत प्राचीन सिद्धान्तों द्वारा निर्मित किया गया है? हमारा मंतव्य यह नहीं है कि हम संगीत के मूल सिद्धान्तों में कुछ परिवर्तन करें। हमारा उद्देश्य तो यह है कि संगीत के विद्यार्थी प्राचीन सिद्धान्तों के साथ-साथ, नए सिद्धान्तों को भी थोड़ा-बहुत समझ लें। इस प्रकार की प्रक्रिया अपनाने पर शिक्षार्थी को कई लाभ मिल सकते हैं।

1. विद्यार्थी आधुनिक धारा से भी अवगत हो सकेगा।
2. शिक्षा के प्रारम्भिक स्तर पर ही, हमारे संगीत के पुराने सिद्धान्तों को समझाने में सरलता प्रदान हो सकेगी।
3. शास्त्र ज्ञान के प्रति रुचि व आत्मविश्वास बढ़ सकेगा।
4. ऐसी प्रणाली द्वारा शिक्षित विद्यार्थी जब स्वयं शिक्षक या संगीतज्ञ आदि बन जाते हैं, तो उनमें विदेशी संगीतकारों व विद्वानों से शास्त्र संवाद या विचार-विमर्श करने के लिए आत्मविश्वास उत्पन्न हो सकेगा।
5. उपस्थित संगीत शास्त्र आदि विषयों में अनुसंधान (Research) करने की प्रवृत्ति जाग्रत हो सकेगी।
6. आधुनिक विज्ञान के सिद्धान्तों द्वारा हमारे उपस्थित वाद्यों के निर्माण कार्य में व उनकी गुणवत्ता सुधारने में, अधिक लाभदायक सिद्ध हो सकते हैं।

हम फिर से दोहरा रहे हैं कि हमें ध्वनि विज्ञान से सम्बन्धित आधुनिक माप-यन्त्रों (Instruments) के माध्यम द्वारा, आधुनिक ध्वनि विज्ञान के कुछ सिद्धान्तों को ही समझना है। हमें भौतिक विज्ञान या ध्वनि विज्ञान को सम्पूर्ण रूप से अध्ययन करने की आवश्यकता नहीं है। इसलिए यह प्रश्न ही नहीं उठता है कि हम अपने पुराने सिद्धान्तों को छोड़कर, नये सिद्धान्तों को अपना लें। यदि कोई वैद्य या हक़ीम आधुनिक उपकरण स्टेथिस्कोप (Stethescope) का सहारा लेकर रोगी का निरीक्षण करता है, तो इसका यह मतलब नहीं होगा कि वह वैद्य या हक़ीम अपनी प्रणाली छोड़कर, डॉक्टरी या एलोपैथिक (Allopathic) प्रणाली द्वारा चिकित्सा कर रहा है। माप यन्त्र तो, मात्र निरीक्षण प्रक्रिया में सहायता करता है और निरीक्षण प्रक्रिया को सरल व विश्वसनीय (Authentic) बनाता है।

गणित का महत्त्व

विज्ञान व गणित का चोली-दामन-सा साथ है। संगीत के सिद्धान्तों को समझाने के लिए प्राचीन समय से ही हमारे आचार्य व पण्डित गणित का ही सहारा लेते आ रहे हैं। आधुनिक विज्ञान भी पूर्ण रूप से गणित आधारित है। समय के साथ-साथ विज्ञान का विकास हुआ है और विज्ञान के साथ गणित का भी उतना ही विकास

हुआ है। इसलिए गणित के उस अंग को, जिसके द्वारा संगीत संबन्धित सिद्धान्त समझे जा सकें, कुछ अंश तक समझ लेना हितकर होगा।

आधुनिक गणित हमारे विषय को सरल बनाने में सक्षम है। आजकल तो कैल्क्युलेटर जैसे उपकरणों द्वारा, गणित आधारित समस्याओं का हल, सरलता से व शीघ्रता से निकल आता है। इसलिए संगीत के विद्यार्थियों को, शास्त्रीय ज्ञान के गूढ़ अर्थों को गणित के सहारे समझने में कोई कठिनाई नहीं होनी चाहिए। अधिकांश विद्यार्थी गणित का नाम सुनते ही भयभीत हो उठते हैं परन्तु यदि पाठ्यक्रम की सामग्री ठीक ढंग से तैयार की जाती है तो निश्चय ही विद्यार्थीगण सम्पूर्ण विषय में रुचि रख सकेगा।

शास्त्रीय संगीत का रूप–विभिन्न दृष्टिकोण

अन्य कलाओं की तुलना में संगीत सबसे कठिन विषय माना जाता रहा है। मूर्ति व चित्रकला की आकृतियों को तो हम दृष्टि द्वारा देख सकते हैं परन्तु संगीत तो सदा से स्वर पर निर्भर होता आया है, जो कि अदृश्य है। स्वाभाविक है कि उस समय, कला को आगे बढ़ाने व कला को जीवित रखने के लिए, एक मात्र साधन, मानव स्मरणशक्ति ही थी जिसके द्वारा संगीत को जीवित रखा गया। यह भी सत्य है कि जिसे हम देख नहीं सकते या छू नहीं सकते और केवल सुनकर ही किसी निर्णय तक पहुँचना चाहें, तो वह विषय कठिन तो होगा ही। इतना कठिन विषय होते हुए भी हमारे पूर्वजों ने गुरु शिष्य-परिपाटी द्वारा इस विद्या को जीवित रखा और एक से एक सरल मार्ग स्थापित किए, जिन्हें आज भी आश्चर्य व सम्मान की दृष्टि द्वारा देखा जाता है।

प्राचीनतम समय से ही भारत में, गुणीजनों के आदान-प्रदान की भाषा संस्कृत ही रही है। इसलिए कला से सम्बन्धित ग्रन्थों के अध्ययन के लिए संस्कृत भाषा का ज्ञान होना अनिवार्य था। वर्तमान में संस्कृत लिखने-पढ़ने वालों की संख्या नहीं के समान मिलेगी। एक तो वैसे ही संगीत ग्रन्थ कम संख्या में लिखे गए और जो भी लिखे गए उनमें अधिकांश ग्रंथ लुप्त हो चुके हैं। बचे-खुचे ग्रन्थों में से दो-चार ग्रन्थ ही ऐसे हैं, जिनकी प्रति-लिपियाँ पूर्ण रूप से उपलब्ध हैं। संस्कृत ज्ञान के अभाव में इन उपलब्ध ग्रन्थों को समझना एक बड़ी चुनौती है।

वर्तमान में संगीत-साहित्य, मुख्यतः कण्ठ संगीत पर केन्द्रित है। अधिकांश में गीत व उससे जुड़े शब्द, जो कि स्वरों के माध्यम से व्यक्त किए जा सकते हैं, उसके ध्वनि क्षेत्र की ऊँचाई व नीचेपन पर ही विचार किया जाता है। ताल व नृत्य सम्बन्धित साहित्य स्वतन्त्र रूप से अलग पाया जाता है। इस प्रकार से संगीत-साहित्य का अर्थ, सामान्य रूप से केवल राग-रचना या धुन-रचना को ही माना जाता रहा है। आज भी संगीत से जुड़े व्यक्ति संगीत के शास्त्र-ज्ञान को केवल राग सम्बन्धित

अवयवों के रूप में देखते हैं। आरोही-अवरोही, वादी-संवादी, ठाट व राग और समय निर्धारण नियमों को ही संगीत का शास्त्र या थ्योरी (Theory) मानते हैं।

संगीत-सम्बन्धित प्राचीन सामग्री पर्याप्त उपलब्ध न होने के कारण, संगीत के विभिन्न उत्थान को क्रमानुसार आँकना कठिन है। वैदिक युग को प्राचीनतम माना जाता है। वहाँ से आगे बढ़ते हुए हम पाते हैं कि संगीत मुख्यतः दो धाराओं में पनप रहा था–प्रथम लोक संगीत व द्वितीय उच्चांग संगीत, जैसे सामगान, जाति गायन आदि। लोक संगीत केवल स्थानीय सभ्यता से जुड़ा हुआ था। उच्चांग संगीत पूर्णतः शास्त्र आधारित था जिसके नियम, प्रायः पूरे भारतवर्ष में कुशलता से निभाए जाते थे। उच्चांग संगीत में शास्त्रोक्त स्वर व छन्दों को विधिपूर्वक लाना पड़ता था। संगीत को नियमानुसार ही सँवारना पड़ता था। इसके विपरीत लोक संगीत में किसी प्रकार के नियमों के उल्लंघन का भय नहीं था। लोक संगीत की उत्पत्ति तत्क्षण-उत्पन्न (Spontaneous) भावों द्वारा होती है। वहाँ इस नियम के अतिरिक्त कोई दूसरा नियम पालन नहीं करना पड़ता है। लोक संगीत भारत के हर प्रान्त में स्वतन्त्र रूप से पनपता आ रहा है। वहाँ गुरु-शिष्य-परिपाटी न होते हुए भी समाज में अच्छे गीतों का कोष, हर समय भरा रहता आया है। यद्यपि लोक संगीत किसी भी नियम द्वारा बँधा हुआ नहीं होता था परन्तु किसी भी समय लोक संगीत, 'स्वर' से अलग नहीं रहा।

शास्त्रकार भले ही किसी प्रांत के लोक संगीत में यह स्थापित करने में सफल हो जाएँ कि वह लोक संगीत उक्त स्वरों द्वारा गढ़ा गया है या उक्त संगीत में अमुक राग की झलक पड़ती है परन्तु यह निर्विवाद तथ्य है कि लोक गीत का निर्माण स्फुरित व प्राकृतिक स्वरों द्वारा होता आ रहा है। शास्त्रीय संगीत में पदों का निर्माण अलग से होता है और स्वर-रचना शास्त्र के नियमों द्वारा की जाती है। लोक संगीत के पदों का जन्म स्फुरित होता है और स्वर की रचना भी तत्क्षण होती है। इसलिए लोक संगीत, हर समय कर्णप्रियता व माधुर्य का स्रोत समझा जाता रहा है क्योंकि उसका निर्माण प्राकृतिक अवयवों द्वारा हुआ है। सच पूछा जाए तो शास्त्रीय संगीत का जन्म-दाता, लोक संगीत को ही मानना चाहिए। इसी लोक संगीत का विश्लेषण करके, हमारे आचार्यवर्ग, नियमबद्ध शास्त्रीय संगीत को स्थापित करने में सफल रहे हैं।

वैदिक समय से ही शास्त्रीय संगीत को मोक्ष-प्राप्ति का सरल साधन माना जाने का गौरव प्राप्त है। साम गान, ध्रुवपद के पद आदि आत्मा व ईश्वरीय गान से ओत-प्रोत हैं। वर्तमान में सामगान व सामग आदि का नाम केवल पुस्तकों तक ही सीमित पाया जाता है। कालान्तर में ध्रुवपद एकदम लुप्त तो नहीं हुआ परन्तु उसका रूप कुछ बदल गया है। समाज में सामगान व ध्रुवपद गायन की स्थिति दुर्बल होती गई और मोक्ष-प्राप्ति की लालसा पिघलने लगी। समाज समीचीन आमोद-प्रमोद के दृष्टिकोण की ओर अधिक झुक गया। एक नए प्रकार की शैली 'ख्याल गायकी'

का प्रादुर्भाव हुआ। उस समय विद्वानों का मानना था कि यह गायकी, ध्रुवपद का ही नया रूप है। यहाँ तक कि लोगों ने इस ख्याल गायकी के रूप को लंगड़ा ध्रुपद भी कहकर पुकारा परन्तु इस नए रूप को समाज ने खुलकर अपनाया। आज अपनी लोकप्रियता के कारण समाज में ख्याल गायकी का ही प्रथम स्थान है।

लोक संगीत हमेशा से समाज के भाव व सौन्दर्य का प्रतीक रहा है। समय के अनुसार लोक संगीत ने भी भिन्न-भिन्न प्रान्तों में भिन्न-भिन्न प्रकार के रूपों द्वारा अपने को विस्तारित किया। सामाजिक अवसरों पर लोक संगीत ने अपनी जड़ें इस प्रकार फैला दीं कि समाज को पता ही नहीं चल पाया कि संगीत उनके जीवन का एक अभिन्न अंग बन चुका है। निर्जीव कठपुतलियों में लोक संगीत गूँजने लगा। लोक संगीत का सहारा लेकर रंग-मंच व भव्य नाट्यशालाएँ ख्याति प्राप्त करने लगीं। एक स्थान का संगीत दूसरे स्थान के संगीत पर अपना रंग जमाने लगा। संगीत का आनन्द, नाटक का पात्र तो लेता ही था परन्तु साथ-साथ में संगीत/स्वर ने जनता को सामूहिक रूप से प्रभावित करना आरम्भ कर दिया। नाटक के दृष्य-संगीत का विस्तारित रूप, सिने-संगीत बनकर समाज पर छा गया। यह तो रही लोक संगीत की यात्रा।

उधर ख्याल गायकी व प्रचलित ध्रुवपद गायकी ने अपना सहचर ढूँढ़ना आरम्भ कर दिया। समाज आमोद-प्रमोद की ओर तीव्र गति से झुक रहा था। हवेली संगीत व भक्ति संगीत, कुछ बन्धनों से घिरा हुआ था। स्वतः समाज अधिक बन्धनों-रहित राहों को खोजने लगा। फलस्वरूप ठुमरी, दादरा, चैती, होरी, कजरी आदि जैसे गायन-अंग, उभरकर सामने आने लगे। गायकी के इन विभिन्न सहचरों ने अपना स्थान उप-शास्त्रीय संगीत की श्रेणी में स्थापित कर लिया। साथ-साथ भजन, कीर्तन, ग़ज़ल व क़व्वाली, रवीन्द्र संगीत, नाट्य संगीत आदि भी अपना स्वरूप पसारने में लगे हुए थे, जब कि ऐसे गायन-अंग उपशास्त्रीय संगीत का दर्जा तो न पा सके, परन्तु समाज में अपनी-अपनी स्वतन्त्र पहचान स्थापित करने में सफल अवश्य हो सके हैं।

समाज के सभी क्षेत्रों में, पिछले छः-सात दशकों के अन्तर्गत, विचारणीय परिवर्तन हुए हैं। स्वतः संगीत के क्षेत्र में भी परिवर्तन होना स्वाभाविक था। चित्रपट या सिनेमा (Cinema) संगीत, जिसे संगीत के नाम से जाना जाता है, एक बहुत ही शक्ति-शाली रूप लेकर सामने आया है। सिने संगीत एक आधुनिक उपलब्धि है जिसमें ख्याल, ठुमरी, गीत, भजन, दादरा, लोक संगीत, कीर्तन, कव्वाली, नाट्य संगीत आदि का मिश्रण तो मिलता ही है परन्तु सबसे अधिक, पाश्चात्य व भारतीय-संगीत के मेल (Combination) का आनन्द सुलभता से प्राप्त हो जाता है। सिने संगीत द्वारा, समाज को सबसे अधिक आमोद-प्रमोद का भण्डार सस्ते मूल्य में उपलब्ध हो जाता है।

आधुनिक ध्वनि विज्ञान (Modern Science of Sound) की अद्भुत उपलब्धियों

द्वारा निर्मित, नए उपकरण जैसे एलपी रेर्कार्ड, टेप रेकार्ड, माइक्रोफोन, लाउडस्पीकर आदि ने नई क्रान्ति पैदा कर दी है। अब स्मरण-शक्ति व गुरुमुख वाणी पर पूरी तरह निर्भर न रहकर, आधुनिक उपकरणों द्वारा, आंशिक संगीत-ज्ञान अर्जित किया जा सकता है।

स्वर की आधुनिक स्थिति

संगीत के परिवर्तन का दौर अभी भी चल रहा है। इस परिवर्तन के कारणों को यदि हम सूक्ष्म दृष्टि से देखें तो संगीत का यह बदलाव, दो धाराओं में बहता हुआ दिखलाई देगा। मुख्यतः ये दो धाराएँ, 'स्वर' से जुड़ी हुई स्थितियों द्वारा दिखलाई देने लगती हैं।

(क) भारतीय संगीत के स्वरों के साथ विदेशी हारमॅनी कॉर्ड (Harmony) आधारित स्वरों का मेल व मिश्रण (Blending) चित्रपट संगीत (सिने संगीत) में सुगमता से घुलमिल जाता है। इस प्रकार के मिश्रण का प्रभाव, शास्त्रीय संगीत पर, नहीं के बराबर दिखलाई दे रहा है। परन्तु ठुमरी जैसे उपशास्त्रीय संगीत पर विदेशी हारमॅनी व कॉर्ड का प्रभाव बढ़ता जा रहा है। ऐसा लगता है कि वाद्य यन्त्रों के योगदान द्वारा, इस प्रकार के कुप्रभाव को अधिक प्रोत्साहन मिल रहा है, विशेषकर गायन कार्यक्रम के संगति के समय। परम्परा अनुसार ठुमरी के मुखड़े को विशेष राग आधारित स्वरों द्वारा सजाया जाता है। शेष भाग को, कार्यक्रम के अन्तर्गत, कई रागों के स्वरों के मिश्रण को कुशलता से सटा दिया जाता है। कलाकारों ने इस प्रथा को अपना भी रखा है क्योंकि ठुमरी में इस प्रकार के स्वरों के मिश्रण पर कोई प्रतिबन्ध नहीं है। इसी तथ्य का लाभ उठा कर हमारे वाद्य कलाकार हारमॉनी व कॉर्ड, ठुमरी गायन की संगति के समय सटा देते हैं। गायक तो विविध रागों के मिश्रण का प्रयोग करता है और ईमानदारी से उसे मिश्र ठुमरी के नाम से प्रस्तुत करता है परन्तु संगति करने वाले वाद्य-वादक, हारमॅनी आधारित स्वरों को बजा डालते हैं जो ठुमरी के मुखड़े व ठुमरी के अंग के लिए विवादी स्वरूप समझे जा सकते हैं। ऐसा अनुभव किया गया है कि श्रोता भी ऐसे विचित्र स्वरों को सुनकर, वाद्य कलाकार को संगति के लिए, तालियों द्वारा प्रोत्साहन भी करने लगे हैं।

जहाँ तक स्वर से जुड़ी चर्चा से सम्बन्ध है, हमारा दृष्टिकोण स्पष्ट है। हम किसी प्रकार का सुझाव नहीं देना चाहते हैं कि ठुमरी आदि के (जिसे हम उपशास्त्रीय श्रेणी की दृष्टि से देखते हैं।) प्रस्तुतिकरण में उपर्युक्त वर्णित हारमॅनी के मिश्रण को बढ़ावा देना चाहिए या नहीं परन्तु इतना अवश्य कहेंगे कि संगीत के विद्यार्थी को यहाँ तक समझ हो जानी चाहिए, जिसके द्वारा वह ऐसे हारमॅनी व कॉर्ड के स्वरों को, गायन में मिश्रित होते ही तुरन्त पहचान सके।

(ख) दूसरे प्रकार के परिवर्तन द्वारा, बहुत ही गम्भीर स्थिति उत्पन्न हो रही है व होती जा रही है। इस श्रेणी के परिवर्तन द्वारा हमारा शास्त्रोक्त 'भारतीय स्वर'

धीरे-धीरे स्वर प्रदूषण के घेरे में आता जा रहा है। भारतीय संगीत चिरकाल से स्वर-संवाद पद्धति पर आधारित माना गया है यानी सात स्वरों का पूरा सप्तक षड्ज-पंचम, षड्ज-मध्यम, षड्ज-गांधार वाली, संवाद प्रक्रिया द्वारा स्थापित किया गया है। इस सप्तक को पूर्ण प्राकृतिक (Natural) सप्तक के नाम से भी जाना जाता है। गुणी लोग इन्हीं स्वरों को तानपूरे के स्वर के नाम से सम्बोधित करते आए हैं। आजकल विद्यार्थी से लेकर बड़े-से-बड़े भारतीय कलाकारों ने हारमोनियम (Harmonium) के स्वरों को अपना लिया है।

वास्तविकता यह है कि सम्पूर्ण गायन तानपूरे के द्वारा उपजे स्वरों के आधार पर ही सम्पन्न करने की निष्ठा रहती है। साथ में कलाकार को यह भी कहते देखा गया है कि उनके गाने के साथ जो संगति, सारंगी/बहेला (Violin) आदि वाद्यों द्वारा हो सकती है, वैसी हारमोनियम द्वारा कदापि नहीं हो सकती। जब हारमोनियम के स्वरों द्वारा गाया नहीं जाता और हारमोनियम वाद्य कभी भी सम्पूर्ण संगति नहीं कर सकता, फिर भी हमारा संगीत समाज ऐसे विकारयुक्त वाद्य को पूर्ण रूप से अपनाता चला आ रहा है। संगीत सीखने के लिए श्रीगणेश हारमोनियम से हो और संगीत के मंच-प्रदर्शन में हारमोनियम की उपस्थिति अनिवार्य हो, तो ऐसी स्थिति को क्या कहेंगे?

आश्चर्य की बात है कि जहाँ पर इस हारमोनियम की उत्पत्ति हुई, वहाँ के समझदार गुणी लोग (Scholars) भी हारमोनियम द्वारा रचे हुए संक्रामक रोग से दुःखी हैं। विदेशी मापदण्ड के अनुसार, हारमोनियम का निर्माण टेम्परेट स्केल (Tamperate Scale) द्वारा किया गया है। टेम्परेट स्केल का मतलब यह है कि छेड़छाड़ करने के पश्चात् बिगड़ी हुई अवस्था वाली स्केल (Scale) यानी पैमाना या स्वर-मापनी।

निम्न उद्धरण पण्डित, वि.ना. भातखण्डे जी द्वारा प्रणीत 'भातखण्डे संगीत शास्त्र' से लिया गया है। इटली के प्रोफेसर ब्लसेर्ना अपनी पुस्तक, दी साइंस ऑफ म्यूजिक (The Science of Music) में लिखते हैं कि –

"The Tamperate Scale has become generally accepted, it has so come into daily use, that for the most part, our modern executant musicians no longer know that it is an incorrect scale, form of transition, in order to avoide the practical difficulties of musical execution ... ...

It can not be denied that the tamperate scale has destroyed many delicacies and has given to music, founded on simple and exact laws, a character of almost coarse approximation ... ...

It follows that music founded on tamperate scale must be considered as imperfect music and far below our musical sensibility and aspirations. That is endured and even thought beautiful only shows that our ears have systematically falsified from infancy...

The wish may then be expressed that there may be a new and fruitful era at hand for music in which we shall abondon the tamperate scale and return to the exact scale

The Science of Music... Professor Blaserna"

भावानुवाद

सामान्यतः हमने मानव-संस्कारित पैमाने (स्वर मापनी) को अपना लिया। उसका उपयोग इतना होने लगा कि अधिकांश भागों में, आधुनिक संगीत संपादन का कार्य करने वाले कदापि नहीं जान सके कि इस त्रुटिपूर्ण पैमाने का जन्म संगीत संपादन कठिनाइयों को दूर करने के लिए, अस्थाई तौर पर, उस परिवर्तन काल के दौरान हुआ था...

यह अस्वीकार नहीं किया जा सकता कि इस त्रुटि पूर्ण मानव-निर्मित पैमाने ने, हमारे संगीत की बारीकियों व कोमलता को नष्ट किया है। मोटे तौर पर कह सकते हैं कि इस पैमाने को अपनाने के पश्चात् अनुमानित स्वरों से निर्मित संगीत प्रस्तुत किया जाने लगा जो कि वास्तविक व सच्चे प्राकृतिक स्वरों से हट कर रहा है।...

सीधी-सी बात है कि मानव-निर्मित पैमाना आधारित संगीत अधूरा है और ऐसे संगीत का अनुसरण अपूर्ण व त्रुटिपूर्ण माना जाना चाहिए। इस पैमाने से उपजा संगीत संवेदनशीलता के लक्ष्य के स्तर से कहीं नीचा समझा जाना चाहिए...

ऐसी स्थिति को सहन करते रहना और विचारों द्वारा सुन्दर मानना, इस बात का सबूत है कि हमारे कान योजनाबद्ध तरीके द्वारा, बाल्यावस्था से ही गुमराह कर दिए गए हैं...

अतः अब ऐसी अभिलाषा व्यक्त की जाए कि संगीत का एक ऐसा नवीन फलदायक युग निर्माण हो, जिसके द्वारा हम टेम्परेट पैमाने को तिरस्कृत कर, अपने वास्तविक पैमाने की ओर वापस लौट आएँ।...

—द साइन्स ऑफ म्युज़िक...प्रोफेसर ब्लसेर्ना

अध्याय-2

संगीत सम्बन्धित भाषा व परिभाषा

सांकेतिक शब्द व परिभाषा का महत्त्व

संगीत का निर्माण मनुष्य ने किया है और इसका विकास भी मानव-बुद्धि द्वारा हुआ है। निःसन्देह इसके गुण व विभिन्न तत्त्व, बुद्धि द्वारा ही परखे जा सकते हैं। अन्य कलाओं की भाँति संगीत भी विशाल बौद्धिक तत्त्वों का प्रतिबिम्ब है जिसके विभिन्न अंग व प्रतिक्रियाओं को, किसी न किसी नाम से पुकारा जाता है। इस प्रकार के नाम एक विशेष प्रकार का संदेश देते हैं जो उस कला से सीधा सम्बन्ध रखते हैं। उदाहरण के लिए 'मूर्छना' शब्द को ले लीजिए। संगीत से जुड़े व्यक्ति के कानों में यह शब्द पड़ते ही कुछ आकृतियाँ मस्तिष्क के पटल पर उतर जाती हैं, जिनके द्वारा तुरन्त निर्णय लिया जा सकता है कि यह शब्द, सात स्वरों के समूह (Group) से सम्बन्ध रखता है, आदि-आदि। साधारण व्यक्ति मूर्छना शब्द द्वारा अपने आपको अचेतन या बेहोश होने वाले अर्थ के आसपास समझेगा। इस मूर्छना शब्द का, संगीत-शास्त्र के अन्तर्गत एक विशेष अर्थ होता है परन्तु साधारण स्थिति में मूर्छना का अर्थ वही होता है जो कि भाषा के शब्दकोष (Dictionary) में लिखा है।

शास्त्रकार, इस प्रकार के विषयों को विशिष्ट रूप से परिभाषित करते हैं और उन्हीं के द्वारा कुछ सांकेतिक शब्दों का चुनाव भी किया जाता है। इन शब्दों का अर्थ हर समय वही समझा जाता है जिसे शास्त्रकार ने, परिभाषा तैयार करते समय, रच दिया था। उदाहरणार्थ साधारण भाषा में 'ग' एक वर्ण है परन्तु संगीत लिपि के अन्तर्गत 'ग' को गांधार स्वर का सांकेतिक चिह्न माना जाता है। इसी प्रकार अनुस्वार (ं) को ले लें। यह अनुस्वार, हिन्दी भाषा के किसी व्यंजन के ऊपर बिन्दी जैसे लगाया जाता है जैसे नींद। यहाँ यह बिन्दी या अनुस्वार नींद शब्द में व्याकरण सम्बन्धित मूल्य रखती है परन्तु यही बिन्दी, जब स्वर 'ग' के ऊपर लगती है जैसे 'गं', तो संगीत सम्बन्धित विषय के लिए, इस बिन्दी द्वारा दूसरा अर्थ झलकने लगता है।

पाश्चात्य देशों ने वैज्ञानिक सिद्धान्तों को समझाने के लिए विशेष शब्दों का सहारा लिया है जो कि बहुधा सिद्धान्त बनाने वाले के नाम से जुड़ा हुआ है। न्युटंस लॉ (Newton's Law), आर्कमडीज़ सिद्धान्त (Archemedies Principle), फैरेडेज़ लॉ (Faraday's Law), बॉयल्स लॉ (Boyles' Law), आदि अनेक उदाहरण हैं, जिनके विषय में साधारण व्यक्ति अपरिचित होता है परन्तु उस क्षेत्र से जुड़े व्यक्ति के लिए ये शब्द सौ प्रतिशत विशिष्ट (100% Special) अर्थ रखते हैं। इस उदाहरण से यह नहीं समझ लेना चाहिए कि विज्ञान या किसी अन्य क्षेत्र में, पाश्चात्यों ने पारिभाषिक या सांकेतिक चिह्न के लिए आविष्कारक के नाम को ही चुना है। किसी भी सिद्धान्त या विषय को सम्बोधन करने के लिए, उन्होंने भाषा के शब्दों या वर्णों का भी, व्यापक रूप से प्रयोग किया गया है। उदाहरण के लिए एक्स रे (X-Ray) आदि सैकड़ों वर्ण व शब्द मिल जाएँगे जिनका हर परिस्थिति में व हर विषय में एक ही प्रकार का अर्थ समझा जाता है। आधुनिक दृष्टिकोण भी यही है कि किसी भी विषय या सिद्धान्त को परिभाषित (Define) करने के लिए जो शब्द व चिह्न प्रयोग में लाए जाएँ, उन शब्दों द्वारा हर स्थिति में, वही अर्थ झलकना चाहिए, जो परिभाषा करते समय चुना गया था। भाषा के शब्दकोष में उस शब्द का अर्थ कुछ भी हो परंतु वैज्ञानिक क्षेत्र में उस शब्द का अर्थ वही रहेगा जो कि प्रारंभ में, परिभाषा करते समय निर्धारित किया गया था। इसका मतलब यह हुआ कि ऐसे शब्दों का अर्थ अटल या ध्रुव प्रकृति का बन जाता है। इसीलिए इन शब्दों द्वारा रचित परिभाषा को व्यवहार में लाने से, संशयात्मक (Confusing) स्थिति के उत्पन्न होने का अवसर, शून्य समान हो जाता है।

भारतीय संगीत पद्धति व संगीत-शास्त्र के मुख्य शब्द जैसे स्वर, श्रुति, ध्वनि, नाद आदि शब्दों को, बड़े व्यापक रूप से व्यवहार में लिया गया है। ऐसे शब्दों की मूल व मौलिक परिभाषा प्राचीन ग्रन्थों में अवश्य लिख दी गई होगी परन्तु कालांतर में, वे सम्बन्धित ग्रन्थ अप्राप्य हो गए। भरत मुनि के नाट्य-शास्त्र को ही ले लें। इस ग्रन्थ को हम संगीत का प्रथम व प्राचीनतम ग्रन्थ मानते हैं क्योंकि इससे पूर्व के ग्रन्थ अप्राप्य हैं। यह ग्रन्थ यद्यपि नाट्य कला पर लिखा गया है परंतु इस ग्रन्थ के 36 अध्यायों में से, केवल 6 अध्याय संगीत शास्त्र से सीधा सम्बन्ध रखते हैं। अन्य कोई और ग्रन्थ उपलब्ध न होने के कारण, यही हमारे लिए संगीत का आदि ग्रथ माना जाता है। 'स्वर' के विषय में जब भरत मुनि लिखते हैं तो ऐसा लगता है कि श्रद्धेय भरत मुनि ने सोचा होगा कि स्वर व श्रुति जैसे तत्त्वों से पाठकगण अवश्य अभिप्रेत हैं। जिस स्थान पर स्वर के सम्बन्ध में लिखा है, वहाँ आरम्भ में ही कहा गया कि ये सात स्वर हैं जिनका नाम षड्ज आदि है–

''षड्जश्च ऋषभश्चैव गान्धारो मध्यमस्तथा।
पंचमो धैवतश्चैव निषादः सप्त च स्वराः''।

अर्थात–ये सात स्वर हैं जिनके क्रमशः षड्ज, रिषभ, गान्धार, मध्यम, पंचम, धैवत तथा निषाद नाम हैं।

–नाट्यशास्त्र भरत मुनि

इसी प्रकार श्रुति की परिभाषा आदि का विवरण न देते हुए उन्होंने 22 श्रुतियों की संख्या का प्रमाण (Proof) व प्रमाण-श्रुति के मान के विषय में सारणा चतुष्टय को प्रस्तुत किया है। परवर्ती गन्थकारों ने इसी प्रकार के विचारों का अनुकरण करते हुए, अपने-अपने ग्रन्थों का समापन किया है। फलस्वरूप इन मुख्य शब्दों की परिभाषा उन्हीं लोगों तक सीमित रह गई जिन्होंने इन शब्दों का, परिभाषा के लिए चुनाव किया था। धीरे-धीरे इन शब्दों का वैज्ञानिक अर्थ धूमिल होता चला गया। हमारे ऋषि-मुनियों ने अपने नाम को ऐसे सिद्धान्त या परिभाषा के साथ कभी नहीं जोड़ा, जिसके द्वारा उस सिद्धान्त की स्पष्ट रूप से पहचान हो सके। यह कहना बहुत कठिन है कि 'सारणा चतुष्टय' की स्थापना करने वाले या आविष्कारक भरत मुनि थे या उनसे पूर्व किसी दूसरे व्यक्ति ने सारणा चतुष्टय जैसी विधि को स्थापित किया है।

सबसे बड़ी उलझन ग्रन्थों के लोप हो जाने से हुई। दूसरा कारण यह रहा है कि ऋषि-मुनियों ने अपना नाम हर स्तर पर छिपा कर रखा। संगीत कला को गुरु-शिष्य-परम्परा की मौखिक परिपाटी द्वारा सैकड़ों पीढ़ियों तक, स्मरण-शक्ति के सहारे आगे बढ़ाया। कालान्तर में संस्कृत धातु के श्लोकों का मूल उच्चारण घिसता चला गया और साथ-साथ शिष्यगण बहुत-सा पाठ भूल भी गए। फलस्वरूप सम्पूर्ण संगीत साहित्य अशुद्ध हो गया। जहाँ तक शास्त्रीय सामग्री का प्रश्न है, वर्तमान में मौखिक आधार को मान्यता प्राप्त नहीं है। आज की स्थिति कुछ ऐसी बन गई है कि संगीत विद्या चाहे वह प्रस्तुतिकरण से सम्बन्ध रखती हो या शास्त्र सम्बन्धित साहित्य से किसी एक गुरु या किसी एक स्थान पर, संतोषजनक उत्तर मिलना असम्भव-सा हो गया है। अपूर्ण सामग्री द्वारा, पूर्ण ज्ञान को स्थापित करना स्वयं में एक चुनौती है। इसके अतिरिक्त, हमें वर्तमान दृष्टिकोण को भी साथ लेकर चलना उचित होगा। वर्तमान युग के जिज्ञासु की तृप्ति तभी सम्भव हो सकती है, जब उसके प्रश्नों के उत्तरों को, आधुनिक विज्ञान के सिद्धान्तों की छतरी के नीचे संतोषजनक छाया का सहारा मिलता रहे।

परिभाषा (Definition) सम्बन्धित दृष्टिकोण

किसी भी कला को समझने के लिए, उससे जुड़े विशेष तत्त्वों का मौलिक (Basic) रूप जानना आवश्यक है। किसी पदार्थ के लिए या किसी वस्तु के मूल्य के लिए या किसी विषय को सरल व सुलभ ढंग से दर्शाने के लिए, कुछ विशेष शब्द, वर्ण या चिह्नों को चुन लिया जाता है। एक बार जो शब्द या चिन्ह सर्वसम्मति से स्वीकार कर लिये जाते हैं, उन शब्दों को हमेशा के लिए उन्हीं मूल्यों द्वारा आँका जाना चाहिए।

जहाँ तक वैज्ञानिक जगत का सम्बन्ध है, इस विधि को पाश्चात्यों द्वारा कठोरता से निभाया गया है। शायद यही कारण हो कि आधुनिक विज्ञान ने इतनी प्रगति कर ली है। इस तथ्य की सच्चाई इसी में है कि विश्व के सभी देशों ने इस प्रकार के मौलिक तत्त्वों के गुणों को उनके मूल्यों को व उनसे जुड़े सिद्धान्तों को, सब प्रकार की परिस्थितियों में वैसा ही अपनाया है, जिस प्रकार से उन आविष्कार करने वाले वैज्ञानिकों ने, अपने आविष्कारिक काल में, उन सिद्धान्तों की नींव रखते समय सोचा था।

अग्रिम अनुच्छेदों में यह देखने को मिलेगा कि हमारे आचार्यों ने संगीत सम्बन्धित मौलिक शब्दों की परिभाषा समझाते समय उस शब्द के व्याकरण सम्बन्धी अवययों की ओर विशेष ध्यान दिया है। उदाहरण के लिए 'नाद' की व्याख्या को ही ले लीजिए। मतंग मुनि अपने संगीत ग्रन्थ 'बृहद्देशी' में नाद के लिए इस प्रकार लिखते हैं–

''नकारः प्राण इत्याहुर्दकारश्चानलो मतः।
नादस्य द्विपदार्थोऽयं समचीनो मयोदितः॥

अर्थात–नाद पद में नकार (न अक्षर) प्राण कहा गया है और दकार (द अक्षर) अग्नि माना गया है। नाद के दो पदों (ना+द) का यह युक्ति अर्थ मेरे द्वारा प्रतिपादित किया गया है।

–मतंग मुनि...बृहद्देशी

संगीत जगत की ऐसी स्थिति बन गई है कि संगीत से जुड़े पारिभाषिक शब्द, साधारण बोलचाल के अन्तर्गत धड़ल्ले से उपयोग में लाए जाते हैं, जहाँ इन शब्दों का अर्थ, वास्तविक अर्थ से बिलकुल अलग होता है। कई बार संगोष्ठियों में सुनने को मिलता है कि ''क्या लय में बजाया है'' कहने वाले का अभिप्राय यह होता है कि वाद्य द्वारा प्रस्तुतिकरण बहुत तेज गति (Speed) से हुआ है। वास्तव में कलाकार तो आरम्भ से ही लय में बजा रहा है। अपने कानों को भाने वाले संगीत के लिए वे लोग कहते हैं कि क्या सुर (स्वर) से गाया है। वास्तव में गायन तो स्वर रहित हो ही नहीं सकता है। स्वर, लय, नाद आदि संगीत के विशिष्ट शब्द हैं। संगोष्ठियाँ वाले भूल जाते हैं कि शास्त्रकारों ने ऐसे शब्द किसी पदार्थ को परिभाषित करने के लिए सुरक्षित रखे हैं। संगीत के विद्वानों के लिए ये शब्द विशिष्ट अर्थ रखते हैं।

हमारे प्राचीन ग्रन्थकारों ने सांकेतिक या पारिभाषिक शब्द चुनते समय इस बात का अधिक ध्यान रखा है कि उस शब्द का साहित्यिक अर्थ भी ठीक से झलकता रहे जैसे 'नाद', 'श्रुति', 'स्वर', 'सप्तक' आदि। इसके विपरीत आधुनिक विज्ञान जगत के दृष्टिकोण द्वारा, शब्दों के साहित्यिक अर्थ की ओर विशेष ध्यान नहीं दिया जाता है। उस शब्द के, विज्ञान सम्बन्धित वास्तविक तत्त्वों पर ही ध्यान दिया जाता है। उदाहरणार्थ, साहित्यिक दृष्टि से स्पीड (Speed) व वैलोसिटी (Velocity) शब्दों द्वारा

एक-सा अर्थ झलकता है परन्तु तकनीकी व वैज्ञानिक दृष्टि द्वारा, इन दोनों में बहुत अन्तर है। इसी प्रकार प्रेसर (Pressure) व फोर्स (Force) आम आदमी के लिए, समान अर्थ वाले शब्द हैं परन्तु भौतिक विज्ञान (Physics) के अन्तर्गत इन शब्दों के अर्थ बिलकुल अलग हैं। इस प्रकार के शब्दों को तकनीकी (Technical) स्तर की श्रेणी जैसी मान्यता दी जाती है। इस दृष्टिकोण द्वारा हमें 'संगीत' के लिए भी विचार करना चाहिए। संगीत, पूर्ण रूप से ध्वनि (Sound) आधारित विषय माना जाता रहा है। आधुनिक विज्ञान की दृष्टि द्वारा भी, ध्वनि को भौतिक विज्ञान का अंग मानते हैं। इसलिए यदि आधुनिक दृष्टिकोण को अपनाया जाता है तो संगीत से जुड़े शब्दों की परिभाषा, पूर्ण रूप से तकनीकी (Technical) महत्त्व वाली होनी चाहिए।

यहाँ पाठको का ध्यान हम विशेष रूप से आकर्षित करना चाहेंगे कि किसी विषय का तकनीकी अंग, उस विषय के वैज्ञानिक रूप की पुष्टि करता है। जहाँ विज्ञान का प्रश्न आता है वहाँ व्याकरण दार्शनिक व धार्मिक विचारों को, प्राथमिकता नहीं दी जा सकती। जब हम किसी शब्द या वर्ण को तकनीकी पद देते हैं तो यह मानकर चलना पड़ेगा कि हर समय ऐसा शब्द किसी विशेष अवस्था या गुण को दर्शा रहा है। वास्तव में यह शब्द, उस पदार्थ के वैज्ञानिक रूप को 'तकनीकी' आवरण प्रदान कर रहा है। तकनीकी शब्द, मूल पदार्थ का वास्तविक प्रतीक (Symbol) है। उस शब्द को व्याकरण से जकड़ने की आवश्यकता नहीं है और न ही उस शब्द द्वारा किसी का माहात्म्य बखानने की आवश्यकता है। उदाहरणार्थ 'नाद' शब्द को ले लें। नाद की प्रशंसा, उत्पत्ति, लक्षण तथा भेद आदि गुणों के विषय में प्रायः सभी ग्रन्थकारों ने खूब लिखा है परन्तु नाद किसको कहा जाए, इस बिन्दु को स्पष्ट रूप से किसी ने भी नहीं छुआ है।

सभी लेखकों ने ध्वनि, स्वर, श्रुति, नाद, लय, ताल आदि को अपने-अपने विचार से परिभाषित किया है परन्तु उन लेखकों की भाषा द्वारा, व्याकरण व दार्शनिक वृत्ति की ओर अधिक झुकाव सामने आता है। जहाँ तक हमारे संगीत का प्रश्न है वह आहत नाद के अन्तर्गत है जो दर्शन, व्याकरण, न्याय-शास्त्र आदि से परे होना चाहिए। हाँ, 'अनाहद' नाद को आध्यात्मिक अथवा दार्शनिक दृष्टि द्वारा स्वीकारा जा सकता है जिसके विषय में हम कुछ नहीं कहना चाहेंगे क्योंकि ऐसे प्रकरण हमारे विषय से अलग हैं। जब यह निश्चित है कि हमारा संगीत आहत नाद के अन्तर्गत है तो हमें इस विषय को भौतिक विज्ञान के मानदण्डों द्वारा नापना चाहिए। हमें दार्शनिकता से अभिप्रेत विचारों को त्याग कर, ऐसा मार्ग अपनाना चाहिए जहाँ किसी प्रकार का भ्रम उत्पन्न न हो सके।

इस तथ्य पर अधिक बल देने की आवश्यकता नहीं है कि जब हमारे संगीत का क्षेत्र आहत नाद से जुड़ा है और भौतिक विज्ञान के अन्तर्गत माना जाता है तो

ध्वनि, स्वर, श्रुति, नाद आदि शब्दों को भौतिक विज्ञान के तत्त्वों के समान ही गिना जाना चाहिए। यदि हम इस प्रकार का दृष्टिकोण अपनाते हैं तो कभी भी, किसी भी प्रकार की भ्रमात्मक स्थिति उत्पन्न नहीं हो सकती। इसका कारण है। आधुनिक विज्ञान से जुड़े वे शब्द, जिनका विविध विषयों की परिभाषा आदि के लिए चुन लिया जाता है, ऐसे शब्द व वर्ण, विशिष्ट परिधि में आ जाते हैं। वे शब्द किसी तकनीकी अवस्था को दर्शाने लग जाते हैं। तब हमारे द्वारा किसी शब्द को तकनीकी (Technical) पद दिया जाता है, तो उस शब्द से सम्बन्धित पदार्थों के गुण मान व मूल्य (Properties) हमेशा के लिए स्थाई/धुव (Fixed) प्रकृति के हो जाते हैं। विज्ञान, इस प्रकार के चुने हुए शब्दों के अलग-अलग स्थान पर, भिन्न-भिन्न अर्थ लगाने की अनुमति प्रदान नहीं करता है।

परिभाषा से सम्बन्धित शब्दों को तकनीकी मान्यता दे देनी चाहिए। ऐसा करने के फलस्वरूप हम पाएँगे कि उन शब्दों द्वारा किसी भी प्रकार की संशयात्मक (Ambiguity), स्थिति उत्पन्न होने के अवसर प्रायः शून्य हो जाते हैं। इस आशय या विचार को फिर से दोहराया जा रहा है—यह नहीं समझ लेना चाहिए कि प्राचीन ग्रन्थों में ध्वनि, नाद व श्रुति आदि के जो गुण बतलाए गए हैं, वे सभी हमारे विषय से हटकर हैं। वास्तविक तथ्य यह है कि जिन ग्रन्थों में इन शब्दों से सम्बन्धित परिभाषाएँ लिखी गई थीं, वे ग्रन्थ अप्राप्य हैं। उस समय संगीत-समाज की ऐसी स्थिति थी कि इन शब्दों से जुड़े मूल्यों के वि[illegible]य में, साधारण व्यक्ति भी अच्छी प्रकार से परिचित था। हमारे पास प्राचीनतम ग्रन्थ नाट्य शास्त्र है। प्रमुख रूप से यह ग्रन्थ नाट्य कला पर लिखा गया है। संगीत के विषयों पर उतना ही प्रकाश डाला गया है, जितनी कि आवश्यकता समझी गई। परवर्ती ग्रन्थकारों ने, यद्यपि अपने लेखन कार्य का केन्द्र पूर्ण रूप से संगीत को ही चुना परन्तु प्रायः सभी ने भरत मुनि वाली प्रक्रिया का ही अनुकरण किया है। इस प्रकार ध्वनि, नाद व श्रुति जैसे अंगों की पारिभाषिक व्याख्या, विशेषकर वह व्याख्या जो इन शब्दों से जुड़े आदि ग्रन्थों में लिखी गई थी, अब स्पष्ट रूप से देखने को नहीं मिल पा रही है। इतना अवश्य है कि ध्वनि, नाद, स्वर व श्रुति आदि के विषय में विभिन्न लक्षण, भेद, प्रशंसा आदि सभी ग्रन्थों में पाए जाते हैं।

संगीत की विद्यालयीन (Academic) शिक्षा, स्वयं में आधुनिक दृष्टिकोण का प्रतीक है। जब हम गुरु-शिष्य-परिपाटी से अलग-थलग पड़ ही गए हैं, तो आधुनिक युग में वैज्ञानिक दृष्टिकोण अपनाना नितान्त आवश्यक हो गया है और समाज ने ऐसे दृष्टिकोणों को समय के अनुसार अपनाया भी है। इस तथ्य का प्रमाण, संगीत के क्रियात्मक पक्ष द्वारा, हमारे सामने स्पष्ट रूप से दिखलाई दे रहा है। ख्याल, टप्पा, ठुमरी, कजरी आदि नई शैलियाँ हमारे सामने उदाहरण रूप में उपस्थित हैं। जहाँ तक क्रियात्मक पक्ष का प्रश्न है, वहाँ नई-नई शैलियों को अपना लिया गया है।

इसके विपरीत संगीत शास्त्र सम्बन्धित शब्द, प्राचीन काल से वही चले आ रहे हैं। इसका मतलब यह नहीं है कि इन शब्दों का परिवर्तन करके, इनके बदले में नये शब्दों का चुनाव किया जाना चाहिए। इन शब्दों के पीछे कुछ भाव व प्रयोजन छिपे हुए हैं। उन प्रयोजनों व उद्देश्यों और उनसे बँधे हुए भाव को, आज भी हम उसी आदर द्वारा निभाव करते आ रहे हैं। प्राचीन ग्रन्थों के लुप्त हो जाने के कारण, कुछ तथ्यों के विषय में जानकारी प्राप्त करना, एक समस्या बन गई है। ऐसी स्थिति में यही उचित होगा कि संगीत शास्त्र से सम्बन्धित कुछ मूल व विशेष शब्दों को चुनकर गहराई तक जाँच-पड़ताल की जानी चाहिए।

आधुनिक भौतिक विज्ञान के ठोस सिद्धान्तों की सच्चाई के विषय में अधिक कहने की आवश्यकता नहीं है। सभी प्रकार की आलोचना की दृष्टि को त्याग कर, हमें सम्बन्धित विषयों का, समालोचना दृष्टि के अन्तर्गत, अध्ययन करना चाहिए। संगीत के महत्त्वपूर्ण अंग, जैसे ध्वनि, नाद, श्रुति, स्वर आदि पदार्थों की परिभाषाओं का मन्थन करने के पश्चात्, उसी सामग्री को इस प्रकार का रूप दिया जाना चाहिए कि प्राचीन शास्त्रों के विचार व भौतिक विज्ञान का आधुनिक दृष्टिकोण, दोनों का पूर्ण रूप से, निभाव हो सके। इसी उद्देश्य को ध्यान में रखते हुए, निम्न शब्द व उससे जुड़े हुए विषयों की, हमारे द्वारा अग्रिम अध्यायों में विस्तार पूर्वक चर्चा की जाएगी।

(1) 'संगीत'
(2) 'ध्वनि'
(3) 'नाद'
(4) 'स्वर'
(5) 'श्रुति'

अध्याय-3

संगीत व ध्वनि विज्ञान

परिचयात्मक विवरण

आधुनिक विज्ञान के विशाल भण्डार की विविध शाखाओं में से एक शाखा ध्वनि विज्ञान (Science of Sound) है। वैज्ञानिकों ने अपनी सूझबूझ द्वारा ध्वनि विज्ञान के ठोस सिद्धान्त स्थापित किए हैं और विज्ञान (Science) के विद्यार्थी इन सिद्धान्तों को ठीक से समझने के लिए, प्रयोगशाला (Laboratory) में मुख्य-मुख्य प्रयोग (Experiment) स्वयं करते हैं। परिणामस्वरूप उन्हें इन सिद्धान्तों के मूल स्वरूप को समझने में सहायता मिलती है।

शास्त्रीय संगीत से जुड़े व्यक्तियों को ध्वनि विज्ञान के मुख्य-मुख्य सिद्धान्तों को जानना आवश्यक है। ये सिद्धान्त संगीत के शास्त्र पक्ष को समझने व संगीत-रुचि बढ़ाने में उपयोगी सिद्ध हो सकते हैं। यह आवश्यक नहीं है कि ध्वनि विज्ञान के सिद्धान्तों को भलिभाँति समझने के लिए, आज के विद्वानों व विद्यार्थियों को स्वयं प्रयोगशाला में जाकर प्रयोगों को करना पड़े। यदि वे प्रयोग करते हैं, तो हानि भी नहीं है। इस प्रकार के दृष्टिकोण को अपनाने का कारण है। प्रथम तो, संगीत के विद्यार्थी के सामने यथेष्ट लम्बा-चौड़ा पाठ्यक्रम होता है। द्वितीय, यदि प्रारम्भ से ही भौतिक विज्ञान (Physics) के सिद्धान्तों व प्रयोगशाला सम्बन्धित कार्यक्रमों पर, विशेष ध्यान लगाने के लिए दबाव दिया जाता है, तो संगीत सम्बन्धित सम्पूर्ण विषय नीरस बन सकता है। हमारा प्रयास संगीत शास्त्र में रुचि उत्पन्न करने के पक्ष में है। इसलिए हम चाहेंगे कि शास्त्रीय संगीत से जुड़े व्यक्तियों को, आधुनिक ध्वनि विज्ञान के उन अंगों को समझ लेना हितकर होगा जिनके द्वारा वे संगीत-शास्त्र को सही प्रकार से स्वयं समझ सकें और आवश्यकता पड़ने पर जिज्ञासुओं को अपने ज्ञान द्वारा सन्तुष्ट कर सकें।

ऐसा लगता है कि आज का संगीत समाज, आधुनिक ध्वनि विज्ञान के सम्बन्ध

पर उदासीन है। समय-समय पर संगीत के उच्च स्तरीय समारोहों में, इस विषय पर चर्चा होते पाया तो गया है परन्तु जहाँ तक इस विषय को पाठ्यक्रम में जोड़ने का सम्बन्ध है, इस दिशा में प्रगति नहीं के बराबर है। हमारे विचार से, संगीत सम्बन्धित आधुनिक ध्वनि विज्ञान के सिद्धान्तों का विषय, सही ढंग से पाठ्यक्रम (Syllabus) में शीघ्र से शीघ्र जोड़ देना अति हितकर होगा। इस प्रकार भविष्य में संगीत के स्नातक आदि डिग्री सुसज्जित सज्जनों को, अच्छी नौकरियों व अन्य प्रकार की प्रतियोगिताओं (Competitions) में भाग लेने के अवसर प्राप्त हो सकेंगे। यह तभी सम्भव है, जब संगीत के पाठ्यक्रम (Syllabus) में विश्वविद्यालयों के अन्य विषयों के समान, आधुनिक ध्वनि-विज्ञान के उचित अंगों को भी सम्मलित कर दिया जाता है। आधुनिक विज्ञान के साथ, गणित सम्बन्धित कुछ अंशों को भी पाठ्यक्रम में सम्मलित कर लेना चाहिए क्योंकि विज्ञान और गणित एक दूसरे के पूरक हैं।

इस प्रकार के पाठ्यक्रम द्वारा संगीत के विद्यार्थी, संगीत-शास्त्र को गहराई से समझ सकेंगे। अन्त में ऐसे ही अर्हता (Qualification) प्राप्त विद्यार्थी, अनुसंधान के योग्य बन सकेंगे। आवश्यकता पड़ने पर पाश्चात्य विद्वानों के साथ भी, संगीत शास्त्र सम्बन्धी विचारों का आदान-प्रदान करने में सक्षम हो सकेंगे। विदेशों के स्नातक विद्यार्थियों को, संगीत के साथ सम्बन्धित ध्वनि-विज्ञान व गणित के सिद्धान्तों का भी पूर्णरूप से ज्ञान दिया जाता है।

ध्वनि–आधुनिक सोच

आधुनिक ध्वनि विज्ञान के जिन मौलिक सिद्धान्तों को, अग्रिम अनुच्छेदों द्वारा प्रस्तुत किया गया है, ऐसे बिन्दु वर्तमान पाठ्यक्रम में पहले ही सम्मिलित है। यहाँ उन्हीं बिन्दुओं को विस्तारपूर्वक समझाने का प्रयास किया गया है। कभी-कभी हमारे कानों में एक प्रकार की ध्वनि/गूँज जैसी वस्तु का आभास होता है। ऐसी अवस्था किसी के द्वारा बनाई नहीं जाती, अपने आप में बन जाती है। तात्पर्य यह है कि इस गूँज की उत्पत्ति किसी आघात द्वारा नहीं होती है और न ही वह गूँज कहीं से चलकर आती है। इसीलिए हमारे शास्त्रकारों ने ऐसी गूँज को संगीत के अन्तर्गत नहीं माना है। न ही आधुनिक विज्ञान इसे 'ध्वनि' समान मानता है। हमारे प्राचीन ग्रन्थकारों ने उसे 'अनहद नाद' की संज्ञा दी है और अनहद नाद, को योग के अन्तर्गत माना है। 'अनहद नाद' संज्ञा के साथ 'नाद' शब्द जुड़ा हुआ है। इस कारण से साधारण विद्यार्थी द्वारा, 'अनहद नाद' को संगीत के साथ जुड़ा हुआ समझना स्वाभाविक है। इस विषय पर अग्रिम अध्याय, 'नाद' में विशद चर्चा की गई है।

आधुनिक ध्वनि विज्ञान ने आश्चर्यजनक प्रगति की है। ध्वनि की कई जातियों व प्रजातियों को स्थापित किया है। कई नए सिद्धान्तों को स्थापित किया है। ध्वनि सम्बन्धित नई-नई मशीन व उपकरणों का निर्माण हुआ है, जिन्हें देखकर व जिनके

दैनिक उपयोग द्वारा, उनसे जुड़े हुए सिद्धान्तों की सच्चाई का प्रमाण प्राप्त होता हैं। संगीत से जुड़े क्षेत्र के अतिरिक्त भी हमारे सामने अनेक उदाहरण उपस्थित हैं, जिनको देखकर आधुनिक ध्वनि विज्ञान के सिद्धान्तों की सच्चाई को भक्तिभाव से नमन करने में गौरवता का भास होता है। वास्तव में हमें इस तथ्य को स्वीकार कर लेना चाहिए कि ध्वनि विज्ञान के आधुनिक सिद्धान्त शत-प्रतिशत सही हैं। संगीत सम्बन्धित समस्याएँ अनेक हैं परन्तु इस समय हमारा ध्यान, केवल स्वर व उसके गणितीय मान (Arithmatical Values) से जुड़ी समस्याओं तक ही सीमित है। अगले परिच्छेदों में संगीत से जुड़े इसी प्रकार के दो-तीन, आधुनिक ध्वनि-विज्ञान आधारित सिद्धान्तों को, सरल प्रकार से समझाया गया है। इस तथ्य को ध्यान में रखा गया है कि एक साधारण विद्यार्थी, जिसने भौतिक विज्ञान का अध्ययन नहीं किया है, वह साधारण विद्यार्थी भी उसे सरलता से ग्रहण कर सके। ये दो-तीन सिद्धान्त ही हमारे संगीत सम्बन्धी समस्याओं को सुलझाने व समझाने के लिए पर्याप्त हैं। अग्रिम अनुच्छेद में इन सिद्धान्तों से सम्बन्धित प्रायोगिक उदाहरण दिए गए हैं। इन उदाहरणों द्वारा ध्वनि-विज्ञान के कुछ मूल सिद्धान्तों को समझने में सहायता मिलेगी।

ध्वनि तरंग (Sound Waves)

आधुनिक ध्वनि विज्ञान की सबसे बड़ी उपलब्धि इस तथ्य पर बल देती है कि ध्वनि सदैव तरंगों द्वारा ही एक स्थान से दूसरे स्थान तक पहुँच पाती है और इन तरंगों को आगे बढ़ाने के लिए यानी प्रसारित होने के लिए किसी माध्यम का होना अनिवार्य है। जैसे, हवा व पानी आदि। भौतिक विज्ञान (Physics) की पुस्तकों में विविध उदाहरण पाए जाते हैं जिनके द्वारा तरंगों जैसी वस्तु को समझने में आसानी हो जाती है। जब स्कूल की घण्टी बजाई जाती है तो हमें उसकी आवाज़ सुनाई देती है। घण्टे पर मुँगरी द्वारा प्रहार करने के पश्चात् जो ध्वनि उत्पन्न होती है, वह हमारे कानों तक पहुँचती है। भौतिक विज्ञान द्वारा हमारा ध्यान इस तथ्य की ओर आकर्षित होता है कि आवाज़ उत्पन्न होने के स्थान से, ध्वनि को कानों तक पहुँचने के लिए, किसी माध्यम की आवश्यकता पड़ती है। इसलिए स्पष्ट हो जाता है कि घण्टे द्वारा उत्पन्न यह आवाज़, हवा के माध्यम द्वारा हमारे कानों तक पहुँच पाई है। इस उदाहरण द्वारा यह समझ में आता है कि ध्वनि प्रसारण के लिए किसी माध्यम (Media) का होना आवश्यक है।

भौतिक विज्ञान के विद्यार्थियों को निम्न प्रचलित प्रयोग को अपने हाथों द्वारा करने का अवसर मिलता है। प्रयोग द्वारा इस कथन की पुष्टि हो जाती है कि ध्वनि प्रसारण के लिए, किसी माध्यम का होना बहुत ही आवश्यक है। शीशे की एक बोतलनुमा बर्तन (Bell Jar) में बिजली से बजने वाली घंटी को बन्द कर देते हैं। जैसे ही हम घंटी के बटन को दबाते हैं, तो हमें घण्टी की आवाज सुनाई देने लगती है। अब हम बर्तन (Bell Jar) की हवा को पम्प द्वारा बाहर खींचना आरम्भ करते

हैं। जैसे-जैसे बर्तन में से हवा कम होती जाती है, घण्टी की आवाज़ क्रमशः धीमी सुनाई देने लगती है और अन्त में एक स्थिति ऐसी आती है कि घण्टी की आवाज इतनी मन्द हो जाती है कि हमें घण्टी द्वारा निकली ध्वनि सुनाई देना बन्द हो जाती है। इसके पश्चात् बर्तन में, हवा को धीरे-धीरे प्रवेश कराया जाता है। अब हम यह अनुभव करते हैं कि घण्टी की आवाज़ धीरे-धीरे पुनः सुनाई देने लगती है। इस क्रिया द्वारा स्पष्ट हो जाता है कि हवा जब लुप्त हो जाती है तो घंटी की आवाज़ भी लुप्त हो जाती है। घंटी और कानों के बीच में से माध्यम भंग हो जाने के कारण, ध्वनि भी सुनाई देना बन्द हो जाती है। जब बर्तन में हवा का दोबारा से प्रवेश किया जाता है, तो माध्यम फिर से जीवित हो उठता है। फलस्वरूप कान तथा घंटी के बीच का तारतम्य पुनः स्थापित हो जाता है और घण्टी की आवाज़ फिर से सुनाई देने लगती है। प्रयोग द्वारा इस तथ्य की पुष्टि हो जाती है कि ध्वनि-प्रसारण के लिए माध्यम का होना, एक प्राथमिक आवश्यकता है।

एक उदाहरण और दिया जा रहा है। थोड़ी देर के लिए यह समझ लिया जाए कि पत्थर के एक छोटे से टुकड़े को किसी डोरी में बाँधकर, हवा में गोल-गोल इस प्रकार घुमाया जाए कि डोरी का एक छोर हाथ में हो और पत्थर का टुकड़ा लगभग दो-तीन फुट दूरी पर, हवा में वृत्ताकार (Circular) मार्ग बनाता दिखाई दे। निश्चय ही यह पत्थर का टुकड़ा गोल परिधि में घूमना आरम्भ कर देता है। हम यह अनुभव करते हैं कि पहले तो किसी प्रकार की ध्वनि सुनाई नहीं देती है। परन्तु जैसे ही हाथ द्वारा गोल चक्करों की संख्या में वृद्धि की जाती है, हमें एक प्रकार की ध्वनि सुनाई देने लगती है। वह पत्थर का टुकड़ा हवा में एक नियमित प्रकार की हलचल पैदा करने लगता है। परिणामस्वरूप इस हलचल द्वारा हमें कुछ ध्वनि सुनाई देने लगती है। जैसे-जैसे हम पत्थर के टुकड़े को घुमाने वाले चक्करों में वृद्धि करते हैं, वैसे-वैसे ध्वनि स्पष्ट व तीखी सुनाई देने लगती है।

इन दोनों उदाहरणों द्वारा यह समझ में आता है कि ध्वनि किसी जगह से चलकर कानों तक पहुँच रही है। ध्वनि को एक स्थान से दूसरे स्थान तक चलकर आने के लिए, दोनों ही उदाहरणों के अन्तर्गत हवा ही (Medium) माध्यम है। जैसे-जैसे गोल चक्करों की वृद्धि की गई थी, उसी अनुपात में हवा के कणों में अधिक/कम्पन (Vibration) उत्पन्न हुआ और यह हलचल तरंगों का रूप धारण कर लेती है। यहाँ माध्यम हवा है। इसलिए इन तरंगों को हम देख नहीं सकते हैं। यदि किसी छोटे से तालाब में एक पत्थर का टुकड़ा फेंक दें, तो पत्थर द्वारा उत्पन्न हुई हलचल को, हम प्रत्यक्ष रूप से देख सकते हैं।

पाठकगण इस विषय को पूर्ण रूप से समझना चाहें तो उन्हें ध्वनि विज्ञान की पुस्तकों का अध्ययन करना पड़ेगा व साथ-साथ में कुछ प्रयोगों को भी करना हितकर होगा। हम पाठकों का ध्यान इस ओर आकर्षित करना चाहेंगे कि हमारे

कहने का उद्देश्य यह नहीं है कि संगीत के विद्यार्थियों को सम्पूर्ण भौतिक विज्ञान का पूर्णरूप से विधिवत् अध्ययन करना चाहिए। इसलिए हम ध्वनि विज्ञान (Science of Sound) के कुछ सिद्धान्तों पर उतना ही प्रकाश डालना चाहेंगे जितनी इस समय हमारी आवश्यकता है।

उपर्युक्त उदाहरणों द्वारा, हमारा ध्यान दो प्रकार के परिणामों पर केन्द्रित हो जाता है–प्रथम यह कि ध्वनि प्रसारण के लिए किसी माध्यम का होना अनिवार्य है व द्वितीय, ध्वनि का प्रसारण तरंगों द्वारा होता है। ये तरंगें किसी नियमित सिद्धान्त द्वारा अपना प्रभाव प्रकट करती हैं। जैसे-जैसे गोल चक्करों में वृद्धि हो रही थी, उसी अनुपात में ध्वनि का तीखापन (Shrillness) भी बढ़ रहा था। निर्धारित समय में गोल चक्करों की वृद्धि होने के कारण, हवा में हलचल/कम्पन्न (Vibration) की वृद्धि होना स्वाभाविक है इसलिए साधारण बुद्धि द्वारा कहा जा सकता है कि अधिक कम्पन्न प्रति सैकण्ड द्वारा, हमें ध्वनि के तीखापन में, वृद्धि का भास होने लगता है।

हमारे संगीत के मुनि, आचार्य व पण्डित वर्ग के लोगों ने मानवकण्ठ द्वारा उच्चारण क्रिया व मौखिक स्वर सूचक (Phonetic) जैसी क्रियाओं का गहराई से अध्ययन किया और ध्वनि निर्माण में सहयोग देने वाले सिद्धान्तों को स्थापित किया। ये सिद्धान्त ही हमारी भाषा व व्याकरण के लिए आधार स्तम्भ प्रमाणित हुए। तत्पश्चात् वीणा आदि तन्तु वाद्यों से उत्पन्न स्वरों के मान (Values) को निर्धारित किया। उस समय के ज्ञान व विज्ञान के अन्तर्गत ऐसी प्रक्रियाओं को शास्त्रोक्त मान्यता प्राप्त थी। उसी वैज्ञानिक विकल्प के आधार पर सात स्वर व बाईस श्रुतियों को स्थापित किया गया। उसी विज्ञान के आधार पर यह स्थापित किया गया है कि सप्तक के सीमान्त स्वर एक-दूसरे से द्विगुना ऊँचा होते गए हैं। इस प्रकार के उपलब्ध परिणामों को आज भी आदर की दृष्टि द्वारा देखा जाता है। यह सच है कि हम उस प्राचीन विज्ञान से जुड़े साहित्य को भूल चुके हैं परन्तु उस विज्ञान द्वारा अर्जित की गई कुछ एक उपलब्धियों का विवरण, बचे-खुचे ग्रन्थों में अवश्य देखने को मिल जाता है। वर्तमान दृष्टिकोण द्वारा, ध्वनि सम्बन्धित सिद्धान्तों को, आधुनिक भौतिक विज्ञान (Modern Physics) के अन्तर्गत माना जाता है।

वर्तमान ध्वनि सिद्धान्त, सभी प्रक्रियाओं पर समान भाव से लागू होते हैं, चाहे वह प्रक्रिया कण्ठ या तन्तु वाद्य से सम्बन्ध रखती हो या अन्य किसी ध्वनि स्रोत से सम्बन्ध रखती हो। इन सिद्धान्तों का क्षेत्र विशाल है। इनमें से 'कम्पन संख्या प्रति सैकण्ड' वाले सिद्धान्त को मुख्य स्थान प्राप्त है। यह स्पष्ट है कि हमारे आचार्य व मुनिजन, आधुनिक कम्पन संख्या प्रति सैकण्ड वाले सिद्धान्त से, सीधे-सीधे (Directly) अभिप्रेत नहीं थे। इसलिए ध्वनि के इस कम्पन संख्या प्रति सैकण्ड वाले अंग को विस्तारपूर्वक समझना अनिवार्य है। इसके पहले की कम्पन संख्या प्रति सैकण्ड

वाले सिद्धान्त की ओर बढ़ा जाए, हमें ध्वनि शब्द व उससे सम्बन्धित ज्ञान को ठीक प्रकार से समझ लेना हितकर होगा।

ध्वनि एक शक्ति (Type of Energy)

ध्वनि (Sound), प्रकाश (Light), ऊर्जा (Heat), विद्युत (Electricity) आदि को भौतिक विज्ञान, एक प्रकार की शक्ति के रूप में देखता है। अन्धकार में प्रकाश पहुँचते ही, हमें सब कुछ दिखलाई देने लग जाता है। ऊर्जा द्वारा गर्मी महसूस करते हैं। उसी प्रकार ध्वनि-शक्ति यदि एक स्थान से चलकर हमारे कानों तक पहुँचती है, तो हमें कुछ सुनाई देता है और हम यह समझ जाते हैं कि वह शक्ति हमें क्या संदेश दे रही है?

ध्वनि चाहे मानव कण्ठ द्वारा निर्मित हो अथवा किसी वाद्य द्वारा, या पशु-पक्षियों द्वारा, या किसी आघात द्वारा– ध्वनि सम्बन्धित आधुनिक नियम सभी अवस्थाओं पर एक समान लागू होते हैं। यदि सुनने वाला किसी दूर स्थान पर स्थित है, तो हो सकता है कि उस व्यक्ति को ऐसी ध्वनि सुनाई न दे परन्तु यदि ध्वनि इतनी शक्तिशाली है कि सुनने वाले के कानों तक पहुँच पाती है, तो ध्वनि अपने गुणों द्वारा अपना संदेश ठीक पहुँचा देती है।

आधुनिक विज्ञान के अन्तर्गत यह मान्यता है कि ध्वनि एक स्थान से दूसरे स्थान तक तरंगों द्वारा पहुँचती है और यह तरंगें किसी माध्यम (Medium) में हलचल या कम्पन के परिणामस्वरूप ही पैदा होती हैं। वैसे तो इन तरंगों (Waves) के कई प्रकार के विशेष लक्षण या गुण हैं और कई प्रकार की जातियाँ हैं परन्तु इस विषय पर सीमित दृष्टिकोण रखते हुए, हम ध्वनि के उन गुणों पर प्रकाश डालना चाहेंगे, जिनके द्वारा संगीत से जुड़े गूढ़ रहस्यों को समझने में सहायता मिल सके। वैज्ञानिकों ने यह स्थापित कर दिया है कि किसी भी प्रकार की ध्वनि, जो हमें सुनाई देती है, मूल रूप से उसमें तीन प्रकार के गुण विद्यमान रहते हैं–

(क) ध्वनि की प्रबलता (Loudness)

(ख) ध्वनि की जाति या ध्वनि का गुण (Timbere/Quality)

(ग) ध्वनि की तारता (Pitch)

उपर्युक्त लिखे तीन गुणों (Properties) को यदि विस्तारपूर्वक लिखा जाए तो वह अलग से ग्रन्थ जैसा बन जाएगा। इसलिए इन तीनों विषयों को संक्षिप्त में उतना ही समझना ठीक होगा जितना हमें अपने विषय को समझने के लिए आवश्यक है।

ध्वनि की प्रबलता (Loudness)

ध्वनि की प्रबलता (Properties), ध्वनि का वह गुण है जिसके द्वारा ध्वनि की प्रचण्डता या निर्बलता को पहचाना जा सके। मानव कान के परदे संवेदनशील (Sensitive)

हैं। जैसे ही ध्वनि तरंग कानों तक पहुँचती है, हमारे कानों के परदों पर एक प्रकार का स्पंदन (Vibration) होने लगता है। इस स्पन्दन द्वारा कान व मस्तिष्क का सम्पर्क स्थापित हो जाता है और मस्तिष्क में ध्वनि का बोध होने लगता है। मस्तिष्क द्वारा ध्वनि-तरंगों के गुणों (Properties) के बारे में निर्णय लेने की चेतन क्रिया आरम्भ हो जाती है कि वह ध्वनि किसी अन्य ध्वनि की तुलना में कितनी प्रबल या शक्तिशाली प्रतीत हो रही है यानी वह ध्वनि कितनी प्रचण्ड है या उससे निर्बल है। दूसरे शब्दों में यह भी कहा जा सकता है कि ध्वनि की प्रबलता (Loudness), ध्वनि की उग्रता (Intensity) पर निर्भर करती है। इसी तथ्य को एक उदाहरण द्वारा भी समझाया जा सकता है।

मान लो एक बालक ज़ोर-ज़ोर से चिल्ला रहा है। यदि आप दो-चार मीटर दूर खड़े हैं तो आपको उस बालक की चिल्लाहट स्पष्ट रूप से सुनाई देती रहेगी। यदि आप बालक से आठ दस मीटर दूर हो जाते हैं तो चिल्लाहट यानि ध्वनि की प्रचण्डता (Intensity of Sound) थोड़ी फीकी पड़ जाती है। यदि अब आप साठ-सत्तर मीटर दूर सरक जाएँ, तो उस बालक की चिल्लाहट, शायद बिलकुल भी न सुन सकें। जैसे-जैसे आप बालक से दूर हटते जाएँगे, वैसे-वैसे बालक की चिल्लाहट कम सुनाई देने लग जाएगी और अन्त में चिल्लाहट वाली ध्वनि, कम सुनाई देती हुई शून्य अवस्था तक पहुँच जाएगी यानी ध्वनि की प्रचण्डता ढलती हुई शून्य हो जाएगी। ध्वनि के इस गुण को प्रबलता (Loudness) द्वारा सम्बोधित किया जाता है।

सितार, वीणा या तानपूरा आदि खरीदते समय लोग इस बात का भी ध्यान रखते हैं कि वाद्य से निकली हुई आवाज़ दमदार हो ताकि दूर बैठे व्यक्ति भी वाद्य की आवाज़ को ठीक से सुन सकें। दूर बैठे व्यक्तियों को वही ध्वनि कुछ धीमी सुनाई देगी। यहाँ हम यही कहेंगे कि अलग-अलग स्थानों पर वाद्य की ध्वनि, अलग-अलग प्रबल प्रतीत हो रही है। आजकल ध्वनि की प्रबलता (Loudness), को बढ़ाने के लिए विद्युत आधारित नये-नये उपकरण तैयार हो गए हैं, जैसे एम्पलीफायर (Amplifier), लाउडस्पीकर (Loudspeaker), आदि-आदि। उन्नीसवीं शताब्दी के अन्त में व बीसवीं शताब्दी के प्रथम चरण तक ग्रामोफोन द्वारा रिकॉर्ड सुनने के लिए भोंपू/चोंगे का प्रचार था। ग्रामोफोन का भोंपू ही ध्वनि की प्रबलता (Loudness) को बढ़ाने में सहायक होता था। आजकल ऐसी मशीनें/उपकरण देखने मात्र को भी नहीं मिलेंगे। वर्तमान में एम्पलीफायर व लाउडस्पीकर द्वारा संगीत का मंच प्रदर्शन, आश्चर्यजनक विकसित अवस्था तक पहुँच चुका है। इस यथार्थ से सभी परिचित हैं।

मानव के सुनने की शक्ति व सहनशीलता की एक सीमा है। जहाँ तक प्रबलता का प्रश्न है, एक़दम धीमी आवाज़ को सुनना कठिन है क्योंकि उस सीमा के नीचे की प्रबलता हमारे कानों के परदों को इस प्रकार कम्पित नहीं कर पाती है कि हमारे मस्तिष्क को उस ध्वनि का बोध हो सके। इसी प्रकार ऊपर वाले स्तर (Level)

पर जैसे ही ध्वनि उस सीमा से अधिक शक्तिशाली होगी, तो पीड़ा का अनुभव होने लगेगा।

ध्वनि की जाति/गुण (Quality of Timber)

मान लो हमारे पास ध्वनि के दो स्रोत हैं। पहला स्रोत हारमोनियम द्वारा निकले स्वर का और दूसरा स्रोत वायलिन द्वारा निकले स्वर का। चाहे यह स्रोत सुनने वाले के समीप हो या कुछ दूरी पर, हम तुरन्त बता सकते हैं कि अमुक ध्वनि हारमोनियम द्वारा निकाली जा रही है या वायलिन द्वारा। यदि बाँसुरी द्वारा आवाज़ प्राप्त हो रही हो, तो भी हम बतला सकते हैं कि यह ध्वनि बाँसुरी की है। ध्वनियों का यह गुण ध्वनिस्रोत के भौतिकता से सम्बन्ध रखता है। वह केवल मानसिक अनुभूति नहीं है। इस गुण द्वारा हम दृढ़ता पूर्वक बतला सकते हैं कि उक्त ध्वनि किस किस्म की है यानि किस जाति की है। जब यह कहा जाता है कि तबला, हारमोनियम की किसी पटरी से मिल गया है, तब उसका मतलब इतना ही होता है कि दोनों वाद्यों द्वारा निकला स्वर, एक समान सुनाई दे रहा है। यह नहीं की दोनों की अलग-अलग पहचान मिट गई है। तबले और हारमोनियम का अस्तित्व, अपनी-अपनी जगह ठीक वैसा ही बना रहता है। इस गुण को ध्वनि की जाति या उसकी किस्म (Timber) कहा जाता है। इसी गुण के सहारे हम टेलीफोन पर ही, तुरन्त कह सकते हैं कि यह आवाज़ हमारे उक्त मित्र की है।

आपने कभी यह भी अनुभव किया होगा कि जब हम तीन-चार एक ही प्रकार के वाद्य जैसे सितार, को पृथक-पृथक व एक-एक करके सुनते हैं तो निश्चय ही उन सब सितार से निकली ध्वनि, सितार की ही लगती है परन्तु उनमें से किसी एक सितार की ध्वनि, अधिक लुभावनी व प्रिय लगती है। ध्वनि का यह गुण वाद्य के भौतिक अवयवों से सम्बन्ध रखता है। किन्हीं दो सितार से निकली गूँज या ध्वनि की प्रबलता (Loudness), एक समान प्रतीत हो सकती है परन्तु यह आवश्यक नहीं है कि वे दोनों सितार एक जैसे मृदु स्वर उत्पन्न करने में सक्षम हों। साधारणतः यह माना जाता कि तुन लकड़ी से बनी सितार अधिक मृदु होती है। इस मृदुता का निर्णय मानसिक बल पर किया जाता है। स्वतः इस मृदुता को हम तभी पहचान सकते हैं, जब हम तुन लकड़ी से बनी सितार की आवाज़ को, अपने हृदय व मस्तिष्क में पहले से ही छाप चुके हों यानी तुन लकड़ी से बनी सितार की आवाज़ हमारे कानों में ठीक प्रकार से बसी हुई हो। यदि तीन-चार वाद्य एक ही प्रकार की लकड़ी से बनाए गए हों तो उन वाद्यों से निकली ध्वनि की जाति, लगभग एक-सी ही प्रतीत होगी। इसी विशेषता को ध्वनि की जाति या गुण (Quality of Timber) कहा जाता है।

ध्वनि की तारता (Pitch)

संगीत के विद्यार्थियों को इस तथ्य का नित्य अनुभव होता रहता है कि अमुक 'स्वर' की ध्वनि, दूसरी ध्वनि या स्वर से ऊँची है या कुछ नीची सुनाई दे रही है। वास्तव मैं षड्ज को आधार मानकर, अन्य स्वरों का ज्ञान अर्जित करवाने के लिए, शिक्षक-गण इस गुण (Property) का प्रारंभ से ही सहारा लेते हैं। ध्वनि के नीचेपन या ऊँचेपन का बोध इसी गुण पर निर्भर करता है। इसी गुण को तारता (Pitch) के नाम से जाना जाता है।

यह सभी जानते हैं कि कोई स्त्री व बच्चा, चाहे कितना भी धीमा बोले या चिल्लाकर बोले उसकी आवाज में महीनपन होता है। जब बच्चे या स्त्री की आवाज को, पुरुष की आवाज़ से तुलना करते हैं तो अनुभव होगा कि पुरुष की आवाज़ में मोटापन है। इसी प्रकार मच्छर (Mosquito) या मधुमक्खी (Honey Bee) के भिनभिनाहट में तीखापन है यानी मच्छर व मधुमक्खी अधिक तारता वाली आवाज़ पैदा करते हैं।

आधुनिक विज्ञान यह स्थापित करता है कि चाहे मच्छर द्वारा निकाली गई ध्वनि हो या वह बच्चे के गले द्वारा निकाली गई ध्वनि हो, वह ध्वनि तरंगों द्वारा ही प्रसारित होकर हमारे कानों तक पहुँचती है व सुनाई देती है। यह भी स्थापित हो चुका है कि कम्पन जितना अधिक होगा यानी कम्पन संख्या प्रति सैकण्ड जितनी अधिक होगी वह ध्वनि उतनी ही तीखी (Shrill), व ऊँची प्रकार की होगी। ध्वनि के इस तीखेपन सम्बन्धित गुण का स्तर (Level) ऊँचा या नीचा हो सकता है। ध्वनि के इस गुण को ही तारता (Pitch) का नाम दिया गया है।

इस नमूने के ऊँचेपन या नीचेपन को परखने के लिए, एक प्रकार की इकाई/एकक (Unit) का निमार्ण किया गया है। वह इकाई यही है जिसे अभी-अभी हमने कम्पन संख्या प्रति सैकण्ड कहा है। इस इकाई के द्वारा ही ध्वनि तरंगों की आन्दोलन संख्या (Frequency of Vibration) का अनुमान लगाया जाता है। इसी इकाई को विभिन्न नामों से पुकारा जाता है—कम्पन संख्या प्रति सैकण्ड या आन्दोलन संख्या प्रति सैकण्ड (Oscillations per Second), फ्रीक्वेन्सी ऑफ वाइब्रेशन (Frequency of Vibrations) या आवृत्ति आदि-आदि। तारता केवल कानों का अनुभव नहीं है। जिस वस्तु के कम्पन से ध्वनि निकलती है वह उसका भौतिक धर्म है। अनेक प्रयोगों से यह सिद्ध किया गया है कि वस्तु से निकले स्वर की तारता उसकी आवृत्ति यानी कम्पन संख्या प्रति सैकण्ड पर निर्भर करती है। आवृत्ति जितनी अधिक होगी, स्वर भी उतना ही ऊँचे प्रकार का होगा।

तारता की इकाई (Units) द्वारा हमें यह संदेश मिलता है कि अधिक तारता (Pitch) वाली ध्वनि की अधिक आवृत्ति पाई जाएगी। दूसरे शब्दों में, अधिक कम्पन

संख्या प्रति सैकण्ड वाली ध्वनि की आवृत्ति अधिक पाई जाएगी। ऐसी ध्वनि जिसकी आवृत्ति अधिक है, वह ध्वनि ऊँची सुनाई देगी और जिस ध्वनि की कम्पन संख्या प्रति सैकण्ड कम है, वह तुलना में नीची सुनाई देगी। उदाहरणार्थ यदि किसी ध्वनि या नाद की कम्पन संख्या 500 प्रति सैकण्ड है, तो हम विश्वास के साथ कह सकते हैं कि यह नाद हमें 400 प्रति सैकेण्ड वाले नाद से, ऊँचा सुनाई देगा। आवृत्ति मालूम होने पर, नादों की ऊँचाई का अनुमान आसानी से लगाया जा सकता है।

हारमोनियम की पटरी से निकले स्वर का, सामान्य बुद्धि द्वारा भी अनुमान लगया जा सकता है। बायें से दाहिनी ओर की पटरियों द्वारा निकले स्वरों की जाँच करने पर यह अनुभव होता है कि स्वर क्रमशः ऊँचे सुनाई देते हैं। दूसरे शब्दों में कहा जा सकता है कि बायें से दाहिनी दिशा की ओर, हारमोनियम की पटरियों द्वारा निकले स्वरों की आवृत्ति या तारता (Pitch), क्रमशः बढ़ती ही जाती है यानी विभिन्न स्वरों की कम्पन संख्या प्रति सैकण्ड अधिक होती जाती है।

क्या मानव-कान आवृत्ति को नाप सकते हैं?

आवृत्ति या कम्पन संख्या प्रति सैकण्ड जैसे विषय की ओर, पाठकों का ध्यान विशिष्ट रूप से आकर्षित करना चाहेंगे कि आज के युग में हमारे पास ऐसे माप-यन्त्र (Instrument) उपलब्ध हैं जो किसी नाद या स्वर की तारता (Pitch) को नाप सकते हैं यानि माप-यन्त्र द्वारा यह पता लगाया जा सकता है कि किसी नाद या स्वर की आवृत्ति क्या है? फ्रीक्वेन्सी मीटर या टोन मीटर (Frequency Meter/Tone Meter) जो कि विद्युत चालित माप-यन्त्र है, इस कार्य के लिए उपयुक्त माना जाता है। विदेशों में इस यन्त्र को हारमोनियम व पियानो आदि की ट्यूनिंग यानी स्वर को सुधारने या बाँधने के लिए काम में लाया जाता है। भारत में इस प्रकार के स्वर बाँधने (Tuning) का काम, अधिकांश श्रवण शक्ति द्वारा किया जाता रहा है।

मानव-कान केवल यह निर्णय ले सकते हैं कि कोई नाद किसी दूसरे नाद की तुलना में ऊँचा या नीचा है। यदि किसी को यह कहा जाए कि तानपूरे को ऐसा बाँधो कि उसके द्वारा निकली ध्वनि 200 आवृत्ति के सामान्य हो जाए यानी तानपूरा 200 कम्पन संख्या प्रति सैकण्ड पर बोलने लगे तो यह कार्य असंभव-सा है। हाँ इतना अवश्य है कि यदि किसी स्रोत (Source) द्वारा 200 कम्पन संख्या प्रति सैकण्ड का स्वर साथ-साथ में सुनाई दे रहा हो तो तानपूरे को 200 आवृत्ति पर बाँधा जा सकता है। अर्थात स्रोत वाले स्वर के समान तानपूरे को उसी स्वर पर बाँधा जा सकता है। मानव-कान तो मात्र तुलना कर सकते हैं कि अमुक ध्वनि किसी दूसरी ध्वनि के बराबर है या कुछ नीची है या फिर कुछ ऊँची है।

वास्तव में मानव-कान किसी ध्वनि या नाद का शुद्ध मान (Absolute Value)

बतलाने में असमर्थ हैं। यदि एक स्वर को बहुत समय तक अभ्यास द्वारा साध लिया जाए तो सम्भव है कि केवल उसी स्वर को कण्ठ द्वारा उच्चारण किया जा सके। मान लो कि साधक ने अपने कण्ठ को 240 आवृत्ति के उपयुक्त साध लिया है। यह तो सम्भव है कि साधक अपने कण्ठ द्वारा 240 वाले स्वर का उच्चारण कर सके परन्तु यह मानव-क्षमता के बाहर है कि साधक द्वारा कोई-सी भी आवृत्ति वाले नाद का उच्चारण किया जा सके। मान लो अब उस साधक को 245 आवृत्ति वाले नाद का उच्चारण करने को कहा जाए तो यह कार्य उसके लिए असम्भव-सा होगा। इसके पश्चात अब यदि स्रोत द्वारा 245 आवृत्ति वाले नाद का बन्दोबस्त कर दिया जाए (जैसे कि इलेक्ट्रॉनिक स्वर पेटी) तो यह सम्भव है कि वही साधक, उसी समय उस 245 आवृत्ति वाले नाद को सुनकर, अपने कण्ठ द्वारा 245 आवृत्ति वाले नाद का उच्चारण कर सके। साधक बार-बार उन्हीं स्वरों का उच्चारण करने में सफल करने में सफल हो सकता है, जिन स्वरों को उसने पहले से ही साध रखा है या स्वर-पेटी (Instrument Producing Single Note) द्वारा निकले स्थिर-स्वर की उसी समय साथ-साथ, नकल कर सकने में सफलता पा सकता है परन्तु वह साधक स्वर-पेटी के किसी भी नाद की आवृत्ति या उसकी आन्दोलन संख्या को, विशुद्ध रूप से बतलाने में असमर्थ रहेगा।

आवृत्ति सम्बन्धित सीमाएँ (Limits)

इस सन्दर्भ में यह जानना आवश्यक है कि कानों की ग्रहण-शक्ति की कुछ सीमा है। वैज्ञानिकों ने स्थापित कर दिया है कि 20 से कम कम्पन संख्या प्रति सैकण्ड वाली ध्वनि हमारे कानों द्वारा नहीं सुनी जा सकती और इसी प्रकार यदि आन्दोलन संख्या 20,000 प्रति सैकण्ड से अधिक है तो भी मानव-कान सुनने में असमर्थ रहते हैं। सुनाई न देने वाली ध्वनियों को अतिध्वनि या पराश्रव्य (Ultrasonic) तरंग की श्रेणी में माना गया है। तारता (Pitch) से सम्बन्ध रखने वाले ये सिद्धान्त सभी प्रकार की ध्वनियों पर समान भाव से लागू होते हैं। इसलिए संगीत सम्बन्धित ध्वनि पर भी ये सिद्धान्त उसी प्रकार लागू होते हैं। **संगीत उपयोगी ध्वनि की तारता की आवृत्ति को, केवल 40 कम्पन संख्या प्रति सैकण्ड से 4000 कम्पन संख्या प्रति सैकण्ड तक आँका गया है।** वैज्ञानिकों के मतानुसार, चालीस से चार हजार आवृत्ति की सीमा से बाहर के नाद, संगीत निर्माणक सिद्ध नहीं हो सकते ।

जिस ध्वनि को हम संगीत उपयुक्त ध्वनि कहते हैं या संगीत निर्माणक ध्वनि की दृष्टि द्वारा देखते हैं, उस ध्वनि में कई और विशेष प्रकार के गुण होना अनिवार्य है। संगीत ध्वनि के इन विशेष प्रकार के गुणों पर अग्रिम अध्यायों में प्रकाश डाला गया है। जहाँ तक आवृत्ति या कम्पन संख्या प्रति सैकण्ड वाले सिद्धान्त का प्रश्न है, वह संगीत ध्वनि पर भी समान भाव से लागू होता है।

आवृत्ति और तार की लम्बाई

मानव शरीर के विविध अंग, जो उच्चारण के समय सहायक होते हैं, जैसे कण्ठ, तालु, मूर्धा, ओष्ठ आदि को मूल आधार मानकर, संस्कृत भाषा के वर्णों (Alphabets) के उच्चारण क्रिया की नींव डाली गई और इस क्रिया को स्थापित करने के लिए कुछ सिद्धान्तों का जन्म भी हुआ है। ये नियम भाषा सम्बन्धित व्याकरण के आचार्यों ने स्थापित किए थे परन्तु संगीत के आचार्यों ने भी इन नियमों को निर्विवाद अपनाया है। इस प्रकार के ज्ञान का कुछ भी विकल्प हो, इसमें दो राय नहीं है कि इस प्रकार का समस्त ज्ञान, पूर्ण रूप से वैज्ञानिक था और आज भी उसी ज्ञान को, सम्मान की दृष्टि द्वारा देखा जाता है।

जहाँ तक ध्वनि-निर्माण या वर्ण-उच्चारण से सम्बन्धित ज्ञान था, भारत के प्राचीन भाषा शास्त्रियों ने इस ज्ञान को व्याकरण सम्बन्धित दृष्टिकोण तक ही सीमित रखा। शायद व्याकरण सम्बन्धित सिद्धान्तों को स्थापित करने के लिए इतना ही पर्याप्त था परन्तु संगीत के आचार्य, इस दिशा में एक क़दम और आगे बढ़े। उन्होंने संगीत ध्वनि यानी 'स्वर' की उत्पत्ति से सम्बन्धित, केवल दो प्रमुख स्रोत को मान्यता दी है—प्रथम शरीर व दूसरा वीणा (तन्त्री वाद्य)। भरत मुनि ने अपने नाट्य शास्त्र के अट्ठाईसवें अध्याय में, स्वरों के अधिष्ठान या आश्रय को दर्शाते हुए अपना विचार प्रस्तुत किया है कि कण्ठ व वीणा, ये दो ही प्रमुख स्रोत हैं।

"द्वयधिष्ठानाः स्वराः ज्ञेया वेणाः शारीरकास्तथा।
उभाभ्यामपि वक्ष्यामि विधिं स्वरसमुत्थितम्॥

अर्थात्—स्वरों के अधिष्ठान या आश्रय दो ही हैं। एक शरीर तथा दूसरा वीणा वाद्य। अब मैं इन दोनों से होने वाली स्वरों की विधि बतलाता हूँ!

—नाट्यशास्त्र भरत मुनि

संगीत के आचार्यों ने जब संगीत ध्वनि, नाद, श्रुति आदि को समझने का प्रयास किया है वहाँ हर समय तंत्रीय वाद्य का ही सहारा लिया है। श्रुतियों की संख्या बाईस है। इस तथ्य को प्रमाणित करने के लिए 'प्रमाण श्रुति' जैसी विधि को प्रस्तुत किया है। इस विधि के लिए भी भरत मुनि ने दो वीणाओं का ही सहारा लिया है। परवर्ती सभी आचार्यों ने इस तथ्य की पुष्टि करने के लिए वीणा जैसे तन्तुवाद्य को ही आधार माना है। पण्डित अहोबल, श्रीनिवास, हृदय नरायण देव व मंजरीकार आदि ने, सात स्वरों के गणितीय अनुपात (Mathematical Ratios) को स्थापित करने के लिए तन्त्री का ही सहारा लिया है। तात्पर्य यह है कि शास्त्र के गूढ़ विषयों को समझाने के लिए, तन्त्री वाद्य या तार से जुड़े सिद्धान्तों का ही उपयोग किया है। आधुनिक विज्ञान द्वारा जो सिद्धान्त स्थापित हुए हैं, वे सिद्धान्त विश्व भर में किसी

भी प्रकार की ध्वनियों पर समान भाव से लागू होते हैं–चाहे वह ध्वनि तन्तु वाद्य से निकली हो, मानव-कण्ठ से उत्पन्न हुई हो या फिर किसी अन्य स्रोत द्वारा पैदा की गई हो। इसलिए आधुनिक विज्ञान की सशक्त उपलब्धियों के अन्तर्गत जो भी सिद्धान्त तार की लम्बाई से जुड़े हुए हैं, उन सिद्धान्तों का ध्यानपूर्वक अध्ययन करना हितकर होगा।

किसी तार के गुच्छे (Coil) में से तार लेकर यदि सितार पर चढ़ा दिया जाए और उसी तार के गुच्छे का तार, सरोद या वॉयलिन पर चढ़ा दिया जाए तो यह सम्भव नहीं है कि सरोद या वॉयलिन से निकली आवाज़, सितार जैसी सुनाई देने लग जाएगी। यहाँ आवाज़ या ध्वनि से हमारा तात्पर्य है कि ध्वनि का वह गुण (Property) जिसके द्वारा ध्वनि की किस्म या जाति पहचानी जाती है। वाद्य पर विभिन्न प्रकार के तार चढ़ाने से वाद्य की जाति पर कोई प्रभाव नहीं पड़ सकता। विभिन्न प्रकार के तार यानी विभिन्न धातु, लम्बाई या मोटाई वाले तार द्वारा, वाद्य से निकले स्वरों की तारता पर अवश्य अन्तर पड़ सकता है। यदि तार की धातु, तार की मोटाई और तार में बनी हुई खिंचाई को अपरिवर्तनीय/अचल (Constant) रखते हैं और तार की लम्बाई में कुछ परिवर्तन करते हैं, तो तार द्वारा निकली ध्वनि की आवृत्ति प्रभावित हो जाती है यानी पूर्व की अवस्था की तुलना में, नई ध्वनि ऊँची या नीची सुनाई देने लगती है। अब हम तार की लम्बाई से सम्बन्धित आवृत्ति-प्रभाव, पर, अधिक गहराई से विचार करेंगे।

संगीत के विद्यार्थी सामान्यरूप से अनुभव करते रहते हैं कि सितार जैसे तन्त्री वाद्यों के एक ही तार द्वारा, भिन्न-भिन्न परदों पर, अलग-अलग आवाज़ या स्वर पैदा किए जा सकते हैं। एक ही तार के प्रयोग द्वारा, कभी ऊँचे स्वर सुनाई देते हैं और उसी तार द्वारा, नीचे स्वर भी निकलते रहते हैं। स्वर का यह गुण तारता (Pitch) द्वारा पहचाना जाता है। इस प्रकार तार से निकले स्वर, विभिन्न तारता या आवृत्ति (Frequency) के पाए जाएँगे। ध्यान देने की बात है कि तार वही रहता है परन्तु विभिन्न परदों (Frets) सारिकाओं पर विभिन्न आवृत्ति वाले स्वर सुनाई देंगे क्योंकि परदों द्वारा तार की प्रभावी लम्बाई (Effective Length) बदलती रहती है। तार की प्रभावी लम्बाई अपने आप में एक विषय है। तार की प्रभावी लम्बाई के विषय में अग्रिम अध्याय में विस्तार पूर्वक विवरण मिलेगा।

अब हम तार की लम्बाई व उसके द्वारा उत्पन्न स्वर की कम्पन संख्या प्रति सैकण्ड यानी तारता से सम्बन्धित तथ्यों पर विचार करेंगे। एक ही तार की विभिन्न लम्बाई व उससे उपजी तारता (Pitch) का सम्बन्ध, वर्तमान ध्वनि के प्रसिद्ध गुर (Formula) या युक्तिसूत्र द्वारा, निम्न प्रकार से स्थापित किया गया है।

प्रथम गुर–क $\propto$ ख

द्वितीय गुर–क $\propto$ 1/ल

जहाँ क = कम्पन संख्या प्रति सैकण्ड यानी आवृत्ति (Frequency)

ल = तार की लम्बाई

ख = खिंचाव (Tension), जो तार में स्थापित किया गया है।

∝ = आनुपातिक चिह्न (Sign of proportion)

उपर्युक्त गुर देखने में छोटे अवश्य लगते हैं परन्तु इनके गुण व अधिकार, अनुमान से कहीं अधिक शक्तिशाली हैं। ये दोनों गुर (Formula), तार द्वारा उत्पन्न नादों की आवृत्ति सम्बन्धित गुणों पर प्रकाश डालने में पूर्ण रूप में सक्षम हैं। उपर्युक्त दोनों गुर, द्वारा तार से उत्पन्न होने वाले स्वरों के कई रहस्य आसानी से समझे जा सकते हैं। इन दोनों गुर द्वारा मिले संकेत, संक्षिप्त में इस प्रकार हैं।

प्रथम गुर–क ∝ ख–इस गुर द्वारा यह संकेत मिल रहा है कि जैसे ही तार में खिंचाव (Tension) बढ़ता जाता है यानी 'ख' का मान बढ़ता है तो 'क' यानी कम्पन संख्या प्रतिसैकण्ड Pitch/तारता भी बढ़ती जाती है। 'क' और 'ख' के बीच वाला आनुपातिक चिह्न ∝, इस बात का संदेश देता है कि यदि 'ख' बढ़ता है तो सीधा-सीधा 'क' का मान भी, उसी अनुपात में बढ़ता जाता है और यदि 'ख' घटता है तो 'क' का मान भी उसी अनुपात में घटता जाता है।

मान लो कि तार ढीला पड़ा है। ऐसी अवस्था में खिंचाव शून्य होगा और तार द्वारा किसी भी प्रकार की ध्वनि उत्पन्न नहीं हो सकती। स्वतः कम्पन संख्या भी शून्य होगी। जैसे-जैसे तार को कसना आरम्भ किया जाता है तो तार में खिंचाव बढ़ता जाएगा और तार द्वारा नाद भी सुनाई देने लग जायेगा। खिंचाव के कारण, तार द्वारा उत्पन्न ध्वनि की तारता (Pitch) में भी वृद्धि होने लगेगी। फलस्वरूप, उस तार द्वारा क्रमशः ऊँचे स्वर सुनाई देने लग जाएँगे। यदि खिंचाव अत्यधिक बढ़ जाता है तो तार टूटने की संभावना भी बढ़ जाएगी।

द्वितीय गुर–क ∝ 1/ल–यहाँ यह अनुपातिक चिह्न ∝ दर्शा रहा है कि 'क' व 'ल' का रिश्ता सीधा-सीधा न होकर व्युत्क्रम यानी उलटा (Inverse Proportion) बन रहा है। यदि तार की लम्बाई आधी (ल = 1/2) कर दी जाती है, तो तारता दुगनी हो जाएगी यानी 'क' का मान दुगुना हो जाएगा। यदि तार की लम्बाई में बढ़ोतरी की जाती है, तो तार द्वारा उत्पन्न ध्वनि की तारता कम हो जाती है यानी कम्पन संख्या प्रति सैकण्ड कम हो जाती है। 'क' का सीधा-सीधा अनुपात 1/ल से है, न कि केवल 'ल' से है। यह साधारण-सा गणित है कि जब लम्बाई यानी 'ल' की बढ़ोतरी हो रही हो, तो स्वतः 1/ल का मान (Value) घट जाता है यानी 'क' मान घट जाता है। इसके विपरीत यदि 'ल' का मूल्य घटाया जाता है तो 1/ल का मूल्य, स्वतः बढ़ जाता है यानी 'क' मूल्य बढ़ जाता है।

निष्कर्ष–उपर्युक्त दोनों गुर द्वारा हमें दो प्रकार का संदेश मिल रहा है कि

(1) खिंचाव द्वारा तार के कम्पन संख्या में वृद्धि होती है और (2) यदि तार की लम्बाई कम कर दी जाए, तो भी ध्वनि की आवृत्ति यानी कम्पन संख्या प्रति सैकण्ड में वृद्धि पाई जाएगी। इत्यादि।

तंतु वाद्यों में परदों (Frets) का महत्त्व

तन्त्रीय वाद्यों की शृंखला के अन्तर्गत, प्राचीनतम व प्रथम स्थान प्राप्त करने का गौरव 'वीणा' को ही दिया जाता है। प्रारम्भिक अवस्था में ही 'वीणा' में सारिकाएँ/परदे (Frets) नहीं हुआ करते थे। ऐसी मान्यता है कि मतंग मुनि ने सारिकाओं का आविष्कार किया। आचार्य बृहस्पति अपने ग्रन्थ 'संगीत चिन्तामणि, भाग एक' में इस प्रकार लिखते हैं–"मतंग से पूर्व वीणा पर परदे नहीं हुआ करते थे। इन्होंने ही सर्वप्रथम वीणा में सारिकाओं की योजना की। भारतीय संगीत को मतंग की यह बहुत बड़ी देन है।"

सम्प्रति तात्पर्य यह नहीं है कि यह स्थापित किया जाए कि सारिकाएँ मतंग मुनि द्वारा प्रथम बार प्रयोग में लाई गई थीं। हमारे कहने का अभिप्राय यह है कि बहुत प्राचीन काल से वीणा जैसे वाद्यों पर सारिका/परदों का व्यवहार में लाने का चलन नहीं था। कालान्तर में वीणा पर परदे बाँधने का प्रावधान किया गया। उस समय संगीत जगत में, वीणा पर परदों की नियुक्ति होना, अपने आप में एक क्रान्ति (Revolution) का विषय था। यह साधारण बुद्धि द्वारा आँका जा सकता है कि वीणा की सारिका-रहित और सारिकासहित, दोनों ही अवस्थाओं में, हमें एक ही तार द्वारा ऊँचे व नीचे स्वर प्राप्त हुआ करते थे यानी एक ही तार द्वारा विभिन्न तारता वाले स्वर प्राप्त हुआ करते थे। इसका मतलब यह हुआ कि तार की विभिन्न लम्बाई द्वारा ही इस प्रकार के ऊँचे व नीचे स्वर उत्पन्न करने का संयोग बना रहता था। विभिन्न प्रकार के स्वर उत्पन्न करने के लिए, बार-बार उस तार में खिंचाव परिवर्तन की आवश्यकता नहीं होती थी। केवल तार की लम्बाई के प्रभाव द्वारा ही ऊँचे-नीचे स्वरों को सुना जा सकता था। आज भी इस क्रिया के बल पर, वीणा व सितार जैसे तन्तु वाद्यों में, एक ही तार द्वारा विभिन्न स्वरों को उपजाया जाता है। इस विषय को थोड़ा अधिक गहराई से समझ लेना ठीक रहेगा।

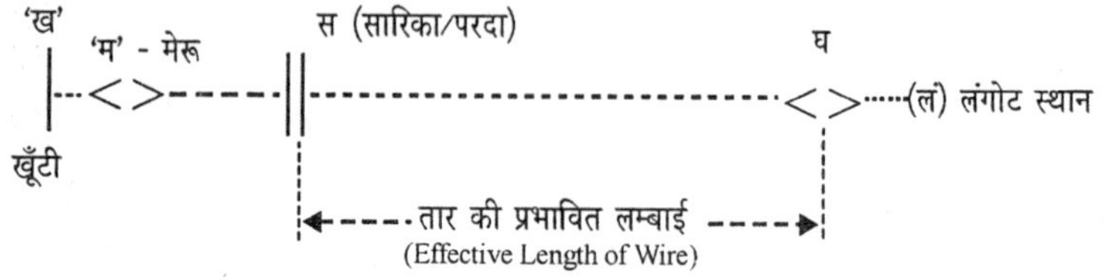

रेखांकित चित्र क्रमांक-1

वीणा, सितार, इसराज़ व सारंगी आदि तन्तु वाद्यों पर तारों को बाँधने का ढंग प्राय एक ही प्रकार का है। तारों को एक विशेष स्थान पर बाँधना आरम्भ करते हैं। तार बाँधने के इस प्रारम्भिक स्थान को 'लंगोट' या 'तार पकड़स्थान' भी कहते हैं। तारों को इस विशेष स्थान या लंगोट में बाँधकर घुड़च (Bridge) के ऊपर लेते हुए और तार-गहन/मेरू को पार करते हुए, अलग-अलग तारों को खूँटियों पर लिपटाया जाता है। विषय को समझने के लिए, रेखांकित चित्र नम्बर-1 लाभदायक सिद्ध हो सकता है। चित्र में दिए गए वर्णों से संबंधित विवरण निम्न दिए गए हैं।

म = मेरू स्थान

घ = घुड़च (Bridge)

लं = लंगोट या तार पकड़ स्थान। तार का एक छोर 'लंगोट' पर कसा जाता है।

ख = खूँटी, जिस पर तार लिपटा रहता है। यही तार के दूसरे छोर का स्थान है। खूँटी के घुमाव द्वारा तार में खिंचाव उत्पन्न किया जाता है।

स = सारिका (परदा) को मेरू व घुड़च के बीच स्थित किया जाता है।

लंगोट 'लं' से लेकर खूंटी 'ख' तक, तार काफी लम्बा होता है परन्तु तार की जो लम्बाई मेरू 'म' व घुड़च 'घ' के बीच होती है, तार के उसी हिस्से द्वारा ध्वनि उत्पन्न करने की क्षमता बन पाती है। तार वह हिस्सा जो लंगोट 'लं' से घुड़च 'घ' तक होता है, एक प्रकार से शान्त या निर्जीव पड़ा रहता है। इसी प्रकार, तार का वह हिस्सा जो मेरू 'म' से खूँटी 'ख तक होता है, वह भी निर्जीव होता है। तार का वही भाग जो घुड़च से मेरू तक होता है, केवल उसी भाग द्वारा तार में कम्पन उत्पन्न हो सकता है। यही हिस्सा ध्वनि निर्माण कर सकता है। इसीलिए तार के इस भाग को स्वर उत्पन्न करने वाली लम्बाई या 'प्रभावी लम्बाई' (Effective Length) के रूप में देखा जाता है।

यदि तार को पहले की अपेक्षा अधिक कस दिया जाता है तो तार की प्रभावी लम्बाई द्वारा जो ध्वनि उत्पन्न होगी, उसमें कम्पन संख्या अधिक पाई जाएगी यानी हमें पहले की अपेक्षा ध्वनि/नाद ऊँचा सुनाई देगा। अब हम यदि खूँटी द्वारा तार को ढीला करते हैं, तो नीचा स्वर सुनाई देगा। जब हम वाद्य को बजाते हैं, तो हमें लगातार ऊँचे व नीचे स्वरों की आवश्यकता पड़ती है। क्रियात्मक (Practical) रूप से यह सम्भव नहीं हो सकता है कि इस खिंचाव या ढीले करने की क्रिया द्वारा, हम अपनी इच्छानुसार जल्दी-जल्दी ऊँचा या नीचा स्वर उत्पन्न कर सकें। यदि हम तार की प्रभावी लम्बाई का सहारा लेते हैं तो यह कठिनाई दूर हो सकती है।

सारिका वाले वाद्यों की, बजाने वाली प्रक्रिया अध्ययन करने पर, प्रभावी लम्बाई

के विषय में अधिक जानकारी मिल सकती है। किसी भी वाद्य वादन करने के पूर्व, तारों को इच्छानुसार कस लिया जाता है। इस क्रिया के लिए, 'वाद्य को स्वर में मिलाना भी कहा जाता है'। अब तार द्वारा मनोवांछित स्वर निकालने के लिए, तार को सारिका/परदा या थोड़ा-सा दबाने के साथ-साथ, तार पर आघात भी किया जाता है। रेखांकित चित्र नम्बर-1 में, सारिका के स्थान को 'स' द्वारा दिखलाया गया है। तार पर आघात करने का स्थान, 'घुड़च' व 'सारिका' यानी 'घ' व 'स' के बीच किसी भी स्थान पर हो सकता है।

वाद्य को स्वर में मिलाने के समय से ही, तार में खिंचाव बन जाता है। खिंचाव के कारण, तार की इस मुक्त लम्बाई (Open Length) में भी एक स्वर बस जाता है जिसकी कुछ आवृत्ति या कम्पन संख्या प्रति सैकण्ड होती है। जैसे ही तार को सारिका पर दबाते हैं, तो सारिका वाला स्थान 'स' एक कृत्रिम-मेरू का रूप धारण कर लेता है। वास्तव में, इस समय यदि हम तार को कम्पन उत्पन्न करने वाली वस्तु के ही रूप में देखें, तो हम पाएँगे कि यह वस्तु, प्रत्यक्ष रूप से दो भागों में बँट जाती है। वस्तु का एक भाग वह है जो कम्पन उत्पन्न करने योग्य नहीं है और दूसरा भाग वह है जिसके द्वारा अभी भी कम्पन उत्पन्न किया जा सकता है। तार का वह भाग जो मेरू 'म' और सारिका 'स' के बीच है यानी मेरू से इस कृत्रिम मेरू तक है, ऐसी अवस्था में बिलकुल निर्जीव (Dead) बन जाता है अर्थात् 'म' व 'स' के बीच, तार द्वारा किसी भी प्रकार का कम्पन उत्पन्न नहीं हो सकता है। तार का यह शांत हिस्सा, उस हिस्से के समतुल्य हो जाता है जो कि मेरू व खूँटी के बीच में स्थित है या लंगोट व घुड़च के बीच स्थित है।

इसके विपरीत तार का वह बचा हुआ हिस्सा, जो कि सारिका 'स' व घुड़च 'घ' के बीच है, सभी दृष्टि द्वारा कम्पन उत्पन्न करने योग्य बना रहता है। तार की यह लम्बाई जो कि सारिका (कृत्रिम मेरू) और घुड़च के बीच है यानी 'स' व 'घ' के बीच है, स्वर उपजाने के लिए अभी भी सक्षम है। इसलिए इसे प्रभावी लम्बाई (Effective Length) का नाम दिया गया है। तार की प्रभावी लम्बाई, उसी की मुक्त लम्बाई की तुलना में, सब समय छोटी पाई जाएगी और प्रभावी लम्बाई द्वारा उत्पन्न स्वर, उस स्वर से ऊँचा होगा जो कि उसी तार की मुक्त लम्बाई द्वारा उत्पन्न हो सकता है। अलग-अलग सारिकाओं पर, तार को थोड़ा-सा दबाते हुए, आघात करने की क्रिया द्वारा, भिन्न-भिन्न प्रकार की आवृत्ति वाले स्वर निकाले जा सकते हैं। प्रत्येक बार प्रभावी लम्बाई में परिवर्तन होता जाएगा और प्रत्येक बार नया स्वर निकालने की स्थिति बनती जाएगी।

विचित्र वीणा, सारंगी, सरोद वायलिन आदि सारिका-रहित वाद्य हैं। ऐसे वाद्यों में नये-नये स्वर उपजाने के लिए, बार-बार कृत्रिम मेरू स्थान, अस्थाई रूप से बनना अनिवार्य होता है। विचित्र वीणा में यह कृत्रिम मेरूस्थान, कॉच के बट्टे के सहारे

बनाया जाता है। सरोद, सारंगी व वायलिन जैसे वाद्यों में, हाथ की उँगली ही कृत्रिम मेरू का स्थान बनाती चली जाती है और इस क्रिया द्वारा कई प्रकार के प्रभावी लम्बाइयों का जन्म होता चला जाता है। तार की प्रत्येक प्रभावी-लम्बाई (Effective Length), तारता (Pitch) वाले सिद्धान्त द्वारा, विभिन्न प्रकार के स्वर उपजाने में अपना योगदान करती रहती है। यदि हमें प्रभावी लम्बाई उपलब्ध हो, तो सम्बन्धित आवृत्ति यानी कम्पन संख्या प्रति सैकेण्ड का मूल्य, गणित द्वारा आसानी से लगाया जा सकता है। स्वरों का मूल्य गणित द्वारा किस प्रकार आँका जाता है, ऐसे विषयों पर अग्रिम अध्यायों में विस्तारपूर्वक चर्चा की जाएगी।

अध्याय-4

भारतीय-संगीत में 'संगीत' शब्द का स्थान

'संगीत' शब्द का व्यवहारिक रूप

साधारण बोलचाल में 'संगीत' शब्द का सही रूप से उपयोग बहुत कम दिखलाई देता है। आजकल तो अंग्रेजी शब्द 'म्युज़िक' (Music) ही अधिकतर व्यवहार में आता है। पाश्चात्य देशों में म्युज़िक शब्द का उपयोग गायन, वादन को ही सम्बोधन करने के लिए किया जाता है। हमारे द्वारा जब कभी म्युज़िक शब्द को व्यवहार में लिया जाता है तो साधारणतः, यह नहीं सोचा जाता है कि यह शब्द पाश्चात्य भाषा का है और इस शब्द का अँग्रेजी भाषा में क्या अर्थ होता है? हम लोगों ने इस शब्द को साधारण रूप से अपना रखा है और इस तथ्य पर कभी विचार नहीं करते हैं कि वास्तव में क्या इस 'म्युज़िक' शब्द को, इस प्रकार व्यावहारिक रूप से काम मे लाना, युक्तिसंगत है या नहीं? क्या यह शब्द हमारे शास्त्रीय विचारों से मेल खाता है या नहीं?

यदि हम 'संगीत' शब्द के शास्त्रोक्त रूप का गहराई से परिचय लेना चाहते हैं तो हमें संगीत के प्राचीन ग्रन्थों की ओर झाँककर देखना पड़ेगा। उपलब्ध ग्रन्थों में, भारतीय संगीत के प्राचीनतम ग्रन्थ नाट्यशास्त्र (भरत मुनि) व बृहद्देशी (मतंग मुनि) माने जाते हैं। इन दोनों ग्रन्थों में, 'संगीत' की परिभाषा सीधे-सीधे (Directly) प्रकाश में दिखलाई नहीं पड़ती है। पण्डित शार्ङगदेव का संगीत रत्नाकर ग्रन्थ, जो लगभग तेरहवीं शताब्दी में रचा गया है, वहाँ हमें संगीत की परिभाषा स्पष्ट रूप से दिखलाई पड़ती है। ''गींत वाद्यं तथा नृत्तं त्रयं संगीतमुच्यते। अर्थात् गाना, बजाना व नृत्य इन तीनों को मिलाकर संगीत कहा जाता है।

—संगीत रत्नाकर—पण्डित शार्ङ्पदेव

इसके पश्चात् अन्य ग्रन्थकारों ने भी इसी परिभाषा के भाव को अंगीकार किया है। उनके शब्दों में सामान्य हेर-फेर अवश्य दिखलाई देता है। परन्तु उनका अन्तर

भाव उसी प्रकार चमकता है, जिस प्रकार से पण्डित शार्ङ्गदेव ने संगीत रत्नाकर में लिखा है। नारद रचित 'संगीत मकरंद'' में तो शब्द भी ज्यों के त्यों मिलते हैं। ''गीतं वाद्यं च नृत्यं च त्रयं संगीतमुच्यते॥–संगीत मकरंद–नारद''। ग्रन्थों का अध्ययन करने के पश्चात् यह निश्चित रूप से कहा जा सकता है कि पण्डित शार्ङ्गदेव ने सर्व प्रथम संगीत शब्द में गायन, वादन व नृत्य इन तीनों कलाओं का समावेश किया है। परवर्ती ग्रन्थकारों ने अपने-अपने ग्रन्थ के लेखन कार्य में इस शब्द का प्रयोग ऐसी ही अंतर भावना को ध्यान में रखते हुए किया है। वर्तमान में भी संगीत शिक्षा प्रणाली द्वारा 'संगीत' शब्द के इस प्रकार के अर्थ व रूप को ही स्वीकारा गया है।

गायन व वादन जैसी विधि के लिए, भरत मुनि ने अपने नाट्य शास्त्र के 28 वें अध्याय के आरम्भ में ही, 'गांधर्व' शब्द का प्रयोग किया है। इसलिए गांधर्व शब्द को 'संगीत' शब्द का पर्यायवाची शब्द मान सकते हैं क्योंकि संगीत विषयक इन शब्दों द्वारा, भरत मुनि व शार्ङ्गदेव के अन्तस्थल-भाव एक समान झलकते हुए दिखलाई देते हैं। 'यत्तु तंत्रीकृतं प्रोक्तं नानातोद्यसमाश्रयम्। गान्धर्वमिति तज्ज्ञेयं स्वरतालपराश्रयम्॥

-अर्थात्–अनेक अतोद्य (यानी तत्, अनवद्ध, घन) तथा सुषिर का वृन्द वादन (Orchestra) का आश्रयभूत जो तंत्रीगत है, वही स्वर, ताल तथा पदों का (शब्द +वाक्य) आश्रय लेने पर 'गांधर्व' कहलाने लगता है। नाट्य शास्त्र–भरत मुनि''।

ऐसा लगता है कि गायन व वादन के विधिवत् संयोग से बने भावार्थ को, पण्डित शार्ङ्गदेव ने 'नृत्य' को शामिल कर, 'संगीत' शब्द में समेट लिया है। पण्डित शार्ङ्गदेव का अनुकरण करते हुए 'हिन्दुस्तानी कृमिक पुस्तक मालिका' में, शास्त्रीय संगीत के प्रमुख ग्रंथकार पण्डित विष्णु नारायण भातखण्डे जी ने भी 'संगीत' की परिभाषा करते समय उपर्युक्त भावार्थ को ज्यों का त्यों अपनाया है। उसके पश्चात् 'राग विज्ञान' के रचयिता पण्डित विनायक राव पटवर्धन व 'संगीतांजलि' के रचयिता पण्डित ओंकार नाथ ठाकुर ने भी, 'संगीत' की परिभाषा लिखते समय, पण्डित शार्ङ्गदेव के शब्दों और विचारों को ज्यों का त्यों अपनाया है।

संगीत हमारी संस्कृति का परिचायक चिह्न है। संगीत की परिभाषा के लिए, प्राचीन व अर्वाचीन शास्त्रकारों का एक ही प्रकार का दृष्टिकोण है। भले ही वर्तमान में 'संगीत' के लिए म्युजिक जैसे शब्द का व्यापक रूप से उपयोग किया जा रहा हो परन्तु जहाँ तक संगीत-शास्त्र सम्बन्धी विचारों का प्रश्न उठता है वहाँ 'संगीत' की परिभाषा दर्शाने के लिए प्राचीन शास्त्रों से जुड़े विचारों व शब्दों को ही मान्यता प्रदान की जाती है। इसलिए 'संगीत' शब्द को एक तकनीकी पद के स्तर वाले रूप में स्वीकार कर लेना चाहिए।

संगीत के लिए जब हम पण्डित शार्ङ्गदेव द्वारा लिखित विचारों को तकनीकी पद पर घोषित करते हैं और स्वीकारते हैं तो सभी वर्ग के लोग चाहे वह विद्यार्थी, शिक्षक या शास्त्रकार हो, उसे इस शब्द के ओट में छिपे हुए सभी गुणों को भी

ज्यों का त्यों स्वीकारना पड़ेगा। इस 'संगीत' शब्द ने, कौन-कौन से गुणों को अपने में समेट कर रखा है, उस विषय पर थोड़ी-सी गहराई द्वारा चिन्तन, कर लेना हितकर होगा। इस प्रकार के चिन्तन द्वारा, अग्रिम अध्यायों के विषयों को समझने में सुविधा होगी व सम्पूर्ण विषय यानी संगीत के शास्त्र एवं क्रियात्मक पक्ष से सम्बन्धित विषयों में, रुचि को बढ़ावा भी मिल सकेगा।

'संगीत' के गुणों पर कुछ प्रकाश

गायन, वादन व नृत्य—ये तीनों कलाएँ एक दूसरे से भिन्न हैं व एक-दूसरे से स्वतन्त्र भी हैं। यह रोचक बात है कि स्वतन्त्र होते हुए भी, तीनों में घनिष्ठ सम्बन्ध है। नृत्य को तबला या मृदंग जैसे वाद्यों की अधिकांश आवश्यकता पड़ती है और वाद्य को, गायन के पीछे-पीछे चलने वाला बतलाया गया है जैसा कि निम्न उद्धरण संकेत दे रहा है।

'नृत्तं वाद्यानुगं प्रोक्तं वाद्यं गीतानुवर्ती च।
अतो गीतं प्रधानत्वादत्रादावभिधीयते॥

अर्थात्—गायन के अधीन वादन और वादन के अधीन नर्तन है। इसलिए इन तीनों कालाओं में गायन को ही प्रधानता दी गई है। संगीत रत्नाकार—पण्डित शार्ङ्गदेव'। यह तो रहा लगभग 1200 वर्ष पुराना विचार। सच पूछा जाए तो भरत कालीन मत भी कुछ ऐसा ही था। हमें आज की स्थिति का भी अवलोकन कर लेना चाहिए। आजकल वाद्य-वादन, अपना स्वतन्त्र स्थान रखता है। वर्तमान में एकल-वादन (Solo) भी उतना ही महत्त्वपूर्ण है, जितना कि कण्ठ संगीत। प्राचीन काल में वाद्यों को, शास्त्र समझाने का साधन अथवा गायन व नृत्य की संगति के लिए ही उपयुक्त माना जाता था। जिस प्रकार से गायन व नृत्य अपने आप में स्वतन्त्र माना गया है, आजकल उसी प्रकार, वाद्य भी अपना स्वतन्त्र अस्तित्व रखता है। पाश्चात्य देशों में भी वाद्यों को वृन्द-वादन (Orchestra) या नृत्य में प्राथमिकता दी जाती है।

तीनों कलाएँ (गायन, वादन व नृत्य) अपने आप में स्वतन्त्र होते हुए भी, उनके द्वारा प्रदर्शन, कुछ नियमों द्वारा बँधा हुआ है। भरत मुनि ने 'संगीत' शब्द का प्रयोग नहीं किया है परन्तु इतना स्पष्ट लिख दिया है कि गीत, वाद्य व नृत्य का, एकाकी भाव के साथ रस-मय प्रदर्शन होना चाहिए। नाटक का पात्र, गीत गाता हुआ भी अभिनय में लिप्त रहता है। उन्होंने उदाहरण द्वारा स्पष्ट किया है कि जिस प्रकार अलातचक्र (बनेटी याने जलते हुए गोले को गोल-गोल घुमाने की क्रिया) द्वारा प्रकाश का घेरा एक नियमित आकार धारण कर लेता है, उसी प्रकार तीनों कलाओं से संगम के द्वारा एकाकी भाव उत्पन्न हो जाना चाहिए।

**"एवं गानञ्च वाद्यंञ्च नाट्यञ्च विविधाश्रयम् ।
आलातचक्रप्रतिमं कर्तव्यं नाट्योक्तृभिः।।**

अर्थात्—गान, वाद्य तथा नाट्य (नृत्य) के प्रदर्शन (प्रयोग) को विविध आश्रय यानी विविध प्रकार के आकर्षणों वाले रखते हुए उनको 'अलातचक्र' के समान एक साथ मिले हुए रहना चाहिए। नाट्य शास्त्र—भरत मुनि" । यदि एक ही मंच पर एक ही समय, संगीत के तीनों अंगों का प्रसारण हो रहा हो, तो कार्यक्रम कर्णप्रिय व देखने में चित्त आकर्षक होना चाहिए यानी सम्पूर्ण वातावरण हर प्रकार से सुहावना होना चाहिए। यदि स्थिति का विश्लेषण किया जाए, तो इसी परिणाम पर पहुँचेंगे कि तीनों कलाओं को एक सूत्र में बाँधने का प्रमुख अंग 'ध्वनि' ही है। इस सम्पूर्ण स्थिति को साधारण भाषा द्वारा व्यक्त किया जा सकता है कि गायन, वादन व नृत्य का प्रदर्शन एक ही 'स्वर' में हो रहा है। वातावरण में ऐसा स्वर, स्थिर भाव से स्थापित हो जाता है और सम्पूर्ण वातावरण कर्णप्रिय व चित्त आकर्षक बन जाता है। वास्तव में ऐसे वातावरण को ही संगीतमय वातावरण कहा जा सकता है।

ध्वनि या स्वर तभी तक कर्णप्रिय रह सकते हैं, जब तक उनमें नियमितता बनी रहे। आजकल संगीत के कलाकार को अपने प्रस्तुतिकरण कार्यक्रम को सफल बनाने के लिए, विद्युत आधारित उपकरणों पर पूर्णतः निर्भर होना पड़ता है। प्रस्तुतिकरण के अवधिकाल में यदि ध्वनि थोड़ी-सी भी अनियमित हो जाती है तो संगीत का कार्यक्रम चौंका देने वाली स्थिति तक पहुँच जाता है यानी संगीत का कार्यक्रम बिगड़ सकता है। इस स्थिति को हम इस प्रकार समझा सकते हैं। मान लो किसी गायक का मंच पर प्रस्तुतिकरण कार्यक्रम चल रहा है। सम्पूर्ण वातावरण हमें कर्णप्रिय लग रहा है क्योंकि तानपूरा, तबला व गायक के स्वरों का, तालमेल बन रहा है। सभी एक ही (Common) स्वर के सूत्र में, एक-दूसरे से बँधे हुए रहते हैं। इस प्रकार की प्रक्रिया में स्वर की तारता (Pitch) एकसमान भाव से सक्रिया रहती है और ऐसी सक्रियता का सुहावना अनुभव सभी को आनन्दित करता रहता है। स्वतः ऐसा वातावरण कर्णप्रिय बना रहता है।

अब अचानक, यदि तबले से निकली ध्वनि इतनी प्रबल (Loud) सुनाई देने लग जाए कि, गायक के स्वर अच्छी तरह से सुनाई न दे सकें, तो वातावरण में जो तालमेल बना हुआ था, वह अचानक बिगड़ जाएगा। यहाँ समझ में आ रहा है कि यद्यपि संगीत को, एक ही प्रकार की कम्पन संख्या वाले स्वरों में बाँध दिया गया था परन्तु ध्वनि की प्रचण्डता (Loudness) की अनियमितता के कारण सम्पूर्ण वातावरण गड़बड़ा जाता है। वातावरण में इस प्रकार का परिवर्तन, श्रोताओं को विकारयुक्त प्रतीत होने लगता है। निःसन्देह इस प्रकार का वातावरण श्रोताओं को

अप्रिय लगने लगता है। यहाँ संगीत के ढाँचे में कर्णप्रियता उपजाने वाले अवययों की उपस्थित होते हुए भी, प्रस्तुतिकरण के समय वातावरण कर्णप्रियता के घेरे से विचलित हो उठता है।

गायक या वादक को इस प्रकार की प्रबलता से जुड़ी समस्या का सामना, कभी भी करना पड़ सकता है। जब आधुनिक ध्वनि-उपकरणों का आविष्कार नहीं हुआ था, तो उस समय के कलाकारों को इस प्रकार की समस्या का सामना नहीं करना पड़ता था और न ही ऐसा अनुभव होता था। उस समय केवल स्वर की तारता (Pitch) से सम्बन्धित स्थिति का ही नियन्त्रण करना पड़ता था। प्रबलता (Loudness) से जुड़ी समस्या, विद्युत आधारित उपकरणों द्वारा पैदा होती है। इसमें कलाकारों का कोई दोष नहीं होता और न ही कलाकार ऐसी समस्या उत्पन्न करने में योगदान कर सकता है। प्रबलता घटाने व बढ़ाने का बटन, उपकरण चालक के हाथ में रहता है। ध्वनि की अनियमितता, चाहे प्रबलता (Loudness) द्वारा उत्पन्न हुई हो या फिर तारता यानी कम्पन संख्या प्रति सैकण्ड वाली ध्वनि द्वारा हुई हो, अनियमितता 'संगीत' वातावरण को अप्रिय बना देती है। इसलिए इस तथ्य को स्वीकार करना पड़ेगा कि कर्णप्रियता के साथ-साथ, 'संगीत' में नियमितता वाला गुण भी, बराबर का व उतना ही महत्त्वपूर्ण अधिकार रखता है।

संगीत यानी गायन, वादन व नृत्य यदि एक साथ, एक ही समय में प्रदर्शित किया जाता है, तो वह कार्यक्रम देखने में उसी समय तक अच्छा लगता है, जब तक ध्वनि, पूर्ण रूप से नियमितता (Regularity) की परीधि में घिरी रहती है अन्यथा सम्पूर्ण वातावरण शोरगुल या कोलाहल कहलाने योग्य ही समझा जाएगा। 'गीतं वाद्यं नृत्यं त्रयं संगीतमुच्यते' वाली परिभाषा, हमें पूरा अधिकार देती है कि मंच पर तीनों कलाओं का संगम एक साथ हो सकता है। यह संगम केवल गीत यानी गायन द्वारा एकल (Solo) प्रस्तुति भी हो सकती है या गीत के दो कलाकारों की युगलबन्दी भी हो सकती है। यह संगम गीत व वादन का भी हो सकता है या फिर गायन वादन व नृत्य, इन तीनों कलाओं का एक साथ प्रदर्शन किया जा सकता है। किसी भी प्रकार की स्थिति हो, हमें शास्त्रीय संगीत के प्रस्तुतिकरण की अवधिकाल में, कुछ नियमों का विधिवत् पालन करना अनिवार्य होता है। इसलिए उपर्युक्त बिन्दुओं को ध्यान में रखते हुए हम 'संगीत' की आकृति को निम्न प्रकार से स्वीकार कर सकते हैं जैसे–

1. 'संगीत' कणप्रिय होना चाहिए।
2. 'संगीत' में ध्वनि की नियमितता (Regularity) होना भी एक अनिवार्य तत्त्व है।
3. 'संगीत' शब्द में गायन, वादन नृत्य इन तीनों की उपस्थिति समझना चाहिए।

4. शास्त्रीय 'संगीत' की पहचान, शास्त्रोक्त नियमों के पालन करने, से ही बनती है।

हमारे चिन्तन का विषय शास्त्रीय संगीत है। इसलिए इस विषय से जुड़े शास्त्रोक्त नियम व उसके भिन्न-भिन्न अवययों से परिचित होना भी आवश्यक है। जब हम शास्त्रोक्त नियम की ओर संकेत करते हैं तो हमारा अभिप्राय, प्राचीन ग्रन्थों द्वारा प्रस्तुत विचार एवं भौतिक विज्ञान से बँधे आधुनिक ध्वनि-सिद्धान्त, इन दोनों से समान भाव द्वारा परिचित होने के लिए समझा जाना चाहिए।

अध्याय-5

संगीत-ध्वनि

ध्वनि के प्रकार

संगीत शब्द तो साधारण बोलचाल के अन्तर्गत फिर भी यदा-कदा सुनाई देता रहता है परन्तु ध्वनि शब्द संगीत समाज में बहुत कम सुनने को मिलता है। जिस प्रकार से अंग्रेजी शब्द 'म्युज़िक' व्यावहारिक दृष्टि से संगीत के लिए उपयोग में लाया जाता है, ठीक उसी प्रकार 'ध्वनि' शब्द के लिए अंग्रेजी शब्द साउण्ड (Sound) सुनने को मिलता है या व्यावहारिक रूप में 'आवाज़' शब्द को काम लाया जाता है।

किसी कारख़ाने की मशीनों द्वारा खटखटाहट या रेलवे प्लेटफार्म का हल्ला गुल्ला अथवा शहर के किसी भीड़भाड़ क्षेत्र का शोरगुल भी ध्वनि ही कहलाएगा परन्तु इस प्रकार की ध्वनियाँ हमारे लिए कोलाहल या राव की श्रेणी में गिनी जाएँगी। अँग्रेजी भाषा में इसी को नॉइज़ (Noise) के नाम द्वारा जाना जाता है। भौतिक विज्ञान (Physics) भी संगीत सम्बन्धित ध्वनि को मूलतः दो भागों में विभाजित करता है।

1. म्युज़िकल साउण्ड संगीत ध्वनि
2. नॉइज़ (Noise) यानी कोलाहल, शोरगुल या राव

दोनों प्रकार की ध्वनियों को अलग-अलग समझने के लिए कोई निश्चित प्रकार की विभाजन रेखा (Line of Demarcation) या सीमा रेखा नहीं खींची जा सकती। इतना निश्चित रूप से कहा जा सकता है कि म्युज़िकल ध्वनियाँ (Musical Sound), कानों को सुहाती (Pleasing) हैं और राव (Noise) मानव कानों को अच्छा नहीं लगता। यह भी सर्वविदित है कि कानों द्वारा सुने हुए पदार्थों का निष्कर्ष, पूर्ण रूप से मानसिक प्रतिक्रिया पर निर्भर करता है। किसी एक प्रकार की ध्वनि, किसी को अच्छी लगती है परन्तु वही ध्वनि दूसरे व्यक्ति को इतनी अच्छी नहीं लगती है। यदि हम तारता के आधार पर विश्लेषण करें यानी पूर्ण रूप से भौतिक विज्ञान के आधार

द्वारा मनन करें, तो परिणाम (Resuults) कुछ और ही प्राप्त होंगे। प्रयोग व अनुभव द्वारा स्थापित किया जा चुका है कि म्युज़िकल साउण्ड (Musical Sound) यानी संगीत ध्वनि की तारता (कम्पन संख्या प्रति सैकण्ड), दूसरी ध्वनि यानी राव वाली ध्वनियों की तुलना में कही अधिक होती है।

ध्वनि के क्षेत्र में विविध प्रकार की खोज हुई है। ऐसी भी ध्वनियाँ (Sound) उपजाई जा सकती हैं जिसकी कम्पन संख्या प्रति सैकण्ड, अत्यधिक मानी जाती है। इन्हें अतिध्वनिक या कर्णातीत (Ultra Sonic) के नाम से पुकारा जाता है। ऐसा विषय संगीत से जुड़ा हुआ नहीं है। इसलिए साधारण जानकारी के लिए यदि पाठकगण चाहें तो इस विषय पर अलग से अध्ययन कर सकते हैं।

संगीत उपयोगी ध्वनि

संगीत के प्राचीन ग्रन्थों में ध्वनि शब्द का उपयोग एक विशिष्ट सीमा तक ही किया गया है। व्याकरण शास्त्रियों ने कण्ठ से उपजाई जाने वाली विविध प्रकार की ध्वनियों को आधार मानकर, भाषा के वर्ण (Alphabets) व शब्द (Words) उच्चारण की व्यवस्था का निर्माण किया है। संगीत के आचार्यों ने भी इसी प्रकार की व्यवस्था का ही सहारा लिया है। वास्तव में कण्ठ संगीत का प्रमुख स्रोत या उद्गम स्थान माना गया है। इसलिए संगीत शास्त्रियों ने अपने शास्त्रों में केवल कण्ठ द्वारा उपजी ध्वनि के विषय में ही थोड़ा-बहुत लिखा है, जबकि वर्तमान ध्वनि विज्ञान (Physics for Sound), सभी प्रकार की ध्वनियों पर प्राकश डालता है।

प्राचीन शास्त्रों में वर्णित ध्वनि, नाद, स्वर, श्रुति आदि शब्दों से सम्बन्धित ज्ञान द्वारा, केवल ऐसे विषयों को समझने में सहायता मिल सकती है जो संगीत से जुड़े हों। ये शब्द संगीत की सीमा तक ही अपना प्रकाश फैला सकते हैं। संगीत-ध्वनि से हटकर, ये पदार्थ किसी अन्य प्रकार की समस्या को सुलझाने में सहयोग नहीं कर सकते। आधुनिक विचारधारा के अन्तर्गत, 'ध्वनि' शब्द का क्षेत्र बहुत विशाल माना जाता है। 'ध्वनि' शब्द कान में पड़ते ही हमारे सामने कई प्रकार की ध्वनियों की छवि सामने आकर खड़ी हो जाती है—जैसे विभिन्न प्रकार की कम्पन संख्या प्रति सैकण्ड वाली ध्वनियाँ, दुर्बल व प्रबल (Soft and Loud) प्रकार की ध्वनियाँ, और विविध स्रोतों से उपजी ध्वनियाँ यानी विभिन्न प्रकार के गुणों (Timber or Quality) व जाति वाली ध्वनियाँ या इसी प्रकार की ध्वनियों का मिश्रण, शोरगुल व संगीत ध्वनि आदि आदि।

यदि हम आधुनिक भौतिक विज्ञान की ओर ध्यान दें तो 'ध्वनि' की रूपरेखा बिलकुल अलग ढंग से पाएँगे। भौतिक विज्ञान के अन्तर्गत ध्वनि को एक प्रकार की शक्ति (Energy) के रूप में देखा जाता है। यह शक्ति कानों द्वारा ग्रहण की जा सकती है और कान ही उस शक्ति के रूप को, मस्तिष्क तक पहुँचा देने में सहायक होते हैं। ध्यान रहे कि शक्ति (Energy) शब्द, भौतिक विज्ञान का एक तकनीकी/सांकेतिक/

पारिभाषिक शब्द है। अध्याय दो में पारिभाषिक व सांकेतिक शब्दों के महत्त्व को विस्तार पूर्वक समझाया गया है। यदि यहाँ हम भौतिक विज्ञान के 'शक्ति (Energy) शब्द को गहराई से समझने का प्रयत्न करते हैं, तो हमें इसी प्रकार के दो-चार अतिरिक्त शब्दों (सांकेतिक व पारिभाषिक) के अर्थों को भी समझना पड़ सकता है। सम्प्रति, भौतिक विज्ञान के तकनीकी शब्दों को उतना ही समझना उचित है जितनी कि आवश्यकता है। इस समय हमारा 'संगीत ध्वनि' को समझने की ओर केंद्रित है।

रेल इंजन से निकली ध्वनि, रेलवे प्लेटफार्म या भीड़भाड़ वाले बाजार की कोलाहल, सारंगी, बाँसुरी, तबला व कण्ठ आदि से निकली आवाज़, सभी तो ध्वनि के ही रूप हैं। कोई एक ध्वनि हमें प्रिय लग सकती है तो दूसरी अप्रिय। 'ध्वनि' के गुणों का विश्लेषण करने के पश्चात् ही संगीत-ध्वनि (Musical-Sound) या राव (Noise) प्रकार की ध्वनि की, सही व उपयुक्त व्याख्या की जा सकती है। अमुक ध्वनि को संगीत उपयोगी माना जाए या नहीं, यह तथ्य ध्वनि से सम्बन्धित गुणों पर निर्भर करता है। इस विषय पर अग्रिम परिच्छेद द्वारा विस्तारपूर्वक चर्चा की जाएगी।

संगीत विषय पर लिखे गए प्राचीन ग्रन्थों में 'ध्वनि' की व्याख्या या परिभाषा, व्यापक रूप से प्राप्त नहीं हो रही है। मतंग मुनि द्वारा रचित 'बृहद्देशी' ग्रन्थ के प्रथम अध्याय का प्रथम श्लोक ध्वनि से ही सम्बन्धित है।

''नानाविधेषु देशेषु जन्तूनां सुखदो भवेत्।
ततः प्रभृति लोकानां नरेन्द्राणां यदृच्छया॥1॥
देशे देशे प्रवृतोऽसौ ध्वनिर्देशीति संज्ञितः।

अर्थात्–भिन्न-भिन्न स्थानों पर जीव-जन्तु, मनुष्य और (यहाँ तक कि) राजा-महाराओं को भी सुखद (कर्णप्रिय) लगने वाली ध्वनि, जो हर भूभाग या देश विशेष में बोली व सुनी जा रही है, देशी ध्वनि कहलाती है।

''बृहद्देशी...मतंग मुनि''

उपर्युक्त विचार भिन्न-भिन्न स्थानों (भू-भाग) पर बोले जाने वाली भाषा-उच्चारण के विषय से सम्बन्धित हैं। हम तो उस ध्वनि के विषय में विवेचना कर रहे हैं, जिस ध्वनि द्वारा बिना किसी शब्द उच्चारण के भी कर्णप्रियता के दर्शन होते रहते हैं। पं. ओंकारनाथ ठाकुर अपने ग्रन्थ 'प्रणव भारती' में ध्वनि पर विवेचना करते हुए इस परिणाम पर पहुँचे हैं कि 'ध्वनि' शब्द, पूर्णतः व्याकरण शास्त्र के मूल स्रोत का अंग है। 'ध्वनि'–यह शब्द व्याकरण शास्त्र से उधार लिया गया है। जिस प्रकार वैय्याकरणों की दृष्टि से 'ध्वनि', वर्ण 'स्फोट' और वाक्य-स्फोट का अभिव्यंजक है, उसी प्रकार व्यंजकता के साम्य के आधार पर, साहित्य शास्त्रियों ने भी व्यंग्यार्थ के प्रकाशन या व्यंजक शब्द और अर्थ के लिए, ध्वनि संज्ञा का व्यवहार किया है।

–प्रणव भारती–पं. ओंकारनाथ ठाकुर''

पूर्व के अध्यायों में व्यक्त मीमांसा को ध्यान में रखते हुए इतना तो स्पष्ट है कि ध्वनि का प्रसारण तरंगों (Waves) द्वारा होता है। ध्वनि एक स्थान से दूसरे स्थान तक किसी माध्यम के सहारे पहुँच पाती है और हर तरंग की अपनी तारता यानी कम्पन संख्या प्रति सैकण्ड होती है। कई प्रकार की तरंगों के मिश्रण, बहुधा राव में परिवर्तित हो जाते हैं। इसका मतलब यह नहीं समझ लेना चाहिए कि एकाकी (Single) प्रकार की ध्वनि यानी जिसकी विशुद्ध एकल कम्पन संख्या हो, वही संगीतमय लगेगी और मिश्रित ध्वनियों को, शोरगुल या राव की श्रेणी में रखा जाएगा। संगीत-ध्वनि के नियमितता वाले गुणों का अपना महत्त्व है। वास्तव में प्रिय लगने वाली ध्वनि भी, जब तक नियमितता की सीमा में रहती है, तभी तक वह संगीत उपयोगी सिद्ध हो सकती है। अनियमित ध्वनि कर्णप्रियता की परिधि से बाहर सरक जाती है।

जब हम आपस में बातचीत करते हैं तो हमारी आवाज़ अनियमित गति से ऊपर-नीचे होती रहती है। इसलिए इस प्रकार की ध्वनि को, संगीत श्रेणी में नहीं रखा जा सकता। जैसे ही 'सा' लगाते हैं तो आवाज़ में एक प्रकार की स्थिरता आ जाती है और ध्वनि मधुर व प्रिय लगने लगती है। इसलिए ऐसी ध्वनि संगीत उपयोगी कहलाएगी।

वैज्ञानिकों ने स्थापित कर दिया है कि संगीत ध्वनि की आवृत्ति अधिकतम चार हज़ार कम्पन संख्या प्रति सैकण्ड पाई जाती है। प्रो. ललित सिंह अपनी पुस्तक 'ध्वनि और संगीत' में लिखते हैं कि 'संगीत के स्वर कम से कम 40 और ज्यादा से ज्यादा 4000 आवृत्ति के होने चाहिए, तभी कान उन्हें संगीत के रूप में ग्रहण कर सकता है।'

सारांश में यह कहा जा सकता है कि–

1. ध्वनि एक प्रकार की शक्ति है जिसके द्वारा हम सुन सकते हैं। इसलिए संगीत ध्वनि भी एक प्रकार की शक्ति है परन्तु संगीत ध्वनि के गुण अन्य ध्वनियों की तुलना में कुछ अलग होते हैं।
2. ध्वनि कर्णप्रिय हो और ध्वनि में नियमितता वाला गुण भी हो, तभी वह ध्वनि संगीत उपयोगी बन सकती है।
3. आधुनिक ध्वनि विज्ञान के अन्तर्गत यह मान्यता है कि संगीत ध्वनि की आवृत्ति (Frequency) कम्पन संख्या प्रति सैकण्ड 40 से 4000 तक पाई जाती है।

अग्रिम अध्यायों में ध्वनि के उन अंगों का गहराई से विचार करेंगे, जिनके द्वारा संगीत की उत्पत्ति हो सकती है।

अध्याय-6

नाद

प्राचीन ग्रन्थों में नाद की आकृति–

नाद तत्त्व के सम्बन्ध में वेद, वेदांग (शिक्षा, निरुक्त, छन्द, ज्योतिष, कल्प, व्याकरण) आदि ग्रन्थों में विविध प्रकार की सामग्री पाई जाती है। अभी हम अपना ध्यान संगीत सम्बन्धित 'नाद' जैसे विषय पर ही केन्द्रित करना चाहेंगे। पिछले अध्यायों में इस विषय पर जितनी भी चर्चा हुई है, उसको ध्यान में रखते हुए, इतना तो स्पष्ट है कि 'नाद' का स्वरूप 'ध्वनि' के स्वरूप से भिन्न नहीं हो सकता। ध्वनि का कोई भी एक तन्तु, नाद कहलाने योग्य हो सकता है। संगीत के प्राचीन ग्रन्थ, 'ध्वनि' पर विशेष न लिखते हुए, सीधे 'नाद' के दो भेद बतलाते हैं। पण्डित शार्ङ्गदेव अपने ग्रन्थ संगीत रत्नाकर में, नाद के विषय में इस प्रकार लिखते हैं।

''आहतोऽनाहतश्चेति द्विधा नादो निगद्यते।
सोऽयं प्रकाशते पिंडे तस्मात्पिंडोऽभिधीयते॥

अर्थात्–नाद दो प्रकार के माने जाते हैं, आहत तथा अनाहत। ये दोनों पिंड (देह) में प्रकट होते हैं। इसलिए पिंड का वर्णन किया जाता है।

–संगीत रत्नाकर–पंडित शार्ङ्गदेव

इसी प्रकार नारद प्रणीत 'संगीत मकरंद' में भी नाद को दो प्रकार का माना है।

'अनाहतो हतश्चैव स नादो द्विविधो मतः।

अर्थात्–नाद दो प्रकार के माने जाते हैं, आहत व अनाहत।

–संगीत मकरंद–नारद'

इस सन्दर्भ में, पण्डित शार्ङ्गदेव के परवर्ती सभी ग्रंथकारों ने एक ही प्रकार के शब्दों में पण्डित शार्ङ्गदेव के मत का ही अनुसरण किया है।

किसी भी प्रकार के आघात या घर्षण से जो ध्वनि उत्पन्न होती है उसे 'आहत' नाद की श्रेणी में रखा गया है। जब हम कानों में उँगली डालकर ध्यान लगाते हैं तो हमें घों-घों या साँय-साँय जैसी ध्वनि सुनाई देती है। कभी-कभी कानों में उँगली डालने की आवश्यकता ही नहीं पड़ती है। कानों में बिना उँगली डाले, सीटी बजने जैसी अनुभूति होती है। ऐसी अनुभूतिक-ध्वनि जो सर्वत्र छाई रहती है, उसे 'अनाहत नाद' की संज्ञा दी गई है। अनाहत नाद के विषय में लिखा है कि इस प्रकार के नाद का आनन्द योगी ही ले सकते हैं।

''अनाहतो योगिभिरेव गम्यः।

अर्थात्—अनाहत नाद योगियों के लिए है।

—संगीत सुधा—पण्डिज गोविन्द दीक्षित

हमारा विषय संगीत से जुड़े नाद से है, जो आहत नाद की श्रेणी में आता है। 'आहत नाद' को संगीत ग्रन्थकारों ने, केवल 'नाद' कहकर सम्बोधित किया है। 'नाद' की उत्पत्ति, लक्षण व नाद की प्रशंसा के विषय में संगीत के प्रायः सभी ग्रन्थकारों ने एक ही प्रकार के विचार व्यक्त किए हैं। सभी ग्रन्थकारों का मत है कि 'नाद' मानव कण्ठ द्वारा उत्पन्न होता है। प्रायः सभी ग्रन्थकारों ने वर्णन किया है कि नाद के उत्पन्न होने की प्रतिक्रिया में, मानव-शरीर के कौन-कौन से अंग योगदान देते हैं और यह क्रिया किस प्रकार सम्पूर्ण होती है? आदि-आदि। इस सन्दर्भ में, निम्न कुछ उद्धरण दिए जा रहे हैं।

मतंग मुनि ने मानव ब्रह्म ग्रन्थि को, नाद उत्पत्ति का प्रमुख अंग माना है।

''यदुक्तं ब्रह्मणः स्थानं ब्रह्मग्रन्थिश्च यः स्मृतः।
तन्मध्ये संस्थितः प्राणः प्राणाद् वह्निसमुद्गमः।
वह्निमारुतसंयोगान्नादः समुपजायते॥

अर्थात्—ब्रह्म ग्रन्थि का (जो) स्थान कहा गया है, उसमें प्राण अवस्थित होता है। इसी प्राण से वह्नि की उत्पत्ति होती है। वह्नि तथा मारुत (प्राण) के संयोग से नाद होता है। बृहद्देशी—मतंग मुनि''

इस विवेचना के पश्चात् मतंग मुनि ने, नाद शब्द का पद विच्छेद कर, 'नाद' को समझाने का प्रयत्न किया है।

''नकारः प्राण इत्याहुर्दकारश्चानलो मतः।
नादस्य द्विपदार्थोऽयं समीचीनो मयोदितः॥

अर्थात्—नाद पद में नकार (न अक्षर) प्राण कहा गया है और दकार (द अक्षर) को अग्नि माना गया है। नाद के दो पदों (ना+द) का यह युक्ति अर्थ, मेरे द्वारा

प्रतिपादित किया गया है। मतंग मुनि से ठीक मिलते-जुलते विचार पण्डित शार्ङ्गदेव के भी हैं।

"नकारं प्राणनामानं दकारमनलं विदुः
जातः प्राणाग्नि संयोगात्तेन नादोऽभिधीयते।

संगीत रत्नाकर–पण्डित शार्ङ्गदेव"

संगीत के अन्य सभी ग्रन्थकारों ने मतंग व शार्ङ्गदेव के विचारों से सहमत होते हुए 'नाद' के विषय में लिखा है। विस्तार भय के कारण हम दो तीन उद्धरण ही यहाँ दे रहे हैं।

"नाभेरूर्ध्वं हृदस्थानम्मारुतः प्राणसंज्ञकः।
नदति ब्रह्म रन्ध्रान्ते तेन नादः प्रकीर्तितः॥
आकाशाग्नि मरुज्जातो, नाभेरूर्ध्वं समुच्चरन्।
मुखेऽत्तिव्यत्ति मायति यः सनादः॥"

रागतरंगिनी-पण्डित लोचन

"आत्मा प्रेरितं चित्तं वह्निमाह्वति देहजम्।
ब्रह्मग्रन्थिस्थितं प्राणं स प्रेरयति पावकः॥
पावक प्रेरितः सोऽथ क्रमादूर्ध्वपथे चरन्।
आविर्भावयतीत्येवं पंचधा कीर्त्यते बुधैः॥"

संगीत दर्पण–पण्डित दामोदर

"आत्मा विविक्षमाणोऽयं मनः प्रेरयते मनः
श्वसनेंद्रिय माहंति तत्प्रेरयति मायतम्।
वक्षः स्थल स्थितः सोऽथ क्रमाद्रधर्वपथेचरन्।
हृत्कंठास्यादिगात्राथो लक्षे नादोऽभिधीयते।

अभिनव राग मंजरी-मंजरीकार"

ऊपर लिखे गए प्रत्येक उद्धरण द्वारा यह झलकता है कि नाद का उद्‌गम स्थान कण्ठ है। साथ-साथ में यह भी स्पष्ट है कि ये उद्धरण अनाहत नाद के विषय में नहीं हैं। इसलिए ये उद्धरण आहत नाद से ही सम्बन्ध रखते हैं। उपर्युक्त उद्धरणों को पढ़ने के पश्चात् यह भास होता है कि नाद की उत्पत्ति केवल कण्ठ तक सीमित है। हमें यह मालूम है कि वीणा, मृदंग, तबला, सितार, घुँघरू आदि द्वारा भी नाद उत्पन्न होता है। उधर प्राचीन ग्रन्थों ने नाद को संगीत-ध्वनि से भी जोड़ा है। नाद के विषय में इस प्रकार के भिन्न-भिन्न विचार द्वारा, व्याकुलता व गड़बड़ाहट (Confusion) की स्थिति उत्पन्न होती है।

संगीत रत्नाकर के रचयिता पण्डित शार्ङ्गदेव ने इस तथ्य पर बल दिया है कि वाणी द्वारा नाद और नाद द्वारा समस्त साहित्य उत्पन्न हुआ है। इसलिए समस्त जगत नाद के अधीन है। वास्तव में आहत नाद क्या है? पिछले अध्यायों की विवेचना द्वारा, हम इस परिणाम पर पहुँच चुके हैं कि नाद का रूप 'ध्वनि' में सिमटा हुआ है परन्तु 'नाद' के विषय में जिस प्रकार से, प्राचीन ग्रन्थकारों ने अपने भिन्न-भिन्न विचार व्यक्त किए हैं, उन उक्तियों द्वारा नाद के रूप पर एक मत होने में कठिनाई सामने आ रही है। जहाँ तक परिभाषा का प्रश्न है आजकल का युग, पारदर्शी (Crystal Clear), अडिग व असंदिग्ध (Unambiguous) व्याख्या को ग्रहण करने में संतुष्टि का अनुभव करता है। इसलिए हमारे सामने प्रश्न खड़ा हो जाता है कि 'नाद' की परिभाषा किस आकार व रूप की हो? उपर्युक्त चर्चा द्वारा इतना अवश्य कहा जा सकता है कि नाद की परिभाषा इस प्रकार की होनी चाहिए जिससे प्राचीन दृष्टिकोण की हानि भी न हो और आधुनिक विज्ञान की विचारधारा का प्रवाह भी बना रहे।

नाद व्याख्या–सम्बन्धित विचार

अभी तक नाद पर जिन तथ्यों को लेकर विचार किया गया है वे संक्षिप्त में इस प्रकार हैं। नाद को सुन सकते हैं। अतः नाद को ध्वनि का एक तन्तु माना जा सकता है। 'नाद' संगीत से जुड़ा है, इसलिए नाद को राव से भिन्न मानना पड़ेगा। नाद में वे सभी गुण होने चाहिए जिनको हम संगीत के प्रतिबिम्ब में देखना चाहते हैं। जिस प्रकार से हमने 'संगीत' व 'ध्वनि' को तकनीकी रूप रेखा द्वारा देखने की चेष्टा की है, उसी दृष्टिकोण को अपनाते हुए, 'नाद' की रूपरेखा भी बननी चाहिए। यदि हम नाद को तकनीकी परिधान द्वारा सुसज्जित करना चाहते हैं तो यह मानकर चलना होगा कि नाद केवल मानव कण्ठ द्वारा ही उत्पन्न नहीं होता है, वह किसी अन्य स्रोत जैसे विभिन्न वाद्य आदि से भी उत्पन्न होता है। संक्षेप में यह कह सकते हैं कि 'नाद' एक प्रकार की ध्वनि है जो संगीत उपयोगी हो सकती है। जब हम 'नाद' को आहत नाद की श्रेणी में गिनते हैं, तो उस नाद की कुछ आवृत्ति यानी कम्पन संख्या प्रति सैकण्ड होनी चाहिए। यह आवृत्ति (Frequency) उस नाद की तारता (Pitch) को दर्शाती है, जिसके कारण इस तथ्य का अनुभव हो सकता है कि वह नाद कितना तीव्र है या भोथरा है।

भौतिक विज्ञान (Physics) के अन्तर्गत सभी प्रकार की ध्वनियों का अध्ययन किया जाता है। अध्ययन के परिणामस्वरूप, संगीत ध्वनि (Musical Sound) सम्बन्धित जानकारी व सिद्धान्त, यथेष्ट मात्रा में स्थापित हो चुके हैं। जिसे हम संगीतमय ध्वनि या नाद की संज्ञा दे रहे हैं, भौतिक विज्ञान के अन्तर्गत इस प्रकार की संगीत ध्वनि (Musical Sound) को नोट (Note) या टोन (Tone) के नाम से जाना जाता है। किसी एक प्रकार के एकल नोट (Single Note) की एक ही आवृत्ति यानी कम्पन

संख्या प्रति सैकेण्ड होती है। संक्षिप्त में समझ लो कि व्यावहारिक व क्रियात्मक रूपरेखा के अन्तर्गत 'नाद' की आकृति को, नोट या टोन (Note or Tone) के समकक्ष या उससे मिलती-जुलती आकृति के समान समझा जा सकता है।

संगीत उपयोगी 'नाद' व उसके गुण

भौतिक विज्ञान के अन्तर्गत यह माना जाता है कि किसी नोट या टोन की केवल एक ही आवृत्ति (Frequency) होती है। इसलिए यदि हम नाद को 'नोट या टोन' के समकक्ष मानते हैं, तो उस नाद की भी कुछ आवृत्ति होनी ही चाहिए। इस प्रकार हमें उस नाद की आवृत्ति यानी उस नाद के ऊँचेपन व नीचेपन का अनुमान लग सकता है। नाद के ऊँचेपन व नीचेपन वाले गुण के संबंध में, पण्डित शार्ङ्गदेव ने बहुत ही महत्त्वपूर्ण विचार प्रयुक्त किए हैं, जिसे हम सिद्धान्त के रूप में अपना सकते हैं।

''व्यवहारे त्वसौ हृदि मन्द्रोऽभिधीयते।
कण्ठे मध्यो मूर्ध्नि तारो द्विगुणश्चोत्तरोतरः॥

अर्थात्–गायन में नाद के तीन प्रकार यानी मंद्र, मध्य व तार को व्यवहार में लाया जाता है। शरीर में इन तीनों का स्थान क्रमशः हृदय, कण्ठ व मूर्धा है। नाद के ये तीनों प्रकार उत्तरोत्तर द्विगुण होते चले गए हैं।

–पण्डित शार्ङ्गदेव–संगीत रत्नाकर

नाद के गुण के सम्बन्ध में, पण्डित शार्ङ्गदेव ने बहुत ही सूक्ष्म रूप– 'द्विगुणश्चोत्तरोत्तरः' द्वारा अत्यधिक महत्त्वपूर्ण व ठोस वैज्ञानिक तथ्य को सामने लाकर रख दिया है। भरत के नाट्य शास्त्र द्वारा तो सप्तक की, 22 श्रुतियों की संख्या, के होने की पुष्टि होती है परन्तु श्रुतियों के नाम व नाद के गुणमान सम्बन्धित तथ्यों के विषय में, किसी प्रकार का स्पष्ट संकेत दिखलाई नहीं देता है। सर्वप्रथम पं. शार्ङ्गदेव द्वारा ही नाद संबधित गणितीय अनुमान को, संगीत रत्नाकर में उजाकर किया है। नाद की उपासना व शरीर में नाद की उत्पत्ति प्रक्रिया की चर्चा करने के तुरन्त पश्चात ही, नाद के गणितीय गुणमान सम्बधित सिद्धान्त 'द्विगुणश्चोत्तरोत्तरः' को प्रस्तुत किया है। इस सन्दर्भ में ध्यान करने योग्य बिन्दु है कि पण्डित शार्ङ्गदेव ने नाद सम्बन्धित गुणमान चर्चा के पश्चात, नाद के 22 भेद (श्रुति), सारणा क्रिया, स्वर व श्रुतियों के नाम, खण्ड मेरू आदि इसी क्रम द्वारा, प्रसंग को आगे बढ़ाया है। इस क्रम की विशेषताओं के विषय में, अग्रिम अध्यायों में विस्तृत रूप से चर्चा की जाएगी।

एक सप्तक से दूसरे सप्तक के नाद व दूसरे सप्तक से तीसरे सप्तक के नाद क्रमशः दुगुने होते हैं। मात्र दो शताब्दी पूर्व ही इस सिद्धांत की छिद्रहीन सच्चाई को आधुनिक भौतिक विज्ञान (Modern Science of Physics) अपने ढंग से स्थापित

कर सका है। भरत ने नाट्य शास्त्र में इस सिद्धान्त के विषय में सीधे-साधे कोई संकेत नहीं दिया है जब कि ऐसा लगता है कि श्रुति विभाजन गुर 'चतुश्चतुश्चतुश्चैव षड्जमध्यमपंचमाः' की अवधारणा से बहुकाल पूर्व नाद के गणितीय गुणमान सम्बन्धित सिद्धान्त 'द्विगणश्चोत्तरोत्तरः' को स्थापित कर दिया होगा। यह विषय अनुसंधानकर्ता व इतिहासज्ञों से अधिक सम्बन्ध रखता है। संप्रति हम यही मानकर अपने प्रसंग को आगे बढ़ाते हैं कि 'द्विगुणश्चोत्तरोत्तरः' वाले सिद्धान्त की स्थापना पण्डित शार्ङ्गदेव ने ही की है।

जब हम कहते हैं कि तार सप्तक के स्वर, मध्य सप्तक के स्वरों से द्विगुन हो जाते हैं तो स्वाभाविक है कि हमें विषय पर अपना ध्यान केंद्रित करना चाहिए कि स्वर से सम्बन्धित ऐसी कौन-सी वस्तु है जो द्विगुन हो जाती है? यदि स्वर के स्थान पर कोई अन्य वस्तु होती जिसे प्रत्यक्ष में देखा जा सकता था, तो हमें साधारण-सा उत्तर मिल सकता था कि उस वस्तु का भार द्विगुन हो जाता है या उस वस्तु की लम्बाई अथवा चौड़ाई दोगुना हो जाती है, आदि-आदि। उदाहरणार्थ वह वस्तु 4 किलोग्राम की थी, अब वह 8 किलोग्राम हो गई है या उक्त वस्तु की लम्बाई 3 मीटर की थी, अब वह 6 मीटर हो गई है। ऐसा सोचने के लिए हम सक्षम हैं क्योंकि भार सम्बन्धित इकाई (Unit) यानी 1 किलोग्राम और लम्बाई सम्बन्धित इकाई (Unit) यानी 1 मीटर से हम पूर्णरूप से अवगत रहते हैं।

उपर्युक्त तर्क द्वारा हम इस परिणाम पर पहुँचते हैं कि **जिस पदार्थ को आज के विज्ञान द्वारा आवृत्ति = कम्पन संख्या प्रति सैकण्ड के नाम से सम्बोधित किया जाता है, उसी पदार्थ को 'संगीत रत्नाकर' द्वारा 'द्विगुणश्चोत्तरोत्तरः' के रूप में लिखा गया है**। जब किसी पदार्थ के स्थूल आकार को इकाई के रूप में अनुमानित किया जाता है, तभी उस पदार्थ के द्विगुण रूप को स्थापित किया जा सकता है यानी जब किसी प्रदार्थ की इकाई की अवधारणा की जाती है, उसके पश्चात् ही उस पदार्थ के द्विगुन, त्रिगुन या चौगुन का अनुमान लगाया जा सकता है।

आज का ध्वनि विज्ञान (Science of Sound) उस पदार्थ के स्थूल आकार की इकाई को आवृत्ति = कंपन संख्या प्रति सैकण्ड (Frequency) के नाम अधिप्रमाणित स्वीकारता है। एक सप्तक के नाद की आवृत्ति, दूसरे सप्तक के तदनुसार (Corresponding) नाद की आवृत्ति दोगुनी होती है। इसलिए अब निश्चित भाव से कहा जा सकता है कि शार्ङ्गदेव का 'द्विगुणश्चोत्तरोत्तरः' विचार, आज की वैज्ञानिक भाषा की छाया में 'आवृत्ति' का ही संकेत दे रहा है इसलिए 'नाद' की परिभाषा सृजन करते समय, आवृत्ति जैसे गुण का भी ब्योरा देना चाहिए।

यदि किसी 'नाद' द्वारा संगीत का निर्माण हो सकता है तो उस नाद में सभी गुण होने चाहिए जो 'संगीत की परिभाषा में सम्मिलित किए गए हैं। 'संगीत' यानी गायन, वादन व नृत्य इन तीनों कलाओं में, कर्णप्रियता व नाद की नियमितता की

उपस्थिति अत्यन्त आवश्यक है। इसलिए हम इस परिणाम पर पहुँचते हैं कि यदि किसी नाद द्वारा संगीत का निर्माण करना हो तो वह नाद कर्णप्रियता व नियमितता की परिधि (घेरा) में भी होना चाहिए।

किसी भी 'नाद' की आवृत्ति को देखकर, इस तथ्य का अनुमान लगाया जा सकता है कि अमुक नाद संगीत उपयोगी बन सकता है या नहीं? संगीत का निर्माण 'नाद' द्वारा संभव है। आधुनिक ध्वनि विज्ञान द्वारा स्थापित किया जा चुका है कि यदि किसी नाद की आवृत्ति 40 से 4000 प्रति सैकण्ड है तो वह नाद संगीत उपयोगी हो सकता है, देखिए पृ. 38। संक्षिप्त में हम कह सकते हैं कि 'नाद' वह संगीत उपयोगी ध्वनि है, जिसकी आवृत्ति (Frequency), 40 से 4000 कम्पन संख्या प्रति सैकण्ड हो और साथ-साथ में ये दो गुण भी मौजूद हों।

(क) नाद की कर्णप्रियता

(ख) नाद की नियमितता

'संगीत' का निर्माण तभी तक हो सकता है, जब तक 'नाद' में कर्णप्रियता व नियमितता झलकती रहे। यह सर्वविदित है कि गायन व वादन आदि में नाद ऊँचा व नीचा, किसी निर्दिष्ट नियमों के अनुसार ही करना पड़ता है। जहाँ इस नियम से तनिक भी विचलित हुए, वहीं सब कुछ अप्रिय हो जाता है। बोलचाल की भाषा में इस अप्रियता को 'बेसुरा' की संज्ञा दी जाती है।

एक और उदाहरण दिया जा रहा है जहाँ, नाद की तारता (Pitch) एक समान रहती है, परन्तु फिर भी वह ध्वनि अप्रिय लगती है। अधिकांश बड़े कारखानों में, श्रमिकों को छुट्टी के समय का संकेत देने के लिए सायरन (Siren) द्वारा निकली ध्वनि का उपयोग किया जाता है। यदि हम सायरन (Siren) से निकली ध्वनि का अध्ययन करें, तो ऐसा प्रतीत होता है कि सायरन की ध्वनि एक प्रकार का एकाकी नोट (Single Note) है, जिसकी आवृत्ति एक समान (Constant) रहती है। सायरन से निकली यह ध्वनि कानों को अप्रिय लगती है। इसके विपरीत, वीणा के किसी एक तार से भी निकली ध्वनि या किसी मन्दिर के घंटे की टंकार, अप्रिय नहीं लगती है बल्कि कानों को सुहाती है सायरन द्वारा निकाली गई ध्वनि, किसी नियम के अन्तर्गत ही उत्पन्न होती है, फिर भी इस प्रकार की ध्वनि को हम 'नाद' की श्रेणी में नहीं रख सकते। जो ध्वनि कर्णप्रिय नहीं, उसके द्वारा संगीत का निर्माण नहीं हो सकता। जब ध्वनि संगीतमय नहीं है तो उस ध्वनि को नाद की श्रेणी में कैसे गिन सकते हैं? सायरन से निकली ध्वनि को नियमितता के घेरे में, फिर भी मान सकते हैं क्योंकि ध्वनि किसी नियम के अन्तर्गत पैदा हो रही है परन्तु वह कर्णप्रिय नहीं है। इसलिए सायरन की ध्वनि, संगीत उपयोगी सिद्ध नहीं हो सकती। कहने का तात्पर्य यह है कि कर्णप्रियता व नियमितता–नाद के लिए आवश्यक घटक माने जाते हैं।

'नाद' व अनुरणन (झंकार)

नाद का अनुरणन स्वयं में एक विषय है। इस प्रसंग में, स्कूल के घण्टे का एक उत्कृष्ट उदाहरण है, जिसके द्वारा झंकार व टंकार के भेद को ठीक प्रकार से समझा जा सकता है। जब मुँगरी द्वारा घंटे पर आघात किया जाता है तो चोट द्वारा तुरन्त ही एक दमदार 'टन' जैसी ध्वनि सुनाई देती है। इस बलिष्ठ 'टन' वाली ध्वनि को टंकार कहते हैं। टंकार द्वारा जो ध्वनि उत्पन्न होती है, वह ध्वनि एक प्रकार की प्रबल प्रकृति की होती है। टंकार के पश्चात् ध्वनि की प्रबलता (Loudness) धीरे-धीरे कम होती जाती है। ऐसी अवस्था में यदि घंटे की सतह को हाथ द्वारा छूते हैं, तो हमें झनझनाहट का अनुभव होता है। यह झनझनाहट ही झंकार की पहचान है। इसको अनुरणन भी कहते हैं। घंटे की टंकार के साथ झनझनाहट अपनी चरमसीमा पर होती है और यह झनझनाहट धीरे-धीरे, घण्टे की सतह में ही विलीन हो जाती है। इस अनुरणन-ध्वनि और टंकार-ध्वनि की आवृत्ति या कम्पन संख्या प्रति सैकण्ड, एक समान ही रहती है। मुँगरीं के आघात के साथ साथ टंकार उत्पन्न होती है और उसके पश्चात् कुछ देर के लिए, हम अनुरणन सुनते रहते हैं। अनुरणन (झंकार) द्वारा 'नाद' की मधुरता को बढ़ावा मिलता है। इसलिए अनुरणन सहित नाद, अधिक प्रिय लगता है। ऐसा नाद संगीत निर्माण के लिए उपयोगी सिद्ध हो सकता है। जहाँ तक संगीत ध्वनि के गुणों का सम्बन्ध है, पण्डित ओंकार नाथ ठाकुर ने भी ऐसे ही विचार व्यक्त किए हैं।

"जिस ध्वनि में नियमितता, स्थिरता और अनुरणन या झंकार होती है, वही ध्वनि संगीत उपयोगी हो सकती है। संगीतांजलि, भाग चतुर्थ—पण्डित ओंकार नाथ ठाकुर"

कई विद्वान अनुरणन या झंकार को भौतिक विज्ञान (Physics) में वर्णित रेवरबरेशन (Reverberation) के समरूप स्थान देते हैं। संगीत ध्वनि (Musical Sound) की चर्चा करते समय अनुरणन के सम्बन्ध में भौतिक विज्ञान (Physics) की पुस्तकों में इस प्रकार विवरण पाया जाता है।

"3.07 Reverberation

The persistant or Prolongation of Sound after the Source has ceased to produce sound, is called the Reverberation.

Modern abc of Physics Vol. 1. ....By Satish K. Gupta

अर्थात्—ध्वनि के स्रोत से यानी जिस स्थान से ध्वनि उत्पन्न हो रही हो, वहाँ से ध्वनि का उत्पन्न होना बन्द हो जाए परन्तु फिर भी ध्वनि विस्तरित होती रहे (कुछ सुनाई देता रहे) ऐसे विस्तरण को रेवरबरेशन (अनुरणन) कहते हैं।

—माडर्न ए.बी.सी. ऑफ फिजिक्स भाग—1 लेखक सतीश के. गुप्ता

हमारे व्यक्तिगत विचार से यह कहना कठिन है कि जिस 'अनुरणन' के सम्बन्ध में हमारे संगीत के ग्रन्थ जिस प्रकार का संकेत दे रहे हैं, क्या ध्वनि-विज्ञान (Science of Sound) के 'रेवरबरेशन' द्वारा भी वही अर्थ या भाव प्रकट हो रहा है?

नाद के विषय में अभी तक जितनी विवेचना कर चुके हैं, उसको ध्यान में रखते हुए संक्षिप्त में यह कहा जा सकता है कि संगीत उपयोगी ध्वनि ही 'नाद' कहलाने योग्य हो सकती है और इस गुण के साथ, नाद की स्थिरता व नियमितता और अनुरणन, नाद को मधुर बनाने में सहायक होते हैं।

टंकार, झंकार व समान आवृत्ति वाले नाद

जब हम घण्टे पर मुँगरी द्वारा आघात करते हैं तो टंकार के साथ-साथ झंकार की भी उपज हो जाती है और यह झंकार धीरे-धीरे दबती हुई व फीकी (Subside)-सी पड़ती हुई, पूर्णतः शून्य हो जाती है। केवल एक टंकार से उपजी हुई झंकार (अनुरणन) के माधुर्य का आनन्द, आसानी से नहीं लगाया जा सकता। यदि हम टंकार यानी आघात मारने के क्रम को बढ़ा दें, तो हम अनुभव करेंगे कि पहली टंकार के पश्चात् जिस अनुरणन का निर्माण हुआ था, वह पूरी तरह से अभी शांत भी नहीं होने पाया था कि तुरन्त दूसरा आघात पड़ गया। इस प्रकार प्रत्येक नए आघात द्वारा उपजे अनुरणन के साथ, पुराने अनुरणन घुल-मिल जाते हैं। साधारण भाषा द्वारा यह कह सकते हैं कि घण्टे पर एक के बाद दूसरा आघात, लगातार पड़ने के कारण, घण्टे की गूँज बढ़ी हुई सुनाई दे रही है। इस प्रकार के आघातों द्वारा अनुरणन का क्रम बना रहता है जिसके कारण वातावरण मधुर बन जाता है।

जब घंटे पर मुँगरी का आघात होता है तो ध्वनि का निर्माण होता है और नाद सुनाई देने लगता है। इस नाद की तारता (Pitch)/आवृत्ति एक समान बनी रहती है। प्रत्येक टंकार द्वारा अनुरणन भी उपज रहा है और इस नये उपजे हुए अनुरणन की आवृत्ति, पूर्व में उपजे अनुरणन के समान ही होती है। नए उपजे अनुरणन में किसी प्रकार का बदलाव नहीं होता है। हाँ, इतना अवश्य है कि पूर्व में उपजे हुए अनुरणन की प्रबलता (Loudness) शून्य की ओर ढलने की दिशा अवश्य पकड़ती है परन्तु एक के बाद एक टंकार/आघात द्वारा ऐसी स्थिति उत्पन्न हो जाती है कि अनुरणन, पूरी तरह दबने (Subside) के पहले, वही अनुरणन अधिक बलवान सुनाई देने लगता है। इस पूरी प्रक्रिया के परिणामों का निष्कर्ष हमारे सामने झलकने लगता है यानी टंकार द्वारा उत्पन्न, समान आवृत्ति वाली स्पष्ट झंकार। इतना समझ लेने के पश्चात् अब हम पूर्ण विश्वास के साथ कह सकते हैं कि एक समान तारता/आवृत्ति वाले 'नाद', आपस में मिलकर, मधुरता को बढ़ावा देते हैं।

भारतीय संगीत जगत में, 'एकतारा' वाद्य का स्थान बहुत ही महत्त्वपूर्ण है। तन्त्री वाद्यों में 'एकतारा' सबसे अधिक प्राचीनतम माना जाता है। एकल नाद (Single

Note), को उत्पन्न करने के लिए 'एकतारा' अपने आप में एक उत्कृष्ट उदाहरण है। शास्त्रीय-गायन का कलाकार किसी निर्दिष्ट 'नाद' को आधार मानकर, अपने गायन को आरम्भ करता है और सम्पूर्ण गायन उसी आधार-नाद (Basic Note) के सहारे, समापन भी करता है। 'एकतारा' से निकला नाद, इस प्रयोजन के लिए सुगम व सही पदार्थ माना जाता रहा है। 'एकतारा' को छेड़ने पर यानी तार पर आघात लगाने के साथ-साथ, 'नाद' सुनाई देने लगता है। इस नाद की कुछ आवृत्ति (कम्पन संख्या प्रति सैकण्ड) अवश्य होती है और इस आवृत्ति का नाद, 'एकतारा' द्वारा बराबर निकलता रहता है, जब तक कि 'एकतारा' के तार के खिंचाव के साथ, छेड़छाड़ नहीं की जाती।

'एकतारा' के तार पर नियमित रूप से व सावधानी द्वारा, धीरे-धीरे आघात करने की क्रिया को 'एकतारा छेड़ने' की संज्ञा दी गई है। आघात द्वारा नाद की उत्पत्ति होती है और यह नाद धीरे-धीरे धूमिल होने लगता है। इसीलिए एकतारा को लगातार व बार-बार छेड़ना पड़ता है ताकि एकतारा के तार से निकले नाद द्वारा, एक प्रकार का तारतम्य बना रहे। जिस प्रकार से मन्दिर के घण्टे को बार-बार बजाते रहने से, माधुर्य का भास होने लगता है, ठीक उसी प्रकार 'एकतारा' के तार को बार-बार छेड़ने पर, प्रत्येक आघात द्वारा निकला अनुरणन आपस में घुल-मिल जाता है। फलस्वरूप नाद की गूँज बढ़ जाती है और ध्वनि भी अधिक मधुर लगने लगती है।

यदि हम दो 'एकतारा' वाद्य लें और दोनों को एक समान मिला लें तो दोनों 'एकतारा' से निकले 'नाद', एक ही आवृत्ति के होंगे। अब हम पहले एकतारा को बजा कर, तुरन्त दूसरे एकतारा को बजाते हैं व इसके पश्चात् तुरन्त पहले एकतारा को बजाते हैं और इस क्रिया को लगातार दोहराते हैं, तो हमें ठीक उसी प्रकार का ध्वनि-वातावरण प्राप्त होता है, जिस प्रकार का केवल एक (Single) एकतारा द्वारा प्राप्त हुआ था। सरांश यह हुआ कि एक ही आवृत्ति/कम्पन संख्या प्रति सैकण्ड वाले दो नाद, (भले ही दो अलग-अलग वाद्यों द्वारा निकल रहे हों) आपसे में मिलकर अधिक गूँज वाले हो जाते हैं और माधुर्य को भी बढ़ावा मिलता है।

वाद्य के तार द्वारा, एक ही प्रकार की तारता वाला नाद निकालने के लिए या तो तार पर बार-बार आघात करना पड़ता है या फिर सारंगी व इसराज जैसे गज-वाले वाद्यों पर, गज़-चालन सक्रिय रखना पड़ता है। तार पर गज़ (Bow) की रगड़ द्वारा उत्पन्न नाद, अनुरणनयुक्त बन जाता है और लगातार व अतिरिक्त गूँज के कारण, वातावरण में मधुरता छा जाती है। तन्त्रीय वाद्यों में, तरबों (Sympathetic String)/सहायक तन्त्रियों का उपयोग इसी सिद्धान्त को अनुमोदित करता है। तरब के तार द्वारा, अनुरणात्मक कम्पन की उपज होती है और इस प्रक्रिया द्वारा प्रमुख नाद, बलवान व मधुर बन जाता है।

नाद का स्वरूप

प्राचीन ग्रन्थों द्वारा उपलब्ध विचार व आधुनिक विज्ञान के सिद्धान्तों का समन्वय करते हुए, हम इस निष्कर्ष पर पहुँचते हैं कि 'नाद' की व्याख्या भी उसी प्रकार होनी चाहिए जैसे पूर्व के अध्यायों में 'ध्वनि' व 'संगीत' जैसे विषयों को तकनीकी दृष्टिकोण द्वारा स्थापित किया गया है। तकनीकी दृष्टिकोण की महत्ता पर, और अधिक बल देने की आवश्यकता नहीं है। अतएव तकनीकी दृष्टिकोण के अन्तर्गत, 'नाद' को निम्न प्रकार के स्वरूप द्वारा देखा जा सकता है।

1. 'नाद'—संगीत उपयोगी ध्वनि है।
2. कर्णप्रियता व नियमितता, नाद के विशिष्ट गुण हैं।
3. अनुरणनयुक्त नाद द्वारा, माधुर्य को बढ़ावा मिलता है।
4. एक नाद की केवल एक ही आवृत्ति (कम्पन संख्या प्रति सैकण्ड) होती है।
5. संगीत उपयुक्त नाद की आवृत्ति, 40 से 4000 कम्पन प्रति सैकण्ड तक मानी जाती है।
6. दो समान आवृत्ति वाले नाद, आपस में मिलकर, गूँज व माधुर्य को बढ़ावा देते हैं।

टिप्पणी

उपर्युक्त दिए गए 'नाद' के स्वरूप के लिए, जितने भी शब्द जैसे ध्वनि, संगीत, अनुरणन आदि काम में लिये गए हैं, उन शब्दों का अर्थ वही लगाना चाहिए जिसे पूर्व के अध्यायों में, हमारे द्वारा निर्धारित कर दिया गया है।

अध्याय-7

स्वर

'स्वर'–शब्द-परिचय

'स्वर' शब्द, संगीत के क्षेत्र में बहुत व्यापक रूप से व्यवहार में लाया जाता है। सभी इस तथ्य को समझते हैं कि 'स्वर' शब्द, साधारण जन-जीवन में बहुत ही प्रमुख व महत्त्वपूर्ण स्थान रखता है। संगीत के अतिरिक्त, हिन्दी व संस्कृत भाषा और उससे सम्बन्धित व्याकरण में भी, 'स्वर' शब्द एक विशिष्ट स्थान रखता है। यह कहना बहुत कठिन है कि 'स्वर' शब्द को व्याकरण ने पहले अपनाया या संगीत से जुड़े आचार्यों ने 'स्वर' शब्द को संगीत शास्त्र का आधार बनाया। इतना अवश्य है कि यह शब्द वैदिक काल से ही व्यवहार में लाया जा रहा है। वैय्याकरणों ने 'स्वयं राजंत इति स्वराः' कहकर स्वर को परिभाषित किया है।

ऐसा प्रतीत होता है कि बहुत पुराने समय में 'स्वर' शब्द, उस समय के संगीत समाज द्वारा, बहुत ही व्यापक रूप से व्यवहार में लाया जाता रहा होगा। इसलिए शास्त्रकारों ने अपने प्राचीन ग्रन्थों में, 'स्वर' की व्याख्या को, विशेष रूप से लिखना उचित न समझा हो। अध्याय-2 में जहाँ सांकेतिक शब्दों के महत्त्व के विषय में लिखा गया है, वहाँ इस सन्दर्भ में संगीत के प्राचीनतम ग्रन्थ 'नाट्य शास्त्र' का भी उल्लेख किया गया है। 'नाट्य शास्त्र' के रचयिता भरत मुनि ने बड़े ही सुघड़ रूप से 'स्वर' की व्याख्या न देते हुए, सीधे सात स्वरों के नाम, षडज, रिषभ, गान्धार आदि लिखकर, प्रसंग को आगे बढ़ाया है। भरत मुनि के पश्चात् जितने भी ग्रन्थ उपलब्ध हैं, वे सभी भरत मुनि का ही अनुकरण करते हुए, स्वर व श्रुति का सामान्य विवरण देकर, अपने प्रसंग को आगे बढ़ाते हैं।

'स्वर' का रूप, जो व्यवहार में दिखलाई देता है

'नाद' की अनुपस्थिति में, गाने-बजाने की प्रस्तुतिकरण प्रक्रिया, न तो आरम्भ हो सकती है और न ही गाना-बजाना समापन किया जा सकता है। यदि हम गाने-बजाने

की प्रक्रिया का ध्यान पूर्वक अध्ययन करें, तो हम पाएँगे कि 'नाद' अपना स्थान बदलता रहता है यानी 'नाद' कभी ऊँचा चढ़ता है व कभी नीचे उतरता है। इस प्रकार का ऊँचा चढ़ना या नीचे उतरना एक तुलनात्मक (Comparative) स्थिति है। जब कभी हम किसी वस्तु या स्थिति की तुलना करते हैं तो उस समय, हमें एक स्थिर-स्तर (Fixed Level) को ध्यान में रखना पड़ता है। इस स्थिर-स्तर को हम शून्य स्तर (Zero Level) मान सकते हैं। गाने-बजाने की प्रक्रिया में, 'नाद' को इस शून्य स्तर की तुलना में, इच्छित स्तर तक ऊपर-नीचे करना पड़ता है। और कभी-कभी 'नाद' को शून्य-स्तर के बराबर भी करना पड़ता है। यदि नाद ऊँचा चढ़ता है तो हमें अनुमान हो जाना चाहिए कि, यह चढ़ा हुआ नाद, शून्य स्तर से कितना गुना अधिक ऊँचा चढ़ा हुआ है? इसी प्रकार जब 'नाद' को नीचे की ओर उतारना पड़ता है तो हमें अनुमान हो जाना चाहिए कि अब नाद उस शून्य स्तर (Zero Level) से कितने गुणा नीचे उतरा हुआ है। इस प्रकार का स्थिर स्तर (Zero Level) स्वर, हमें 'एकतारा' द्वारा आसानी से प्राप्त हो सकता है। तानपूरे को भी इसी 'शून्य-स्तर' (Zero Level) को स्थापित करने के लिए प्रयोग में लाया जाता है। वास्तव में 'तानपूरे' का आधुनिक रूप, जो हमें आज दिखलाई देता है वह 'एकतारा' का ही विकसित रूप है। उपर्युक्त प्रयोजन के लिए 'एकतारा' भी काम में लिया जा सकता है या फिर हारमोनियम की, एक पटरी को दबाकर काम निकाला जा सकता है।

यहाँ इस तथ्य को भी विशेष रूप से ध्यान में रखना होगा कि सम्पूर्ण गायन, एक ही स्तर (Level) पर यानी अविचल आवृत्ति वाले 'नाद' पर समापन नहीं किया जा सकता। 'नाद' का नीचे उतरना व ऊपर चढ़ना अनिवार्य है। यह तो रहा गायन या वादन की प्रक्रिया का वर्णन परन्तु जब हम साधारण बातचीत करते हैं, तो भी ध्वनि/नाद ऊपर नीचे होता है। जिस प्रकार से एक ही आवृत्ति (Constant Frequency) वाले नाद यानी एक ही तारता (Pitch) वाले नाद द्वारा, गाना नहीं गाया जा सकता है, उसी प्रकार से एक ही तारता (Pitch) वाली ध्वनि पर, हम सम्पूर्ण बातचीत भी नहीं कर सकते हैं क्योंकि यह क्रियात्मक (Practical) नहीं है।

अब हमारे सामने दो उदाहरण हैं। प्रथम जब हम किसी से आपस में बातचीत करते हैं, द्वितीय जब आप गाते हैं। दोनों उदाहरणों में नाद का उतार-चढ़ाव स्वाभाविक है परन्तु यह उतार-चढ़ाव दोनों अवस्थाओं में भिन्न-भिन्न क्रम से होता है। बातचीत के अन्तर्गत, 'नाद' का उतार-चढ़ाव बिलकुल अनियमित होता है परन्तु गायन के समय 'नाद' एक नियमित मार्ग अपनाता है।

उपर्युक्त तथ्य को कुछ और गहराई तक समझना हितकर होगा। प्रथम हमें नियमित व अनियत क्रम को, ठीक प्रकार से समझ लेना चाहिए। जब हम एक स्थान से किसी ऊँचे स्थान पर, पैदल चलकर पहुँचना चाहते हैं, तो सामान्यतः, हमें दो प्रकार की सुविधाएँ मिल सकती हैं। प्रथम सीढ़ियों (Stair Case) द्वारा व द्वितीय

ढालू स्थान (Ramp or Inclined Surface) द्वारा। जब हम सीढ़ियों का उपयोग करते हुए, ऊपर चढ़ना चाहते हैं, तो प्रत्येक सीढ़ी पर, एक-एक पद रखना पड़ता है। कभी-कभी कुछ युवक या जोशीले व्यक्ति, एक सीढ़ी के बदले, दो-दो सीढ़ियाँ लाँघते हुए दिखलाई पड़ सकते हैं। चाहे, एक-एक सीढ़ी पर एक-एक पद रखकर ऊपर चढ़े या एक साथ दो-दो सीढ़ियों को लाँघकर ऊपर चढ़ें, चढ़ने वाले के पद हमेशा सीढ़ियों पर ही पड़ेंगे। इसका मतलब यह हुआ कि जब हम सीढ़ियों का उपयोग करते हैं प्रत्येक क़दम (Step) द्वारा, एक निर्धारित ऊँचाई (पहले से बनी हुई) को प्राप्त करते हुए, अपने निर्दिष्ट स्थान पर पहुँच पाते हैं। सीढ़ियों की बनावट/ऊँचाई और उन प्रर चढ़ने का क्रम, किसी नियम के अन्तर्गत बँधा हुआ-सा प्रतीत होता है।

द्वितीय सुविधा द्वारा, ढालू स्थान (Ramp) को व्यवहार में लाते समय, कदमों को किसी नियम के अन्तर्गत, उठाने की आवश्यकता नहीं पड़ती है। जब किसी दो पहिए वाले वाहन जैसे स्कूटर या सायकल को साथ लेकर, किसी व्यक्ति को ऊँचे स्थान पर चढ़ना पड़ता है, तो ढाल वाली जगह (Ramp) यानी सीढ़ियों रहित जगह, सुविधाजनक होती है क्योंकि ढालू स्थान पर किसी नियम में बँधकर, चलने की आवश्यकता नहीं होती है। ढालू स्थान पर आगे बढ़ने के लिए व्यक्ति के पद चिह्नों की दूरी, अनियमित प्रकार की छोटी-बड़ी या अति छोटे-छोटे माप की हो सकती है। इस प्रकार, निर्दिष्ट स्थान पर पहुँचने के लिए, कदमों को किसी नियम के अन्तर्गत, उठाने की आवश्यकता नहीं पड़ती है। इसके विपरीत सीढ़ियों वाली प्रथम अवस्था के अन्तर्गत, किसी न किसी सीढ़ी पर, हर क़दम को रखना ही पड़ता है।

ठीक इसी प्रकार जब हम गाते हैं या बजाते हैं, तो ध्वनि/नाद का उतार-चढ़ाव किसी विशिष्ट नियम द्वारा बँधा रहता है। जब हम आपस में बातचीत करते हैं तो ध्वनि का उतार-चढ़ाव अनियमित होता है। गान प्रक्रिया की आरम्भिक अवस्था में, जैसे ही हम 'सा' लगाते हैं, वहीं नियमितता के दर्शन हो जाते हैं। यद्यपि अभी गायन द्वारा, नाद का उतार-चढाव शुरू भी नहीं हुआ है। 'सा' लगाने के पश्चात् जब गाने के विभिन्न चरणों तक पहुँचते हैं, तो वहाँ 'नाद' का उतार-चढ़ाव स्पष्ट दिखाई देने लगता है। सम्पूर्ण गान में 'नाद' का यह उतार-चढ़ाव नियमबद्ध होता है।

'स्वर' के रूप का, 'आवृत्ति' द्वारा स्पष्टीकरण

गान केवल एक स्वर/नाद द्वारा नहीं रचा जा सकता है यानी गान में नीची व ऊँची तारता वाले नादों की आवश्यकता पड़ती रहती है। नादों के उतार-चढ़ाव को समझने के लिए, गान के विभिन्न नादों की तुलना (Comparision), किसी एक स्थिर स्वभाव (Constant Pitch) वाले नाद से की जा सकती है। ऐसी तुलना द्वारा यह अनुमान लगाया जा सकता है कि अमुक नाद स्थिर स्वभाव वाले नाद से कितना ऊँचा है या कितना नीचा है। स्थिर प्रकृति वाला नाद, तानपूरा या एकतारा द्वारा प्राप्त किया

जा सकता है। मान लो कि किसी 'एकतारा' को इस प्रकार कस दें कि उससे निकले नाद की आवृत्ति यानी कम्पन संख्या प्रति सैकण्ड = 100, एक सौ के बराबर हो तो इस नाद को आधार मानकर, स्वर-ज्ञान वाला व्यक्ति तुरन्त बतला सकता है कि अमुक नाद की आवृत्ति 100 से अधिक है या 100 से कम है या फिर 100 से बराबर है।

इसी प्रकार जब हम आपस में बातचीत करते हैं तो मुख से विविध प्रकार की ध्वनि उत्पन्न होती रहती है। साधारण बुद्धि द्वारा कहा जा सकता है कि हमारे मुख से उच्चारण हुए शब्दों/ध्वनि की तारता, ठीक एक समान नहीं रह सकती है। मान लो कि हमारे मुख से निकले किसी शब्द की आवृत्ति = 100 (एक सौ) है तो निश्चय ही, बातचीत करते समय अन्य शब्दों की तारता या आवृत्ति, किसी समय एक सौ से अधिक या एक सौ से कम हो सकती है। साथ-साथ में यह भी पाया जाएगा कि विभिन्न शब्दों की आवृत्तियों के क्रम का कोई निश्चित प्रतिरूप या पैटर्न (Pattern) नहीं बन रहा है। 100 से नीचे की आवृत्तियों का क्रम 99, 97, 98, 95 या और किसी भी प्रकार का हो सकता है। इसी प्रकार 100 से ऊपर की आवृत्तियों का क्रम 103, 105, 101, 102 आदि हो सकता है या कोई दूसरा क्रम हो सकता है। आवृत्ति की संख्याओं का मूल्य भी कुछ और हो सकता है।

जिस प्रकार से सामान्य बोलचाल की प्रक्रिया केवल 100 कम्पन संख्या प्रति सैकण्ड द्वारा नहीं की जा सकती, उसी प्रकार केवल 100 आवृत्ति वाले 'स्वर' का उपयोग करते हुए, सम्पूर्ण गायन भी समापन नहीं किया जा सकता। इसके अतिरिक्त गायन क्रिया में 'नाद' की आवृत्ति का उतार-चढ़ाव किसी नियम के अन्तर्गत होता रहता है। मान लो गायन के समय पहला 'नाद' 100 आवृत्ति के समान है। यह भी मान लों कि सम्पूर्ण गायन के अन्तर्गत, चार अतिरिक्त नादों की आवश्यकता पड़ेगी, जिनकी आवृत्ति एक सौ से अधिक है। इस प्रकार ये भी मान लो कि इन नादों की आवृत्ति 120, 130, 140 व 150 प्रति सैकण्ड है। इसलिए ये नाद, 'एकतारा' के स्वर की तुलना में 120/100 = 1.2, 130/100 = 13, 1.40/100 = 1.4 व 150/100 = 1.5 यानी 1.2, 1.3, 1.4 व 1.5 गुणा अधिक होंगे। यदि इन स्थानों के नाम क्रमशः क, ख, ग, घ, ङ रख दें, तो पाएँगे कि गायन के समय इन्हीं स्थानों (क ख ग घ ङ) का उपयोग हो रहा है। इन्हीं स्थानों को उलट-पुलट कर, नाना प्रकार के मेल (Combinations) बनते जा रहे हैं और इस प्रकार गायन का संतोषजनक समापन हो जाता है।

उपर्युक्त उदाहरण के अन्तर्गत जितनी भी आवृत्तियों को चुना गया है, वे सभी काल्पनिक हैं। इस प्रकार नादों के स्थान यानी 1.2, 1.3, 1.4, 1.5 गुणांक अथवा गुणोत्तर प्रमाण भी काल्पनिक ही ठहरेंगे। इसके विपरीत वास्तविक स्वरों को हम दैनिक व्यवहार में काम में लेते हैं, उन स्वरों से सम्बन्धित स्थानों के गुणांकों के

मूल्य, किसी नियमित ढंग द्वारा निर्माण किए गए हैं। **शास्त्रों के अनुसार ये ऊँचे व नीचे प्रकृति के स्वर, एक प्रकार के विशिष्ट नियम द्वारा बँधे रहते हैं।** उपर्युक्त पृष्ठ 67 के अनुसार इन विशिष्ट स्वर स्थानों को ही 'पड़ाव' के नाम द्वारा सम्बोधित किया गया था। उपर्युक्त उदाहरण के अनुसार, गायक द्वारा उच्चारित नादों के बार-बार इन्हीं स्थान/पड़ावों पर पड़ने के कारण, गायन का निर्माण हो सका है।

शास्त्रों के अनुसार प्रत्येक क़दम (Step) या पद-चिह्नों का, एक निश्चित मान निर्धारित किया गया है। इस प्रकार के सम्बन्धित पड़ाव या क़दम के मान (Values) को अग्रिम अनुच्छेदों में विस्तारपूर्वक समझाया जाएगा। सम्प्रति 'क़दम' (Step) व 'आवृत्ति' (Frequency) के आपसी सम्बन्ध को ठीक प्रकार से समझ लेना चाहिए क्योंकि इस प्रकार की समझ द्वारा, 'स्वर' के रूप व मान को आसानी से समझने में सहायता मिल सकेगी।

उपर्युक्त उदाहरण में 'एकतारा' या तानपूरे के स्वर की आवृत्ति को काल्पनिक 100 कम्पन प्रति सैकण्ड माना गया था। इसलिए विभिन्न पड़ाव और क़दम की ऊँचाई यानी गुणांक 1.2, 1.3, 1.4, 1.5, भी काल्पनिक ठहराए जाएँगे। यदि 'एकतारा' या तानपूरे के मूल स्वर को 100 से बढ़ाकर 200 आवृत्ति वाला यानी 200 कम्पन संख्या प्रति सैकण्ड वाला कर देते हैं, तो भी हमारे पड़ाव स्थानों की ऊँचाई सम्बन्धित मान (Value) पर कोई प्रभाव नहीं पड़ता है क्योंकि नादों की ऊँचाई यानी आवृत्ति भी उसी अनुपात में ऊँची हो जाती है। गान के लिए क़दम की ऊँचाई या अनुमानित गुणांक ज्यों के त्यों स्थिर बने रहते हैं। गायन काल की सभी अवस्थाओं में, पूर्व की भाँति ये काल्पनिक गुणांक 1.2, 1.3, 1.4, 1.5 स्थिर प्रकृति के ही बने रहेंगे। विभिन्न स्थानों की आवृत्तियों में परिवर्तन अवश्य हो जाएगा परन्तु स्वर के कदमों की ऊँचाई ज्यों की त्यों बनी रहेगी। इस प्रकार विभिन्न कदमों पर, अब आवृत्तियों के नए मूल्य, निम्न प्रकार के रूप धारण कर लेंगे। एकतारा के नए स्वर की आवृत्ति, अब 200 कम्पन संख्या प्रति सैकण्ड मान ली गई है,

इसलिए प्रथम क़दम की नई आवृत्ति = 200×1.2 = 240 प्रति सैकण्ड
दूसरे क़दम की नई आवृत्ति = 200×1.3 = 260 " "
तीसरे क़दम की नई आवृत्ति = 200×1.4 = 280 " "
चौथे क़दम की नई आवृत्ति = 200×1.5 = 300 प्रति सैकण्ड होनी चाहिए।

जिस प्रकार से प्रथम उदाहरण में नादों की आवृत्ति 120, 130, 140, 150 प्रति सैकण्ड समान कल्पना की गई थी, उसी अनुसार द्वितीय उदाहरण में नादों की ऊँचाई यानी आवृत्ति 240, 260, 280 व 300 प्रति सैकण्ड पाई जाएगी क्योंकि क़दम या पड़ाव से सम्बन्धित गुणमान में किसी प्रकार का परिवर्तन नहीं होता है।

उपर्युक्त उदाहरणों में कदमों की ऊँचाई को प्रत्येक समय, भूतल (Floor)

या समतल भूमि से तुलना की गई है। ज़मीन या समतल भूमि को आधार-स्तर (Basic Level) मानकर, विभिन्न पड़ावों की ऊँचाई का अनुमान लगाया जा सकता है क्योंकि कदमों की ऊँचाई या पड़ाव स्थान को उसके गुणांक या गुणोत्तर प्रमाण द्वारा, पहचाना जाता है। ये गुणोत्तर या गुणांक अपरिवर्तित रहते हैं। हर क़दम द्वारा एक नए पड़ाव स्थान की प्राप्ति होती है और इस पड़ाव स्थान की ऊँचाई एक-दूसरे से ऊँची होती गई है। प्रथम क़दम द्वारा प्रथम पड़ाव पर पहुंच जाते हैं और इस प्रथम पड़ाव की ऊँचाई को हमने, भूतल से 1.2 गुना ऊँचा समान कल्पना की है। दूसरे क़दम तक यह ऊँचाई, भूमि से 1.3 गुना ऊँची कल्पना की गई है आदि।

चाहे लोक संगीत रहा हो या किसी और प्रकार का संगीत रहा हो, क्रियात्मक रूप (Practical) द्वारा ऐसे ही स्थानों/पड़ाव/क़दम (Step) का व्यवहार होता आया है। **गायन का भूमि स्थान या मूल स्वर(आधार स्वर) का चयन, इच्छानुसार किया जा सकता है परन्तु नाद के उतार-चढाव में जिन पड़ाव या क़दम का उपयोग किया जाता है वे स्थिर प्रकृति के होते हैं।** हमारे संगीत के आचार्यों व पण्डितों ने इन पड़ावों को ही 'स्वर' की संज्ञा दी है। कालान्तर में इन पड़ावों को रिषभ, गांधार, मध्यम, धैवत व निषाद आदि संज्ञाएँ प्रदान कर दी गई और आधार स्वर यानी भूतल वाले स्थान को 'षड्ज' के नाम से पुकारा गया है।

शास्त्रों में स्वर का स्थान

यदि हम किसी भी विषय के सम्बन्ध में गूढ़ विचार करें, तो हम इस निष्कर्ष पर पहुँचेंगे कि आरम्भ में उस विषय के स्थूल रूप पर ध्यान जाता है और उसके पश्चात ही उस स्थूल-रूप की बारीकियों पर ध्यान जाता है। इसलिए स्थूल को समझने के पश्चात ही उसकी बारीकियों का अध्ययन करना चाहिए। गायन तो आदिकाल से चलता आ रहा है। लोकधुन व लोरी आदि गायन का ही अंग है। गायन के सभी अंगों में 'नाद' का उपयोग किया जाता रहा है परन्तु 'नाद' के विषय में अधिक गहराई तक, कुछ समय के पश्चात् ही लिखा गया है। जो नाद कानों को प्रिय लगते थे, यानी जिन नादों द्वारा रंजकता प्राप्त होती थी, उन्हीं 'नाद स्थानों' की ओर, साधारण मनुष्य का ध्यान आकर्षित होना स्वाभाविक था। हो सकता है कि ऐसे नाद स्थानों की संख्या केवल दो या तीन तक ही सीमित रही हो परन्तु धीरे-धीरे, ये नाद स्थान-सात तक पहुँच गए और इन्हीं सात 'नाद स्थानों' को 'सात स्वर' के नाम से पहचाना गया। वर्तमान में ऐसे स्थानों की संख्या बारह हो गई।

आदि काल से लोकगीतों को रंजकता को प्रथम श्रेणी में गिना जाता रहा है। रंजकता के कारण ही शास्त्रकारों का ध्यान इन लोकगीतों को उपजाने वाले नादों की ओर गया। उन्हीं नाद स्थानों को चुन लिया गया और संगीत के शास्त्रकारों ने इन नाद स्थानों को षड्जादि (षड्ज, रिषभ, गांधार आदि) नामों द्वारा घोषित कर

दिया। ये सात स्वर स्थान आज भी उन्हीं नामों द्वारा सम्बोधित किए जाते हैं।

कालचक्र के साथ संगीत के प्रत्येक अंग में परिवर्तन हुआ है। संगीत को मुख्यतः दो भागों में विभाजित कर सकते हैं—प्रथम क्रियात्मक (Practical) अंग व दूसरा शास्त्रीय अंग (Theory)। यदि संगीत के क्रियात्मक अंग (Practical) के विषय में सोचें, तो पाएँगे कि इस दिशा में कई प्रकार के परिवर्तन हुए हैं। गायन शैली के नए अंग जैसे 'ध्रुवपद', ख्याल, ठुमरी आदि इस परिवर्तन के ही परिणाम हैं। परिवर्तन सम्बन्धित और भी कई उदाहरण हैं। नए-नए रागों के आगमन और उनके नए-नए स्वरूप को, संगीत समाज ने शीघ्रता से अपनाया है। जाति गायन पद्धति लुप्त हो गई। इसी प्रकार यदि शास्त्र-पक्ष की ओर ध्यान दें तो जाने-अनजाने 'स्वरों' के मान (Value) में भी परिवर्तन हुआ है।

आज के गायक को पूर्व की भाँति षड्ज-पंचम, षड्ज-मध्यम व षड्ज-गांधार भाव और स्वर-संवादों से गुँथे स्वरों को उपयोग में लाने के प्रतिबन्ध को, इतनी कठोरता से निभाने की आवश्यकता नहीं रह गई है। गायन के समय संगति के लिए, सारंगी व इसराज जैसे वाद्यों का उपयोग किया जाता था, उस जाति के स्वर व वाद्य, पिछड़ते जा रहे हैं और पाश्चात्य देशों के वाद्य जैसे हारमोनियम व गिटार आदि ने उनका स्थान ले किया है। स्वरों के मौलिक मूल्यों (Fundamental Values) में धीरे-धीरे परिवर्तन होता जा रहा है। हमारे कान इस प्रकार के स्वर प्रदूषण को स्वीकारते जा रहे हैं। इतना सब कुछ होते हुए भी, आश्चर्य की बात है कि स्वरों के इन सात नामों में, किसी भी प्रकार का परिवर्तन नहीं हुआ है। न ही संगीत के मुनि, आचार्यों व पण्डितों ने कभी ऐसी आवश्यकता समझी कि इन सात नामों का या उनमें से किसी एक का भी, नाम-परिवर्तन किया जाए।

इसके अतिरिक्त, पूर्व के अनुच्छेदों में लिख चुके हैं कि इन सात स्वरों के नामों के रचयिता या आविष्कारक का उल्लेख किसी भी ग्रन्थ में नहीं मिलता है। स्वरों के इन नामों में, विशेषकर इनके प्रतीक अक्षर सा रे ग म प ध नि, अपने आप में, अपार वैज्ञानिक तथ्यों को सिमटे हुए हैं। संसार के किसी भी भाषा व संस्कृति के लोग इन सांकेतिक अक्षरों का, आसानी से उच्चारण कर सकते हैं और व्यवहार में ला सकते हैं। इस विषय पर, यहाँ अधिक लिखना, मूल विषय से अलग हट जाने के समान होगा। इसलिए हमें 'स्वर' की तकनीकी व्याख्या स्थापित करने की ओर ध्यान लगाना चाहिए।

पंडित अहोबल अपने ग्रंथ 'संगीत पारिजात' में लिखते हैं—

'रंजयन्ति स्वतः स्वान्तं श्रोतृणामिति ते स्वराः।
षड्जर्षभौ च गांधारस्तथा मध्यमपंचमौ
धैवतश्च निषादोऽयमिति नामभिरीरिताः॥

अर्थात्–जो अपने आप या स्वाभाविक सुनने वालों को आकर्षित करें, वे स्वर कहलाते हैं। ये स्वर, षड्ज, रिषभ, गान्धार, पंचम, धैवत व निषाद के नाम से जाने जाते हैं। संगीत पारिजात–पण्डित अहोबल।''

आदि काल से लोकधुन, अपने-आप (Automatically) ही, सुनने वालों को आकर्षित करती रही है इसलिए ऐसा माना जाने लगा कि विभिन्न लोकधुनों द्वारा ही संगीत की पहचान हुई होगी। जिन-जिन स्वर स्थानों द्वारा सुनने वालों का चित्त आकर्षित हुआ होगा, शास्त्रकारों ने उन-उन स्वर स्थानों को चुनकर, उनका नाम षड्ज आदि रख दिया हो। ऐसी काल्पनिक विचारधारा द्वारा, स्वर की पारदर्शी व्याख्या प्रस्तुत करने में सहायक नहीं हो सकती है। प्रश्न यह उठता है कि सम्पूर्ण भारत के सभी प्रान्तों में जो लोक गीत गाए जा रहे थे, क्या उन लोकगीतों का स्वरूप, एक समान था यानी अनजाने में भी, क्या सभी धुनों में केवल उक्त सात स्वर स्थान ही व्यवहार में लाए जा रहे थे?

यह बात तो सही है कि लोकधुन चित्त आकर्षित करने वाली थी परन्तु यह विचारणीय है कि क्या उन सभी धुनों में केवल ये सात स्वर ही काम में लाए जा रहे थे। पण्डित शार्ङ्गदेव ने अपने ग्रन्थ संगीत रत्नाकर में, स्वर के रूप को कुछ अलग विचारधारा द्वारा प्रस्तुत किया है। 'संगीत रत्नाकर' के तृतीय अध्याय में, सर्वप्रथम 'नाद' के माहात्म्य को विस्तारपूर्वक वर्णन किया है और फिर 22 श्रुतियों की संख्या को स्थापित करने के लिए सारणा चतुष्टय का विवरण दिया है। तत्पश्चात् 'स्वर' के सम्बन्ध में इस प्रकार लिखा है।

''तेषां संज्ञाः सारेगमपधनीत्यपरा मताः
श्रुत्यान्तर भावा यः स्निग्धोऽनुरणनात्मकः।
स्वतो रंजयति श्रोतृचित्तं स स्वर उच्यते।1/3/24॥

अर्थात्–जो अपने आप में रंजक हो व सुनने वाले के चित्त को आकर्षित करे, उसी को 'स्वर' की संज्ञा दी है। ये स्वर सा रे ग म प ध नि, नाम से जाने जाते हैं। ये स्वर, श्रुतियों के अन्तर में पाया जाता है और साथ-साथ स्निग्ध व अनुरणात्मनक भी होता है। संगीत रत्नाकर–पण्डित शार्ङ्गदेव''

उपर्युक्त उद्धरण बहुत ही महत्त्वपूर्ण है। यहाँ स्वर को समझाने के लिए पाँच आवश्यक तत्त्वों का विवरण दिया गया है। ये पाँच तत्त्व इस प्रकार हैं–

1. सुनने वालों का चित्त आकर्षित करे
2. स्वयं रंजक हो
3. स्निग्ध व अनुणात्मक भी हो
4. इनके नाम सा रे ग म प ध नी हैं।
5. ये स्वर श्रुतियों के अन्तर में पाए जाते हैं।

पण्डित शार्ङ्गदेव द्वारा दिए गए उपर्युक्त प्रथम चार बिन्दुओं का विवरण, पं. अहोबल की विचारधारा जैसा ही है परन्तु पाँचवाँ बिन्दु एक नया तत्त्व प्रकाश में ला रहा है कि स्वर को श्रुतियों के अन्तर में पाया जाता है। ठीक इसी प्रकार के विचार, अन्य आचार्यों के भी हैं। स्वर के लक्षणों की विवेचना करते हुए हुए पण्डित दामोदर ने अपने ग्रन्थ 'संगीत दर्पण' में इस प्रकार लिखा है।

''श्रुत्यन्तर भावित्वमं यस्यानुरागनात्मकः
स्निग्ध रंजकश्चासौ स्वर इत्यभिधीयते।
स्वयं यो राजते नादः स स्वरः परिकीर्तितः।

अर्थात्—जो ध्वनि श्रुति के अनंतर उत्पन्न होती हो, अनुकरण युक्त हो, स्निग्ध हो अर्थात रूक्ष न हो, स्वयं रंजक हो और कर्णप्रिय व चित्ताकर्षक हो, उसी को 'स्वर' समझना चाहिए। संगीत दर्पण—पण्डित दामोदर''

पं. दामोदर ने विशेष रूप से 'नाद' शब्द का प्रयोग करते हुए, उन्हीं पाँच बिन्दुओं पर बल दिया है, जिन्हें पण्डित शार्ङ्गदेव ने लिखा है। जहाँ तक संगीत-शास्त्र का प्रश्न है, यह दृष्टिकोण बिलकुल सही है परन्तु क्रियागत (Practical) दृष्टिकोण को देखते हुए, संगीत के विद्यार्थी को स्वर परिचय पहले कराया जाता है और कुछ परिपक्वता आ जाने के पश्चात् श्रुतियों की ओर ध्यान आकर्षित करवाया जाता है। कुछ विद्वानों का मत है कि जिस प्रकार प्रारम्भ से ही सात स्वरों का परिचय करवाया जाता है और साथ-साथ में पाँच विकृत स्वरों का भी स्पष्टीकरण किया जाता है, उसी प्रकार यदि विद्यार्थी को प्रारम्भ से ही यह शिक्षा दी जाए कि बाईस श्रुति स्थानों में से कौन-कौन-सी श्रुतियों को कब-कब चुनना चाहिए, तो विद्यार्थी को 'श्रुति' व 'स्वर' की भिन्नता आसानी से समझ में आ सकती है।

संगीत के सभी ग्रन्थों में 'स्वर' के विषय में कुछ न कुछ लिखा है। जिस प्रकार से इन ग्रन्थों में स्वर के सम्बन्ध में विवरण दिया गया है, उसे देखे हुए तो यह लगता है कि 'स्वर' के साथ 'श्रुति' के विषय में भी सम्पूर्ण जानकारी होनी आवश्यक है। जब हम पण्डित शार्ङ्गदेव व पण्डित दामोदर जैसे आचार्यों के मत से सहमत हैं, तो इससे पहले कि 'स्वर' की तकनीकी व्याख्या तक पहुँचा जाए, श्रुति-विषय को भी ठीक प्रकार से समझ लेना न्याय-संगत होगा। वास्तव में 'श्रुति' का विषय काफी गम्भीर है और विशाल भी। इसलिए 'श्रुति' के गुण, उसका रूप व मान (Value) आदि विषयों का स्पष्टीकरण, अलग से एक पूरे अध्याय द्वारा किया जाएगा। अभी हम श्रुति को सरसरी दृष्टि द्वारा कुछ समझ लेते हैं।

'स्वर, 'श्रुति' व 'सप्तक'

अभी तक जितनी विवेचना हो चुकी है, उसको ध्यान में रखते हुए, इतना तो स्पष्ट हो चुका है कि चित्ताकर्षण, रंजकता, अनुरणात्मक आदि के गुणों के आधार पर कुछ

ध्वनि स्थानों का चुनाव कर लिया गया था और ऐसे ध्वनि स्थानों को ही 'स्वर' की संज्ञा दे दी गई। अनुमान लगाया जाता है कि प्रारम्भ में केवल दो या तीन स्वर स्थान ही चुने गए हों और कालान्तर में इन स्थानों की संख्या बढ़ते-बढ़ते सात हो गई हो। वर्तमान भारतीय संगीत में इन स्थानों की संख्या 12 मानी जाती है। क्रियागत (Practical) रूप से, ये बारह के बारह स्वर-स्थान, एक ही समय में, एक साथ उपयोग में नहीं लाए जाते हैं। इन बारह स्वरों में से अधिकतम पाँच से सात स्वरों के समूह को ही, एक साथ काम में लाने का विधान है। विषय को सरलता से दर्शाने के लिए, संगीत के आचार्यों ने ऐसे सात स्वरों के समूह को, एक 'सप्तक' के नाम से पुकारा है। शास्त्रीय संगीत के राग-रागिनियों का निर्माण, 'सप्तक' के स्वरों द्वारा ही किया जाता है। यहाँ ध्यान देने योग्य बिन्दु है कि 'सप्तक' शब्द द्वारा सात के अंक का बोध होता है परन्तु वर्तमान विचारधारा के अन्तर्गत सप्तक में सात शुद्ध स्वर व पाँच विकृत स्वर, कुल मिलाकर 12 स्वर संग्रहीत हैं।

संगीत के शास्त्रकारों ने बहुत प्राचीन काल से ही जानकारी प्राप्त कर ली थी कि लोकधुनों में केवल चार-पाँच ही स्वर-स्थान ऐसे पाए जाते हैं जो कि रंजकता उत्पन्न करने में सक्षम हैं परन्तु ये चार-पाँच स्वर-स्थान, भिन्न-भिन्न प्रान्तों की लोक धुनों में भिन्न-भिन्न समय, एक समान गुण वाले नहीं पाए गए। वास्तव में, संगीत के आचार्यों ने सर्वसम्मति द्वारा यह स्थापित किया कि एक सप्तक में कुल बाईस स्थानों को 'श्रुति' की संज्ञा प्रदान की। चाहे लोकधुन हो या शास्त्रीय संगीत हो, इन्हीं बाईस रंजक-स्थान ('श्रुति') में से कुछ रंजक-स्थानों को गायन के लिए चुन लिया जाता है। इन चुने हुए स्थानों को उस धुन/गीत/गायन के लिए 'स्वर' की संज्ञा दी जाती है। यदि हमारे द्वारा, इन 22 श्रुतियों में से बारह स्थान का चुनाव होता है तो इन 12 चुने हुए स्थानों को 'स्वर' कहा जाएगा और बचे हुए दस स्थान तो श्रुति हैं ही। इस प्रसंग में पण्डित अहोबल़ ने अपने विचार इस प्रकार प्रकट किए हैं।

''श्रुतयः स्युः स्वराभिन्ना श्रावणत्वेन हेतुना।
अहि कुण्डलवत्तत्र भेदोक्तिः शास्त्रसम्मता।
सर्वाश्च श्रुतयस्तत्तद्रागेषु स्वरतां गताः।
रागाः हेतुत्व एतासां श्रुति संज्ञैव सम्मता।

अर्थात्–श्रुति व स्वर द्रोनों ही कानों से सुने जा सकते हैं। यदि उनमें भेद है, तो मात्र सर्प और उसकी कुण्डलीवत् है। सभी श्रुतियाँ भिन्न रागों में प्रयुक्त होते ही, 'स्वर' का स्थान पा जाती हैं। संगीत पारिजात–पण्डित अहोबल''

उपर्युक्त उद्धरण द्वारा सप्तक के क्षेत्र को सर्प की कुण्डली के रूपवत देखा गया है। बाईस श्रुतियों को कुण्डली के आकार में बैठा हुआ मान लिया है। इस कुण्डली के आकार पर बैठी हुई बाईस श्रुतियों में से, यदि कुछ श्रुतियों को चुन

कर लोकधुन या किसी राग में प्रयुक्त किया जाता है तो ये चुनी हुई श्रुतियाँ ही उस धुन या राग के लिए, 'स्वर' की संज्ञा पा जाएँगी। भिन्न-भिन्न रागों के लिए यह क्रम अलग-अलग होता जाएगा। वर्तमान शास्त्रीय संगीत पद्धति द्वारा, इस कुण्डली की बाईस श्रुतियों में से केवल बारह को ही चुनकर, उनके द्वारा शास्त्रीय संगीत की सम्पूर्ण राग-रागिनियों को गा व बजा लिया जाता है। इसलिए ये बारह श्रुतियाँ वर्तमान शास्त्रीय संगीत के बारह स्वर कहलाते हैं। शेष की दस श्रुतियाँ, वर्तमान शास्त्रीय संगीत व्यवस्था के लिए 'श्रुति' की संज्ञा द्वारा ही सम्बोधित की जाएँगी।

विषय को सरल बनाने के आशय से, संगीत के आचार्यों ने इन 22 रंजक स्थानों को 'श्रुति' की संज्ञा दी है। ये बाईस श्रुतियाँ या ये बाईस स्वर एक 'सप्तक' में ही वास करते हैं। 'सप्तक' शब्द द्वारा सात के अंक का भास होता है। हो सकता है कि सात स्वरों का उपयोग काफी समय से होता आ रहा होगा। उस समय का यह शब्द आज भी, उसी सम्मान द्वारा देखा जाता है। भले ही स्वरों का समूह, पाँच या छः स्वरों का हो, या सात स्वरों का हो, या बारह स्वरों का हो, या बाईस श्रुतियों/स्वरों का हो, स्वरों के सम्पूर्ण समूह को 'सप्तक' ही कहकर पुकारा जाने लगा है। इसी प्रकार आजकल 'सर्प कुण्डली' या 'कुण्डली' शब्द के बदले, 'पुष्प माला' या 'मालिका' जैसे शब्दों को, व्यवहार में लाना पसन्द करते हैं।

इसीलिए पण्डित शार्ङ्गदेव व पण्डित दामोदर ने स्पष्ट रूप से कहा है कि 'स्वर' का स्थान, 'श्रुतियों' के अन्तर में पाया जाता है। अहि कुण्डली के गोल आकार के कारण, श्रुतियों के बीच में स्वर को खोजें या फिर स्वरों के बीच में श्रुतियों को ढूंढ़ें, क्रियात्मक दृष्टि से एक ही बात होगी।

भौतिक विज्ञान की दृष्टि में, 'स्वर' व 'नाद'

यह तो स्पष्ट हो चुका है कि 'स्वर' भी एक 'नाद' है। जिस प्रकार से नाद की कुछ आवृत्ति होती है, उसी प्रकार से स्वर की भी अपनी आवृत्ति होनी चाहिए। साधारण बुद्धि द्वारा यह कहा जा सकता है कि इन दोनों आवृत्तियों में आपसी रिश्ता अवश्य बनेगा। यदि दोनों आवृत्तियों का मूल्य एक समान है तो यह रिश्ता या अनुपात 1:1 जैसे बनेगा और यदि दोनों आवृत्तियों का मूल्य असमान है तो इन दोनों आवृत्तियों के बीच कुछ न कुछ अनुपात बनेगा ही। पृ. 67-68 द्वारा हमें इस तथ्य का ज्ञान मिल चुका है कि कोई भी 'नाद' तभी तक नाद कहलाता है, जब तक कि वह 'नाद', 'एकतारा' या तान-पूरा द्वारा निकले नाद के साथ कोई विशिष्ट आनुपातिक रिश्ता नहीं बनाता है। 'एकतारा या तानपूरे से निकले नाद'–इन शब्दों से हमारा आशय स्पष्ट है कि एकतारा या तानपूरे को किसी एक इच्छित स्वर (Desired Swar) पर बाँध लिया जाता है और इस इच्छित बँधे हुए (Fixed) स्वर को दूसरे स्वरों की तुलना करने के लिए काम में लाया जाता है। क्रियात्मक रूप से तानपूरे या एकतारे के

इस इच्छित स्वर को आधार स्वर (Basic Swar) के समान माना जाता है। इसलिए गायन के अवधिकाल में, इस स्वर को तानपूरे द्वारा लगातार उत्पन्न करते रहते हैं और ध्यान रखना पड़ता है कि कहीं यह आधार स्वर विचलित न हो जाए। यदि किसी नाद की, आधार स्वर के साथ कोई विशिष्ट आनुपातिक रिश्ता बना रहा है तो वह उक्त नाद, 'स्वर' के रूप में स्वीकार किया जा सकता है अन्यथा उस उक्त नाद को साधारण 'नाद' के रूप में ही गिना जाएगा।

अब हम 'नाद' और 'स्वर' को आवृत्ति (कम्पन संख्या प्रति सैकण्ड) के दृष्टिकोण द्वारा समझ लें। 'नाद' शब्द, एक संख्या की ओर इशारा करता है, जिसके द्वारा यह कहा जा सकता है कि उस नाद की कम्पन संख्या प्रति सैकण्ड इतनी है परन्तु भौतिक विज्ञान के अन्तर्गत 'स्वर' संज्ञा, एक आनुपातिक अंक है। इस अंक द्वारा इस तथ्य का अनुमान लगाया जा सकता है कि यह स्वर, 'एकतारा' या 'तानपूरा' वाले नाद यानी आधार स्वर से कितना ऊँचा है या कितना नीचा है या फिर दोनों एक समान हैं।

जब किसी भी श्रुति को, 'स्वर' की संज्ञा दी जा सकती है तो स्वयंसिद्ध माना जाएगा कि जो गुण स्वर में पाए जाते हैं वे सभी गुण श्रुति में भी पाए जाने चाहिए। श्रुति भी एक 'नाद' है परन्तु यह नाद, 'स्वर' की भाँति, किसी स्थिर प्रकृति वाले नाद (Fixed Naad) के साथ कुछ विशिष्ट आनुपातिक रिश्ता अवश्य बनाता रहता है। एक सप्तक में बाईस श्रुति वास करती हैं। भौतिक विज्ञान की दृष्टि में, ये बाईस श्रुति-स्थान, बाईस प्रकार के नाद हैं। इन नादों की भी बाईस प्रकार की आवृत्ति (कम्पन संख्या प्रति सैकण्ड) है। जैसे ही हमारे द्वारा इन बाईस नादों को श्रुति के रूप में स्वीकारा जाता है, तो ये श्रुति स्थान इस तथ्य का संदेश देना आरम्भ कर देते हैं कि ये बाईस स्थान, बाईस प्रकार के आनुपातिक रिश्ते भी बना रहे हैं।

संक्षेप में नाद, स्वर, श्रुति व सप्तक–इन चार शब्दों के विषय में इस प्रकार कहा जा सकता है–

1. पिछले अध्याय द्वारा 'नाद' को परिभाषित किया जा चुका है। जिस विषय पर अभी चर्चा हो रही है, उस सन्दर्भ में इतना कहना महत्त्वपूर्ण है कि 'नाद' शब्द, किसी आवृत्ति की ओर इशारा करता है जैसे 200 कम्पन संख्या प्रति सैकण्ड।
2. 'स्वर' भी एक नाद है। इसलिए स्वर की भी आवृत्ति यानी कम्पन संख्या प्रति सैकण्ड होती है परन्तु स्वर शब्द द्वारा किसी आनुपातिक संख्या का संकेत मिलता है जैसे 1.5 या 3/2 आदि। यह आनुपातिक संख्या 1 से लेकर 2 के बीच में होती है जैसे 1.0, 1.1, 1.5, 1.6, 1.75 आदि-आदि।
3. 'श्रुति' भी स्वर के समान एक नाद है। जो गुण 'स्वर' के लिए उपर्युक्त बिन्दु नम्बर 2 के लिए लिखे गए हैं, वे सभी गुण, 'श्रुति' पर भी लागू होते हैं।

4. एक 'सप्तक' में बाईस रंजक स्थान माने गए हैं। इन बाईस स्थानों को 'श्रुति' की संज्ञा दी गई है। वर्तमान शास्त्रीय संगीत की व्यवस्था के अन्तर्गत, इन बाईस श्रुति-स्थानों में से केवल बारह स्थानों को 'स्वर' की संज्ञा प्रदान की गई है। इस प्रकार एक सप्तक में बाईस श्रुति होते हुए भी, इनमें से केवल 12 श्रुति-स्थानों को स्वर कहलाने योग्य समझा गया है।

जहाँ तक सप्तक की श्रुति व स्वर से सम्बन्धित नादों का प्रश्न है, सप्तक के दो सीमांत नाद होने चाहिए। प्रथम वह, जहाँ से सप्तक आरम्भ होता है। द्वितीय वह, जहाँ सप्तक समाप्त होता है। ये दोनों नाद उसी सप्तक के अन्दर बसे हुए स्वर/श्रुति से सम्बन्धित होते हैं। सप्तक की सीमा बन्धन द्वारा यह नहीं समझ लेना चाहिए कि गायन केवल एक ही सप्तक के स्वरों द्वारा गाया जाता है। भारतीय संगीत पद्धति के अनुसार गायन के लिए तीन सप्तकों की आवश्यकता रहती है। इस तथ्य को अनुभव द्वारा स्थापित किया जा चुका है कि मानव कण्ठ द्वारा शास्त्रीय गायन की गतिविधियाँ (हरकत) तीन सप्तकों के अन्तर्गत ही की जा सकती हैं। इन सप्तकों को 'स्वर' की तारता के अनुसार मन्द्र, मध्य व तार सप्तक द्वारा सम्बोधित किया जाता है। पं. शार्ङ्गदेव ने भी इसी प्रकार लिखा है–

''व्यवहारे त्वसौ त्रेधा हृदि मन्द्रोऽभिधीयते।
कण्ठे मध्यो मूर्ध्नि तारो द्विगुणश्चोत्तरोत्तरः।
तस्य द्वाविंशतिर्भेदाः श्रवणच्छ्रुतयो मताः ।1/3/7।।

अर्थात–नाद के बाईस भेद हैं, जो सुने जा सकते हैं। गाने कि क्रिया में नाद के बाईस भेद होते हुए भी व्यवहार में नाद तीन प्रकार का माना जाता है। हृदय का 'मन्द', कण्ठ का 'मध्य' और मस्तिष्क का 'तार' जानना चाहिए। यह नाद एक-दूसरे से दूना ऊँचा समझना चाहिए यानी मन्द्र से दूना मध्य और मध्य से दूना, तार सप्तक के नाद का मान होता है। संगीत रत्नाकर–पण्डित शार्ङ्गदेव';'

उपर्युक्त उद्धरण इस तथ्य को सामने लाता है कि मध्य सप्तक के नाद तुलनात्मक दृष्टि द्वारा, मन्द्र सप्तक के नाद की अपेक्षा दूने होते हैं। इसी प्रकार तार सप्तक के नाद, मध्य सप्तक के नाद की तुलना में दुगुने होते हैं। संगीत शास्त्र के ग्रन्थों में इस तथ्य का खुलकर विवरण नहीं मिलता है कि ध्वनि या नाद का कौन-सा पदार्थ दो गुना हो रहा है। इस दुगुनत्व को नापने का क्या साधन है अथवा इसको नापने की इकाई (Unit) क्या है? इस तथ्य के सम्बन्ध में प्राचीन शास्त्र चुप हैं। जब हम कहते हैं कि किसी पदार्थ का भार दो किलो है, तो हमारे मस्तिष्क में तुरन्त आ जाता है कि भार नापने की जिस इकाई को एक किलो कहते हैं उस एक किलो वाली इकाई की तुलना में इस पदार्थ का भार दो गुणा हैं। इसी प्रकार

जब हम कहते हैं कि अमुक पदार्थ की लम्बाई तीन मीटर है तो हम अनुमान लगा सकते हैं कि लम्बाई नापने की जिस इकाई को एक मीटर कहते हैं, उस एक मीटर की तुलना में अमुक पदार्थ की लम्बाई तिगुनी है।

आधुनिक भौतिक विज्ञान द्वारा किसी नाद के ऊँचे या नीचेपन के गुण को तारता (Pitch) द्वारा आँका जा सकता है। तारता को आँकने का साधन, आवृत्ति या कम्पन संख्या प्रति सैकण्ड है। उपर्युक्त उद्धरण द्वारा जिस प्रकार पण्डित शार्ङ्गदेव ने तार सप्तक के नादों को मध्य सप्तक के नादों की तुलना में दूना माना है, हम विश्वास के साथ कह सकते हैं कि तार सप्तक के नादों की आवृत्ति मध्य सप्तक के नादों की आवृत्ति (कम्पन संख्या प्रति सैकण्ड) की तुलना में दो गुना होती है। इसी प्रकार मध्य सप्तक के स्वरों की आवृत्ति, मन्द्र सप्तक के स्वरों की तुलना में दुगुणा पाई जाएगी। संगीत शास्त्र में इस उपलब्धि का बड़ा महत्त्व है क्योंकि श्रुतियों और स्वरों के मान (Values) को स्थापित करने के लिए इसी प्रकार की उपलब्धियों की आवश्यकता पड़ती है।

पाश्चात्य संगीत पद्धति द्वारा एक सप्तक में सात स्वरों के बदले, आठ स्वरों को माना जाता है। इसलिए वे लोग सप्तक के स्थान पर ऑक्टेव (Octave) शब्द का प्रयोग करते हैं। पाश्चात्यों द्वारा ऑक्टेव शब्द का प्रयोग तो अवश्य होता है परन्तु उनके नियमों के अनुसार भी, दो पास पास सटे हुए (Adjacent) ऑक्टेव के स्वर/नोट या टोन की आवृत्ति, एक-दूसरे से दूनी ही होती है।

भारतीय संगीत का स्वर व गणित

गणित के दृष्टिकोण द्वारा 'स्वर' और 'श्रुति', दोनों ही किसी आनुपातिक संख्या की ओर संकेत करते हैं परन्तु 'नाद' द्वारा ध्वनि की मौलिक स्थिति का परिचय प्राप्त होता है। 'नाद' को नियमित प्रकार की ध्वनि माना गया है जो संगीत उपयोगी होती है। 'नाद' द्वारा स्वर प्रकाश में आता है और 'स्वर' द्वारा 'संगीत' (Music) का निर्माण होता है। जहाँ तक 'स्वर' के गणितीय मूल्यों का प्रश्न है, भौतिक विज्ञान (Physics) द्वारा भी इसी प्रकार के सिद्धान्त प्रकाश में आते हैं। श्री ए.एफ. अबोट अपनी पुस्तक 'ऑर्डनरी लेवल फिजिक्स' में इस प्रकार लिखते हैं–

" ....A Sound of regular frequency is called a TONE or musical NOTE and music is combination of such sounds.

As the art of music developed through the ages it came to be accepted that notes of certain frequency relationship gave a pleasing result when played together while others produced a harsh effect. This experience led to the establishment of musical scales consisting of series of notes whose pitch relationship enabled the maximum number of pleasing combinations to be obtained.

At the outset it must be understood that as far as music is concerned, the actual pitch of the notes has never been regarded as being so important as the ratio of the pitches of various notes.

Ordinary Level Physics .... A.F. Abbot

अर्थात् एक नियमित प्रकार की आवृत्ति (Frequency) वाली ध्वनि को टोन (Tone) या म्युज़िकल नोट (Note) कहते हैं। ऐसी ध्वनियों के मेल (Combination) को म्युज़िक कहा जाता है।

कई युगों से चलते, इस म्यूजिक कला का विकास हुआ है और यह सर्वसम्मति से स्वीकार किया गया है कि जब कुछ आवृत्ति (Frequency) वाले नोट (Note) को साथ-साथ बजाया जाता है तो हमें रंजकता दिखलाई देती है जबकि दूसरे प्रकार के मेल द्वारा, ध्वनि अप्रिय लगती है। ऐसे ही अनुभव के सहारे म्युज़िकल स्केल या सप्तक का गठन किया गया, जहाँ एक सप्तक में इस प्रकार के अधिक से अधिकतम रंजक स्थानों की स्थापना की गई।

बिना किसी विवाद के इस बात को समझ लेना चाहिए कि जहाँ तक म्युज़िक का सम्बन्ध है किसी नोट (Note) की वास्तविक आवृत्ति (Actual Frequency) की इतनी अहमियत कभी भी नहीं रही जितनी कि, दो नोट (Note) की आवृत्ति के रिश्ते/अनुपात (Ratio) की समझी जाती रही है।......

ऑर्डनरी लेवल फिज़िक्स....ए.एफ. अबोट

जिस तत्त्व को भौतिक विज्ञान टोन या नोट कह रहा है, उसे गणितीय दृष्टि से अंतर्गत भले ही 'श्रुति' व 'स्वर' के समान समझ ले परन्तु पारिभाषिक दृष्टिकोण द्वारा यदि गूढ़ विचारों से सोचा जाए तो श्रुति/स्वर और टोन या नोट (Tone or Note) कभी भी, पूर्णतः एक समान नहीं हो सकते। टोन या नोट द्वारा केवल आवृत्ति = कम्पन संख्या प्रति सैकण्ड के रिश्ते/अनुपात (Ratio) की जानकारी प्राप्त हो सकती है। भारतीय शास्त्रीय संगीत के 'स्वर' में इस प्रकार के रिश्ते/अनुपात के अतिरिक्त कई और तत्त्वों का समावेश होना अनिवार्य है। स्वयं में रंजक होना, अनुरणात्मक होना, चित्ताकर्षक होना, श्रुतियों के अन्तर्गत पाया जाना आदि कई विशेष गुण 'स्वर' की महानता को बढ़ावा देते हैं। भारतीय संगीत कलाकार, अपनी प्रतिभानुसार, 'स्वर' की रंजकता व चित्ताकर्षक जैसे गुणों का क्रियात्मक रूप से, श्रोताओं के सामने प्रस्तुत करने में, अपनी कुशलता समझता है। जहाँ तक नाद व स्वर की आवृत्ति = कम्पन संख्या प्रति सैकण्ड का प्रश्न उठता है, वह स्वर, टोन या नोट, इन सबमें एक समान है परन्तु 'स्वर' में जो अपनी विशेषता है वह पियानो या हारमोनियम के नोट (Note) में नहीं मिल सकती।

संगीत के प्रख्यात समालोचक (Critic) श्री राघवन आर. मैनन. अपने जीवन काल के अंतिम दिनों में, अपनी अंतिम टिप्पणी, जिसका शीर्षक (The Beauty of Indian Ragas) 'द ब्यूटी ऑफ इन्डियन रागास' में निम्न प्रकार के परिणाम पर

पहुँचते हैं, जिसे उन्होंने 6.9.2000 अंग्रेजी दैनिक समाचार पर 'हिन्दुस्तान टाइम्स' में प्रस्तुत किया था।

"The Hindustani Classical Musician can never be relied upon for limits in his Art. The reason for the circumstance is attributed to the "SWARA" which is personal utterance rather than like a Note which is mere sound with stated frequency. The pre-piano world was always "Swara".... *Hindustan Times 6.9.2000 ...."*

अर्थात् हिन्दुस्तानी शास्त्रीय संगीतकारों के कला की कोई सीमा नहीं हो सकती। इस सफलता के पीछे एक ही मुख्य कारण है–वह है 'स्वर' जो केवल ध्वनि की आवृत्ति (Frequency) = कम्पन संख्या प्रति सैकण्ड, का ही प्रतीक नहीं है परन्तु इसके अतिरिक्त 'स्वर' व्यक्ति के आत्मिक भावों को वाणी द्वारा दर्शाता है। पाश्चात्य में भी पियानो (Piano) आदि से पहले के युग में 'स्वर' का ही उपयोग होता आ रहा था।
हिन्दुस्तान टाइम्स दिनांक 6.9.2000

ऐसा प्रतीत होता है कि संगीत शास्त्र के आचार्यों ने नाद, श्रुति व स्वर–इन तीनों को गणित रूपी धागे से जकड़ रखा है। साधारण व्यक्ति के लिए यह गणित रूपी धागा बिलकुल अदृष्य है। इस अदृष्यता को भौतिक विज्ञान द्वारा प्रकाश में लाया जा सकता है। इसी कारण, साधारण व्यक्ति के लिए संगीत ध्वनि से जुड़े, भौतिक विज्ञान के नियमों को सीखना अति महत्त्वपूर्ण है। गणित सम्बन्धित अंकों को चक्षु द्वारा देखा जा सकता है, उसे परचे या काग़ज़ पर लिखा जा सकता है। परन्तु स्वर के वास्तविक गुण जैसे मधुरता, अनुरणात्मकता, कर्णप्रियता आदि को केवल व्यक्तिगत रूप से अनुभव किया जा सकता है। स्वर के इन्हीं गुणों के कारण, पाश्चात्य संगीत के नोट (Note) व भारतीय स्वर के बीच, एक दीवार-सी खड़ी हुई दिखलाई देती है। गणित तो एक मात्र त्तर्क है परन्तु नियमितता, कर्णप्रियता, काकु आदि व्यक्तिगत आत्मीयता है। इसलिए 'नाद', 'श्रुति', 'स्वर' के केवल शास्त्रीय पक्ष को, किसी सीमा तक ही समझने के लिए, गणित व भौतिक विज्ञान सहायक हो सकते हैं।

'एकतारा' के तार को जब छेड़ा जाता है तो एक ध्वनि प्राप्त होती है। यह ध्वनि 'नाद' तुल्य है, क्योंकि इस ध्वनि में कर्णप्रियता, नियमितता, अनुरणात्मकता आदि सभी गुण प्राप्त हो रहे हैं, जिसके द्वारा यह ध्वनि संगीत उपयोगी सिद्ध हो सकती है। ऐसे नाद की आवृत्ति या कम्पन संख्या प्रति सैकण्ड कुछ अवश्य होती ही है। अब प्रश्न उठता है कि क्या इस नाद को हम 'स्वर' कह सकते हैं? जब हम एकतारा से निकले 'नाद' को आधार मानकर, सम्पूर्ण गायन समापन कर सकते हैं तो निश्चय ही, ऐसा 'नाद' हमारी विचारधारा के अन्तर्गत 'स्वर' कहलाने योग्य है। जब गले से निकली आवाज को ऐसे 'नाद' के साथ एक समान भाव नियमितता द्वारा, उच्चारण करते हैं, यानी 'नाद' की आवृत्ति व गले से निकली आवाज़ की आवृत्ति

पूर्णतः एक समान हो जाती है, तो उस आवाज़ को हम षड्ज ('सा') की संज्ञा देते हैं। इसलिए एकतारे से निकली ध्वनि स्वर कहलाने योग्य मानी जा सकती है।

यह तो रहा गायन पद्धति का दृष्टिकोण। अब हम गणित के शब्दों में भी यह कह सकते हैं कि 'एकतारा' से निकले 'नाद' की आवृत्ति और गले से निकली ध्वनि की आवृत्ति आपस में 1:1 का रिश्ता या अनुपात स्थापित कर रहे हैं। अब हम किसी वाद्य जैसे सितार, सरोद या सारंगी, के तार को, 'एकतार' से निकल रहे 'नाद' के समरूप कसते हैं या बाँधते हैं, तो उस वाद्य का तार भी एकतारा से निकले नाद के समान आवृत्ति वाला हो जाता है। गणित की भाषा में 'एकतारा' और उस वाद्य से निकले नाद की आवृत्ति का, आपस में 1:1 का रिश्ता या अनुपात स्थापित कर दिया जाता है। गायन या वादन की भाषा में साधारणतः कहा जाता है क वाद्य को स्वर में मिला लिया गया है।

कहने का तात्पर्य यह है कि एक नाद या कोई भी दो नाद, किसी भी स्रोत द्वारा उत्पन्न हो रहे हों, यदि उनमें किसी भी प्रकार का विशेष गणितीय रिश्ता नहीं बन रहा है, तो उन नादों को 'नाद' ही कहा जाएगा। यदि उनकी आवृत्तियों द्वारा आपस में किसी प्रकार का विशेष गणितीय रिश्ता या अनुपात स्थापित हो रहा हो तो उन नादों को 'स्वर' की संज्ञा दी जा सकती है। यदि यह अनुपात 1:1 के समान है तो दोनों ही नाद 'सा' या षड्ज' कहलाने योग्य हैं। यदि इन दोनों नादों में किसी भी प्रकार का विशिष्ट-अनुपात स्थापित हो रहा हो तो ये 'नाद', विशिष्ट-स्वर की संज्ञा पा सकते हैं। ये विशिष्ट-अनुपात 3/2, 5/4, 6/5, 2/1 आदि-आदि में से कुछ भी हो सकते हैं। यदि वे दोनों नाद एक ही सप्तक से सम्बन्धित हैं, तो इन अनुपातों की सीमा 1:1 से लेकर 1:2 के बीच के मूल्यों की ही, स्थापित हो सकती है। इस प्रकार के विशिष्ट अनुपातों को अग्रिम अध्यायों में विस्तारपूर्वक समझाया जाएगा।

निष्कर्ष

स्वर के लिए, पण्डित शार्ङ्गदेव द्वारा दी गई व्याख्या के अंतर्गत जो बिन्दु दिए गए हैं, उनमें से चित्ताकर्षक, रंजकता व अनुरणात्मक वाले गुणों के विषय पर उपर्युक्त अनुच्छेदों द्वारा भरपूर विवेचना हो चुकी है। स्वर सम्बन्धित ये सभी गुण, गणित की परिधि से बाहर हैं। ''स्वर, श्रुतियों के अन्तर पाया जाता है''—यह विषय पूर्णतः श्रुति से सम्बन्ध रखता है। इस अध्याय के अन्तर्गत श्रुति से सम्बन्धित कुछ विवेचना हुई है परन्तु 'स्वर' को भौतिक विज्ञान के सिद्धान्तों द्वारा मन्थन करने के लिए पर्याप्त नहीं हो सकी है। जब तक 'श्रुति' जैसे मार्मिक विषय को पूर्णतः नहीं समझ लिया जाता है, 'स्वर' को भौतिक विज्ञान के सिद्धान्तों द्वारा परखा जाना कठिन है। इसलिए 'श्रुति' अध्याय के पश्चात् ही 'स्वर' की व्याख्या पर दोबारा विवेचना करना उचित होगा।

अध्याय-8

श्रुति

'श्रुति'-शब्द परिचय

भारतीय संगीत शास्त्र में जितने भी पारिभाषिक या सांकेतिक शब्द जैसे 'ध्वनि', 'नाद', 'स्वर', आदि देखने को मिलते हैं, उन सबमें 'श्रुति' एक प्रमुख शब्द है। प्रायः सभी पण्डितों व आचार्यों ने 'श्रुति' शब्द को उदारता से व्यवहार में लिया है और संगीत शास्त्र इस शब्द की अनुपस्थिति में तो अधूरा ही है। आज भी इस छोटे से शब्द को संगीत के छात्रों से लेकर चोटी के कलावन्तों द्वारा, खुलकर व्यवहार में लाया जाता है। बहुधा यह कहते देखा गया है कि अमुक कलाकार का, श्रुतियों पर अधिक नियंत्रण है आदि। संगीत के क्रिटिक भी, गायक की श्रेष्ठता दर्शाने के लिए श्रुति शब्द का सहारा लेते हैं कि अमुक गायक ने अपने गायन को, श्रुतियों द्वारा झंकारित कर दिया, इत्यादि।

संगीत शास्त्र में 'श्रुति' का स्थान

प्राचीन ग्रन्थों में जिस प्रकार से 'ध्वनि', 'नाद', 'स्वर' आदि शब्दों की व्याख्या दी है, ठीक उसी प्रकार से श्रुति के विषय में भी लिखा गया है। श्रुति व स्वर दो भिन्न-भिन्न शब्द हैं और शास्त्रीय दृष्टिकोण द्वारा उनका मूल्य भी अलग-अलग है परन्तु संगीत ग्रन्थों में अधिकांश इन दोनों शब्दों को इस प्रकार जकड़ दिया गया है कि उनका पारिभाषिक मूल्य, बिलकुल ही समाप्त हो गया है। यदि एक के बाद दूसरे ग्रन्थ द्वारा, श्रुति पर मन्थन करने बैठ जाएँ, तो विषय इतना लम्बा हो जाएगा कि कोई भी पाठक, इस विषय पर, अपनी रुचि खो सकता है। संगीत के क्रियात्मक पक्ष यानी गायन, वादन व नृत्य के सम्बन्ध में, हम भारतीयों को सदा से प्रेम, श्रद्धा व रुचि रही है परन्तु संगीत के शास्त्रीय पक्ष में अभिरुचि बहुत ही कम दिखलाई पड़ती है। शास्त्रों में विपुल सम्पदा भरी पड़ी है। उसे समझने के लिए साधारण व्यक्ति

को बहुत कठिनाई का सामना करना पड़ता है। विशेषकर, श्रुति शब्द के लिए ऐसा कहना अधिक सार्थक होगा।

संगीत के प्राचीनतम उपलब्ध ग्रन्थों में, सबसे प्रथम स्थान भरत मुनि के नाट्य शास्त्र को प्राप्त है। भरत मुनि ने श्रुति-संख्या बाईस के पुष्टिकरण को "सारणा चतुष्टय" जैसी विधि द्वारा समझाया है परन्तु श्रुति की परिभाषा व श्रुतियों के विभिन्न नाम के विषय में वे चुप हैं। नाट्य शास्त्र के परवर्तीय, मतंग मुनि के 'बृहद्देशी" ग्रन्थ में श्रुति के विषय में, इस प्रकार विवरण मिलता है–

"इदानीं तु प्रवक्ष्यामि श्रुतीनां च विनिश्चयम्
श्रु श्रवणे चास्य धातोः क्ति (नि) प्रत्ययसमुद्भवः
श्रुतिशब्द प्रसाध्योऽयं शब्दज्ञैः कर्मसाधनः॥1/24॥

अर्थात् अब मैं श्रुति तथा उनकी संख्या आदि के विषय में कहूँगा। श्रवण अर्थ वाली 'श्रु' धातु से क्तिन् प्रत्यय लगने से श्रुति शब्द उत्पन्न होता है। शब्दज्ञैः यानी व्याकरणशास्त्रियों ने श्रुति शब्द को व्युत्पन्न माना है। यह कर्म (संगीत) के अनुसार (श्रुति) शब्द की सिद्धि की प्रक्रिया है।

–बृहद्देशी... मतंग मुनि

उपर्युक्त कथन द्वारा श्रुति शब्द का व्याकरण से क्या सम्बन्ध बनते हैं, इस बिन्दु पर अधिक बल दिया गया है परन्तु संगीत से जुड़े विचार, स्पष्ट रूप से दिखलाई नहीं पड़ रहे हैं। इसके पश्चात् मतंग मुनि लिखते हैं कि–

श्रूयत इति श्रुतिः। सा चैकाऽनेका वा।
तत्रैकैव श्रुतिरिति। ....
(चतुः) श्रुत्यादिभेदभिन्न प्रतिभास (त)
इति मामकीनं मतम्।

अर्थात् जो सुनी जाती है, वह श्रुति है। श्रुति एक है अथवा अनेक (इस प्रकार का प्रश्न किया जाता है?) श्रुति एक ही है...अनुभवात्मक प्रत्यय के कारण (एक होते हुए भी) भिन्न-भिन्न चार श्रुतियों के रूप में अभिव्यक्त होती हैं। ऐसा मेरा मानना है।"

इतना लिखने के पश्चात् मतंग मुनि ठीक इसके आगे विश्वावसुः के मत का वर्णन करते हैं।

"श्रवनेन्द्रिय ग्राह्त्वाद् ध्वनिरेव श्रुतिर्भवेत्।
सा चैकाऽपि द्विधा ज्ञेया स्वरान्तरविभागतः।"

अर्थात् श्रवणेन्द्रिय (कर्ण) के द्वारा ग्राह्य (श्रवणीय) ध्वनि ही श्रुति है। वह

एक होने पर भी 'स्वर' तथा 'अन्तर' (स्वरा श्रुति व अन्तर श्रुति) के विभाजन–दो प्रकार से मानी गई है।

'मतंग द्वारा दिए गए विश्वावसुः का मत' बृहद्देशी...मतंग मुनि

ऊपर दिए गए उद्धरणों से यही जान पड़ता है कि श्रुति वह ध्वनि है जो सुनी जा सके। पण्डित शार्ङ्गदेव ने भी संगीत रत्नाकर में इसी प्रकार कहा है–

''तस्य द्वाविंशतिर्भेदाः श्रवणच्छ्रुतयो मताः''

अर्थात् जो सुनी जा सके, उसे श्रुति कहते हैं उनकी संख्या 22 है।

–संगीत रत्नाकर–पण्डित शार्ङ्गदेव

यदि हम यह मानते हैं कि 'श्रुति' वह ध्वनि है, जो सुनी जा सके, तो सभी प्रकार की ध्वनियाँ जिसे हम सुन सकते हैं, वे ध्वनियाँ श्रुति की श्रेणी में आ जाएँगी और इस प्रकार साधारण बातचीत वाली ध्वनि से लेकर शोरगुल आदि भी, श्रुति के दायरे में आ जानी चाहिए। लगता है कि जिस आशय या उद्देश्य को लेकर 'श्रूयत इति श्रुति' को लिखा गया है, हमारे विचार उस बारीकी तक पहुँच नहीं पा रहे हैं। जितनी भी विवेचना हमारे द्वारा 'ध्वनि', 'नाद' आदि पर की जा चुकी है, उसके अनुसार 'श्रुति' का अस्तित्व 'नाद' से सीधा-सीधा जुड़ा होना चाहिए क्योंकि संगीत का निर्माण, बिना 'नाद' के हो ही नहीं सकता। यदि श्रुति का निर्माण 'नाद' द्वारा मानते हैं, तो साधारण बुद्धि द्वारा कह सकते हैं कि श्रुति में भी कम से कम, उतने गुण अवश्य होने चाहिए जितने की नाद में पाए जाते हैं। जिस प्रकार नाद से स्वर की उत्पत्ति होती है, उसी प्रकार 'श्रुति' की उत्पत्ति भी 'नाद' की अनुपस्थिति में नहीं हो सकती। जिस प्रकार 'स्वर' द्वारा संगीत का निर्माण होता है, ठीक उसी प्रकार 'श्रुति' द्वारा भी संगीत के निर्माण के लिए योगदान होना चाहिए। अब हमें सोचना है कि 'स्वर' व 'श्रुति' ये भिन्न-भिन्न नाम होते हुए भी, वास्तव में, क्या ये दोनों एक ही वस्तु हैं? इन दोनों की उत्पत्ति, 'नाद' द्वारा होती है और ये दोनों ही संगीत-निर्माण में महत्त्वपूर्ण भूमिका निभाते हैं।

श्रुतियों के सम्बन्ध में पण्डित शार्ङ्गदेव व पण्डित अहोबल के वचन बहुत ही स्पष्ट हैं। इस सन्दर्भ में इनके ग्रन्थों के लिए उद्धरण, पूर्व के अनुच्छेदों में दे दिए गए हैं। उन्हीं उद्धरणों को यहाँ फिर से दोहराया जा रहा है ताकि विषय को ठीक प्रकार से समझते हुए, प्रसंग को आगे बढ़ाया जा सके।

''तस्य द्वाविंशतिर्भेदाः श्रवणच्छ्रुतयोमता'' जो सुनी जा सके वह श्रुति है और उनकी संख्या बाईस है। **''सर्वाश्च श्रुतयस्तत्तद्रागेषु स्वरतां गताः। रागाः हेतुत्व एतासां श्रुति संज्ञैव सम्मता।''** अर्थात् ये सब श्रुतियाँ ही रागों में स्वर बन जाती हैं तथा इन सबके ही राग कारण रूप हैं। अतएव श्रुति की ऐसी संज्ञा ही सम्मत है। इन तथ्यों का यह निचोड़ निकलता है कि एक सप्तक में 22 ऐसे 'नाद' स्थान हैं जिन्हें

'श्रुति कह सकते हैं। किसी एक राग के निर्माण के लिए इन विशेष 'नाद स्थानों' को स्वर की संज्ञा दी जाती है और बचे हुए नाद-स्थान तो श्रुतियाँ हैं ही। किसी दूसरे राग में, अन्य 'नाद स्थानों' का भी चुनाव हो सकता है। ये नये चुने हुए 'नाद स्थान' ही स्वर कहलाते हैं और बचे हुए स्थान श्रुतियाँ ही कहलाती हैं।

'स्वरों' के जो नाम, सदियों से चले आ रहे थे, उन्हीं सात नामों को आज भी व्यवहार में लाया जाता है। सात स्वरों के नामों में किसी प्रकार का परिवर्तन नहीं पाया गया है। यद्यपि वर्तमान में, एक सप्तक से सम्बन्धित, अधिक से अधिक बारह स्वरों तक ही व्यवहार में लाने की मान्यता है। परन्तु इन बारह स्वरों के लिए केवल सात नामों को ही पर्याप्त समझा गया है। इसके विपरीत बाईस श्रुतियों के बाईस नामों के विषय में, कई प्रकार के पुंज देखने को मिलते हैं।

विभिन्न ग्रन्थों में, श्रुतियों के लिए बाईस प्रकार के भिन्न-भिन्न नामों के पुञ्ज क्यों रचे गए, और इस प्रकार की रचना की क्या आवश्यकता थी, आदि-आदि कई ऐसे प्रश्न सामने आते हैं। इस विषय पर थोड़ा-सा अध्ययन करना आवश्यक है।

श्रुतियों के शास्त्रोक्त नाम

जिस प्रकार से सात स्वरों के नाम षड्ज (सा), रिषभ (रे), गान्धार (ग), मध्यम (म), पंचम (प), धैवत (ध), निषाद (नि) रखे गए हैं, उसी प्रकार श्रुतियों को उनके 22 नामों से संबोधित किया गया है। पंडित शाङ्र्गदेव ने संगीत रत्नाकर में श्रुतियों के निम्नलिखित नामों का उल्लेख किया है। (देखिए सारणी क्रमांक-1) परवर्ती अन्य सभी ग्रन्थों में इन्हीं नामों को अपनाया है और वर्तमान में भी इन्हीं नामों की मान्यता है।

पं. शार्ङ्गदेव (संगीत रत्नाकर) के श्रुति नाम–

1. तीव्रा	12. प्रीति
2. कुमुद्वती	13. मार्जनी
3. मन्दा	14. क्षिति
4. छन्दोवती	15. रक्ता
5. दयावती	16. संदीपिनी
6. रंजनी	17. आलापिनी
7. रक्तिका	18. मदन्ती
8. रौद्री	19. रोहिणी
9. क्रोधा	20. रम्या
10. वज्रिका	21. उग्रा
11. प्रसारिणी	22. क्षोभिणी

सारणी क्रमांक-1

'संगीत' मकरंद' के रचयिता श्री नारद ने बाईस श्रुतियों के नाम भिन्न प्रकार से दिए हैं।

1.	सिद्धा	12.	क्षांति
2.	प्रभावती	13.	विभूति
3.	कान्ता	14.	मालिनी
4.	सुप्रभा	15.	चपला
5.	शिखा	16.	बाला
6.	दीप्तिमती	17.	सर्वरत्ना
7.	उग्रा	18.	शांता
8.	लाह्दी	19.	विकलिनी
9.	निर्विरी	20.	हृदयोन्मालिनी
10.	दिरा	21.	विसारिणी
11.	सर्पसहा	22.	प्रसूना

सारणी क्रमांक-2

पण्डित अहोबल द्वारा 'संगीत पारिजात' में श्रुतियों के नाम वही रखे हैं जो पण्डित शार्ङ्गदेव द्वारा 'संगीत रत्नाकर' में दिए गए हैं। संगीत कार्यालय हाथरस यूपी द्वारा छपे (1977 ई.) 'संगीत पारिजात' ही में उद्धरण स्वरूप लिखा है कि 'दन्तिल जी' ने श्रुतियों के नाम, अन्य प्रकार से दिए हैं–

''नान्दी, चालनिका, रसा, च सुमुखि, चित्रा विचित्रा घना।
मातङ्गी, सरसा, भूता, मधुकरी मैत्री शिवा माधवी।
बाला शङ्र्गरवी कला कलरवा माला विशाला जया।
मात्रेति, श्रुतयः पुराण कविभिर्द्वाविंशतिः कीर्तिताः।

अर्थात् उपर्युक्त श्लोक का अर्थ स्पष्ट है। केवल नाम दिए गए हैं। नान्दी चालनिका से लेकर मात्रेति तक कुल 22 श्रुतियों के नाम हैं परन्तु आचार्य दन्तिल द्वारा लिखे उपलब्ध ग्रन्थ में इस प्रकार के नाम देखने को नहीं मिलते हैं। इस समय हमारा प्रयोजन यह नहीं है कि श्रुतियों के ये नाम किसके द्वारा गढ़े गए हैं। अभी हमारा ध्यान इस ओर केन्द्रित है कि श्रुतियों के नाम विभिन्न आचार्यों ने अलग क्यों रचे?

'संगीत नारायण' ग्रन्थ में श्री गजपति नारायण देव ने, श्रुतियों के 22 नामों की सूची भी कुछ भिन्न प्रकार से दी है। उनके द्वारा दी गई सूची निम्न सारणी क्रमांक-3 में दी गई है।

1.	नान्दी	12.	मातङ्गिका
2.	विशाला	13.	मैत्रेयी
3.	सुमुखी	14.	बाला
4.	विचित्रा	15.	कला
5.	चित्रा	16.	कलरवा

6.	घना	17.	शार्ङ्गरव्यपि
7.	चालनिका	18.	मालरसा
8.	सरसा	19.	रसा
9.	माला	20.	अमृता
10.	मागधी	21.	विजया
11.	शिवा	22.	मधुकर्य

सारणी क्रमांक-3

आप्त पुरुष कोहली द्वारा अपनाए गए श्रुतियों के नाम निम्न सूची में दिए गए हैं। कोहली द्वारा रचित ग्रन्थ, वर्तमान में उपलब्ध नहीं है। कोहली का समय, मुनि मतंग से भी प्राचीन होना चाहिए क्योंकि मतंग मुनि ने अपने ग्रन्थ 'बृहद्देशी' में कोहली द्वारा रचित ग्रन्थों में से कई उद्धरण दिए हैं। 'संगीत नारायण' के रचयिता गजपति श्री नारायण देव ने भी कोहली का उद्धरण देते हुए श्रुतियों के भिन्न नाम दर्शाए हैं, जिन्हें सारणी क्रमांक-4 में दिया गया है।

1.	सिद्धि	12.	क्षान्ति
2.	प्रभावती	13.	विभूति
3.	कान्ता	14.	मालिनी
4.	सुभद्रा	15.	चपला
5.	शिखा	16.	लोला
6.	दीप्ती	17.	सर्वरत्ना
7.	उग्रा	18.	शान्ता
8.	ह्दिनी	19.	विकल्पिनी
9.	विश्रुति	20.	हृदयोन्मालिनी
10.	वीरा	21.	विस्तारिणी
11.	सर्वसहा	22.	प्रशस्ता (प्रसन्ना)

सारणी क्रमांक-4

मुनि पार्श्वदेव ने अपने ग्रन्थ 'संगीत समय सार' में 66 श्रुतियों के नाम दिए हैं। मन्द्र, मध्य व तार सप्तक की, बाईस-बाईस श्रुतियों के नाम निम्न प्रकार हैं। देखिए सारणी क्रमांक-5

मन्द्र सप्तक की श्रुतियों के नाम

1.	मन्द्रा	12.	अनुनासिका
2.	अतिमन्द्रा	13.	घोषवती
3.	घोरा	14.	लीननादा
4.	घोरतरा	15.	आवर्तनी

5. मण्डना
6. सौम्या
7. सुमनाः
8. पुष्करा
9. शंखिनी
10. नीला
11. उत्पला
16. रणदा
17. गम्भीरा
18. दीर्घतारा
19. नादिनी
20. मन्द्रजा
21. सुप्रसन्ना
22. निनदा

मध्य सप्तक की श्रुतियों के नाम

1. नन्दा
2. निष्कला
3. गूढ़ा
4. सकला
5. मधुरा
6. गली
7. एकाक्षरा
8. भृङ्गजाति
9. रसगीती
10. सुरंजिका
11. पूर्णा
12. अलंकारिणी
13. वांशिका
14. वैणिका
15. त्रिस्थाना
16. सुस्वरा
17. सौम्या
18. भाषांगी
19. वार्तिका
20. सम्पूर्णा
21. प्रसन्ना
22. सर्वव्यानिका

तार सप्तक की श्रुतियों के नाम

1. ईश्वरी
2. कौमारी
3. सवराली
4. भोगवीर्या
5. मनोरमा
6. सुस्निग्धा
7. दिव्याङ्गा
8. सुललिता
9. विद्रुमा
10. महाकी
11. शांकिनी
12. राका
13. लज्जा
14. काली
15. सूक्ष्मा
16. अतिसूक्ष्मा
17. पुष्टा
18. सुपुष्टिका
19. विस्पष्टा
20. काकली
21. कराली
22. विस्फोटांतर्भेदिनी

सारणी क्रमांक-5

उपर्युक्त दिए गए, श्रुति के विभिन्न नामों के पुंजों के अतिरिक्त और भी ढेर सारे पुंज, पुस्तकों में उपलब्ध हैं। शास्त्रीय संगीत के और किसी विषय को लेकर, इस प्रकार की समस्या दिखलाई नहीं देती है, जितनी की श्रुतियों के बाईस नामों के साथ प्रकाश में आ रही है। इन नामों की सूचियों को बहुत गहराई से अध्ययन करने की आवश्यकता नहीं है परन्तु इतना तो ध्यान में आता ही है कि प्रत्येक ग्रन्थकार ने 22 से लेकर 66 नामों को गढ़ने के लिए, इतना परिश्रम क्यों किया होगा? आश्चर्य की बात है कि 'स्वर' सम्बन्धित सात नामों में, किसी भी प्रकार का परिवर्तन नहीं किया गया है। सच तो यह है कि श्रुतियों के इस तथ्य का कारण पता लगने में हम लोग असफल हैं परन्तु इसका मतलब यह तो नहीं है कि हम कह दें कि उन ग्रन्थकारों ने यह परिश्रम व्यर्थ में किया है। श्रुति के नामों से सम्बन्धित, इन ढेर सारे पुंजों में से ही, एक पुंज को वर्तमान में हमने अपना भी रखा है और उसी को क्यों अपना रखा है, इस पक्ष को सम्भालने के लिए हमारे पास कोई उत्तर नहीं है।

अभी तक हम केवल 'नाद' के विषय को ही, भौतिक विज्ञान के प्रकाश द्वारा कुछ सीमा तक तौल सके हैं। जब तक 'श्रुति' के गुण स्पष्ट रूप से स्थापित नहीं हो जाते हैं, तब तक हमारे द्वारा स्वर की तकनीकी रूप-रेखा को भौतिक विज्ञान के मापदण्डों द्वारा, पूर्ण रूप से नहीं आँका जा सकता।

श्रुति व स्वर का तुलनात्मक अध्ययन

'ध्वनि', 'नाद', 'स्वर' व 'श्रुति' सभी एक ही श्रृंखला के अंतर्गत होते हुए भी इन चारों पदार्थों को दो स्पष्ट श्रेणियों में विभाजित किया जा सकता है। 'नाद', 'श्रुति', 'स्वर' की उत्पत्ति ध्वनि द्वारा होती है और ध्वनि की कुछ आवृत्ति (Frequency) होना आवश्यक है। तकनीकी आवरण के अन्तर्गत 'नाद' शब्द, उस ध्वनि की आवृत्ति यानी कम्पन संख्या प्रति सैकण्ड की ओर ध्यान आकर्षित करता है, जबकि 'स्वर' और 'श्रुति' सदैव किसी अनुपात (Ratio) की ओर संकेत करते हैं। अनुपात द्वारा हमें यह मालूम पड़ जाता है कि दोनों नादों में से, एक नाद दूसरे नाद से कितना गुणा ऊँचा है या कितने गुणा नीचा है।

एक सप्तक में 22 श्रुति-स्थान माने गए हैं। इन बाईस श्रुति-स्थानों से सम्बन्धित बाईस प्रकार के 'नाद' होना स्वाभाविक है। ये 22 स्थान एक सप्तक के अन्तर्गत समाहित हैं। इसके अतिरिक्त एक सप्तक के दो सीमान्त स्थान होना भी स्वाभाविक है। पहला स्थान सप्तक के आरम्भ में व दूसरा स्थान सप्तक के अंत में। जहाँ तक एक सप्तक के किसी भी दो नादों की आवृत्ति का प्रश्न है, वहाँ किसी न किसी अनुपात का निर्माण होना आवश्यक है। यह अनुपात 1:1 से लेकर 1:2 ही हो सकता है क्योंकि एक सप्तक के सीमान्त स्वरों की पारस्परिक आवृत्ति का अनुपात 1:2 से अधिक नहीं हो सकता है।

अब प्रश्न उठता है कि, किन्हीं दो नादों की आवृत्तियों (Frequencies) में जब पारस्परिक अनुपात (Ratio) का जन्म होना स्वाभाविक है, तो क्या 1:1 से 1:2 के बीच, कोई-सी भी आनुपातिक संख्या, 'श्रुति' या 'स्वर' के स्वरूप को स्थापित करने में योगदान कर सकती है? उत्तर स्पष्ट है—नहीं, क्योंकि दो नादों की आवृत्ति द्वारा आनुपातिक संबन्ध तो बन जाएँगे परन्तु प्रत्येक आनुपातिक संबन्ध वाले नाद कर्णप्रिय नहीं हो सकते। किन्हीं विशेष अनुपातों से सम्बन्धित नाद ही, कर्णप्रियता की अवस्था तक पहुँच सकते हैं। इस सच्चाई को उदाहरण द्वारा समझा जा सकता है।

थोड़ी देर के लिए समझ लो कि हमारे पास दो एकतारे हैं। यदि दोनों एकतारे एकसमान स्वर में कस दिए जाएँ, जिससे दोनों से निकले नादों की आवृत्ति यानी कम्पन संख्या प्रति सैकण्ड = 120 के समान हो जाए, तो दोनों एकतारों के नाद का आपसी अनुपात (Ratio), 1:1 बनेगा। दोनों में कर्णप्रियता भी दिखलाई देगी। मान लो दोनों में से, कोई एक एकतारे को इस प्रकार कस दिया जाए कि उस एकतारे से निकले नाद की नई आवृत्ति = 130 कम्पन संख्या प्रति सैकण्ड हो जाए,तो अब दोनों एकतारों से निकले नादों का पारस्परिक अनुपात 1:130/120 या 1:13/12 या 1:1.083 के समान बन जाएगा। ऐसी दशा में कर्णप्रियता के दर्शन नहीं हो सकेंगे। कहने का तात्पर्य यह है कि एक सप्तक में 1:1 से लेकर 1:2 के बीच में हजारों आनुपातिक स्थिति बन सकती हैं परन्तु केवल 22 स्थान या 22 प्रकार के आनुपातिक स्थिति ऐसी पाई जाती है, जिनके द्वारा कर्णप्रियता की अवस्था उत्पन्न हो सकती है। ऐसे ही स्थानों को 'श्रुति' की संज्ञा दी जानी चाहिए।

स्वर-ज्ञान व 'श्रुति'

ग्रन्थों में 'श्रुति' के सम्बन्ध में जितना भी लिखा गया है, उसका अध्ययन करने के पश्चात् एक विशेष बिन्दु पर पहुँचना पड़ता है कि 'श्रुति' वह है, जो सुनाई दे या सुनी जा सके। इसका मतलब यह हुआ कि जिस ध्वनि को हमने सुन लिया, उसे सुनने के पश्चात्, पहचानना भी आवश्यक है। सुनने के पश्चात ही, यह निर्णय लिया जा सकता है कि सुनी हुई ध्वनि, संगीत उपयोगी हो सकती है या नहीं। यदि वह ध्वनि संगीत उपयोगी है तो उस ध्वनि को किस श्रेणी में रखा जाए, यानी उस ध्वनि को नाद कहा जाए या स्वर कहा जाए या श्रुति कहा जाए? आदि-आदि। संगीत सम्बन्धित कई प्रकार की 'ध्वनि' हैं परन्तु उसे पहचानने के लिए, स्वर-ज्ञान होना अति आवश्यक है।

वास्तव में स्वर-ज्ञान का कोई मापदण्ड नहीं है। संगीत के विद्यार्थी का स्वरज्ञान सामान्य अवस्था से लेकर मरणोपर्यंत, परिपक्वता की ओर बढ़ता ही रहता है। जो

व्यक्ति संगीत से जुड़ा हुआ नहीं है वह साधारणतः इतना ही बतला सकता है कि उसे, किसी प्रकार की ध्वनि सुनाई दे रही है। ऐसे व्यक्तियों में से शायद ही कुछ व्यक्ति यह बतलाने में सफल हो सकते हैं कि अमुक दो ध्वनियाँ अलग-अलग प्रतीत हो रही हैं या सुनने में एक समान-सी प्रंतीत हो रही हैं। इसके विपरीत, संगीत का विद्यार्थी विश्वास के साथ बतला सकता है कि उन दो ध्वनियों की आवाज़ यानी तारता (Pitch) एक समान है या फिर दूसरी ध्वनि, पहली ध्वनि की तुलना में नीची है या ऊँची है। स्वरज्ञान की सीढी के पहले कदम द्वारा, एक विद्यार्थी इतना बतलाने में सक्षम हो जाता है कि कोई से दो नाद एक समान अवस्था में हैं या नाद नम्बर 2 की ध्वनि, नाद नम्बर 1 की तुलना में ऊँची सुनाई दे रही है। इस प्रकार एक से अधिक ध्वनियों की तुलनात्मक स्थिति का ज्ञान अर्जित करना ही, स्वर-ज्ञान की सीढ़ी का पहला कदम है।

स्वर-ज्ञान की सीढ़ी का दूसरा कदम, विद्यार्थी को इतना सक्षम बना देता है कि वह विद्यार्थी पूर्ण विश्वास के साथ तुरन्त बतला सकता है कि दो नवम्बर का नाद, पहले नाद की अपेक्षा कितना गुणा ऊँचा है या कितने गुणा नीचा है। एक नाद के ऊँचेपन या नीचेपन वाले गुण को, उसकी आवृत्ति द्वारा आंका जा सकता है परंतु जब दो नादों की आवृत्तियों के ऊँचेपन या नीचेपन की आपसी तुलना की जाती है, तो साधारण गणित का उपयोग किया जाता है। गणित की भाषा में इसी तत्त्व को आनुपातिक मूल्यों द्वारा निर्धारित किया जाता है, जैसे हम कह दें कि अमुक नाद दूसरे नाद की तुलना में दो गुणा ऊँचा है आदि-आदि। यह 'दो गुणा' शब्द किसी अनुपात (Ratio) के लिए संकेत दे रहा है।

पिछले अध्याय में हम इस निष्कर्ष पर पहुँच चुके हैं कि संगीत उपयोगी ध्वनि या नाद तभी 'स्वर' कहलाने योग्य होते हैं, जब उनमें विशिष्ट आनुपातिक सम्बन्ध (Special Value of Ratio) पाया जाता है। स्वर-ज्ञान द्वारा, उन नादों की पहचान कर ली जाती है जिनमें इस प्रकार के विशिष्ट-अनुपात, अदृष्य रूप से बसे हुए रहते हैं। इस प्रकार के विशिष्ट 'स्वर' या नादों की पहचान, स्वर ज्ञान की सीढ़ी के दूसरे कदम द्वारा अर्जित की जा सकती है। शास्त्रीय संगीत में इस प्रकार के नाद/स्वर को नवम्बर 1, 2, 3 आदि न कहकर, उनका यथावत् नाम द्वारा सम्बोधित किया जाता है जैसे सा, रे, ग, म, प, ध, नि आदि। अगले अध्याय में स्वरों से सम्बन्धित ऐसे विशिष्ट अनुपातों को कैसे स्थापित किया जाता है, उस विधि का विस्तारपूर्वक वर्णन किया जाएगा।

संगीत विषयक गणित यानी ये अनुपात आदि, शास्त्रों से अधिक सम्बन्ध रखते हैं। जब कोई विद्यार्थी या कलाकार गाता है तो उसे इस विषय की ओर बिलकुल भी चिन्ता नहीं करनी पड़ती है कि, उसके द्वारा गाए हुए स्वरों के अनुपातों का गणितीय

मूल्य क्या है? स्वर व श्रुतियों के गणितीय मूल्यों का आकलन, संगीतशास्त्रियों के लिए विशेष महत्त्व का विषय माना जाता है। साथ-साथ में इस तथ्य को भी नकारा नहीं जा सकता है कि यदि संगीत के विद्यार्थी व कलाकार, संगीत शास्त्र की ओर रुझान रखते हैं तो उनके गायन में निखार आ सकता है। वास्तव में संगीत एक प्रयोग-शील (Performance Art) कला है और उस कला को निखारने के लिए, सभी प्रकार के यथासम्भव प्रयत्न करने चाहिए, शास्त्र की ओर रुझान रखने से ही, हम सही लक्ष्य प्राप्त कर सकते हैं और अपनी सोच को निर्धारित दिशा की ओर अग्रसरित कर सकते हैं। जब समझ, सही दिशा पकड़ती है तो प्रस्तुतिकरण में, निखार आना स्वाभाविक है।

'श्रुति' के शस्त्रोक्त गुण

शास्त्रोक्त उक्तियों को ध्यान में रखते हुए, सभी को एक मत होकर मानना पड़ेगा कि 'श्रुति' अध्ययन के पश्चात् ही 'स्वर' जैसे विषय का अध्ययन करना अधिक हितकारी होगा। एक सप्तक की 22 श्रुतियों के 22 प्रकार के अनुपातों को स्थापित करने के पश्चात् ही, उस सप्तक के सात स्वरों के स्थानों को स्थापित किया जा सकता है। पण्डित शार्ङ्गदेव द्वारा श्रुतियों के जिन बाईस नामों का निरूपण किया गया है, उन्हीं नामों को वर्तमान संगीत जगत ने भी अपना रखा है। पण्डित शार्ङ्गदेव के परवर्ती जितने भी शास्त्रकार हुए हैं, प्रायः उन सभी ने श्रुति के इन्हीं नामों को अपनाया तो है परन्तु पं. शार्ङ्गदेव की भाँति इन नामों से सम्बन्धित, श्रुतियों के गणितीय मूल्यों को स्पष्ट रूप से नहीं दर्शाया है।

एक सप्तक के श्रुतियों की संख्या बाईस है, इस तथ्य को 'नाट्य शास्त्र' में भरत मुनि ने सारणाचतुष्टय द्वारा प्रमाणित किया है परन्तु श्रुतियों के बाईस नामों के विषय में, किसी प्रकार का संकेत नहीं मिलता है। यह निश्चित है कि इन श्रुति स्थानों के उसी प्रकार के गुण होने चाहिए जिस प्रकार से पूर्व के अध्याय में 'स्वर' के लिए चर्चा की गई है। वास्तव में इन्हीं श्रुतियों के समूह से, स्वरों को चुना जाता है। इसलिए ऐसी आशा नहीं की जा सकती है कि 'स्वर' व 'श्रुति' के गुण भिन्न भिन्न प्रकार के हों।

श्री शार्ङ्गदेव व गजपति श्री नारायण देव विरचित 'संगीत नारायण' ग्रन्थ में, इन बाईस श्रुतियों का मान क्रमशः एक-दूसरे से ऊँचे बतलाया गया है।

"सा नादः श्रुतयो द्वाविंशतिः स्यान्मरुताहतः।
क्रमादुच्चोच्चता युक्ता वीणावादेन लक्षिताः॥"

भावार्थ–ये बाईस श्रुतियाँ, एक से दूसरी क्रमशः ऊँची होती हैं, जिसे वीणा वादन द्वारा प्रत्यक्ष देखा जा सकता है।

–संगीत नारायण...गजपति श्री नारायण देव

ये बाईस नाद स्थान क्रमशः एक-दूसरे से ऊँचे (क्रमादुच्चोच्चता) होते चले गए हैं। पहला स्थान यानी प्रथम श्रुति के स्थान को पण्डित शार्ङ्गदेव ने 'तीव्रा' के नाम से संबोधित किया है (देखिए पृ. 86)। अन्य श्रुतियाँ इस 'तीव्रा' नाम की श्रुति की तुलना में ऊँची होती हैं। यहाँ ऊँचेपन के अर्थ से तारता (Pitch) का संकेत मिलता है। दूसरी श्रुति का नाम 'कुमुद्वती' है। अतः कुमुद्वती (2), की तारता या आवृत्ति (कम्पन संख्या प्रति सेकण्ड), तीव्रा (1) की तारता से अधिक होनी चाहिए। इस प्रकार साधारण गणित द्वारा हम यह कह सकते हैं कि तीव्रा (1), और कुमुद्वती (2) की आवृत्तियों के बीच, एक अनुपात बना हुआ होना चाहिए। अध्ययन सुविधा प्रयोजन हेतु, श्रुति के क्रमांक को कोष्टक में भी लिख दिया गया है।

पण्डित शार्ङ्गदेव ने तीसरी श्रुति का नाम 'मन्दा' रखा है। उपर्युक्त दिए गए 'क्रमादुच्चोच्चता' वाले सिद्धान्त द्वारा तीसरी श्रुति मन्दा (3), की तारता यानी आवृत्ति का मान (Value) कुमुद्वती (2), से अधिक होना चाहिए। स्वतः मन्दा की आवृत्ति, तीव्रा की तुलना में अधिक होनी ही चाहिए। अतः हम कह सकते हैं कि मन्दा (3), व तीव्रा (1), के मध्य भी एक अनुपात बना हुआ है। साधारण तर्क द्वारा यह कहा जा सकता है कि मन्दा (3) व तीव्रा (1) वाला आनुपातिक अंक, उस आनुपातिक अंक से बड़ा होगा जोकि कुमुद्विती (2) व तीव्रा (1), के बीच स्थापित हो चुका है। इसी प्रकार चौथी श्रुति छन्दोवती (4), व तीव्रा (1), के बीच भी एक अनुपात बना हुआ होना चाहिए और यह आनुपातिक अंक, उस अंक से बड़ा होगा जो मन्दा (3) व तीव्रा (1) के मध्य स्थापित है।

कहने का तात्पर्य यह है कि बाईस की बाईस श्रुतियाँ, तीव्रा (1) से आनुपातिक सम्बन्ध स्थापित करती हैं। यदि हम तीव्रा (1) से तीव्रा (1) की तुलना करना चाहते हैं यानी दो समान आवृत्तियों का आनुपातिक रूप देखना चाहते हैं तो हमें यह सोचना पड़ेगा कि हमारे पास दो, एकसमान गणित के अंक है। साधारण गणित द्वारा, इन दो एक समान अंकों का आनुपातिक मान (Value), 1:1 प्राप्त होगा। इस प्रकार तीव्रा (1) से तीव्रा (1) का अनुपात, हमेशा 1:1 ही प्राप्त होता रहेगा। इस अनुपात का मान (Value) बढ़ते, यानी तीव्रा (1) से कुमुद्वती (2), तीव्रा (1) से मन्दा (3), तीव्रा (1) से छन्दोवती (4), तीव्रा (1) से दयावती (5), आदि होते हुए, सप्तक की बाईसवीं श्रुति 'क्षोभिणी' तक, यह आनुपातिक मान 1:(2 के आस पास) पहुँच जाएगा।

किसी एक सप्तक की श्रुतियों से सम्बन्धित गुण यानी आनुपातिक मान, किसी भी अन्य सप्तक में बिलकुल वे ही रहते हैं यानी न तो नाम में किसी प्रकार का परिवर्तन होता है और न ही सम्बन्धित गुण व अनुपातिक मान में परिवर्तन होता है। श्रुतियों के नाम व उनके आनुपातिक मान, प्रत्येक सप्तक में एक जैसे ही ध्रुव यानी एक-समान (Constant) बने रहते हैं। उपर्युक्त अनुच्छेद के अन्तर्गत यह बतला

चुके हैं कि, जैसे ही किसी मुक्त तन्त्री को छेड़ा जाता है, वहाँ एक सप्तक की 22 श्रुतियों का निर्माण, स्वतः हो जाता है और ऐसे सप्तक, बहुसंख्यक हो सकते हैं परन्तु क्रियात्मक रूप द्वारा केवल तीन सप्तकों को ही व्यवहार में लाया जाता है। इस तथ्य को दिगम्बर-जैन आचार्य पार्श्वदेव ने अपने ग्रन्थ ''संगीत समयसार'' में इस प्रकार व्यक्त किया है

''त्रीणी स्थानानि हृत्कण्ठशिरांसीति सभासतः।
एकैकमपि तेषु स्याद् द्वाविंशति विद्यायुतम्।
द्वाविंशति विधो मन्दो ध्वनिः सञ्जायते हृदि।
यथोत्तरमसौ नादो वीणायामधरोत्तरम्।
स एव मस्तके तारः स्यान्मध्याद द्विगुणः क्रमात्।
इति स्वरगता श्रेयाः श्रुतय स्वरवेदिभिः।
अन्तर स्वर वर्तिन्यो हृन्तर श्रुतियो मताः।

अर्थात् संक्षेपतः स्थान तीन हैं, हृदय, कण्ठ और शिर। इन तीनों में से प्रत्येक, बाईस प्रकारों से युक्त है। हृदय में 22 प्रकार की ध्वनि उत्पन्न होती है, यह मन्द्र है। जिस प्रकार (शरीर वीणा में) यह नाद ऊपर की ओर (कण्ठ व शिर में) होता है, उसी प्रकार यह ऊँचा नाद, वीणा में नीचे की ओर होता है। मन्द्र का द्विगुणा नाद कण्ठ में उत्पन्न होने पर, मध्य कहलाता है और इसी प्रकार से 'मध्य' का द्विगुण नाद, शिर में उत्पन्न होने पर 'तार' कहलाता है। स्वरज्ञों को ये स्वरगत श्रुतियाँ जाननी चाहिए। अन्तर स्वरों में विद्यमान श्रुतियाँ, अन्तर श्रुति मानी गई हैं।

–संगीत समयसार पार्श्वदेव

मन्द्र का द्विगुण नाद, कण्ठ में उत्पन्न होने पर मध्य कहलाता है और मध्य का द्विगुण नाद शिर में उत्पन्न होने पर तार कहलाता है, यह उक्ति बहुत ही महत्त्वपूर्ण है। शार्ङ्गदेव के मतानुसार सप्तक की 22 श्रुतियों के नाम, प्रत्येक सप्तक में वे ही रहते हैं। पार्श्वनाथ ने मन्द्र, मध्य व तार सप्तक की श्रुतियों के 66 भिन्न-भिन्न नाम दिए हैं परन्तु हम यह नहीं कह सकते हैं कि उनके दिए हुए नामों से सम्बन्धित गणितीय मूल्य भी भिन्न-भिन्न प्रकार के होंगे।

शार्ङ्गदेव व परवर्ती सभी ग्रन्थकारों ने, श्रुतियों के केवल 22 नाम दिए हैं, जो मन्द्र, मध्य व तार सप्तक में एक समान रहते हैं। इसलिए मध्य सप्तक की 'तीव्रा' श्रुति का मान, मद्र सप्तक की 'तीव्रा' से द्विगुण होगा। इसी प्रकार तार सप्तक की 'छन्दोवती' श्रुति का मान, मध्य सप्तक की 'छन्दोवती' श्रुति की तुलना में द्विगुण होगा आदि-आदि।

श्रुतियों का 'स्वर' के लिए विभाजन (Distribution)

पण्डित अहोबल के सिद्धान्त **'सर्वाश्च श्रुतयस्तद्रागेषु स्वरतां गताः। रागाः हेतुत्व एतासां श्रुतिसंज्ञैव सम्मता।''** द्वारा हम इस निर्णय पर पहुँच पाते हैं कि सभी श्रुतियाँ किसी भी समय, स्वर की संज्ञा पा सकती हैं। जब हम भौतिक विज्ञान या गणित की दृष्टि द्वारा देखते हैं तो, जिस प्रकार से 'स्वर' एक अनुपात की ओर इशारा करता है उसी प्रकार श्रुति का संकेत भी किसी अनुपात की ओर होता है। इस दृष्टि द्वारा श्रुतियों की शृंखला में प्रथम श्रुति 'तीव्रा' और 'स्वर' की शृंखला में प्रथम स्वर 'षड्ज', ये दो नाम सामने आते हैं। अब हमें यह देखना है कि जिस प्रकार श्रुतियाँ 'क्रमादुच्चोच्चता' यानी क्रमशः एक-दूसरे से ऊँची होती गई हैं, क्या उसी प्रकार सात स्वर स रे ग म प ध नि भी एक के पश्चात् दूसरा ऊँचा होता गया है?

भरतादि काल के बहुत समय पहले से ही, सात स्वरों का पारस्परिक अन्तर यानी एक स्वर से दूसरे स्वर की दूरी को, उन स्वरों के बीच की श्रुति संख्या द्वारा स्थापित किया जाता रहा है।

षड्जश्चतुः श्रुतिर्ज्ञेया ऋषभस्त्रिश्रुतिः स्मृतः।
द्विश्रुतिश्चापि गान्धारों मध्यमश्च चतुः श्रुतिः।
चतुः श्रुतिः पंचमः स्यात्त्रिश्रुतिर्धैवतस्तथा।
द्विश्रुतिस्तु निषादः स्यात् षड्ग्रामे स्वरान्तरे।

अर्थात् इस विषय में प्राचीन आनुवंशीय श्लोक (ये) हैं—

षड्ज ग्राम में षड्ज चतुःश्रुतिक, ऋषभ त्रिश्रुतिक, गान्धार द्विश्रुतिक, मध्यम चतुःश्रुतिक, पंचम चतुःश्रुतिक, धैवत त्रिश्रुतिक और निषाद द्विश्रुतिक होता है।

—नाट्य शास्त्र...भरत मुनि

भरत मुनि लिखते हैं कि आनुवांशीय परम्परागत मान्यता यह है कि षड्ज, मध्यम व पंचम की चार-चार श्रुतियों का क्षेत्र है ऋषभ व धैवत का तीन-तीन श्रुतियों का और गान्धार व निषाद की दो-दो श्रुतियों का क्षेत्र है। उपर्युक्त लिखित मान्यता को एक प्रकार के गुर (Formula) के रूप में देखा जा सकता है जिसके द्वारा निश्चित किया जाता है कि बाईस श्रुतियों को सात स्वरों में किस प्रकार विभाजन किया जाए। जिस प्रकार से यह बतलाना कठिन है कि किस आचार्य/पंडित ने सात स्वरों के ये षड्ज आदि नाम रखे हैं, ठीक उसी प्रकार उपर्युक्त वर्णित श्रुति विभाजन गुर (Formula) के विषय में भी कहना कठिन है कि इस गुर को कब और किसने स्थापित किया है? इतना अवश्य है कि भरतादि समय से बहुकाल पहले से ही, इस श्रुति

विभाजन नियम (Rule) को प्रतिष्ठापूर्ण अपनाया गया है। इसीलिए भरत मुनि इस तथ्य को आनुवंशीय कह कर स्पष्ट कर दिया है। आज भी इस गुर को उसी आदर की दृष्टि द्वारा देखा जाता है।

संगीत मकरंद के रचयिता 'नारद' ने तो इस श्रुति विभाजन तथ्य को स्पष्ट रूप से ऐसी भाषा द्वारा प्रस्तुत किया है कि साधारण व्यक्ति भी पढ़ते ही कह सकता है कि वास्तव में यह एक, नियम (Law) अथवा गुर (Formula) ही है।

''चतुश्चतुश्चतुश्चैव षड्जमध्यमपंचमाः।
द्वे द्वे निषादगान्धारौ तिस्त्रीर्ऋषभधैवतौ।''

अर्थात् षड्ज मध्यम व पंचम प्रत्येक की चार-चार श्रुति, रिषभ-धैवत की तीन-तीन श्रुतियाँ, गान्धार व निषाद की दो दो श्रुतियाँ हैं।

—संगीत मकरंद....श्री नारद

''क्रमादुच्चोच्चता' वाले सिद्धान्त द्वारा तीव्रा (1) से आरम्भ होकर कुमुद्वती (2), मन्दा (3), छन्दोवती (4), दयावती (5), रंजनी (6) आदि श्रुतियाँ क्रमशः ऊँची ही होती गई हैं। उपर्युक्त गुर के अनुसार 'षड्ज' का क्षेत्र चार श्रुतियों का है। स्वतः रिषभ का स्थान पाँचवीं श्रुति यानी दयावती (5) होना चाहिए। दयावती (5) की तारता का मान, सब समय तीव्रा (1) से ऊँचा होता है। इसलिए 'रिषभ' का मान, 'षड्ज' से सदैव अधिक होगा। इसी क्रम को अपनाते हुए यह कहा जा सकता है कि 'रिषभ' के पश्चात् 'गान्धार', 'मध्यम', 'पंचम', धैवत' व निषाद यानी एक के बाद दूसरा 'स्वर' ऊँचा ही होता जाएगा। जिस प्रकार से श्रुतियों की तारता, एक के बाद दूसरी, ऊँची ही पाई जाएगी, इसी प्रकार से सात स्वर, षड्ज से निषाद तक, एक के पश्चात् दूसरा, ऊँचे क्रम का होता गया है। सभी ग्रन्थकारों ने निर्विवाद रूप से, श्रुति विभाजन वाले गुर को ज्यों का त्यों अपनाया है।

उपर्युक्त गुर द्वारा, भरत मुनि (नाट्य शास्त्र) व श्री नारद (संगीत मकरंद) आदि ग्रन्थकारों ने, दो स्वरों के बीच की दूरी को, उन स्वरों के बीच में रहने वाली श्रुतियों की संख्या द्वारा निर्धारित किया है। इस प्रकार षड्ज व रिषभ में चार श्रुतियाँ हैं। अभी-अभी बतलाया है कि रिषभ का स्थान दयावती (5) नाम की श्रुति पर है और षड्ज का स्थान तीव्रा (1) पर है। इसलिए दोनों स्वरों का अन्तर चार श्रुतियों के समान हुआ। इसी तथ्य को यह कहकर समझाया है कि षड्ज की चार श्रुतियाँ हैं। इस प्रकार गुर (Formula) द्वारा बाईस श्रुतियों को सात स्वरों में सटा दिया गया है। पण्डित अहोबल ने भी श्रुति विभाजन प्रक्रिया को इसी गुर द्वारा समझाया

है परन्तु उन्होंने दो स्वरों के बीच की दूरी को श्रुति संख्या द्वारा न दर्शाते हुए, स्पष्ट रूप से श्रुतियों के नाम लिख दिए हैं।

''द्वाविंशतिंश्रुतीनांच व्यवहार प्रसिद्धये।
तासां नामानि वक्ष्येऽहं नारदीयानुसारतः।

व्यवहार की प्रसिद्धि के लिए ताकि स्वर प्रयोग में सुविधा हो, उन 22 श्रुतियों के नाम 'नारद' के मत के अनुसार, मैं कहता हूँ। पण्डित अहोबल ने जिस नारद के विषय में संकेत किया है वे नारद 'संगीत मकरन्द' वाले नहीं हैं क्योंकि 'संगीत मकरंद' में 22 श्रुतियों के नाम भिन्न प्रकार से दिए हैं जैसे सिद्धा प्रभावती कान्ता आदि। पण्डित अहोबल के 'संगीत पारिजात' द्वारा उन्हीं नामों की सूची मिलती है जिन्हें पं. शार्ङ्गदेव ने 'संगीत रत्नावली' द्वारा प्रस्तुत किया है। इस सन्दर्भ में सारणी क्रमांक-1 को देखा जा सकता है।

''तीव्रा कुमुद्वती मन्दा छन्दोक्त्यस्तु षड्जगाः
दयावती श्रुतिर्ज्ञेयः रंजनी रक्तिंकेत्यम्।''

अर्थात् तीव्रा (1), कुमुद्वती (2), मन्दा(3), व छन्दोवती (4) यह श्रुतियाँ षड्ज की होती हैं। दयावती (5), रंजनी (6), रक्तिका (7) ये श्रुतियाँ रिषभ की होती हैं। श्रुति शृंखला/मालिका में तीव्रा आदि श्रुतियों का स्थान 1, 2, 3 आदि संख्याओं द्वारा, सम्बन्धित कोष्ठक में भी दर्शाया गया है।

''रौद्री क्रोधेति गान्धारे वज्रिकाऽथ प्रसारिणी
प्रीतिश्च मार्जनीत्येता श्रुतयो मध्यमाश्रिताः।''

अर्थात् रौद्री (8), क्रोधा (9), यह गान्धार की श्रुतियाँ हैं तथा वज्रिका (10) प्रसारिणी (11), प्रीति (12), मार्जनी (13) ये मध्यम की श्रुतियाँ हैं।

''क्षितिरक्ता च संदीपिन्यालापिन्यथ पंचमे
मदन्ती रोहिणी रम्येत्येतास्त्रिस्त्रिस्तु धैवते।'

अर्थात् क्षिती (14), रक्ता (15) संदीपिनी (16), आलपिनी (17), ये पंचम श्रुतियाँ हैं। मदन्ती (18), रोहिणी (19), रम्या (20), ये धैवत की श्रुतियाँ हैं।

''उग्रा च क्षोभिणीति द्वे निषादे वसतः श्रुति
इत्युक्ताः सप्तसु प्रोक्ताः स्वरेषु श्रुतयो बुधैः।''

अर्थात् उग्रा (21), क्षोभिणी 1(22) यह दो निषाद में रहती हैं। इस प्रकार सात स्वरों में पण्डितों ने ये श्रुतियाँ (यानी 22 श्रुतियाँ) बताई हैं।

उपर्युक्त तथ्य को निम्न सारणी क्रमांक-6 द्वारा देखा जा सकता है।

श्रुति क्रमांक	स्वरनाम	स्वर का क्षेत्र (श्रुति संख्या में)	टिप्पणी
1. तीव्रा 2. कुमुद्वती 3. मन्दा 4. छन्दोवती	षड्ज	4	षड्ज का अधिकार चार श्रुतियों का है यानी उसका क्षेत्र चार श्रुतियों का है परन्तु इस उक्ति से यह स्पष्ट नहीं होता है कि षड्ज का स्थान कहाँ है? षड्ज का स्थान तीव्रा श्रुति के पार्श्व स्थान पर हो सकता है, तीव्रा पर हो सकता है, कुमुद्वती पर हो सकता है, मन्दा पर हो सकता है, छन्दोवती पर हो सकता है या फिर छन्दोवती के पार्श्व स्थान पर हो सकता है। यह तर्क अन्य स्वर (रिषभ निषाद) के लिए भी लागू होता है।
5. दयावती 6. रंजनी 7. रक्तिका	रिषभ	3	
8. रौद्री 9. क्रोधा	गान्धार	2	
10. वज्रिका 11. प्रासारिणी 12. प्रीति 13. मार्जनी	मध्यम	4	
14. क्षिति 15. रक्ता 16. संदीपिनी 17. आलापिनी	पंचम	4	
18. मदन्ती 19. रोहिणी 20. रम्या	धैवत	3	
21. उग्रा 22. क्षोभिणी	निषाद	2	

सारणी क्रमांक-6

साधारणतः उपर्युक्त तथ्य को शास्त्रीय भाषा द्वारा इस प्रकार व्यक्त किया जाता है कि षड्ज की चार, रिषभ की तीन, गान्धार की दो, मध्यम की चार, पंचम की चार, धैवत की तीन व निषाद की दो श्रुतियाँ होती हैं। दूसरे शब्दों में यह कह सकते हैं कि षड्ज का क्षेत्र चार श्रुतियों का है। इसी तथ्य को भरत ने कहा है कि षड्ज चतुःश्रुतिक है। चार श्रुतियों को पार करते हुए रिषभ का क्षेत्र आरम्भ हो जाता है। रिषभ को त्रिश्रुतिक कहा है यानी रिषभ का क्षेत्र तीन श्रुतियों का

है और रिषभ की तीन श्रुतियों को पार करते हुए गान्धार का क्षेत्र आरम्भ हो जाता है। गान्धार द्विश्रुतिक है यानी गान्धार का क्षेत्र दो श्रुतियों का है। गांधार की दो श्रुतियों को पार करते ही मध्यम का क्षेत्र आरम्भ हो जाता है।

यदि हम दो 'स्वरों' के बीच की श्रुति-संख्या पर ध्यान दें तो यह क्रम 4, 3, 2 समरूप बनता है, जिसको संक्षेप में चतुःश्रुतिक, त्रिश्रुतिक व द्विश्रुतिक भी कहते हैं। ये चतुः, त्रि व द्वि शब्द, स्वरों के मान (Value), या स्वर के विस्तार क्षेत्र की ओर संकेत करते हैं। जब हम कहते हैं कि मध्यम चतुःश्रुतिक है, तो मस्तिष्क में तुरन्त एक छवि बन जाती है कि 'मध्यम' नाम के स्वर का साम्राज्य, चार श्रुतियों तक फैला हुआ है। इसी प्रकार अन्य श्रुतिक-स्वर क्षेत्र के विषय में सोचना चाहिए।

एक सप्तक में श्रुतियों का बंटवारा इन्हीं तीन प्रकार के पुंज यानी चतुः, त्रि व द्वि श्रुतिक समूह द्वारा किया गया है। इस प्रकार किसी एक सप्तक के शुद्ध स्वर सा रे ग म प ध नि के लिए यह क्रम चतुः, त्रि, द्वि, चतुः, चतुः, त्रि, द्वि बन जाएगा। इसी तथ्य को यदि हम अंकों द्वारा लिखें तो इसका रूप 4,3,2,4,4,3,2 जैसा दिखलाई देगा। ये अंक प्रत्येक स्वर की श्रुति संख्या को दिखला रहे हैं। इसलिए इन सब अंकों का योग 22 के समान होगा। इसी क्रम को भरत मुनि ने आनुवंशिक परम्परा कहकर अपने प्रसंग को आगे बढ़ाया है। इन अंकों की शृंखला द्वारा स्पष्ट हो रहा है कि श्रुतियों का विभाजन तीन प्रकार के श्रुति पुंजों की सहायता द्वारा किया गया है। ये श्रुति पुंज चतुःश्रुतिक, त्रिश्रुतिक व द्विश्रुतिक के नाम से जाने जाते हैं। आज भी इन्हीं श्रुति पुंजों को श्रुति विभाजन का आधार माना जाता है।

श्रुति विभाजन का प्राचीन व वर्तमान दृष्टिकोण

उपर्युक्त वर्णित नियम **'चतुश्चतुश्चतुश्चैव षड्जमध्यमपंचमाः। द्वे द्वे निषादगान्धारौ तिस्त्रीर्ऋषभधैवतौ'** वाले नियम के अनुसार सातों स्वरों के लिए श्रुतियों का बँटवारे का रूप अंकों में 4, 3, 2, 4, 4, 3, 2 जैसा प्राप्त हुआ है। प्रत्येक स्वर के हिस्से में, कुछ श्रुतियां निर्धारित कर दी गई हैं। इन निर्धारित श्रुतियों में ही प्रत्येक स्वर का अपना-अपना निवास स्थान है परंतु इस नियम द्वारा इस तथ्य का अनुमान लगाना कठिन हो जाता है कि प्रत्येक स्वर का निवास स्थान कौन-कौन-सी श्रुति क्रमांक पर है?

उदाहरण के लिए प्रथम स्वर 'षड्ज' को ही ले लें। नियमानुसार षड्ज के हिस्से में चार श्रुतियों का प्रावधान है यानी 'षड्ज' का साम्राज्य चार श्रुतियों तक फैला हुआ है। हमें इस तथ्य का पता लगना चाहिए कि 'षड्ज' इन चार श्रुतियों में से कौन-सी श्रुति पर अपना निवास रखता है? यदि 'षड्ज' का निवास, तीव्रा (1) पर है तो भी उसके हिस्से में चार श्रुतियाँ हैं और यदि 'षड्ज' का निवास,

छन्दोवती (4) पर है तो भी 'ष्रड्ज' के हिस्से में चार श्रुतियाँ हैं। इसी प्रकार अन्य स्वरों के लिए सोचा ज़ा सकता है।

मतंग मुनि ने बृहद्देशी में 'श्रुति मण्डल'' विधि द्वारा बाईस श्रुतियों का विभाजन करके, सातों स्वरों को स्पष्ट रूप से स्थापित किया है। श्रुति-मण्डल एक ख़ाका है जिसे छः खड़ी और पाँच आड़ी रेखाओं द्वारा निर्माण करने का निर्देश दिया गया है। ख़ाके की आड़ी व खड़ी रेखाओं के 22 छोर प्राप्त हो जाते हैं। इसके पश्चात् बाईस श्रतियों को, रेखाओं के ये 22 छोर, आबंटित कर दिए जाते हैं। निम्न रेखांकित चित्र क्रमांक-2 द्वारा श्रुतियों का विभाजन, श्रुति मण्डल द्वारा दर्शाया गया है।

मुनि मतंग ने अपने ग्रन्थ 'बृहद्देशी' में श्रुतियों के नाम नहीं लिखे हैं। श्रुति शृंखला का क्रमांक 1, 2, 3, 4, ...21, 22 तक के अंकों को, श्रुति मण्डल की रेखाओं के छोर पर लिख दिया गया है। अंकों को लिखने का कार्य, प्रथम खड़ी रेखा के ऊपरी हिस्से द्वारा, आरम्भ किया गया है। ध्यान देने योग्य तथ्य है कि श्रुति क्रमांक के अंकों का क्रम 1, 2, 3, 4, 5, आदि को मन्दिर की प्रदक्षिणा दिशा के (Clock wise) अनुरूप लिखा गया है, जो मुनि मतंग के मतानुसार हैं। इसके पश्चात सात स्वरों को 'बृहदेशी' के निर्देशानुसार, श्रुतियों से सम्बन्धित स्थान पर, लिखा गया है।

मुनि मतंग के समय के स्वर स्थान

(4, 7, 9, 13, 17, 20, 22 श्रुति क्रमांक)

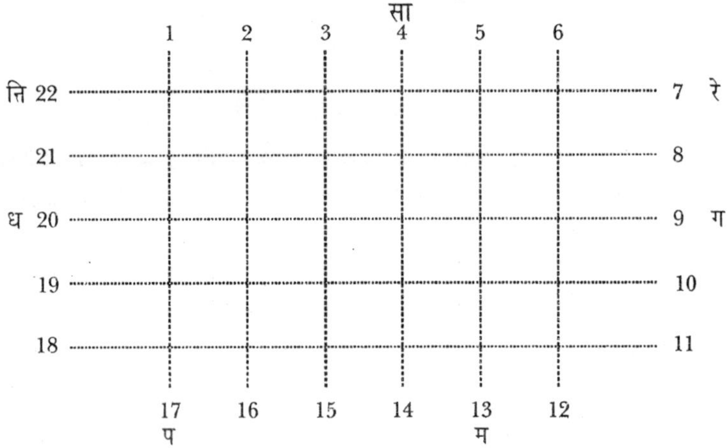

रेखांकित चित्र क्रमांक-2

मुनि मतंग कहते हैं कि मण्डल-प्रस्तार के द्वारा श्रुतियों का निदर्शन इस प्रकार किया जाता है। प्रारम्भ की तीन श्रुतियाँ छोड़कर चौथी रेखा पर चतुःश्रुतिक षड्ज को माना गया है तथा उसके पश्चात् दो खड़ी रेखा छोड़कर तीसरी रेखा (आड़ी)

पर रिषभ माना गया है। वहाँ से एक श्रुति छोड़कर द्विश्रुति गांधार तथा उसके पश्चात् तीन श्रुतियों को छोड़कर मध्यम का स्थान माना गया है। उसके उपरान्त तीन श्रुति छोड़कर पंचम व वहाँ से दो श्रुति छोड़कर धैवत को मानना चाहिए। तत्पश्चात् एक श्रुति छोड़कर निषाद माना गया है। मतंग मुनि कहते हैं कि इस प्रकार षड्ज का स्थान चौथी श्रुति पर मानने से षड्जग्राम (उत्पन्न) होने वाले मण्डल को षड्जग्रामिक श्रुमि मण्डल कहा गया है। यदि 'मध्यम' को चौथी श्रुति पर स्थापित मानकर अन्य स्वरों को सजाते हैं तो वह मण्डल, मध्यम-ग्रामिक श्रुति मण्डल कहलाएगा।

'श्रुति मण्डल' मिमांसा

वास्तव में श्रुति मण्डल एक सादा-सा ख़ाका (Diagram) है जिसका निर्माण केवल रेखाओं द्वारा किया गया है। इस खाके द्वारा बाईस स्थान उपलब्ध हो जाते हैं। इन स्थानों पर बाईस श्रुतियों को इच्छानुसार सजाया जा सकता है। बांई ओर की प्रथम ऊर्ध्व (खड़ी) रेखा के ऊपरी छोर (Upperend) पर एक का अंक (1) लिखते हुए, अन्य रेखाओं के छोर पर 2, 3, 4, 5 से 22 तक के अंकों को क्रमशः लिख दिया जाता है। अंकों को लिखते समय मन्दिर की प्रदक्षिणा वाली दिशा को अपनाना चाहिए, जिसे साधारण भाषा में घड़ी की सुई घूमने वाली दिशा द्वारा (Clock-wise direction) भी जाना जाता है। ये अंक, श्रुतियों के 22 प्रकार के क्रमांक को दर्शाते हैं।

चित्र क्रमांक 2 में, उपर्युक्त बतलाई गई विधि द्वारा ही, एक से लेकर बाईस तक के अंकों को क्रमशः लिखा गया है। ये बाईस अंक, श्रुति-शृंखला की बाईस श्रुतियों को, उसी क्रम द्वारा दर्शाते हैं। इसीलिए चित्र क्रमांक-2 में श्रुतियों के नामों को नहीं लिखा गया है क्योंकि 'बृहद्देशी' में, मुनि मतंग ने श्रुतियों के नाम के विषय में किसी प्रकार का संकेत नहीं दिया है और न ही किसी प्रकार के नाम वर्णित किए हैं। उन्होंने यह आदेश दिया है कि षड्ज ग्राम में, चतुःश्रुतिक षड्ज को चौथी श्रुति पर, रिषभ को सातवीं श्रुति पर, गान्धार को नौवीं पर, मध्यम को तेरहवीं पर, पंचम को सतरहवीं श्रुति पर, धैवत को बीसवीं पर व निषाद को बाइसवीं श्रुति पर स्थापित किया जाए।

श्रुति मण्डल का अध्ययन करने के पश्चात्, कुछ महत्त्वपूर्ण निर्णय लिये जा सकते हैं।

1. मतंग मुनि द्वारा, 'षड्ज' को चौथी खड़ी रेखा के चार के अंक के ऊपर यानी चौथी श्रुति वाले स्थान के ऊपर लिखने का निर्देश दिया है और 'रिषभ' को सातवीं श्रुति वाली रेखा के ऊपर लिखा गया है। इस प्रकार की स्थिति के अन्तर्गत 'षड्ज' सा का क्षेत्र चार श्रुतियों द्वारा निर्मित, तभी सम्भव हो सकता है जब हमारे द्वारा श्रुति-गणना का पथ उलटी

दिशा की ओर, यानी प्रदक्षिणा वाली दिशा के उलटी दिशा (Anti clock wise) की ओर, स्वीकार किया जाता है।

2. भरतादि काल से स्वर के लिए श्रुतियों का विभाजन 4,3,2,4,4,3,2, वाले नियम द्वारा होता आ रहा है। मतंग मुनि के वचनों का निभाव तभी हो सकता है जब श्रुति मण्डल के स्थानों की गणना हेतु, विलोम दिशा (Anti-clockwise) को अपनाया जाता है। इसका कारण है। मतंग मुनि द्वारा, षड्ज को श्रुति मण्डल की चौथी श्रुति पर माना गया है और मण्डल का सातवीं श्रुति वाला स्थान, रिषभ के लिए चुना गया है। इस स्थिति के अन्तर्गत 'रिषभ' का क्षेत्र, तीन श्रुतियों का सभी सम्भ्रव हो सकता है, जब श्रुति गणना के लिए विलोम दिशा को अपनाया जाता है। श्रुति गणना के लिए विलोम दिशा अपनाने पर हमें गान्धार की 2, मध्यम की 4, पंचम की 4, धैवत की 3, व निषाद की 2 श्रुतियाँ प्राप्त हो सकेंगी।
3. श्रुति गणना का क्रम, प्रत्येक बार किसी स्वर स्थान (जैसे सा रे ग म प ध नि) से आरम्भ करते हुए व विलोम दिशा को अपनाते हुए करना चाहिए तभी षड्ज ग्राम के चतुःश्रुतिक, त्रिश्रुतिक व द्विश्रुतिक स्वरों की उपब्धि हो सकेगी। इस विलोम दिशा वाली प्रक्रिया को 'अवरोह' वाली प्रक्रिया के नाम से भी जाना जाता है।
4. ध्यान देने योग्य तथ्य है कि अंग्रेजी व हिन्दी आदि भाषा की पंक्ति को पढ़ने के लिए 'आरोह' वाला क्रम अपनाना पड़ता है और उर्दू जैसी भाषा की पंक्ति को पढ़ने के लिए 'अवरोह' वाला क्रम अपनाना पड़ता है। यहाँ 'आरोह' व 'अवरोह' शब्दों का प्रयोग श्रुति गणना की दिशा के स्पष्टीकरण हेतु किया गया है।

श्रुति मण्डल की मीमांसा द्वारा, अब हमारे सामने एक नया शब्द 'षड्ज ग्राम' सामने आया है। पिछले अध्याय में जब हमारे द्वारा 'स्वर' को तकनीकी रूप देने के प्रयत्न किए जा रहे थे तक एक समस्या सामने आई थी–"स्वर श्रुतियों के अन्तर पाया जाता है....."। इसलिए इस अध्याय में 'श्रुति' सम्बन्धित विषयों का अध्ययन किया जा रहा है। जैसे-जैसे अध्ययन की डोर आगे बढ़ती जाएगी, हमारे सामने प्राचीन संगीत पद्धति से सम्बन्धित शब्दों का ताँता लग जाएगा जैसे ग्राम, मूर्छना व जाति-गायन आदि। अभी हमारे सामने एक ही लक्ष्य है। वह है 'स्वर' व 'श्रुति' के गुणों को आधुनिक विज्ञान की कसौटी पर परखना। इस विषय से सम्बन्धित, दो प्रणालियाँ हैं–प्राचीन व वर्तमान। **यही हितकर होगा कि हम पहले वर्तमान व्यवस्था को ठीक प्रकार से समझ लें**। उसके पश्चात् अन्य व्यवस्थाओं की ओर ध्यान लगाना उचित होगा। प्रथम चरण द्वारा निम्न विषयों का अध्ययन आवश्यक है।

1. श्रुति मण्डल व **वर्तमान** प्रचलित स्वर स्थान
2. **वर्तमान** प्रणाली के अन्तर्गत, श्रुतियों का मान (Value)
3. चतुः, त्रि व द्वि श्रुतिक इकाई का मान
4. श्रुति से साक्षात्कार

प्रचलित-स्वर व सम्बन्धित श्रुति मण्डल

दो स्वरों के बीच की दूरी को, उन स्वरों के मध्य उपस्थित श्रुतियों की संख्या द्वारा बतलाने की प्रथा, भरतकाल के पहले से चली आ रही है। स्वरों की दूरी को चतुःश्रुतिक, त्रिश्रुतिक व द्विश्रुतिक पुंजों द्वारा व्यक्त किया गया है। स्वरों की दूरी को साधारण अंकों द्वारा 4,3,2,4,4,3,2 एक गुर (Formula) के रूप में देखने को मिला है। यह गुर दोनों व्यवस्थाओं यानी प्राचीन व वर्तमान द्वारा, समान भाव से अपनाया गया है। दोनों व्यवस्थाओं में जो अन्तर दिखलाई देता है वह केवल 'षड्ज' स्थान के चुनाव के कारण उत्पन्न होता है।

मतंग मुनि ने स्वर व्यवस्था को श्रुति-मण्डल द्वारा दर्शाया है। 'षड्ज' को चौथी, रिषभ सातवीं, गान्धार नौवीं, मध्यम तेरहवीं, पंचम सत्रहवीं, धैवत को बीसवीं व निषाद को बाईसवी श्रुति क्रमांक (4,7,9,13,17,20,22) प्राप्त हुआ है। इसके विपरीत वर्तमान व्यवस्था 'षड्ज' के प्रथम श्रुति पर स्थापित करने के फलस्वरूप शुद्ध स्वरों की स्थापना, श्रुति क्रमांक 1,5,8,10,14,18,21 पर हुई है। इसी भाव को वर्तमान सभी ग्रन्थकार व अभिनवरागमंजरीकार द्वारा निम्न प्रकार से व्यक्त किया है।

'वेदाचलांकश्रुतिषु त्रयोदश्यां श्रुती तथा।
सप्तदश्यां च द्वाविंश्यां च श्रुतौ क्रमात्।
षड्जादीनां स्थितिः प्रोक्ता शुद्धाख्या भरतादिभिः।
हिन्दुस्तानीयसंगीते श्रुतिक्रमविपर्ययः।
एते शुद्धस्वराः सप्त स्वस्वाद्यश्रुतिसंस्थिताः।

अर्थात् भरतादि ने भी कहा कि शुद्ध स्वर सा रे ग म प ध नि आदि शृंखला में, क्रमांक चौथी, सातवीं, नौवीं, तेरहवी, सतरहवीं, बीसवीं व बाईसवीं श्रुति पर स्थित हैं। (परन्तु) हिन्दुस्तानी संगीत पद्धति में, सात शुद्ध स्वरों के लिए श्रुतियों का क्रम अन्य प्रकार से माना गया है। वह श्रुति क्रमांक इस प्रकार है– 1,5,8,10,14,18,21

–अभिनवरागमंजरीकार–विष्णु नारायण भातखण्डे'

निम्न रेखांकित चित्र क्रमांक-3 द्वारा 'वर्तमान स्वर व्यवस्था' से सम्बन्धित श्रुति मण्डल को दिखलाया गया है। श्रुतियों के नाम पण्डित शार्ङ्गदेव वाले ही लिखे गए हैं।

वर्तमान 'स्वर' व 'श्रुति' स्थान

(1, 5, 8, 10, 14, 18, 21)

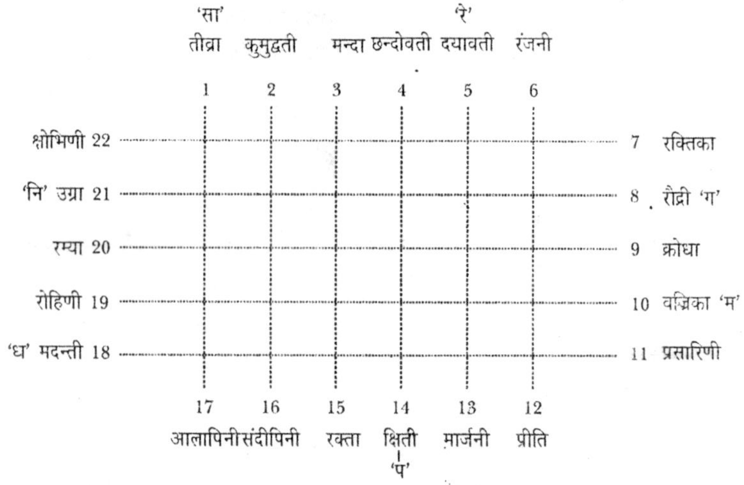

रेखांकित चित्र क्रमांक-3

आधुनिक हिन्दुस्तानी संगीत पद्धति द्वारा, सात शुद्ध स्वरों को भरतादि काल की तुलना में, भिन्न प्रकार से अपनाया गया है। प्रथम- (1) पण्डित शार्ङ्गदेव द्वारा प्रस्तुत किए गए श्रुतियों के नामों को व्यवहार में लाया जाता है। द्वितीय–(2) बाईस श्रुतियों की श्रंखला में से प्रथम श्रुति 'तीव्रा' को 'षड्ज' के स्थान के लिए चुना गया है और अन्य स्वरों की स्थापना के लिए भरतादि काल के आनुवंशिक श्रुति-विभाजन वाले नियम/गुर 4,3,2,4,4,3,2 को ही अपनाया है। तृतीय- (3) विभाजन के समय भी श्रुतियों की गणना के लिए, मन्दिर की प्रदक्षिण वाली (Clock wise) दिशा को अपनाया है। चतुर्थ- (4) स्वरों के मान प्राप्ति के लिए 'क्रमादुच्चोच्चता' वाले नियम को भी अपनाया गया है।

श्रुति विभाजन का एक उदाहरण

पण्डित अहोबल ने "**अहि कुण्डलवत्तत्र भेदोक्तिः**' सर्प व उसकी कुण्डली का उदाहरण देते हुए श्रुति विभाजन विषय को सुघड़ रूप से समझाया है। किस स्वर के साथ कौन-कौन-सी श्रुतियाँ जुड़ी हुई हैं, इस तथ्य को स्पष्ट रूप से प्रस्तुत किया है। श्रुतियों के उन्हीं नामों का प्रयोग किया गया है जो नाम पण्डित शार्ङ्गदेव ने संगीत रत्नावली में दिए हैं। इस सन्दर्भ में पृ. 96 पर दिए गए विवरण का पुनः अध्ययन किया जा सकता है। प्रचलित स्वर व्यवस्था द्वारा भी संगीत रत्नावली के नामों को ही अपनाया गया है। जिस प्रकार से प. अहोबल ने सर्प-कुण्डली के उदाहरण द्वारा, श्रुति विभाजन

को समझाया है उसी प्रकार रेल-लाइन व रेल-स्टेशन के उदाहरण द्वारा, निम्न पंक्तियों में श्रुति-विभाजन विषय को सरलता से समझने का प्रयास किया गया है।

वर्तमान स्वर व्यवस्था भी भरतादि काल के आनुवंशिक श्रुति विभाजन गुर 4,3,2,4,4,3,2 के ऊपर टिकी हुई है परन्तु वर्तमान स्वर व्यवस्था द्वारा, 'षड्ज' के स्थान का चयन पूर्व की भाँति श्रुति शृंखला में चौथी श्रुति पर न होकर, प्रथम श्रुति 'तीव्रा' पर स्वीकारा गया है। श्रुति विभाजन का यह विषय कुछ और सरलता से स्पष्ट हो सके, इसी उद्देश्य को ध्यान में रखते हुए, एक ऐसा उदाहरण दिया जा रहा है जो वर्तमान व्यावहारिक वातावरण से जुड़ा हो और एक सप्तक की बाईस श्रुतियों के विभाजन पर भी युक्तिसंगत प्रकाश डाल सके।

(1) मान लो हमें कोई योजना (Project) तैयार करनी है। योजना का मुख्य उद्देश्य यह है कि किसी ग्रामीण क्षेत्र के 22 गाँवों को, अधिक से अधिक रेल आवागमन की सुविधा प्राप्त हो सके। इन 22 गाँवों के नाम, तीव्रा आदि वे ही हैं जो कि वर्तमान स्वर व्यवस्था के अन्तर्गत श्रुतियों के लिए अपनाए गए हैं। योजना तैयारी की सुविधा के लिए 22 गाँवों के नाम, उसी क्रम द्वारा यहाँ दिए जा रहे हैं। प्रथम तीव्रा, दूसरा कुमुद्वती, तीसरा मन्दा, चौथा छन्दोवती, 5वाँ दयावती, 6ठा रंजनी, 7वाँ रक्तिका, 8वाँ रौद्री, 9वाँ क्रोधा, 10वाँ वज्रिका, 11वाँ प्रसारिणी, 12वाँ प्रीति, 13वाँ मार्जनी, 14वाँ क्षिती, 15वाँ रक्ता, 16वाँ संदीपिनी, 17 वाँ आलापिनी, 18वाँ मदन्ति, 19वाँ रोहिणी, 20वाँ रम्या, 21वाँ उग्रा, और 22वाँ क्षोभिणी।

(2) योजना के प्रतिबन्ध अनुसार, प्रथम चरण में एक वृत्ताकार रेल पटरी (Circular Rail-line) बिछानी है। रेल पटरी इस प्रकार बिछाई जानी चाहिए कि प्रत्येक गाँव, रेल सुविधा का लाभ उठा सके। इसलिए प्रत्येक गाँव से जुड़ा एक रेल-स्टेशन भी होना चाहिए। इस प्रकार वृत्ताकार रेल पटरी पर, कुल 22 रेल-स्टेशनों की स्थापना की जाएगी। रेल स्टेशन को उसी गाँव के नाम से पुकारा जाएगा, जिस गाँव के लिए रेल सुविधा प्रदान करने के लिए योजना तैयार की गई है। इस प्रकार तीव्रा गाँव के रेल स्टेशन का नाम भी तीव्रा स्टेशन होगा और क्षोभिणी गाँव के स्टेशन का नाम, क्षोभिणी स्टेशन रखा जाएगा। आदि-आदि।

(3) रेल पटरी बिछाने का कार्यक्रम, प्रथम गाँव 'तीव्रा' से आरम्भ होकर 2रे, 3रे, 4थे गाँव से क्रमानुसार चलते हुए और सभी गाँवों में छूते हुए अन्त में प्रथम गाँव 'तीव्रा' पर समाप्त हो जाना चाहिए। इस प्रकार सम्पूर्ण रेल पटरी एक वृत्ताकार रूप धारण कर सकेगी और सभी गाँव इस वृत्ताकार की परिधि में बँध जाएँगे। यहाँ एक विशेष तथ्य को ध्यान में रखना चाहिए कि 'तीव्रा' से अन्य गाँवों की ओर घूमने की दिशा वही होनी चाहिए, जिस प्रकार से मन्दिर में प्रदक्षिणा करने के समय होती है। इस दिशा को सीधे हाथ की दिशा या घड़ीनुमा (Clockwise) दिशा भी कहते हैं।

(4) योजना के दूसरे चरण के अन्तर्गत इन बाईस स्टेशनों में से, सात स्टेशनों का चुनाव करना चाहिए और उनको रेल-जंक्शन (Rail Junction) में परिवर्तन कर देना चाहिए। रेल-जंक्शन सम्बन्धित परिवर्तन कार्य को 'तीव्रा' नाम के स्टेशन से आरम्भ करना चाहिए। इस कार्य को करने के लिएं एक अतिरिक्त रेल पटरी को 'तीव्रा' स्टेशन तक लाकर जोड़ देना चाहिए। इस प्रकार एक अतिरिक्त रेलपटरी को 'तीव्रा स्टेशन' से जोड़ देने के पश्चात्, 'तीव्रा स्टेशन' अब रेल-जंक्शन बन जाएगा और इस जंक्शन का नाम 'षड्ज' जंक्शन रख दिया जाएगा।

योजनुसार, कुल सात रेल जंक्शनों का चुनाव होना चाहिए। एक स्टेशन 'षड्ज' जंक्शन का चुनाव हो चुका है। 'षड्ज जंक्शन बनने के पश्चात्, अभी छः स्टेशनों का चुनाव करना है और उनको रेल-जंक्शनों में परिवर्तन करना शेष है। योजनानुसार इन छः रेल जंक्शनों के नाम 'रिषभ', 'गान्धार', 'मध्यम', 'धैवत' व 'निषाद' आवंटित किए जाने चाहिए। इन जंक्शनों का चयन 'तीव्रा जंक्शन' से आरम्भ करते हुए तथा अन्य गाँवों की ओर आगे बढ़ते हुए, कुछ स्टेशनों के अन्तर पर होना चाहिए। प्रत्येक जंक्शन के लिए यह अन्तर गाँवों की विशिष्ट संख्या द्वारा बनता चला जाना चाहिए। गाँवों की विशिष्ट संख्या का यह अन्तर, 4,3,2,4,4,3,2 वाले गुर द्वारा नियन्त्रित किया जाएगा। इसका मतलब यह हुआ कि प्रथम विशिष्ट अन्तर, चार गाँवों द्वारा बनना चाहिए।

'तीव्रा' जंक्शन से घड़ीनुमा (Clockwise) चलते हुए तथा चार स्टेशन यानी 'तीव्रा' 'कुमुद्वती', 'मन्दा' व 'छन्दोवती' को पार करते ही पाँचवें स्टेशन 'दयावती' को रेल जंक्शन बनाने के लिए, चुन लेना चाहिए। अब तक अतिरिक्त रेल पटरी को 'दयावती' से जोड़ देना चाहिए। जंक्शन का मतलब ही यह होता है कि उस रेल स्टेशन (जंक्शन) पर, एक से अधिक दिशा में जाने की सुविधा उपलब्ध हो सके। योजनानुसार इस जंक्शन का नाम 'रिषभ' रखा जाएगा।

''रिषभ'' जंक्शन से, तीन स्टेशन आगे चलते हुए यानी 'दयावती', 'रंजनी' व 'रक्तिका' को पार करते हुए अब 'रौद्री' को जंक्शन के लिए चुन लेना चहिए। रौद्री को एक अतिरिक्त रेल पटरी से जोड़ देने के पश्चात्, रौद्री स्टेशन अब 'गान्धार' जंक्शन के नाम से जाना जाएगा।

इसी प्रकार उपर्युक्त नियमों का पालन करते हुए, योजना के अन्य जंक्शन 'मध्यम', 'पंचम', 'धैवत' व 'निषाद' की स्थापना की जानी चाहिए। रेखांकित चित्र क्रमांक 4 द्वारा उपर्युक्त योजना को, चित्र द्वारा दर्शाया गया है। यह चित्र हमारी वर्तमान स्वर व्यवस्था के विभिन्न सिद्धान्तों को स्पष्ट रूप से समझाने में सहायक हो सकता है। सिद्धान्तों के मुख्य अंग निम्न प्रकार हैं–

1. श्रुतियों की संख्या - बाईस
2. श्रुतियों के नाम- संगीत रत्नावली द्वारा दिए गए

3. शुद्ध स्वरों की संख्या - सात
4. शुद्ध स्वरों के नाम- आनुवंशिक व वर्तमान में भी व्यावहारिक। षड्ज रिषभ गान्धार आदि।
5. श्रुति मण्डल की 22 रेखाओं के छोर (End of the lines) की गिनती भी प्रदक्षिणा वाली दिशा द्वारा।
6. श्रुतियों के विभाजन का क्रम- 4,3,2,4,4,3,2 आनुवंशिक गुर।
7. विभाजन के लिए श्रुति गणना दिशा- आरोहात्मक (Clockwise)
8. षड्ज स्थापना का स्थान—मण्डल की प्रथम खड़ी रेखा पर यानी 'तीव्रा' पर।

रेखांकितचित्र क्रमांक 4 द्वारा, वर्तमान प्रचलित स्वर, व श्रुति विभाजन पर अधिक प्रकाश डाला गया है। प्रथम श्रुति तीव्रा (1) को, तीव्रा गाँव/तीव्रा स्टेशन या तीव्रा-जंक्शन, जैसे मानते हुए, अन्य श्रुतियों/गाँवों को, तीव्रा से रेल-पटरी द्वारा, इस प्रकार जोड़ा गया है कि इन सभी गाँव या श्रुतियों द्वारा एक प्रकार का वृत्ताकार घेरा-सा बन गया है। घेरे के बाहर, गाँवों/स्टेशनों के नाम व उनकी क्रमांक संख्या लिखी गई है और घेरे के अंदर जंक्शनों के नाम लिखे गए हैं। पैसेंजर गाड़ी प्रत्येक स्टेशन पर रूकती हुई जाती हैं परन्तु विशिष्ट-गाड़ियाँ/एक्सप्रेस गाड़ियाँ, जंक्शनों पर अवश्य रूकती हुई जाएँगी। मान लो कोई गाड़ी तीव्रा जंक्शन के चलकर रिषभ, गान्धार, मध्यम आदि जंक्शनों पर रूकती हुई, दोबारा से तीव्रा जंक्शन पर पहुँच जाती है, तो यह निश्चित है कि वह गाड़ी प्रदिक्षणा वाली दिशा की ओर चल रही थी। इसका मतलब यह हुआ कि यदि षड्ज को प्रथम श्रुति 'तीव्रा' पर मानते हैं तो स्वरों की स्थापना आरोही क्रम द्वारा होगी यानी स्वर क्रम सा रे ग म प ध नि प्राप्त होगा। यदि गाड़ी विपरीत (Anti-clockwise) दिशा द्वारा चलती होती, तो स्वरों का क्रम नि ध प म ग रे सा जैसे प्राप्त होता।

दो श्रुतियों के बीच की दूरी को, उन स्वरों के बीच उपस्थित श्रुतियों की संख्या द्वारा संबोधित करने की प्रथा, भरतकाल के पहले से चली आ रही है। 4, 3, 2, 4, 4, 3, 2 गुर (Formula) को आज भी मान्यता प्राप्त है। यदि 'रिषभ' जंक्शन पर कोई यात्री यह पूछे कि इस एक्सप्रेस गाड़ी का अगला स्टेशन कब आएगा, तो साधारण तौर पर यही उत्तर मिलेगा कि रेल यहाँ से चलने के बाद, दो स्टेशन छोड़कर तीसरे स्टेशन पर रुकेगी। न तो पूछने वाला यह अपेक्षा रखता है कि उसे उत्तर, किलोमीटर द्वारा सूचित किया जाएगा और न ही उत्तर देने वाला, उस यात्री को अगले स्टेशन की दूरी किलोमीटर में बतलाएगा। उत्तर देने वाला, दो स्टेशनों के बीच कितने पड़ाव हैं या छोटे स्टेशन हैं, उनकी संख्या को सूचित करना ही पर्याप्त समझता है।

चिन्ह परिचय
वृताकार रेललाईन–XX XX XX
जंक्शन रेललाईन–## ## ##

#
#
#
तीव्रा (1) तीव्रा
'षड्ज' जंक्शन
क्षोभिणी (22) xx xx ^X^ xx xx (2) कुमुद्वती
xx xx
####### उग्रा (21) xx **'निषाद** जंक्शन' xx (3) मन्दा
xx xx
रम्या (20) xx xx (4) छन्दोवती
xx xx
रोहिणी (19) xx **'रिषभ** जंक्शन' xx (5) दयावती #######
xx xx
मदन्ती (18) xx **'धैवत** जंक्शन' xx(6) रंजनी
xx xx
आलापिनी (17) xx xx (7) रक्तिका
xx xx
संदीपिनी (16) xx **'गांधार** जंक्शन' xx (8) रौद्री ######
xx xx
रक्ता (15) xx xx (9) क्रोधा
xx xx
क्षिती xx (14) **'पंचम** जंक्शन' **'मध्यम** जंक्शन' xx (10) वज्रिका
xx xx
xx xx
xx xx xx xx xx xx xx xx xx xx xx xx xx
(13) (12) (11)
मार्जनी प्रीति प्रसारिणी

रेखांकित क्रमांक-4

श्रुति की पहचान/स्वर ज्ञान

अभी तक जितनी भी चर्चा हो चुकी है, उसके द्वारा यही निष्कर्ष निकलता है कि श्रुति वह है जो सुनी जा सके। सप्तक की श्रुतियों में से कुछ विशिष्ट श्रुतियों को चुन लिया जाता है। जिन्हें स्वर कहकर सम्बोधित किया जाता है। इसलिए स्वर में भी उसी प्रकार के गुण होने चाहिए जिस प्रकार के श्रुति में पाए जाते हैं। अतः स्वर व श्रुति का मूल गुण उसके सुनने की क्रिया पर आधारित होना चाहिए। श्रुति

व स्वर को सुनने के पश्चात् ही, उसको पहचाना जा सकता है परंतु इस पहचान के लिए, उपयुक्त ज्ञान की आवश्यकता पड़ती है। इसी ज्ञान को 'स्वर ज्ञान' कहकर संबोधित किया जाता है। पृ. 92-93 पर स्वर ज्ञान के विषय में चर्चा की जा चुकी है। श्रुति को पहचानने के लिए भी 'स्वर ज्ञान' की उतनी ही आवश्यकता पड़ती है जितनी कि स्वर को पहचानने के लिए पड़ती है।

स्वर ज्ञान–एक पहेली

शास्त्रीय संगीत की प्रारंभिक शिक्षा सात स्वरों के उच्चारण द्वारा की जाती है। प्रारंभ में जब विद्यार्थी को स्वर ज्ञान ही नहीं है, तो उन स्वरों का सही प्रकार से कैसे उच्चारण कर सकता है? स्वर ज्ञान प्राप्त करने के लिए सही प्रकार से गाना आवश्यक है और सही प्रकार से गाने के लिए, उपयुक्त स्वर ज्ञान होना आवश्यक है। इस प्रकार यह विषय चक्रव्यूह की तरह है। वास्तव में शास्त्रीय संगीत सीखने के लिए, विद्यार्थी को पहले दिन से ही सुनसुन कर, नकल करनी पड़ती है। सुनने वाली स्थिति बड़ी महत्त्व रखती है। गुरु जो बतलाता है या गाता है, उसी का अनुकरण करना पड़ता है। जिन घरों में शास्त्रीय संगीत का वातावरण होता है, वहाँ कानों में स्वर पड़ते ही रहते हैं यानी सुनने वाली प्रक्रिया को निरन्तर चेतना मिलती रहती है। इस प्रकार के अनुकूल वातावरण में स्वर ज्ञान अर्जित करना बहुत ही सुगम हो जाता है।

जहाँ तक सुनने वाली प्रक्रिया का प्रश्न है, वह किसी भी भाषा को बोलने या संगीत को सीखने की समस्या पर एक समान लागू होती है। भारत में अंग्रेजी शासनकाल के समय किसी अंग्रेज साहब का भारतीय रसोइया (ख़ानसामॉ) आठ-दस वर्षों के सम्पर्क का लाभ उठाकर, काम चलाऊ अंग्रेजी भाषा बोल लिया करता था। उस रसोइए की मातृ भाषा चाहे हिन्दी, बंगाली, तमिल आदि में से कोई-सी भी रही हो, वह रसोइया एक नई विदेशी भाषा बोलना सीख जाता था। उस रसोइये के उच्चारण, अपने साहब जैसे ही हुआ करते थे। जो विद्यार्थी आठ-दस वर्षों तक स्कूल व कॉलिज में, अंग्रेजी लिखना-पढ़ना सीखते थे, उनका उच्चारण उतना दमदार नहीं हो पाता था। यद्यपि उन विद्यार्थियों का व्याकरण-ज्ञान (Grammer) कई गुणा अधिक शक्तिशाली पाया जाता था। भाषा हो या संगीत हो, यह स्पष्ट है कि सुनने सुनाने की प्रक्रिया, नई विद्या को सीखने में अधिक सहायक होती है। संगीत सीखने में यह तथ्य और भी अधिक सार्थक होता है।

यदि सुनने-सुनाने की प्रक्रिया के साथ, आवश्यकतानुसार, शास्त्रीय ज्ञान (Theory/Musicology) को भी विद्यार्थी तक पहुँचा दिया जाए, तो एक ऐसी स्थिति का निर्माण हो सकेगा, जिसके द्वारा विद्यार्थी का आत्मविश्वास स्वयं बलवान हो जाएगा। फलस्वरूप क्रियात्मक पक्ष (Practical) में भी आशातीत सफलता मिलती रहेगी।

स्वर ज्ञान को स्वर अभ्यास द्वारा अर्जित किया जाता है। अब प्रश्न उठता है कि अभ्यास किस पदार्थ का किया जाए? आरम्भ में हर विद्यार्थी इस विषय के

सम्बन्ध में अबोध रहता है। यदि सही दिशा द्वारा अभ्यास नहीं किया जाता है, तो परिणाम वास्तविकता से कुछ हटकर मिलते हैं। कुछ विद्यार्थियों को ऐसी स्थिति का आभास हो जाता है परन्तु काफी समय निकल जाने के पश्चात् वे समझ पाते हैं कि अभ्यास करने की दिशा को सही करना आवश्यक है। ऐसी स्थिति को सुधारने के लिए, सही समय पर सही गुरु को ढूँढ़ निकालना, कठिन कार्य हो जाता है। इससे भी कठिन समस्या गुरु व शिष्य दोनों के लिए खड़ी हो जाती है क्योंकि विद्यार्थी की दशा उस पौध के समान हो जाती है, जो तिरछी दिशा में पनप रहा हो। सुधारने के लिए उस पौध को तिरछी अवस्था से खींचकर, सही दिशा में उस समय तक रखना पड़ता है, जब तक कि वह पौधा इतना मजबूत न हो जाए कि हवा के प्रतिकूल थपेड़, पौधे का कुछ बिगाड़ न सके। सब प्रकार से सतर्क रहना पड़ता है कि कहीं विद्यार्थी पुरानी स्थिति तक न पहुँच जाए।

गुरु व शिष्य दोनों की निरन्तर लगन द्वारा ही, सुपरिणाम की आशा की जा सकती है। जिस प्रकार से कोई यौगिक क्रिया गुरु के सानिंध्य में ही सीखना हितकर माना जाता है, उसी प्रकार स्वर अभ्यास जैसी संवेदनशील क्रिया को गुरु के सान्निध्य में ही आरम्भ करना उचित है और गुरु के मार्गदर्शन का निरन्तर लाभ उठाना चाहिए। यहाँ गुरु शब्द द्वारा हमारा संकेत उस व्यक्ति से है जो व्यक्ति, विद्यार्थी को सच्ची लगन द्वारा स्वर-अभ्यास का मार्ग दिखला सके। यह कार्य वही व्यक्ति सफलतापूर्वक कर सकता है जिसने स्वयं अपने गुरु से, पहले ही से इस प्रकार का पर्याप्त ज्ञान अर्जित कर रखा हो।

श्रुति का भण्डार व स्मरण-शक्ति

स्वर ज्ञान एक ऐसी उपलब्धि है जो यदि एक बार हमें मिल जाए तो जीवन पर्यन्त हमारी सम्पत्ति बनी रहती है। साइकिल चलाना, पानी में तैरना आदि क्रियाएँ भी स्वर ज्ञान जैसी ही हैं। इन क्रियाओं को सीख लेने के बाद, ये सभी गुण आपकी व्यक्तिगत सम्पत्ति बन जाती हैं। केवल पुस्तकों को पढ़कर या किसी को देखकर, साइकिल चलाना व पानी में तैरना आदि सीखा नहीं जा सकता है। इन क्रियाओं को सीखने के लिए, स्वयं को उसी में जुटाना पड़ता है। ठीक इसी प्रकार स्वर ज्ञान को भी सीखना पड़ता है।

स्वर ज्ञान एक कला है। बिना स्वर ज्ञान के एक अच्छा श्रोता बनना भी कठिन है। स्वरों की स्थिति को समझते-समझते, स्वर ज्ञान कला को सीखने में रुचि बढ़ जाती है। जब तक स्वर ज्ञान जैसे विषय की ओर रुचि नहीं बढ़ जाती है, इस कला को सीखना कठिन कार्य है। स्वर ज्ञान के द्वारा हम, मुख्यतः दो प्रकार की अवस्थाओं को पहचानने में सफल हो सकते हैं।

(1) हम इतना बतला सकते हैं कि कोई दो 'नाद' एक ही समान सुनाई दे रहे हैं यानी दोनों नादों की तारता एक समान है।

(2) हम यह बतला सकते हैं कि कोई दो 'नाद' आपस में किस रिश्ते को यानी तारता के अनुपात को निभा रहे हैं? उदाहरणार्थ—षड्ज व रिषभ में कुछ रिश्ता है, षड्ज व धैवत में भी कुछ रिश्ता है आदि। स्वर ज्ञान द्वारा हम यह बतला सकते हैं कि अमुक स्वर की आवाज निश्चय ही 'धैवत' जैसी लग रही है या अमुक आवाज़ रिषभ जैसी है। आदि-आदि।

उपर्युक्त दोनों शीर्षक (1) व (2) से सम्बन्धित परिणामों को प्रत्यक्ष अथवा क्रियात्मक रूप द्वारा अनुभव किया जा सकता है। तंत्री वाद्य (जैसे सितार, सारंगी, सरोद, तानपुरा आदि) प्रस्तुतिकरण से पहले, वाद्यों को विशेष रूप से मिलाया जाता है। वाद्य के दो तार/तन्त्रियों को समान स्वर में बाँधना या दो असमान स्वर जैसे षड्ज पंचम, षड्ज मध्यम या षड्ज गांधार आदि में बाँधना, कलाकार के लिए अहं एवं अति आवश्यक कार्य होता है। ये सब कार्य स्वर ज्ञान के माध्यम से ही हो सकते हैं। अतः स्वर ज्ञान की अनुपस्थिति में, तन्त्री वाद्य को मिलाना असम्भव है।

वाद्य को मिलाने के लिए, केवल स्वर ज्ञान की आवश्यकता पड़ती है परन्तु कण्ठ संगीत के लिए स्वर ज्ञान के साथ साथ, कण्ठ-साधना की भी आवश्यकता पड़ती है। शास्त्रीय गायन के समय एक स्वर 'तानपूरे' से निकलता रहता है व दूसरा स्वर गायक को अपने गले द्वारा निकालना पड़ता है। साधारणतः यदि गले से निकला स्वर, तानपूरे से निकले स्वर के बराबर है तो कहा जाता है कि 'सा'/षड्ज लगाया जा रहा है। वाद्य को एक गायक भी मिला सकता है और तन्त्रीकार भी परन्तु एक तंत्रीकार, तानपूरे से निकले 'स्वर' को अपने गले से इतनी कुशलता द्वारा नहीं निकाल सकता है जितना कि एक गायक, यद्यपि तन्त्रीकार को भी उतने ही स्वर ज्ञान की आवश्यकता रहती है।

गायन व वादन इन दोनों विधियों में, मस्तिष्क का पूरा-पूरा योगदान रहता है परन्तु यह योगदान कानों के माध्यम द्वारा ही पूर्ण हो सकता है। 'ध्वनि' या 'नाद' द्वारा उत्पन्न स्पन्दन (Vibration) कानों के माध्यम द्वारा मस्तिष्क तक पहुँचता है और अभ्यास द्वारा इन स्पन्दनों की छवि, मस्तिष्क में गहरे रूप में छप जाती है। गायन आरम्भ करने से पहले, गायक अपने तानपूरे को षड्ज (सा) पर मिलाता है। इसी प्रकार एक तंत्रीकार अपने वाद्य को षड्ज पर मिलाता है। मस्तिष्क के स्मृति-भण्डार में पहले से ही सभी प्रकार के रिश्तों की छवि अंकित रहती है। कानों के माध्यम द्वारा, मस्तिष्क तुरन्त पहचान लेता है कि यह रिश्ता दो समान ध्वनियों वाला है यानी षड्ज से षड्ज का है। गणित द्वारा इस रिश्ते का स्वरूप 1:1 माना जाता है। इस प्रकार एक गायक, तानपूरे को स्वर यानी षड्ज पर मिला लेता है। गायक के मस्तिष्क में 1:1 वाले रिश्ते या अनुपात की छवि पहले से ही उपस्थित रहती है क्योंकि उस गायक ने अभ्यास द्वारा, इस आनुपातिक रिश्ते को पहले से ही साध रखा है। गायक के मस्तिष्क में 1:1 वाले अनुपात की छवि पूर्ण रूप से अंकित है परन्तु एक साधारण व्यक्ति में, इस प्रकार की क्षमता नहीं पाई जा सकती। यही कारण है कि ऐसा साधारण व्यक्ति, तानपूरे को नहीं मिला सकता है।

तानपूरे के चार तारों में से एक तार को पंचम या मध्यम में मिलाना पड़ता है। कहने का तात्पर्य यह है कि तानपूरा मिलाने वाले के मस्तिष्क में 1:1 वाले आनुपातिक सम्बन्ध के अतिरिक्त 1 : 3/2 या 1 : 4/3 वाले रिश्ते की छाप होना अनिवार्य है, तभी तानपूरे के तारों को पंचम या मध्यम पर मिलाया जा सकता है। कानों के माध्यम द्वारा, मस्तिष्क तुरन्त पहचान लेता है कि यह रिश्ता षड्ज से कितना ऊँचा है यानी कौन-सा है? मस्तिष्क के स्मरण भण्डार में कई प्रकार के रिश्तों की छाप अंकित रहती है। ये आनुपातिक रिश्ते, तारता (Pitch) से मुक्त रहते हैं। पृ. 78 व पृ. 90-91 पर स्पष्ट कर दिया गया है कि अनुपात एक संख्या है जिसके द्वारा यह अनुमान लगाया जा सकता है कि एक नाद दूसरे नाद से कितने गुणा अधिक ऊँचा है। वास्तव में अनुपात दो नादों के बीच में उत्पन्न हुए सम्बन्ध को दर्शाता है, जबकि गले से उत्पन्न नाद, उन दोनों नादों में से, केवल एक नाद (आवृत्ति) से संबंधित ध्वनि को ही उच्चारण करने में सफल हो पाता है।

स्वर ज्ञान को प्रभावशाली व ठोस बनाने के लिए, एक ही स्वर का कण्ठ द्वारा लगातार उच्चारण किया जाता है। प्रकृति के नियमानुसार, एक समय में एक ही नाद का उच्चारण किया जाना संभव है। इसलिए एक ही स्वर को लगातार व बार-बार उच्चारण करने के कारण, गायक के मस्तिष्क में इस स्वर की आकृति या छाप अधिक समय तक टिक जाती है। यह छाप गायक के स्मृति भंडार में एकत्रित रहती है। गायक अपनी इच्छानुसार इन आकृतियों को गले द्वारा उच्चारित कर सकता है। तंत्रीकार के मस्तिष्क में भी, इन नाद स्थानों की छाप का होना अनिवार्य है। तंत्रीकार उन्हीं छाप या आकृतियों को, अपने वाद्य पर ऊंगलियों के परिचालन द्वारा, अपना वादन प्रस्तुत करता है।

इसके पहले कि इस प्रकरण को आगे बढ़ाया जाए, मस्तिष्क के स्मरण भंडार वाली अंकित छापों के गणित संबंधित विषय में, कुछ अधिक जानकारी ले लेनी चाहिए।

स्मृति भंडार से संबंधित, महत्त्वपूर्ण तथ्य यह है कि इस भंडार में अनुपात संबंधित जानकारियां ही अंकित रह सकती हैं। नादों की आवृत्ति या कंपन संख्या प्रति सैकण्ड को अंकित करना, स्मृति की क्षमता के बाहर है। नादों के अनुपात या रिश्ते, तारता (Pitch) से मुक्त रहते हैं। यद्यपि इस प्रकार के अनुपात, दो नादों द्वारा ही उत्पन्न होते हैं परन्तु गले द्वारा एक समय में एक ही नाद का उच्चारण किया जा सकता है।

पूर्ण विषय को इस प्रकार समझा जा सकता है। मान लो तानपूरे से निकली ध्वनि/नाद की आवृत्ति = 300 कम्पन संख्या प्रति सैकण्ड है, यानी यही नाद हमारा 'सा' या षड्ज है। जैसे ही यह नाद कानों पर पड़ता है तो कान तुरन्त (Instantaneously) इस ध्वनि को स्मृति भण्डार का पहुँचा देता है। इधर स्मृति भण्डार में, नाना प्रकार के सांवादिक ध्वनि सम्बन्धों की छाप, पहले से ही अंकित हैं। गायक अपने अभ्यास

द्वारा इन सांवादिक ध्वनि स्थानों को स्मृति भण्डार में अंकित करने में सफल हो चुका है। संगीत शास्त्री के लिए ऐसे सांवादिक ध्वनि स्थान, साधारण से आनुपातिक स्थान हैं। साधारणतः ये अनुपात बारह स्वरों से सम्बन्ध रखते हैं जैसे—'सा' के लिए 1:1, 'रे' लिए 1:9/8, 'ग' के लिए 1:5/4, 'म' के लिए 1:4/3, 'प' के लिए 1:3/2, आदि-आदि। अभी-अभी हमने कल्पना की है कि तानपूरे के नाद की आवृत्ति = 300 कम्पन संख्या प्रति सैकण्ड है। साथ-साथ में तानपूरे द्वारा निकली यह ध्वनि (300 आवृत्ति) गायक के कानों में लगातार पड़ रही है। ऐसी स्थिति में यदि गायक चाहे तो वह अपने भण्डार में बसे हुए किसी भी अनुपात को प्रयोग में ला सकता है।

मान लो गायक के मन में आया कि वह 'शुद्धमध्यम म' का उच्चारण करना चाहता है। जैसे ही यह संदेश मस्तिष्क में पहुँचता है तो भण्डार में बसे हुए अनुपातों में से, उस अनुपात का चयन हो जाता है जो कि 'मध्यम' से सम्बन्धित है, यानी 1 : 4/3 का चयन स्वतः (Automatically) हो जाता है। अब गले द्वारा निकले नाद की आवृत्ति = 400 के बराबर होगी। इसका कारण है। तानपूरे से निकली 300 आवृत्ति वाली ध्वनि के स्पन्दन की सूचना मस्तिष्क में पहुँचते ही और मन द्वारा 'मध्यम' उच्चारण की इच्छा के संयोग से, 1 : 4/3 वाला अनुपात अब 1 : 400/300 वाला रूप धारण कर लेता है। इस प्रकार गायक 300 आवृत्ति सुनकर 400 आवृत्ति वाला नाद, तत्क्षण (Instantly) उच्चारण करने में सफल हो जाता है।

अब यदि तानपूरे को किसी दूसरे स्वर में बाँध दिया जाता है, तो भी गायक द्वारा मनवांछित स्वरों का उच्चारण किया जा सकता है। मान लो कि तानपूरे के स्वर की आवृत्ति 300 के बदले में 240 कम्पन संख्या प्रति सैकण्ड कर दी जाती है यानी गायन का आधार-स्वर 300 के स्थान पर 240 हो जाता है। गायक के मस्तिष्क में तो वे ही अनुपात बसे हुए हैं, जिन्हें उसने अपने अभ्यास द्वारा साध रखा है। ऐसी स्थिति में गायक जब 'सा' लगाता है तो उच्चारण द्वारा जो नाद निकलेगा, वह 240 आवृत्ति वाला होगा क्योंकि 'सा' के लिए साधे गए नाद का अनुपात 1:1 है। ऐसी स्थिति में यदि गायक मध्यम 'म' का चुनाव करता है तो उपयुक्त अनुपात 1 : 4/3 का, तत्क्षण चयन हो जाएगा और यह अनुपात अब 1 : 320/240 का रूप धारण कर लेगा। फलस्वरूप गायक 240 आवृत्ति वाले नाद को सुनकर 'म' के लिए अब 320 आवृत्ति वाला नाद उच्चारण करने में सफल हो जाएगा। इसी प्रकार 'प' के उच्चारण के लिए 1 : 3/2 वाले अनुपात का चयन होकर 240 : (3/2×240) = 240 : 360 वाला रूप बन जाएगा जिसके फलस्वरूप 'प' का उच्चारण 360 आवृत्ति वाले नाद के समान हो जाएगा। इस प्रकार के स्वरों का, गले द्वारा उच्चारण, केवल स्वर ज्ञान व स्वर-साधना द्वारा ही सम्भव हो सकता है।

एक और महत्त्वपूर्ण बात, ध्यान में रखने योग्य है। प्रथम अवस्था द्वारा गायक

के कानों ने तानपूरे की 300 आवृत्ति वाली ध्वनि को सुना था और तुरन्त स्मरण भण्डार के विभिन्न अनुपातों में से 1:1 वाले अनुपात को चुनकर 'सा' का उच्चारण किया था। इसके पश्चात् गायक की इच्छानुसार 'म' वाले रिश्ते/अनुपात से तालमेल कर, 400 आवृत्ति वाले नाद का उच्चारण प्राप्त हुआ था। यह 400 आवृत्ति वाले नाद का उच्चारण जो अभी-अभी हुआ, उसे भी कान ने सुना और तुरन्त मस्तिष्क के स्मरण भण्डार में भेज दिया। स्मरण भण्डार में 1:4/3 वाला अनुपात पहले से ही सधी हुई अवस्था में है। यदि कण्ठ द्वारा निकली मनवांछित ध्वनि, साधना की हुई ध्वनि या अनुपात के समान है, तो गायक अपनी सफलता समझता है वरना कण्ठ द्वारा, उस समय निकली ध्वनि को, कनसुरी या बेसुरी ध्वनि की श्रेणी में समझकर, अपनी सफलता समझता है। यदि इस कनसुरेपन को कोई विद्यार्थी समझ नहीं पाता है तो, उस विद्यार्थी को, अपना स्वर ज्ञान अभी और परिपक्व करना चाहिए।

जब हम किसी गान कार्यक्रम के क्रियात्मक (Practical) अंगों की ओर झाँककर देखते हैं तो इन अनुपातों से सम्बन्धित, दो मुख्य तथ्यों की ओर ध्यान जाता है। प्रथम स्मृति भण्डार के अनुपातों के चयन की गति व द्वितीय मुख द्वारा नाद का उच्चारण की गति। स्मृति भण्डर में संचित अनुपातों का चयन गायक के मन के द्वारा किया जाता है। मन की गति बहुत ही तीव्र है यानी अणु से अणु क्षण में, मन असंख्य अनुपातों का चयन कर सकता है। कण्ठ द्वारा उच्चारण की एक सीमा है जो गायक की शारीरिक क्षमता से सीधा सम्बन्ध रखता है। कोई भी गायक अपने अभ्यास द्वारा, इस उच्चारण गति को कुछ सीमा तक ही बढ़ा सकता है। द्रुतलय की तान व तराना आदि में इस प्रकार की उच्चारण गति की सीमा को, प्रत्यक्ष रूप में देखा जा सकता है। एक स्थिति के पश्चात् कण्ठ द्वारा वेगपूर्ण उच्चारण क्षमता के बाहर हो जाता है।

श्रुति व सप्तक

आधुनिक भौतिक विज्ञान का दृष्टिकोण अपनाते हुए, श्रुति के विषय में संक्षिप्त छवि इस प्रकार बन सकती है। शास्त्रीय संगीत के लिए स्वर व सप्तक की अवधारना बहुत ही महत्त्वपूर्ण है। एक सप्तक में सैकड़ों नादों की उपस्थिति होते हुए भी, कुछ ही नादों को संगीत-निर्माण के लिए चुना जाता है। इन चुने हुए नादों के गुण भिन्न भिन्न प्रकार के होते हैं। इन नादों की आवृत्ति, एक के बाद एक, क्रमशः ऊँची होती गई है। एक सप्तक के दो सीमान्त स्थान होते हैं—आरम्भ व अन्त। सप्तक के आरम्भ स्थान का प्रथम नाद, एक महत्त्वपूर्ण नाद है। संगीत के शास्त्रकारों ने इस स्थान को 'श्रुति' के रूप में देखा है और इस प्रथम श्रुति को 'तीव्रा' के नाम से संबोधित किया जाता है। सप्तक के प्रथम नाद और 'तीव्रा' श्रुति की आवृत्ति एक समान होने के कारण, इन दोनों में 1:1 का सम्बन्ध या अनुपात हर समय बना रहता है।

जैसे ही किसी गायक द्वारा 'सा' लगाया जाता है, तो वास्तव में संगीतमय वातावरण स्थापित हो जाता है। सच पूछा जाए तो 'सा' लगाने के साथ-साथ ही

स्वतः (Automatically) कई सप्तकों का निर्माण हो जाता है। सभी सप्तकों में बाईस-बाईस श्रुतियाँ, अपना-अपना स्थान ग्रहण कर लेती हैं और अदृष्य रूप से वास करने लगती हैं। इन बाईस श्रुतियों के अपने-अपने गुण हैं और ये गुण, प्रत्येक सप्तक की बाईस श्रुतियों के लिए समान बने रहते हैं। गुण के अतिरिक्त, प्रत्येक सप्तक की बाईस श्रुतियों के नाम भी क्रमानुसार ज्यों के त्यों बने रहते हैं। उदाहरण के लिए सप्तक की प्रथम श्रुति को ले लीजिए। पण्डित शार्ङ्गदेव द्वारा प्रथम श्रुति का नाम 'तीव्रा' रखा गया है। प्रत्येक सप्तक में प्रथम श्रुति का नाम 'तीव्रा' ही होगा। पाँचवीं श्रुति का नाम 'दयावती' है। इस क्रम को अपनाते हुए, किसी भी सप्तक में पाँचवीं श्रुति का नाम, 'दयावती' ही रखा जाएगा। यदि किसी एक सप्तक की बाईस श्रुतियों के गुणमान (Values) को स्थापित कर लेते हैं, तो वे ही गुणमान अन्य सप्तकों की श्रुतियों पर भी समान भाव से लागू हो सकेंगे। इन बाईस श्रुतियों के मान या आनुपातिक संख्या को गणित द्वारा आँका जा सकता है और प्रत्यक्ष रूप से वीणा जैसे तंत्री वाद्यों की सहायता द्वारा आँखों में देखा भी जा सकता है। यदि सप्तक में पाँचवीं श्रुति यानी दयावती का मान 9/8 है, तो प्रत्येक सप्तक में पाँचवीं श्रुति दयावती ही होगी और उसका मान 9/8 ही बना रहेगा। इत्यादि।

'श्रुति' की गूँज

शास्त्रीय संगीत का प्रदर्शन तभी सम्भव है जब उसे सीख लिया जाए। अच्छे प्रदर्शन के लिए, उपयुक्त अभ्यास की भी आवश्यकता पड़ती है। संगीत की तीनों विधाओं में से गायन अंग को ही प्राथमिकता दी जाती है। अतः श्रुति को ठीक प्रकार से समझने के लिए गायन यानी कण्ठ का सहारा लेना उचित है। इसके अतिरिक्त, शास्त्रीय संगीत सीखने के लिए, स्वर ज्ञान का विकास अति आवश्यक है। स्वर ज्ञान अर्जित करने के लिए, सर्वप्रथम किसी स्रोत द्वारा निकले स्वर को ध्यान से सुनने का आदेश दिया जाता है। जहाँ तक स्रोत का प्रश्न है, तानपूरे द्वारा निकले स्वर को सर्वोत्तम माना गया है। तानपूरे से निकले स्वर को सुनकर, उसी प्रकार के स्वर को कण्ठ द्वारा, बार बार उच्चारण करने का आदेश दिया जाता है। इस सम्पूर्ण क्रिया में, सुनने की प्रक्रिया बहुत ही महत्त्वपूर्ण है। जब सुनेंगे ही नहीं तो उच्चारण किस पदार्थ का होगा?

जो सुनी जा सकती है वह 'श्रुति' है, अतः तानपूरे द्वारा जो स्वर/ध्वनि निकल रही है, वह निश्चय ही 'श्रुति' कहलाने योग्य है। बार-बार इस श्रुति के उच्चारण करने के पश्चात्, मस्तिष्क के स्मृति भण्डार में, इस श्रुति से सम्बन्धित छाप अंकित हो जाती है। यहाँ हम विशेष बिन्दु की ओर ध्यान आकर्षित कराना चाहेंगे कि बार-बार उच्चारण क्रिया द्वारा स्मृति पटल पर उस नाद, श्रुति या स्वर से सम्बन्धित **आवृत्ति की छाप अंकित नहीं होती है। स्मृति-पटल पर तो, सम्बन्धित अनुपातों की छाप अंकित होती है।**

उपर्युक्त प्रक्रिया से सम्बन्धित परिणामों का विश्लेषण इस प्रकार हो सकता हैं। तानपूरे द्वारा निकली ध्वनि संगीत उपयोगी है। इसलिए यह ध्वनि 'नाद' है और इस नाद की कुछ आवृत्ति होनी चाहिए। जैसे ही तानपूरे द्वारा 'नाद' की उत्पत्ति होती है, वहाँ साथ-साथ, बाईस श्रुति वाले सप्तक का अदृष्य रूप में निर्माण हो जाता है। इस सप्तक सहित कई और सप्तकों का भी अप्रत्यक्ष रूप से निर्माण हो जाता है। तानपूरे द्वारा निकली ध्वनि/नाद/श्रुति को बार-बार सुनने के कारण, मस्तिष्क में इस श्रुति की छवि अंकित हो जाती है। मस्तिष्क में श्रुति की छवि अंक़ित हो जाने की प्रक्रिया द्वारा कई लाभ भी मिलते हैं।

भविष्य में, जब कभी भी श्रुति के उच्च्चारण की आवश्यकता पड़ती है तो मस्तिष्क में अंकित छवि के समरूप, श्रुति का उच्चारण हो सकता है। गले द्वारा निकली ध्वनि या नाद, और तानपूरे से निकली प्रथम श्रुति की आवाज़, ये दोनों मिलकर माधुर्य का वातावरण खड़ा कर देते हैं। इन दोनों ध्वनियों की आवृत्ति एक समान होने के कारण, इन दोनों का आपसी रिश्ता या अनुपात 1:1 के समान बना रहता है। इन दोनों ध्वनियों में एक प्रकार की समरूपता की चमक, स्पष्ट ढंग से प्रकट होकर, कर्णप्रियता दर्शाने लगती है। दोनों ही नाद अपने-अपने स्थान पर मधुर हें परन्तु जब दोनों ही नाद एक साथ बोलने लगते हैं, तो दोनों मिलकर एक विशिष्ट प्रकार की गूँज को जन्म देने लगते है। श्रुति की इस गूँज, चमक व मिठास का अनुभव, व्यक्तिगत रूप से स्वयं को हो सकता है परन्तु इस गूँज को, पुस्तकों द्वारा समझना व समझाना बहुत कठिन कार्य है।

जिस प्रकार से जीभ द्वारा स्वाद व नाक द्वारा गन्ध को पहचाना जा सकता है तथा समय पर याद किया जा सकता है, ठीक उसी प्रकार कान द्वारा श्रुति की गूँज को पहचाना जा सकता है। यह कार्य-मस्तिष्क व स्मरण-शक्ति पर निर्भर करता है। जब श्रुतियों की संख्या को निर्धारित कर दिया गया है। तो यह गूंज भी बाईस प्रकार की होनी चाहिए। इस गूँज को, श्रुतियों के नाम के साथ जोड़ा जा सकता है। जैसे 'तीव्रा' वाली गूँज या 'मन्दा' वाली गूँज आदि-आदि। एक सप्तक के बाईस विशिष्ट स्थान, बाईस प्रकार की विशिष्ट गूँज से संबंध बनाए रखते हैं। ऐसा संबंध प्रकृति की देन (Natural Phenomenon) है। परंतु इस प्रकार की गूँज की पहचान, एक स्वर ज्ञानी ही कर सकता है। अच्छा स्वरज्ञानी बनने के लिए सही मार्गदर्शन व कठिन परिश्रम की आवश्यकता है।

श्रुति से साक्षात्कार

श्रुति को प्रत्यक्ष में देखा नहीं जा सकता है परन्तु श्रुति के गुण व लक्षणों के प्रतिबिम्ब को तन्त्री वाद्य (जैसे वीणा आदि) द्वारा, व्यक्तिगत रूप से पहचाना जा सकता है। हमारे द्वारा पूर्व में ही बतला दिया गया है कि यह तभी सम्भव है जब उस व्यक्ति

के पास पर्याप्त स्वर ज्ञान उपलब्ध हो। स्वर ज्ञान के धनी, वीणा पर निम्न प्रयोग के परिणाम द्वारा श्रुति दर्शन के निकट पहुँचने के लिए सफलता प्राप्त कर सकते हैं। आजकल उत्तरी भारत में वीणा जैसे तन्त्री वाद्यों का मिलना दुर्लभ हो गया है। वीणा की अनुपस्थिति में सितार का उपयोग किया जा सकता है। सितार के परदे/सारिकाओं को खोलकर सावधानी से यथा-स्थान पर रख दो। प्रयोग के अंतर्गत इन परदों को फिर से बांधना पड़ेगा। प्रयोग आरंभ करने से पहले, सितार को इस कार्य के लिए उपयुक्त बनाना पड़ता है। सितार में कोई विशेष परिवर्तन करने की आवश्यकता नहीं है। पुराने तारों को हटाकर, सितार पर केवल तीन नए तार लगा लो। ये नए तार एक ही प्रकार के होने चाहिए यानी एक-सी ही मोटाई (Diameter) व एक-सी ही धातु (Metal) द्वारा बने हुए होने चाहिए।

जिस प्रकार अध्याय-3 (तन्तु वाद्यों में परदों का महत्त्व) के रेखांकित चित्र क्रमांक-1 द्वारा विषय को समझाया गया था, उसी प्रकार निम्न चित्र द्वारा श्रुति साक्षात्कार विषय को स्पष्ट व सरल बनाने का प्रयास किया गया है। निम्न रेखांकित चित्र क्रमांक-5 द्वारा एक सितार के मुख्य अंगों को दर्शाया गया है। सितार पर एक-सी मोटाई के तीन तार चढ़ाए गए हैं, जिन्हें तार नम्बर 1,2 व 3 द्वारा दिखलाया गया है। जहाँ तार नम्बर 3 को दिखलाया गया है वहाँ 2 से लेकर 22 नवम्बर तक की सरिकाओं को –^– इस चिह्न द्वारा दिखलाया गया है। नम्बर 1 वाला स्थान तो स्वयं मेरु ही है जो सारिका का काम कर रहा है। यहीं पर प्रथम श्रुति 'तीव्रा' को स्थित माना गया है। इस तथ्य को उपर्युक्त अनुच्छेदों में स्पष्ट कर दिया गया है।

सप्तक की 22 श्रुतियों के विभिन्न स्थानों को चक्षु द्वारा देखने की विधि को निम्न चरणों द्वारा यद्यपि वर्णन तो किया गया है। परन्तु यह विधि उन्हीं व्यक्तियों को लाभ पहुँचा सकती है जिन्हें पर्याप्त स्वर ज्ञान हो और संगीत शास्त्र में विशेष रुचि भी हो।

1. पहला चरण–सर्व प्रथम सितार के तीनों तारों को, एकदम ढीला कर दो। ऐसी अवस्था में सितार के तारों को छेड़ने पर कोई नाद उत्पन्न नहीं हो पाएगा।

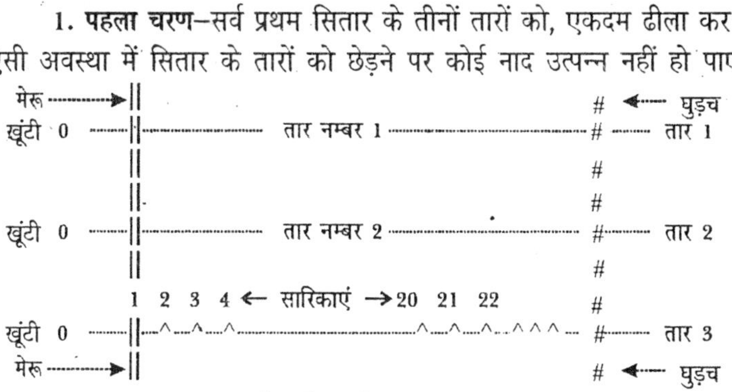

रेखांकित चित्र क्रमांक-5

2. दूसरा चरण–अब सितार के तार नम्बर 1 को थोड़ा-सा इस प्रकार कसो कि इस तार को छेड़ने पर कुछ स्पष्ट ध्वनि सुनाई देने लगे। तार नम्बर 1 में खींचाव (Tension) उत्पन्न हो जाने के कारण, उसमें से नियमित प्रकार का नाद सुनाई देने लगा है। स्वतः यह संगीत उपयोगी भी है। यह 'नाद' ठीक उसी प्रकार का है मानो कि किसी 'एकतारा' द्वारा नाद उत्पन्न हो रहा हो। जैसे ही एकतारा या तानपूरे द्वारा 'नाद' उत्पन्न होता है, उसके साथ साथ सप्तक की बाईस श्रुतियाँ अपना स्थान ग्रहण कर लेती हैं। इस प्रकार श्रुति शृंखला की प्रथम श्रुति 'तीव्रा' सितार के मेरू स्थान पर स्थापित हो जाती है। इस सन्दर्भ में पृ. 114 को पुनः देखा जा सकता है। इस श्रुति की कुछ आवृत्ति (Frequency = कम्पन संख्या प्रति सैकण्ड) होनी चाहिए परन्तु इस आवृत्ति को हमारे कान नाप नहीं सकते हैं।

श्रुति साक्षात्कार के इस प्रयोग की अग्रिम कार्यवाही, निम्न चरणों द्वारा देखने को मिल सकेगी। 'तीव्रा' को स्थापित करने के पश्चात्, तार नम्बर 1 को इसी अवस्था में छोड़ दिया जाएगा और यह ध्यान रखना पड़ेगा कि इस तार के साथ किसी भी प्रकार की छेड़छाड़ नहीं हो। इस तार से निकले नाद को, आधार नाद (Basic Note) मानकर, सुरक्षित रखा जाएगा ताकि अन्य नादों की तुलना इस नाद के साथ की जा सके।

3. तीसरा चरण–तार नम्बर 2 अभी तक ढीला पड़ा हुआ है। उसे धीरे-धीरे कसना आरम्भ करो। तार कसने की प्रक्रिया को बहुत ही सावधानी से आगे बढ़ाना चाहिए। तार को कसते समय, तार नम्बर 1 व तार नम्बर 2 को बारी-बारी से, एक के बाद एक (Alternatively) व लगातार आघात द्वारा, छेड़ते रहना चाहिए। तार को छेड़ने व कसने की प्रक्रिया द्वारा तार नम्बर 1 से तो ध्वनि निकलेगी ही, लेकिन तार नम्बर 2 द्वारा भी कुछ ध्वनि निकलना आरम्भ हो जाएगी। जैसे-जैसे तार नम्बर 2 को कसते जाएँगे, उसी अनुसार तार में खिंचाव (Tension) बढ़ता जाएगा और इस तार द्वारा निकली ध्वनि की आवृत्ति भी बढ़ती हुई प्रतीत होने लगेगी। हम यह अनुभव करेंगे कि जैसे-जैसे तार नम्बर 2 में खिंचाव बढ़ता जा रहा है, वैसे-वैसे ही तार नम्बर 2 की ध्वनि/नाद की आवाज़, तार नम्बर 1 के निकट पहुँच रही है। अन्त में एक ऐसी स्थिति पहुँच जाती है कि जहाँ तार नम्बर 2 की ध्वनि, तार नम्बर 1 में विलीन हो जाती है। दोनों तारों पर, एक के बाद एक, आघात लगने के कारण ध्वनि/नाद का परस्पर सामंजस्य बन जाता है और दोनों नादों द्वारा एक विशिष्ट प्रकार की कर्णप्रिय गूँज की अनूभूति मिलने लगती है।

इस अवस्था में यदि दोनों तारों को एक के बाद एक शीघ्रता से छेड़ा जाए तो ऐसा भी प्रतीत होने लगता है कि मानो तारों से ध्वनि न निकल कर, केवल एक तार से, एक ही प्रकार का, (One Type) नाद निकल रहा हो। तार नम्बर 2 की इस अवस्था से निकला नाद, तार नम्बर 1 से निकले नाद के समान है। दोनों

की तारता (Pitch) यानी आवृत्ति एक समान होनी चाहिए और दोनों का आपसी अनुपात/रिश्ता 1:1 के समान बन जाना चाहिए। इस समय तार नम्बर 2 भी, अब तार नम्बर 1 के समान 'तीव्रा' श्रुति प्रदान कर रहा है।

4. चौथा चरण–तार नम्बर 2 को थोड़ा-सा और कसना आरम्भ करो। यह ध्यान रहे कि कसते समय, तार नम्बर 1 व तार नम्बर 2 पर, एक के बाद एक (Alternatively) आघात द्वारा ध्वनि निकलती रहे। तार नम्बर 2 को कसते समय, हम अनुभव करेंगे कि जो कर्णप्रिय गूँज अभी तक उपलब्ध हो रही थी, वह थोड़ी-सी ढलने लगी है। फलस्वरूप कर्णप्रियता फीकी होते-होते कटुता की ओर बढ़ रही है।

अब हम तार नम्बर 2 को पुनः उसी अवस्था में ले आते हैं जहाँ गूँज कर्णप्रिय लग रही थी यानी कर्णप्रिय बिन्दु तक पहुँचने के लिए, दो नम्बर तार को धीरे-धीरे तथा सावधानी से ढीला करना पड़ेगा ताकि तार नम्बर 2 की अवस्था, पूर्व के बिन्दु तक पहुँच जाए, जहाँ पूर्व में गूँज सुनाई दे रही थी।

गूँज सुनाई देने वाले बिन्दु तक पहुँचने के पश्चात् यदि तार नम्बर 2 को और अधिक ढीला करते हैं तो भी हम गूँज को खो बैठते हैं और साथ-साथ में दोनों तारों से निकली ध्वनियाँ आपस में पृथक-पृथक सुनाई देने लग जाती हैं तथा गूँज वाली कर्णप्रियता भी लुप्त हो जाती है। इस प्रयोग द्वारा हम इस निष्कर्ष पर पहुँचते हैं कि दोनों तारों की ध्वनियाँ जब पूर्णरूप से एक-दूसरे में विलीन हो जाती हैं और नियमितता, कर्णप्रियता व माधुर्य को झलकाने लगती हैं, तभी एक विशेष प्रकार की गूँज के दर्शन होते हैं, इस गूँज को सुनने के पश्चात् ही इस तथ्य का अनुमान लगाया जा सकता है कि दोनों नादों द्वारा, किस प्रकार का रिश्ता या अनुपात का निर्माण हो रहा है।

उपर्युक्त प्रयोग द्वारा हम इस निर्णय पर पहुँचते हैं कि वे दो समान आवृत्ति वाले नादों द्वारा 1:1 का अनुपात या रिश्ता स्थापित हो जाता है। यदि इस अनुपात का मूल्य 1:1 से थोड़ा-सा अधिक या कुछ कम मूल्य का हो जाता है तो वातावरण कटुता/अप्रियता के घेरे में घिर जाता है।

5. पाँचवां चरण–चौथे चरण के अन्त में तार नम्बर 2 को, ऐसी अवस्था में छोड़ा गया है कि उसके द्वारा उत्पन्न नाद की आवृत्ति, तार नम्बर 1 के समान बनी रहे, यानी दोनों ही एक समान आवृत्ति वाले नाद को उत्पन्न करने वाली अवस्था में छोड़ा गया है। दोनों द्वारा कर्णप्रियता का सामंजस्य बना हुआ है। अब तार नम्बर 2 को धीरे-धीरे कसना आरम्भ करते हैं। कसने की प्रक्रिया के अन्तर्गत इन दोनों तारों को पूर्व की तरह आघात करते रहना चाहिए। कसने के फलस्वरूप तार नम्बर 2 की ध्वनि ऊपर की ओर चढ़ती हुई सुनाई देने लगती है। तार नम्बर 1 की ध्वनि के साथ जो कर्णप्रियता का सामंजस्य बना हुआ था, वह धीरे-धीरे टूटने लगता है और जो विशिष्ट प्रकार की गूँज पूर्व में सुनाई दे रही थी, अब वह गूँज एकदम लुप्त हो जाती है। दोनों तारों की ध्वनि पृथक-पृथक-सी सुनाई देने लगती है।

इसके पश्चात्, भी तार नम्बर 2 को कसने की क्रिया को उसी प्रकार चालू रखो। थोड़ा-सा और कसने के पश्चात्, अचानक ऐसा प्रतीत होने लगता है कि तार नम्बर 2 की ध्वनियाँ एक-दूसरे में विलीन-सी हो रही हों और एक नई प्रकार की गूँज भी सुनाई देने लगती है। जिस गुण वाली गूँज चौथे चरण द्वारा प्राप्त हुई थी, उस प्रकार की गूँज तो सुनने को नहीं मिल रही है परन्तु जिस प्रकार की कटुता का अभी-अभी अनुभव हो रहा था, उस प्रकार की कटुता भी इस समय नहीं रही है। प्रयोग द्वारा गूँज का एक नया बिन्दु प्राप्त हुआ है।

यदि इस बिन्दु के आगे, कसने की क्रिया को चालू रखा जाता है, तो जिस प्रकार की कटुता अभी-अभी सामने प्रकट हुई थी, वैसी ही कटुता फिर से दोहराने लगती है। प्रयोग के परिणामों द्वारा पक्का करने के लिए, तार नम्बर 2 को और अधिक कसने के बदले फिर से इतना ढीला करो कि तार नम्बर 2 की ध्वनि, तार नम्बर 1 की ध्वनि में विलीन-सी हो जाए। इस प्रकार हम दोबारा से उसी बिन्दु पर पहुँच जाएँगे जहाँ हमें नई गूँज प्राप्त हुई थी। इस प्रकार के बिन्दु को एक सुघड़ व मँजे हुए स्वर ज्ञानी ही प्राप्त कर सकेंगे।

उपर्युक्त स्थापित किए गए बिन्दु पर, तार नम्बर 2 की ध्वनि ऊँची व चढ़ी हुई पाई जाएगी। अतः तार नम्बर 2 व तार नम्बर 1 की आवृत्तियों का रिश्ता या अनुपात 1:1 न होकर 1: (एक से कुछ अधिक), पाया जाएगा। यह नया रिश्ता या अनुपात एक अच्छे गुण वाली गूँज को उत्पन्न करने में सक्षम है। अतः यह नया अनुपात एक नई श्रुति की ओर संकेत करता है। इस नई गूँज से सम्बन्धित श्रुति को 'कुमुद्वती' के नाम से पहचाना जाता है। इस प्रकार, श्रुति शृंखला में 'कुमुद्वती' का स्थान दूसरे नम्बर पर माना जाएगा। अभी तक 'कुमुद्वती' के अस्तित्व को कानों द्वारा सुनकर अनुभव हुआ है। अग्रिम चरण द्वारा कुमुद्वती के स्थान को चक्षु द्वारा देखकर भी अनुभव कर सकेंगे।

6. छठा चरण–इस समय तार नम्बर 1 द्वारा वही ध्वनि निकलेगी, जो प्रारम्भ में रखी गई थी परन्तु तार नम्बर 2 की ध्वनि, ऊँची पाई जाएगी। तार नम्बर 3 अभी तक निर्जीव पड़ा है। तार नम्बर 3 को इतना कसो कि उसकी ध्वनि तार नम्बर 1 के समान हो जाए।

अब एक सारिका/परदा लो और इस परदे को सितार के डाँड पर बाँध दो। परदे को ठीक से कसकर बाँधना चाहिए क्योंकि प्रयोग के अन्तर्गत इस परदे को कई बार, आगे-पीछे सरकाने के कारण कहीं परदा ढीला न पड़ जाए। परदे को बाँधने के पश्चात्, इस परदे को सरका कर मेरू के पास सटा दो। अब यदि तार नम्बर 3 को, परदे पर हलका-सा दबाते हुए, आघात द्वारा ध्वनि निकाली जाती है, तो हमें तार नम्बर 3 की ध्वनि कुछ ऊँची सुनाई देगी। परदे को बहुत थोड़ा-थोड़ा सरकाते रहो और प्रत्येक बार, तार नम्बर 3 को परदे पर दबाते हुए, उसके द्वारा ध्वनि भी

निकालते रहो। जैसे ही तार नम्बर 3 की ध्वनि तार नम्बर 2 के बराबर हो जाए तो परदे के सरकाने की क्रिया को वहीं थाम दो।

अब हम तीनों तार व परदे से सम्बन्धित स्थान के विषय पर पुनर्विचार करते हैं।

1. तार नम्बर 1 के साथ किसी भी प्रकार की छेड़-छाड़ नहीं की गई है। आरम्भ से ही इसके द्वारा सप्तक की प्रथम श्रुति 'तीव्रा' वाली ध्वनि निकल रही है।
2. तार नम्बर 2 द्वारा सप्तक की श्रुति नम्बर दो यानी 'कुमुद्वती' वाली ध्वनि निकल रही है, जिसको कान द्वारा सुनकर स्थापित किया गया है।
3. तार नम्बर 3 को, तार नम्बर 1 के समान वाली स्थिति पर बाँधा गया है। दोनों तंत्रियों की मुक्त अवस्था द्वारा 'तीव्रा' वाली ध्वनि निकल रही है। किसी भी तार की मुक्त अवस्था यानी खुली अवस्था हमेशा 'मेरू' और 'घुड़च' के बीच में ही स्थित रहती है और मुक्त अवस्था द्वारा निकाली ध्वनि, हमेशा 'तीव्रा' वाली ध्वनि ही होती है। अभी तार नम्बर 1 व तार नम्बर 3, ये दोनों तार एक समान आवृत्ति पर मिले हुए हैं। इसलिए तार नम्बर 1 व तार नम्बर 3 के मेरू स्थान पर, 'तीव्रा' का वास बना हुआ है।
4. कोई भी परदा, एक प्रकार से कृत्रिम मेरू का काम करता है। अतः तार नम्बर 3 के 'मेरू' स्थान पर 'तीव्रा' का वास है तो 'कृत्रिम मेरू' यानी परदे पर 'कुमुद्वती' का वास बनता है। जिस प्रकार से हमारे तीव्रा के स्थान (मेरू) को चक्षु द्वारा देखा जा सकता है, उसी प्रकार से कुमुद्वती के स्थान को परदे के रूप में, चक्षु द्वारा देखा जा सकता है। उपर्युक्त रेखांकित चित्र क्रमांक 5, में तार नम्बर 3 के क्षेत्र के अन्तर्गत, छोटे अंकों में श्रुतियों के क्रमांक को 1,2,3 —^—^ जैसे लिखा गया है। ये अंक तीव्रा', 'कुमुद्वती', 'मन्दा' आदि श्रुतियों के प्रतीक माने गए हैं।

7. सातवाँ चरण–श्रुति शृंखला के अंतर्गत तीसरी श्रुति को 'मन्दा' के नाम से सम्बोधित किया गया है। जिस प्रकार से 'कुमुद्वती' को कानों द्वारा सुनकर उसे सारिका/परदा के रूप में स्थापित किया है उसी प्रक्रिया द्वारा सप्तक की अन्य श्रुतियों से संबंधित परदों को भी बांधा जा सकता है। इन परदों को एक-के-बाद एक क्रम द्वारा ही बाँधा जाता है। इसलिए अब 'कुमुद्वती' के पश्चात् तीसरी श्रुति 'मन्दा' से संबंधित परदे को बाँधना चाहिए।

तार नम्बर 2 इस प्रकार कसा हुआ मिलेगा कि यदि उसको मुक्त अवस्था में अभी छेड़ा जाए तो, उसके द्वारा कुमुद्वती वाली ध्वनि निकलेगी। सप्तक की तीसरी श्रुति प्राप्त करने के लिए इसी तार नम्बर 2 को, पूर्व की भाँति, कसना आरम्भ करो। कसते समय, पूर्व की भाँति ही तार नम्बर 1 को भी साथ-साथ छोड़ते रहना चाहिए। जैसे ही किसी अच्छी प्रकार की गूँज सुनाई देती है, तो समझ लो कि श्रुति सम्बन्धित

बिन्दु आ पहुँचा और इसके साथ ही कसने की क्रिया को थाम देना चाहिए। ये नई गूँज का बिन्दु ही तीसरी श्रुति 'मन्दा' का संकेत देता है। इस समय तार नम्बर 2 द्वारा ऊँची व चढ़ी हुई ध्वनि सुनाई देगी, जिसकी आवृत्ति 'मन्दा' श्रुति के समान है।

तार नम्बर 3 व तार नम्बर 1 इस समय अपनी मुक्त अवस्था द्वारा, एकसमान मूल्य की आवृत्ति उत्पन्न करने में सक्षम हैं। दोनों के मेरू स्थान पर 'तीव्रा' का वास है। अब पूर्व की भाँति एक सारिका/परदा और बाँधो। सारिका बाँधने के स्थान का चयन, इस प्रकार होना चाहिए कि यदि तार नम्बर 3 को इस सारिका पर दबाकर उस पर आघात करें, तो हमें 'मन्दा' वाली ध्वनि प्राप्त होनी चाहिए। उपर्युक्त रेखांकित चित्र क्रमांक 5 में, तार नम्बर 3 के क्षेत्र को देखिए। वहाँ 'मन्दा' से सम्बान्धित सारिका को, छोटे से अंक-3 द्वारा दर्शाया गया है।

8. आठवाँ चरण–जिस प्रकार से उपर्युक्त चरणों द्वारा अभी तक दो सारिकाओं को बाँधा जा चुका है, उसी प्रक्रिया की राह पर चलते हुए शेष के 19 परदों को भी सरलता से, बाँधा जा सकता है। कुल मिलाकर 21 परदों को बाँधने के पश्चात्, एक सप्तक की 22 श्रुतियों के स्थानों को चक्षु द्वारा देखा जा सकता है क्योंकि 'मेरू' स्थान, एक प्रकार से सारिका का ही रूप है। इस विषय पर पहले ही प्रकाश डाला जा चुका है कि 'तीव्रा' अपना स्थान स्वयं खोज लेती है और वह स्थान प्रत्येक समय मुक्त तार का मेरू-स्थान ही होता है। 'मेरू' ही सब समय सारिका/परदा का कृत्रिम रूप धारण किए हुए रहता है, जहाँ प्रथम श्रुति 'तीव्रा' का वास बना रहता है। इस प्रयोग द्वारा, 22 श्रुतियों के बाईस स्थानों को, हम चक्षु द्वारा देख सकते हैं।

22 श्रुतियों के बाईस स्थानों से सम्बन्धित, बाईस प्रकार की गूँज सुनने को मिलती है। उपर्युक्त चरणों द्वारा, 21 सारिकाओं से सम्बन्धित स्थानों को इक्कीस प्रकार की गूँज द्वारा ही स्थापित किया गया है। प्रथम श्रुति 'तीव्रा' की गूँज को सुनने के लिए, किसी 'एकतारा' द्वारा निकले स्वर का सहारा लेना पड़ेगा। यह याद रखना चाहिए कि गूँज हमेशा दो नादों के विलयन/सम्मिलन का परिणाम है। इसलिए तीव्रा की गूँज को सुनने के लिए भी दो स्रोत की आवश्यकता पड़ती है यानी प्रथम स्रोत–सितार का तार नम्बर 1 व दूसरा स्रोत–एकतारा का मुक्त तार। सबसे महत्त्वपूर्ण बात यह है कि गूँज को पहचानने के लिए, परिपक्व स्वर ज्ञान व उपयुक्त अनुभव की आवश्यकता पड़ती है।

9. नौवां चरण–जब किसी तंत्री वाद्य के तार को मुक्त अवस्था में छेड़ा जाता है तो उस तार द्वारा नियमित 'नाद' उत्पन्न होता है और साथ-साथ में उस सप्तक से सम्बन्धित 21 अतिरिक्त श्रुतियों का अदृष्य रूप द्वारा निर्माण भी हो जाता है। तन्त्री की मुक्त अवस्था द्वारा जो नाद सुनाई देता है, वह सप्तक की प्रथम श्रुति 'तीव्रा' के रूप में, वाद्य के मेरू पर वास करता रहता है। इस सप्तक के साथ, कई और सप्तक भी अदृष्य रूप द्वारा जुड़े रहते हैं। इस सन्दर्भ में पूर्व अध्याय के पृष्ठ 115 को पुनः देखा जा सकता है।

किसी भी एक सप्तक का ध्यान किया जाए तो यह मानकर चलना होगा कि उस सप्तक के आगे भी कई सप्तक बने हुए रहते हैं और पीछे भी कई सप्तक बने हुए रहते हैं। प्रत्येक सप्तक में बाईस श्रुतियों के निवास, अदृष्य रूप से निर्मित रहते हैं। संगीत शास्त्रियों ने प्रत्येक सप्तक की श्रुतियों के वे ही बाईस नाम आबंटित कर रखे हैं जिनको पण्डित शार्ङ्गदेव 'संगीत रत्नाकर' में वर्णित किया गया है।

उपर्युक्त आठवें चरण द्वारा, प्रथम सप्तक की श्रुतियों से सम्बन्धित 21 परदों को भी बाँध चुके हैं। तार की मुक्त आस्था के कारण, प्रथम सप्तक की प्रथम श्रुति 'तीव्रा' को, वाद्य के मेरू पर ही स्थित माना गया था। इस प्रकार हमें 22 श्रुति स्थान उपलब्ध हो चुके हैं। हमें यह पता लगाना है कि द्वितीय सप्तक की प्रथम श्रुति का स्थान कहाँ है?

आठवें चरण के अन्तर्गत जिस विधि द्वारा 21 परदों को बाँधा गया था, उसी क्रिया का अनुकरण करते हुए हम 22वाँ परदा भी बाँध सकते हैं। रेखांकित चित्र क्रमांक 5 में दिए गए तार नम्बर 1, 2 व 3 को प्रयोग में लाते हुए, 22वाँ परदा आसानी से बाँधा जा सकता है। वास्तव में यह परदा तो 22वाँ है परन्तु यदि तार नम्बर 3 को इस परदे पर हलका-सा दबाकर आघात किया जाता है तो इस स्थिति द्वारा निकला नाद, 23वीं श्रुति ही कहलाएगा। इसका मतलब यह हुआ कि यह 23वीं श्रुति, दूसरे नम्बर के सप्तक की प्रथम श्रुति है। किसी भी सप्तक की प्रथम श्रुति को 'तीव्रा' के नाम से सम्बोधित करते हैं। अतः यह 23वीं श्रुति, दूसरे नम्बर के सप्तक की प्रथम श्रुति है और इस श्रुति को 'तीव्रा' के नाम द्वारा सम्बोधित करना चाहिए। इस 'तीव्रा' की गूँज और प्रथम सप्तक की प्रथम श्रुति 'तीव्रा' की गूँज, इन दोनों गूँजों की प्रकृति एक-समान सी होती है।

अब हम इन दोनों तीव्रा श्रुतियों की आवृत्ति यानी कम्पन संख्या प्रति सैकण्ड की ओर ध्यान देते हैं। क्रमादुच्चोच्चता वाले नियम द्वारा इतना तो स्पष्ट है कि द्वितीय तीव्रा श्रुति प्रथम तीव्रा श्रुति की तुलना में दुगुनी ऊँची होनी चाहिए। प्रत्येक श्रुति का गणित द्वारा मान निकालने के पश्चात्, पूर्ण रूप से स्थापित किया जा सकता है कि दोनों 'तीव्रा' श्रुति एक-दूसरे से दुगुनी ऊँची हैं। अन्य श्रुतियाँ कितनी-कितनी ऊँची होती गई है, इस विषय पर अग्रिम अध्यायों में विस्तारपूर्वक विवरण पाया जाएगा।

10. दसवां चरण–दूसरे सप्तक की प्रथम श्रुति से सम्बन्धित 23वाँ परदा बाँधा जा चुका है। नए परदे बाँधने की प्रक्रिया को चालू रखते हुए, दूसरे सप्तक की अन्य श्रुतियों से सम्बन्धित परदे बाँध लिए जाएँ तो अच्छा होगा। नौवें चरण द्वारा हमें अनुभव हो चुका है कि प्रथम श्रुति व 23वीं श्रुति की गूँज एक ही प्रकृति की है। इन दोनों श्रुतियों का सम्बोधन एक ही संज्ञा अर्थात् तीव्रा द्वारा किया जाता है। दूसरे सप्तक के नए परदे बाँधते समय हमें अनुभव होगा कि परदा नम्बर 2 व परदा नम्बर 24 द्वारा प्राप्त गूँज की प्रकृति एक समान-सी लगती है। इसी प्रकार परदा

नम्बर 3 व 25, 4 व 26, 5 व 27 आदि के जोड़ों (Pairs) की गूँज एक समान प्रकृति की पाई जाती है। सप्तक नम्बर 2, की श्रुतियों को भी तीव्रा, कुमुद्वती, मन्दा, छन्दोवती आदि ही नामों द्वारा सम्बोधित किया जाता है। सप्तक नम्बर 1 व सप्तक नम्बर 2, के श्रुति स्थानों को, प्रत्येक बार तार को कसने के पश्चात् ही स्थापित किया गया है, इसलिए सामान्य बुद्धि द्वारा निर्णय लिया जा सकता है कि सप्तक की प्रत्येक श्रुति की आवृत्ति का मूल्य, एक-दूसरे से ऊँचा होता गया है। एक श्रुति दूसरी श्रुति से कितनी ऊँची है, इस विषय पर अग्रिम अध्यायों में चर्चा की जाएगी।

'नाद'–संवाद और 'स्वर'

श्रुतियों से साक्षात्कार वाले अनुच्छेद द्वारा यह निष्कर्ष निकलता है कि सप्तक में 22 विशिष्ट स्थान या पड़ाव हैं, जिन्हें श्रुति के नाम से सम्बोधित किया जाता है। ये बाईस की बाईस श्रुतियाँ, प्रथम श्रुति से विशिष्ट सम्बन्ध बनाए रखती हैं। ऐसे सम्बन्धों की उपज प्रकृति की देन (Natural Phenomenon) है। इन श्रुति स्थानों में उसी प्रकार की कर्णप्रियता है, जिस प्रकार पूर्व में हमें सात विशिष्ट स्थान सा रे ग म प ध नि में मिली थी। इस प्रकार हमें सोचने के लिए बाध्य होना पड़ता है कि ये 22 विशिष्ट स्थान, जिन्हें हम श्रुतियाँ कह रहे हैं और पूर्व में प्राप्त किए गए जो सात स्थान, जिन्हें हमारे द्वारा 'स्वर' कहा गया है, क्या इन दोनों का उद्गम स्थान एक ही है? क्या ये दोनों, एक ही शृंखला के दो पदार्थ हैं? पण्डित शार्ङ्गदेव ने, इस तथ्य की सच्चाई का विशिष्ट रूप वर्णन किया है। अध्याय 7 के पृष्ठ 72 द्वारा स्पष्ट संकेत मिलता है कि 'ये स्वर, श्रुतियों के अन्तर पाए जाते हैं।' इस सन्दर्भ में निम्न उद्धरण में दी हुई सामग्री का अध्ययन करना हितकर होगा।

'तेषां संज्ञा सारेगमपधनीत्यपरा मताः।
श्रुत्यांतर भावी यः स्निग्धोऽनुरणात्मकः।

अर्थात् ये स्वर सा रे ग म प ध नी नाम से जाने जाते हैं। ये स्वर श्रुतियों के अन्तर में पाये जाते है। और साथ-साथ स्निग्ध व अनुरणात्मक भी होता है।

–संगीत रत्नावली–पण्डित शार्ङ्गदेव'

सप्तक की बाईस श्रुतियों में से कोई-सी भी श्रुति को स्वर के लिए चुना जा सकता है। इसका मतलब यह हुआ कि 22 श्रुतियों को, 22 प्रकार के स्वर समान माना जा सकता है। वर्तमान संगीत जगत में क्रियात्मक रूप द्वारा (Practically) इन बाईस स्वरों में से, 12 स्वरों का ही उपयोग होता है। शेष 10 स्वरों का उपयोग नहीं के बराबर होता है। सामान्यतः गायन के समय षड्ज, रिषभ, गान्धार, आदि स्वरों के प्रतीक अक्षर सा रे ग म प ध नी का उच्चारण किया जाता है। यदि गाने के समय स्वरों के बदले श्रुतियों के प्रतीक अक्षरों (जैसे तीव्रा का 'त', दयावती का

'द', वज्रिका का 'व' आदि) का उपयोग करने लगें तो अक्षर उच्चारण, एक समस्या बन सकती है। अक्षर उच्चारण की समस्या निश्चय ही एक गम्भीर रूप धारण कर सकती है, विशेषकर यदि गायन की गति द्रुत हो, जैसे की तराना आदि। क्रियात्मक रूप से केवल सात प्रतीक अक्षर सा, रे, ग, म, ध, नी द्वारा ही तालमेल ठीक बैठता है।

स्वरांकन (Notation)

वर्तमान में 7 स्वरों के बदले, 12 स्वरों को उपयोग में लाने का प्रचलन है परन्तु इन 12 स्वरों के लिए, वे ही प्रचीनतम सात अक्षर सा, रे, ग, म, प, ध, नी काम में लाए जाते हैं। इन 12 स्वरों का विभाजन, इस प्रकार किया गया है। सात 'शुद्ध स्वर' व पाँच 'विकृत स्वर'। सात शुद्ध स्वरों को उनके प्रतीक अक्षर सा रे ग म प ध नी द्वारा पहचाना जाता है। इन सात 'शुद्ध स्वर' में से 'सा' व 'प' कभी विकृत अवस्था में नहीं पहुँचते हैं। शेष पाँच स्वरों को, 'विकृत' या 'कोमल' की संज्ञा दी जाती है और इन पाँचों के लिए, ये ही वर्ण यानी रे, ग, म, ध, नि का ही प्रयोग किया जाता है। अतः ये पाँचों वर्ण, शुद्ध स्वर के लिए व विकृत स्वर के लिए भी, काम में लाए जाते हैं। **कम्प्यूटर टाइपिंग की सुविधानुसार, ऐसे विकृत या कोमल स्वरों को हमारे द्वारा रे़ ग़ म़ ध़ नि़ के रूप में लिखा गया है।** 'स्वर' चाहे शुद्ध हो या विकृत, गायन क्रिया के अन्तर्गत, हमेशा रे, ग, म, ध, नि ही उच्चारण किया जाता है। इस प्रकार पाँच स्वर दो-दो रूप धारण करते हुए, ऐसे 10 स्वर हुए। शेष सा व प को दोहरा रूप नहीं दिया जाता है। अतः कुल मिलाकर 12 स्वरों को इस क्रम में लिखा गया है–सा, रे़ रे, ग़ ग, म म़, प, ध़ ध़, नि़ नि। **वास्तव में श्रुति शृंखला की ये 12 श्रुतियाँ हैं, जिन्हें 'स्वर' का पद दे दिया गया है।**

'नाद'-संवाद/गूँज

पृ. 115 पर श्रुति व उसकी गूँज के विषय में चर्चा की जा चुकी है। पूर्व चर्चित विषयों को यहाँ संक्षेप में दोहराना आवश्यक समझा जा रहा है ताकि नाद-संवाद के विषय को समझने में सुविधा हो सके। जब तक किसी तन्त्री वाद्य का तार ढीला पड़ा रहता है, उसके द्वारा हमें कुछ भी सुनाई नहीं देता है। जैसे ही तार में खिंचाव उत्पन्न होता है तो हमें एक 'नाद' सुनाई देने लग जाता है। जो सुनाई दे, वह श्रुति है। 'नाद'/ध्वनि को हमारे द्वारा 'श्रुति' की संज्ञा दी गई है। शास्त्रीय भाषा के अन्तर्गत इसी 'नाद' को प्रथम श्रुति या 'तीव्रा' के नाम से सम्बोधित किया गया है। किसी एक तन्त्री में खिंचाव उत्पन्न करने के पश्चात्, प्रथम श्रुति 'तीव्रा' की स्थापना स्वतः (Automatically) हो जाती है परन्तु अन्य श्रुतियों की स्थापना करने के लिए दो तन्त्रियों की सहायता की आवश्यकता पड़ती है। इन दोनों तन्त्रियों में से एक तो वही तन्त्री होनी चाहिए जिसके द्वारा 'तीव्रा' की स्थापना की गई है।

तीव्रा की स्थापना के अतिरिक्त, अन्य श्रुतियों की स्थापना के समय, दो ध्वनियों को सुनने की आवश्यकता पड़ती है, जिसमें से एक ध्वनि तो 'तीव्रा' का स्वयं होना नितान्त आवश्यक है। प्रथम श्रुति 'तीव्रा' को सुनते हुए, दूसरे तार द्वारा उपजी ध्वनियों का आपसी तालमेल/मेलजोल के परिणाम द्वारा, विशिष्ट गूंज की उत्पत्ति होती रहती है। यह विशिष्ट गूँज ही, प्रत्येक श्रुति की अपनी पहचान है। दो ध्वनियों की विलीनता या समरूपता आपस में घुलमिल जाने के कारण, इस विशिष्ट गूँज को जन्म देती हैं। ऐसा लगता है कि मानो दो नाद आपस में वार्तालाप कर रहे हों। इसी स्थिति को शास्त्रकारों ने 'संवाद' की संज्ञा दी है। इस संवाद द्वारा उपजी विशिष्ट गूँज, दो नादों की अदृष्य स्थिति को प्रकाश में लाता है। प्रत्येक विशिष्ट गूँज वाली स्थिति को, 'श्रुति' की संज्ञा प्रदान की गई है। इस प्रकार 22 स्थितियों को, 22 प्रकार के नाम द्वारा संबोधित किया गया।

श्रुति संवाद

उपर्युक्त पृ. 123 पर दो नादों के बीच उपजी गूँज/संवाद के विषय में विस्तार पूर्वक चर्चा हो चुकी है। 'नाद-संवाद' से सम्बन्धित, मुख्य-मुख्य बिन्दु निम्न प्रकार हैं–

1. किसी भी तन्तु वाद्य की ढीली व निर्जीव तंत्री को जब कसते हैं तो उस तन्त्री में सप्तक की बाईस श्रुतियाँ, स्वतः सजीव हो उठती हैं।
2. संजीव तन्त्री (यानी जो तन्त्री नाद उत्पन्न करने की क्षमता रखती हो) के मेरू पर, प्रथम श्रुति 'तीव्रा' स्थित रहती है जिसे हमारे द्वारा सीधे-सीधे सुना जा सकता है परन्तु अन्य श्रुतियों को सुनने के लिए, हमें एक अतिरिक्त 'नाद' की आवश्यकता पड़ती है यानी हमारे पास कुल दो नाद होने चाहिए।
3. इन दो नादों के पारस्परिक विलय होने के कारण, किसी विशेष अवस्था में, विशिष्ट प्रकार की गूँज की उपलब्धि होती है।
4. गूँज उत्पत्ति के समय, इन दो नादों में से उस नाद की उपस्थिति अति आवश्यक है जो नाद, 'तीव्रा' उत्पन्न कर रहा था।
5. उत्पन्न गूँज को सुनने को पश्चात् ही, अन्य श्रुतियों की स्थापना का निर्णय लिया जाता है।

उपर्युक्त बिन्दुओं द्वारा यह स्पष्ट है कि बाईस श्रुतियाँ 'तीव्रा' से संवाद करने की स्थिति में होती हैं। दो नादों के पारस्परिक संवाद द्वारा, मधुरता प्रकट होती है और इस मधुरता की प्रत्येक श्रुति में उपस्थिति रहती है। यह सत्यता तो रही उस गूँज की, जो एक नाद के मध्य उत्पन्न हो सकती है और इस गूँज को अनुभव द्वारा सुना जा सकता है। अब हम चलते हैं उस संवाद की ओर, जिन्हें शास्त्र के निर्देशों का पालन करने के पश्चात् सुना जा सकता है। ऐसा संवाद दो श्रुतियों के बीच

उत्पन्न हो सकता है। भरतादि काल से पूर्व ही, हमारे आचार्यों और मुनियों ने स्थापित कर रखा है कि किन्हीं दो विशेष श्रुतियों के बीच यह संवाद अत्यधिक मधुर व कर्णप्रिय लगता है। 'श्रुति-संवाद' की इस स्थिति को, उन विशेष श्रुतियों के मध्य उपस्थित श्रुति-संख्या द्वारा स्थापित किया गया है। सप्तक की कोई-सी भी दो श्रुतियों के बीच का अन्तर यदि 13,9,7 या 6 श्रुतियों द्वारा बनता हो तो वे दो श्रुतियाँ आपस में सांवादिक माधुर्य को उत्पन्न करने की क्षमता रखती हैं। **दो विशिष्ट नादों की गूँज द्वारा 'श्रुति' को पहचाना जाता है और दो विशिष्ट श्रुतियों की सांवादिक गूँज द्वारा 'स्वर' को पहचाना जाता है।**

दो नादों की गूँज या संवाद की स्थिति को पा लेना और दो श्रुतियों के अन्तराल द्वारा संवाद को पा लेना, इन दोनों में **सैद्धांतिक अन्तर है। प्रथम कार्यक्रम के अनुसार दोनों 'नादों' में गूँज की स्थिति उत्पन्न करने के लिए, वाद्य की तन्त्री में खिंचाव का सहारा लेना पड़ता है** परन्तु दो श्रुतियों के संवाद को स्थापित करने के लिए केवल गणित का सहारा लेना पड़ता है। यदि दो श्रुतियों का अन्तराल मान लो 13 श्रुतियों द्वारा बनता है, तो वहाँ संवाद की स्थिति दिखलाई पड़ेगी। उदाहरण—श्रुति शृंखला में रौद्री नाम की श्रुति का आठवाँ स्थान है और उग्रा श्रुति का स्थान इक्कीसवाँ है। इन दोनों श्रुतियों का अन्तराल 21−8 = 13 श्रुतियों का बनता है। इसलिए रौद्री व उग्रा की जोड़ी द्वारा एक प्रकार का सांवादिक भाव उत्पन्न करने की शक्ति बनी रहती है। इसी प्रकार तीव्रा (1) व क्षिती (14) का अन्तराल 14−1 = 13 श्रुतियों का बनता है। इसलिए तीव्रा व क्षिती की जोड़ी द्वारा, उसी प्रकार का यानी 13 श्रुतियों वाला संवाद सुनने को मिलेगा।

श्रुति-संवाद एक प्रकार की विचित्र अवस्था है। इस प्रकार के संवाद द्वारा मधुर व कर्ण प्रिय गूँज का अनुभव प्राप्त होता है। एक सप्तक में, 13 श्रुतियों के अंतराल वाले कई जोड़े बन सकते हैं और उन्हीं सब जोड़ों द्वारा, एक ही प्रकार (Similar Type) की कर्णप्रिय गूँज प्राप्त होती है। 13 श्रुत्यांतर के श्रुतिसंवाद को, षड्ज-पंचम भाव द्वारा भी जाना जाता है। इसी गूँज के सहारे, एक स्वर ज्ञानी व्यक्ति तानपूरे के तार को 'पंचम' में बांधने में सफलता पाता है। आवश्यकतानुसार सारंगी, सरोद, सितार, वायलिन आदि वाद्यों को स्वर में बांधने के लिए, इसी षड्ज-पंचम भाव वाली गूँज का भी उपयोग किया जाता है।

सप्तक की 13 श्रुत्यान्तर वाली, विभिन्न श्रुति जोड़ियों को निम्न सारणी क्रमांक-6 में दिया जा रहा है। श्रुति नाम के आगे, श्रुतियों के क्रमांक भी कोष्ठक में लिख दिए गए हैं। ये क्रमांक सारणी नम्बर-1 के अनुसार हैं। निम्न सारणी में दिए गए किसी भी श्रुति जोड़े द्वारा षड्ज-पंचम संवाद वाली गूँज का अनुभव किया जा सकता है। उदाहरण के लिए जोड़ी नम्बर 8 में, रौद्री व उग्रा में 21−8 = 13 श्रुतियों का अन्तराल बनता है। यदि रौद्री वाली आवाज़ को षड्ज मान लें तो उग्रा की आवाज़ पंचम समान प्रतीत होगी।

13 श्रुत्यान्तर भाव (षड्ज-पंचम भाव)

जोड़ियों का नम्बर	मूलश्रुति का नाम और उसका क्रमांक	13 श्रुत्यांन्तर पर सांवादिक श्रुति का नाम
1.	तीव्रा (1)	क्षिति (14)
2.	कुमुद्वती (2)	रक्ता (15)
3.	मन्दा (3)	संदीपिनी (16)
4.	छन्दोवती (4)	आलापिनी (17)
5.	दयावती (5)	मदन्ती (18)
6.	रंजनी (6)	रोहिणी (19)
7.	रक्तिका (7)	रम्या (20)
8.	रौद्री (8)	उग्रा (21)
9.	क्रोधा (9)	क्षोभिणी (22)

नोट—श्रुति नाम के आगे, कोष्ठक (Bracket) में, श्रुति का क्रमांक लिखा गया है।

सारणी क्रमांक-6

जिस प्रकार से 13 श्रुतियों के अन्तराल द्वारा संवाद की स्थिति बनती है, उसी प्रकार से 9 श्रुतियों के अन्तराल के द्वारा भी संवाद की स्थिति बनती है। 9 श्रुतिसंवाद को षड्ज-मध्यम भाव द्वारा भी जाना जाता है। इस संवाद के गूँज की प्रकृति, उपर्युक्त दिए गए षड्ज-पंचम वाली गूँज से भिन्न होती है। श्रुति-संवाद की रूपरेखा को, एक स्वर ज्ञानी तुरन्त पहचान सकता है। 9 श्रुतियों के अन्तराल द्वारा संवाद/भाव उत्पन्न करने की क्षमता रखने वाली, श्रुति-जोड़ियों को निम्न सारणी क्रमांक-7 में दिया जा रहा है।

9 श्रुत्यांतर भाव (षड्ज-मध्यम भाव)

जोड़ी नम्बर	श्रुति-नाम	सांवादिक श्रुति
1.	तीव्रा (1)	वज्रिका(10)
2.	कुमुद्वती (2)	प्रसारिणी (11)
3.	मन्दा (3)	प्रीति (12)
4.	छन्दोवती (4)	मार्जनी (13)
5.	दयावती (5)	क्षिती (14)
6.	रंजनी (6)	रक्ता (15)
7.	रक्तिका (7)	संदीपिनी (16)
8.	रौद्री (8)	आलापिनी (17)
9.	क्रोधा (9)	मदन्ती (18)
10.	वज्रिका (10)	रोहिणी (19)

जोड़ी नम्बर	श्रुति-नाम	सांवादिक श्रुति
11.	प्रसारिणी (11)	रम्या (20)
12.	प्रीति (12)	उग्रा (21)
13.	मार्जनी (13)	क्षोभिणी (22)

सारणी क्रमांक-7

वर्तमान स्वर व्यवस्था के अंतरगत 13 व 9 श्रुत्यान्तर के साथ-साथ, 7 व 6 श्रुत्यांतर भाव का भी उतना ही महत्त्व है। 7 व 6 श्रुत्यांतर यानी वर्तमान प्रणाली के अन्तर्गत षड्ज-शुद्धगान्धार भाव और षड्ज-कोमलगांधार भाव कहलाएँगे। भरतादि काल से ही 13, 9, 7 व 6 श्रुत्यान्तर भाव का विशेष महत्त्व था। वर्तमान में भी राग के मुख्य स्वर वादी, संवादी, अनुवादी व विवादी स्थानों को श्रुत्यान्तर के आधार पर स्थापित किया जाता है। 7 श्रुत्यान्तर भाव सम्बन्धित श्रुतियों की जोड़ियों को निम्न सारणी क्रमांक-8 में दिया गया है और 6 श्रुत्यान्तर भाव सम्बन्धित श्रुति-जोड़ियों की निम्न सारणी क्रमांक-9 में दिखलाया गया है। जिस प्रकार से षड्ज-पंचम भाव को सा-प संवाद कहते हैं और षड्ज-मध्यम भाव को सा-म संवाद द्वारा जाना जाता है, उसी तरह षड्ज-शुद्धगान्धार भाव को सा-ग संवाद और षड्ज-कोमलगान्धार भाव को सा-ग़ संवाद के नाम से जाना जाता है।

7 श्रुत्यांतर भाव (षड्ज-शुद्धगान्धार भाव)

जोड़ी नम्बर	श्रुति-नाम	सांवादिक-श्रुति
1.	तीव्रा (1)	रौद्री (8)
2.	कुमुद्वती (2)	क्रोधा (9)
3.	मन्दा (3)	वज्रिका (10)
4.	छन्दोवती (4)	प्रसारिणी(11)
5.	दयावती (5)	प्रीति (12)
6.	रंजनी (6)	मार्जनी (13)
7.	रक्तिका (7)	क्षिती (14)
8.	रौद्री (8)	रक्ता (15)
9.	क्रोधा (9)	संदीपिनी (16)
10.	वज्रिका (10)	आलापिनी(17)
11.	प्रसारिणी (11)	मदन्ती (18)
12.	प्रीति (12)	रोहिणी (19)
13.	मार्जनी (13)	राम्या (20)
14.	क्षिती (14)	उग्रा (21)
15.	रक्ता (15)	क्षोभिणी (22)

सारणी क्रमांक-8

6 श्रुत्यान्तर भाव (षड्ज-कोमलगान्धार भाव)

जोड़ी नम्बर	श्रुति-नाम	सांवादिक-श्रुति
1.	तीव्रा (1)	रक्तिका (7)
2.	कुमुद्वती (2)	रौद्री (8)
3.	मन्दा (3)	क्रोधा (9)
4.	छन्दोवती (4)	वज्रिका (10)
5.	दयावती (5)	प्रसारिणी (11)
6.	रंजनी (6)	प्रीति(12)
7.	रक्तिका (7)	मार्जनी (13)
8.	रौद्री (8)	क्षिती (14)
9.	क्रोधा (9)	रक्ता (15)
10.	वज्रिका (10)	संदीपिनी (16)
11.	प्रसारिणी (11)	आलापिनी (17)
12.	प्रीति (12)	मदन्ती (18)
13.	मार्जनी (13)	रोहिणी (19)
14.	क्षिती (14)	रम्या (20)
15.	रक्ता (15)	उग्रा (21)
16.	संदीपिनी (16)	क्षोभिणी (22)

सारणी क्रमांक-9

श्रुतियों का बँटवारा समझें या श्रुतियों पर 'स्वर' का रोपण

ऐसा लगता है कि प्रारम्भिक अवस्था से ही, गान प्रदर्शन के समय कुछ नियमित स्वरों को प्रयोग में लाने की प्रथा को सुरक्षित रखा गया। कालान्तर में 22 श्रुतियों वाली शृंखला की स्थापना की गई। जितने भी स्वरों को प्रयोग में लाया जाता रहा हो, वे सभी स्वर, स्थापित की गई श्रुति शृंखला के अंग माने जाते रहे हैं यानी उन सभी स्वरों का निवास, श्रुति शृंखला में ही माना जाता रहा है। जब हम श्रुतियों के बँटवारे की ओर ध्यान करते हैं तो सबसे प्रमुख व महत्त्वपूर्ण गुर, 'चतुश्चतुश्चतुश्चैव षड्जमध्यमपंचमा' यानी 4,3,2,4,4,3,2 सामने आता है। यह गुर सात शुद्ध स्वरों से बँधा हुआ है। इन सात स्वर के सात स्थानों से, संगीत जगत परिचित हो चुका था कि केवल 15 श्रुतियों को ही इन सात स्वरों के बीच पिरोया गया। इस व्यवस्था के अन्तर्गत, स्वर को श्रुतियों की माला के भीतर ही, यथोचित स्थान मिल सका और साथ ही साथ श्रुतियों की माला के 22 नगों की गणितीय संख्या ज्यों की त्यों

बनी रही। स्वरों की शृंखला में सम्मिलित करने के पश्चात्, श्रुति शृंखला की गणितीय स्वरूप, 15 श्रुति स्थान + 7 स्वर स्थान = 22 सम्पूर्ण स्थान जैसा दिखलाई देने लग गया।

मान लो कि 7 'स्वर', श्रुति-शृंखला (श्रुति माला) के बाहर हैं और हम 22 श्रुतियों का विभाजन (Distribution) या बँटवारा, चिरपरिचित गुर (Formula) 4,3,2,4,4,3,2 द्वारा करना चाहते हैं। ऐसी अवस्था में, हमारे पास 7+22 = 29 पदार्थ हो जाएँगे। बँटवारे के नियम के अनुसार, किसी 'स्वर' को 4 व किसी को 3 श्रुतियाँ मिलेंगी औरा किसी स्वर के हिस्से में 2 श्रुतियाँ आएँगी। आदि-आदि। इसके विपरीत यदि सात स्वरों को, श्रुतियों की माला का अभिन्न अंग मानते हैं तो प्रत्येक 'स्वर' को किसी श्रुति पर बैठाना पड़ेगा। जिस श्रुति पर 'स्वर' बैठाते हैं, वह स्थान अब श्रुति के नाम से नहीं पहचाना जाएगा। अब ऐसा श्रुति स्थान, उस 'स्वर' के नाम से पहचाना जायेगा। यदि 12 स्वरों को श्रुति माला में पिरोते हैं तो, 10 श्रुति स्थान तो श्रुतियों के अपने नाम द्वारा पहचाने जाएँगे और 12 स्थान स्वरों के नाम से पहचाने जाएँगे। इस प्रकार श्रुतियों की माला के नगों की संख्या में, किसी प्रकार की वृद्धि नहीं होगी।

यदि प्रत्येक स्वर को श्रुति माला की दो श्रुतियों के बीच में स्थान दिया जाता है तो माला के नगों की संख्या कुल मिलाकर 29 हो जाएगी। इस सन्दर्भ में मुनि मतंग के द्वारा प्रस्तुत श्रुति-मण्डल की आकृति को देख सकते हैं। पृ. 100 व रेखांकित चित्र क्रमांक 3 और 4 द्वारा, श्रुति मण्डल की आकृति द्वारा इस तथ्य की पुष्टि हो जाती है कि सात स्वरों को श्रुतियों की माला के नगों के ऊपर ही बैठाया गया था, जिसके कारण सात स्वर, श्रुति शृंखला में ही समा गए हैं।

उपर्युक्त तर्क द्वारा पुष्टि हो जाती है कि श्रुतियों को बाँट-बाँटकर, उनको अलग-अलग स्वरों के साथ नहीं जोड़ा गया है बल्कि स्वर को श्रुति के स्थान पर ही रोप दिया गया है। ऐसा करने पर, स्वरों का क्षेत्र 4,3,2,4,4,3,2 श्रुतियों का ही बना रहता है और 'स्वर' भी, श्रुतियों के बीच रोपित अवस्था में खड़ा हुआ दिखलाई देता है।

शास्त्रीय संगीत की वर्तमान व्यवस्था द्वारा 12 स्वरों को व्यवहार में लाया जाता है। इन 12 स्वरों में से 7 स्वर तो वे ही हैं जिन्हें विभाजन गुर 4,3,2,4,4,3,2 द्वारा श्रुति शृंखला में रोपा गया है और जिन्हें चिरपरिचित शब्द षड्ज सा, रिषभ रे, गान्धार ग, मध्यम म, पंचम प, धैवत ध, निषाद नि द्वारा पुकारा जाता है। वर्तमान व्यवस्था द्वारा भी इन सात स्वरों को 'शुद्ध' स्वरों जैसे अपनाया गया है। शेष 5 स्वरों को विकृत स्वरों की संज्ञा दी गई है। पाँच 'विकृत' स्वरों को श्रुति शृंखला में किस स्थान पर और किस प्रकार से स्थापित किया गया है, उस विषय पर प्रकाश डाला जाएगा।

वर्तमान स्वर स्थान व श्रुति मण्डल

श्रुति मण्डल के विषय में पृ. 100 के अन्तर्गत कुछ विवेचना हो चुकी है। मतंग मुनि ने उस समय की स्वर व्यवस्था को श्रुति मण्डल जैसी सरल विधि द्वारा, स्पष्ट रूप से समझाया है। वर्तमान स्वर व श्रुति की व्यवस्था को भी श्रुति मण्डल के सहारे समझा जा सकता है। इसलिए श्रुति मण्डल विषय का ठीक प्रकार से अध्ययन करना आवश्यक है। मतंग मुनि ने श्रुति मण्डल द्वारा श्रुति निदर्शन के विषय में निम्न प्रकार से लिखा है–

''मण्डलप्रस्तारेण श्रुतीनां निदर्शनम्''

एतदेव स्पष्टीकरणार्थं प्रस्तारेण दर्शयामि। तत्र केचिद् दण्डप्रस्तारेण दर्शयन्ति द्वाविंशतिः श्रुतयो रेखाणामिति। अन्ये तु वीणाप्रस्तारमाहुः। व्यं पुनर्मण्डलप्रस्तारं ब्रूमः। तथा हि-तिर्यगूर्ध्वं च पंच षड् रेखा इत्येकादश। उभयतो द्वाविंशतः। एवं ग्रामद्वयेऽप्युपयोगिन्यः श्रुतय इति दर्शिताः।

तद्यथा–

त्रिश्रुतीरतिक्रम्यादौ ज्ञेयः षड्जश्चतुःश्रुतिः। तदूर्ध्वं द्वे श्रुतीस्त्यक्त्वा तृतीया ऋषभो मतः।

ततश्चैकां श्रुतिं त्यक्त्वा गान्धारो द्विश्रुतिः स्मृतः। तदनु त्रिश्रुतीस्त्यक्त्वो कर्त्तव्यो मध्यमस्वरः।

तदूर्ध्वं पञ्चमः कार्यः परित्यज्य श्रुतित्रयम्। श्रुतिद्वयं परित्यज्य कर्त्तव्यो धैवतस्ततः।

एकां श्रुतिं परित्यज्य निषादस्तदनन्तरम्। षड्जग्रामसमुद्भूत उक्तोऽसौ श्रुतिमण्डलः॥

अर्थात्

मण्डल-प्रस्तार के द्वारा श्रुतियों का निदर्शन–

इसी को ही प्रस्तार द्वारा स्पष्टीकरण के लिए कहता हूँ। रेखाओं पर आधारित दण्ड प्रस्तार के द्वारा कुछ व्यक्ति 22 श्रुतियाँ दिखाते हैं। अन्य व्यक्तियों ने वीणा प्रस्तार के द्वारा (श्रुतियों को) कहा है। अब हम मण्डल प्रस्तार को कहते हैं। यथातिरछी (आड़ी) पाँच रेखाएँ तथा खड़ी (ऊर्ध्व) छः रेखाएँ इस प्रकार से 11 रेखाएँ हुईं। दोनों ओर से वे 22 छोर हुए। इस आकृति द्वारा दोनों ग्राम यानी षड्ज ग्राम तथा मध्यम ग्राम, की उपयोगी श्रुतियाँ दिखाई जा सकती हैं।

प्रारम्भ की तीन श्रुतियाँ छोड़कर चौथी रेखा पर चतुःश्रुति षड्ज तथा उसके ऊपर छोड़कर तीसरी पर ऋषभ माना गया है। वहाँ से एक श्रुति छोड़कर द्विश्रुति गान्धार तथा उसके पश्चात् तीन श्रुतियों को छोड़कर मध्यम को स्थिर करना चाहिए। उसके ऊपर तीन श्रुति छोड़कर पंचम व वहाँ से दो श्रुति छोड़कर धैवत को मानना चाहिए। तत्पश्चात् एक श्रुति छोड़कर निषाद माना गया है।

इस प्रकार षड्ज ग्राम में उद्भूत (उत्पन्न) होने वाले मण्डल को श्रुति मण्डल कहा गया है।

—*'बृहद्देशी'...मुनि मतंग'*

इस संदर्भ में रेखांकित चित्र क्रमांक 2 द्वारा अधिक जानकारी मिल सकती है। यह चित्र **'मतंग' मुनि के समय** की, स्वर व्यवस्था को दर्शाता है। चित्र में अंक 1,2,3,4 आदि द्वारा 22 श्रुतियों के स्थान को दर्शाया गया है। इस चित्र की बाईं ओर की प्रथम खड़ी रेखा को प्रथम श्रुति स्थान मानते हुए और प्रदक्षिणा क्रम (Clockwise) को अपनाते हुए, श्रुति गणना क्रम को आगे बढ़ाया गया है।

अंकों के ऊपर वाले स्थान पर स्वर सा रे ग म प आदि को लिखा गया है। उपर्युक्त उक्ति के अनुसार चौथी खड़ी रेखा पर यानी श्रुति शृंखला/श्रुतिमालिका की चौथी श्रुति छन्दोवती पर, षड्ज 'सा' का स्थान माना गया है। प्रारंभ की तीन श्रुतियाँ छोड़कर चौथी रेखा पर चतुःश्रुतिक षड्ज को स्थापित किया गया है और रिषभ को 7वीं रेखा पर। आदि-आदि।

अब हम **वर्तमान स्वर व्यवस्था से सम्बन्धित श्रुति मण्डल चित्र** को तैयार करते हैं। नीचे दिये गये चित्र क्रमांक-6 में रेखाओं के छोर की गणना तो मतंग के अनुसार ही की गई है परंतु इस चित्र में षडज 'सा' का स्थान, प्रथम खड़ी रेखा पर दिखलाया है यानी षड्ज को प्रथम श्रुति 'तीव्रा' पर बैठाया गया है। शेष के अन्य नियमों को पूर्व की भाँति ही अपनाया गया है जैसे (1) श्रुति शृंखला में बाईस श्रुति का होना, (2) श्रुति गणना का क्रम मन्दिर की प्रदक्षिणा वाला (Clockwise) होना, (3) मण्डल की प्रथम खड़ी रेखा पर श्रुति शृंखला की प्रथम श्रुति का होना, (4) श्रुतियों का विभाजन (Distribution) आनुवांशिक गुर द्वारा होना यानी 4,3,2,4,4,3,2 सिद्धान्त का पूर्णरूप से पालन करना।

वर्तमान स्वर व्यवस्था के अन्तर्गत षड्ज को श्रुति शृंखला की प्रथम श्रुति 'तीव्रा' पर रोपित किया जाता है व श्रुति विभाजन गुर 4,3,2,4,4,3,2 का भी पालन किया जाता है। फलस्वरूप शुद्ध रिषभ 5वीं श्रुति 'दयावती' पर, शुद्ध गान्धार 8वीं श्रुति 'रौद्री' पर, शुद्ध मध्यम 10वीं श्रुति 'वज्रिका' पर, पंचम 14वीं श्रुति 'क्षिती' पर, शुद्ध धैवत 18वीं श्रुति 'मदन्ती' पर व शुद्ध निषाद 21वीं श्रुति 'उग्रा' पर रोपित करना पड़ेगा। इस प्रकार सात शुद्ध स्वरों को क्रमशः श्रुति नम्बर 1,5,8,10,14,18,21 पर स्थान मिलेगा।

स्वरारोपण क्रिया के पश्चात्, बचे हुए स्थान यानी श्रुतियाँ, अपने पुराने नामों द्वारा ही पहचानी जाएँगी। निम्न चित्र नम्बर-6 में हम देख रहे हैं कि रेखाओं के छोर पर, श्रुतियों के क्रमांक लिखे गए हैं। इन क्रमांकों (Numbers) ने एक प्रकार का चक्रावत रूप धारण कर लिया है। इस चक्रावत रूप को ही पण्डित अहोबल ने सर्प की कुण्डली के रूप में देखा है। कुण्डली के आकार में सर्प अपना मुख व पूँछ एक स्थान पर बना लेता है। ऐसे आकार को एक छोटी-सी पुष्पमालिका के

रूप में भी देखा जा सकता है। 22 श्रुतियों की शृंखला को इसी गोल आकार में सजा दिया जाता है, चाहे वह कुण्डली हो, मालिका हो या फिर मण्डल हो।

हमारे विचार से मुनि मतंग द्वारा प्रदान की हुई मण्डल आकृति, उच्च विचार वाली व वैज्ञानिक ठहरती है। सर्प व उसके द्वारा बनी कुण्डली, पुष्प व उसके द्वारा बनी पुष्पमालिका आदि को अंगीकार करने के लिए, सर्वप्रथम उनके पदार्थों को परिभाषित करने की आवश्यकता पड़ती है। उदाहरण के लिए, प्रथम तो 'कुण्डली' के विषय में ही जानकारी प्राप्त करने की आवश्यकता पड़ सकती है। आदि।

रेखांकित चित्र स्वयं में एक पथप्रदर्शक युक्ति है–पूर्ण भाषा है व सुगम उपाय है। रेखांकित चित्र द्वारा, चित्र को अंकित करने वाले व्यक्ति के मनोभाव को, सरलता से पढ़ा जा सकता है।

श्रुति मण्डल–(वर्तमान स्वर सम्बन्धित)

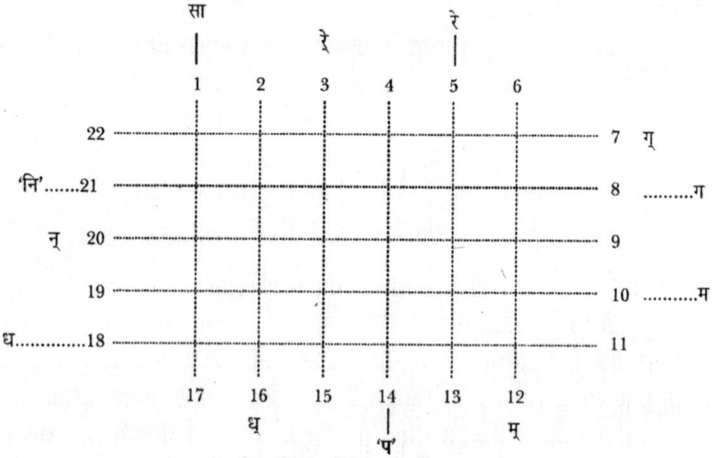

रेखांकित चित्र क्रमांक-6

यदि हम मण्डल में दर्शाए गए अंकों को एक पंक्ति में लिखना चाहें तो इन श्रुतिस्थानों का रूप निम्न प्रकार दिखलाई देगा। निम्न पंक्ति वर्तमान में अपनाए गए शुद्ध स्वरों से सम्बन्धित है।

श्रुति नम्बर→	1	2	3	4	5	6	7	8	9	10	11	12	13	14	15	16	17	18	19	20	21	22
स्वर स्थान→	सा				रे			ग		म				प				ध			नि	

रेखांकित चित्र क्रमांक-7

विकृत स्वर

वर्तमान स्वर प्रणाली द्वारा 'षड्ज' व 'पंचम' अपने स्थान पर अविचल रहते हैं। शेष के पाँच स्वर क्रमशः रिषभ, गान्धार, धैवत व निषाद, शुद्ध के अतिरिक्त कोमल या विकृत प्रकार के भी हो सकते हैं। संगीत पारिजात में अहोबल कहते हैं कि **''एक श्रुति परित्यात्स्वरः कोमल संज्ञकः''** अर्थात् एक श्रुति छोड़ने पर स्वर कोमल हो जाता है। किसी स्वर को स्थापित करने के पश्चात्, उसके आगे की एक श्रुति छोड़ने पर, कोमल स्वर की प्राप्ति होती है। यह कोमल/विकृत स्वर, अपने से आगे आने वाले स्वर का दूसरा स्वरूप (नाम) है। इस नियम को उदाहरण द्वारा समझना हितकर होगा। षड्ज से आगे की एक श्रुति छोड़ने पर यानी षड्ज से चलकर तीसरी श्रुति पर विकृत रिषभ का स्थान है क्योंकि 'षड्ज' के आगे 'रिषभ' स्वर आता है। अतः तीसरी श्रुति को ही हम कोमल रिषभ कहेंगे। 5वीं श्रुति पर शुद्ध रिषभ स्थापित हो चुका है। अतः पांचवीं श्रुति से यानी शुद्ध स्वर से एक श्रुति छोड़कर, हम सातवीं श्रुति को कोमल गांधार (ग़) का स्थान कहेंगे। 8वीं श्रुति पर शुद्ध गांधार स्थापित हो चुका है। शुद्ध गान्धार के पश्चात 10वीं श्रुति पर, शुद्ध मध्यम स्थापित है और 14वीं श्रुति पर 'पंचम' स्थापित है।

यदि हम उपर्युक्त नियम को 'शुद्ध मध्यम' के लिए लागू करते हैं तो हमें परिणाम इस प्रकार मिलेंगे। शुद्ध गांधार आठवीं श्रुति पर स्थित है। उपर्युक्त नियम अनुसार आठवीं श्रुति से एक श्रुति छोड़कर यानी 10वीं श्रुति को, कोमल मध्यम कहना चाहिए। इसलिए 'मध्यम' को 'शुद्ध मध्यम व कोमल मध्यम', दोनों नामों द्वारा पुकारा जा सकता है।

'मध्यम' के लिए एक और भी तर्क है। मध्यम के आगे, पंचम स्वर स्थित है। यदि मध्यम यानी शुद्ध स्वर के आगे एक श्रुति छोड़कर 12वीं श्रुति पर जाएँ, तो इस 12वीं श्रुति को कोमल पंचम नहीं कहा जा सकता क्योंकि वर्तमान स्वर पद्धति में 'पंचम' को अचल माना गया है यानी पंचम के शुद्ध व कोमल रूप नहीं होते हैं। इस सन्दर्भ में पण्डित अहोबल इस प्रकार लिखते हैं।

''स्वरः पश्चान्निवृतः सन् कोमलादित्वमेति चेत।
तदुत्तरस्वरे गच्छन्तीवृतदिकमेति चेत।''

अर्थात पीछे लौटता हुआ स्वर यदि कोमलादि भाव को प्राप्त होता है तो 'उत्तर स्वर' पर जाता हुआ तीव्रादि को प्राप्त होता है। इसलिए गान्धार से एक श्रुति लाँघते हुए, 10वीं श्रुति को यदि कोमल मध्यम की संज्ञा देते हैं तो 'कोमल मध्यम' से एक श्रुति आगे बढ़ते हुए 12वीं श्रुति को 'तीव्र मध्यम' कहा जाएगा। यह 'तीव्र मध्यम' (म्) स्वर, शुद्ध मध्यम का विकृत रूप हुआ।

अब हमें कोमल धैवत व कोमल निषाद के श्रुति स्थान को स्थापित करना शेष है। 14वीं श्रुति पर 'पंचम' स्थित है। वहाँ से एक श्रुति छोड़कर 16वीं श्रुति पर कोमल धैवत (ध्) रोपित होगा। 18वीं श्रुति पर शुद्ध 'धैवत' स्थापित हो चुका है। 18वीं श्रुति से एक श्रुति छोड़कर 20वीं श्रुति पर कोमल निषाद (नि्) रोपित होगा। शुद्ध निषाद 21वीं श्रुति पर स्थापित है। यहाँ से एक श्रुति लाँघने के पश्चात् हम सप्तक की सीमा को पार कर जाएँगे, यानी अगले सप्तक की प्रथम श्रुति 'तीव्रा' पर पहुँच जाएँगे। इस तर्क व विधि द्वारा पाँचों विकृत स्वरों को, एक एक करके श्रुति क्रमांक 3,7,12,16,20 वाले स्थानों पर रोपित किया जाएगा। ये स्थान वर्तमान स्वर व्यवस्था से सम्बन्ध रखते हैं।

उपर्युक्त दी गई विधि द्वारा, सात शुद्ध स्वर व पाँच विकृत स्वरों को श्रुति मण्डल के यथोचित स्थान पर रोपित कर देना चाहिए। रेखांकित चित्र क्रमांक 6 द्वारा वर्तमान स्वर व्यवस्था से सम्बन्धित 12 स्वरों को यथावत् स्थान पर दिखला चुके हैं। इस प्रकार 12 श्रुतियों को, बारह स्वर द्वारा पहचाना जाएगा और शेष की 10 श्रुति जिनका क्रमांक 2,4,6,9,11,13,15,17,19 व 22 है, वे अपने निर्धारित श्रुति नामों द्वारा पहचानी जाएँगी।

निम्न रेखांकित चित्र क्रमांक 8 द्वारा, वर्तमान में अपनाए जा रहे 12 स्वर व 10 श्रुतियों को एक ही पंक्ति में दिखलाया गया है। इस चित्र को श्रुति मण्डल का दूसरा रूप समझा जा सकता है। इस प्रकार रेखांकित चित्र नम्बर 6 में दिए गए सभी स्वर स्थानों को, चित्र क्रमांक-8 द्वारा एक ही पंक्ति में देखा जा सकता है।

श्रुति शृंखला में वर्तमान स्वरों का स्थान

श्रुति नम्बर→	1	2	3	4	5	6	7	8	9	10	11	12	13	14	15	16	17	18	19	20	21	22
शुद्ध स्वर-	|		रे्		|		ग्	|		|		म्		|		ध्	|			नि्	नि	
	सा				रे			ग		म				प			ध			विकृत स्वर		

रेखांकित चित्र क्रमांक-8

संक्षिप्त संकेत

विकृत स्वरों के विषय में, अग्रिम अध्याय 9 के पृ. 179-180 के अन्तर्गत विस्तार पूर्ण विवेचना की गई है।

अध्याय-9

स्वर और गणित

संगीत में गणित का महत्त्व

दृष्टिगत रूप से स्वरों के मान जैसा विषय गायन/वादन/नृत्य में सहयोग न कर सके परन्तु संगीत की अन्तर आत्मा को पहचानने के लिए गणित द्वारा निकले परिणाम किसी भी विद्यार्थी या कलाकार के लिए, शुद्ध भोजन के समान है। जिस प्रकार से दूषित आहार हानिकारक है, उसी प्रकार गणित रहित विचार, संगीत के अभ्यासरत सेवकों के लिए कदापि लाभदायक नहीं हो सकते। व्यावहारिक रूप से सप्तक के 7 स्वर, श्रुति शृंखला की 22 श्रुतियाँ, संवादी स्वर का 13 व 9 'श्रुत्यान्तर', आवृत्ति (Frequency) व तार की लम्बाई, ताल के ठेके की मात्राओं के हिसाब आदि के आँकड़े, ये सभी प्रसंग संगीत का गणित ही तो हैं। अब हम इस विषय का चिन्तन, अधिक गहराई से करना चाहेंगे।

किसी भी विषय पर जब चिन्तन किया जाता है तो उस विषय से जुड़े अनेक रहस्य स्वयं प्रकट हो जाते हैं। संगीत के विषय में भी यही बात है। संगीत के बारे में विचार करने पर, बहुत से अन्य विषयों का संगीत के साथ एक परस्पर सम्बन्ध देखा जा सकता है। संगीत की आत्मा मूल रूप से ध्वनि है, जो भौतिक विज्ञान (Physics) का एक अंग है। अतः संगीत के चिन्तन में विज्ञान स्वतः आ जाता है। भौतिक विज्ञान पूर्णरूप से गणित आधारित है। इसलिए संगीत का विषय, गणित से अछूता नहीं रह सकता है।

स्वर सम्बन्धित विषय जितना देखने में सरल लगता है, समझने और समझाने में उतना ही गम्भीर और जटिल भी है। साधारणतः संगीत शिक्षा का श्रीगणेश 'स्वर' द्वारा किया जाता है और जब विद्यार्थी कुछ समझदार हो जाता है, तब उसका ध्यान श्रुति जैसे विषय की ओर जाना शुरू होता है। 'श्रुति' व 'स्वर' का विशिष्ट परिचय, कानों के माध्यम द्वारा व गुरुमुख वाणी के योगद्रान पर निर्भर होता आया है, परन्तु

इस प्रकार का विशिष्ट परिचय या अनुभव, गणित की क्रियाओं से कोसों दूर रहता है। संगीत शिक्षा का आरम्भ अनुभवी शिक्षक द्वारा ही होना चाहिए। संगीत शिक्षा के लिए एक मात्र सही मार्ग, गुरुमुख वाणी को ही माना गया है।

जब सही स्वर-ज्ञान प्राप्त हो जाता है, उसके पश्चात् ही संगीत शास्त्र का अध्ययन किया जा सकता है व चिन्तन किया जा सकता है। सामान्यतः गणित एक शुष्क विषय माना जाता रहा है और इसके विपरीत संगीत का साम्राज्य सब प्रकार से रस परिपूर्ण होता है किन्तु आकलन सम्बन्धित गुत्थियों को सुलझाने व समझने में, एक मात्र गणित ही सहायक होता है। एक बात तो स्पष्ट है कि स्वर-ज्ञान अर्जित करने के लिए, गणित की आवश्यकता नहीं पड़ती है। हमारे आचार्यों ने, स्वर ज्ञान जैसी विधा के लिए गणित को कभी भी नहीं अपनाया था व आज भी हमारे द्वारा अपनाया नहीं जा रहा है और न ही अपनाना चाहिए।

कुछ विद्वानों का मत है कि अलग-अलग आचार्यों ने, 22 श्रुतियों के बाईस मूल्यों को, भिन्न-भिन्न मूल्यों द्वारा अपनाया हो और श्रुति के उन गणितीय मूल्यों को, अपने द्वारा रचित नए-नए नामों से सम्बोधित किया हो। शायद यही कारण हो सकता है कि स्वर के सात नाम तो आदि काल से वही चले आ रहे हैं परन्तु बाईस श्रुतियों के बाईस नामों के पुंज, ढेर सारे देखने को मिलते हैं। यदि प्रारम्भ से ही इन बाईस के मूल्यों से सम्बन्धित, गणित के आँकड़ों को ग्रन्थों में लिख दिया होता तो इन नामों के पुंज, बहुत से न होकर, केवल एक ही पुंज देखने को मिलता। अधिकांश लोग, इन बाईस नामों के विभिन्न पुंजों को यह कहकर छोड़ देते हैं कि श्रुतियों के सभी नाम स्त्रीलिंग हैं और विभिन्न आचार्यों ने अलग-अलग काल में व भिन्न-भिन्न स्थान पर, अपने मन पसन्द नाम रख लिये हैं। साथ में यह तथ्य भी आश्चर्यजनक है कि पण्डित शार्ङ्गदेव के द्वारा स्थापित किए गए नाम ज्यों के त्यों, आज तक व्यवहार में लाए जा रहे हैं।

गणित द्वारा विश्लेषण

वास्तव में कला के क्षेत्र में, गणित व विज्ञान का अधिकार गौण (Secondary) समझा जाता रहा है। वैज्ञानिक विचारधारा के अनुसार सप्तक के प्रत्येक स्वर की तारता यानी आवृत्ति (Frequency) को निर्धारित करने के लिए बल दिया जाता है। इस आवृत्ति का मूल्य, गणित तथा विज्ञान के सिद्धान्तों द्वारा पूरी तरह गुँथा रहता है। प्राचीन समय में यही तथ्य, श्रव्य-सापेक्ष था। अतः किसी भी प्रकार का प्रयोग (Experiment) या विश्लेषण (Analysis), पूर्णरूप से ऐसे ही श्रवणाधार सूत्रों पर निर्भर करता था। इस सन्दर्भ में भरत मुनि द्वारा प्रस्तुत 'श्रुति दर्शन विधान' एक उत्कृष्ट उदाहरण माना जा सकता है।

संगीत शिक्षा जीवन पर्यन्त चलती रहती है। संगीत सीखनें की प्रारम्भिक अवस्था में विद्यार्थी इतना सतर्क नहीं रहता है और न ही उसका ध्यान संगीत की गहराइयों

की ओर ज़ाता है। संगीत को कुछ सीखने के पश्चात ही, संगीत के रहस्यों को समझने के लिए कहा जाता है। इतना विलंब हो जाने के पश्चात, विद्यार्थी ऐसे विषय को समझने की रुचि को खो बैठता है। यदि प्रारम्भ से ही संगीत सम्बन्धित गणित की ओर रुझान उत्पन्न कर दिया जाए, तो विद्यार्थी संगीत के गूढ़ रहस्यों को समझने का प्रयास कर सकता है और संगीत के रहस्यों को समझकर उसका लाभ उठा सकता है।

विश्लेषण सहायक सिद्धान्त

पूर्व के अध्यायों में ध्वनि, नाद, स्वर व श्रुति आदि के विषयों पर जितनी भी चर्चा अभी तक की गई है, उनमें से कुछ सिद्धान्त ऐसे हैं जिनके माध्यम से स्वर-श्रुति के मान को, गणित के अंकों द्वारा आँका जा सकता है। ऐसे महत्त्वपूर्ण सिद्धान्तों को एक साथ, एक ही स्थान पर यहाँ दोबारा से दिया जा रहा है।

1. **स्वरज्ञान**–संगीत के सीखने व समझने के लिए स्वर ज्ञान का होना बहुत ही अनिवार्य है, यहाँ तक कि एक अच्छा श्रोता बनने के लिए भी, उपयुक्त स्वर का ज्ञान होना चाहिए। स्वर-ज्ञान रहित व्यक्ति को, न तो संगीत के क्रियात्मक पक्ष की उपलब्धि हो सकती है और न ही वह शास्त्र ज्ञान से परिचित हो सकता है। शास्त्र ज्ञान के लिए चार प्रकार के मुख्य स्वर-संवाद ज्ञान का होना अनिवार्य है। ये स्वर संवाद इस प्रकार हैं–षड्ज पंचम, षड्ज मध्यम, षड्ज गान्धार (ग) व षड्ज गान्धार (विकृत ग्)। संगीत शास्त्र को समझने के लिए स्वर-संवाद ज्ञान का होना,एक मौलिक व मूल आवश्यकता मानी गई है।

2. एक सप्तक की 22 श्रुतियों की शृंखला में शुद्ध स्वरों का रोपण, परम्परागत गुर (Formula) 4,3,2,4,4,3,2 द्वारा किया जाता है। इस गुर के 4, 3, व 2 के अंक, तीन प्रकार की इकाईयों (Units) यानी चतुःश्रुतिक व द्विश्रुतिक के प्रतीक हैं।

3. मन्द्र, मध्य व तार सप्तकों के तदनुरूप (Corresponding) स्वर, द्विगुण होते चले गए हैं।

4. किसी वाद्य के तार से, निकले नाद की आवृत्ति, उस तार की प्रभावी लम्बाई (Effective Length) के साथ व्युतक्रम (उल्टा) अनुपात (Inverse Ratio) बनाती है।

स्वरांकन (Notation)

1. वर्तमान स्वर व्यवस्था के अन्तर्गत, षड्ज 'सा' व 'पंचम' को सप्तक अचल स्वरों में गिनती की गई है, यानी ये दो स्वर विचलित नहीं होते हैं। शेष के पाँच स्वर रे, ग, म, ध, नि के दो-दो रूप होते हैं यानी शुद्ध रूप और विकृत रूप। विकृत स्वरों की पहचान के लिए हमारे द्वारा उन अक्षरों के नीचे, हलंत का निशान दिया गया है जैसे रे्, ग्, म्, ध्, न्। हमने यह हलंत-निशान कम्प्यूटर टाइपिंग सुविधा के

लिए अपनाया है। बहुअंगीकृत भातखण्डे पद्धति के अनुसार, विकृत स्वरों के नीचे एक आड़ी रेखा लगाने का प्रावधान रखा गया है और तीव्र मध्यम के लिए अक्षर के ऊपर एक खड़ी रेखा लगाने का आदेश दिया है परन्तु हमारे द्वारा इस लेखन की टाइपिंग सुविधा हेतु, तीव्र मध्यम के लिए भी हलंत का प्रयोग किया गया है जैसे 'म्'।

2. किसी भी प्रयोग के अन्तर्गत, तार की लम्बाई नापते समय इस बात का ध्यान रखना चाहिए कि लम्बाई को, घुड़च स्थान से नापना आरम्भ करते हुए मेरू या परदों की ओर बढ़ना चाहिए क्योंकि तंत्री की प्रभावी लम्बाई, घुड़च (Bridge) से मेरू तक होती है या सम्बन्धित परदे तक होती है। परदों को भी कृत्रिम-मेरू समान माना गया है।

स्वरों का मूल्यांकन

बहुधा यह सुनने में आता है कि अमुक गायक के कान अभूतपूर्व तैयार हैं। वास्तव में कान तो एक माध्यम है, जिसके द्वारा ध्वनि के संकेत को मस्तिष्क तक पहुँचने में सहायता मिलती है। सुनने में इस प्रकार का वक्तव्य, साधारण-सा लगता है परन्तु सम्पूर्ण विषय विचारणीय है। सब कुछ मस्तिष्क व स्मरण-शक्ति पर निर्भर करता है। किसी गणित के प्रश्न का उत्तर, मन ही मन में सोचकर तुरन्त निकाला जा सकता है और उत्तर निकालने के पश्चात्, हम उसी समय उत्तर देने में भी सफल हो जाते हैं। ऐसा क्यों कर पाते हैं क्योंकि हमें उस प्रश्न के, गणित संबंधित पहाड़े व गुर (Tables & Formulas) पहले से ही याद हैं। प्रश्न का उत्तर निकालते समय, हम किसी कागज या कलम का भी सहारा नहीं लेते हैं, फिर भी सही उत्तर निकाल सकते हैं। ठीक इसी प्रकार यदि हमने नादों के विशेष अनुपातों व संवादों को अभ्यास द्वारा साध रखा है, तो किसी भी समय हमारा मस्तिष्क, ऐसे बिन्दुओं की आकृतियों को, उच्चारण द्वारा व्यक्त करने में सफल हो जाता है।

बिना स्वर-ज्ञान के इस प्रकार का उच्चारण सम्भव नहीं है। ऐसी प्रक्रिया में छिपे हुए रूप से या प्रकट रूप द्वारा, गणित का भी योगदान हो रहा है। भरत मुनि की सारणा चतुष्टय जैसी विधि की ओट में गणित भरा पड़ा है। ऐसा लगता है कि श्रद्धेय भरत मुनि भी यह मानकर अपने प्रसंग को आगे बढ़ाते हैं, कि जिज्ञासु को पर्याप्त स्वर ज्ञान है। जिसके पास स्वर ज्ञान नहीं है, वह संवाद की गहराइयों को नहीं समझ सकता। ऐसे व्यक्ति के लिए 'प्रमाण श्रुति' के मान (Value) को निकालना तो दूर की बात है, वह व्यक्ति संगीत की दृष्टि से 'प्रमाण श्रुति' को समझ जाए तो बड़ी बात होगी। मध्य काल के कुछ लेखकों ने वीणा के तार की लम्बाई द्वारा स्वरों को स्थापित करने का प्रयास किया है। इनमें से पण्डित अहोबल का संगीत पारिजात, पण्डित हृदय नरायण देव का हृदय प्रकाश, पण्डित श्रीनिवास का राग तत्त्व विबोध उल्लेखनीय है। उन्होंने दावा किया है कि जिनके पास स्वर ज्ञान नहीं है,

वे भी उनकी बतलाई गई विधि द्वारा, विभिन्न स्वरों की स्थापना को नेत्रों द्वारा देख सकते हैं कि वीणा के तार पर, किस-किस जगह कौन-कौन से स्वर को स्थापित किया गया है? उनके द्वारा रे, ग, म, प आदि को स्थापित करने के पश्चात् जब धैवत को स्थापित करने की बारी आई, तो उन्होंने 'स्वर संवाद' सिद्धान्त का सहारा लिया क्योंकि जिस विधि द्वारा वे अन्य स्वर स्थापित कर रहे थे, उस विधि के सहारे, धैवत को स्थापित करने में स्वयं विचलित रहे। हमारे विचार से जब 'स्वर संवाद' का सहारा लेना ही है तो क्यों न पूरी विधि को 'स्वर संवाद' पर ही आधारित किया जाए?

पण्डित अहोबल व पण्डित श्री निवास द्वारा प्रस्तुत विधि में एक अड़चन और भी है। जिन स्वरों को उनके द्वारा स्थापित किया गया है, वे स्वर हमारे द्वारा अपनाई गई प्रचलित प्रणाली से मेल नहीं खाते। पं. अहोबल व पं., श्रीनिवास का गान्धार व निषाद जिसे वे शुद्ध कहते हैं, वर्तमान प्रणाली में ये स्वर, कोमल गान्धार व कोमल निषाद की मान्यता रखते हैं। आदि।

इस पुस्तक में हमने आरम्भ से ही अपने लेखन कार्य का लक्ष्य यही रखा है कि आज के **समाज ने जो स्वर पद्धति अपना रखी है, पहले उसे ठीक प्रकार से समझ लिया जाए, उसके पश्चात् ही, प्राचीन प्रद्धति का अध्ययन करना उचित होगा।** वास्तव में वर्तमान पद्धति द्वारा उन सभी मुख्य सिद्धान्तों को अपना लिया गया है, जिन सिद्धान्तों पर प्राचीन पद्धति टिकी हुई है। केवल एक स्थान पर भिन्नता है। प्राचीन पद्धति द्वारा षड्ज का स्थान, चौथी श्रुति छान्दोवती पर चुना गया है। इसके विपरीत वर्तमान समाज, षड्ज के स्थान को श्रुति शृंखला की, प्रथम श्रुति पर मानता है। हमारे इस लेखन कार्य द्वारा, स्वर व श्रुति के मान को वर्तमान मान्यता के अनुरूप ही निर्धारित किया गया है।

पृ. 139 पर 'विश्लेषण सहायक सिद्धान्त' में चार महत्त्वपूर्ण सिद्धान्तों को एक ही स्थान पर दिखलाया गया है। इनमें से तीन सिद्धान्त तो प्राचीन से प्राचीनतम हैं। केवल क्रमांक चार वाला सिद्धान्त, आधुनिक ध्वनि विज्ञान से सम्बन्धित है। इन चारों सिद्धान्तों को, स्वर के मान (Value) को निर्धारित करने के लिए, उपयुक्त औज़ार (Tools) समान मानना चाहिए। इनमें से मुख्य हथियार हमेशा से 'स्वर ज्ञान' रहा है। दूसरा साधन वीणा का तार है जिसकी विभिन्न प्रभावी लम्बाई स्वर के मान निर्धारित करने में सहायक होती है।

प्रयोग उपयुक्त उपकरण

आजकल उत्तरी भारत में, वीणा आसानी से उपलब्ध नहीं हो पाती है। इसलिए समस्या समाधान के लिए, सितार को उपयोग में लाया जा सकता है। हमें एक ऐसा सितार चुनना पड़ेगा जिसके डाँड की लम्बाई इस प्रकार की होनी चाहिए कि उस पर 40" लम्बा तार चढ़ाया जा सके। इस प्रकार की लम्बाई वाला सितार भी शायद आसानी

से उपलब्ध न हो सके इसलिए अच्छा होगा कि ऐसे प्रयोग के लिए, एक नया उपकरण (Apparatus) ही तैयार कर लिया जाए। लम्बाई सम्बन्धित गज़, फीट, इंच वाली प्रणाली के बदले वर्तमान में हमारे द्वारा मैट्रिक् प्रणाली यानी मिलिमीटर आदि को, अपना लिया गया है। इसलिए उपकरण की लम्बाई व तन्त्री की लम्बाई दर्शाने हेतु, हमने भी मैट्रिक प्रणाली का ही चयन किया है।

यदि हम, सितार या वीणा से मिलते-जुलते एक ऐसे उपकरण की व्यवस्था कर सकें, जिस पर 540 मिलिमीटर लम्बा तार चढ़ाया जा सके, तो प्रयोग के लिए अधिक उपयुक्त होगा क्योंकि ऐसी व्यवस्था द्वारा, हमारे प्रयोग के परिणाम पूर्णांकों में प्राप्त हो सकेंगे। यह जरूरी नहीं है कि इस उपकरण में, गूँज के लिए तूम्बा भी लगाया जाए परन्तु उपकरण पर 540 मि.मी. प्रभावी लम्बाई का तार लगाने की व्यवस्था होनी ही चाहिए, यानी अटी से घुड़च तक की लम्बाई 540 मि.मी. हो। अटी और घुड़च की बनावट के लिए, विशेष ध्यान देने की आवश्यकता है। जिस प्रकार की अटी व घुड़च (Bridge) को सरोद, सारंगी और वायलिन में लगाया जाता है, उसी प्रकार के ब्रिज व अटी को इस उपकरण में लगाना चाहिए। सितार में समतल प्रकार का घुड़च (Bridge) लगाया जाता है जबकि सरोद व वायलित आदि में घुड़च व अटी की बनावट एक जैसी ही होती है। इस नए उपकरण पर इच्छानुसार परदे/सारिका बाँधने की व्यवस्था भी हो। हमारे प्रयोग के लिए, ऐसे वाद्य में कम से कम दो तार, समान प्रकृति वाले (लम्बाई, मोटाई व एकसमान धातु वाले) होने चाहिए। प्रयोग आरम्भ करने से पहले उपकरण पर कोई भी सारिका/परदा न बँधा हो, तो अच्छा है। निम्न रेखांकित चित्र क्रमांक 9 में ऐसे उपकरण के मुख्य अंगों को दर्शाया गया है।

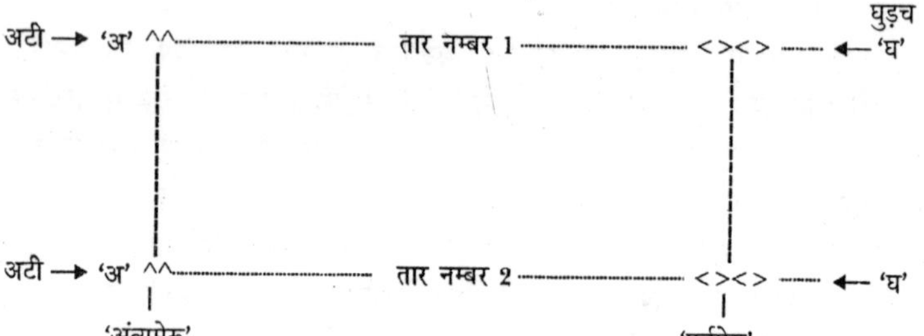

रेखांकित चित्र क्रमांक-9

चित्र के दाहिनी ओर 'घ' घुड़च (Bridge) है जिसके ऊपर से तार चलकर मेरू/तारगहन/अटी, तक पहुँचता है। बाईं ओर 'अ' = अटी को दिखलाया गया है। इस स्थान को मेरू या तार गहन के नाम से भी जाना जाता है। अटी या मेरू के पश्चात् तार खूँटियों तक पहुँचता है। खूँटियों द्वारा तार को कसा जाता है। पं. अहोबल ने अपने ग्रन्थ 'संगीत पारिजात' में, घुड़च या ब्रिज के लिए 'पूर्वमेरू' शब्द का प्रयोग

किया है और तार की लम्बाई के विषय में, किसी भी प्रकार का निर्देश नहीं दिया है। साधारणतः यह घुड़च (Bridge) सींग या हड्डी का बना रहता है, जिसके ऊपर से हो कर तार, तूम्बे पर स्थित लंगोट में बाँध दिए जाते हैं। उनके द्वारा अटी या तार गहन को 'अंत्यमेरू' कहा गया है। खूँटियों से बँधे हुए तार, अंत्यमेरू/तार-गहन में से चलते हुए और ब्रिज या पूर्वमेरू के ऊपर से होते हुए, तूंबे पर स्थित 'लंगोट' में बाँध दिए जाते हैं।

इस 540 m.m वाले उपकरण पर, विभिन्न प्रयोग, कई चरणों में किए जाएँगे। प्रयोग के अन्तर्गत तार नम्बर 1 को, आधार (Base) स्वर जैसे काम में लिया जाएगा यानी तार नम्बर 1 से उपजे स्वर/नाद को आधार मानकर, उसके द्वारा दूसरे स्वरों की तुलना की जाएगी। ये दूसरे स्वर, तार नम्बर 2 द्वारा निकाले जाएँगे और यह तुलना करने की प्रक्रिया, प्रयोग के प्रत्येक चरण में की जाएगी। इसलिए अग्रिम रेखांकित चित्रों में, केवल एक ही तार को दिखलाया गया है ताकि रेखांकित चित्र द्वारा दर्शाए घटक, निर्दिष्ट व भ्रमहीन दिखलाई पड़ें। सबसे पहले हम सप्तक के सीमान्त स्वर 'सा', 'सां', 'सं' के मान को स्थापित करने के लिए इस 540mm वाले उपकरण पर प्रयोग करेंगे।

सा, सां व सां का मान, उपकरण द्वारा

इस उपकरण पर दो तार लगे हुए हैं। दोनों तारों को इस प्रकार कसो कि इन तारों द्वारा निकली ध्वनियाँ/नाद एक समान सुनाई देने लग जाए यानी दोनों नादों की आवृत्ति एक समान हो जाए। इस ध्वनि को हम षड्ज 'सा' मानेंगे। प्रयोग के प्रत्येक चरण में, दोनों तारों के 'पूर्व मेरू' की ओर के भाग को, दाहिने हाथ की उँगली द्वारा, बारी-बारी से छेड़ते रहना चाहिए (यानी आघात करते रहना चाहिए) ताकि आघात द्वारा निकली दोनों ध्वनियों या नादों की तुलना की जा सके। प्रत्येक समय यह आघात, दोनों तारों पर, घुड़च (पूर्वमेरू) के समीप वाले भाग पर किया जाना चाहिए। इस प्रकार तार नम्बर 2 से निकले 'नाद' की, तार नम्बर 1 वाले 'नाद' के साथ तुलना की जा सकती है। निम्न रेखांकित चित्र नम्बर 10 में, चित्र की स्पष्टता बनाए रखने के लिए, केवल एक ही तार को दिखलाया गया है।

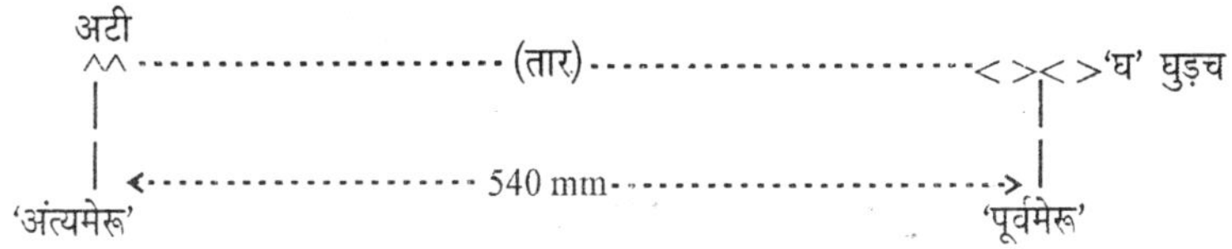

रेखांकित चित्र क्रमांक-10

उपर्युक्त चित्र में अटी से घुड़च तक की दूरी 540 मि.मी है। तार की इस अवस्था को मुक्त अवस्था कहा जाता है। साधारण भाषा में यह कहा जाता है कि खुले तार द्वारा नाद उत्पन्न हो रहा है। तार की इस खुली या स्वतन्त्र अवस्था के अन्तर्गत जो नाद उत्पन्न हो रहा है, वही हमारी वर्तमान स्वर प्रणाली के अन्तर्गत 'तीव्रा' श्रुति या 'षड्ज' का स्थान है। तार नम्बर 1 व तार नम्बर 2 की लम्बाई एक समान हैं और इन दोनों तन्त्रियों द्वारा उत्पन्न नादों की आवृत्तियाँ भी एक समान हैं क्योंकि इन दोनों तारों को एक समान स्वर पर कसा गया है। ये दोनों तन्त्रियाँ षड्ज 'सा' की ध्वनि उत्पन्न कर रही हैं। इन तन्त्रियों द्वारा निकले नादों का रिश्ता या अनुपात सा : सा :: 540 : 540 यानी 1:1 बनेगा।

द्वितीय चरण

अब हम इस उपकरण के लगभग बीचोबीच में, एक परदा/सारिका (Fret) बाँधेंगे। बायें हाथ द्वारा, तार नम्बर 2 को इस परदे पर हलका-सा दबाएँगे और साथ-साथ में, दाहिने हाथ की तर्जनी उँगली द्वारा, दोनों तारों पर हलका-सा आघात करते रहेंगे। यहाँ हम पूर्व में ही बतला चुके हैं कि स्वर ज्ञानियों द्वारा ही, इस प्रकार के प्रयोग सरलता पूर्वक किए जा सकते हैं।

पूर्व की भाँति, तार नम्बर एक द्वारा षड्ज 'सा' प्राप्त हो रहा है। तार नम्बर 2 को परदे पर दबाने के कारण, उसमें से तारषड्ज के आस-पास की ध्वनि सुनाई देगी। परदे को थोड़ा-सा आगे व पीछे सरका कर, ऐसी स्थिति पर लाकर छोड़ दो, जहाँ तार नम्बर दो को परदे पर दबाने से, ठीक तार षड्ज (सां) के समान ध्वनि सुनाई देने लगे। अब पूर्व मेरू/घुड़च से परदे तक की दूरी को नाप लो। निम्न रेखांकित चित्र 11 में, ध्वनि की विभिन्न अवस्थाओं से सम्बन्धित-लम्बाइयों को दर्शाया गया है।

प्रयोग के अन्त में, इस परदे की दूरी को नापते हैं तो हमें यह दूरी 270 मि. मी. की प्राप्त होगी। इसका मतलब यह हुआ कि मुक्त अवस्था यानी 540 मि.मी. द्वारा यदि हमें षड्ज 'सा' की ध्वनि प्राप्त होती है, तो उसी तार की 270 मि.मी. लम्बाई द्वारा हमें तारषड्ज 'सां' की ध्वनि प्राप्त होती है। इस प्रकार दोनों स्वरों (सा व सां) से सम्बन्धित तार की लम्बाई का अनुपात 1 : 1/2 बनेगा।

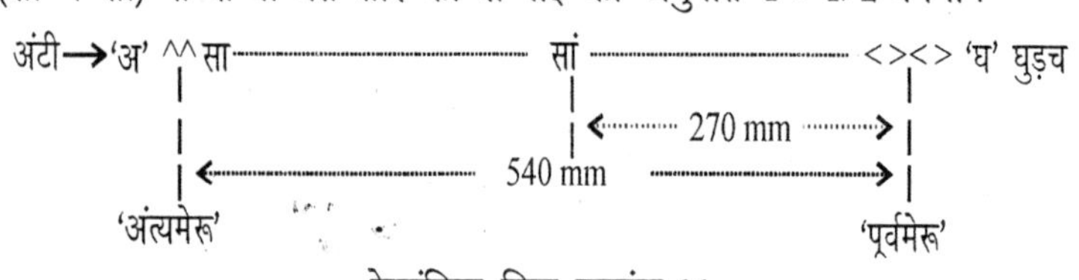

रेखांकित चित्र क्रमांक-11

इसलिए,

षड्ज 'सा' सम्बन्धित लम्बाई = 540 mm

तारषड्ज 'सां' सम्बन्धित लम्बाई = 270 mm

अतः सा : सां = 540 : 270

या 1 : 270/540

या 1 : 1/2

टिप्पणी

पण्डित अहोबल व पण्डित श्रीनिवास ने जो विधि बतलाई है, उनके द्वारा भी ठीक इसी प्रकार के परिणाम मिलते हैं परन्तु मूल रूप से, उनके द्वारा बतलाई गई विधि की तुलना में, हमारे द्वारा अपनाया गया मार्ग बिलकुल भिन्न है। पं. अहोबल व पं. श्रीनिवास, दोनों पण्डितों ने, तार के ठीक मध्य भाग में तारषड्ज (सां) को, बिना किसी प्रयोग किए, स्थापित करने का निर्देश दिया है। (अधिक जानकारी के लिए पाठक, पुस्तक में दी गई परिशिष्ट-सामग्री का अध्ययन कर सकते हैं।) इसके विपरीत हमने कानों द्वारा सुनने के पश्चात् स्वर के स्थान को स्थापित किया है। तत्पश्चात् लम्बाई को क्रियात्मक रूप (Practically) से नाप कर, अनुपात को स्थापित किया है।

सीधे-सीधे लम्बाई आदि का निर्देश एक प्रकार से गणित आधारित तथ्य है। तार की लम्बाई नापकर, उसके मध्य स्थान को स्थापित करने में, थोड़ी-बहुत भूल हो सकती है परन्तु सधे हुए कान कभी भी भूल नहीं कर सकते। इसी सचाई पर भारतीय संगीत, सदियों से टिका हुआ है। भरत मुनि ने भी प्रमाण श्रुति जैसी केशाग्र स्थिति को, कानों द्वारा सुनकर ही प्रमाणित करने का मार्ग बतलाया है। सच पूछा जाए तो स्वरों का मान जैसा विषय, स्वर ज्ञानी व्यक्तियों के लिए है, न कि गणितज्ञों के लिए।

तृतीय चरण

अब हम एक और परदा बाँधेंगे या ऐसे भी कर सकते हैं कि जो परदा पहले बाँधा गया था, उसी को घुड़च की ओर सरकाकर, प्रयोग क्रिया को आगे बढ़ा सकते हैं। जो क्रिया प्रथम चरण व द्वितीय चरण में अपनाई गई थी, उसी को दोहराते हुए इस परदे को ऐसी जगह छोड़ दो, जहाँ तार नम्बर 2 को हल्का-सा दबाने पर अतितार षड्ज (सां) की आवाज सुनाई देने लग जाए।

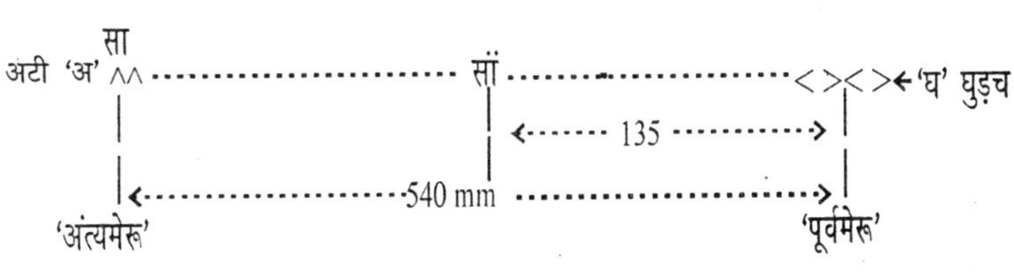

रेखांकित चित्र क्रमांक-12

जहाँ अभी परदे को छोड़ा गया है, उस स्थान पर अतितार षड्ज (सां) की ध्वनि मिल रही है। घुड़च (Bridge) से परदे तक की दूरी नापने पर, हमें यह दूरी 135 mm के बराबर मिलेगी। देखिए चित्र क्रमांक-12। इसका मतलब यह हुआ कि जिस तंत्री द्वारा 135 mm की दूरी पर अतितार षड्ज सां सुनाई देता है, उसी तार की मुक्त अवस्था यानी 540 mm द्वारा हमें मध्य सप्तक का षड्ज (सा) प्राप्त हो रहा था। इस प्रकार अतितार षड्ज 'सां' व षड्ज 'सा' की लम्बाई से सम्बन्धित रिश्ता 1 : 1/4 बनेगा।

इसलिए

षड्ज 'सा' सम्बन्धित लम्बाई = 540 mm
अतिसार षड्ज 'सां' से सम्बन्धित लम्बाई = 135 mm

अतः

षड्ज 'सा' : अतितार षड्ज सां :: 540 : 135
या 'सा' : 'सां' :: 1 : 135/540
या 1 : 1/4

टिप्पणी

उपर्युक्त प्रयोगों द्वारा हम इस परिणाम पर पहुँचे हैं कि तन्त्री की 135 mm लम्बाई द्वारा हमें 'अतितार-षड्ज' सां मिलता है और तन्त्री की 270 mm लम्बाई पर 'तारषड्ज' सां प्राप्त होता है, जबकि तन्त्री की मुक्त अवस्था यानी 540 mm लम्बाई में षड्ज 'सा' बसा हुआ है। तंत्री की ये संबंधित लम्बाईयाँ आपस में दुगुनी बनती चली गई हैं। जिस तथ्य को अब हम चक्षु द्वारा तन्त्री की लम्बाई के माध्यम से देख रहे हैं, उसे प्राचीन ग्रन्थकारों ने पहले से ही व्यक्त कर रखा है। संगीत दर्पण में पं. दामोदर कहते हैं--

"हृदि मन्द्रो गले मध्यो मूर्ध्नि तार इति क्रमात्।
द्विगुणः पूर्वपूर्वस्मादयं स्यादुत्तरोत्तरः॥"

अर्थात् नाद का क्रम मन्द्र, मध्य व तार है जो कि पूर्व से उत्तरोत्तर द्विगुण होता चला गया है।

संगीत दर्पण–पंडित दामोदर

'संगीत मकरंद' में श्री नारद और भी स्पष्ट रूप से लिखते हैं–

'व्यवहारे त्वसौ त्रेधा हृदि मंदोऽभिधीयते।
कंठे मध्यो मूर्ध्नि तारो द्विगुणश्चत्तरोत्तरः॥

अर्थात् शरीर में नाद स्थान हृदय, कण्ठ और सिर में है। व्यावहारिक रूप से

तीन सप्तकों द्वारा मन्द्र, मध्य व तार द्वारा जाना जाता है। यह नाद, मन्द्र से मध्य व मध्य से तार सप्तक में क्रमशः उत्तरोत्तर द्विगुण होता चला जाता है।

संगीत मकरंद...श्री नारद

आवृत्ति द्वारा 'सा', 'सं' व 'सां' का मान

उपर्युक्त तथ्य का आवृत्ति (Frequency) द्वारा भी आकलन किया जा सकता है। हमें मालूम है कि तार की लम्बाई और आवृत्ति का विशिष्ट रिश्ता होता है जिसे पूर्व के अध्याय-3 में विस्तार पूर्वक वर्णन किया जा चुका है। आवृत्ति और तार की लम्बाई में व्युत्क्रम अनुपात (Inverse Proportion) का सम्बन्ध बना रहता है। पृ. 141 के तीनों चरणों के अन्तर्गत जो परिणाम उपलब्ध हुए हैं उनको आवृत्ति सिद्धान्त द्वारा भी जाँच लेना उचित होगा।

प्रथम चरण

प्रारम्भ में दोनों तारों की प्रभावी लम्बाई (Effective Length), 540 mm है। इन दोनों तारों को, एकसमान स्वर में बाँधा गया था। मान लो कि तार नम्बर 1 को ऐसा बाँधा गया था कि उसमें से निकले 'स्वर' की आवृत्ति = 100 कम्पन संख्या प्रति सैकण्ड थी। यही 'स्वर' हमारा षड्ज 'सा' है। प्रयोग क्रिया के अन्तर्गत, उपकरण के दोनों तार एक ही स्वर में बाँधे गए थे, इसलिए तार नम्बर 2 से निकले स्वर की आवृत्ति भी 100 के समान ही होनी चाहिए। इस प्रकार दोनों स्वर का आपसी रिश्ता, 'सा'/'सा' निम्न प्रकार होगा।

सा : सा :: 540 : 540 (लम्बाई का अनुपात)
या 100 : 100 (आवृत्ति का अनुपात)
या 1:1 (गणितीय अनुपात)

द्वितीय चरण

द्वितीय चरण के अन्तर्गत तार नम्बर 2 की प्रभावी लम्बाई 270 mm है। अब हमें यह पता लगाना है कि तारषड्ज 'सां' की आवृत्ति कितनी होनी चाहिए? प्रयोग द्वारा प्राप्त हुई लम्बाईयों के अंकों के अनुसार, तार षड्ज 'सां' सम्बन्धित लम्बाई 270 mm पाई गई थी और मध्य षड्ज 'सा' की लम्बाई 540 mm है। अतः

सा : सां :: 540 : 270 (लम्बाई का अनुपात)
या सा : सां :: 1 : (270/540)
या 1 : (1/2)

आवृत्ति और तार की लम्बाई में व्युत्क्रम अनुपात (Inverse Proportion) का सम्बन्ध बना रहता है। सा और सां से सम्बन्धित लम्बाई का अनुपात 1/2 (आधा)

है तो आवृत्ति का अनुपात 2/1 अर्थात दुगुना होगा। 'सा' की आवृत्ति को हमारे द्वारा 100 कम्पन संख्या प्रति सैकण्ड, समान माना गया है।

तार षड्ज 'सां' की आवृत्ति स्वतः 200 समान होनी चाहिए।

तृतीय चरण

उपकरण के तार नम्बर 1 की आवृत्ति को, 100 क.स.प्र.सै. मान लिया गया है और प्रयोग क्रिया के द्वारा, अतितार षड्ज 'सां' से सम्बन्धित परदे व घुड़च के बीच की दूरी को 135 mm के समान पाया गया है। अतः अतितार षड्ज 'सां' और मध्यषड्ज 'सा' के बीच निर्मित-रिश्ता निम्न प्रकार होगा।

सा : सां :: 540 : 135 (लम्बाई का अनुपात)

या सा/सां :: 1 : 135/540

या 1 : 1/4

यदि सम्बन्धित 'सा' की लम्बाई 1 है तो अतितार सम्बन्धित सां की लम्बाई 1/4 होगी। स्वतः, यदि 'सा' की आवृत्ति 1 है तो अतितार 'सां' की आवृत्ति 4 के समान होगी। 'सा' की आवृत्ति यदि 100 कम्पन संख्या प्रति सैकण्ड मानते हैं, तो अतितार षड्ज 'सां' की आवृत्ति = 100×4 = 400 कम्पन संख्या प्रति सैकण्ड होनी चाहिए।

इसलिए अतितार षड्ज सां की आवृत्ति, तारषड्ज 'सां' से दुगुनी होगी और तारषड्ज 'सां' की आवृत्ति मध्यषड्ज 'सा' की तुलना में दुगुना पाई जाएगी।

निष्कर्ष

आधुनिक विज्ञान आधारित प्रयोगों द्वारा निकले परिणाम और प्राचीन आचार्यों की उक्तियों द्वारा दिए गए निर्देश, एक ही बिन्दु पर आकर ठहरते हैं। विचारणीय बात है कि एक ओर आधुनिक ध्वनि विज्ञान आधारित प्रयोगों द्वारा परिणाम प्राप्त हुए हैं और दूसरी ओर आचार्यों व मुनियों के शास्त्रोक्त वचनों द्वारा बतलाए मार्ग द्वारा प्राप्त क्रियात्मक उपलब्धियाँ हैं। भारतीय संगीत से जुड़े सिद्धान्त, स्वर-संवाद जैसी क्रिया पर आधारित है जो कि पूर्णतः श्रवण शक्ति पर अवलंबित है। ऐसे मार्ग द्वारा उपलब्ध परिणामों की पुष्टि, अब आधुनिक ध्वनि विज्ञान के सिद्धान्तों द्वारा हो जाती है, तो हमारे लिए इससे बढ़कर और क्या गौरव की बात हो सकती है?

सप्तक के शुद्ध स्वरों का मान, तार की लम्बाई द्वारा

अभी तक हम 540 mm वाले उपकरण द्वारा, सप्तक के सीमान्त स्वरों की समीक्षा कर सके हैं। साधारण स्वर ज्ञान रखने वाले व्यक्ति को सप्तक के तार षड्ज 'सां', पंचम 'प', मध्यम 'म' और शुद्ध गान्धार 'ग' को पहचानने में किसी भी प्रकार की

कठिनाई नहीं होनी चाहिए क्योंकि सप्तक के अन्य स्वरों की अपेक्षा इन चार स्वरों की इष्टता अधिक प्रबल होती है। सामान्य स्वर ज्ञान हो जाने के पश्चात्, संगीत के विद्यार्थी का ध्यान, तानपूरा मिलाने की प्रक्रिया की ओर आकृष्ट कराया जाता है।

तानपूरा मिलाने की प्रक्रिया के अन्तर्गत विद्यार्थी षड्ज 'सा', के साथ, घनिष्ठ सम्बन्ध स्थापित कर लेता है। विद्यार्थी को तानपूरा अपने हाथों द्वारा मिलाने के कारण, उसे चार मुख्य सांवादिक स्वर 'प', 'म', 'ग' व 'ग्' की पकड़ कहीं अधिक बलवान हो जाती है। तानपूरे को बार-बार मिलाने के कारण, विद्यार्थी अपने आप को तंत्री व उससे उपजे स्वर से क्रियात्मक व प्रायोगिक संबंध जोड़ने में विश्वास अर्जित कर लेता है। जिन स्वर ज्ञानियों ने इस प्रकार के प्रयोग जीवन में कभी भी नहीं किए हों, उनके द्वारा भी 'प', 'म' व शुद्ध गान्धार स्वर का मान, उपकरण की सहायता द्वारा आसानी से स्थापित किया जा सकता है। एक बार विश्वास अर्जित करने के पश्चात्, सप्तक के बचे हुए शुद्ध स्वर 'रे', 'ध' व 'नि' को भी स्थापित किया जा सकता है। जो स्वर ज्ञानी व्यक्ति प्रयोग करने में अभ्यस्त हो जाते हैं, ऐसे व्यक्ति पहले प्रयास में ही, सभी स्वरों को स्थापित कर सकते हैं।

शुद्ध स्वरों के मान स्थापन प्रयोगों में से, हम पहले 'प', 'म', ग, ग् के मान को स्थापित करना चाहेंगे क्योंकि तानपूरा मिलाने की क्रिया और हमारे द्वारा निर्मित उपकरण द्वारा प्रयोग करने की क्रिया, दोनों समान्तर ही हैं। तानपूरे की तन्त्रियों को षड्ज, पंचम, मध्यम व गान्धार आदि स्वरों में बाँधना पड़ता है। तन्त्रीवाद्य जैसे वीणा, सितार, सरोद, सारंगी आदि के वादकों के लिए तो इस प्रकार की प्रायोगिक क्रियाओं से भलीभाँति परिचित होना ही पड़ता है क्योंकि अच्छा स्वर ज्ञान हुए बिना तन्त्री-वादक अपने वाद्य को मिला ही नहीं सकते। वादन क्रिया के अन्तर्गत भी वादक समय-समय पर प्रत्येक तन्त्री की जाँच करता रहता है। यदि किसी भी तन्त्री का स्वर, फिसली हुई अवस्था में पाया जाता है या स्वर के विचलित होने का आभास होता है, तो वादक उसे उसी क्षण संशोधित करता रहता है। इस प्रकार की क्रिया को, प्रस्तुतिकरण में अनायास करते रहना, वादक के स्वभाव का अंग ही बन जाता है।

ठीक इसी प्रकार एक गायक भी, प्रस्तुतिकरण से पहले व प्रस्तुतिकरण के अन्तर्गत, अपने तानपूरे के स्वरों पर नियन्त्रण रखता है। थोड़ा-सा भी सन्देह होने पर, तानपूरे के स्वर का, यथोचित संशोधन कर दिया जाता है।

म, प, ग व ग् का मान, उपकरण द्वारा

जिस प्रयोग द्वारा हमने 'सा', 'सां' व 'सां' का मान स्थापित किया है, उसी 540 mm लम्बे उपकरण द्वारा और उसी विधि को अपनाते हुए हम, प, म, ग, ग् आदि

स्वर स्थानों का गणितीय मान भी स्थापित कर सकते हैं। प्रयोग के आरम्भ से ही, उपकरण के तार नम्बर 1 को, सुरक्षित रखा गया है। तार नम्बर 2 की प्रभावी लम्बाई के परिवर्तन द्वारा, वांछित स्वर को उत्पन्न करते हुए प्रयोग क्रिया को आगे बढ़ाया जाता है। इस प्रकार के प्रयोग वही कर सकता है जिसने उपयुक्त स्वर ज्ञान प्राप्त कर लिया हो। निम्न चार चरणों द्वारा इन स्वरों का मान स्थापित किया गया है और चारों स्वरों से संबंधित विभिन्न लम्बाईयों को रेखांकित चित्र क्रमांक-13 द्वारा दिखलाया गया है।

प्रथम चरण

स्वर ज्ञान के आधार पर, जहाँ पंचम 'प' की ध्वनि सुनाई देती है, वहाँ एक परदा बाँध लो औरा घुड़च (Bridge) से पंचम 'प' तक की दूरी नाप लो। हमें यह लम्बाई 360 mm प्राप्त होगी। अब हम षड्ज 'सा' और पंचम 'प' से सम्बन्धित लम्बाईयों का पारस्परिक अनुपात निकाल सकते हैं। अतः–

षड्ज 'सा' : पंचम 'प' :: 540 : 360 (लम्बाई का अनुपात)

या 'सा'/'प' :: 1 : 360/540

या 'सा'/'प' :: 1 : 2/3

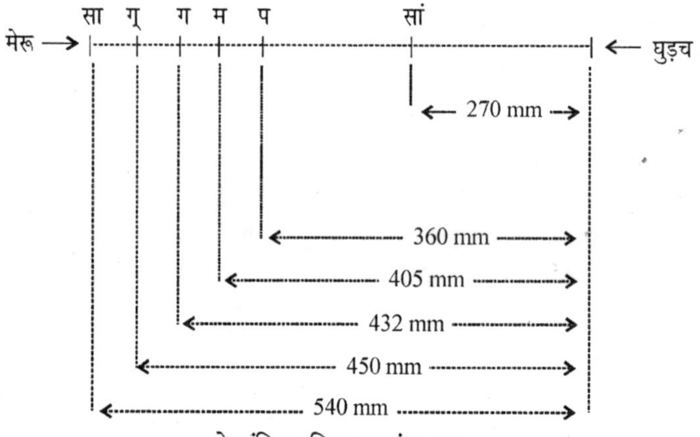

रेखांकित चित्र क्रमांक-13

हमें मालूम है कि तार की लम्बाई और आवृत्ति में, व्युत्क्रम अनुपात यानी उलटा (Inverse Proportion) सम्बन्ध बना रहता है। यदि 'सा' और 'प' से सम्बन्धित लंबाइयों का अनुपात 2/3 है तो, सम्बन्धित आवृत्तियों का अनुपात 3/2 होगा। अब पूर्व की भाँति 'सा' की आवृत्ति को यदि 100 क.स.प्र.सै. (कम्पन संख्या प्रति सैकण्ड) के समान मान लिया जाए, तो 'प' की आवृत्ति स्वतः $100 \times 3/2 = 150$ समान होनी चाहिए।

द्वितीय चरण

प्रयोग करने पर, मध्यम 'म' की ध्वनि, घुड़च (Bridge) से 405 mm दूरी पर मिलेगी। इसलिए 'सा'/'म' या

षड्ज 'सा' : मध्यम 'म' :: 540 : 405 (लम्बाई अनुपात)

या 'सा'/'म' :: 1 : 405/540

या 1 : 3/4

यदि षड्ज 'सा' और मध्यम 'म' से सम्बन्धित लम्बाइयों का अनुपात 3/4 है तो, सम्बन्धित आवृत्तियों का अनुपात 4/3 होगा। हमने षड्ज 'सा' की आवृत्ति को, 100 कम्पन संख्या प्रति सैकण्ड समान मान रखा है इसलिए मध्यम 'म' की आवृत्ति 100×4/3 = 400/3 = 133.33 होगी।

तृतीय चरण

जिस विधि द्वारा पंचम व मध्यम से सम्बन्धित लम्बाइयों को स्थापित किया गया है, उसी प्रक्रिया को अपनाते हुए, एक अतिरिक्त परदे को उपकरण के डाँड पर उस जगह बाँधो, जहाँ तन्त्री नम्बर 2 और इस परदे द्वारा, शुद्ध गान्धार 'ग' की ध्वनि सुनाई देने लगे। तदुपरान्त, घुड़च से इस शुद्ध गान्धार 'ग' वाले परदे तक की लम्बाई को नाप लो। यह लम्बाई 432 मिलिमीटर प्राप्त होगी। अब गान्धार 'ग' व षड्ज 'सा' का रिश्ता स्थापित किया जा सकता है। अतः–

षड्च 'सा' : गान्धार 'ग' :: 540 : 432 (लम्बाई अनुपात)

या 'सा'/'ग' :: 1 : 432/540

या 1 : 4/5

यदि षड्ज 'सा' और गान्धार 'ग' से सम्बन्धित लम्बाइयों का अनुपात 4/5 है तो, सम्बन्धित आवृत्तियों का अनुपात 5/4 होगा। अतः 'सा' की आवृत्ति यदि 100 कम्पन संख्या प्रति सैकण्ड है तो गान्धार 'ग' की आवृत्ति 100×5/4 = 500/4 = 125 होनी चाहिए।

चतुर्थ चरण

षड्ज पंचम व षड्ज मध्यम के द्वारा उत्पन्न सांवादिक ध्वनि को बहुत प्राचीन काल से मान्यता प्राप्त है। शुद्ध गान्धार व विकृत गान्धार वाले स्थानों को, वर्तमान स्वर प्रणाली द्वारा, अधिक प्रकाश में लाया गया है। जिस प्रकार से 'प', 'म', 'ग' के रिश्तों को स्थापित किया गया है, उसी श्रवणाधारित विधि द्वारा विकृत गान्धार 'ग्' सम्बन्धित, एक परदा बाँध लो। इसके पश्चात् घुड़च (Bridge) से विकृत गान्धार 'ग्' की ध्वनि देने वाले परदे की दूरी को नापने पर, हमें 450 mm प्राप्त होंगे। इसलिए षड्ज 'सा' व विकृत गान्धार 'ग्' से सम्बन्धित लम्बाइयों का अनुपात, निम्न प्रकार होगा।

षड्ज 'सा' : विकृत गान्धार 'ग्'	::	540	:	540 (लम्बाइयों का अनुपात)
या 'सा'/'ग्'	::	1	:	450/540
या		1	:	5/6

षड्ज 'सा' और विकृत गान्धार 'ग्' से सम्बन्धित लम्बाइयों का अनुपात 5/6 प्राप्त हुआ है। हमें मालूम है कि आवृत्ति और तार की लम्बाई में व्युत्क्रम अनुपात (Inverse Proportion) का सम्बन्ध बना रहता है। इसालिए सम्बन्धित आवृत्तियों का अनुपात 6/5 होगा। यदि 'सा' की आवृत्ति 100 कम्पन संख्या प्रति सैकण्ड मानते हैं, तो विकृत गान्धार 'ग्' की आवृत्ति $100 \times 6/5 = 600/5 = 120$ होनी चाहिए।

शुद्ध स्वर 'रे', 'ध', 'नि' की स्थापना

उपकरण की दोनों तन्त्रियों को छेड़ते हुए, यथावत् स्थान पर परदा बाँधने की क्रिया चालू रहेगी। यदि रिषभ, धैवत व निषाद की ध्वनियाँ मस्तिष्क में ठीक तरह से बसी हुई हैं, तो जिस प्रकार से पूर्व में सां, प, म, ग व ग् को स्थापित करने के लिए परदे बाँधे गए थे, उसी विधि को अपनाते हुए रिषभ, धैवत व निषाद सम्बन्धित परदे भी बाँधे जा सकते हैं और लम्बाइयों को भी नापा जा सकता है।

प्रयोग द्वारा उपलब्ध शुद्ध स्वरों से सम्बन्धित लम्बाइयों को निम्न रेखांकित चित्र क्रमांक 14 में दिखलाया गया है। हमें दिखलाई दे रहा है कि 'म', 'प', 'ग', व 'ग्' से संबंधित लंबाइयाँ बिल्कुल उतनी ही हैं, जितनी कि पूर्व में हमारे द्वारा, स्थापित की गई थीं।

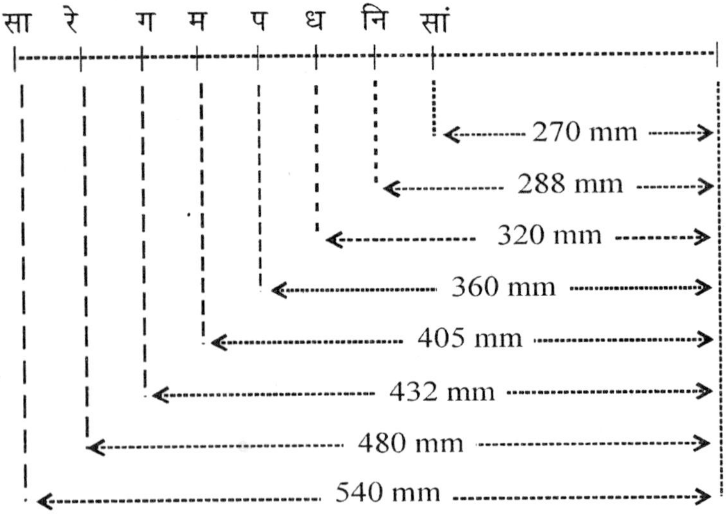

रेखांकित चित्र क्रमांक-14

यद्यपि इस चित्र में सातों शुद्ध स्वरों से सम्बन्धित विभिन्न लम्बाइयों को दिखलाया गया है, सम्प्रति हम शुद्ध रिषभ 'रे', शुद्ध धैवत 'ध' व शुद्ध निषाद 'नि' से सम्बन्धित लम्बाई के अनुपात व आवृत्तिक अनुपात को स्थापित करेंगे। रिषभ 'रे' से सम्बन्धित 480 mm पाई गई है। धैवत 'ध' से सम्बन्धित लम्बाई 320 mm है और निषाद संबंधित लम्बाई 288 mm प्राप्त हुई है।

इस प्रकार सप्तक के सभी शुद्ध स्वरों से सम्बन्धित लम्बाइयाँ चित्र-14 में दिखलाई दे रही हैं। अभी केवल रिषभ, धैवत व निषाद से सम्बन्धित गणित पर विचार किया जा रहा है। गान्धार, मध्यम ब पंचम से सम्बन्धित आँकड़े पूर्व में ही स्थापित किए जा चुके हैं।

'सा'/'रे' :: 540 : 480 (लम्बाइयों का अनुपात)

या 1 : 480/540

या 1 : 8/9

लम्बाई व आवृत्ति का व्युत्क्रम सम्बन्ध है। इसलिए 'रे'/'सा' का आवृत्ति अनुपात 9/8 होगा। पूर्व की भाँति यदि 'सा' की आवृत्ति को 100 कम्पन संख्या प्रति सैकण्ड मान लें तो रिषभ 'रे' की आवृत्ति 9/8×100 = 112.5 होगी।

इसी क्रम द्वारा धैवत 'ध' का लम्बाई सम्बन्धित अनुपात 320/540 = 16/27 मिल रहा है। स्वतः आवृत्तिक अनुपात 27/16 होगा। यदि 'सा' की आवृत्ति को 100 कम्पन संख्या प्रति सैकण्ड मान लें तो, धैवत की आवृत्ति 27/16×100 = 168. 75 होगी।

निषाद 'नि' सम्बन्धित लम्बाई-अनुपात 288/540 = 8/15 मिल रहा है। अतः आवृत्तिक अनुपात 15/8 बनता है। इसलिए यदि 'सा' की आवृत्ति को 100 समान मानते हैं, तो निषाद की आवृत्ति 15/8×100 = 375/2 = 187.5 समान होगी।

शुद्ध स्वरों का मान, श्रुति-संख्या द्वारा

अभी तक विभिन्न स्वरों का मान स्थापित करने के लिए, हमारे द्वारा जो मार्ग अपनाया गया है वह पूर्णतः श्रवण शक्ति आधारित है, यानी पूर्णतः स्वर ज्ञान पर आधारित है और इस विधि द्वारा, क्रियात्मक रूप से (Practically) प्रयोग करने के पश्चात् ही, किसी परिणाम को हस्तगत किया जा सकता है।

प्राचीन काल से ही स्वरों की पहचान, श्रुत्यान्तर द्वारा की जा रही है। इस सम्बन्ध में आनुवंशिक श्रुति विभाजन गुर 4,3,2,4,4,3,2 ही सबसे बड़ा अस्त्र/औज़ार (Tool) है, जिसकी सहायता द्वारा विभिन्न स्वरों के मान को प्राप्त किया जा सकता है। यह विधि सरल है और साधारण बुद्धि द्वारा भी, स्वरों का मान श्रुति संख्या की सहायता से निकाला जा सकता है। पूर्व के अध्याय में, इस गुर द्वारा श्रुति-पहचान और 'श्रुति-संवाद' जैसे विषयों पर विस्तार पूर्वक चर्चा हो चुकी है। इस सन्दर्भ में

पृ. 125-126 पर दिए गए विषय को ध्यान में लाना हितकर होगा, जहाँ यह स्पष्ट कर दिया गया है कि श्रुति-संख्या द्वारा भी स्वरों की पहचान बनाई जा सकती है और स्वरों के मान को निकाला जा सकता है। यहाँ स्वर के 'मान' का अर्थ है कि षड्ज 'सा' से, उस अभीष्ट स्वर तक, कितनी श्रुतियों का अन्तर स्थापित हो रहा है?

वर्तमान स्वर स्थान सम्बन्धित श्रुति मण्डल

(1,5,8,10,14,18,21)

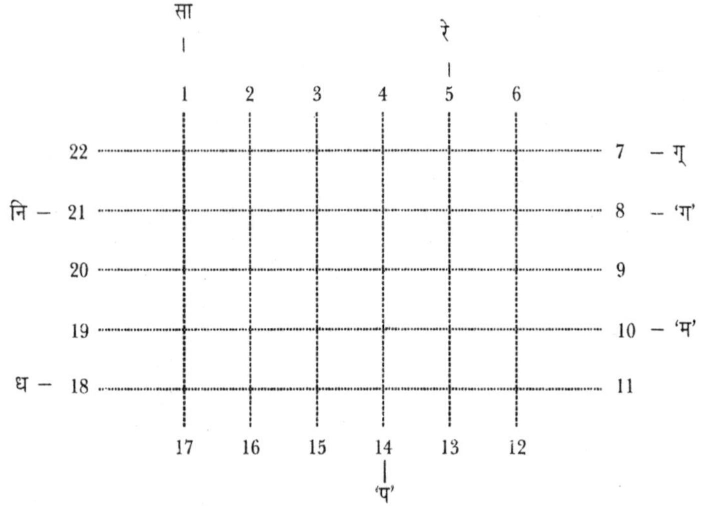

रेखांकित चित्र क्रमांक-15

उपर्युक्त चित्र क्रमांक-15 द्वारा प्रचलित मान्यता प्राप्त स्वर स्थानों को श्रुति-मण्डल द्वारा दर्शाया गया है जिसकी सहायता से किसी भी स्वर का मान, 'श्रुति संख्या' में सरलता से निकाला जा सकता है। श्रुति मण्डल के विषय में हमारे द्वारा पूर्व के अध्याय में विस्तृत रूप से वर्णन किया जा चुका है। छः खड़ी व पाँच आड़ी रेखाओं द्वारा निर्मित चित्र द्वारा, हमें सरलता से 22 स्थान इस प्रकार मिल जाते हैं कि मानो ये स्थान किसी एक छोटी-सी मालिका के अंग हों। इन स्थानों पर इच्छानुसार स्वरों को बैठाया जा सकता है और एक ही दृष्टि में, तुरन्त गणितीय हिसाब भी लगाया जा सकता है। उदाहरण के लिए, मान लो हम पंचम 'प' का मान, श्रुति-संख्या द्वारा निकालना चाहते हैं। श्रुति मण्डल द्वारा हमें यह पता चल रहा है कि षड्ज 'सा', प्रथम श्रुति पर स्थित है और पंचम 'प' चौदहवीं श्रुति पर स्थित है। अतः 'प' और 'सा' के बीच $14-1 = 13$ श्रुतियों का अन्तर है। इसलिए 'प' का मान 13 श्रुत्यान्तर हुआ।

यहाँ ध्यान देने योग्य विषय है कि 'सा' का स्थान, मण्डल चित्र के प्रथम श्रुति-स्थान पर चुना गया है और 'रे', 'ग', 'म' आदि स्वरों को बैठाने के लिए,

मन्दिर की प्रदक्षिणा वाली (Clock-wise) दिशा को चुना गया है। इस प्रकार का चयन हमारी वर्तमान स्वर प्रणाली के अनुरूप ठहरता है। प्राचीन स्वर व्यवस्था सम्बन्धित, श्रुति मण्डल को पूर्व के अध्याय-8 में वर्णन किया जा चुका है। इस सन्दर्भ में रेखांकित चित्र क्रमांक-2 को पुनः देखा जा सकता है।

'सा' से चल कर 'प' तक पहुँचने के लिए हमें चार स्वर, यानी 'सा' 'रे' 'ग' व 'म' को पार करना पड़ता है। 'सा' की चार, 'रे' तीन, 'ग' की दो, और 'म' की चार श्रुति यानी 4+3+2+4 = 13 श्रुतियों का योग बनता है। इसी तथ्य को दूसरे शब्दों में भी कहा जाता है कि पंचम 'प' का मान 13 श्रुत्यान्तर के बराबर है।

इसी प्रकार मध्यम 'म' का मान 4+3+2 = 9 श्रुत्यान्तर समान है, गान्धार 'ग' यानी शुद्ध गान्धार का मान 4+3 = 7 श्रुत्यान्तर समान है। **जिस प्रकार से तन्त्री की लम्बाई को घुड़च** (Bridge) **से मेरू तक (पूर्व मेरू से अंत्य मेरू) नापा जाता है, उसी प्रकार से श्रुति-अन्तराल को स्थापित करने के लिए, आरोहात्मक मार्ग द्वारा, षड्ज 'सा' से अभीष्ट स्वर तक की श्रुतियों की गणना की जाती है।** उदाहरण स्वरूप, श्रुतिमण्डल पर विकृत गान्धार 'ग्' का स्थान सातवीं (7th) श्रुति पर स्थित है इसलिए 'ग्' का मान, 7-1 = 6 श्रुत्यान्तर समान है। इसी प्रकार सप्तक के तारषड्ज 'सां' का मान, 4+3+2+4+4+3+2 = 22 श्रुत्यान्तर समान होगा। इसी व्यक्तव्य को दूसरे शब्दों में कहा जाता है कि हमारा विकृत गान्धार (ग्) षट् श्रुतिक है और शुद्ध गांधार 'ग' सप्त-श्रुतिक है। इसी क्रम को अपनाते हुए हम पाएँगे कि हमारा धैवत 'ध', सत्रह श्रुत्यान्तर है और निषाद 'नि' बीस श्रुत्यान्तर है और निषाद 'नि' बीस श्रुत्यान्तर है।

प्राचीन काल से ही दो स्वरों के मध्य की निर्मित दूरी यानी अन्तराल द्वारा स्वरों को सम्बोधित करने की रीति को महत्ता दी जाती रही है। वास्तव में उस समय, अन्तराल द्वारा स्वरों की पहचान करने की एक मात्र सरल, सुलभ व विश्वस्त विधि थी। तार की लम्बाई द्वारा स्वर के पहचान की अवधारणा को, मध्य युग का संगीत जगत, एक क्रान्तिमय रूप में लेकर उपस्थित हुआ। आधुनिक ध्वनि विज्ञान ने, तार की लम्बाई से जुड़े मार्मिक तत्त्वों को, आवृत्ति सिद्धान्त के रूप में लाकर प्रस्तुत कर दिया, जिसके द्वारा ध्वनि संबंधित सभी प्रकार की समस्याओं का विश्वसनीय समाधान हो सका है।

अभी-अभी हमने जितने भी स्वर सम्बन्धित श्रुति अन्तरालों के विषय में चर्चा की है, उन सबको एक तालिका के रूप (सारणी नम्बर 10) में नीचे दिया जा रहा है।

टिप्पणी

श्रवणाधारित क्रिया के अन्तर्गत, दो स्वरों की सांवादिक गूँज को सुनकर ही निर्णय लिया जाता है कि उस गूँज से सम्बन्धित स्थान को श्रुति शृंखला में स्थान दिया

जाए या नहीं और यदि दिया जाता है तो वह स्थान कौन-सा है, यानी उस चयन किए हुए स्थान का नाम क्या है? अनुभव द्वारा यह पाया गया है कि इस प्रकार की गूँज के गुण यानी इष्टता का स्तर, कम अधिक होता है।

स्वर	षड्ज से श्रुति अन्तराल	
रे	4	चतुः श्रुति अन्तर
ग़्	6	षट् श्रुति अन्तर
ग	7	सप्त श्रुति अन्तर
म	9	नव श्रुति अन्तर
प	13	त्रयोदश श्रुति अन्तर
ध	17	सत्रह श्रुति अन्तर
नि	20	बीस श्रुति अन्तर
सां	22	बाईस श्रुति अन्तर

सारणी क्रमांक-10

'सा' 'सां', 'सा प' व 'सा म' संवादों को अति उत्तम कोटि के संवादों में गणना की जाती है क्योंकि इन स्वरों की जोड़ियों में, इष्टता का आयतत्व सबसे अधिक है। 'सा ग' व 'सा ग़्' संवादों को, उत्तम कोटि की श्रेणी में गिना जाता है क्योंकि तुलनात्मक दृष्टि द्वारा यहाँ इष्टता की मात्रा कुछ कम होती है।

आधुनिक ध्वनि शास्त्र के वैज्ञानिकों ने यह स्थापित कर दिया है कि जिन स्वरों का आवृत्ति अनुपात, सरल व छोटी संख्या द्वारा उभरकर सामने आता है, ऐसे स्वरों की सांवादिक गूँज, अति इष्ट होती है जैसे 2/1, 3/2, 4/3 आदि। इसके विपरीत वे स्वर, जिनके मान बड़ी संख्या द्वारा निर्मित होते हैं जैसे 16/15 व 27/16 आदि, ऐसे स्वरों को अल्प इष्ट वाली श्रेणी में माना गया है क्योंकि ऐसे अनुपात 15, 16, 27 जैसी बड़ी संख्याओं द्वारा बने हुए हैं।

श्रुति इकाइयों का गठन (Formation)

वर्तमान स्वर प्रणाली द्वारा, चार प्रकार की स्वरों की जोड़ियों को, विशेष सांवादिक भाव वाली व प्रभावशाली माना गया है जो ये हैं–'सा प', 'सा म', 'सा ग' व 'सा ग़्'। उपर्युक्त अनुच्छेद में, इन स्वर जोड़ियों की श्रुत्यान्तर संख्या, क्रमशः 13, 9, 7 व 6 को स्थापित किया जा चुका है। इन्हीं चार स्वर जोड़ियों का, राग निर्माण व रागों के वादी संवादी नियम आदि प्रकरण में, विशेष योगदान रहता है। स्वरों के ये श्रुत्यान्तर तीन प्रकार के श्रुति पुंजों के द्वारा निर्मित होते हैं (1) चतुःश्रुतिक, (2) त्रिश्रुतिक, (3) द्विश्रुतिक। चतुःश्रुतिक जैसी संज्ञा द्वारा, चार श्रुतियों के सामूहिक

अनुपात (Combined Rations) का भास होता है। इसी प्रकार त्रिश्रुतिक व द्विश्रुतिक संज्ञा तीन व दो श्रुतियों के सामूहिक अनुपात का आभास मिलता है।

वास्तव में भरत मुनि ने इन तीन सामूहिक अनुपातों को स्पष्ट रूप से 'इकाई' या एकक (Unit) जैसी संज्ञा प्रदान नहीं की है। जिस प्रकार से हमारे द्वारा श्रुति विभाजन आनुवंशिक श्लोक को 'स्वर रोपण गुर' जैसे सम्बोधित किया गया है, उसी भाव के अन्तर्गत, चतुः त्रि व द्वि श्रुतिक जैसे सामूहिक अनुपात को, एक प्रकार की सरल-सी 'इकाई-(Unit)' या 'एकक' के रूप में देखना अधिक युक्तिसंगत होगा यद्यपि ऐसे शब्दों को शास्त्र-प्रमाण का आधार उपलब्ध नहीं है। इन्हीं तीन प्रकार की इकाई (Units) द्वारा, सात स्वरों का रोपण हुआ है। प्रख्यात वंशानुगत गुर 4,3,2,4,4,3,2 भी इन्हीं इकाइयों की संख्या को दर्शाता है। यहाँ 4 का अंक चतुःश्रुतिक, 3 का अंक त्रिश्रुतिक व 2 का अंक द्विश्रुतिक इकाई को सूचित करता है।

अब यह स्पष्ट हो जाता है कि 13, 9, 7, 6 श्रुत्यान्तरों का गठन इन्हीं तीन इकाइयों द्वारा किया गया है। उदाहरणार्थ 13 श्रुतियों के अन्तर को 4+3+2+4 इकाइयों द्वारा गढ़ा जा सकता है। इसी प्रकार 9 श्रुतियों की दूरी को 4+3+2 = चतुः+त्रि+द्वि इकाइयों द्वारा गठित किया जा सकता है। सप्त श्रुतियों की दूरी को सामूहिक रूप से चतुःश्रुतिक+त्रिश्रुतिक इकाइयों द्वारा दर्शाया जा सकता है। इसी प्रकार षट् श्रुतियों की दूरी को चतुःश्रुतिक व द्विश्रुतिक इकाइयों द्वारा निर्माण किया जा सकता है।

सम्पूर्ण भारतीय संगीत का ढाँचा, स्वर-संवाद सिद्धान्त पर टिका हुआ है। स्वर संवाद का आधार 13, 9, 7 या 6 श्रुत्यान्तर यानी 'सा-प', 'सा-म', 'सा-ग' और 'साग्' के योग (Combinations) द्वारा निर्मित किए गए हैं। इसलिए इन तीन इकाइयों (Units) के मान को आधुनिक आवृत्तिक मूल्यों द्वारा स्थापित करना, नितान्त आवश्यक है।

चतुःश्रुतिक इकाई (Unit) का मान (Value)

पूर्व के अनुच्छेद द्वारा तार की लम्बाई के आधार पर मध्यम 'म' व पंचम 'प' आदि मुख्य स्वरों का गणितीय मान (Mathematical Value) निर्धारित किया गया है। तार की लम्बाई व आवृत्ति आदि विषय, आधुनिक ध्वनि विज्ञान पर अवलम्बित हैं। स्वतः ऐसे विषयों पर आधारित मूल्य व मान, उन स्वरों की तारता (Pitch) से सीधा सम्बन्ध रखते हैं। जब हम कहते हैं कि पंचम का मान 3/2 है, तो इसका मतलब यही हुआ कि पंचम 'प' व षड्ज 'सा' की तारता का पारस्परिक अनुपात 3/2 है। दूसरे शब्दों में हम यह भी कह सकते हैं कि पंचम 'प' की आवृत्ति, षड्ज 'सा' की तुलना में, 3/2 गुणा अधिक है।

इसी प्रकार जब हम कहते हैं कि मध्यम 'म' का मान 4/3 है तो इसका मतलब होता है कि मध्यम की ध्वनि, षड्ज की ध्वनि से 4/3 गुणा अधिक है। 'म', 'प'

व 'सा' ये तीनों स्वर चतुःश्रुतिक हैं। वर्तमान स्वर-व्यवस्था के अन्तर्गत षड्ज 'सा' को श्रुति शृंखला की प्रथम श्रुति पर स्थित माना गया है। इसका मतलब यह है कि षड्ज 'सा' से चलकर चार श्रुतियों के पश्चात् पाँचवीं श्रुति पर रिषभ 'रे' मिलेगा। मध्यम 'म' को चतुःश्रुतिक कहना इस बात की सूचना देता है कि मध्यम 'म' से चलते हुए चार श्रुतियों के पश्चात् पंचम 'प' मिलेगा। इसी प्रकार पंचम 'प' को चतुःश्रुतिक कहना इस बात को दर्शाता है कि पंचम से चलकर चार श्रुतियों के पश्चात् शुद्ध धैवत पाया जाएगा। अब हम आधुनिक ध्वनि विज्ञान के आवृत्ति वाले सिद्धान्त को काम में लेते हुए, इस चतुःश्रुतिक इकाई यानी चार श्रुतिक द्वारा निर्मित दूरी को, गणित के अंकों द्वारा स्थापित करेंगे। निम्न रेखांकित चित्र क्रमांक-16 में 'सा', 'म' व 'प' की पारस्परिक दूरी को श्रुति संख्या द्वारा दिखलाया गया है।

षड्ज 'सा' से पंचम 'प' की दूरी 13 श्रुतियों की है और षड्ज से मध्यम की दूरी 9 श्रुतियों की है। इसलिए मध्यम 'म' से पंचम की दूरी 13–9 =.4 श्रुतियों के समान होनी चाहिए। षड्ज 'सा' से पंचम 'प' की दूरी 13 श्रुतियों की है और षड्ज से मध्यम की दूरी 9 श्रुतियों की है। इसलिए मध्यम 'म' से पंचम 'प' की दूरी 13–9 = 4 श्रुतियों के समान होनी चाहिए। **ध्यान रहे कि श्रुतियों की गणना अंत्यमेरू से की जाती है और तार की लम्बाई, घुड़च/पूर्वमेरू से नापी जाती है।**

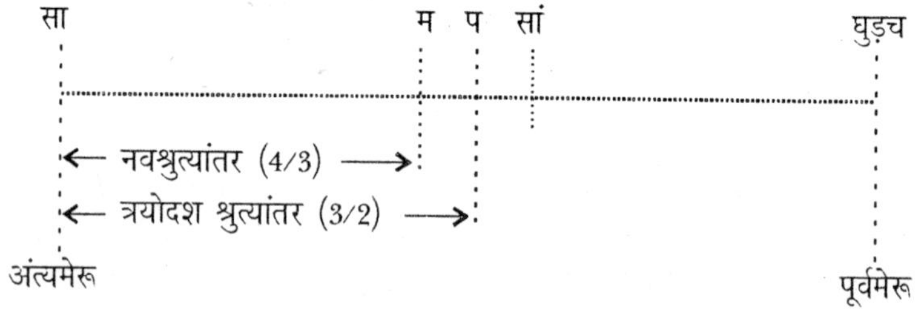

रेखांकित चित्र क्रमांक-16

इसी तथ्य को हम आवृत्ति के माध्यम द्वारा भी कह सकते हैं। षड्ज व पंचम का आवृत्ति अनुपात प/सा है जिसका मूल्य 3/2 है और इस अनुपात का निर्माण, 13 श्रुतियों के अन्तराल द्वारा हुआ है। इसी प्रकार षड़ज व मध्यम से सम्बन्धित आवृत्ति म/सा है जिसका मूल्य 4/3 है और इस अनुपात का निर्माण 9 श्रुतियों के अन्तराल द्वारा हुआ है। अब यदि हम यह पता लगाना चाहें कि 'म' के मूल्य से पंचम 'प' का मूल्य कितना बड़ा है, तो हम पंचम के मूल्य 3/2 और मध्यम के मूल्य 4/3 को सीधा-सीधा, घटा नहीं सकते हैं जैसे (3/2 - 4/3)। इसके विपरीत श्रुतियों के अन्तराल से सम्बन्धित संख्याओं को सीधे रूप में घटा भी सकते हैं जैसे 13–4 = 9 और 13+4 = 17

आवृत्ति-आनुपातिक मान-संख्याओं को घटाने (Subtraction) के लिए, हमें विभाजन (Division) क्रिया को अपनाना पड़ता है और आनुपातिक संख्या को जोड़ने (Addition) के लिए हमें उन आनुपातिक संख्याओं को आपस में गुणा करना पड़ता है। पृ. 153-154 द्वारा हमें पंचम व मध्यम सम्बन्धित आवृत्ति अनुपातों के मूल्य प्राप्त हो चुके हैं।

अतः

प/सा = 3/2 (1) (आवृत्ति अनुपात)

म/सा = 4/3 (2) (आवृत्ति अनुपात)

यदि हम समीकरण (1) में, समीकरण (2) का भाग देते हैं तो हमें 'म' से 'प' की दूरी का मान प्राप्त हो सकता है यानी चार श्रुतियों का मान प्राप्त हो सकता है।

(प/सा)/(म/सा) = (3/2) / (4/3)

या प/म = 3/2×3/4

= 9/8

इस प्रकार प/म यानी चतुःश्रुतिक इकाई का मान 9/8 के बराबर होगा। यह आनुपातिक मान आवृत्ति सम्बन्धित है न कि लम्बाई सम्बन्धित। अर्थात् 9/8 संख्या बतला रही है कि मध्यम से पंचम की आवृत्ति 9/8 गुना ऊँची है।

हमें यह मालूम है कि सप्तक के तीन स्वर यानी षड्ज 'सा', मध्यम 'म' व पंचम 'प', चतुःश्रुतिक हैं, यानी इन तीनों स्वरों का क्षेत्र, चार-चार श्रुतियों का है। इस सन्दर्भ में उपर्युक्त रेखांकित चित्र नम्बर-15 को देखा जा सकता है, जहाँ वर्तमान स्वर स्थानों को 'श्रुति मण्डल' के रूप में दर्शाया गया है। षड्ज 'सा' का स्थान प्रथम श्रुति पर हैं। वहाँ से चार श्रुति छोड़कर पाँचवीं नम्बर की श्रुति पर रिषभ 'रे' स्थित है। इस प्रकार 'रे' व 'सा' की दूरी चार श्रुतियों की बन जाती है। अभी-अभी हमने चतुःश्रुतिक इकाई का मान 9/8 के समान पाया है। अतः 'सा' व 'रे' की दूरी या षड्ज व रिषभ का आवृत्तिक रिश्ता यानी रे/सा का मान भी 9/8 होगा। यह मान आवृत्ति सम्बन्धित है।

मध्यम 'म' दसवीं श्रुति पर स्थित है और पंचम 'प' चौदहवीं श्रुति पर स्थित है। इसलिए पंचम और मध्यम के बीच 14−10 = 4 श्रुतियों का अन्तराल बनता है। अभी-अभी हमने चार श्रुति यानी चतुःश्रुतिक का मान स्थापित किया है। अतः मध्यम से पंचम की ध्वनि 9/8 गुणा ऊँची है।

पंचम 'प' चौदहवीं श्रुति पर स्थित है और धैवत अठारहवीं श्रुति पर स्थित है। इसलिए पंचम से धैवत की दूरी यानी श्रुति अन्तराल 18–14 = 4 चार श्रुतियों का है। अतः ध/प का आवृत्तिक मान चार श्रुतियों के समान होना चाहिए। हमें मालूम है कि रे/सा = प/म = ध/प, इन सभी का मान चार श्रुतियों के समान है यानी चतुःश्रुतिक है। इसलिए रे/सा = प/म = ध/प = चतुःश्रुतिक = 9/8

त्रिश्रुतिक इकाई (Unit) का मान (Value)

जिस प्रकार से चतुःश्रुतिक इकाई का मान स्थापित किया गया है, उसी विधि द्वारा त्रिश्रुतिक इकाई का मान भी स्थापित किया जा सकता है। इस बात का ध्यान रखना चाहिए कि श्रुतियों की गणना, षड्ज स्थान से करनी चाहिए। निम्न चित्र क्रमांक 17 द्वारा 'सा', 'रे' व 'ग' की स्थिति को दिखलाया गया है।

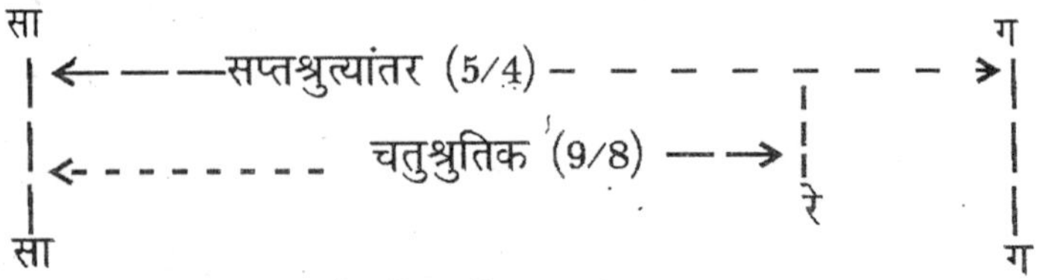

रेखांकित चित्र क्रमांक-17

षड्ज 'सा' से गान्धार 'ग' की दूरी सात श्रुतियों की है और षड्ज से रिषभ की दूरी, चार श्रुतियों की है। स्वतः रिषभ 'रे' व गान्धार 'ग' के बीच की दूरी 7–4 = 3, तीन श्रुतियों समान यानी त्रिश्रुतिक समान होना चाहिए। अतः 'रे' और 'ग' की दूरी अर्थात् ग/रे का आवृत्ति आनुपातिक मूल्य, त्रिश्रुतिक समान होना चाहिए।

अब हम ग/रे का मान स्थापित करेंगे। पृ. 153-154 द्वारा निम्न परिणाम प्राप्त हो चुके हैं।

ग/सा = 5/4..............(1)

उपर्युक्त चित्र क्रमांक-17 द्वारा हम देख सकते हैं कि षड्ज से रिषभ के बीच चार श्रुतियों का अन्तराल है जिसका मान (रे/सा), अभी-अभी 9/8 समान स्थापित किया है। इसलिए

रे/सा = 9/8...............(2) (आवृत्तियों का अनुपात)

अब यदि हम समीकरण (1) में समीकरण (2) का भाग देते हैं तो हमें 'रे' से 'ग' तक की दूरी (3 श्रुतियों) का मान (Value) मिल सकता है।

अतः

(ग/सा)/(रे/सा) = (5/4) / (9/8)

या (ग/सा) × (सा/रे) = (5/4) × (8/9)

या (ग/रे) = 10/9

अतएव त्रिश्रुतिक इकाई का मान 10/9 स्थापित हुआ। यह मान आवृत्ति सम्बन्धित है। यही मान जब लम्बाई से सम्बन्ध करता है, तब इसका मूल्य 9/10 समान हो जाता है।

द्विश्रुतिक इकाई (Unit) का मान (Value)

निम्न रेखांकित चित्र क्रमांक-18 द्वारा दो श्रुत्यान्तरों को दर्शाया गया है। षड्ज से मध्यम (सा-म) की दूरी नौ श्रुत्यांन्तर है और षड्ज से गान्धार (सा/ग) की दूरी सप्त श्रुत्यांन्तर है। इसलिए 'म' और 'ग' के बीच 9–7 = 2 दो श्रुतियों का अन्तराल बनता है।

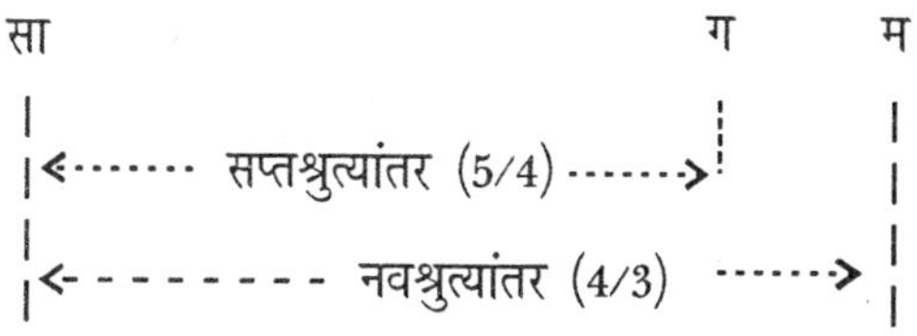

रेखांकित चित्र क्रमांक-18

अब हमें इन दो स्वरों के मान को स्थापित करना है यानी म/ग के आवृत्तिक मूल्य को स्थापित करना है।

हमें मालूम है कि–

म/सा = 4/3 (1) (आवृत्तिक-अनुपात)

ग/सा = 5/ (2) (आवृत्तिक-अनुपात)

अब यदि हम समीकरण (1) में, समीकरण (2) का भाग देते हैं तो हमें 'ग' से 'म' तक की दूरी (दो श्रुति अन्तराल) का मान अर्थात म/ग का आवृत्तिक मूल्य प्राप्त हो जाता है।

अतः

(म/सा) / (ग/सा) = (4/3) / (5/4)

या (म/सा)×(सा/ग) = (4/3) / (4/5)

या (म/ग) = 16/15

इस प्रकार द्विश्रुतिक इकाई का मान 16/15 स्थापित हुआ। यह आवृत्तिक मान है।

इकाइयों के मान (Value) की परिशुद्धता (Accuracy) की जाँच

चतुःश्रुतिक, त्रिश्रुतिक व द्विश्रुतिक इन तीन प्रकार के श्रुति पुंजों को हमारे द्वारा इकाई/एकक/Unit जैसी संज्ञा दी गई है। यद्यपि चतुः, त्रि व द्विश्रुतिक संज्ञाओं को, इकाई (Unit) के रूप में सम्बोधित करने के लिए, हमारे पास स्पष्ट शास्त्रोक्त आधार उपलब्ध नहीं है परन्तु भरत मुनि द्वारा, इन नामों को यथापूर्वक व्यवहार में लाया गया है। श्रुति विभाजन गुर जिसे हमने स्वर रोपण की संज्ञा द्वारा सम्बोधित किया है, उसका ढाँचा भी इन्हीं इकाइयों द्वारा निर्मित है। अभी-अभी पिछले अनुच्छेद में

इन तीन प्रकार के श्रुतिपुञ्जों का मान, गणित द्वारा स्थापित किया गया है। जो निम्न सारणी क्रमांक-11 में सूचीबद्ध है।

1. चतुःश्रुतिक इकाई का मान (आवृत्ति सम्बन्धित) = 9/8
2. त्रिश्रुतिक इकाई का मान (आवृत्ति सम्बन्धित) = 10/9
3. द्विश्रुतिक इकाई का मान (आवृत्ति सम्बन्धित) = 16/15

सारणी क्रमांक-11

अब हम उपर्युक्त दिए गए इकाइयों के मान की परिशुद्धता (Accuracy) की जाँच करेंगे। हमें मालूम है कि दो निकटस्थ (Adjacent) सप्तकों की सीमा आरम्भ के स्वर यानी सा, सां, सां आदि का आपसी रिश्ता द्विगुण होता है यानी सां/सा = 2 और सां/सां = 2 समान होता है। इसी तथ्य को दूसरे शब्दों में यह भी कह सकते हैं कि बाईस श्रुतियों के अन्तराल का मान = 2 है। एक सम्पूर्ण सप्तक का निर्माण 22 श्रुतियों द्वारा होता है। इसलिए स्वर रोपण गुर (4, 3, 2, 4, 4, 3, 2) द्वारा भी परिणाम, 2 के समान मिलने चाहिए। हमें यह ध्यान रखना चाहिए कि इस गुर में 4 का अंक, चतुःश्रुतिक संज्ञा का प्रतीक है, न कि उसका मान (Value) है। 'मान' तो 9/8 के समान है। इसी प्रकार 3 व 2 के अंक, क्रमशः त्रिश्रुतिक व दोश्रुतिक संज्ञाओं के प्रतीक हैं। इनका मान तो उपर्युक्त सारणी क्रमांक-11 में सूचीबद्ध किया गया है। इसके अतिरिक्त हमें इस बात का भी ध्यान रखना चाहिए कि जब हम **दो या दो से अधिक रिश्ते या अनुपातों के मान (Two or more than two ratios) का योग या जोड़ निकालना चाहते हैं तो हमें उनको आपस में गुणा करना चाहिए।**

मान लो हमें चार स्वर 'सा', 'रे', 'ग', 'म' का सामूहिक मान प्राप्त करना है यहाँ 'सा' चतुःश्रुतिक है, 'रे' त्रिश्रुतिक है, 'ग' द्विश्रुतिक है और 'म' चतुःश्रुतिक है। इसलिए इन चारों का सामूहिक योग तो 4+3+2+4 = 13 समान हुआ परन्तु सामूहिक आवृत्तिक अनुपात निकालने के लिए, हमें इन चारों के मान (Values) को आपस में गुणा करना चाहिए। अतः

चतुःश्रुतिक+त्रिश्रुतिक+द्विश्रुतिक+चतुःश्रुतिक = $(9/8)\times(10/9)\times(16/15)\times(9/8)$

या 4+3+2+4 यानी 13 श्रुतिक मान = 3/2

इसी प्रकार जब हम सातों स्वर के श्रुत्यान्तरों का सामूहिक मान निकालेंगे, तो हमें 2 का अंक प्राप्त हो जाना चाहिए। तभी समझा जाएगा कि श्रुति इकाइयों का मूल्य सही-सही आँका गया है।

स्वर → सा रे ग म प ध नि सां

श्रुतिक → चतुः + त्रि + द्वि + चतुः + चतुः + त्रि + द्वि=4+3+2+4+4+3+2=22

मान→$(9/8)\times(10/9)\times(16/15)\times(9/8)\times(9/8)\times(10/9)\times(16/15)$

इसलिए 'सा' से 'सां' तक यानी 22 श्रुतियों का मान

$$= (9/8)\times(10/9)\times(16/15)\times(9/8)\times(9/8)\times(10/9)\times(16/15)$$

$$= 2$$

'सा' से 'सां' तक का मान यानी सप्तक के सातों शुद्ध स्वरों का सामूहिक मान अंक 2 के बराबर प्राप्त हुआ है। इस तथ्य की पुष्टि हो जाती है कि श्रुति इकाइयों का मान सही-सही आँका गया है। यह मान आवृत्ति की ओर संकेत करता है।

टिप्पणी

यहाँ हम पाठकों का ध्यान आकर्षित करना चाहेंगे कि प्रारम्भ से ही प,म,ग आदि विभिन्न स्वरों का मान (Value) यद्यपि तार की लम्बाई द्वारा स्थापित किया गया था परन्तु वह श्रवणाधार ही था। तार की लम्बाई द्वारा विभिन्न अनुपात स्थापित करने के पश्चात् ही इन तीन इकाई (चतुःश्रुतिक, त्रिश्रुतिक व द्विश्रुतिक) के मान स्थापित किए गए थे। तत्पश्चात् इन इकाइयों द्वारा, सप्तक के सात स्वरों का, सामूहिक आनुपातिक परिणाम, अंक दो के समान प्राप्त हुआ है कहने का अभिप्राय यह है कि इस दो (2) के अंक की प्राप्ति का मूल स्रोत, श्रवण शक्ति ही है। यह तो रहा एक मार्ग जिसके द्वारा, दो (2) के अंक की प्राप्ति हुई है। उधर शास्त्रोक्त उक्तियाँ "कण्ठे मध्ये मूर्ध्नि तारो द्विगुणश्चोत्तरः" द्वारा 2 के अंक का संकेत मिल रहा है। दो भिन्न मार्गों द्वारा एकसमान यानी समरूप परिणाम (Similar type of Values) प्राप्त होने के कारण, अब विश्वास के साथ कहा जा सकता है कि चतुःश्रुतिक, त्रिश्रुतिक व द्विश्रुतिक इकाइयों का मान, एकदम सही स्थापित हुआ है।

आधुनिक विज्ञान जगत द्वारा, जिस प्रकार से तौल की इकाई को, ग्राम (gm) व समय की इकाई को सैकण्ड (Second) और लम्बाई की इकाई को (Metre) आदि की मान्यता प्रदान कर रखी है, उसी प्रकार से आधुनिक संगीत शास्त्र द्वारा चतुः, त्रि व द्वि श्रुतिक पुंजों को इकाई (Unit) के रूप में प्रतिष्ठा देना उचित है। पाश्चात्य संगीतज्ञ चतुःश्रुतिक को मेजर टोन (Major Tone), त्रिश्रुतिक को माइनर टोन (Minor Tone) और द्विश्रुतिक को अर्ध स्वर (Semi Tone) सेमी टोन के नाम से सम्बोधित करते हैं।

अब अग्रिम अनुच्छेद में, शुद्ध व विकृत स्वरों का मान श्रुति इकाइयों द्वारा स्थापित किया जाएगा।

शुद्ध स्वरों का मान, श्रुति इकाइयों द्वारा

स्वरों का मान स्थापित करने के लिए मुख्य रूप से दो विधियों को अपनाया जाता हैं। प्रथम तार की लम्बाई व आवृत्ति सम्बन्धित विधि और द्वितीय श्रुति इकाई व स्वर रोपण गुर सम्बन्धित विधि। पृ. 148-149 पर तार की लम्बाई व आवृत्ति के

आधार पर शुद्ध स्वरों का मान स्थापित किया जा चुका है। अब हम श्रुति-इकाई मार्ग को अपनाते हुए शुद्ध स्वरों का मान स्थापित करेंगे और पाएँगे कि इन दोनों मार्गों द्वारा हमें एक ही प्रकार के मूल्यों की प्राप्ति हो रही है।

शुद्ध 'रे' का मान, श्रुति इकाई द्वारा

पृ. 153-154 में प्रत्येक शुद्ध स्वर का श्रुति अन्तराल स्थापित किया गया है। 'सा' से शुद्ध 'रे' का अन्तराल चार श्रुतियों का है। चार श्रुतियों का मान चतुः श्रुतिक इकाई के समान होता है यानी 9/8 के बराबर होता है। इसलिए शुद्ध 'रे' का मान यानी रे/सा का मान 9/8 समान हुआ। यह मान आवृत्ति सम्बन्धित है। शुद्ध 'रे' का लम्बाई सम्बन्धित मान 8/9 समान होगा।

शुद्ध 'ग' का मान, श्रुति इकाई द्वारा

पृ. 153-154 में षड्ज से शुद्ध गान्धार का अन्तराल सात श्रुतियों का बतलाया गया है। सात श्रुतियों को हम 4+3 = 7 यानी चतुःश्रुतिक व त्रिश्रुतिक इकाइयों के योग द्वारा बना हुआ मान सकते हैं। चतुःश्रुतिक का मान 9/8 है और त्रिश्रुतिक का मान 10/9 समान है। इन दोनों का सामूहिक मान निकालने के लिए, हमें इन दोनों मूल्यों को आपस में गुणा करना पड़ेगा। अतः

सप्त श्रुतिक अन्तराल = चतुःश्रुतिक + त्रिश्रुतिक
या ग/सा का मान = (चतुःश्रुतिक मान)×(त्रिश्रुतिक मान)
या ग/सा का मान = (9/8)(10/9)
= 5/4

गान्धार का यह मान, आवृत्ति सम्बन्धित है। इसलिए षड्ज से गान्धार की ध्वनि 5/4 गुणा ऊँची पाई जाएगी।

शुद्ध 'म' का मान, श्रुति इकाई द्वारा

षड्ज से मध्यम तक का अन्तराल नौ श्रुतियों का है। नौ श्रुतियों को हम 4+3+2 = 9 यानी चतु, त्रि व द्विश्रुतिक इकाइयों के योग द्वारा बना हुआ मान सकते हैं। इन तीनों इकाइयों का सामूहिक मान निम्न प्रकार से निकाला जा सकता है।

नौ श्रुतिक अन्तराल = चतुः श्रुतिक + त्रिश्रुतिक + द्विश्रुतिक
या नौ श्रुतियों का सामूहिक मान=चतु × त्रि × द्वि × श्रुतिक मान
या 'सा' से 'म' का मान (म/सा) = (9/8) × (10/9) × (16/15)
या म/सा = (9 × 10 × 16) / (8 × 9 × 15)
= 4/3

म/सा का आवृतिक मान 4/3 स्थापित हुआ है, इसलिए षड्ज से मध्यम की आवृत्ति 4/3 गुणा ऊँची होगी यानी शुद्ध मध्यम का मान 4/3 हुआ।

पंचम 'प' का मान, श्रुति इकाई द्वारा

षड्ज से पंचम का अन्तराल तेरह श्रुतियों का है। तेरह श्रुतियों को हम 4 + 3 + 2 + 4 = 13 यानी चतुः, त्रि व द्विश्रुतिक इकाइयों द्वारा निर्मित मान सकते हैं।

'सा' से 'प' तक की दूरी या 13 श्रुति अन्तराल = चतुःश्रुति+चतुःश्रुति+त्रिश्रुति+द्विश्रुति

या प/सा का मान = $[(9/8) \times (9/8)] \times (10/9) \times (16/15)$

या प/सा का मान = $3/2$

अतः पंचम की आवृत्ति, षड्ज की आवृत्ति से 3/2 गुनी ऊँची है यानी पंचम का मान 3/2 स्थापित हुआ।

शुद्ध धैवत 'ध' का मान, श्रुति इकाई द्वारा

षड्ज से शुद्ध धैवत तक का अन्तराल सत्रह श्रुतियों का है। इस सत्रह श्रुतियों के अन्तराल को हम 4 + 3 + 2 + 4 + 4 = 17 यानी तीन चतुःश्रुतिक, एक त्रिश्रुतिक व एक द्विश्रुतिक इकाई के योग द्वारा निर्मित मान सकते हैं। अतः

17 श्रुतिक अन्तराल = (चतुःश्रुतिक + चतुःश्रुतिक + चतुःश्रुतिक)+ त्रिश्रुतिक + द्विश्रुतिक

या शुद्ध धैवत का मान ध/सा = $(9/8)(9/8)(9/8) \times (10/9) \times (16/15)$

$= (9 \times 9 \times 9 \times 10 \times 16) / (8 \times 8 \times 8 \times 9 \times 15)$

$= 27/16$

शुद्ध धैवत का आवृत्तिक मान 27/16 प्राप्त हुआ है, जो पूर्व में स्थापित किए हुए मान के समान है यानी शुद्ध धैवत की आवृत्ति, षड्ज से 27/16 गुनी ऊँची है।

शुद्ध निषाद 'नि' का मान, श्रुति इकाई द्वारा

षड्ज से निषाद का अन्तराल, 20 श्रुतियों का है। इस बीस श्रुति के अन्तराल 4 + 3 + 2 + 4 + 4 + 3 = 20 को, श्रुति इकाइयों द्वारा बना हुआ माना जा सकता है। अतः षड्ज से शुद्ध निषाद तक यानी बीस श्रुत्यान्तर 'नि'/'सा' का मान, निम्न श्रुति इकाइयों के योग द्वारा देखा जा सकता है।

बीस श्रुतिक अन्तराल = चतुः+ चतुः+ चतु+त्रि+त्रि+द्वि श्रुतिक

या 20 श्रुतियों का मान = $(9/8) \times (9/8) \times (9/8) \times (10/9) \times (10/9) \times (16/15)$

या 'नि'/'सा' का मान = $15/8$

इस प्रकार शुद्ध निषाद का मान, श्रुति इकाई द्वारा भी 15/8 प्राप्त होता है यानी शुद्ध निषाद की आवाज षड्ज से 15/8 गुनी ऊँची होती है।

निष्कर्ष

उपर्युक्त विचार द्वारा सभी शुद्ध स्वरों का मान, श्रुति इकाइयों को प्रयोग में लेते हुए स्थापित किए गए हैं। हम देख रहे हैं कि प्रत्येक स्वर का मान बिलकुल वही प्राप्त हुआ है जो कि पूर्व में रेखांकित चित्र 14 द्वारा स्थापित किया गया था। रेखांकित चित्र-14 के परिणाम, पूर्णरूप से श्रवण आधारितं थे। इस प्रकार इकाइयों के मान की पुष्टि हो जाती है। अब श्रुति इकाई (Units) को प्रयोग में लाते हुए, विकृत स्वरों के मान को भी, स्थापित किया जाएगा।

विकृत स्वरों का मान, श्रुति इकाई द्वारा

वर्तमान स्वर व्यवस्था के अन्तर्गत ही विकृत स्वर-स्थान के लिए एक निश्चित क्रम अपनाया गया है। **बाईस श्रुति शृंखला में, प्रत्येक शुद्ध स्वर से तीसरी श्रुति को विकृत, स्वर के रूप में देखा गया है।** उदाहरण के लिए, षड्ज 'सा' से चलकर एक श्रुति छोड़ते हुए, तीसरी श्रुति पर विकृत रिषभ 'रे' का स्थान होगा। इस सन्दर्भ में रेखांकित चित्र-15 को ध्यान में लाना उचित होगा, जहाँ स्वरों के वर्तमान गृहीत स्थानों को श्रुति मण्डल द्वारा दिखलाया गया है। उपर्युक्त दिए गए क्रम का पालन करते हुए विकृत स्वरों का स्थान निम्न प्रकार से प्राप्त किया जा सकता है।

1. षड्ज का स्थान श्रुति नम्बर 1 पर माना गया है। यहाँ से एक श्रुति छोड़ते हुए यानी नम्बर तीन वाली श्रुति (3rd) पर विकृत रिषभ रे॒ का स्थान होगा।
2. विकृत गान्धार (ग॒)– शुद्ध रिषभ 'रे' का स्थान पाँचवीं (5th) श्रुति पर है। यहाँ से एक श्रुति आगे बढ़ते हुए यानी सातवीं (7th) श्रुति पर विकृत गान्धार 'ग॒' का स्थान होगा।
3. विकृत मध्यम (म॒)– शुद्ध मध्यम 'म' का स्थान दसवीं (10th) श्रुति पर है। यहाँ से चलकर एक श्रुति छोड़ते हुए बारहवीं श्रुति (12th) पर विकृत मध्यम 'म॒' का स्थान होगा।
4. विकृत धैवत (ध॒)– धैवत, पंचम से आगे है। पंचम चौदहवीं (14th) श्रुति पर है। इसलिए इस स्थान से तीसरे स्थान यानी सोहलवें (16th) श्रुति स्थान पर विकृत धैवत होगा।
5. विकृत निषाद (नि॒)– शुद्ध धैवत का स्थान श्रुति मण्डल में अठारहवीं (18th) श्रुति पर स्थित है। इसलिए यहाँ से तीसरी श्रुति पर विकृत निषाद का स्थान यानी बीसवीं (20th) श्रुति पर होगा। इन पाँचों विकृत स्वरों

से सम्बन्धित श्रुति स्थान को उनकी श्रुति क्रमांक संख्याओं द्वारा नीचे सारणी क्रमांक-12 लिखा जा रहा है।

श्रुति क्रमांक ⟶	3	7	12	16	20
विकृत स्वर ⟶	रे॒	ग॒	म्	ध॒	नि॒

सारणी क्रमांक-12

अब हम एक-एक करके इन विकृत स्वरों का मान स्थापित करना चाहेंगे। स्वर का मान स्थापित करने के लिए हमारे पास दो प्रकार के मार्ग उपलब्ध हैं। प्रथम गणित-आधारित श्रुति इकाई (Unit) वाला मार्ग व द्वितीय, स्वर ज्ञान आधारित तन्त्री की लम्बाई वाला मार्ग। इन पाँचों विकृत स्वरों का मान, श्रुति इकाई के मूल्यों का प्रयोग करते हुए स्थापित किया जाएगा। तत्पश्चात् तन्त्री की सहायता द्वारा, इन उपलब्ध मूल्यों की जाँच भी की जाएगी।

विकृत रिषभ 'रे' का मान, श्रुति इकाई द्वारा

श्रुति शृंखला में 'रे॒' का स्थान तीसरी श्रुति पर है और षड्ज, प्रथम श्रुति पर स्थित है। इसलिए विकृत 'रे॒' और षड्ज के मध्य दो श्रुतियों का अन्तर स्थापित होता है। द्विश्रुतिक इकाई का मान हमारे द्वारा 16/15 स्थापित हो चुका है। इसलिए विकृत रिषभ या कोमल रिषभ 'रे॒' का गणितीय मान 16/15 हुआ। ध्यान रहे कि यह आनुपातिक मान आवृत्ति सम्बन्धित है। लम्बाई सम्बन्धित आनुपातिक मान 15/16 के समान होगा।

विकृत गान्धार 'ग॒' का मान, श्रुति इकाई द्वारा

शुद्ध रिषभ का स्थान पाँचवीं श्रुति पर है। शुद्ध रिषभ से आगे बढ़ते हुए तीसरे स्थान यानी सातवीं श्रुति पर विकृत गान्धार ग॒ है। इसलिए शुद्ध रिषभ 'रे' से केवल दो श्रुतियों के अन्तराल पर 'ग॒' स्थित है। हमारे द्वारा शुद्ध रिषभ का आवृत्ति सम्बन्धित मान 9/8 और द्विश्रुतिक अन्तराल का आवृत्तिक सम्बन्धित मान 16/15 स्थापित हो चुका है। अब हमें यह पता लगाना है कि विकृत गान्धार की आवाज, षड्ज की आवाज से कितनी ऊँची है यानी ग॒/सा का मूल्य घ्या है?

विकृत गान्धार 'ग॒' का मान = (शुद्ध रिषभ का मान) + (द्विश्रुतिक मान)

या 'ग'/'सा' का मान = $(9/8) \times (16/15)$

$= (9 \times 16) / (8 \times 15)$

$= 6/5$

अतः श्रुति इकाई द्वारा विकृत गान्धार 'ग॒' का आवृत्तिक मान 6/5 प्राप्त हुआ।

विकृत मध्यम 'म्' का मान, श्रुति इकाई द्वारा

शुद्ध मध्यम का स्थान दसवीं श्रुति पर है और शुद्ध मध्यम का षड्ज सम्बन्धित आवृत्तिक मान 4/3 स्थापित हो चुका है। शुद्ध मध्यम स्थान से आगे बढ़ते हुए, यहाँ से तीसरी श्रुति पर विकृत मध्यम का स्थान होगा अर्थात् विकृत मध्यम 'म्' का स्थान 10 + 2 = 12वाँ होगा। इसलिए विकृत मध्यम और शुद्ध मध्यम का अन्तराल दो श्रुतियों द्वारा बनता है। द्विश्रुतिक अन्तराल का, आवृत्ति सम्बन्धित मान 16/15, हमें मालूम ही है।

अतः

विकृत 'म्' का मान = (शुद्ध मध्यम का मान) + (द्विश्रुतिक मान)
= (4/3) × (16/15)
= (4 × 16) / (3 × 15)
= 64/45

विकृत मध्यम 'म्' का आवृत्ति सम्बन्धित मान 64/45 प्राप्त हुआ है। लम्बाई सम्बन्धित मान 45/64 होगा।

विकृत धैवत 'ध्' का मान, श्रुति इकाई द्वारा

पंचम का स्थान चौदहवीं (14th) श्रुति क्रमांक पर है और पंचम का आवृत्ति सम्बन्धित मान 3/2 पूर्व में स्थापित हो चुका है। यहाँ से तीसरी श्रुति पर यानी सोलहवीं (16th) श्रुति पर, विकृत धैवत का स्थान है। इस कारण, पंचम से विकृत धैवत का अन्तराल द्विश्रुतिक बनता है जिसका मान हमें 16/15 मालूम है।

इसलिए विकृत धैवत का मान = (पंचम का मान) × (द्विश्रुतिक मान)
= (3/2) × (16/15)
= (3×16) / (2×15)
= 48/30
= 8/5

विकृत धैवत का आवृत्ति सम्बन्धित मान 8/5 स्थापित हुआ है। लम्बाई सम्बन्धित मान 5/8 समान होगा।

विकृत निषाद 'नि्' का मान, श्रुति इकाई द्वारा

शुद्ध धैवत का स्थान अठारहवीं (18th) श्रुति पर है और इस स्थान का आवृत्ति सम्बन्धित मान 27/16 पूर्व में स्थापित हो चुका है। यहाँ से तीसरी श्रुति यानी बीसवीं श्रुति पर विकृत निषाद होना चाहिए। इसलिए विकृत निषाद व शुद्ध धैवत में द्विश्रुतिक अन्तराल होना चाहिए।

अतः विकृत निषाद नि॒ का मान

= (शुद्ध धैवत का मान) × (द्विश्रुतिक मान)

= (27/16) × (16/15)

= (27×16) / (16×15)

= 9/5

विकृत निषाद का आवृति सम्बन्धित मान 9/5 समान पाया गया है। लम्बाई सम्बन्धित मान 5/9 होगा।

विकृत स्वरों का मान, तन्त्री लम्बाई द्वारा

साधारणतः ऐसा देखा गया है कि विकृत स्वरों की तुलना में, शुद्ध स्वरों का ज्ञान अधिक परिपक्व पाया जाता है। जिन व्यक्तियों की विकृत स्वरों पर अधिक पकड़ होती है, ऐसे ही व्यक्ति तन्त्री की लम्बाई वाले मार्ग द्वारा विकृत स्वरों का मान स्थापित करने में अधिक सफलता पा सकते हैं।

पूर्व में जिस प्रकार से शुद्ध स्वरों का मान स्थापित किया जाता है, उसी विधि को अपनाते हुए विकृत स्वरों का मान भी स्थापित करना चाहिए। प्रयोग के लिए जिस प्रकार का माप यन्त्र पहले तैयार किया था, ठीक उसी प्रकार विकृत स्वरों के मान स्थापित करने के लिए, एक नया यन्त्र तैयार कर लेना चाहिए। इस नए यन्त्र की लम्बाई 540 mm के बदले ऐसी होनी चाहिए कि उस पर 576 mm लम्बे तार बाँधने का प्रावधान हो। इस नये माप यन्त्र का प्रयोग, केवल विकृत स्वरों के मान निर्धारित करने के लिए ही किया जाएगा।

576 मि.मी. इस नए यन्त्र पर भी दो समान प्रकृति वाली तन्त्रियों को लगाया जाएगा। प्रयोग की प्रथम प्रक्रिया यही है कि इन दोनों तन्त्रियों को एकसमान स्वर में मिला लेना चाहिए। जिस प्रकार से पूर्व में तन्त्री नम्बर-1 को आरक्षित रखा गया था, उसी प्रकार अभी भी तन्त्री नम्बर 1 को, एक प्रमाण तन्त्री के रूप में काम में लिया जाएगा। एक बार स्वर में मिल जाने के पश्चात् तन्त्री नम्बर-1 के साथ किसी भी प्रकार की छेड़छाड़ नहीं की जानी चाहिए। प्रयोग के अवधि काल में तार नम्बर 1 द्वारा निकले स्वर 'सा' को, आधार स्वर जैसे समझा जाएगा और पूर्व की भाँति परदे का सहारा लेते हुए, तन्त्री नम्बर-2 के द्वारा विभिन्न स्वरों को उपजाया जाएगा और आवश्यकतानुसार, तार की प्रभावी लम्बाइयों को नापा जाएगा।

विकृत स्वरों को स्थापित करने के लिए किसी नए प्रकार का प्रयोग नहीं किया गया है। सम्पूर्ण क्रिया उसी प्रकार की है जिस प्रकार से पूर्व में, शुद्ध स्वरों को स्थापित करने के लिए, अपनाई गई थी। इस समय, केवल उपकरण की लम्बाई में अन्तर किया गया है। पूर्व में उपकरण की लम्बाई 540 मि.मी. रखी गई थी परन्तु अभी जिस प्रयोग को हम करने जा रहे हैं, उसके लिए उपकरण की लम्बाई को 576 मिलीमीटर रखा गया है। निम्न रेखांकित चित्र क्रमांक 19 द्वारा, विकृत स्वर रे॒, ग॒, म॒, ध॒, नि॒ से सम्बन्धित, तन्त्री की प्रभावी-लम्बाइयों को दिखलाया गया है।

विकृत स्वरों को स्थापित करने के लिए हमें उसी विधि को अपनाना चाहिए, जिस विधि द्वारा पूर्व में शुद्ध स्वरों को स्थापित किया जा चुका है। 576 मिलिमीटर लम्बे उपकरण की दोनों तन्त्रियों को इच्छानुसार किसी भी स्वर पर एक समान मिला लीजिए। यही स्वर हमारे प्रयोग के लिए षड्ज 'सा' समान समझा जाएगा। प्रयोग के अन्तर्गत उपकरण की तन्त्री नम्बर 1 के स्वर को आधार स्वर के रूप में काम में लिया जाएगा और तन्त्री नम्बर 2 को काम में लेते हुत विभिन्न प्रयोग किए जाएँगे।

अंत्यमेरू या तारगहन से लगभग 35 मिलीमिटर की दूरी पर एक परदा बाँधना चाहिए। बायें हाथ की सहायता से तार नम्बर 2 को इस परदे पर दबाते हुए व दाहिने हाथ की सहायता लेते हुए तार नम्बर 2 द्वारा उपजे स्वर को ध्यान पूर्वक सुनना चाहिए। ऐसी स्थिति में तार नम्बर-2 द्वारा, विकृत रिषभ के आसपास की ध्वनि सुनाई देगी। अब परदे को थोड़ा-सा आगे-पीछे सरकाकर, उस जगह छोड़ दो जहाँ परदे और तार नम्बर-2 की सहायता से, विकृत स्वर 'रे॒' की ध्वनि स्पष्ट रूप से सुनाई देने लगे। ततूपश्चात्, पूर्वमेरू यानी घुड़च से परदे तक की लम्बाई को नाप लो। तार नम्बर-2 की यह लम्बाई ठीक 540 मिलिमीटर पाई जाएगी।

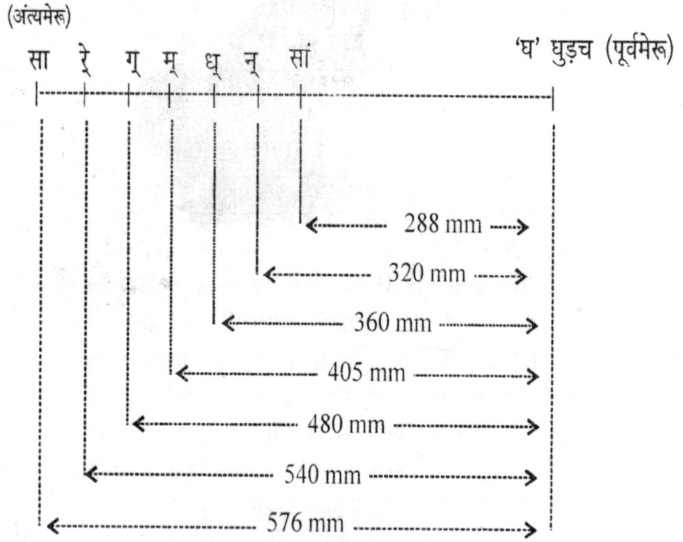

रेखांकित चित्र क्रमांक-19

यदि तार की मुक्त अवस्था यानि 576 मि.मी. द्वारा षड्ज 'सा' उपजता है, तो उसी तार की 540 मि.मी. लम्बाई द्वारा विकृत 'रे॒' की ध्वनि सुनाई दे रही है। अतः सा/रे॒ का मान 540/576 = 15/16 समान बन जाएगा। सा/रे का यह अनुपात

लम्बाई संबंधित है। हमें मालूम है कि किसी भी तार की लंबाई व उसी तार से निकली ध्वनि की आवृत्ति का रिश्ता व्युत्क्रम रूप में होता है। इसलिए रे़/सा का आवृत्तिक सम्बन्ध 16/15 समान होगा।

इसी प्रक्रिया को अपनाते हुए अन्य विकृत स्वर ग़, म़, ध़ व नि़ से सम्बन्धित लम्बाइयों को ठीक प्रकार से नाप लेना चाहिए। इस प्रकार, विकृत स्वरों से सम्बन्धित जो विभिन्न लम्बाइयाँ प्राप्त होती हैं, उन्हें एक सारणी के रूप में नीचे दिया गया है। लम्बाई द्वारा षड्ज से जो विभिन्न रिश्ते बनते हैं यानी विभिन्न मान स्थापित होते हैं तथा जो आवृत्ति सम्बन्धित मान स्थापित होते हैं, उन सबको एक ही स्थान पर, निम्न सारणी क्रमांक-13 में दिया गया है।

टिप्पणी

विकृत स्वरों को स्थापित करने के लिए हमें उसी विधि को अपनाना चाहिए, जिस विधि द्वारा पूर्व में शुद्ध स्वरों को स्थापित किया जा चुका है। 576 मिलिमीटर लम्बे उपकरण की दोनों तन्त्रियों को, इच्छानुसार किसी भी स्वर पर एक समान मिला लीजिए। यही स्वर हमारे प्रयोग के लिए षड्ज 'सा' समान समझा जाएगा। प्रयोग के अन्तर्गत उपकरण की तन्त्री नम्बर 1 के स्वर को आधार स्वर के रूप में लिया जाएगा और तन्त्री नम्बर 2 को काम में लेते हुए विभिन्न प्रयोग किए जाएँगे।

विकृत स्वरों के मान स्थापित करने के लिए, हमने एक नए उपकरण को चुना है, जिसकी लम्बाई 576 mm है, जबकि शुद्ध स्वरों के मान स्थापित करने के लिए उपकरण की लम्बाई 540 mm रखी गई थी। उपकरण की लम्बाई को चुनते समय इस बात का ध्यान, विशेष रूप से रखा गया है कि प्रयोग द्वारा उपलब्ध तार की प्रभावी लम्बाई, पूर्णांकों (Whole Numbers) में ही प्राप्त हो सके।

सम्बन्धित स्वर	**षड्ज से लम्बाई का रिश्ता**	**षड्ज से आवृत्ति का रिश्ता**
विकृत रिषभ रे़	सा/रे़ = 540/576 = 15/16	रे़/सा = 16/15
विकृत गान्धार ग़	सा/ग़ = 480/576 = 5/6	ग़/सा = 6/5
विकृत मध्यम म़	सा/म़ = 405/576 = 45/64	म़/सा = 64/45
विकृत धैवत ध़	सा/ध़ = 360/576 = 5/8	ध़/सा = 8/5
विकृत निषाद नि़	सा/नि़ = 320/576 = 5/9	नि़/सा = 9/5

सारणी क्रमांक-13

जब हम कहते हैं कि माप यन्त्र (Instrument) की लम्बाई 576 mm है तो समझना चाहिए कि इस यन्त्र पर चढ़े हुए तार की लम्बाई (घुड़च से मेरू तक) 576 mm है। इस उपकरण पर, विकृत स्वरों से सम्बन्धित लम्बाइयाँ पूर्णांकों (Whole Numbers) में प्राप्त होती हैं। यदि हम चाहें कि इसी यन्त्र पर शुद्ध स्वरों के लिए

भी प्रयोग (Experiment) करें तो शुद्ध रिषभ, मध्यम व पंचम से सम्बन्धित लम्बाई तो पूर्णांकों में मिल जाएँगी परन्तु शुद्ध गान्धार, शुद्ध धैवत व शुद्ध निषाद से सम्बन्धित लम्बाइयाँ, भिन्नांकों (Fractional digit or Irrational numbers) के रूप में प्राप्त होंगी। फलस्वरूप, अन्तिम परिणाम, अशुद्ध होने के अवसर बढ़ जाते हैं।

मान लो हम 576 mm लम्बे उपकरण पर शुद्ध धैवत के लिए प्रयोग करना चाहते हैं। प्रयोग के अन्तर्गत जब हम शुद्ध धैवत के लिए परदा बाँधेंगे तो परदे तक की प्रभावी लम्बाई $576 \times (16/27) = 341.33$ mm होनी चाहिए। सही ढंग से इस प्रकार की लम्बाई नापना, अत्यन्त कठिन है।

इसी प्रकार से यदि हम 540 mm लम्बे उपकरण पर तीव्र मध्यम 'म॑' को स्थापित करना चाहते हैं तो तार की प्रभावी लम्बाई $540 \times (45/64) = 379.6875$ mm होनी चाहिए और ऐसे परिणाम को हम आसानी से नाप नहीं सकते। परिणामों की परिशुद्धता (Accuracy) को ठीक रखने के लिए ही, हमने दो अलग-अलग लम्बाई वाले उपकरणों को चुना है। शुद्ध स्वरों के लिए 540 मि.मी. लम्बे उपकरण व विकृत स्वरों के लिए 576 मि.मी. लम्बे उपकरणों को चुना गया है।

गणित आधारित मूल्यों की समीक्षा

किसी भी कला के क्रियात्मक पक्ष का अध्ययन करने के पश्चात् ही उसके शास्त्रीय अवययों की ओर ध्यान दिया जाता है। संगीत के लिए भी इस प्रकार के विचार पूर्णरूप से लागू होते हैं। संगीत के प्रत्येक कलाकार को कार्यक्रम की प्रस्तुतिकरण से पहले, तानपूरे पर अपना आधार स्वर स्थापित करना पड़ता है। इसी आधार स्वर को षड्ज या मूल स्वर मानकर, गले द्वारा अन्य स्वरों का सही उच्चारण किया जाता है। इसी 'षड्ज'/'सा' को आधार मानते हुए, संगति करने वाले अन्य कलाकार, कार्यक्रम के लिए पूर्णरूप से तैयार हो जाते हैं। कहने का तात्पर्य यह है कि गायन का कार्यक्रम आरम्भ करने से पहले और गायन शुरू होते ही, सभी वाद्य व कलाकार, उस एक सूत्र में बँध जाते हैं जिस सूत्र द्वारा प्रारम्भ में तानपूरे को आधार स्वर पर बाँधा गया था और कार्यक्रम के अन्त तक इस प्रकार की प्रवृत्ति को पूर्ण निष्ठा से निभाया जाता है। यह कहना अतिशयोक्ति न होगा कि श्रोता भी, कार्यक्रम के आरम्भ से अन्त तक 'षड्ज'/'सा' के उसी सूत्र में, जाने-अनजाने बँधे रहने में ही संतोष की अनुभूति का आस्वाद लेता रहता है।

संगीत के कार्यक्रम के अंतर्गत बहुधा यह सुनने को मिलता है कि 'क्या सुर का काम हो रहा है?' वास्तव में ऐसी स्थिति का निर्माण तभी होता है, जबकि गायक, सारंगी, तबला आदि सभी का आधार-स्वर (Basic Swar) 'सा' ठीक एक समान बना रहे। सभी को मालूम होता है कि यह वही स्वर है, जिस पर प्रारंभ में तानपूरे को बाँधा गया था। कार्यक्रम की अवधि के अंतर्गत, तानपूरे का स्वर यदि थोड़ा-सा

भी विचलित पाया जाता है तो, उसे पुनः सुधारकर, तुरंत प्रारंभिक अवस्था वाले षड्ज 'सा' पर लाकर स्थिर कर दिया जाता है। तबले व सारंगी का षड्ज स्वर भी, इसी प्रकार पूर्ण नियंत्रण में रहता है।

इन सभी विचारों को ध्यान में रखते हुए हम यह कह सकते हैं कि इन षड्ज 'सा' को, एक प्रकार से ध्रुव स्थान वाली संज्ञा देना उचित है। वास्तविकता यह होती है कि मंच पर बैठे सभी कलाकारों का 'सा' स्वर और तानपूरे द्वारा प्रसारित षड्ज स्वर, यह दोनों सब समय एक समान बने रहते हैं। इस यथार्थ को, एक शास्त्रकार ऐसे व्यक्त करेगा कि इन दोनों षड्ज 'सा' का पारस्परिक संबंध एक समान है और अपनी गणित की भाषा में प्रस्तुत करना चाहेगा कि इन दोनों षड्ज 'सा' व 'सा' का अनुपात (Ratio) 1:1 है।

क्रमांक	स्वर नाम	'सा' से आवृत्ति अनुपात	श्रुति मण्डल पर श्रुति क्रमांक	षड्ज से श्रुति अन्तराल	अनुमानित कम्पन सं. प्रति सैकंड
1.	सा	1	1	-	240
2.	रे	16/15	3	2	256
3.	रे	9/8	5	4	270
4.	ग्	6/5	7	6	288
5.	ग	5/4	8	7	300
6.	म	4/3	10	9	320
7.	म्	64/45	12	11	341
8.	प	3/2	14	13	360
9.	ध्	8/5	16	15	384
10.	ध	27/16	18	17	405
11.	नि्	9/5	20	19	432
12.	नि	15/8	21	20	450
13.	सां	2	22	21	480

सारणी क्रमांक-14

गायक-कलाकार के गले द्वारा व वादक के वाद्य द्वारा, नाना प्रकार के स्वर निकलते रहते हैं। शास्त्रकार की दृष्टि में ये नाना प्रकार के स्वर बहुसंख्यक न होकर,मात्र बारह की गिनती में सिमट जाते हैं जिसमें से एक स्वर तो तानपूरे वाला नित्य/स्थाई स्वर, सदैव सम्मिलित रहता है। यह तानपूरे वाला स्वर उस कार्यक्रम का ध्रुव स्वर होता है। शेष के ग्यारह स्वरों की आवाज़ इस नित्य स्वर की तुलना में, ऊँची-नीची प्रकृति की होती हैं। आवाज़ की इस नीची ऊँची प्रकृति को, शास्त्रकार अपने गणित

के हिसाब से, अनुपातों के रूप में देखता है। इस अध्याय में ऐसे अनुपातों के मूल्यों को, पूर्णरूप से स्थापित कर दिया गया है। इन मूल्यों को सारणी क्रमांक-14 में एक स्थान पर देखा जा सकता है।

एक बात ध्यान में रखने की है कि गायन क्रिया के अन्तर्गत, स्वर ऊँचे-नीचे होते रहते हैं, परन्तु षड्ज 'सा' सब समय एक ही स्थान पर स्थिर रहता है। षड्ज को आधार मानकर दूसरे स्वरों की रचना की जाती है। इसलिए एक शास्त्रकार सभी स्वरों के ऊँचेपन व नीचेपन को इसी आधार स्वर 'सा' से तुलना करता है। शास्त्रकारों ने इस प्रकार की तुलना के लिए, विभिन्न विचारों को अपनाया है। इस प्रकार के विचारों को संकलित रूप में निम्न देखा जा सकता है।

1. दो समान तारता वाले स्वरों के रिश्ते या सम्बन्ध की, गणितीय रूप रेखा 1:1 होती है। साधारणतः यह रूपरेखा, स्वरों की आवृत्ति की ओर संकेत करती है। उदाहरण के लिए, तानपूरे के दोनों जोड़ी के तार, एक ही समान तारता वाले स्वर पर स्थापित किए जाते हैं।
2. मतंग मुनि कृत बृहद्देशी ग्रन्थ में श्रुति-मण्डल के विषय में पूर्ण विवरण देखने को मिलता है जहाँ 22 श्रुतियों के बाईस स्थानों को निश्चल/Stable स्थान प्रदान कर दिए गए हैं और श्रुति-स्थान-क्रमांक की गणना के लिए, मन्दिर-प्रदक्षिणा वाली दिशा (Clockwise Direction) को अपनाया गया है। संगीत की भाषा में ऐसी दिशा को 'आरोहात्मक दिशा' जैसे भी सम्बोधित किया जाता है। जहाँ तक श्रुति-स्थान की गणना का सम्बन्ध है, भरत मुनि ने भले ही 'श्रुति-मण्डल जैसी संज्ञा का स्पष्ट रूप से उल्लेख नहीं किया हो, परन्तु उनके सम्पूर्ण साहित्य में श्रुति मण्डल की अन्तर छाप स्पष्ट दिखलाई देती है।
3. स्वर की पहचान उस स्थान द्वारा की जाती है, जिस स्थान पर स्वर श्रुति-मण्डल में विराजित रहता है। वर्तमान स्वर व्यवस्था के अन्तर्गत सप्तक के शुद्ध स्वर, श्रुति मण्डल के 1, 5, 8, 10, 14, 18, 20वें श्रुति क्रमांक पर स्थित माने जाते हैं।
4. स्वरों के मान को, श्रुति अन्तराल द्वारा आँका जाता है। इस श्रुति अन्तराल का हिसाब करने के लिए, श्रुतियों की गणना हमेशा 'षड्ज' से की जाती है। उदाहरणार्थ, पंचम का स्थान श्रुति मण्डल में 14वीं श्रुति पर है। इसलिए पंचम का श्रुति अन्तराल 13 श्रुतियों का है। इसी प्रकार शुद्ध गान्धार का अन्तराल 7 श्रुतियों का बनता है क्योंकि शुद्ध गान्धार का श्रुति शृंखला में आठवाँ (8th) स्थान है।
5. सभी स्वर 'सा' की तुलना में ऊँची प्रकृति के होते हैं। किसी भी स्वर की तारता को हमेशा, षड्ज की तारता से तुलना की जाती है। इस प्रकार

स्वर के ऊँचेपन व नीचेपन को 'सा' से निर्मित, आवृत्ति-अनुमानित द्वारा अनुमान लगाया जाता है कि अमुक स्वर 'सा' से कितना गुना ऊँचा है।

स्वर सम्बन्धित मुख्य गणितीय अंकों को, निम्न सारणी क्रमांक-14 में देख सकते हैं। आवृत्ति अनुपात व श्रुति अन्तराल जैसे गणितीय मूल्य में कभी भी परिवर्तन नहीं होता है। सारणी में दी गई, षड्ज के लिए कम्पन संख्या प्रति सैकण्ड को 240 अंकों की कल्पना की गई है। यह संख्या पूर्ण रूप से अनुमानित है। इस संख्या को इच्छानुसार मूल्य का, माना जा सकता है और अन्य स्वरों से सम्बन्धित, तदनुसार (Corresponding) मूल्यों को स्थापित किया जा सकता है।

तीव्र मध्यम 'म्' के, मूल्य सम्बन्धित मीमांसा

पृ. 172 में विकृत स्वरों को 576 mm लम्बे उंपकरण का उपयोग करते हुए स्थापित किया गया है। प्रयोग के अन्तर्गत, स्थापन क्रिया पूर्ण रूप से श्रवणाधारित थी। विकृत स्वरों को स्थापन करने के लिए, तार की विशेष लम्बाई (576 mm) का चयन इसीलिए किया गया था प्रयोग करने के पश्चात् जब घुड़च से अपेक्षित परदे तक की लम्बाई नापी जाए, तो वे लम्बाई सम्बन्धित अंक, हमें पूर्णांकों में प्राप्त हो सकें। शुद्ध स्वरों की स्थापना के समय भी, इसी प्रकार के विचारों को ध्यान में रखते हुए यन्त्र की लम्बाई को 540 mm चुना गया था। 576 mm नए यन्त्र पर क्रियात्मक रूप से प्रयोग करने के पश्चात्, विकृत मध्यम 'म्' के परदे तक की लम्बाई, 405 mm प्राप्त हुई है। फलस्वरूप षड्ज व विकृत मध्यम 'म्' का, लम्बाई सम्बन्धित अनुपात 405/576 = 45/64 बनता है यानी षड्ज से आवृत्तिक अनुपात 64/45 समान बनेगा।

कई पुस्तकों में विकृत मध्यम सम्बन्धित अनुपात का मूल्य 45/32 भी देखने को मिलता है। थोड़ी देर के लिए हम मान भी लें कि विकृत मध्यम 'म्' सम्बन्धित मान 45/32 ही है, तो 576 mm लम्बे उपकरण के लिए, विकृत मध्यम 'म्' सम्बन्धित इस परदे की स्थिति का, साधारण गणित द्वारा हिसाब लगाया जा सकता है। 45/32 आवृत्तिक अनुपात के समतुल्य, लम्बाई सम्बन्धित अनुपात 32/45 बनता है। इस कल्पनानुसार विकृत मध्यम 'म्' के परदे का स्थान, घुड़च से 576×32/45 = 409.6 mm पर होना चाहिए।

स्वर ज्ञान के आधार पर, इसी 576 mm लम्बे उपकरण द्वारा, विकृत मध्यम सम्बन्धित लम्बाई 405 mm पाई गई है। यदि हम क्रियात्मक दृष्टि द्वारा सोचें तो 409.6–405 = 4.6 mm लम्बाई का अन्तर, इस प्रकार के प्रयोग के लिए बहुत ही अर्थपूर्ण माना जाएगा। आश्चर्य की बात है कि उन्हीं पुस्तकों में, विकृत 'म्' के अतिरिक्त, अन्य स्वरों के लम्बाई सम्बन्धित अनुपातों के मूल्य, उसी समान दिखलाए गए हैं, जिस प्रकार वे मूल्य हमें क्रियात्मक प्रयोग (Practical Experiment) द्वारा प्रापत हुए हैं जैसे शुद्ध 'रे' के लिए 9/8, शुद्ध गान्धार 'ग' 5/4, कोमल गान्धार 'ग्' 6/5, शुद्ध मध्यम 'म' 4/3, पंचम 'प' 3/2 आदि-आदि।

इस विरोधाभास स्थिति पर, हम अधिक गहराई से विचार करना चाहेंगे। इसके पहले कि हम इस प्रसंग को आगे बढ़ाएँ, पूर्व में हमारे द्वारा स्वीकार किए गए कुछ महत्त्वपूर्ण तथ्यों को दोबारा से पुनरीक्षित (Revise) करना उचित होगा। उनमें से मुख्य बिन्दु निम्न प्रकार हैं।

1. श्रुति शृंखला में या श्रुतिमण्डल पर षड्ज 'सा' की उपस्थिति को प्रथम श्रुति पर माना गया है।
2. श्रुति संख्या गिनने के क्रम के लिए आरोहात्मक या प्रदक्षिणा वाली दिशा को अपनाया गया है।
3. प्रथम श्रुति से आरम्भ होकर प्रत्येक श्रुति की आवृत्ति क्रमशः ऊँची होती गई है।
4. आवृत्ति का मूल्य व सम्बन्धित तार की लम्बाई आपस में व्युत्क्रम (Inverse Proportion) रिश्ता स्थापित करते हैं।
5. शुद्ध स्वरों की स्थापना के लिए, श्रुति विभाजन गुर (4, 3, 2, 4, 4, 3, 2 जिसे हमारे द्वारा स्वर रोपण गुर की संज्ञा दी गई है) को पूरी तरह से लागू किया गया है।
6. विकृत स्वरों की स्थापना, अनुभव सिद्ध नियम द्वारा की गई है। इस नियम के अन्तर्गत विकृत स्वर का स्थान एक नियन्त्रित विचारधारा द्वारा किया गया है। इस विचार धारा के अन्तर्गत श्रुति-मालिका में, प्रत्येक शुद्ध स्वर के आगे आने वाली तीसरी श्रुति को, विकृत स्वर के रूप में देखा गया है।

उपर्युक्त बिन्दु क्रमांक-6 में, विकृत स्वर तक पहुँचने के लिए जो निर्देश दिए गए हैं, उस पर विशेष ध्यान देने की आवश्यकता है। किसी भी विकृत स्वर को ढूँढ़ने के लिए, उस नाम के शुद्ध स्वर से तीसरी श्रुति तक पहुँचना पड़ेगा और श्रुति गणना के लिए आरोहात्मक मार्ग अपनाना पड़ेगा, यदि हम विकृत मध्यम 'म्' के विषय में सोचते हैं तो हमें श्रुति गणना आरंभ करने के लिए, शुद्ध मध्यम 'म्' को चुनना पड़ेगा। शुद्ध मध्यम 'म' का स्थान 10वीं श्रुति पर है और नियमानुसार विकृत मध्यम 'म्' का स्थान इस दसवीं श्रुति से तीसरी श्रुति अर्थात् 12वीं श्रुति पर होगा।

तीव्र मध्यम 'म्' का स्थान 12वीं श्रुति पर है, यह तो हमें मालूम पड़ गया है। अब हमें इस 12वें स्थान के मान (Value) को स्थापित करना चाहिए। हमें मालूम है कि 10वें स्थान पर स्थित, शुद्ध मध्यम का आवृतिक मान 4/3 है और यहाँ से विकृत मध्यम का अन्तराल (12-10 = 2) दो श्रुतियों का बनता है। द्विश्रुतिक का आवृत्ति सम्बन्धित मान, हमारे द्वारा 16/15 स्थापित किया जा चुका है। इसलिए इन दोनों आनुपातिक संख्याओं को जोड़ने पर हमें 12वीं श्रुति यानी विकृत मध्यम 'म्' का मान प्राप्त हो जाएगा। हमें यह भी मालूम है कि इन आनुपातिक संख्याओं

को सीधा (Directly) नहीं जोड़ सकते हैं। इन दोनों मान सम्बन्धित संख्याओं को आपस में गुणा करना पड़ेगा। इस प्रकार हिसाब करने के फलस्वरूप, हमें तीव्र मध्यम 'म्' का आवृत्तिक मान $4/3 \times 16/15 = 64/45$ गुणमान प्राप्त होता है। यहाँ ध्यान करने वाली बात है कि इस प्रकार के परिणाम **आरोहात्मक** मार्ग अपनाने के कारण मिल रहे हैं।

तीव्र मध्यम तक पहुँचने के लिए हम दो प्रकार के मार्गों को अपना सकते हैं। प्रथम आरोहात्मक मार्ग व द्वितीय अवरोहात्मक मार्ग। वर्तमान में आरोहात्मक मार्ग का पूरी तरह से पालन किया जाता है। कुछ पुस्तकों में तीव्र मध्यम् 'म्' के संबंधित मान को 45/32 समान दिखलाया है। इसका क्या कारण हो सकता है? ऐसा लगता है कि कुछ गुणीजनों ने विकृत माध्यम को छोड़कर, अन्य स्वरों की स्थापना के समय आरोहात्मक मार्ग को अपनाया है परंतु विकृत मध्यम 'म्' की स्थापना के समय पंचम 'प' से अवरोहात्मक मार्ग को चुन लिया है। इस विचार की पुष्टि, निम्न तर्क द्वारा हो सकती है।

पंचम 'प', श्रुति मालिका में चौदहवें स्थान पर है। यहाँ से दो श्रुति पीछे यानी अवरोहात्मक मार्ग द्वारा भी हम 12वीं श्रुति स्थान पर पहुँच सकते हैं। अब हमें यह देखना है कि अवरोहात्मक मार्ग अपनाने पर, बारहवीं श्रुति स्थान के मान का मूल्य, क्या प्राप्त होता है? पंचम का आवृत्ति सम्बन्धित मान 3/2 है और द्विश्रुतिक आनुपातिक मान 16/15 है। इसलिए चौदह श्रुतिक मान में से, द्विश्रुतिक मान को घटाने पर हमें बारहवीं श्रुति का मान मिल जाना चाहिए। हमें मालूम हैं कि इन आनुपातिक संख्याओं को सीधे प्रकार से (Directly) घटाया नहीं जा सकता है। सही परिणामों को प्राप्त करने के लिए हमें इन दोनों मान सम्बन्धित संख्याओं पर, भाग (Division) देने की क्रिया लागू करनी पड़ेगी। इस प्रकार विकृत मध्यम 'म्' का आवृत्ति सम्बन्धित मान $(3/2) / (16/15) = 45/32$ प्राप्त हो सकता है।

अब यह सोचने की बात है कि प्रथम अवस्था के अन्तर्गत, हम आरोहात्मक मार्ग को पूर्णतः अपनाते हुए, सभी स्वरों के मान स्थापित करते हैं। दूसरी अवस्था के अन्तर्गत विकृत मध्यम के अतिरिक्त अन्य सभी स्वरों का मान भी आरोहात्मक मार्ग द्वारा स्थापित करते हैं परंतु केवल विकृत मध्यम को स्थापित करने के लिए, अवरोहात्मक मार्ग का अनुसरण करते हैं। विकृत मध्यम का मान निकालने के लिए अवरोहात्मक मार्ग पर अवलम्बित क्यों होना पड़े, इसके लिए कोई ठोस कारण भी दिखलाई देता नहीं है और न ही पुस्तकों में उपलब्ध है।

आज के दिन जिन स्वरों का उपयोग करते हुए हम गा-बजा रहे हैं, वे स्वर ही हमारे मस्तिष्क में अपनी छाप अंकित कर चुके हैं। जब हम उपकरण द्वारा प्रयोग (Experiment) करते हैं तो हमारे मस्तिष्क में बसे हुए स्वरों की प्रतिछाया, तंत्री की लम्बाई के रूप में, प्रत्यक्ष उपस्थित हो जाती है। साधारण-सी बात है कि जब

हमें 576 mm लम्बे उपकरण पर, विकृत मध्यम से सम्बन्धित लम्बाई 405 mm प्राप्त होती है, तो यह लम्बाई केवल गणित के माध्यम द्वारा प्राप्त नहीं हुई है। उपकरण पर एक परदा/सारिका को इस प्रकार बाँधा गया था कि तन्त्री को उस परदे पर दबाकर रखते हुए व साथ-साथ छेड़ते हुए, उस परदे द्वारा विकृत मध्यम 'म्' की ध्वनि सुनी जा सके। विकृत मध्यम की ध्वनि, ठीक प्रकार से सुनने के पश्चात ही तन्त्री की प्रभावी लम्बाई को नापा गया था। लम्बाई नापने के पश्चात् ही, गणित द्वारा, विकृत मध्यम 'म्' से सम्बन्धित आवृत्ति अनुपात की रचना की गई थी। फलस्वरूप हमें तीव्र मध्यम 'म्' से सम्बन्धित आवृत्ति अनुपात प्राप्त हुआ था, जो इस प्रकार है 576/405 = 64/45।

सप्तक के अन्य स्वर (शुद्ध व विकृत) के सम्बन्धित मान भी, उपर्युक्त विधि द्वारा ही स्थापित किए गए हैं। इसलिए विकृत मध्यम मान के सम्बन्ध में, किसी प्रकार के संशयात्मक विचार उत्पन्न नहीं होने चाहिए। अब हम स्वर-संवाद सिद्धान्त का प्रयोग करते हुए, विकृत मध्यम 'म्' के मान (64/45) को जाँचने चाहेंगे।

जिस प्रकार से सप्तक के शुद्ध स्वरों में अदृष्य रूप से, षड्ज-पंचम भाव, षड्ज-मध्यम भाव, षड्ज-गान्धार भाव छिपे रहते हैं उसी प्रकार सप्तक के विकृत स्वरों में भी इस श्रेणी के संवादित भावों का छिपा होना अपेक्षित है। जब कोई भी स्वर, दूसरे स्वर से कुछ विशिष्ट अन्तराल पर स्थित होता है, तब उन दोनों स्वरों में पारस्परिक सांवादिक भाव निर्मित होने की क्षमता हो जाती है। स्वरों का यह अन्तराल तभी विशिष्ट कहलाने योग्य होता है जब उन दोनों स्वरों के बीच 13, 9, 7 या 6 श्रुतियों का अंतर होता है। इन श्रुतियों के अन्तराल को क्रमशः षड्ज-पंचम, षड्ज मध्यम, षड्ज गान्धार आदि संज्ञा द्वारा जाना जाता है। कभी-कभी इन सांवादिक भावों को श्रुति संख्या द्वारा भी पहचाना जाता है जैसे त्रयोदश श्रुति भाव, नौ श्रुतिक भाव, षट श्रुतिक भाव आदि-आदि।

जब दो स्वरों का आपसी अन्तराल 9 श्रुतियों का होता है, यानी एक स्वर, दूसरे स्वर से 4/3 गुणा ऊँचा होता है, तब उन दोनों स्वरों में अदृष्य रूप से षड्ज-मध्यम सांवादिक भाव की छवि दिखलाई देने लगती है। स्वरों का यह गुण प्रकृति की उपहार हैं इस सन्दर्भ में सारणी क्रमांक-7 को फिर से देखना चाहिए जहाँ दर्शाया गया है कि शुद्ध 'रे' व 'पंचम' के बीच, षड्ज-मध्यम भाव सदा प्राप्य रहता है।

जब यह 9 श्रुतिक अन्तराल वाला गुण, शुद्ध रिषभ व पंचम में अदृष्य रूप से पाया जाता है तो, विकृत 'रे्' और विकृत 'म्' में भी यह गुण, उभरकर सामने आना चाहिए क्योंकि विकृत मध्यम 'म्' का स्थान 12वीं श्रुति पर है और विकृत रिषभ 'रे्' का स्थान 3री श्रुति पर है यानी इस दोनों के बीच नौ श्रुतिक अंतराल बनता है। इस रहस्य को गणित के अंकों द्वारा भी स्पष्ट किया जा सकता है।

विकृत 'रे्' का षड्ज के साथ आनुपातिक सम्बन्ध को, पूर्व में द्विश्रुतिक (16/15)

के रूप में स्थापित किया जा चुका है। यदि विकृत मध्यम 'म्' और विकृत रिषभ 'रे्' में 9 श्रुतिक अन्तराल है तो 'रे' से 'म्' की ऊँचाई 4/3 गुणा होनी चाहिए। अतः विकृत मध्यम 'म्' का मान (16/15)×(4/3) होना चाहिए यानी 16/15 × 4/3 = 64/45 होना चाहिए। यदि हम विकृत रिषभ रे् को आधार मानकर, षड्ज मध्यम भाव (सा/म = 4/3) द्वारा बारहवीं श्रुति यानि विकृत मध्यम 'म्' की आवाज तक पहुँच सकते हैं और विकृत 'म्' का षड्ज के साथ होने वाले सम्बन्ध को 64/45 समान प्राप्त करते हैं, तो साधारण बुद्धि द्वारा कहा जा सकता है कि हमारे द्वारा पूर्व में स्थापित किए गए परिणाम बिलकुल सही हैं।

कल्पना करो कि षड्ज की आवृत्ति यानी कम्पन संख्या प्रति सैकण्ड 240 है। इसलिए विकृत रिषभ 'रे' की आवृत्ति का मूल्य 240×16/15 = 256 होगा। अब यदि 'रे्' की आवृत्ति यानी 256 को नए षड्ज की आवृत्ति मान लें, तो इस नए 'षड्ज' से सम्बन्धित मध्यम की आवृत्ति का मान, नए षड्ज से 4/3 गुणा होगा अर्थात 256 × 4/3 = 1024/3 होगा। यह मूल्य विकृत मध्यम 'म्' का होगा। अब यदि हम पता लगाना चाहें कि 1024/3 संख्या, 240 यानी मूल षड्ज से कितने गुणा अधिक बड़ी है, तो हमें इन दोनों में भाग क्रिया (Division) लागू करनी पड़ेगी, जैसे (1024/3) / 240 = 64/45। इसका मतलब यह हुआ कि विकृत मध्यम 'म्' की आवृत्ति, षड्ज की आवृत्ति 240, से 64/45 गुनी ऊँची होगी अर्थात् विकृत मध्यम 'म्' का आवृत्तिक अनुपात म्/सा का मूल्य 64/45 होना चाहिए।

उपर्युक्त सभी उदाहरण व तथ्य इस बात की ओर संकेत कर रहे हैं कि विकृत मध्यम 'म्' का आवृतिक मान 45/32 होने का प्रश्न ही नहीं उठता है। सभी विचार, तर्क व तथ्यों द्वारा यह सिद्ध हो जाता है कि विकृत मध्यम 'म्' का आवृत्तिक मान 64/45 ही, सही मान है।

मध्यम के लिए शुद्ध/कोमल संज्ञा–एक मीमांसा

स्वर के सम्बन्ध में जितनी भी अभी चर्चा की गई है उसे ध्यान में रखते हुए हम इन नतीजे पर पहुँच चुके हैं कि सप्तक में मुख्यतः सात शुद्ध स्वर होते हैं। सात शुद्ध स्वरों में से 'सा' प्रमुख स्वर है। और 'सा' शेष सब स्वरों का आधार माना जाता है। इन सात स्वरों के अतिरिक्त उसी सप्तक के अन्दर और भी स्वर होते हैं जिनका संगीत-रचना में योगदान होता है। ऐसे विशेष स्वर कुल पाँच होते हैं और उनको 'विकृत' की संज्ञा दी जाती है क्योंकि इनका स्थान विकृत अवस्था में यानी कुछ विचलित हटा हुआ या बदला हुआ-सा रहता है। सात शुद्ध स्वरों में से 'रे', 'ग', 'म', 'ध', 'नि', ये पाँच स्वर जब अपने स्थान से हटते हैं तब उन्हें विकृत कहा जाता है। विकृत स्वरों को उन्हीं रे, ग, म, ध, नि शब्दों द्वारा पुकारा जाता है परन्तु लिखते समय थोड़ा-सा अन्तर रखा जाता है।

हमने अपनी लेखन लिपि में, कम्प्यूटर टाइपिंग की सुविधा के लिए ऐसे विकृत स्वरों को 'रे्', 'ग्', 'म्', 'ध्', 'नि्' हलंत जैसे लिखा है। इन पाँच स्वरों में से, जब ये चार स्वर रे, ग, ध, नि पीछे की ओर हटते हैं यानी इनकी आवृत्ति, अपने मूल शुद्ध स्वरों की तुलना में कम हो जाती है, तब इन्हें कोमल की संज्ञा दी जाती है। कोमल का मतलब यह समझना चाहिए कि ये स्वर अपनी शुद्ध अवस्था से विचलित होकर कुछ मन्द हो गए हैं। भातखण्डे पद्धति के अन्तर्गत, इन चार कोमल स्वरों को लिखने (Notation) के लिए, उनके नीचे एक आड़ी लकीर देकर संबोधित किया जाता है जैसे रे, ग, ध, नि। शुद्ध स्वरों को लिखने के लिए किसी भी चिन्ह की सहायता नहीं ली गई है। जब 'म' विकृत होता है, तब विकृत मध्यम की आवाज आगे की ओर बढ़ती है यानी तीव्र हो जाती है और आवृत्ति अधिक हो जाती है। विकृत मध्यम को लिखने के लिए 'म' के ऊपर एक खड़ी लकीर का निशान लगा दिया जाता है जैसे मं।

उपर्युक्त विचारधारा के अन्तर्गत हम कह सकते हैं कि 'कोमल' संज्ञा द्वारा ध्वनि की नीची अवस्था की ओर संकेत मिलता है और 'तीव्र' संज्ञा द्वारा ध्वनि की ऊँची अवस्था की ओर ध्यान आकर्षित होता है। इस प्रकार रे, ग, म, ध, नि की दो-दो अवस्थाएँ होती हैं—एक नीची यानी 'कोमल' व दूसरी ऊँची यानी 'तीव्र'। इसलिए शुद्ध स्वर रे ग म ध नि जो ऊँची अवस्था में रहते हैं, उनको तीव्र भी सम्बोधित किया जाता है। शुद्ध 'म' जो नीची अवस्वस्था में रहता है, उसको कोमल 'म' भी कहने की प्रथा है।

टिप्पणी

एक सप्तक में 12 स्वरों का निवास रहता है। और सप्तकों की भिन्नता के अनुसार, क्रियात्मक रूप से उनके मन्द्र, मध्य व तार ऐसे तीन भेद माने जाते हैं। स्वरों के ऊँचेपन व नीचेपन के सम्बन्ध में प्राचीन काल से ही मन्द्र सप्तक के स्वरों से मध्य सप्तक के स्वर, दुगुने ऊँचे माने जाते रहे हैं और मध्य सप्तक के स्वरों से तार सप्तक के स्वर, दुगुने ऊँचे माने जाते रहे हैं। इसका मतलब यह हुआ कि तार सप्तक के स्वर, मन्द्र सप्तक की तुलना में चार गुने ऊँचे होते हैं।

एक सप्तक के स्वरों से, दूसरे निकटस्थ (Adjacent) सप्तक के स्वरों की ऊँचाई का अनुमान तो हमें प्राचीन काल से मिलता आ रहा है परन्तु उन ग्रन्थों द्वारा, सप्तक के कोई से दो विशेष स्वरों के बीच के सम्बन्ध को, गणितीय संख्याओं द्वारा आँकने के सम्बन्ध में, स्पष्ट रूप से ब्योरा नहीं मिलता है। स्वरों से सम्बन्धित श्रुति अन्तराल के विषय में तो विवरण मिलता है परन्तु उन अन्तरालों के गणितीय मूल्यों के विषय में, कुछ स्पष्ट संकेत नहीं मिल पाते हैं।

अब हम शुद्ध मध्यम 'म' के नामांकन के विषय में विचार करते हैं। सप्तक

के सात शुद्ध स्वरों में एक स्वर, मध्यम 'म' भी है। इसलिए प्रारम्भिक परिभाषा के अन्तर्गत 'म' को शुद्ध मध्यम कहलाने का अधिकार स्वतः मिल जाता है। अनुभव सिद्ध, 'विकृत स्वर स्थापना वाले नियम' द्वारा 'म' को विकृत रूप में भी देखा जा सकता है। यह नियम कहता है कि शुद्ध स्वर से दो श्रुति छोड़कर तीसरी श्रुति पर विकृत स्वर का निवास रहता है। शुद्ध गान्धार 'ग', 8वीं श्रुति पर है और शुद्ध मध्यम 'म' 10वीं श्रुति पर है। इसलिए 'ग' से दो श्रुति छोड़कर तीसरी श्रुति का स्थान यानी दसवीं श्रुति का स्थान विकृत अवस्था को प्राप्त हो जाता है। अतएव 'म' की स्थिति शुद्ध स्वर और विकृत स्वर, दोनों कहलाने योग्य बन जाती है। परन्तु वास्तविक स्थिति के अन्तर्गत 'म' अपने स्थान 10वीं श्रुति पर रूप में स्वीकारा गया है। दसवीं श्रुति के स्थान की अवस्था अर्थात् 'म' की अवस्था प्रारम्भ से ही शुद्ध रही है।

आवाज़ के वर्गीकरण को ध्यान में रखते हुए, रे ग म ध नि से सम्बन्धित दो-दो अवस्था हो सकती हैं—नीची यानी कोमल व ऊँची यानी तीव्र। रे, ग, ध, नि जो ऊँची अवस्था में होते हैं, उन्हें तीव्र रे, ग, ध, नि भी कहते हैं, मध्यम 'म' को, शुद्ध-मध्यम व कोमल-मध्यम इन दोनों नामों से जाना जाता है व चढ़े हुए मध्यम को विकृत और तीव्र मध्यम इन दोनों नामों से पुकारने का प्रचलन है।

हमारे विचार से केवल दो प्रकार की संज्ञा—'शुद्ध' और 'विकृत' को प्रयोग में लाने से किसी प्रकार की अड़चन नहीं होनी चाहिए बल्कि 'कोमल' शब्द का प्रयोग करने से पारिभाषिक शब्दों की संख्या में बढ़ोतरी ही होगी। इसीलिए हम अपनी राय यही देना चाहेंगे कि स्वरों के रूप को सम्बोधित करने के लिए, केवल दो प्रकार के पारिभाषिक शब्द-'शुद्ध' और 'विकृत' के प्रयोग द्वारा, हमारा कार्य सुचारु रूप से चल जाना चाहिए।

विशेष अध्ययन

1. जो पाठक वीणा के तार की लम्बाई द्वारा स्वर स्थापना की प्राचीन विधि का गहराई से अध्ययन करना चाहते हैं, उन्हें पुस्तक के अन्त में दी गई परिशिष्ट सामग्री (Appendix) से परिचित होना हितकर होगा।
2. सारणी क्रमांक-14 में विविध अनुपात और अन्तरालों का विवरण दिया गया है। आधुनिक विचारधारा के अन्तर्गत इस प्रकार का अध्ययन आवृत्ति (Frequency = कम्पन संख्या प्रति सैकण्ड) द्वारा अधिक सरल प्रतीत होता है। इसीलिए शास्त्रकारों ने षड्ज 'सा' से सम्बन्धित आवृत्ति को 240 प्रति सैकण्ड मानकर अन्य स्वरों से सम्बन्धित आवृत्तियों को स्थापित करने की चेष्टा की है। ध्यान रहे कि षड्ज की यह आवृत्ति बिलकुल स्वेच्छा से (Arbitrary) चुनी गई है। कई शास्त्रकारों ने इसी आवृत्ति को 256 प्रति सैकण्ड समान भी चुना है।

अध्याय-10

'सेवर्ट' व 'सेण्ट' सूचिकांक

लॉगरिथ्म (Logarithm) व संगीत सम्बन्धित समस्या

संगीत के साथ विज्ञान और विज्ञान के साथ गणित जैसे विषयों का, उसी गति द्वारा विकास हुआ है व निरन्तर होता जा रहा है। इस प्रगति के अन्तर्गत लॉगरिथ्म जैसी विधि को गणित के क्षेत्र में एक नवीन उपलब्धि के रूप में स्वीकारा गया है। जोड़, बाकी, गुणा, भाग वाली क्रियाओं को, सरल व विश्वसनीय बनाने के लिए कई प्रकार के उपकरणों का भी प्रादुर्भाव हुआ है जैसे मेकैनिकल केलक्युलेटिंग मशीन (Mechanical Calculating Machine), स्लाइड रूल (Slide Rule) आदि। इस प्रकार के नए उपकरणों का, विकास प्रक्रिया की दौड़ में जन्म भी हुआ और कालान्तर में वे धूमिल होते-होते पूरी तरह से ओझल भी हो चुके हैं। अब तो वे एक प्रकार से ऐतिहासिक यादगार बनकर रह गए हैं परन्तु उनमें से अर्वाचीन लॉगरिथ्म जैसी विधि आज भी जीवित है और गणित के क्षेत्र में पूर्णरूप से सक्रिय है। वर्तमान में कम्प्युटर (Computer) व इलेक्ट्रोनिक कैलक्युलेटर (Electronic Calculator) जैसे उपकरण, आम जन जीवन के अनिवार्य व मुख्य अंग बन गए हैं। इस प्रकार के उपकरणों द्वारा, गणित सम्बन्धित समस्याओं का सरलता व शीघ्रता से निराकरण हो जाता है और परिणाम भी विश्वसनीय प्रकृति के प्राप्त हो जाते हैं।

संगीत से जुड़ी समस्याओं के हल के लिए, बहुत भारी-भरकम उपकरणों की या विधियों की आवश्यकता नहीं है। लॉगरिथ्म आधुनिक गणित का एक छोटा-सा अंग है। किसी विशेष प्रकार की समस्या, जहाँ केवल गुणा या भाग क्रिया का उपयोग होता हो, ऐसी समस्या का हल लॉग पद्धति द्वारा आसानी से हो जाता है क्योंकि लॉग द्वारा गुणा-भाग की क्रिया, जोड़ने-घटाने में परिवर्तित हो जाती है। जटिल प्रकृति की समस्याएँ, जिनका समाधान प्राप्त करने के लिए एक शताब्दी पूर्व, हमें गुणा व भाग की क्रियाओं पर, आश्रित रहना पड़ता था, ऐसी समस्याओं का हल, अब

लॉगरिथ्म द्वारा केवल जोड़-बाकी प्रक्रिया द्वारा प्राप्त हो सकता है।

सच पूछा जाए तो जहाँ तक संगीत से जुड़ी समस्याओं का प्रश्न है, लॉगरिथ्म को समझना व जानना इतना आवश्यक नहीं है परन्तु ऐसी स्थिति बन गई है कि प्रायः संगीत की सभी पुस्तकों में लॉगरिथ्म आधारित विधियों का विवरण मिलता है, जैसे सेण्ट व सेवर्ट विधि। इसलिए इस विषय पर कुछ प्रकाश डालना आवश्यक हो जाता है।

जहाँ तक संगीत के क्रियात्मक पक्ष (Practical) का सम्बन्ध है, वहाँ लॉग आधारित पद्धति का उपयोग बिलकुल नहीं होता है। लॉग आधारित विषयों का बहुत ही अल्पतम उपयोग, संगीत शास्त्र (Theory) में दिखलाई पड़ता है--वह भी केवल स्वर व श्रुतियों के मान (Value) स्थापना के सन्दर्भ में कहीं-कहीं दिखलाई पड़ता है। स्वरों की आकृति को अप्रत्यक्ष रूप से, केवल कानों के माध्यम द्वारा निर्धारित किया जाता रहा है। परन्तु जब उस आकृति को चक्षु द्वारा देखने का प्रश्न आया तब, तन्त्री की लम्बाई व उससे निर्मित अनुपात (Ratio) को समझाने के लिए, गणित जैसे माध्यम की आवश्यकता महसूस होने लगी।

पिछली चार-पाँच शताब्दियों तक, स्वर के मान (Values) को स्थापित करने के लिए धातु के तार की लम्बाई का सहारा लिया जाता रहा है। लगभग दो शताब्दियों से, आन्दोलन संख्या (Frequency 'or' Vibrations per second) जैसी वैज्ञानिक विचारधारा का उपयोग, संगीत से सम्बन्धित समस्याओं के साथ जुड़ गया है। तार की लम्बाई हो या आन्दोलन संख्या, स्वरों के मान को स्थापित करने के लिए, दो संख्याओं के अनुपात के विषय में ही ध्यान करना पड़ता है। साधारणतः यह अनुपात पूर्णांकों में नहीं होता है। इस अनुपात (Ratio) का रूप, क/ख जैसा होता है यानी भिन्नांकों (Fractional Numbers) के रूप में होता है। विभिन्न भिन्नांकों के मूल्यों (Values) का आसानी से अनुमान नहीं लगाया जा सकता है क्योंकि

1. प्रथम तो दो भिन्नांकों की तुलना करना कठिन हो जाता है। दो भिन्नांकों को देखकर तुरन्त यह निर्णय लेना कठिन हो जाता है कि उनमें से कौन-सा भिन्नांक बड़ा है व कौन-सा भिन्नांक छोटा है? उदाहरण के लिए दो भिन्नांक 3/2 व 5/4 को ले लीजिए। हम तुरन्त विश्वास के साथ यह नहीं कह सकते हैं कि इन दोनों में से कौन-सी संख्या बड़ी है? यदि इन संख्याओं को दशमलव में परिवर्तित कर दिया जाए, जैसे 3/2 = 1.5 व 5/4 = 1.25, तो हम सरलता से कह सकते हैं कि 3/2 संख्या बड़ी है और वह भी 0.25 मूल्य से।

2. द्वितीय, जब क/ख प्रकार के दो भिन्नांकों को आपस में गुणा या भाग करना पड़ता है तो गुणा व भाग वाली क्रिया द्वारा, जो परिणाम हमें प्राप्त होता है, अन्त में उसका रूप भी क/ख के प्रकार का ही होता है। मान लो हमें एक भिन्नांक 3/2 को दूसरे भिन्नांक 5/4 से गुणा करना है। गुणा क्रिया द्वारा हमें $3/2 \times 5/4 = 15/8$ प्राप्त

होगा। इस प्रकार यह परिणाम 15/8 भी, एक भिन्नांक के रूप में प्राप्त हुआ है। यदि हम 3/2 को 5/4 से भाग देना चाहते हैं तो भी हमें (3/2) / (5/4) = (6/5) यानी उत्तर, एक भिन्नांक के रूप में प्राप्त होता है। जब हम स्वर के मान के विषय में मनन करना चाहते हैं तो हमें भिन्नांक सम्बन्धित गणित की मौलिक क्रिया जैसे भिन्नांकों का परस्पर गुणा, भाग आदि से पूर्णतः अभ्यस्त होना पड़ेगा।

इस प्रकार की क्रियाओं के लिए 'लॉगरिथ्म' विधि बहुत ही उपयोगी सिद्ध हुई है। लॉगरिथ्म द्वारा दो अनुपातों की तुलना भी आसानी से की जा सकती है और किसी अनुपात का मान (Value) भी आसानी से समझा जा सकता है। लॉगरिथ्म विधि को हम उतना ही समझने की कोशिश करेंगे, जिसके द्वारा हमें यह मालूम पड़ सके कि सेवर्ट व सेण्ट क्या हैं और इनकी सहायता द्वारा, संगीत की समस्याओं को किस प्रकार सरलता से समझा व सुलझाया जा सकता है? 'सेवर्ट' व 'सेण्ट' क्या हैं, सर्वप्रथम इस प्रकरण को समझ लेना चाहिए। उसके पश्चात् 'सेण्ट व सेवर्ट' को किस प्रकार काम में लिया जाता है, उसके विषय में लिखा जाएगा।

'सेवर्ट' पद्धति

सेवर्ट पद्धति को समझने के पूर्व, लॉगरिथ्म या लॉग गणित को साधारण दृष्टि द्वारा समझ लेना सुविधाजनक होगा। गणितज्ञों ने, लॉग-गणित के अन्तर्गत, गणित के मूल अंक 1, 2, 3, 4 आदि के लिए कुछ विशेष प्रकार के मूल्य आवंटित कर रखे हैं जैसे कि अंक 2 के लिए 0.3010 व अंक 3 के लिए 0.4771 आदि। इस प्रकार के विविध अंकों की पहचान अलग से की जा सके, इस प्रयोजन के लिए लॉग की सांकेतिक भाषा में, गणित के मूल अंक 1, 2, 3 आदि को लॉग 1, लॉग 2, लॉग 3, शब्दों का प्रयोग करते हुए, एक सारणी (Table) का आकार दे दिया गया है। उदाहरण स्वरूप सारणी क्रमांक-15 में कुछ अंशों को यहाँ दिया गया है।

लॉग 1 = 0.0000	लॉग 6 = 0.7781
लॉग 2 = 0.3010	लॉग 7 = 0.8451
लॉग 3 = 0.4771	लॉग 8 = 0.9031
लॉग 4 = 0.6021	लॉग 9 = 0.9542
लॉग 5 = 0.6990	लॉग 10 = 1.0000

सारणी क्रमांक-15

अंकों की सूची अधिक विस्तृत होने के कारण, उपर्युक्त सारणी को लॉग पुस्तिका के रूप में गठित कर दिया गया है। इसी पुस्तिका में दूसरे प्रकार की सूची भी मिलेगी जिसके द्वारा लॉगअंकों को गणित के मूलअंकों में प्राप्त किया जा सकता है। ऐसी सारणी को 'ऐण्टी लॉग सारणी' (Anti Log Table) कहा गया है। उदाहरण के लिए ऐण्टी लॉग 0.3010 का मूल्य, गणित वाले 2 के अंक के समान मिलेगा आदि। लॉगरिथ्म

की भाषा में ऐसी अभिव्यक्ति को इस प्रकार लिखा जाएगा—Anti Log 0.3010 = 2

अभी तक लॉग पद्धति के विषय में जितना समझाया गया है, उसे देखते हुए तो ऐसा लगता है कि विषय को सरल बनाने के बदले, उसे पेचीदा व कष्टदायक दिशा दी जा रही है। संगीत प्रेमियों के लिए तो इस प्रकार का विषय, बिलकुल नीरस बन जाएगा। शायद इसी कठिनाई को समझते हुए, फ्रांस के वैज्ञानिक सेवर्ट साहब ने इस विषय को सरल बनाने की ओर ध्यान दिया हो। उन्होंने अपनी बुद्धि द्वारा लॉग संख्याओं को 1000 से गुणा करके, एक ऐसी युक्ति का निर्माण कर दिया, जिसके द्वारा अनुपातों की ओर ध्यान देने की आवश्यकता ही न पड़े और केवल घटाने व जोड़ने की क्रिया द्वारा स्वर/श्रुति का मान स्थापित किया जा सके। लॉग संख्या के इस नए रूप को उन्होंने अपने ही नाम द्वारा सम्बोधित कर, संगीत जगत में, प्रतिष्ठित स्थान प्राप्त कर लिया है। संगीत गणित का यह नया अंक, 'सेवर्ट' अंक के नाम द्वारा पहचाना जाने लगा। इस प्रकार संगीत शास्त्रकारों, विद्यार्थियों व संगीत-प्रेमियों को एक सरल युक्ति अपनाने का वरदान मिल गया।

अब हम किसी भी अन्तराल को 'सेवर्ट' संख्या द्वारा दर्शा सकते हैं। वह अन्तराल जिसका स्वरूप क/ख (Fraction) है, उसको हम लॉग सारणी (Log Tables) द्वारा, लॉग अंक में परिवर्तित कर सकते हैं और उसके पश्चात् उस लॉग अंक को 1000 से गुणा करके 'सेवर्ट' अंक प्राप्त किया जा सकता है। उदाहरण स्वरूप हमारे द्वारा 22 श्रुतियों के अन्तराल सां/सा के मान (Value) को, 2/1 यानी 2 के समान माना गया है। इसी को 'सेवर्ट' पद्धति में निम्न प्रकार से आँका जा सकता है।

चूँकि लॉग 2/1 = लॉग 2

= 0.3010

[लॉग 2 का मूल्य उपर्युक्त सारणी क्रमांक 14 में देखा जा सकता है या लॉग पुस्तिका द्वारा प्राप्त किया जा सकता है]

अतः सेवर्ट अंक = 0.3010 × 1000

= 301

[सेवर्ट साहब द्वारा प्रस्तुत युक्ति युक्ति के अन्तर्गत लॉग अंक को 1000 से गुणा किया जाता है।]

इस प्रकार साधारण गणित के अंक 2 का मूल्य, सेवर्ट पद्धति के अन्तर्गत 301 के समान माना जाएगा। अध्याय-9 में विभिन्न श्रुति अन्तरालों का मान, गणितीय अनुपातों (Arithmatical Ratio) दर्शाया गया है। इन्हीं गणितीय अनुपातों को लॉग संख्या में परिवर्तित किया जा सकता है। इस प्रकार के परिवर्तित परिणाम, संगीत से जुड़ी नाना प्रकार की समस्याओं को समझने व सुलझाने में लाभदायक सिद्ध हो सकते हैं।

संगीत से जुड़े सभी वर्ग के व्यक्तियों के लिए सेवर्ट आदि सूचिकांकों से परिचित होना हितकारक है परन्तु यह आवश्यक नहीं है कि लॉग सम्बन्धित अंकों को और

सेवर्ट अंकों को, क्रियात्मक रूप से स्वयं स्थापित करें। सेवर्ट अंकों को किस प्रकार से काम में लाया जाता है, उस विधि पर अधिक ध्यान देना चाहिए। साधरणतः संगीत से जुड़े विद्यार्थी व रसिक जनों के लिए इतना ही पर्याप्त है कि वे सेवर्ट संख्या को केवल प्रयोग में लाना सीख लें।

सेवर्ट अंकों से परिचय हो जाने के पश्चात्, अब हमें अनुपातों के सामूहिक मूल्यों को स्थापित करने के लिए, बारम्बार गुणा या भाग देने की आवश्यकता नहीं पड़ेगी। मान लो हमें शुद्ध धैवत 'ध' का, सेवर्ट में मान निकालना है। रेखांकित चित्र-6 में श्रुति मण्डल द्वारा 'धैवत' का स्थान 18वीं श्रुति पर है और षड्ज का स्थान 1ली श्रुति पर है। इसलिए धैवत सम्बन्धित अन्तराल, 18–1 = 17 श्रुतियों का ठहरता है। इसलिए श्रुति इकाइयों को प्रयोग में लाते हुए, 17 श्रुतियों के अन्तराल के मूल्य का, निम्न प्रकार से हिसाब लगाया जा सकता है और चतुः, त्रि व द्विश्रुतिक इकाईयों के मूल्य को सारणी-15 से प्राप्त किया जा सकता है।

17 श्रुति अन्तराल = चतुःश्रुतिक+त्रिश्रुतिक+द्विश्रुतिक+चतुश्रुतिक+चतुःश्रुतिक
= (51+46+28+51+51) सेवर्ट–देखिए सारणी-15
= 227 सेवर्ट

अतः शुद्ध धैवत का जो मान गणितीय अंकों में 27/16 माना जाता है, तो वही मान सेवर्ट पद्धति में 227 सेवर्ट होगा। इसके पहले कि हमारे द्वारा सेण्ट पद्धति पर कुछ प्रकाश डाला जाए, मुख्य-मुख्य सांवादिक अनुपातों से सम्बन्धित मूल्यों को, व सम्बन्धित 'सेवर्ट' संख्या को, निम्न सारणी नम्बर-16, में दिया जा रहा है।

श्रुतियों द्वारा अंतराल	सांकेतिक चिह्न	आनुपातिक मूल्य	सम्बन्धित लॉग अंक	सेवर्ट संख्या (लगभग)
1. द्वाविंशति	सां/सा	2/1	लॉग (2/1) = 0.3010	301
2. त्रयोदश	प/सा	3/2	लॉग (3/2) = 0.1761	176.1 या 176
3. नवश्रुति	म/सा	4/3	लॉग (4/3) = 0.1250	125
4. सप्तश्रुति	ग/सा	5/4	लॉग (5/4) = 0.0969	96.9 या 97
5. षट्श्रुति	ग/सा	6/5	लॉग (6/5) = 0.0791	79.1 या 79
6. चतुःश्रुतिक	इकाई	9/8	लॉग (9/8) = 0.0511	51.1 या 51
7. त्रिश्रुतिक	इकाई	10/9	लॉग (10/9) = 0.0458	45.8 या 46
8. द्विश्रुतिक	इकाई	16/15	लॉग (16/15) = 0.0281	28.1 या 28

सारणी क्रमांक-16

'सेण्ट' पद्धति

सेवर्ट साहब के समकालीन बुद्धिजीवी 'एलिस साहब' ने एक नई प्रणाली को जन्म दिया जिसे 'सेण्ट' प्रणाली के नाम से जाना जाता है। एलिस साहब ने पूरे सप्तक

के अन्तराल के मूल्य को 2 के बराबर नहीं मानकर, उस अन्तराल को यानी सां/सा अन्तराल का मूल्य एक (1) के समान माना और इस पूरे अन्तराल को 1200 हिस्सों में विभाजित किया। जिस प्रकार सेवर्ट प्रणाली द्वारा पूरे सप्तक का परिणाम 301 सेवर्ट बनता है, उसी प्रकार 'सेण्ट' प्रणाली के अन्तर्गत, सप्तक का मूल्य 1200 सेण्ट माना गया है।

इन दोनों पद्धतियों के पारस्परिक सम्बन्ध को एक समीकरण के रूप में देखा जा सकता है।

अतः 301 सेवर्ट = 1200 सेण्ट

या 1 सेवर्ट = 1200/301 सेण्ट

= 3.98672 सेण्ट

इस प्रकार हम किसी भी सेवर्ट संख्या को 3.98672 द्वारा गुणा करने के पश्चात्, 'सेण्ट' अंक प्राप्त कर सकते हैं। उदाहरणार्थ, सप्तक की त्रयोदश श्रुतियों का अंतराल सेवर्ट अंकों में 176 समान स्थापित किया जा चुका है। यही मान, 'सेण्ट' पद्धति के अंतर्गत 702 सेण्ट समान होगा। क्योंकि

1 सेवर्ट = 3.98672 सेण्ट

अतः 176 सेवर्ट = 176×3.98672 सेण्ट

= 701.66272

= 702 सेण्ट लगभग

इसी प्रकार हम अन्य अन्तरालों से सम्बन्धित सेवर्ट संख्या का स्वरूप सेण्ट अंकों में परिवर्तित कर सकते हैं। दोनों प्रणालियों से जुड़े, कुछ रोचक परिणाम सारणी क्रमांक-17 में दिए गए हैं।

श्रुतिस्वर अन्तराल	आवृति अनुपात	सेवर्ट अंक लगभग	सेण्ट अंक लगभग
1. सां/सा या बाईस श्रुतिक	2/1	301	1200
2. प/सा या त्रयोदश श्रुतिक	3/2	176.1	702
3. म/सा या नव श्रुतिक	4/3	125	498
4. ग/सा या सप्त श्रुतिक	5/4	96.7	387
5. सा/ग् या षट् श्रुतिक	6/5	79.2	315
6. चतुःश्रुतिक इकाई	9/8	51.1	204
7. त्रिश्रुतिक इकाई	10/9	45.8	182
8. द्विश्रुतिक इकाई	15/16	28.1	112

सारणी क्रमांक-17

'सेवर्ट' अंक का उपयोग

जिन समस्याओं का साधारण गणित द्वारा आसानी से समाधान नहीं हो पाता है, उन्हें सेवर्ट या सेण्ट द्वारा सरलता से सुलझाया जा सकता है व समझा जा सकता है और समस्या का समाधान, विश्वस्त परिणामों द्वारा स्थापित किया जा सकता है। अब हमारे पास दो प्रकार की विधियाँ उपलब्ध हो गई हैं–प्रथम, हमारा चिरपरिचित गणित व द्वितीय सेवर्ट और सेण्ट अंक विधान। अब हम कुछ उदाहरण देंगे जिसमें साधारण गणित के अतिरिक्त, सेवर्ट/पद्धति की उपयोगिता पर भी प्रकाश डाला गया है।

सीमान्त स्वर सां/सा अनुपात की जाँच

सप्तक के सात स्वरों की स्थिति का अनुमान लगाने के लिए प्रख्यात श्रुति विभाजन गुर (जिसको हमने स्वर रोपन गुर के रूप में स्थान दिया है) की ओर देखना पड़ेगा। इस गुर का गठन चतुःश्रुति, त्रिःश्रुतिक व द्विःश्रुतिक इकाई (Units) द्वारा किया गया है। श्रुति विभाजन गुर के अनुसार, सप्तक के सात स्वर यानी 22 श्रुतियों का सामूहिक मान (Value) भी इन्हीं तीन प्रकार की इकाई (Units) द्वारा निकाला गया है। अब हमें इसी मान को सेवर्ट अंकों के रूप में प्राप्त करना है। पूर्व के अध्यायों द्वारा हमें ज्ञात है कि

सां/सा	=	4+3+2+4+4+3+2 श्रुतियों के विभाजन गुर द्वारा
	=	चतु+त्रि+द्वि+चतु+चतु+त्रि+द्वि
	=	51.1+45.8+28.1+51.1+51.1+44.8+28.1 (सेवर्ट संख्या-सारणी 16 से)
	=	301.1 सेवर्ट

हमें यह भी मालूम है कि 301 सेवर्ट का मूल्य, साधारण गणित में दो (2) के समान होता है। इसलिए सेवर्ट पद्धति द्वारा भी यह प्रमाणित हो जाता है कि सप्तक के सीमांत स्वरों में द्विगुण का रिश्ता होता है।

क्या श्रुतियों का पारस्परिक अंतराल एक समान है?

हमें मालूम है कि सप्तक की बाईस श्रुतियाँ, एक दूसरे से ऊँची होती चली गई हैं। इसलिए साधारण तर्क द्वारा यह कहा जा सकता है कि कोई सी दो परिपार्श्व यानी पास-पास या पड़ोसी (Adjacent) श्रुतियों की आवृत्ति में, आपसी आनुपातिक रिश्ता अवश्य बनना चाहिए। इस प्रकार बाईस श्रुतियों में 22 रिश्ते या अनुपात बनने चाहिए। मान लो कि ये 22 अनुपात, एक-दूसरे के बराबर हैं और प्रत्येक का मूल्य 'क' समान है। हम यह भी जानते हैं कि सीमांत स्वरों का मान (Value) यानी सां/सा = 2 के बराबर है।

इसलिए 'क'X 'क'X 'क'X 'क'X.....ऐसे 22 अनुपातों का गुणनफल, संख्या दो के बराबर होना चाहिएं।

अतः 'क'X 'क'X 'क'...X 'क' (ऐसे 22 अनुपात) = 2

या 'क' = 2 का बाईसवाँ मूल (22nd Root)

या 'क' = (2 का बाईसवाँ मूल)

या 'क' = 1.03200828

= 1.032 (तीन दशमलव तक)

= 129/125

इस प्रकार सप्तक की बाईस श्रुतियों में से प्रत्येक का मूल्य 129/125 समान होना चाहिए। अनुपात 'क' का मूल्य भिन्नांक में 129/125 पाया गया है जिसका मूल्य दशमलव अंकों में 1.032 बनता है। दूसरे शब्दों में हम यह भी कह सकते हैं कि सप्तक की प्रत्येक श्रुति, एक-दूसरे से 129/125 गुना ऊँची होती गई है। इसी मूल्य को हम सेवर्ट व सेण्ट अंकों के रूप में भी देख सकते हैं।

क्योंकि लॉग 129/125 = लॉग 129 – लॉग 125

= 0.3059 - 0.9691

= 0.0137

इसलिए सेवर्ट पद्धति के अन्तर्गत 'क' का मान 0.0137 × 1000 = 13.7 सेवर्ट होगा और 'क' का मूल्य सेण्ट पद्धति के अन्तर्गत 13.7 सेवर्ट × 3.98672 = 54.6 सेण्ट होगा।

चतुःश्रुतिक इकाई की जाँच

अब हम जाँचना चाहेंगे कि इस 'क' के मूल्य द्वारा, चतुःश्रुतिक इकाई का मूल्य कितना निकलता है? पहले हम साधारण गणित वाला मार्ग अपनाएँगे। तत्पश्चात् सेवर्ट व सेण्ट द्वारा भी जाँच करेंगे। हम जानते हैं कि चतुःश्रुतिक इकाई का जन्म, लगातार चार अनुपातों के योग द्वारा हुआ है। इसलिए इन चारों श्रुतियों का सामूहिक मान निकालने के लिए, इनके मान (Values) को आपस में गुणा करना पड़ेगा।

इसलिए चतुःश्रुतिक इकाई = चार श्रुतियों का सामूहिक अनुपात

= 'क'X 'क'X 'क'X 'क'–(हमने प्रत्येक श्रुति के मूल्य को 'क' समान माना है)

= (129/125)×(129/125)×(129/125)×(129/25)

= (129×129×129×129)/(125×125×125×125)

= (27692288) / (24414062)

= 1.134

जब हम श्रुतियों की दूरी को समान समान मानते हैं तो साधारण गणित द्वारा चतुःश्रुतिक इकाई का मूल्य 1.134 प्राप्त हुआ है। पूर्व में हमने चतुःश्रुतिक का मान 9/8 = 1.125 के समान स्थापित किया है। इन दोनो मूल्यों में स्पष्ट रूप से भिन्नता है। इसलिए **सप्तक की बाईस श्रुतियों की आपसी दूरी एक समान नहीं हो सकती है।**

उपर्युक्त तथ्य को हम लॉग पद्धति यानी सेवर्ट व सेण्ट द्वारा भी जाँच सकते हैं। अभी अभी हमें 'क' का मान सेवर्ट अंकों में 13.7 सेवर्ट प्राप्त हो चुका है व सेण्ट पद्धति में 54.6 सेण्ट प्राप्त हुआ है।

इसलिए चतुःश्रुतिक इकाई = चार श्रुतियों का सामूहिक अनुपात
= (13.7+13.7+13.7+13.7) सेवर्ट
= 54.8 सेवर्ट

इसी प्रकार सेण्ट अंकों द्वारा, चतुःश्रुतिक इकाई = चार श्रुतियों का सामूहिक अनुपात
= (54.6+54.6+54.6+54.6)
= 218.4

यदि यह मानते हैं कि सप्तक की श्रुतियों का पारस्परिक अन्तराल एक समान है, तो चतुःश्रुतिक इकाई का मान 54.8 सेवर्ट या 218.4 सेण्ट बनता है, जबकि उपर्युक्त सारणी क्रमांक-16 द्वारा चतुःश्रुतिक का मान 51 सेवर्ट या 204 सेण्ट होना चाहिए। दोनों परिणाम एक-दूसरे से भिन्न होने के कारण, हमें फिर से संकेत मिल रहे हैं कि श्रुतियों का पारस्परिक अन्तराल एक समान नहीं हो सकता।

उपर्युक्त तर्क को अपनाते हुए अब हम त्रिश्रुतिक व द्विश्रुतिक इकाई का मान भी सेण्ट व सेवर्ट अंकों में निकालकर देख सकते हैं कि श्रुतियों का पारस्परिक अन्तराल एक समान नहीं है।

त्रिश्रुतिक इकाई की जाँच

त्रिश्रुतिक इकाई का मान = तीन श्रुतियों का सामूहिक अनुपात
= 'क' + 'क' + 'क'
= (13.7 + 13.7 + 13.7) सेवर्ट
= 41.1 सेवर्ट

त्रिश्रुतिक का सेण्ट अंकों में मान = (54.6 + 54.6 + 54.6) सेंण्ट
= 163.8 सेण्ट

त्रिश्रुतिक इकाई का मान 41.1 सेवर्ट या 163.8 सेण्ट प्राप्त हुआ है जब कि उपर्युक्त सारणी क्रमांक-14 द्वारा त्रिश्रुतिक इकाई का मान 46 सेवर्ट या 182 सेण्ट होना चाहिए। ये परिणाम एक-दूसरे से बिलकुल भिन्न हैं। ऐसे परिणामों द्वारा हमें

एक बार फिर से, संदेश मिल रहा है कि श्रुतियों का पारस्परिक अन्तराल एक समान नहीं हो सकता।

चतुःश्रुतिक व त्रिश्रुतिक इकाईयों के उदाहरणों द्वारा जाँच प्रक्रिया का समापन तो हो ही चुका है और सम्बोधित परिणाम भी मिल चुके हैं कि सप्तक की श्रुतियों का पारस्परिक अन्तराल एक समान नहीं हो सकता है, फिर भी प्रमाण सिद्धि की सन्तुष्टि के लिए, हम द्विश्रुतिक इकाई द्वारा भी जाँच कर लें तो कोई हानि नहीं है। द्विश्रुतिक इकाई से सम्बन्धित परिणाम भी, उपर्युक्त प्राप्त परिणामों के अनुरूप ही मिलने चाहिए।

द्विश्रुतिक इकाई की जाँच

द्विश्रुतिक इकाई का मान सेवर्ट अंकों में = दो श्रुतियों का सामूहिक अनुपात
= 'क' + 'क'
= (13.7 + 13.7) सेवर्ट
= 27.4 सेवर्ट

इसी प्रकार

द्विश्रुतिक इकाई का मान सेण्ट अंकों में= 'क' + 'क'
= (54.6 + 54.6) सेण्ट
= 109.2 सेण्ट

द्विश्रुतिक इकाई का मान 27.4 सेवर्ट व 109.2 सेण्ट प्राप्त हुआ है जबकि उपर्युक्त सारणी क्रमांक-16 द्वारा द्विश्रुतिक इकाई का मान 46 सेवर्ट या 182 सेण्ट होना चाहिए। दोनों परिणाम एक-दूसरे से एकदम भिन्न हैं। इसलिए **स्पष्ट रूप से यह प्रमाणित हो जाता है कि श्रुतियों का पारस्परिक अन्तराल एक समान कदापि नहीं हो सकता।**

टिप्पणी

लॉगरिथ्म और संगीत, इन दोनों का किसी प्रकार का सम्बन्ध नहीं है परन्तु यह निर्विवाद सच है कि लॉगरिथ्म, पूर्णतः गणित का अंग होते हुए भी, संगीत से जुड़ी कुछ जटिल समस्याओं का स्पष्टीकरण करने में सहायक सिद्ध हुआ है। गणित के अंक-2, का बाईसवाँ मूल लॉगरिथ्म द्वारा कितनी सरलता से प्राप्त हुआ है, इसका अनुमान तो एक शास्त्रकार ही लगा सकता है।

स्वरों का 'सेवर्ट' में मान

सप्तक के बारह स्वरों के मान व सम्बन्धित सेवर्ट आदि अंक, निम्न तालिका क्रमांक-18 में दिए जा रहे हैं।

स्वर	आनुपातिक मूल्य	सेवर्ट संख्या	सेंट संख्या	श्रुति अन्तराल	अनुमानित आवृत्ति
1. सा	1	-	-	-	240
2. रे	16/15	28.1	112.0	2	256
3. रे	9/8	51.1	203.7	4	270
4. ग्	6/5	79.1	315.3	6	288
5. ग	5/4	96.9	386.3	7	300
6. म	4/3	125	495.8	9	320
7. म्	64/45	152.8	609.2	11	341
8. प	3/2	176.1	702.1	13	360
9. ध्	8/5	204.1	813.6	15	384
10. ध	27/16	227.3	906.3	17	405
11. नि्	9/5	255.2	1017.4	19	432
12. नि	15/8	273	1088.4	20	450
13. सां	2	301	1200	22	480

सारणी क्रमांक-18

अध्याय-11

स्वर-संवाद उपयोगिता

स्वर संवाद व तरब (सहायक तन्त्री)

भारतीय शास्त्रीय संगीत के चार मुख्य स्वर-संवाद हैं जिन्हें सा-प, सा-म, सा-ग व सा-ग् भाव द्वारा भी जाना जाता है। इन स्वर सांवादिक जोड़ियों का गणितीय रूप, क्रमशः त्रयोदश, नव, सप्त व षट्-श्रुटिक अन्तराल के नाम से भी पहचाना जाता है और इन संवादों को प्राचीनकाल से ही शास्त्रोक्त मान्यता प्राप्त है। इसके अतिरिक्त सा-सा संवाद का उतना ही महत्त्वपूर्ण स्थान है जितना कि इन चार सांवादिक भाव का स्थान माना जाता है। इन संवादों की सहायता द्वारा, तानपूरे के स्वरों को यथोचित बाँधा जाता है और शुद्ध रूप के शास्त्रीय संगीत कार्यक्रम का प्रस्तुतिकरण, ऐसे ही सांवादिक-भाव-निर्मित स्वरों द्वारा निष्पादन किया जाता है। स्वर के सम्बन्ध में अभी तक जितनी भी विवेचना की गई है, उसके अनुसार हम इस परिणाम पर पहुँच चुके हैं कि शास्त्रीय संगीत का निर्माण, इन पाँच मुख्य संवादों की अनुपस्थिति में, संभव हो ही नहीं सकता। गायक ऐसे संवाद आधारित स्वरों को, अपनी साधना द्वारा पहले से ही साध लेता है और इन सधे हुए स्वर द्वारा अपना गायन समापन करने में सफल होता है। प्रत्येक तन्तु वाद्य के वादक को भी उसी मार्ग को अपनाना पड़ता है जिसे गायक समुदाय अपनाता है अर्थात् स्वर स्थानों को पहले से ही साध लेना पड़ता है। फलस्वरूप वे कलाकार अपने कार्यक्रम को सफल बना सकते हैं।

सारंगी, सरोद, सितार आदि वाद्यों के स्वर की स्पष्टता व माधुर्य को अधिक पुष्ट बनाने के लिए, इन वाद्यों में तरब (Sympathetic String) का उपयोग किया जाता है। इन तरबों को एक प्रकार की सहायक तन्त्री के रूप में देखा जा सकता है। कार्यक्रम आरम्भ करने के पहले इन तरबों को यथोचित स्वर पर बाँध लिया जाता है। साधना द्वारा प्रत्येक कलाकार का मस्तिष्क सधे हुए स्वरों का भण्डार बन जाता है। इसी साधना के बल पर वह कलाकार, इन तरबों को मनवांछित स्वरों

पर, शीघ्रता व कुशलता से बाँधने में सफल हो पाता है। इस सफलता के पीछे एक ही रहस्य की बात होती है। वह बात यह है कि कलाकार सा-सा, सा-प, सा-म, सा-ग व सा-ग् संवाद की विशिष्ट गूँज पर पूर्ण रूप से नियन्त्रण करने की दक्षता प्राप्त कर चुका है। परिणामस्वरूप, तरब की तन्त्रियों में नियन्त्रित खिंचाव द्वारा, मनचाहे विशिष्ट स्वर को, कम से कम समय में, स्थापित करने में सफल हो जाता है।

तरबों के स्वर बाँधने की विधि

कोई भी स्वर ज्ञानी व्यक्ति, निम्न वर्णित विधि द्वारा तरबों को उचित स्वर में बाँध सकता है। निम्न वर्णित चरणों में एक संवाद आधारित सरल विधि को बतलाया गया है, जिसके द्वारा तन्त्रियों में इच्छित स्वर को स्थापित किया जा सकता है और साथ-साथ में स्थापित स्वरों की जाँच भी की जा सकती है। निम्न अनुच्छेदों में, वाद्य की तन्त्रियों को शुद्ध स्वरों में स्थापित करने हेतु, क्रियात्मक मार्ग द्वारा विस्तार पूर्ण विवरण दिया गया है। इसके पश्चात् विकृत स्वरों से सम्बन्धित विधि का भी विवरण दिया है।

यहाँ हम मानकर चल रहे हैं कि तरबों में स्वर स्थापित करने वाला व्यक्ति, एक परिपक्व स्वर ज्ञानी है। परिपक्व स्वर ज्ञान से हमारा आशय है कि उस व्यक्ति को कम से कम पाँच प्रकार के स्वर संवादों पर पूर्णतः नियन्त्रण है। ये स्वर-संवाद इस प्रकार हैं:– (1) 'सा-सा', (2) 'सा-प', (3) 'सा-म', (4) 'सा-ग', (5) 'सा-ग्'। यद्यपि इन पाँचों स्वर-संवाद से सम्बन्धित विवरण, पूर्व के अध्यायों में किया जा चुका है परन्तु इन संवादों की उपयोगिता सम्बन्धित अध्ययन को ध्यान में रखते हुए, इस विषय पर अतिरिक्त प्रकाश डालना अधिक आवश्यक समझा गया है।

(1) षड्ज-षड्ज यानी 'सा-सा' संवाद। इस प्रकार के संवाद के नियन्त्रण द्वारा वह स्वर ज्ञानी व्यक्ति, किसी भी तन्त्री को इस प्रकार बाँध सकता है कि उस तन्त्री द्वारा निकली ध्वनि, किसी दूसरी चयनित (Selected) ध्वनि के समरूप सुनाई देने लग जाए। दूसरे शब्दों में कहा जा सकता है कि इन दोनों ध्वनियों द्वारा, एक ही समान, आवृत्ति वाले नाद सुनाई देने लग जाएँ।

(2) षड्ज-पंचम यानी 'सा-प' संवाद। यह संवाद दो स्वरों के बीच में बनी हुई विशिष्ट स्थिति को दर्शाता है, जहाँ एक स्वर दूसरे से भिन्न आवृत्ति का होता है। ऐसी स्थिति दो प्रकार से बन सकती है। ऐसी स्थितियों को उदाहरण द्वारा समझना अच्छा होगा।

मान लो हमारे पास तन्त्री नम्बर-1 द्वारा कुछ स्वर निकल रहा है। इस स्वर को षड्ज मान लो। अब तन्त्री नम्बर-2 में इस प्रकार का खिंचाव उत्पन्न करना चाहिए कि तन्त्री नम्बर-1 की तुलना में तन्त्री नम्बर-2 की ध्वनि, पंचम जैसी सुनाई देने लग जाए। ऐसी स्थिति मे इन दोनों तन्त्रियों द्वारा सा-प संवाद की विशिष्ट गूँज उत्पन्न करने की क्षमता का निर्माण हो जाता है।

कई बार ऐसी स्थिति बनती है कि इस सा-प संवाद को दूसरे मार्ग द्वारा स्थापित करना पड़ता है। मान लो कि प्रारम्भ से ही, तार नम्बर-2 द्वारा कुछ ध्वनि निकल रही है और यह ध्वनि 'पंचम' की है। अब हमें तार नम्बर-1 को इस प्रकार कसना है कि उसमें से निकली ध्वनि, तार नम्बर-2 की पंचम वाली ध्वनि की तुलना में, षड्ज जैसी प्रतीत होने लगे। ऐसी स्थिति में भी तार नम्बर-1 व तार नम्बर-2 की ध्वनियाँ, परस्पर षड्ज-पंचम संवाद उत्पन्न करने में समक्ष बन जाती हैं।

(3) जिस प्रकार से षड्ज-पंचम संवाद को दो मार्गों द्वारा स्थापित किया जा सकता है, ठीक उसी प्रकार से, सा-म, सा-ग, व सा-ग् संवाद को भी, दो मार्गों द्वारा स्थापित किया जा सकता है। इन तीनों सांवादिक जोड़ियों की निर्मित, दो भिन्न-भिन्न प्रकार की आवृत्तियों के योग द्वारा हुई है। प्रथम मार्ग द्वारा, नीची प्रकृति वाली ध्वनि को 'षड्ज' समान मानते हैं और ऊँचे प्रकार की यथायोग्य ध्वनि को ढूँढकर, संवाद स्थापित किया जाता है। द्वितीय मार्ग द्वारा, ऊँचे प्रकार की ध्वनियों को चुना जाता है और संवाद क्रिया द्वारा, उन ध्वनियों से सम्बन्धित 'षड्ज' को ढूँढकर स्थापित करना पड़ता है।

प्रयोग के लिए एक, ऐसी सितार की व्यवस्था करनी पड़ेगी जिस पर कम से कम सात तरबों का प्रावधान हो। हम यह मानकर चलते हैं कि जिस सितार को प्रयोग के लिए चुना गया है, उसके मुख्य तार सामान्य विधि द्वारा मिला दिए गए हैं। स्वतः जो नाद हमें सितार की जोड़ी वाले तार द्वारा प्राप्त हो रहा है, वही हमारा 'षड्ज' है। अब हमारे सामने लक्ष्य है कि निम्न चरणों में वर्णित विधि द्वारा, एक-एक करके, सितार की सात तरबों में, क्रमशः सात शुद्ध स्वर सा, रे, ग, म, प, ध नि को स्थापित कर सकें।

तरबों को शुद्ध स्वर में बाँधने की विधि

प्रथम चरण—तरब नम्बर-1 के तार को इस प्रकार कसो कि उसमें से निकली ध्वनि और सितार में लगे जोड़ी के तारों द्वारा निकली ध्वनि में, 'सा-सा' संवाद वाली स्थिति उत्पन्न हो जाए। ऐसा करने पर जोड़ी के स्वर की आवृत्ति और तरब-नम्बर-1 के स्वर की आवृत्ति, इन दोनों में 1:1 जैसा अनुपात बन जाएगा और तरब नम्बर-1, पर षड्ज 'सा' स्थापित हो जाता है। जिस प्रकार से सितार के जोड़ी के तार को आधार स्वर का स्रोत मानते हैं, उसी प्रकार तरब नम्बर-1 भी, अब आधार स्वर 'सा' जैसे काम में लाई जा सकती है।

द्वितीय चरण—प्रयोग के द्वितीय चरण द्वारा, तरब नम्बर-3 को इस प्रकार कसो कि उसमें से निकली ध्वनि और तरब नम्बर-1 द्वारा बनी हुई ध्वनि में, परस्पर 'सा-ग' यानी षड्ज-गान्धार (शुद्ध) वाली गूँज उत्पन्न होने लगे। इस प्रकार तरब नम्बर-3 व तरब नम्बर-1 की आवृत्तियों में 5/4 का आनुपातिक सम्बन्ध यानी सप्त श्रुत्यान्तर

स्थिति बन जाती है और तरब नम्बर-3 में शुद्ध गान्धार 'ग' स्थापित हो जाता है। आवृत्तियों के आनुपातिक सम्बद्ध व विभिन्न स्वरों के श्रुत्यांन्तरों का ब्योरा, अध्याय-9 की सारणी क्रमांक-14 में देखा जा सकता है।

तृतीय चरण–प्रयोग के तृतीय चरण में, नम्बर-4 को इतना कसो कि तरब नम्बर-1 की तुलना में, तरब नम्बर-4 की ध्वनि द्वारा षड्ज-मध्यम यानो नव श्रुत्यान्तर संवाद की स्थिति बन जाए अर्थात् तरब नम्बन-4 व तरब नम्बर-1 की आवृत्तियों में 4/3 वाला सम्बन्ध बन जाए। ऐसी अवस्था में तरब नम्बर-4 में शुद्ध मध्यम 'म' स्थापित हो जाएगा।

चतुर्थ चरण–प्रयोग के चौथे चरण में, सितार की तरब नम्बर-5 को इस प्रकार कसो कि तरब नम्बर-5 व तरब नम्बर-1 या जोड़ी के तार की तुलना में तरब नम्बर-5 की ध्वनि में परस्पर षड्ज-पंचम यानी त्रयोदश श्रुत्यान्तर संवाद (3/2 वाला आवृत्तिक संवाद) की स्थिति बन जाए। ऐसा करने से तरब नम्बर-5 में 'पंचम' स्वर की स्थापना हो जाएगी।

उपर्युक्त चार चरणों में, चार प्रकार के संवाद (सा-सा, सा-ग, सा-म, सा-प) की सहायता द्वारा चार तरबों में क्रमशः चार स्वर यानी षड्ज, गान्धार, मध्यम व पंचम को स्थापित कर सके हैं। संगीत के विद्यार्थी से लेकर कलाकार तक, जाने-अनजाने, सभी को उपर्युक्त पाँचों संवादों की दक्षता अर्जित करनी ही पड़ती है क्योंकि इन पाँचों संवादों की गिनती मौलिक (Basic) संवादों में गिनी जाती है। यह आवश्यक नहीं है कि स्वरों की स्थापना करने का क्रम, वही अपनाया जाए जो कि उपर्युक्त चार चरणों में अपनाया गया है। सितार को तो किसी इच्छित स्वर पर बाँध लिया जाता है। वहीं से (जोड़ी के तार द्वारा) षड्ज की प्राप्ति होती है जिसके आधार पर विभिन्न संवादों की सहायता द्वारा तरबों में षड्ज, शुद्ध गान्धार, मध्यम व पंचम को बाँधा गया है। इन्हीं संवादों की सहायता द्वारा तानपूरे को भी स्वर में बाँधा जाता है।

यहाँ ध्यान देने की बात है कि सितार के जोड़ी की तन्त्रियों की ध्वनि द्वारा जो 'षड्ज' प्राप्त होता है, वह हमारा 'मूल षड्ज' है। उपर्युक्त चार चरणों द्वारा जिन विभिन्न स्वर-संवादों का प्रयोग किया गया है, उन सबके गठन का आरम्भ इसी मूल षड्ज की आवृत्ति द्वारा हुआ है जैसे सा-सा, सा-ग, सा-म, व सा-प। शेष के तीन स्वर यानी रिषभ, धैवत व निषाद को भी इन्हीं चारों स्वर-संवादों की सहायता द्वारा स्थापित किया जाएगा। परन्तु वहाँ तरबों को स्वर में बाँधने की क्रिया में, इस 'मूल षड्ज' का उपयोग सीधा-साधा नहीं हुआ है। वहाँ किसी नाद को 'षड्ज' जैसे मान लिया जाएगा और कल्पना के आधार पर दूसरे नाद की स्थापना की जाएगी। ऐसी कल्पना 'रे', 'ध' व 'नि' स्वर स्थापना के समय की जाएगी।

पाँचवाँ चरण–अब हम 'निषाद' को षड्ज-संवाद की सहायता द्वारा स्थापित

करेंगे। हम जानते हैं कि तरब नम्बर-3 में, शुद्ध गान्धार 'ग' को स्थापित किया गया है। थोड़ी देर के लिए मान लो कि अभी-अभी स्थापित किए गए गान्धार की ध्वनि, इस समय गान्धार न होकर, हमारे लिए 'षड्ज' है। इतना ध्यान करने के पश्चात्, तरब नम्बर-7 को इस प्रकार कसो कि तरब नम्बर-3 से निकली ध्वनि (जिसका हमने षड्ज 'सा' अनुरूप ध्यान किया है) और तरब नम्बर-7 से निकाले जाने वाली ध्वनि, अब षड्ज-पंचम भाव दर्शाने लगे। ऐसी अवस्था में तरब नम्बर-3 व तरब नम्बर-7 के बीच, त्रियोदश श्रुतियों वाला अन्तराल स्थापित हो जाता है यानी तरब नम्बर-7 की ध्वनि की आवृत्ति, अब तरब नम्बर-3 की आवृत्ति से, 3/2 गुनी ऊँची हो जाती है। इस प्रकार तरब नम्बर-7 पर शुद्ध निषाद 'नि' स्थापित हो जाता है।

छठा चरण–अब हम तरब नम्बर-2 पर 'रिषभ' स्थापित करेंगे। उपर्युक्त पाँच चरणों में स्वर सांवादिक क्रिया को इस प्रकार उपयोग में लाया गया है कि स्थापित होने वाला स्वर, प्रत्येक बार आधार स्वर (षड्ज) की तुलना में ऊँची प्रकृति का था। इस चरण के अन्तर्गत सांवादिक क्रिया का उपयोग भिन्न प्रकार से किया गया है। स्वर सांवादिक जोड़े के ऊँची प्रकृति (आवृत्ति) वाले स्वर को आधार-स्वर के रूप में कल्पना करके, नीची आवृत्ति वाले स्वर यानी षड्ज को ढूँढ़ा गया है। इस प्रक्रिया में 'सा-म' सांवादिक भाव का प्रयोग किया गया है।

थोड़ी देर के लिए मान लो कि तरब नम्बर-5, जिसे अभी-अभी पंचम में बाँधा गया है, उस तरब से निकली ध्वनि 'मध्यम' जैसी है, यानी ऐसा मान लो कि तरब नम्बर-5 से निकली ध्वनि, किसी काल्पनिक स्वर (षड्ज) की तुलना में, मध्यम 'म' जैसी है। अब, तरब नम्बर-2 को इस प्रकार कसो कि उससे निकली ध्वनि और तरब नम्बर-5 की ध्वनि द्वारा बनी गूँज, 'षड्ज-मध्यम' भाव वाली गूँज के समान हो जाए। इस प्रकार तरब नम्बर-2 और तरब नम्बर-5 से निकली ध्वनियों में षड्ज-मध्यम भाव (नव श्रुत्यान्तर) की स्थिति उत्पन्न हो जाएगी। अन्त में इस छठे चरण के प्रयोग द्वारा, हमें तरब नम्बर-2 पर, शुद्ध रिषभ 'रे' स्थापित हुआ मिलेगा।

सातवाँ चरण–सातवें चरण के अन्तर्गत, 'सा-प' सांवादिक भाव को काम में लाते हुए, तरब नम्बर 6 पर 'धैवत' को स्थापित किया जाएगा। जिस विधि द्वारा पाँचवें चरण में निषाद को स्थापित किया गया है, ठीक उसी विधि का अनुकरण करते हुए, धैवत को स्थापित किया जाएगा। तबर नम्बर-2 पर रिषभ स्थापित किया गया है। थोड़ी देर के लिए मान लो कि जो ध्वनि तरब नम्बर-2 द्वारा निकल रही है, उसे हम षड्ज समान कल्पना करते हैं। अब तरब नम्बर-6 को इस प्रकार कसते हैं कि तरब नम्बर-2 और तरब नम्बर-6 द्वारा निकली ध्वनियों में, पारस्परिक षड्ज-पंचम भाव वाली गूँज सुनाई देने लग जाए यानी उन दोनों ध्वनियों में त्रयोदश श्रुति अन्तराल की स्थिति का निर्माण हो जाए। इस प्रकार तरब नम्बर-6 में 'धैवत' की स्थापना हो जाएगी।

अन्तिम परिणाम

उपर्युक्त सात चरणों में सातों शुद्ध स्वरों को स्थापित किया गया है। सभी स्वरों की स्थापना के लिए मुख्य चार स्वर-संवाद का उपयोग किया गया है। यद्यपि सात चरणों द्वारा स्वर स्थापना का क्रम सा, ग, म, प, नि, रे, ध जैसा रहा है परन्तु प्रयोग समापन के पश्चात्, तरबों में स्वरों का क्रम सा, रे, ग, म, प, ध, नि जैसा ही पाया जाएगा। कौन-सा स्वर किस स्वर के पश्चात् स्थापित किया गया है, इस तथ्य का कोई महत्त्व नहीं है परन्तु स्वर स्थापन के लिए सही ढंग से सांवादिक भाव का चयन कर लेना, एक परिपक्वता व कुशलता का प्रमाण माना जाता है। निम्न सारणी क्रमांक-19 में उपर्युक्त चरणों द्वारा प्राप्त उपलब्धियों को एक ही दृष्टि में देखा जा सकता है।

चरण क्रमांक	स्वर व तरब क्रमांक जो प्रयोग में लिया गया	सांवादिक भाव का नाम	श्रुति-अन्तराल	स्वर उपलब्धि
प्रथम	मूल षड्ज + तरब नं. 1	षड्ज-षड्ज	–	सा
द्वितीय	मूल षड्ज + तरब नं. 3	षड्ज-गान्धार ग	7	ग
तृतीय	मूल षड्ज + तरब नं. 4	षड्ज-मध्यम	9	म
चतुर्थ	मूल षड्ज + तरब नं. 5	षड्ज-पंचम	13	प
पंचम	तरब नं. 3 + तरब नं. 7	षड्ज-पंचम	13	नि
षष्ठ	तरब नं. 2 + तरब नं. 5	षड्ज-मध्यम	9	रे
सप्तम	तरब नं. 2 + तरब नं. 6	षड्ज-पंचम	13	ध

सारणी क्रमांक-19

उपर्युक्त सारणी क्रमांक-19 द्वारा उपलब्ध परिणामों को रेखांकित चित्र क्रमांक-20 द्वारा भी एक दृष्टि में देखा जा सकता है। क्रिया नम्बर (1) से (4) तक मूल षड्ज 'सा' का उपयोग हुआ है। स्वतः स्थापित किए जाने वाले स्वर ऊँची प्रकृति के होंगे ही। क्रिया नम्बर (5) में 'ग' को आधार मानते हुए 'नि' की स्थापना की गई है। दोनों स्वरों के बीच, तीर/बाण (Arrow) की आकृति का चिह्न दिया गया है। तीर के कोण (--->) की दिशा बतला रही है कि 'ग' को आधार मानकर 'नि' को स्थापित किया गया है। क्रिया नम्बर (6) के चिह्न को विशेष ध्यान से अध्ययन करना चाहिए। यहाँ तीर की दिशा (<---) बतला रही है कि 'प' को आधार स्वर माना गया है और उससे नीची प्रकृति वाले स्वर, 'रे' की स्थापना की गई है। क्रिया नम्बर (7) द्वारा 'रे' को आधार मानकर 'ध' की स्थापना की गई है। इस प्रकार क्रिया 5, 6, 7 के अन्तर्गत मूल षड्ज 'सा' का सीधा-साधा (Directly) उपयोग नहीं हुआ है।

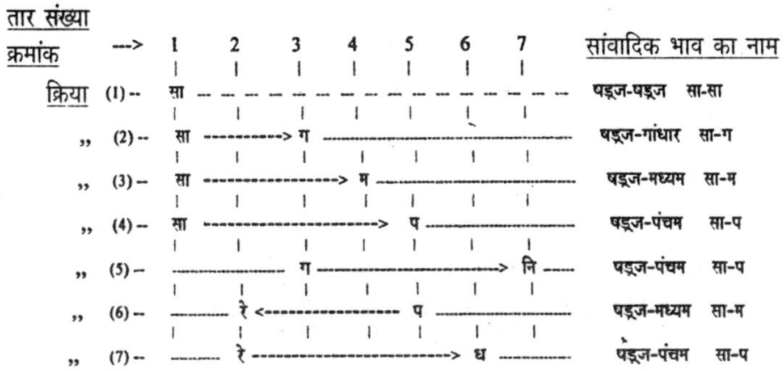

रेखांकित-चित्र क्रमांक—20

तरबों में विकृत स्वर बाँधने की विधि

ऊपर जिस प्रकार से सांवादिक क्रिया द्वारा शुद्ध स्वरों की स्थापना की गई है, उसी प्रकार से विकृत स्वर (रे॒ ग॒ म॑ ध॒ नि॒) की भी स्थापना की जा सकती है। शुद्ध स्वरों की स्थापना के समय उपर्युक्त वर्णित मुख्य संवाद सा-सा, सा-ग, सा ग॒, सा-म, सा-प में से केवल चार संवादों को उपयोग में लिया गया था। विकृत स्वरों की स्थापना के लिए भी चार संवाद सासा, साग॒, साम, साप का उपयोग किया जाएगा। विकृत स्वरों की स्थापना के लिए षड्ज गान्धार (शुद्ध) के बदले, साग॒ (विकृत गान्धार) संवाद अधिक महत्त्व रखता है। पूर्व की भाँति हम यह मान कर चल रहे हैं कि प्रयोग करने वाले व्यक्ति को पर्याप्त स्वर ज्ञान प्राप्त है। प्रयोग के लिए पूर्व की भाँति एक सितार की व्यवस्था की जानी चाहिए जिसमें कम से कम छः तरबों का प्रावधान हो।

प्रयोग आरम्भ करने से पहले सितार को सामान्य ढंग से मिला लिया जाता है। इस समय, सितार के जोड़ी की तन्त्रियों द्वारा जो स्वर हमें प्राप्त हो रहा है, इस प्रयोग के लिए यही हमारा 'षड्ज' है। निम्न चरणों द्वारा सितार की तरबों में विकृत स्वर रे॒ ग॒ म॑ ध॒ नि॒ को स्थापित करने की विधि का विस्तारपूर्वक वर्णन किया जाएगा।

प्रथम चरण (षड्ज की स्थापना)

सितार की जोड़ी के तार द्वारा, जो हमें षड्ज प्राप्त हो रहा है, उसी षड्ज को हम 'मूल षड्ज' के नाम से सम्बोधित करना चाहेंगे। तरब नम्बर-1 को, इस 'मूल षड्ज' के समान मिला लिया जाता है। इस प्रकार, अब तरब नम्बर-1 द्वारा निकला स्वर भी, 'षड्ज' का स्थान पा जाता है। ऐसा करने पर जोड़ी के तार से निकला स्वर

और तरब नम्बर-1 द्वारा निकला स्वर, इन दोनों में 'सा-सा' वाला संवाद यानी 1:1 का आवृत्ति आनुपातिक सम्बन्ध स्थापित हो जाता है। यही संवाद (1 : 1), सितार के जोड़ी के तार में भी बना रहता है।

यह आवश्यक नहीं है कि तरब नम्बर-1 को, जोड़ी के तार द्वारा निकले स्वर यानी 'मूल षड्ज' के अनुरूप मिलाया ही जाना चाहिए। दूसरी तरबों को सांवादिक क्रिया द्वारा उचित स्वर पर बांधने के समय, षड्ज' की आवश्यकता पड़ती है। उस समय 'षड्ज' को, जोड़ी के तार द्वारा या तरब नम्बर-1 से भी प्राप्त किया जा सकता है। इस प्रकार की व्यवस्था केवल उँगली परिचालन-सुविधा प्राप्ति के लिए की जाती है।

द्वितीय चरण (ग की स्थापना)

परिपक्व स्वर ज्ञान वाले व्यक्ति, पाँच प्रकार की स्वर सांवादिक क्रियाओं पर, पूर्ण रूप से निपुणता प्राप्त कर लेते हैं। इसलिए ऐसे व्यक्तियों द्वारा विकृत गान्धार 'ग़' को तरब नम्बर-3 पर स्थापित करने में कोई कठिनाई नहीं होनी चाहिए। तरब नम्बर-3 को इस प्रकार कसो कि उसमें से निकली ध्वनि और तरब नम्बर-1 द्वारा बनी हुई ध्वनि में, पारस्परिक 'सा-ग़' यानी षड्ज-गान्धार (विकृत) वाली गूँज उत्पन्न होने लगे। इस प्रकार तरब नम्बर-3 व तरब नम्बर-1 की आवृत्तियों में 6/5 का आनुपातिक (षट्श्रुत्यान्तर) सम्बन्ध बन जाता है और तरब नम्बर-3 में विकृत गान्धार 'ग़' स्थापित हो जाता है।

तृतीय चरण (नि़ की स्थापना)

इस चरण तरब द्वारा तरब नम्बर 6 में विकृत निषाद 'नि़' स्थापित किया जाएगा। थोड़ी देर के लिए तरब नम्बर-3 से निकली ध्वनि को षड्ज समान मान लो। ऐसा करने के लिए 'मूल षड्ज' वाली ध्वनि से ध्यान हटाकर, तरब नम्बर-3 द्वारा निकाली गई ध्वनि को, षड्ज जैसा मान लिया जाता है। इस प्रकार विकृत गान्धार ग़ वाली ध्वनि को, थोड़ी देर के लिए 'कृतिम षड्ज' जैसा मान लिया जाता है। अब तरब नम्बर-6 को इतना कसो कि उसमें से निकली ध्वनि और तरब नम्बर-3 द्वारा उपजा 'कृत्रिम षड्ज', आपस में 'षड्ज-पंचम' भाव उत्पन्न कर सके यानी इन दोनों ध्वनियों में त्रयोदश श्रुति का अन्तराल स्थापित हो सके। ऐसी अवस्था में, 'मूल षड्ज' या तरब नम्बर-1 वाले षड्ज 'सा' की तुलना में, तरब नम्बर-6 द्वारा निकली ध्वनि, विकृत निषाद 'नि़' समान सुनाई देने लग जाएगी।

उपर्युक्त स्थिति का गणित द्वारा विश्लेषण इस प्रकार हो सकता है। हमें मालूम है कि श्रुति शृंखला में विकृत निषाद का स्थान 20वीं श्रुति पर है और विकृत गान्धार ग़ का स्थान 7वीं श्रुति पर है। इसका मतलब यह हुआ कि इन दोनों स्वरों के मध्य

20-7 =13 श्रुतियों का अन्तराल बनता है। इस सन्दर्भ में अध्याय 9 की सारणी क्रमांक 14 को देखा जा सकता है। उपर्युक्त क्रिया द्वारा तरब नम्बर 6 व तरब नम्बर 3 की ध्वनियों में भी 'षड्ज-पंचम' का भाव यानी 13 श्रुति अन्तराल उत्पन्न किए जाने वाली स्थिति का निर्माण किया गया है। इसलिए छठी तरब पर निश्चित रूप से विकृत निषाद 'नि्' ही स्थापित हुआ है।

चतुर्थ चरण (ध् की स्थापना)

चौथे चरण द्वारा तरब नम्बर 5 में विकृत धैवत 'ध्' की स्थापना की जाएगी। जिस प्रकार से तृतीय चरण में विकृत गान्धार की ध्वनि को 'कृत्रिम षड्ज' स्वरूप मान लिया गया था, उसी तरह तरब नम्बर 3 द्वारा निकली ध्वनि को, थोड़ी देर के लिए, षड्ज समान मानते हुए तरब नम्बर 5 को इस प्रकार कसो कि, इन दोनों ध्वनियों में नव श्रुत्यान्तर यानी षड्ज-मध्यम भाव स्थापित हो जाए। इस प्रकार तरब नम्बर-5 पर विकृत धैवत 'ध्' स्थापित हो जाता है।

हमें मालूम है कि श्रुति शृंखला में विकृत धैवत का स्थान 16वीं श्रुति पर है और विकृत गान्धार ग् का स्थान 7वीं श्रुति पर है। इसका मतलब यह हुआ कि इन दोनों स्वरों के मध्य 16–7=9 श्रुतियों का अन्तराल बनता है। इस सन्दर्भ में अध्याय-9 की सारणी क्रमांक-14 को देखा जा सकता है। उपर्युक्त क्रिया द्वारा क्रियात्मक रूप, तरब नम्बर 5 व तरब नम्बर 3 की ध्वनियों में भी 'षड्ज-मध्यम' का भाव यानी 9 श्रुति अन्तराल किए जाने वाली स्थिति का निर्माण किया गया है। इसलिए 5वीं तरब पर निश्चित रूप से विकृत धैवत् ध् ही स्थापित हुआ है।

पांचवाँ चरण (रे् की स्थापना)

इस अनुच्छेद के पाँचवें चरण द्वारा, तरब नम्बर-2 पर विकृत रिषभ रे् की स्थापना की जाएगी। जिस प्रकार से अन्य विकृत स्वरों को स्थापित करने के समय एक कृत्रिम स्वर की धारणा की गई थी, उसी प्रकार विकृत रिषभ को स्थापित करने के लिए भी एक कृत्रिम स्वर का ध्यान करना पड़ेगा। तरब नम्बर-5 पर जहाँ अभी-अभी विकृत धैवत को स्थापित किया गया था, थोड़ी देर के लिए उस ध्वनि को, कृत्रिम पंचम समान मान लो यानी विकृत धैवत की ध्वनि ही, अब इस प्रयोग के लिए कृत्रिम पंचम बन जाएगा। इसके पश्चात् तरब नम्बर-2 को इस प्रकार कसो कि उसमें से निकली ध्वनि और तरब नम्बर-5 से निकली ध्वनि यानी कृत्रिम पंचम में 'षड्ज पंचम भाव' यानी त्रयोदशांक श्रुति अंतराल स्थापित हो जाए। इस क्रिया द्वारा तरब नम्बर-2 में विकृत रिषभ 'रे्' स्थापित हो जाएगा। इस तथ्य की पुष्टि गणित द्वारा भी की जा सकती है।

विकृत रिषभ रे॒ का स्थान श्रुति शृंखला में 3रे श्रुति पर है और विकृत धैवत का स्थान 16वीं श्रुति पर है। स्वतः इन दोनों में 16–3=13 श्रुति अन्तराल बना रहता है। क्रियात्मक विधि द्वारा भी तरब नम्बर-2 और तरब नम्बर-5 से निकले स्वरों में, षड्ज-पंचम भाव यानी 13 श्रुति अन्तराल स्थापित किया गया है। इसलिए यह प्रमाणित हो जाता है कि तरब नम्बर-2 पर, विकृत रिषभ 'रे॒' ही स्थापित हुआ है।

छठा चरण (म् की स्थापना)

तरब नम्बर-4 पर विकृत मध्यम 'म्' की स्थापना की जाएगी। जिस प्रकार से अन्य विकृत स्वरों को स्थापित करने के समय एक कृत्रिम स्वर की धारणा की गई थी, उसी प्रकार विकृत मध्यम म् को स्थापित करने के लिए भी एक कृत्रिम स्वर का ध्यान करना पड़ेगा। अभी-अभी तरब नम्बर-2 पर विकृत रिषभ रे॒ को स्थापित किया गया है। थोड़ी-सी देर के लिए मान लो कि तरब नम्बर-2 से निकली ध्वनि हमारा 'कृत्रिम षड्ज' है। इसके पश्चात् तरब नम्बर-4 को इस प्रकार कसो कि उसमें से निकाली गई ध्वनि और तरब नम्बर-2 से निकली ध्वनि में 'षड्ज मध्यम भाव' यानी नव (9) श्रुति अन्तराल स्थापित हो जाए। इस क्रिया द्वारा तरब नम्बर-4 में विकृत मध्यम 'म्' स्थापित हो जाएगा। इस तथ्य की पुष्टि गणित द्वारा भी की जा सकती है।

हमें यह मालूम है कि श्रुति मालिका मे विकृत-मध्यम की गिनती 12वें स्थान पर मानी गई है और विकृत रिषभ की गिनती 3रे स्थान पर मानी गई है। इस सन्दर्भ में भातखण्डे द्वारा लिखित क्रमिक पुस्तकमालिका की दूसरी पुस्तक में दिए उद्धरण निम्न प्रकार हैं। "अब विकृत स्वरों के लिए निम्नलिखित श्रुतियाँ चुनी जाती हैं।

कोमल री	–	–	–	3री
कोमल ग	–	–	–	7वीं
तीव्र म	–	–	–	12वीं
कोमल ध	–	–	–	16वीं
कोमल नि	–	–	–	20वीं

इस प्रकार एक सप्तक के अन्दर 7 शुद्ध और 5 विकृत कुल मिलाकर, बारह स्वर होते हैं।"

यदि हम गणित की दृष्टि द्वारा देखें, तो भी विकृत-मध्यम म् और विकृत-रिषभ रे॒, इन दोनों स्वरों में 12–3=9 श्रुतियों का अन्तराल बनता है। प्रयोग की विधि द्वारा क्रियात्मक रूप से भी, हमने विकृत रिषभ व विकृत मध्यम के बीच, 9 श्रुति सांवादिक भाव को उत्पन्न किया है। इसलिए प्रयोग द्वारा, तरब नम्बर 4 में विकृत-मध्यम 'म्' बिल्कुल सही स्थापित हुआ है।

सारांश

उपर्युक्त छः चरणों में, पाँच विकृत स्वरों को स्थापित किया गया है। सभी स्वरों की स्थापना के लिए अधिकतम पाँच स्वर-संवाद का ही उपयोग किया गया है। यद्यपि छः चरणों द्वारा स्वर स्थापना का क्रम सा, ग्, ध्, रे्, म् जैसा रहा है परन्तु प्रयोग समापन के पश्चात् तरबों में स्वरों का क्रम सा रे् ग् म् ध् नि् जैसा ही पाया जाएगा। कौन-सा स्वर किस स्वर के पश्चात् स्थापित किया जाता है, इस तथ्य का कोई महत्त्व नहीं है। आवश्यकतानुसार किसी भी स्वर को स्थापित किया जा सकता है परन्तु इस क्रिया को करने से पूर्व, कर्ता का स्वर ज्ञान परिपक्व होना चाहिए और पूर्व से ही पाँचों प्रकार के संवादिक भाव उसे भलि प्रकार से सधे हुए होने चाहिए।

निम्न सारणी नम्बर-20 में उपर्युक्त चरणों द्वारा प्राप्त उपलब्धियों को एक ही दृष्टि में देखा जा सकता है। प्रथम दो चरणों में मूल षड्ज को आधार स्वर जैसे उपयोग किया गया है। चरण क्रमांक 3, 4, 5, 6 में किसी एक स्वर को काल्पनिक षड्ज मानते हुए, अन्य स्वर को सांवादिक भाव द्वारा स्थापित किया गया है।

चरण	स्वर व तरब क्रमांक जो प्रयोग में लिया गया	संवादिक भाव का नाम	श्रुति अन्तराल	स्वर उपलब्धि
प्रथम	मूल षड्ज + तरब नं. 1	षड्ज-षड्ज	–	सा
द्वितीय	मूल षड्ज + तरब नं. 3	षड्ज-विकृत गान्धार ग्	6	ग्
तृतीय	तरब नं. 3 + तरब नं. 6	षड्ज-पंचम	13	नि्
चतुर्थ	तरब नं. 3 + तरब नं. 5	षड्ज-मध्यम	9	ध्
पंचम	तरब नं. 2 + तरब नं. 5	षड्ज-पंचम	13	रे
षष्ठ	तरब नं. 2 + तरब नं. 4	षड्ज-मध्यम	9	म्

सारणी नम्बर-20

उपर्युक्त सारणी क्रमांक-20 में उपलब्ध परिणामों को निम्न रेखांकित चित्र-21 द्वारा भी एक दृष्टि में अध्ययन किया जा सकता है। क्रिया नम्बर (1) व क्रिया नम्बर (2) में मूल षड्ज 'सा' का सीधा-सीधा उपयोग किया गया है। गान्धार 'ग्' प्राप्त हो जाने के पश्चात् क्रिया नम्बर (3) द्वारा 'ग्' को आधार षड्ज मानते हुए, 'नि्' की प्राप्ति षड्ज-पंचम भाव द्वारा की गई है। इसी प्रकार 'ग्' को आधार षड्ज की कल्पना करते हुए, 'ध्' की प्राप्ति षड्ज-मध्यम भाव द्वारा की गई है। 'ध्' प्राप्त हो जाने के पश्चात् 'रे्' को षड्ज-पंचम भाव द्वारा स्थापित किया गया है। 'रे्' को प्राप्त करने के पश्चात्, विकृत मध्यम 'म्' को षड्ज-मध्यम भाव यानी नव श्रुत्यान्तर द्वारा प्राप्त किया गया है।

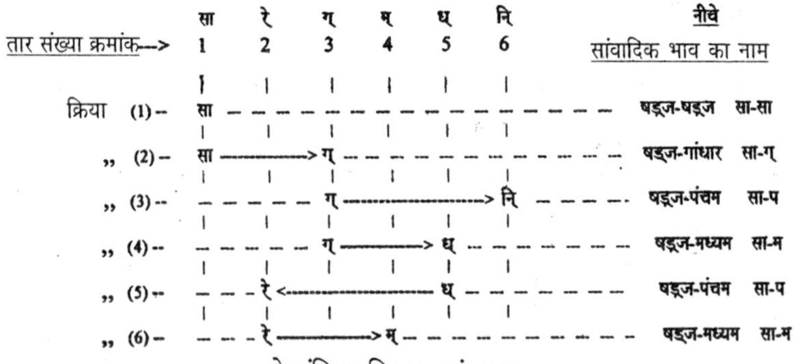

रेखांकित चित्र क्रमांक-21

'संवाद' उपयोगिता व व्यावहारिक ज्ञान

'स्वर संवाद' को दो स्वरों के बीच बनी हुई एक प्रकार की विशिष्ट स्थिति समान देखा जाता है। उपर्युक्त अनुच्छेदों में इन विशिष्ट स्थितियों का विस्तारपूर्ण विवरण किया जा चुका है। तन्त्री वाद्य के वादक इन्हीं सांवादिक विशिष्ट स्थितियों को लगातार उपयोग में लाते रहते हैं। अग्रिम अध्यायों में इन सांवादिक क्रियाओं से सम्बन्धित कई प्रयोग किए गए हैं। इस प्रकार के प्रयोगों से स्वतः सिद्ध हो जाता है कि स्वर-संवाद की उपयोगिता अपने आप में कितनी मूल्यवान है? उपर्युक्त वर्णित पाँचों मौलिक संवादों को, दैनिक व्यवहार में किस प्रकार से काम में लिया जाता है, उस रहस्य को तन्त्री वाद्य की तरबों को, स्वर में मिलाने की विधि द्वारा समझाया गया है। वास्तव में तरबों को स्वर ज्ञान के सहारे सीधे-सीधे ही मिलाया जाता है परन्तु मिलाए हुए स्वरों की जाँच, उपर्युक्त लिखित सांवादिक क्रिया द्वारा यदि कर ली जाती है, तो वाद्य के स्वर अधिक सच्चे व विश्वसनीय बन जाते हैं।

अभी तक सांवादिक क्रिया को काम में लाते हुए, हमने तन्त्री वाद्य की सात तरबों को क्रमशः सात शुद्ध स्वर सा, रे ग, म, प, ध, नि में बाँधने की विधि पर विवेचना की है, जहाँ हमें 'षड्ज' की उपलब्धि सीधे-सीधे प्राप्त हो रही थी। अब हम सांवादिक क्रिया के उस अंग की गहराई से विवेचना करेंगे, जिसके अध्ययन द्वारा, संगीत शास्त्र के विशेष अवयव जैसे 'सारणा चतुष्टयी' आदि को समझने में, अधिक लाभदायक सिद्ध हो सकता है। तानपूरा हो या सारंगी, सितार, वायलिन सदृश कोई सा भी तन्त्री वाद्य हो, ऐसे वाद्य को स्वर में बाँधने के लिए, हमें एक नाद-ध्वनि उपलब्ध करा दी जाती है या फिर हमें स्वयं, इस नाद-ध्वनि या स्वर को चुन लेना पड़ता है। साधारणतः इस उपलब्ध कराई हुई नाद-ध्वनि को 'षड्ज' समान मानते हुए, वाद्य को इच्छानुसार ठाट पर मिला लिया जाता है। आवश्यकता पड़ने पर पृ. 194-195 में दी गई विधि द्वारा वाद्य के स्वरों को जाँच भी लिया जाता है।

शास्त्र विवेचना के समय हमें ऐसी कई स्थितियों का सामना करना पड़ सकता है, जब हमें कह दिया जाता है कि वीणा या सितार जैसे तन्त्री वाद्य को उपयुक्त ठाट में बाँधने के लिए जो ध्वनि-नाद उपलब्ध कराया जा रहा है, वह उस ठाट का 'षड्ज' नहीं है, अपितु उपलब्ध कराया हुआ ध्वनि-नाद उस ठाट के रे, ग, म, प, ध, नि में से कोई सा भी स्वर हो सकता है। ऐसी स्थिति में भी, वीणा को स्वर में बाँधने हेतु स्वर-संवाद विधि का उपयोग किया जाता है। इस स्थिति को उदाहरण द्वारा समझ लेना सुविधाजनक होगा। निम्न अनुच्छेद में वीणा या सितार को शुद्ध स्वर यानी बिलावल ठाट के स्वरों में बाँधने की विधि को, उदाहरण द्वारा विस्तारपूर्वक समझाया गया है। यदि एक बार शुद्ध स्वरों से सम्बन्धित समस्या समझ में आ जाती है तो तन्त्री वाद्य को विकृत स्वरों में भी सरलता से मिलाया जा सकता है।

मान लो हम एक वीणा को शुद्ध स्वरों में बाँधना चाहते हैं। इस प्रयोजन के लिए हमें एक स्वर उपलब्ध कराया जाता है और निर्देश दिए जाते हैं कि इस उपलब्ध स्वर, वीणा को शुद्ध स्वरों में बाँधने के उपरान्त, उस सप्तक के 'निषाद' के समान बना रहना चाहिए। वीणा को शुद्ध स्वरों में बाँधने की समस्या को हम दो हिस्सों में बाँट सकते हैं। सर्वप्रथम हमें इस 'निषाद' से सम्बन्धित ''षड्ज'' को स्थापित करना पड़ेगा। तत्पश्चात् वीणा को उपर्युक्त रेखांकित चित्र क्रमांक-20 में वर्णित सांवादिक क्रिया द्वारा शुद्ध स्वरों में बाँधना पड़ेगा।

निम्न अनुच्छेदों द्वारा वीणा को विभिन्न उपलब्ध-स्वर द्वारा बाँधने की क्रिया को विस्तारपूर्वक समझाया गया है। वीणा की सात तन्त्रियों को सा, रे, ग, म, प, ध, नि शुद्ध-स्वरों में बाँधने की क्रिया, प्रत्येक बार भिन्न-भिन्न रूप की दिखलाई देगी। इसका कारण है। प्रारम्भिक उपलब्ध-स्वर भिन्न-भिन्न हो जाता है। सर्वप्रथम उस उपलब्ध स्वर से सम्बन्धित आधार स्वर ''षड्ज'' को ढूँढ़कर, स्थापित किया जाता है। उसके पश्चात्, पृ. 197 में वर्णित विधियों द्वारा अन्य स्वरों को स्थापित किया जाता है। इस प्रकार की विधियों को उपर्युक्त रेखांकित चित्र क्रमांक-20 में भी स्पष्ट रूप से दर्शाया गया है।

उपलब्ध स्वर 'रे' द्वारा, वीणा के शुद्ध स्वरों की स्थापना

मान लो हमें वीणा को शुद्ध स्वर यानी बिलावल ठाट में बाँधने के लिए जो स्वर उपलब्ध कराया गया है, उसकी ध्वनि 'रे' समान है। सबसे पहले हम वीणा के तार नम्बर-2 को इस ध्वनि के समान मिलाएँगे। इस प्रकार तार नम्बर-2 पर रिषभ 'रे' स्थापित हो जाएगा। यहाँ हम 'षड्ज-षड्ज' यानी सा-सा सांवादिक क्रिया का उपयोग करेंगे। इस प्रकार वीणा पर एक स्वर स्थापित हो जाएगा।

इसके पश्चात् तार नम्बर-5 को इस प्रकार कसेंगे कि तार नम्बर-5 की ध्वनि, तार नम्बर-2 की तुलना में उसका 'मध्यम' सुनाई देने लग जाए। यहाँ हम 'षड्ज-मध्यम'

यानी सा-म सांवादिक क्रिया का उपयोग करेंगे। ऐसा करने से तार नम्बर-5 पर 'पंचम' प्राप्त हो जाएगा। इस प्रकार वीणा पर दो स्वर यानी 'रे' व 'प' स्थापित हो जाएँगे।

अब तार नम्बर-1 को इतना कसेंगे कि तार नम्बर-1 व तार नम्बर-5 में परस्पर षड्ज-पंचम यानी 'सा-प' भाव स्थापित हो सके। इस प्रकार तार नम्बर-1 में मूल "षड्ज" स्थापित हो जाएगा। इस समय तक वीणा में तीन स्वर यानी 'सा', रे व 'प' स्थापित हो चुके हैं। शेष के चार स्वर, उपर्युक्त चित्र क्रमांक 20 की सहायता द्वारा, सरलता से स्थापित हो सकेंगे क्योंकि अब हमें मूल षड्ज 'सा' प्राप्त हो चुका है।

निम्न रेखांकित चित्र क्रमांक-22 में, उपलब्ध कराया गया स्वर 'रे' द्वारा, वीणा को शुद्ध स्वरों में बाँधने की क्रियाओं को दर्शाया गया है। चित्र को दो भागों में विभाजित किया गया है। चित्र के ऊपरी भाग में उपलब्ध स्वर 'रे' रिषभ से, आधार स्वर 'षड्ज' को प्राप्त किया गया है। चित्र के द्वितीय भाग द्वारा, पूर्व में वर्णित रेखांकित चित्र-20 में दर्शाए गए विवरण को दोहराया गया है।

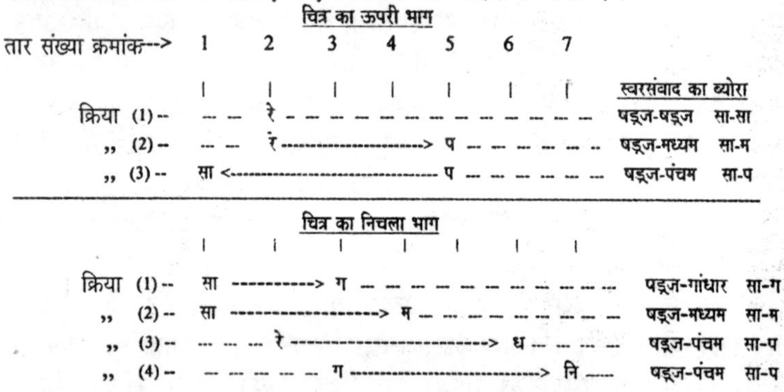

रेखांकित चित्र क्रमांक-22

'सा', 'रे' व 'प' को स्थापित करने के पश्चात्, अब हमें शेष 'ग', 'म', 'ध', 'नि' को स्थापित करना है। षड्ज को आधार मानकर 'सा'-'ग' संवाद द्वारा गान्धार 'ग' को स्थापित करने में कोई कठिनाई नहीं होनी चाहिए। इसी प्रकार षड्ज को आधार मानकर सा-म संवाद द्वारा मध्यम 'म' को स्थापित करने में कोई कठिनाई नहीं होनी चाहिए क्योंकि ये दोनों सांवादिक क्रिया, हमारी स्वर व्यवस्था के मौलिक (Basic) सांवादिक अंग हैं। इस प्रकार 'ग' और 'म' भी स्थापित हो जाएँगे। स्थापत्व को चित्र-22 के निचले भाग में क्रिया नम्बर-(1) व क्रिया (2) द्वारा दर्शाया गया है। अभी तक 'सा', 'रे', 'प', 'ग', 'म' कुल मिलाकर पाँच स्वरों की स्थापना हो चुकी है। 'ध' और 'नि' की स्थापना शेष है।

तन्त्री नम्बर-2 में 'रे' स्थापित है। थोड़ी देर के लिए 'रे' की ध्वनि को 'षड्ज' समान कल्पना करो और तन्त्री नम्बर-6 को इतना कसा कि कल्पना किए हुए 'षड्ज'

व तन्त्री नम्बर-6 की ध्वनि में परस्पर 'सा-प' यानी षड्ज-पंचम भाव स्थापित हो जाए। ऐसा करने पर तन्त्री नम्बर-6 पर 'ध' स्थापित हो जाएगा। इस प्रकार को चित्र के निचले भाग की क्रिया नम्बर-3 पर दर्शाया गया है।

अब हमें 'नि' को स्थापित करना शेष है। तन्त्री नम्बर-3 पर 'ग' स्थापित है। थोड़ी देर के लिए 'ग' की ध्वनि को 'षड्ज' समान कल्पना करो और तन्त्री नम्बर-3 को इतना कसो कि कल्पना किए हुए 'षड्ज' व तन्त्री नम्बर-3 की ध्वनि में परस्पर 'सा-प' यानी षड्ज-पंचम भाव स्थापित हो जाए। ऐसा करने पर तन्त्री नम्बर-3 पर 'नि' स्थापित हो जाएगा। इस क्रिया को रेखांकित चित्र क्रमांक-22 के निचले भाग में क्रिया नम्बर (4) द्वारा दर्शाया गया है।

यदि हमें रिषभ 'रे' की ध्वनि को उपलब्ध कराया जाता है तो सांवादिक मार्ग का पालन करते हुए उपर्युक्त वर्णित विधि द्वारा वीणा को शुद्ध स्वरों में मिलाया जा सकता है।

उपलब्ध स्वर 'ग' द्वारा, वीणा के शुद्ध स्वरों की स्थापना

वीणा को शुद्ध स्वरों में मिलाने के लिए जो स्वर हमें उपलब्ध कराया जाता है, यदि वह स्वर गान्धार 'ग' है तो अन्य परिस्थितियों की अपेक्षा यह कार्य सरल प्रतीत होगा। सर्वप्रथम हमें सम्बन्धित षड्ज को स्थापित करना चाहिए। षड्ज स्थापित हो जाने के पश्चात् अन्य स्वरों को साधारण ढंग से स्थापित किया जा सकता है। रेखांकित चित्र-23 द्वारा स्थिति को विस्तारपूर्वक समझाया गया है।

चित्र का ऊपरी भाग

तार संख्या क्रमांक-->	1	2	3	4	5	6	7	स्वरसंवाद का ब्योरा
क्रिया (1) --			ग					षड्ज-षड्ज सा-सा
,, (2) --	सा ←		ग					षड्ज-गांधार सा-ग

चित्र का निम्न भाग

	1	2	3	4	5	6	7	
क्रिया (1) --	सा →			म				षड्ज-मध्यम सा-म
,, (2) --	सा →				प			षड्ज-पंचम सा-प
,, (3) --		रे ←			प			षड्ज-मध्यम सा-म
,, (4) --		रे →				ध		षड्ज-पंचम सा-प
,, (5) --			ग →				नि	षड्ज-पंचम सा-प

रेखांकित चित्र क्रमांक-23

सर्वप्रथम तन्त्री नम्बर-3 को इस प्रकार कसो कि इस तन्त्री की आवाज़ और उपलब्ध कराई गई ध्वनि, एक्र समान हो जाए। इस प्रयोग के लिए सा-सा यानी षड्ज-षड्ज संवाद का उपयोग किया जाएगा। इस क्रिया द्वारा तन्त्री नम्बर-3 पर गान्धार 'ग' स्थापित हो जाएगा। इस पूरी विधि को रेखांकित चित्र-23 के ऊपरी

भाग में क्रिया (1) द्वारा दर्शाया गया है। अब हमारी योजनानुसार इस 'ग' से सम्बन्धित षड्ज को स्थापित करना चाहिए।

तत्पश्चात् तन्त्री नम्बर-3 के गान्धार की ध्वनि को कृत्रिम षड्ज समान मानते हुए तन्त्री नम्बर-1 को इस प्रकार कसो कि तन्त्री नम्बर-1 और तन्त्री नम्बर-3 कल्पना की हुई ध्वनि, परस्पर षड्ज-गान्धार भाव दिखलाने लगे। ऐसी अवस्था में तन्त्री नम्बर-1 पर मूल षड्ज स्थापित हो जाएगा। अभी तक हम वीणा पर दो स्वर 'सा' और 'ग' स्थापित कर सके हैं। इन दोनों स्वरों को चित्र संख्या-23 के ऊपरी हिस्से में दर्शाया गया है। मूल षड्ज 'सा' की स्थापना के पश्चात् अन्य पाँच स्वरों को, पूर्व की भाँति चित्र-23 के निचले भाग में दी गई क्रियाओं द्वारा, स्थापित किया जाएगा। क्रिया (1) व क्रिया (2) के अन्तर्गत 'म' और 'प' को स्थापित किया गया है।

पूर्व की भाँति पंचम स्थापना के पश्चात् रिषभ को स्थापित किया गया है और रिषभ 'रे' के पश्चात्, धैवत 'ध' को स्थापित किया गया है। अन्त में 'ग' की षड्ज 'सा' जैसी कल्पना करते हुए और सा-प भाव का उपयोग करते हुए निषाद 'नि' को स्थापित किया गया है। इस विधि को उपर्युक्त रेखांकित चित्र-23 के निचले भाग में क्रिया नम्बर (5) द्वारा दिखलाया गया है।

उपलब्ध स्वर 'म' या 'प' द्वारा, वीणा के शुद्ध स्वरों की स्थापना

वीणा को शुद्ध स्वरों में बाँधने के लिए जो ध्वनि हमें उपलब्ध कराई जाती है, यदि वह ध्वनि मध्यम 'म' या पंचम 'प' जैसी हो तो प्रयोग की क्रियाएँ प्रायः एक समान ही होती हैं। प्रथम चरण के अन्तर्गत सा-म या सा-प सांवादिक भाव को प्रयोग में लाते हुए, सम्बन्धित षड्ज को स्थापित कर लेना चाहिए। इस प्रकार स्थापित किया हुआ षड्ज 'सा' ही वीणा का मूल-षड्ज 'सा' होगा।

एक बार वीणा के षड्ज की स्थापना हो जाती है, तो उसके पश्चात् उपर्युक्त पृ. 194-195 में दी हुई विधि व चित्र क्रमांक-20 के सहारे, अन्य स्वरों की स्थापना की जा सकती है।

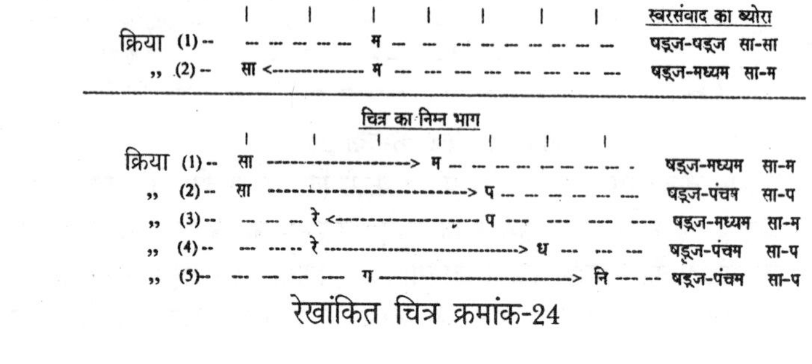

रेखांकित चित्र क्रमांक-24

रेखांकित चित्र-24 में, मध्यम 'म' को उपलब्ध स्वर मानते हुए, अन्य स्वरों की स्थापना की गई है। जब उपलब्ध ध्वनि गान्धार 'ग', मध्यम 'म' या पंचम 'प' के समान होती है, तो चित्र के निचले भाग में दर्शाई गई क्रियाएँ, बिल्कुल एक समान हो जाती हैं। इसलिए यदि उपलब्ध-ध्वनि पंचम समान कराई गई है, तो सम्बन्धित क्रियाएँ ठीक उसी प्रकार की होंगी जैसी उपलब्ध-स्वर 'म' के समय थीं। इस तथ्य को ध्यान में रखते हुए, पंचम से सम्बन्धित चित्र को, अलग से देने की आवश्यकता नहीं समझी गई है।

उपलब्ध स्वर 'ध' द्वारा, वीणा के शुद्ध स्वरों की स्थापना

मान लो हमें वीणा को शुद्ध स्वर में बाँधने के लिए जो स्वर उपलब्ध कराया गया है उसकी ध्वनि 'ध' समान है। सबसे पहले हम तार नम्बर-6 को इस ध्वनि के समान मिलाएँगे। इस प्रकार तार नम्बर-6 पर धैवत 'ध' स्थापित हो जाएगा। यहाँ हम 'षड्ज' यानी सा-सा सांवादिक क्रिया का उपयोग करेंगे। तार नम्बर-6 को उपलब्ध स्वर धैवत समान इसलिए मिलाया जाता है क्योंकि हम सात तन्त्रियों में सा रे ग म प ध नि स्वरों को इसी क्रमांक में मिला हुआ देखना चाहते हैं, जहाँ 'धैवत' का छठा स्थान है। निम्न रेखांकित चित्र-25 में सभी क्रियाओं को स्पष्ट रूप से देखा जा सकता है। चित्र को एक आड़ी रेखा द्वारा दो हिस्सों में विभाजित किया गया है।

(1) चित्र के ऊपरी भाग में धैवत "ध" के द्वारा, सम्बन्धित 'मूल षड्ज' को प्राप्त किया गया है।

(2) द्वितीय भाग में, पूर्व के रेखांकित चित्र-20 में दर्शाए गए विवरण को दोहराया गया है।

चित्र का ऊपरी भाग

तार संख्या क्रमांक--->	1	2	3	4	5	6	7	स्वरसंवाद का ब्योरा
क्रिया (1) --	—	—	—	—	—	ध	—	षड्ज-षड्ज सा-सा
,, (2) --	—	रे <	---	---	---	ध	—	षड्ज-पंचम सा-प
,, (3) --	—	रे	---	---	> प	—	—	षड्ज-मध्यम सा-म
,, (4) --	सा <	---	---	---	प	—	—	षड्ज-पंचम सा-प

चित्र का निम्न भाग

क्रिया (1) --	सा	---	> ग	—	—	—	—	षड्ज-गांधार सा-ग
,, (2) --	सा	---	---	> म	—	—	—	षड्ज-मध्यम सा-म
,, (3) --	—	—	ग	---	---	---	> नि	षड्ज-पंचम सा-प

रेखांकित चित्र क्रमांक-25

तन्त्री नम्बर-6 को उपलब्ध ध्वनि के समान मिला लेने के फल स्वरूप, वीणा

के छठे तार में 'ध' की स्थापना हो चुकी है यानी वीणा में एक स्वर की स्थापना हो चुकी है।

इसके पश्चात् तार नम्बर-2 को इस प्रकार कसेंगे कि तार नम्बर-6 की ध्वनि, तार नम्बर-2 की तुलना में, उसका 'पंचम' सुनाई देने लग जाए। ऐसा करने से तार नम्बर-2 पर रिषभ 'रे' स्थापित हो जाएगा। वास्तविक स्थिति अनुसार, अभी तक वीणा पर दो स्वर 'ध' व 'रे' स्थापित हो चुके हैं।

अब तार नम्बर-5 को इतना कसो कि तार नम्बर-2 व तार नम्बर-5 में परस्पर षड्ज-मध्यम का भाव स्थापित हो सके। ऐसा करने से तार नम्बर-5 में पंचम 'प' स्थापित हो जाएगा यानी वीणा में अभी तक कुल मिलाकर तीन स्वर (ध रे प) स्थापित हो जाएँगे।

इसके पश्चात् तार नम्बर-1 को इतना कसो कि तार नम्बर-1 व तार नम्बर-5 में षड्ज-पंचम का भाव स्थापित हो जाए। इस प्रकार तार नम्बर-1 में मूल षड्ज 'सा' स्थापित हो जाएगा।

अभी तक वीणा के चार स्वर 'ध, 'रे', 'प' व 'सा' स्थापित हो चुके हैं। इस स्थिति को रेखांकित चित्र-25 के ऊपरी भाग में दर्शाया गया है।

अभी भी तीन स्वर 'ग', 'म', 'नि' को स्थापित करना शेष है। हमें मूल षड्ज 'सा' प्राप्त हो चुका। इसलिए शेष के इन तीन स्वरों को स्थापित करने में कोई कठिनाई नहीं होनी चाहिए। तीनों स्वर 'ग' 'म' 'नि' को स्थापित करने की विधि को चित्र-25 के निचले भाग में दर्शाया गया है।

साधारण ढंग द्वारा सा-ग संवाद का उपयोग करते हुए, तन्त्री नम्बर-3 पर गान्धार स्थापित कर लो। इसी प्रकार तार नम्बर-1 के षड्ज 'सा' को काम में लेते हुए, सा-म संवाद द्वारा, तन्त्री नम्बर-4 पर मध्यम 'म' स्थापित कर लो। इस प्रकार यहाँ तक छः स्वर 'सा', 'रे', 'ग', 'म', 'प', 'ध' स्थापित हो चुके हैं।

निषाद् को स्थापित करने के लिए निम्न विधि को अपनाया जाएगा। थोड़ी देर के लिए तन्त्री नम्बर-3 की गान्धार वाली ध्वनि को षड्ज जैसे कल्पना करते हुए, तन्त्री नम्बर-7 को इतना कसो कि इन दोनों से निकली ध्वनियों में षड्ज-पंचम भाव यानी त्रयोदश श्रुत्यान्तर स्थिति उत्पन्न हो सके। इस प्रकार तन्त्री नम्बर-7 पर, शुद्ध निषाद 'नि' स्थापित हो जाता है। चित्र-25 के निचले भाग में इस स्थिति को दिखाया गया है। इस प्रकार से उपलब्ध स्वर 'ध' द्वारा वीणा की सातों तन्त्रियों को शुद्ध स्वर सा रे ग म प ध नि के क्रम में बाँधा जा सकता है।

उपलब्ध स्वर 'नि' द्वारा, वीणा के शुद्ध स्वरों की स्थापना

मान लो हमें वीणा को शुद्ध स्वर में बाँधने के लिए जो स्वर उपलब्ध कराया गया है उसकी ध्वनि 'नि' समान है। सबसे पहले हम तार नम्बर-7 को इस ध्वनि के समान मिलाएँगे।

चित्र का ऊपरी भाग

तार संख्या क्रमांक-->	1	2	3	4	5	6	7	स्वरसंवाद का ब्योरा
क्रिया (1) --	—	—	—	—	—	—	नि	षड्ज-षड्ज सा-सा
,, (2) --	—	—	ग <---	---	---	---	नि	षड्ज-पंचम सा-प
,, (3) --	सा <---	---	ग	—	—	—	—	षड्ज-गांधार सा-ग

चित्र का निम्न भाग

	1	2	3	4	5	6	7	
क्रिया (1) --	सा ---	---	--->	म	—	—	—	षड्ज-मध्यम सा-म
,, (2) --	सा ---	---	---	--->	प	—	—	षड्ज-पंचम सा-प
,, (3) --	—	रे <---	---	---	प	—	—	षड्ज-मध्यम सा-म
,, (4) --	—	रे <---	---	---	---	---> ध	—	षड्ज-पंचम सा-प

रेखांकित चित्र क्रमांक-26

इस प्रकार तार नम्बर-7 पर निषाद 'नि' स्थापित हो जाएगा। यहाँ हम 'षड्ज-षड्ज' यानी सा-सा सांवादिक क्रिया का उपयोग करेंगे। अब यह कल्पना करो कि तन्त्री नम्बर-7 की ध्वनि षड्ज समान है। इसके पश्चात् तन्त्री नम्बर-3 को इस प्रकार कसो कि तन्त्री नम्बर-7 व तन्त्री नम्बर-3 से निकली हुई ध्वनियाँ परस्पर सा-प संवाद उत्पन्न कर सकें। ऐसी स्थिति द्वारा इन दोनों तन्त्रियों के बीच त्रयोदश अन्तराल की स्थिति बन जाएगी और फलस्वरूप तन्त्री नम्बर-3 पर गान्धार 'ग' स्थापित हो जाएगा। इस प्रकार अभी तक 'नि' व 'ग' दो स्वर स्थापित हो चुके हैं। इस स्थिति को रेखांकित चित्र क्रमांक-26 के ऊपरी भाग में दर्शाया गया है।

अब तार नम्बर-1 को इतना कसो कि उसकी ध्वनि और तन्त्री नम्बर-3 की ध्वनि में षड्ज-गान्धार संवाद की स्थिति उत्पन्न हो जाए। ऐसा करने के पश्चात् तन्त्री नम्बर-1 पर मूल षड्ज 'सा' स्थापित हो जाएगा।

यहाँ तक हम तीन स्वर 'नि', 'ग' व 'सा' को स्थापित करने में सफल हुए हैं। स्थापित करने की क्रियाओं को चित्र-26 के ऊपरी भाग में दर्शाया गया है। अब षड्ज 'सा' स्थापित हो गया है। इसलिए शेष के स्वरों को स्थापित करने में कोई कठिनाई नहीं होनी चाहिए।

तन्त्री नम्बर-4 को इतना कसो कि उसके द्वारा निकली ध्वनि और षड्ज 'सा' आपस में सा-म संवाद यानी नव श्रुत्यान्तर वाली स्थिति उत्पन्न कर सके। ऐसा करने से वीणा पर मध्यम 'म' स्थापित हो जाएगा। ठीक इसी प्रकार तन्त्री नम्बर-5 को इतना कसो कि उसके द्वारा निकली ध्वनि और षड्ज 'सा' आपस में सा-प संवाद यानी त्रयोदश श्रुत्यान्तर वाली स्थिति उत्पन्न कर सके। ऐसा करने से वीणा पर पंचम 'प' स्थापित हो जाएगा। इन दोनों स्थितियों को रेखांकित चित्र-26 के निचले भाग में दर्शाया गया है। अभी तक कुल मिलाकर पाँच स्वर नि, ग, सा, म, प स्थापित हो चुके हैं।

अभी तन्त्री नम्बर-2 को इस प्रकार कसो कि उससे निकली ध्वनि व तन्त्री नम्बर-5 से निकली ध्वनि में, परस्पर सा-म संवाद यानी नव श्रुत्यान्तर वाली स्थिति उत्पन्न हो जाए। ऐसा करने से तन्त्री नम्बर (2) पर रिषभ 'रे' स्थापित हो जाएगा।

अन्त में धैवत 'ध' स्थापित किया जाएगा। कल्पना करो कि तार नम्बर-2 से निकली ध्वनि, रिषभ 'रे' न होकर, षड्ज 'सा' समान है। अब तन्त्री नम्बर-6 को इस प्रकार कसो कि उसमें से निकली ध्वनि व तार नम्बर-6 की ध्वनियों में परस्पर सा-प यानी षड्ज-पंचम संवाद की स्थिति बन जाए। इस प्रकार तन्त्री नम्बर-6 पर धैवत 'ध' स्थापित हो जाएगा।

यदि वीणा को शुद्ध स्वर यानी बिलावल ठाट में बाँधने के लिए हमें 'नि' समान ध्वनि उपलब्ध कराई जाती है तो, उपर्युक्त चित्र-26 में दर्शाई गई क्रियाओं द्वारा वीणा की तन्त्रियों को शुद्ध स्वर सा रे ग म प ध नि में बाँधा जा सकता है।

अध्याय-12

श्रुति-निदर्शन

श्रुति-निदर्शन विषय का परिचय

श्रुति-निदर्शन विषय भरत मुनि के समय से भी प्राचीन माना जाता है परन्तु वर्तमान स्थिति ऐसी है कि नाट्यशास्त्र से पुराना ग्रन्थ उपलब्ध न होने के कारण, भारतीय संगीत सृष्टि के प्रथम आचार्य, भरत मुनि को ही माना जाता है। श्रुति-निदर्शन के अन्तर्गत भरत मुनि ने उस विधि का वर्णन किया है जिसके द्वारा श्रुतियों के दर्शन किए जा सकते हैं। इस विधि द्वारा इस तथ्य की पुष्टि हो जाती है कि श्रुतियों की संख्या 22 ही है। इस विधि को सारणा चतुष्टयी या चतुःसरणा के नाम से भी जाना जाता है। इसके अतिरिक्त श्रुति-निदर्शन विषय की अन्तरात्मा को समझ लेने के पश्चात्, श्रुतियों के गणितीय मूल्यों (Mathematical Values) को भी आँका जा सकता है। श्रुति-निदर्शन या श्रुतिदर्शन विधि सम्बन्धित विषय, संगीत समाज में, बराबर विवाद ग्रस्त विषय माना जाता रहा है। समय-समय पर गुणी व विद्वान जन इस विषय पर अपने विचार प्रस्तुत करते आ रहे हैं, परन्तु कुछ दशक पहले ही, भारतीय संगीत जगत में इस विषय को प्रकाश में लाने का पूर्ण श्रेय स्वर्गीय आचार्य कैलाश चन्द्र बृहस्पति जी को जाता है।

नाट्यशास्त्रानुसार इस विषय का वर्णन इस प्रकार है। ''दर्शनन्त्वाचसम-भिव्याख्यास्याम। तथा—द्वे वीणे तुल्यप्रकरणतन्त्र्युपवादनदण्डमूर्च्छने कृत्वा षड्जग्रामाश्रिते कार्ये। अर्थात् निदर्शन हेतु यह स्पष्ट किया जाता है कि एक जैसी दो वीणाएँ लेनी चाहिए जिनके उपवादनदण्ड यानी लम्बाई मोटाई आदि एक समान हों और मूर्छना की दृष्टि से भी एक समान हों। इन्हें षड्जग्रामाश्रित कर लेना चाहिए।'' इसके पश्चात् विषय को इस प्रकार आगे बढ़ाया है—'तयोरन्यतरीं मध्यमग्रामिकीं कुर्यात पञ्चमस्यापकर्षे श्रुतिम्। तामेव च पञ्चमस्य श्रुत्युत्कर्षवशात् षड्ज ग्रामिकीं कुर्यात्। एवम् एकश्रुतिरपकृष्टा भवति। पुनरपि तदेवापकर्षात् गान्धारनिषदावपि इतरस्यामृषभधैवतो प्रविशतः

द्विश्रुत्यधिकत्वात्। ......एवमनेन श्रुति निदर्शनेन द्वैग्रामिक्यो द्वाविंशति श्रुतयः प्रत्यवगन्तव्याः। अर्थात् इसके पश्चात् एक वीणा का पंचम अपकर्ष करते हुए उसे मध्यमग्रामी बना लो। अब अपकर्षित पंचम के आधार पर उस वीणा को षड्जग्रामिक बना लो। यह प्रथम सारणा हुई जिसके द्वारा यह वीणा एक श्रुति अपकर्षित हो जाती है। इसी प्रकार सम्पूर्ण क्रिया को चार बार दोहरा लो। इन चार सरणाओं द्वारा, श्रुति-निदर्शन विधि से बाईस श्रुतियों का ज्ञान हो जाता है।''

ध्यानाकर्षित करने वाला बिन्दु यह है कि जिस समय नाट्यशास्त्र लिखा गया था, उस समय षड्ज को, श्रुति शृंखला की चौथी श्रुति पर स्थापित माना जाता था। इसके विपरीत वर्तमान में हमारे द्वारा श्रुति-शृंखला को तो ज्यों का त्यों अपना लिया गया है, परन्तु 'षड्ज' को श्रुति-शृंखला के प्रथम स्थान की मान्यता दी गई है। स्वर स्थापना से सम्बन्धित, आज की स्थिति में यदि श्रुति-निदर्शन जैसे विषय पर नाट्यशास्त्र के आदेशों द्वारा सफलता प्राप्त न हो सके तो, आश्चर्य नहीं होना चाहिए।

श्रुति-निदर्शन का मुख्य उद्देश्य-श्रुतियों की संख्या 22 ही है—इस तथ्य की पुष्टि कराना है। इस उद्देश्य की पूर्ति, भरत मुनि ने चार सारणाओं द्वारा की है।

प्रथम सारणा का ढाँचा तैयार करने के लिए षड्ज ग्रामिक व मध्यम ग्रामिक जैसी स्थितियों को परिष्कृत किया गया है और प्रमाण-श्रुति जैसी अवस्था को एक विशिष्ट युक्ति द्वारा, चल वीणा में उत्पन्न किया गया है। यदि इस विषय को भली-भाँति समझना है तो हमें षड्ज ग्रामिक, मध्यम ग्रामिक, आदि शब्दों से सम्बन्धित गहराई को ठीक प्रकार से समझना होगा। स्पष्ट है कि ग्राम मूर्छना पद्धति की गहराइयों तक पहुँचने के लिए, भरत के समय प्रचलित संगीत की बारीकियों की ओर ध्यान लगाना होगा। आज हम उस समय के संगीत की परिधि से कोसों दूर पड़ गए हैं। इसलिए प्रमाण श्रुति व श्रुति जैसे विषय केवल पुस्तकों तक ही सीमित रह गए हैं।

पूर्व के अध्यायों में ध्वनि, नाद, श्रुति, स्वर, द्विश्रुतिक, त्रिश्रुतिक, चतुःश्रुतिक आदि विषयों को आधुनिक दृष्टिकोण द्वारा स्थापित करने का प्रयास किया है। उसी दृष्टिकोण को सामने रखते हुए निम्न अनुच्छेदों में 'श्रुति-निदर्शन', 'प्रमाण श्रुति' व सारणा चतुष्टयी आदि विषयों को सरल रूप से समझाने की चेष्टा की जा रही है।

सारणा चतुष्टयी

सारणा चतुष्टयी का सार निम्न चार बिन्दुओं पर आधारित है।

1. उचित दो वीणाओं का चयन करना।
2. दोनों वीणाओं को शुद्ध स्वरों में बाँधना।
3. ऐसी 'युक्ति' का निर्माण करना जिसके द्वारा दोनों वीणाओं में से, केवल एक वीणा की किसी **एक निर्दिष्ट** तन्त्री में, **निर्दिष्ट मात्रा** द्वारा अन्तर

उत्पन्न करना व इस तन्त्री के परिवर्तित स्वर को आधार मानकर नए सप्तक का निर्माण करना।

4. प्रत्येक बार परिवर्तित स्वरों की जाँच करना।

उपर्युक्त चारों बिन्दुओं से सम्बन्धित विषयों को, निम्न अनुच्छेदों में विस्तारपूर्वक समझाया गया है।

वीणा चयन सम्बन्धित विवेचना

वीणा के चयन सम्बन्धित आदेशों का नाट्यशास्त्रानुसार ही पालन किया गया है। चतुःसारणा एक प्रयोग है। इस प्रयोग को करने के लिए हमें ऐसी दो वीणाओं का प्रबन्ध करना चाहिए जिनकी प्रकृति व बनावट बिल्कुल एक समान हो यानी दोनों वीणाओं के डाँड की लम्बाई अर्थात् घुड़च से मेरू तक, तन्त्रियों की लम्बाइयाँ एक समान हो और तन्त्रियों के गुण अर्थात् तन्त्रियों की धातु व मोटाई आदि सम्पूर्ण रूप से एक समान हों।

दोनों वीणाओं की तन्त्री संख्या भी एक समान होनी चाहिए। नाट्यशास्त्र में वर्णित श्रुति-निदर्शन विधि के अन्तर्गत तन्त्री-संख्या सम्बन्धित विवरण, सीधा-सीधा प्राप्त नहीं है। वीणा में सात तन्त्रियों की उपस्थिति का अनुमान किया जा सकता है क्योंकि चतुःसारणा को क्रियान्वित करने के लिए दोनों वीणाओं को, षड्ज ग्रामिक बनाने का आदेश दिया गया है और षड्ज ग्रामिक अवस्था के सात स्वरों का निर्माण करने के लिए, न्यूनतम सात तन्त्रियों का होना अनिवार्य है। वर्तमान में हमने, ग्राम पद्धति से हटकर ठाट व्यवस्था को अपना रखा है। इसलिए **निम्न अनुच्छेदों में चतुःसारणा प्रयोग को वर्तमान प्रचलित स्वर व्यवस्था के अन्तर्गत क्रियान्वित करने की विधि को अपनाया गया है।** इसी दृष्टिकोण को सामने रखते हुए हम यह निर्णय ले सकते हैं कि प्रयोग को सुचारु रूप से क्रियान्वित करने के लिए, दोनों वीणाओं में कम से कम आठ-आठ तन्त्रियों का प्रावधान होना चाहिए।

नाट्यशास्त्र निर्देश द्वारा पहली वीणा के तारों को अपकर्ष (मार्दव) करना चाहिए और दूसरी वीणा को पूर्ण रूप से आरक्षित रखना चाहिए। इस विषय से सम्बधित, मुनि मतंग ने दो विशेष शब्दों का उल्लेख किया है। बार-बार उतारी या चढ़ाई जाने वाली वीणा को 'चल वीणा' की संज्ञा दी है और दूसरी वीणा को 'ध्रुव', वीणा द्वारा सम्बोधित किया है। 'ध्रुव' शब्द द्वारा अपरिवर्तनीय, स्थिर या अचल स्वभाव होने का गुण झलकता है। चतुःसारणी विधि के अन्तर्गत 'ध्रुव' वीणा के स्वरों को, चल वीणा द्वारा उपजाए गए, नए-नए स्वरों की तुलना करने के लिए काम में लाने का आदेश दिया गया है। **इस लेखन कार्य में, हमारे द्वारा भी इन्हीं दोनों शब्दों का प्रयोग किया गया है।**

'चल वीणा' में अपकर्ष या उत्कर्ष क्रिया करनी पड़ती है। अपकर्ष व उत्कर्ष,

ये दोनों शब्द क्रमशः उतारने व चढ़ाने की क्रिया के बोधक हैं। संगीत में चढ़ाना व उतारना ये दोनों क्रिया, नाद के चढ़ने व उतरने से सम्बध रखती हैं। अब प्रश्न उठता है कि चतु:सारणी वीणा में कौन-सी क्रिया का उपयोग किया जाए? हम जानते हैं कि वीणा पर तन्त्री व सारिका (परदे) ये दो ही प्रकार के स्वर निदर्शक साधन हैं। इसलिए स्वर को चढ़ाने या उतारने के लिए, हमें इन दोनों में से किसी एक का सहारा लेना पड़ेगा। चतु:सारणा विधि में हमें श्रवणाधारित सांवादिक क्रिया का सहारा लेना ही पड़ता है परन्तु स्वरों की यथार्थता बनाए रखने के लिए उनका चाक्षुक प्रत्यक्ष विश्वसनीय व सुविधाजनक प्रतीत होता है। इस प्रकार 22 श्रुतियों की सिद्धि प्रत्यक्ष रूप में उपलब्ध हो सके, इसलिए चतु:सारणा प्रयोग के लिए, हमने 'चल' वीणा व 'ध्रुव' वीणा में, आठ-आठ तन्त्रियों का प्रावधान रखा है।

वीणाओं को शुद्ध स्वरों में बाँधना

चतुः सारणा शब्द द्वारा अनुमान लगाया जा सकता है कि इस विधि को चार चरणों द्वारा समापन किया जाना चाहिए और वास्तव में ऐसा ही है। सारणा आरंभ करने से पहले कुछ तैयारी कर लेना आवश्यक है। भरत मुनि द्वारा भी ऐसा ही आदेश दिया गया है कि दोनों वीणाओं को षड्ज ग्रामिक कर लो। इस निर्देश के समान्तर, हमें दोनों वीणाओं को यथा-योग्य स्वर द्वारा, वर्तमान बिलावल ठाट के शुद्ध स्वरों में बाँध लेना चाहिए। इस सन्दर्भ में अध्याय-11 के पृष्ठ संख्या 200 के अन्तर्गत दी हुई विधि व रेखांकित चित्र-20 का ब्यौरा लेना चाहिए। वीणा के तारों को शुद्ध स्वरों में बाँधने की विधि को विस्तारपूर्वक समझाया गया है। तारों को शुद्ध स्वरों में बाँधने की विधि को, संवाद आधारित रखा गया है। विधि की विशेषता है कि सम्पूर्ण क्रिया श्रवणाधारित है और केवल प्रमुख संवाद सा-प, सा-म, सा-ग, सा-ग् को ही काम में लिया गया है। इस प्रकार प्रारंभ में दोनों वीणाओं के स्वरों को, चिर-परिचित गुर 4,3,2,4,4,3,2 द्वारा विधिवत् गुंथन करके, बिलावल ठाट में बाँध दिया जाता है। एक वीणा को, केवल स्वरों की जाँच करने के लिए शांत अवस्था (Undisturbed) में छोड़ दिया जाता है जिसे हम ध्रुव वीणा कहेंगे। दूसरी वीणा यानी चल वीणा पर सारणा की क्रियाओं को सम्पन्न किया जाएगा।

विशेष 'युक्ति' सम्बन्धित विवेचना

प्रथम सारणा द्वारा हमें चल वीणा की उस स्थिति तक पहुँचना है जहाँ चल वीणा के सभी स्वर, 'ध्रुव वीणा' के स्वरों की तुलना में, एक प्रकार के विशिष्ट परिणाम द्वारा कुछ उतरे हुए सुनाई देने लग जाएँ। इस विशिष्ट परिणाम को नाट्य शास्त्र में 'प्रमाण श्रुति' की संज्ञा द्वारा सम्बोधित किया गया है। 'प्रमाण श्रुति' संज्ञा का कई प्राचीन ग्रन्थों में विवरण मिलता है परन्तु यह निर्विवाद सत्य है कि इस संज्ञा

का विवरण सर्वप्रथम भरत के नाट्यशास्त्र में दिखलाई पड़ता है। 'प्रमाण श्रुति' संज्ञा के साथ 'श्रुति' शब्द जुड़ा हुआ है। अचानक ऐसा भास होता है कि यह किसी श्रुति का नाम है। पूर्व के अनुच्छेद में स्पष्ट रूप से बतला चुके हैं कि भरत मुनि ने श्रुतियों के नाम नहीं दिए हैं। इसलिए 'प्रमाण श्रुति' को किसी श्रुति का **नाम** नहीं मान सकते। वास्तव में इस संज्ञा का तात्पर्य किसी श्रुति की **प्रमाणित** अवस्था के **मान** की ओर संकेत करता है। इस स्थिति का निर्माण, चतुःसारणा की प्रथम सारणा द्वारा किया जाता है जो कि तन्त्रियों के अपकर्ष व उत्कर्ष पर निर्भर करता है। तन्त्रियों का यह अपकर्ष या उत्कर्ष, पूर्णरूप से सांवादिक क्रिया पर निर्भर करता है। जब पहली सारणा क्रिया सिद्ध कर ली जाती है, वहाँ फिर शेष सभी सारणा क्रियाओं के लिए, वही मार्ग परिष्कृत व सुसंस्कारित हो जाता है।

वास्तविकता यह है कि हम सम्पूर्ण गायन, तानपूरे के द्वारा उपजे स्वरों के आधार पर सम्पन्न करते हैं। यदि हम शास्त्र की दृष्टि द्वारा देखें तो हमारे सामने दो प्रकार की पद्धतियाँ आकर खड़ी हो जाती हैं यानी प्राचीन घ वर्तमान में अपनाई गई प्रणाली। **इस पुस्तिका में हमारे लेखन कार्य का, प्रारम्भ से यह उद्देश्य रहा है कि सर्वप्रथम हम वर्तमान स्वर पद्धति के शास्त्रीय पंक्ष को ठीक से समझ लें।** उसके पश्चात् प्राचीन पद्धति से सम्बन्धित ग्राम, मूर्छना, जाति-गायन आदि विषयों को समझने में सुविधा हो सकेगी। सच तो यह है कि हम पुरानी पद्धति से कोसों दूर पड़ गए हैं और पुरानी पद्धति एक प्रकार से, केवल ज्ञान वृद्धि का विषय बनकर रह गया है।

सारणा चतुष्टय विधि द्वारा, इस कथन की पुष्टि की जाती है कि सप्तक में श्रुतियों की संख्या 22 ही है। वर्तमान स्वर व्यवस्था में भी श्रुतियों की संख्या, 22 को ही स्वीकारा है। इसलिए वर्तमान स्वर व्यवस्था पर भी सारणा चतुष्टयी विधि लागू होनी चाहिए। सारणा चतुष्टयी विधि की प्रथम सारणा द्वारा 'प्रमाण श्रुति' की स्थापना की जाती है। यह हम सारणा चतुष्टयी की प्रथम सारणा द्वारा 'ध्रुव' वीणा व चल वीणा में विशिष्ट प्रकार का अन्तर स्थापित करने में सफल हो जाते हैं तो 'प्रमाण-श्रुति' यानी उस अन्तर के गणितीय मान को भी स्थापित कर सकेंगे। साधारण बुद्धि द्वारा यह कह सकते हैं कि जब दोनों प्रकार की प्रणालियों में श्रुतियों की संख्या 22 ही है तो प्रमाण-श्रुति सम्बन्धित मान भी एक समान होना चाहिए।

इस समय दोनों वीणाओं के स्वर, ठीक एक समान, बिलावल ठाट में मिले हुए पाए जाएँगे। ये ही हमारे **वर्तमान शुद्ध स्वर हैं**। अब हम इन दोनों वीणाओं के सहारे चतुःसारणा विधि द्वारा, सप्तक में 22 श्रुतियों की उपस्थिति की पुष्टि करेंगे। साथ में प्रत्येक चरण से सम्बन्धित गणितीय मूल्यों का भी आकलन किया जाएगा। निम्न अनुच्छेद में **अपकर्ष** मार्ग द्वारा, सारणा चतुष्टयी का समापन करने के पश्चात्, अगले अनुच्छेदों में सारणा चतुष्टयी विधि को **उत्कर्ष** मार्ग अपनाते हुए भी, निष्पादन किया जाएगा।

अपकर्ष मार्ग द्वारा प्रथम सारणा

सारणा चतुष्टयी की प्रथम सारणा, बहुत ही महत्त्वपूर्ण अंग के रूप में मानी जाती है। नाट्यशास्त्र के अनुसार प्रथम सारणा में अपकर्ष मार्ग यानी मार्दवत्व (स्वरों को उतारने वाला मार्ग) का अनुसरण करने का निर्देश दिया है। इस मार्दवत्व के कारण चल वीणा का एक स्वर सामान्य-सा उतर जाता है। इसी उतरे हुए स्वर को आधार मानकर, चल वीणा को षड्ज ग्रामिक स्वर में बाँधने का निर्देश दिया गया है। भरत व मतंग के समय, ''षड्ज'' को श्रुतिमालिका की चौथी श्रुति पर स्थित माना जाने के कारण, श्रुति-विभाजन गुर 4, 3, 2, 4, 4, 3, 2 की श्रुतियों को अवरोहात्मक मार्ग का अनुसरण करना पड़ता था। इसके विपरीत वर्तमान भारतीय संगीत पद्धति 'षड्ज' को प्रथम श्रुति 'तीव्रा' पर स्वीकारती है। फलस्वरूप श्रुति-विभाजन गुर 4, 3, 2, 4, 4, 3, 2 की श्रुतियों को **आरोहात्मक** मार्ग का अनुसरण करना पड़ता है। स्वतः चल वीणा व ध्रुव वीणा के प्रत्येक स्वर में एक-एक श्रुति का अन्तर स्थापित करने के लिए, वर्तमान स्वर प्रणाली पर, भरत द्वारा बतलाई गई विधि (युक्ति) का ठीक उसी प्रकार से अनुकरण नहीं किया जा सकता है यद्यपि दोनों ही पद्धति, बाईस श्रुतियों द्वारा सप्तक के निर्माण में विश्वास करती हैं।

अब हम अपकर्ष मार्ग को अपनाते हुए, सारणा चतुष्टयी के प्रथम-चरण की निष्पादन क्रिया का वर्णन करेंगे। इस क्रिया का निष्पादन दो सोपान-पट या पैड़ी (Steps) द्वारा किया गया है।

(1) प्रथम पैड़ी द्वारा, हमें उस विधि (युक्ति) का निर्माण करना पड़ेगा जिसके द्वारा चल वीणा के केवल एक स्वर को किसी निश्चित परिमाण में उतार या चढ़ा सकें। यह परिमाण केवल एक श्रुति के समान होना चाहिए।

(2) द्वितीय सोपान-पट या पैड़ी द्वारा, चल वीणा के शेष छः स्वरों को, इस उतरे हुए या चढ़े हुए स्वर के अनुरूप, शुद्धस्वर यानी बिलावल ठाट के स्वरों में बाँधने का वर्णन किया है।

इस प्रकार इन दो सोपान पट या पैड़ी द्वारा, ''चल वीणा'' के सातों स्वर में, ''ध्रुव वीणा'' की तुलना में एक-एक श्रुति का अन्तर स्थापित हो जाता है।

प्रथम चरण का प्रथम सोपान-पट या पैड़ी (Step)

सारणा से पूर्व की तैयारी द्वारा दोनों वीणाओं के ध्वनि रूप, बिल्कुल एक समान बना दिए गए हैं। इसलिए चल वीणा के सभी तारों पर, ''ध्रुव वीणा'' के समान शुद्ध स्वरों का निवास है। इस समय चल वीणा के तीसरे तार पर शुद्ध गांधार की ध्वनि सुनाई देगी। इस ध्वनि को षड्ज यानी 'सा' मानते हुए, छठे तार की ध्वनि को यानी धैवत 'ध' को सावधानी से इतना उतारो कि चल वीणा के तीसरे तार

का शुद्ध गान्धार व इस उतारे हुए धैवत की ध्वनियों में परस्पर षड्ज-मध्यम भाव यानी नव श्रुत्यान्तर भाव की स्थिति वाली गूँज सुनाई देने लग जाए। इस युक्ति द्वारा चल वीणा का 'धैवत' सूक्ष्म मात्रा में उतर जाएगा। इस स्थिति को रेखांकित चित्र-27 द्वारा भी समझाया गया है।

चित्र में 'ध्रुव वीणा' के स्वरों की स्थिति दिखलाई गई है जहाँ सात तन्त्रियों पर क्रमशः सात स्वर, सा रे ग म प ध नि बैठे हुए हैं और ये सात स्वर क्रमशः श्रुति क्रमांक 1, 5, 8, 10, 14, 18 व 21 से सम्बन्ध रखते हैं (देखिए अध्याय-8 का रेखांकित चित्र क्रमांक-8)। प्रारम्भ में यही स्थिति 'चल वीणा' की भी बनी हुई थी परन्तु अभी-अभी 'चल वीणा' के छठे तार पर स्थित धैवत 'ध' को निश्चित परिमाण के द्वारा उतारा गया है। प्रारम्भ में धैवत का स्थान 18वीं श्रुति क्रमांक पर था परन्तु अपकर्ष या उतारने की क्रिया द्वारा धैवत की ध्वनि, एक श्रेणी नीचे उतर आई है यानी धैवत, अब 17वीं श्रुति क्रमांक पर आ गया है।

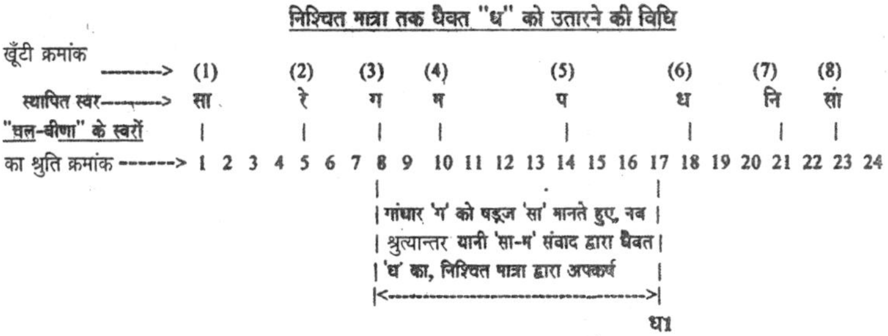

रेखांकित चित्र क्रमांक-27

सारणा चतुष्टयी की प्रधम सारणा के प्रथम-चरण के अन्तर्गत, इस उतरे हुए धैवत को हम 'धा1' चिह्न द्वारा सम्बोधित करेंगे। धैवत का अपकर्ष करने के पश्चात्, चल वीणा के स्वर सा, रे, ग, म, प, धा1, नि, का श्रुति-मालिका में 1, 5, 8, 10, 14, 17, 21वाँ स्थान बन गया है। खूँटी नम्बर-6 की ध्वनि 'ध', मान लो अब अपकर्ष के पश्चात् 'धा1' हो गई है। चल वीणा की इस स्थिति को निम्न रेखांकित चित्र-28 में दिखलाया गया है।

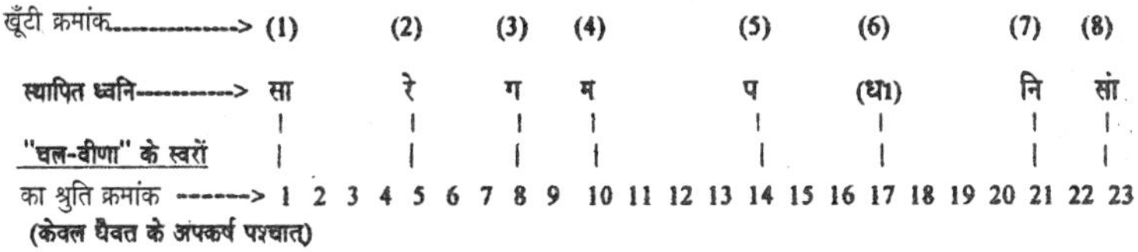

रेखांकित चित्र क्रमांक-28

प्रथम चरण का द्वितीय सोपानपट या पैड़ी (Step) (अपकर्ष मार्ग)

सारणा चतुष्टयी के प्रथम चरण की पैड़ी के अन्तर्गत, चल वीणा के सभी स्वरों को, नए सिरे से, बिलावल ठाट यानी शुद्ध स्वरों में बाँधना है। **यहाँ इस बात को ध्यान में रखना महत्त्वपूर्ण है कि, हमें चल वीणा को नए स्वरों में बाँधने के लिए, एक ध्वनि उपलब्ध कराई गई है जिसकी आवृत्ति 'ध1' समान है और इस ध्वनि को, नए सप्तक में 'धैवत' का स्थान भी मिलना चाहिए।** अध्याय-11 के अन्तर्गत, आधार स्वर 'धैवत ध' द्वारा वीणा को उचित स्वर पर बाँधने का पूर्णरूप से उल्लेख किया गया है। इस सन्दर्भ में हम यह कल्पना करके चलते हैं कि (1) 'चल वीणा' के छः खूँटियों के-तार ढीले पड़े हैं। (2) केवल खूँटी नम्बर छः पर आधार ध्वनि ध1 उपलब्ध कराई गई है और (3) यह आधार-ध्वनि नए सप्तक का 'धैवत' भी होना चाहिए। इसलिए यदि यह ध्वनि, धैवत हैं तो इस ध्वनि को हम खूँटी नम्बर-6 पर स्थिर (Fixed) रख छोड़ेंगे। स्वतः यह ध्वनि नए सप्तक की 18वीं श्रुतिस्थान पर स्थापित मानी जाएगी क्योंकि चल वीणा को फिर से बिलावल ठाट पर बाँधना है। बिलावल ठाट के शुद्ध स्वरों का धैवत 18वीं श्रुति पर माना गया है। अब हमें इस नए धैवत के अतिरिक्त, छः नए स्वर यानी नया षड्ज, नया रिषभ, नया गान्धार, नया मध्यम, नया पंचम व नये निषाद की स्थापना करनी है।

सर्वप्रथम हमें 'चल वीणा' पर, धैवत ध1 से सम्बन्धित नए 'षड्ज' को ढूँढ़कर उसकी स्थापना करनी पड़ेगी। साधारण बुद्धि द्वारा कहा जा सकता है कि षड्ज की ध्वनि "ध्रुव वीणा" के षड्ज से कुछ नीची होगी। इस षड्ज को हम सा1 द्वारा सम्बोधित करेंगे। एक बार जब षड्ज सा1 की ध्वनि को तलाश लिया जाता है, तो सा1 से सम्बन्धित नए स्वरों को, सरलता से स्थापित किया जा सकता है। तत्पश्चात् निम्न विधि द्वारा चल वीणा, को नए सिरे से बिलावल ठाट में बाँध दिया जाता है।

(1) थोड़ी देर के लिए, चल वीणा के छठे तार की ध्वनि ध1 को नया धैवत न मानकर, इस ध्वनि को कृत्रिम पंचम समान मान लो। अब चल वीणा के 2रे तार की खूँटी को इतना मरोड़ों कि 2रे तार व छठे तार की ध्वनियों में 'षड्ज-पंचम' वाला भाव स्थापित हो जाए। इस क्रिया द्वारा तार नम्बर-2 पर, नया रिषभ बोलने लगेगा। तार नम्बर-2 के, इस नए रिषभ को "रे1" जैसे सम्बोधित करेंगे।

(2) इसके पश्चात् नए रिषभ रे1 की ध्वनि को कृत्रिम षड्ज मानते हुए, चल वीणा के पाँचवें तार की खूँटी को इतना मरोड़ो कि इन दोनों ध्वनियों में षड्ज-मध्यम जैसा भाव उत्पन्न हो जाए। इस क्रिया द्वारा चल वीणा के पाँचवें तार पर नया पंचम स्थापित हो जाएगा। इस नए पंचम को "प1" द्वारा सम्बोधित किया जाएगा। नए पंचम प1 की ध्वनि, "ध्रुव" वीणा के पंचम की तुलना में कुछ कम सुनाई देगी।

(3) नया पंचम स्थापित होने के पश्चात्, अब चल वीणा के प्रथम तार की

खूँटी को इतना मरोड़ो कि उसकी ध्वनि और चल वीणा के पाँचवें तार की ध्वनियों में षड्ज-पंचम भाव स्थापित हो जाए। ऐसा करने से चल वीणा के प्रथम तार पर नया षड्ज स्थापित हो जाएगा। इस नए षड्ज को "सा1" जैसे सम्बोधित करेंगे।

चल वाद्य की तंत्री संख्या क्रमांक --->		1	2	3	4	5	6	7	
क्रिया	(1)						धा1		**धैवत को 6 नम्बर तंत्री पर स्थापित माना है**
,,	(2)		रे1 <----------				धा1		**'सा-प' संवाद द्वारा रे1 की प्राप्ति**
,,	(3)		रे1 <--------			प1			**'साम' संवाद द्वारा प1 की प्राप्ति**
,,	(4)	सा1 <------------				प1			**'साप' संवाद द्वारा सा1 की प्राप्ति**
			सा1 षड्ज की प्राप्ति के पश्चात्						
,,	(5)	सा1 ---->		ग1					**'सा-ग' संवाद द्वारा ग1 की प्राप्ति**
,,	(6)	सा1 --------->			म1				**'सा-म' संवाद द्वारा म1 की प्राप्ति**
,,	(7)			ग1 ---------->				नि1	**'सा-प' संवाद द्वारा नि1 की प्राप्ति**

रेखांकित चित्र क्रमांक-29

अभी तक उपर्युक्त क्रियाओं द्वारा, चल वीणा पर नए स्वर सा1, रे1 प1 को तलाशा जा चुका है। स्वरों को स्थापित करने के लिए हमें आधार स्वर धा1, पहले से ही उपलब्ध कराया जा चुका है जो कि चल वीणा का नया धैवत है। इस प्रकार चल वीणा पर अभी तक, चार नए स्वर स्थापित हो चुके हैं।

अध्याय-11 के रेखांकित चित्र क्रमांक-20, द्वारा वीणा को शुद्ध स्वरों में बाँधने की क्रिया को स्पष्ट रूप से समझाया जा चुका है और यहाँ रेखांकित चित्र-29 द्वारा 'धैवत धा1' को आधार स्वर मानते हुए, सप्तक के सातों स्वरों को स्थापित करने की क्रिया को दर्शाया गया है। अभी तक उपर्युक्त क्रियाओं द्वारा, चल वीणा पर नए स्वर सा1, रे1, प1 को तलाश किया जा चुका है। स्वरों को स्थापित करने के लिए हमें आधार स्वर धा1, पहले से ही उपलब्ध कराया जा चुका है जो कि चल वीणा का नया धैवत है। इस प्रकार चल वीणा पर अभी तक, चार नये स्वर (धा1 रे1 प1 सा1) स्थापित हो चुके हैं। चित्र नम्बर-29 के ऊपरी भाग में इन स्वरों को क्रिया नम्बर 1, 2, 3 व 4 द्वारा दर्शाया गया है।

अब हमें शेष के तीन नए स्वर यानी गान्धार, मध्यम व निषाद को स्थापित करना है। ऐसा करने से चल वीणा के सातों नए स्वर स्थापित हो सकेंगे।

हमें चल वीणा का नया षड्ज सा1 प्राप्त हो चुका है। इसलिए गान्धार, मध्यम को सरलता से स्थापित किया जा सकता है, 'सा-ग' संवाद द्वारा ग1 प्राप्त हो सकता है और 'सा-म' संवाद द्वारा म1 की प्राप्ति की जा सकती है। अब ग1 को षड्ज मानकर सातवीं खूँटी को इतना मरोड़ो कि खूँटी नम्बर-3 व खूँटी नम्बर-7 के तारों में परस्पर 'सा-प' संवाद स्थापित हो जाए। इस प्रकार खूँटी नम्बर-7 पर, निषाद

नि1 स्थापित हो जाएगा। रेखांकित चित्र-29 के निचले भाग द्वारा नए गांधार, नए मध्यम व नए निषाद की स्थापना को क्रिया नम्बर (5), नम्बर (6), व नम्बर (7) द्वारा दिखलाया गया है।

निष्कर्ष–अभी तक उपर्युक्त पंक्तियों द्वारा, सारणा चतुष्टयी के चार चरणों में से, केवल प्रथम चरण का समापन हो सका है। प्रथम चरण के अन्तर्गत विशेष युक्ति द्वारा, चल वीणा के सातों स्वरों को एक निश्चित परिमाण में उतार दिया गया है। यदि इस समय हम चल वीणा के स्वरों को 'ध्रुव' वीणा के स्वरों से, एक-एक करके मिलान करें तो पाएँगे कि चल वीणा का प्रत्येक स्वर, ऐसी भिन्न अवस्था में पहुँच गया है कि चल वीणा का प्रत्येक स्वर, 'ध्रुव' वीणा के स्वर से, कुछ मात्रा में उतरा हुआ है। प्रथम सारणा की क्रियाओं द्वारा यही अपेक्षित भी था। रेखांकित चित्र-30 द्वारा, इसी अवस्था को दर्शाया गया है।

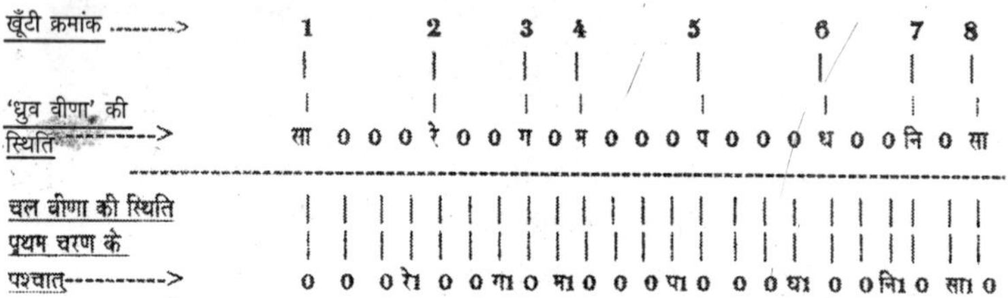

रेखांकित चित्र क्रमांक-30

प्रारम्भिक अवस्था में दोनों वीणाओं के स्वर, सब दृष्टि से एक समान थे। विशेष युक्ति के अन्तर्गत, चल वीणा के धैवत 'ध' को एक निश्चित परिमाण द्वारा उतारकर, 'ध'1 अवस्था तक पहुँचा दिया गया था। तत्पश्चात् इस उतरी हुई ध्वनि 'ध1' को आधार स्वर के रूप में व्यवहार में लाया गया था। इसलिए स्वाभाविक है कि जब आधार स्वर की अवस्था उतरी हुई है तो उसके द्वारा स्थापित, चल वीणा के सभी स्वर उतरे हुए होने चाहिए। यही कारण है कि प्रथम सारणा के पश्चात् चल वीणा का कोई सा भी स्वर 'ध्रुव' वीणा के स्वर से मेल नहीं खा रहा है। मुनि मतंग के अनुसार ''चल वीणायाः प्रथमापकर्षे श्रुतिलाभो नास्ति।'' प्रथम सारणा के सूक्ष्म अन्तर द्वारा, 22 श्रुति गणना में किसी प्रकार का लाभ नहीं हुआ है जबकि दूसरी, तीसरी व सारणा द्वारा चार, छः व दस श्रुतियों का लाभ, प्रत्यक्ष रूप से होता है।

टिप्पणी–ध्रुव वीणा की तुलना में चल वीणा के सभी स्वर उतारे जा चुके हैं। स्वाभाविक है कि चल वीणा के स्वरों की आवृत्ति (Frequency) ध्रुव वीणा के स्वरों से तदनुसार कम पाई जाएगी। चतुःसारणा की प्रथम सारणा के अन्तर्गत, चल वीणा के स्वर और ध्रुव वीणा के स्वरों में एक निश्चित परिमाण का अन्तर उत्पन्न कर दिया गया है। इस 'अन्तर' की मात्रा बहुत ही सूक्ष्म है। इस अति सूक्ष्म अन्तर को

भरत मुनि ने नाट्यशास्त्र में 'प्रमाण श्रुति' की संज्ञा दी है। उपर्युक्त अनुच्छेद में यह स्पष्ट कर दिया गया है कि 'प्रमाण श्रुति' किसी श्रुति का नाम नहीं है। इस संज्ञा का तात्पर्य किसी प्रमाणित मान की ओर संकेत करना है।

प्रारम्भ में दोनों वीणाओं के स्वर ठीक एकसमान तैयार किए गए थे, मानो कि दोनों वीणाओं के स्वर परस्पर दर्पण-प्रतिबिम्ब (Mirror Image) हों। प्रथम सारणा द्वारा दोनों वीणाओं के स्वरों में एक-एक श्रुति का अन्तर स्थापित हो चुका है। इस समय दोनों वीणाओं के स्वरों में, किसी एक स्वर का भी, आपसी रिश्ता या अनुरूपता प्रतीत नहीं हो रही है। इसका मतलब यह हुआ कि चल वीणा का प्रत्येक स्वर ध्रुव वीणा की तुलना में, बिल्कुल भिन्न अवस्था में परिवर्तित हो गया है। अग्रिम अनुचछेदों में इस अन्तर के गणितीय मूल्य को भी आँका जाएगा। अब हम चतुःसारणा के द्वितीय चरण के विषय में चर्चा करेंगे।

अपकर्ष मार्ग द्वारा द्वितीय सारणा

द्वितीय सारणा आरम्भ करने से पहले, दोनों वीणाओं के स्वर सम्बन्धी स्थिति की समीक्षा करना आवश्यक है। प्रथम सारणा के पश्चात् दोनों वीणा वर्तमान बिलावल ठाट के स्वरों में पाई जाएँगी परन्तु दोनों के आधार-स्वर की आवृत्ति भिन्न-भिन्न होगी। आरम्भ करने से पहले दोनों वीणाओं को एक ही आधार स्वर पर बाँधा गया था यानी दोनों वीणाओं का आधार स्वर "सा" समान रखा गया था। सारणा के पश्चात् ध्रुव वीणा में किसी परिवर्तन की आशा नहीं की जा सकती परन्तु चल वीणा के आधार स्वर को किसी निश्चित परिमाण द्वारा उतार कर उसका मूल्य "सा1" कर दिया गया था। फलस्वरूप चल वीणा के स्वर सा1, रे1, ग1, प1, नि1 सा1 का यह परिवर्तित रूप है। यहाँ यह ध्यान में रखना आवश्यक है कि चल वीणा के परिवर्तित स्वरों में, फिर से बिलावल ठाट की स्थिति बन चुकी है। प्रथम सारणा आरम्भ करने के पूर्व की तैयारी द्वारा, चल वीणा को ध्रुव वीणा के सदृश, बिलावल ठाट के शुद्ध स्वरों में बाँधा गया था। प्रथम सारण के पश्चात्, चल वीणा के नए स्वर, बिलावल ठाट में गुंथे होने के कारण, उन पर अभी भी स्वर विभाजन या स्वर रोपण गुर 4, 3, 2, 4, 4, 3, 2 पूर्णरूप से लागू होता है, यानी इस समय सातों नए स्वर, श्रुतिमालिका के क्रमांक 1, 5, 8, 10, 14, 18, 21वें स्थानों पर होंगे।

द्वितीय सारणा के विभिन्न चरण (अपकर्ष मार्ग)

जिस प्रकार से चतुःसारणा की प्रथम सारणा का समापन किया गया था, ठीक इसी प्रकार से द्वितीय सारणा का भी कार्यांत किया जाएगा। जिस युक्ति द्वारा प्रथम चरणों में चल वीणा के एक स्वर को निश्चित मात्रा द्वारा उतारा गया था, उसी युक्ति की क्रिया को फिर से दोहराया जाएगा।

चल वीणा को दूसरी बार, निश्चित मात्रा में उतारने की विधि

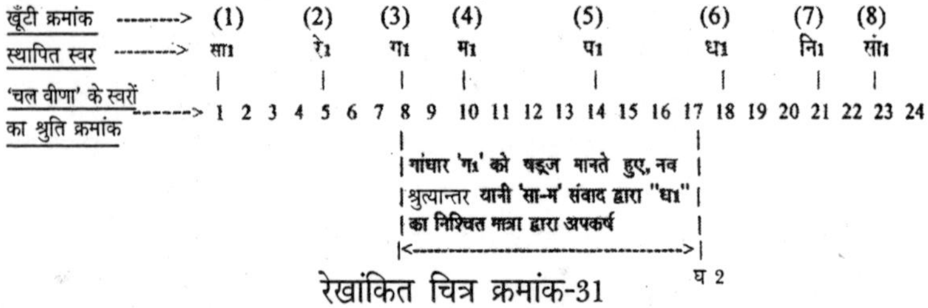

रेखांकित चित्र क्रमांक-31

चल वीणा का 'धैवत', खूँटी नम्बर 6 पर स्थित है। इस धैवत की ध्वनि ध1 है जो कि 'ध्रुव वीणा' के धैवत 'ध' से कुछ उतरी हुई है। हमें चल वीणा के धैवत ध1 को दोबारा से एक निश्चित मात्रा में, इस प्रकार से अपकर्ष/उतारना है कि खूँटी नम्बर तीन (3) के गान्धार ग1 की ध्वनि और खूँटी नम्बर-6 पर दोबारा से उतरी हुई नई ध्वनि, आपस में षड्ज-मध्यम भाव की स्थिति बना सकें। इस प्रकार धैवत ध1 की ध्वनि एक निश्चित माप यानी एक श्रुति द्वारा उतर जानी चाहिए। दोबारा से उतरे हुए इस धैवत को हम ध2 द्वारा सम्बोधित करेंगे। निश्चित परिमाण द्वारा दोबारा से उतारने की क्रिया को चित्र क्रमांक-31 द्वारा दर्शाया गया है। ध1 ध्वनि को निश्चित मात्रा में उतारने के पश्चात्, अब वह ध्वनि ध2 समान हो गई है।

इसके पश्चात् ध2 ध्वनि को उपलब्ध धैवत समान कल्पना करते हुए, चल वीणा के शेष छः स्वरों को बिलावल ठाट के शुद्ध स्वरों में स्थापित कर दो। चल वीणा को उपलब्ध स्वर 'धैवत' द्वारा, शुद्ध स्वरों में बाँधने की क्रिया को, प्रथम सारणा को समापन करते समय, विस्तारपूर्वक लिखा गया है। इसलिए उसे दोबारा से यहाँ पर लिखने की आवश्यकता नहीं समझी गई है। अन्तर इतना है कि प्रथम सारणा करते समय धैवत की आवृत्ति 'ध1' थी और इस समय धैवत की आवृत्ति 'ध2' है। चल वीणा की खूँटी नम्बर 1, 2, 3, 4, 5, 6, 7, 8 पर दोबारा से उतरी हुई ध्वनि क्रमशः सा2, रे2, ग2, म2, प2, ध2, नि2, सां2 पाई जाएँगी। निम्न रेखांकित चित्र क्रमांक-32 द्वारा स्थिति को दर्शाया गया है।

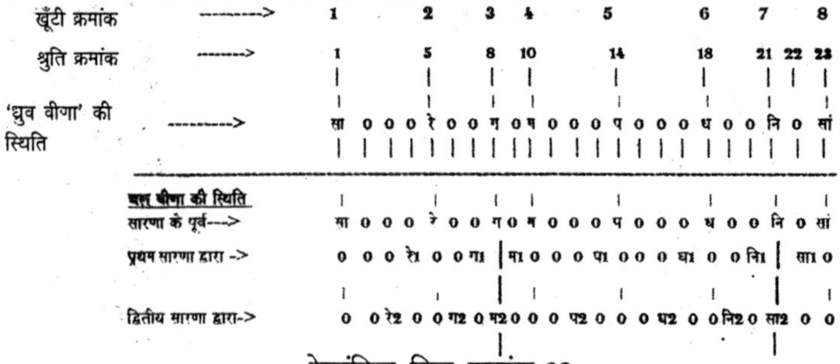

रेखांकित चित्र क्रमांक-32

टिप्पणी (द्वितीय सारणा सम्बन्धित)–(अपकर्ष मार्ग)

चल वीणा के स्वरों को दो बार पूर्व अनुमानित मात्रा (Quantity) के समान उतारा गया है। अब हम तर्क के सहारे, चल वीणा पर किए गए दोनों अपकर्ष की मात्रा का अनुमान लगा सकते हैं। यदि हम चल वीणा के प्रत्येक तन्त्री के स्वर को इस समय 'ध्रुव वीणा' के स्वर से तुलना करते हैं, तो हमें विशेष प्रकार का अनुभव प्राप्त होता है। चल वीणा की मध्यम वाली तन्त्री, ध्रुव वीणा के गान्धार समान बोल रही है और चल वीणा के तार षड्ज वाली तन्त्री, 'ध्रुव वीणा' के निषाद समान बोल रही है। रेखा चित्र-32 में स्वरों की इस समरूपता को ग-म2 और नि-सा2 को मोटे आकार की खड़ी रेखाओं द्वारा दिखलाया गया है। इसके अतिरिक्त चल वीणा की अन्य तन्त्रियों के स्वरों का ध्रुव वीणा के स्वरों के साथ किसी भी प्रकार की समानता या अनुरूपता नहीं पाई जा रही है। दो बार अपकर्ष करने के फलस्वरूप, चल वीणा में केवल दो स्थानों पर अनुरूपता के दर्शन हो रहे हैं। इन दोनों स्थानों की अवस्था का अध्ययन करना चाहिए।

हमें मालूम है कि बिलावल ठाट के मध्यम और गान्धार के स्थानों में दो श्रुतियों का अन्तर है। यदि मध्यम की ध्वनि उतर कर गान्धार समान सुनाई देने लग जाए, तो इसका मतलब यह हुआ कि मध्यम दो श्रुति लाँघकर गान्धार तक पहुँच पाया है, यानी ऐसी परिस्थिति में दो श्रुतियों की उपस्थिति होनी ही चाहिए। इसी प्रकार अपकर्ष द्वारा, यदि तार षड्ज की ध्वनि, निषाद समान सुनाई देने लगती है, तो ऐसा अपकर्ष दो श्रुतियों की उपस्थिति का सन्देश देता है। इसलिए द्वितीय सारणा द्वारा हमें एक सप्तक में कम से कम 2+2=4 श्रुतियों की पुष्टि हो जाती है।

अपकर्ष मार्ग द्वारा तृतीय सारणा

द्वितीय सारणा के अन्त में चल वीणा के स्वर, वर्तमान बिलावल ठाट में गुंफन हुए पाए जाएँगे परन्तु चल वीणा के ये स्वर ध्रुव वीणा की तुलना में, अधिक नीचे सुनाई देंगे। चल वीणा द्वारा इस समय जो बिलावल ठाट के स्वर सुनाई दे रहे हैं, उसका आधार स्वर सा2 है और ध्रुव वीणा का आधार स्वर 'सा' है।

जिस प्रकार से प्रथम व द्वितीय सारणा को उपर्युक्त वर्णित विधि द्वारा सम्पन्न किया गया है, ठीक उसी विधि का अनुकरण करते हुए, वीणा का एक बार और अपकर्ष किया जाएगा। प्रत्येक सारणा की क्रिया को दो पैड़ियों (Steps) द्वारा निष्पादन किया जायेगा। प्रथम पैड़ी (step) की क्रिया द्वारा, धैवत 'ध2' का निश्चित मात्रा द्वारा अपकर्ष किया जाएगा। निम्न चित्र द्वारा उपर्युक्त वर्णित प्रथम पैड़ी के अन्तर्गत धैवत ध2 को इतना उतारा गया है कि इस उतरे हुए धैवत की ध्वनि और गान्धार ग2, परस्पर षड्ज-मध्यम का भाव उत्पन्न कर सकें। इस प्रकार उतरे हुए धैवत को ध3 जैसे सम्बोधित किया गया है। देखिए रेखांकित चित्र नम्बर-33

चल वीणा को तीसरी बार, निश्चित मात्रा में उतारने की विधि

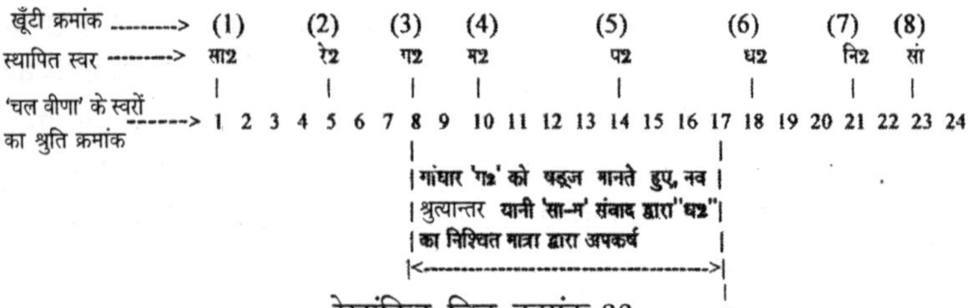

रेखांकित चित्र क्रमांक-33

द्वितीय पैड़ी (Step) द्वारा, धैवत ध3 को उपलब्ध धैवत मानते हुए उससे सम्बन्धित नए षड्ज सा3 की स्थापना की जाएगी और अन्त में, इस नए षड्ज सा3 को आधार स्वर मानकर चल वीणा को वर्तमान शुद्ध स्वरों में ढाल दिया जाएगा। नए शुद्ध स्वरों को सा3, रे3, म3, प3, ध3, नि3, सां3, द्वारा संबोधित किया गया है। इस प्रकार चल वीणा के स्वर, फिर से नीची आवृत्ति के हो जाते हैं परंतु स्वरों का आपसी सम्बन्ध 4, 3, 2, 4, 4, 3, 2 गुर से ही प्रभावित रहता है।

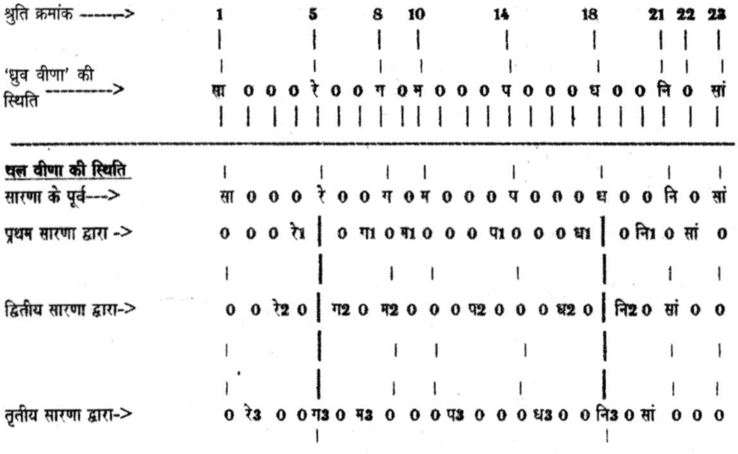

रेखांकित चित्र क्रमांक-34

जिस प्रकार से पूर्व में सारणा समाप्त हो जाने पर, चल वीणा की ध्रुव वीणा से तुलना की गई थी, अभी भी उसी विधि द्वारा चल वीणा के नए स्वरों की जाँच की जाएगी। चल वीणा के स्वरों को तीन बार पूर्वअनुमानिक मात्रा (Quantity) के समान उतारा गया है। यदि हम चल वीणा के प्रत्येक तन्त्री के स्वर को इस समय "ध्रुव वीणा" के स्वर से तुलना करते हैं तो हमें विशेष प्रकार का अनुभव प्राप्त होता है। चल वीणा की खूँटी नम्बर-3 यानी गान्धार वाली तन्त्री, ध्रुव वीणा के 'रिषभ'

के समान बोल रही है। सात नम्बर की खूँटी यानी निषाद वाली तन्त्री, तीसरी सारणा के पश्चात् ध्रुव वीणा के धैवत समान बोल रही है। रेखांकित चित्र-34 में स्वरों की इस समरूपता को रे-ग3 और ध-नि3 को मोटे आकार की खड़ी रेखाओं द्वारा दिखलाया गया है। इसके अतिरिक्त चल वीणा की अन्य तन्त्रियों के स्वरों का, ध्रुव वीणा के स्वरों के साथ किसी भी प्रकार की समानता या अनुरूपता देखने को नहीं मिल रही है।

हम जानते हैं कि बिलावल ठाट के रिषभ और गान्धार के स्थानों में तीन श्रुतियों का अन्तर है और इसी प्रकार धैवत व निषाद भी तीन श्रुतियों के अन्तर पर स्थित हैं। इसलिए तृतीय सारणा द्वारा सप्तक में 3 + 3 = 6 श्रुतियों की उपस्थिति होने की पुष्टि हो जाती है। इसी अवस्था को मुनि मतंग ने 'बृहद्देशी' में इस प्रकार का व्यक्त किया है कि तीसरी सारणा द्वारा हमें 6 श्रुतियों का लाभ हुआ है। इस प्रकार अभी तक हमें तीनों सारणाओं द्वारा 0 + 4 + 6 = 10 श्रुतियों की उपस्थिति की पुष्टि हो चुकी है।

अपकर्ष मार्ग चतुर्थ सारणा

जिस प्रकार से प्रथम द्वितीय व तृतीय सारणा को उपर्युक्त वर्णित विधि द्वारा सम्पन्न किया गया है, ठीक उसी विधि का अनुकरण करते हुए, हम चल वीणा का एक बार फिर से अपकर्ष करेंगे। यह अपकर्ष चतुःसारणा के अन्तर्गत अन्तिम अपकर्ष होगा। पूर्व की भाँति, प्रत्येक सारणा की क्रिया को दो पैड़ियों (Steps) द्वारा निष्पादन किया जाएगा।

प्रथम पैड़ी (Step) के अंतर्गत ही विशेष युक्ति की क्रिया द्वारा, चल वीणा के धैवत 'ध3' का निश्चित मात्रा द्वारा अपकर्ष किया जाएगा। रेखांकित चित्र क्रमांक-35 द्वारा, धैवत ध3 को इतना उतारा गया है कि इस उतरे हुए धैवत की ध्वनि और गांधार ग3, परस्पर षड्ज-मध्यम, सा-म भाव उत्पन्न कर सके। इस प्रकार उतरे हुए धैवत को ध4 जैसे संबोधित किया गया है।

द्वितीय पैड़ी (Step) को दो चरणों में समापन किया जाएगा।

(अ) अब यह मान लो कि धैवत 'ध4' के अतिरिक्त यानी खूँटी नम्बर-6 के अतिरिक्त, सभी खूँटियों के तार पूर्वतः ढीले पड़े हैं यानी चल वीणा द्वारा हमें केवल एक ही ध्वनि 'ध4' उपलब्ध हो रही है।

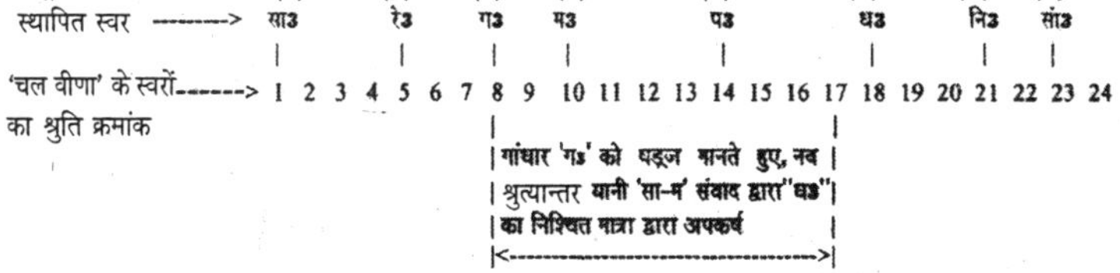

रेखांकित चित्र क्रमांक-35

(आ) इसके पश्चात् चल वीणा को इस प्रकार बाँधो कि उसकी तन्त्रियों में शुद्ध स्वरों का ऐसा सप्तक बस जाए जहाँ धैवत की ध्वनि 'ध4' जैसी हो। इस सम्बन्ध में पिछले अध्याय के पृष्ठ नम्बर 211 के अनुच्छेद ''उपलब्ध स्वर 'ध' द्वारा वीणा के शुद्ध स्वरों की स्थापना'' के अन्तर्गत दिए पदार्थ का सहारा लिया जा सकता है। इस विधि का उपर्युक्त-वर्णित द्वितीय सारणा में भी विस्तारपूर्वक विवरण किया जा चुका है।

चल वीणा के नवीन स्वरों को सा4, रे4, ग4, म4, प4, ध4, नि4, सा4, की संज्ञा दी गई है। जिस प्रकार पूर्व में सारणा समाप्त हो जाने पर, चल वीणा की ध्रुव वीणा से तुलना की गई थी, अभी भी उसी विधि द्वारा चल वीणा के नए स्वरों की जाँच की जाएगी। विभिन्न स्वरों की वास्तविक स्थिति का अवलोकन रेखांकित चित्र-36 द्वारा किया जा सकता है।

टिप्पणी (चतुर्थ सारणा अपकर्ष सम्बन्धित)

चतुर्थ सारणा के अन्तर्गत, चल वीणा के स्वरों को चौथी बार सुनियोजित विधि द्वारा अपकर्ष किया गया है। यदि हम चल वीणा के प्रत्येक तन्त्री के स्वर को इस समय ''ध्रुव वीणा'' के स्वर से तुलना करते हैं, तो हमें चल वीणा के तीनों स्थानों पर समरूपता दिखलाई पड़ती है। (1) चल वीणा का नवीन रिषभ रे4, ध्रुव वीणा के षड्ज समान सुनाई देने लग गया है। (2) चल वीणा का पंचम प4, ध्रुव वीणा के मध्यम समान सुनाई देने लग गया है तथा (3) चल वीणा का धैवत ध4, ध्रुव वीणा

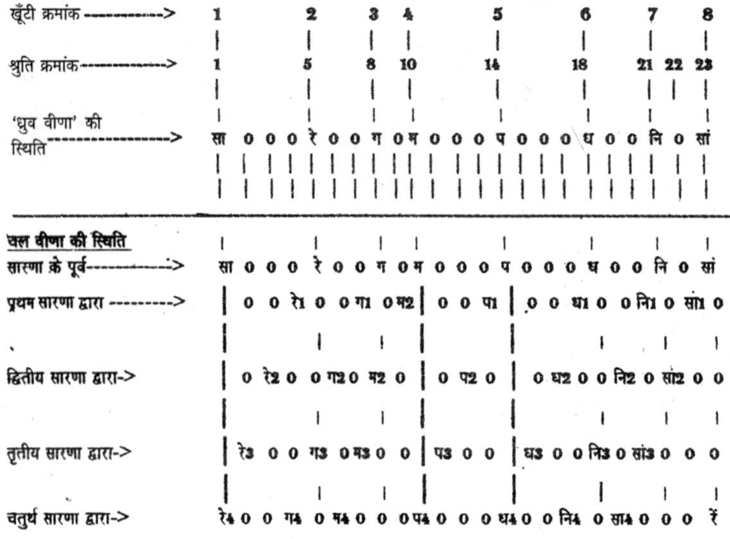

रेखांकित चित्र क्रमांक-36

के पंचम समान बोलने लगा है। रेखांकित चित्र-36 में स्वरों की इस समरूपता को सा-रे4, म-प4, तथा प-ध4 से सम्बन्धित, मोटे आकार की खड़ी रेखाओं द्वारा दिखलाया गया है। इसके अतिरिक्त चल वीणा की अन्य तन्त्रियों के स्वरों का, ध्रुव वीणा स्वरों के साथ किसी प्रकार की समानता या अनुरूपता देखने को नहीं मिल रही है।

हम जानते हैं कि प्रचलित बिलावल ठाट के शुद्ध स्वर, षड्ज व रिषभ में चार श्रुतियों का अन्तर है। अपकर्ष के पश्चात् रिषभ की ध्वनि रे4 यदि षड्ज 'सा' प्रतीत होती है, तो यह स्पष्ट हो जाता है कि रिषभ की ध्वनि अपने स्थान से चार श्रुति उतर कर षड्ज 'सा' तक पहुँच पाई है।

बिलावल ठाट के शुद्ध मध्यम व पंचम में चार श्रुतियों का अन्तर है। यदि अपकर्ष के पश्चात् पंचम प4 की ध्वनि, हमें शुद्धमध्यम समान सुनाई देती है तो यह स्पष्ट हो जाता है कि पंचम अपने स्थान से चार श्रुति हटकर 'म' जैसा सुनाई देने लगा है।

इसी पंचम और शुद्ध धैवत के स्थान के बीच चार श्रुत्यान्तर है। अपकर्ष के पश्वात् धैवत की ध्वनि ध4 यदि पंचम 'प' प्रतीत होती है। यह स्पष्ट हो जाता है कि धैवत 'ध' की ध्वनि अपने स्थान से चार श्रुति उतरकर पंचम 'प4' तक पहुँच पाई है।

यहाँ ध्यान देने योग्य स्थिति है कि रिषभ रे, पंचम प और धैवत ध एक ही सप्तक में तीन भिन्न-भिन्न स्थान पर स्थापित हैं। तीनों स्वरों को चार-चार श्रुतियों की दूरी पार करके नवीन स्थान रे4, प4 और ध3 तक चलना पड़ा है। इसलिए सप्तक में इन तीन स्वरों से सम्बन्धित 4+4+4 = 12 श्रुतियों की उपस्थिति होनी ही चाहिए। सारांश यह निकलता है कि पहली, दूसरी व तीसरी सारणा द्वारा श्रुति लाभ के अतिरिक्त, चौथी सारणा द्वारा हमें 12 अतिरिक्त श्रुतियों की, पुष्टि हो जाती है।

इस प्रकार चतुःसारणा विधि की चारों सारणाओं द्वारा 0 + 4 + 6 + 12 = 22 श्रुतियों की उपस्थिति होने की पुष्टि हो जाती है।

'उत्कर्ष' मार्ग सम्बन्धित विचार

उपर्युक्त अनुच्छेदों में श्रुति-निदर्शन हेतु चार चरणों द्वारा चतुःसारणा का समापन किया जा चुका है और परिणामस्वरूप चतुःसारणा विधि द्वारा सप्तक में 22 श्रुतियों की पुष्टि हो चुकी है। इस कार्य के लिए अपकर्ष मार्ग को चुना गया था।

अब निम्न अनुच्छेदों में **उत्कर्ष** मार्ग अपनाते हुए सारणा चतुष्टयी वाले प्रयोग किए जाएँगे। श्रुति-निदर्शन या श्रुति-दर्शन विधान का मुख्य उद्देश्य श्रुतियों की संख्या को प्रमाणित करना है। इस विधान को सफलतापूर्वक क्रियान्वयन करने के लिए

सारणा चतुष्टयी जैसी विधि का सहारा लिया गया है। भरत मुनि ने स्वर या तन्त्रियों के मार्दव यानी तन्त्रियों को उतारने वाले मार्ग को अपनाया है। हमारे द्वारा भी उपर्युक्त अनुच्छेद में सारणा चतुष्टयी विधि को आयत्व/अपकर्ष/उतारने वाले मार्ग का अनुकरण करते हुए समापन किया जा चुका है। मार्ग, अपकर्ष प्रकार का हो या उत्कर्ष वाला हो, यदि उस मार्ग द्वारा प्रथम सारणा सम्बन्धित परिणाम सन्तोषजनक प्राप्त होते हैं, तो यह कहा जा सकता है कि उस प्रकार का मार्ग, सारणा चतुष्टयी के अन्तिम परिणामों को निश्चय ही सफलता का रूप प्रदान करेगा।

'अपकर्ष' शब्द स्वरों के अवरोह की ओर भी संकेत करता है और 'उत्कर्ष' द्वारा स्वरों के आरोह क्रम का संकेत मिलता है। श्रुतिमालिका में श्रुतियों की गणना का क्रम आरोहात्मक होता है और श्रुतियों की तारता (Frequency) भी आरोहात्मक क्रम द्वारा ऊँची होती गई है। वर्तमान स्वर व्यवस्था में षड्ज को प्रथम श्रुति पर स्वीकारने के फलस्वरूप, श्रुति मण्डल पर श्रुति गणना का क्रम भी आरोहात्मक (Clockwise) क्रम धारण कर लेता है। आदि-आदि कई ऐसे बिन्दु सामने आ जाते हैं जिसके कारण हमारा ध्यान, सारणा चतुष्टयी को भी आरोहात्मक यानी उत्कर्ष मार्ग द्वारा, समापन करने की ओर झुक जाता है। ऐसा होना स्वाभाविक है।

सारणा चतुष्टयी विधि को **उत्कर्ष मार्ग** द्वारा समापन करने के पश्चात्, अग्रिम परिच्छेदों में, हम दोनों द्वारा उपलब्ध परिणामों का गणितीय मूल्य भी स्थापित करना चाहेंगे। गणितीय मूल्यों को स्थापित करने का एक विशेष अभिप्राय है। हमें इस तथ्य की पुष्टि करनी है कि चतुःसारणा को उत्कर्ष व अपकर्ष मार्ग द्वारा, बारी-बारी से प्रयोग करने पर, चारों सारणाओं द्वारा निकले परिणाम, क्या एक समान प्राप्त होते हैं?

उत्कर्ष मार्ग सम्बन्धित प्रारम्भिक तैयारी

चतुःसारणा को उत्कर्ष विधि द्वारा समापन करने के लिए उपर्युक्त में उपयोग की गई वीणा व तारों की संख्या आदि में किसी भी प्रकार का परिवर्तन नहीं करना पड़ेगा। इसके अतिरिक्त सारणा आरम्भ करने से पहले की तैयारियों में भी किसी प्रकार के परिवर्तन को आवश्यकता नहीं पड़ेगी। जिस प्रकार से अपकर्ष द्वारा सारणा पूर्व की तैयारियाँ की गई थीं, उत्कर्ष मार्ग के लिए भी उसी प्रकार की तैयारियाँ की जाएँगी।

1. किसी भी यथा योग्य स्वर को चुनकर, उस स्वर को आधार स्वर मानते हुए, दोनों वीणाओं को शुद्ध स्वर में बाँध लो यानी बिलावल ठाट में बाँध लो। वर्तमान बिलावल ठाट के स्वरों को ही, शुद्ध स्वरों की मान्यता दी गई है।

2. एक वीणा को 'ध्रुव' वीणा मानते हुए उसे सुरक्षित रख छोड़ो। 'ध्रुव' वीणा द्वारा समंय-समय पर दूसरी वीणा के स्वरों की जाँच की जाएगी। दूसरी वीणा (चल वीणा) पर उत्कर्ष मार्ग द्वारा सारणा की जाएगी।

उत्कर्ष मार्ग द्वारा प्रथम सारणा

चल वीणा के तार नम्बर-2 द्वारा रिषभ 'रे' की ध्वनि निकल रही है और तार नम्बर-4 द्वारा मध्यम 'म' की ध्वनि निकल रही है। थोड़ी देर के लिए कल्पना करो कि रिषभ 'रे' वाली ध्वनि, षड्ज 'सा' है। अब मध्यम वाली खूँटी नम्बर-4 के तार को मरोड़ते हुए इतना कसो कि, उसके द्वारा चढ़ी हुई ध्वनि और कल्पना की हुई षड्ज की ध्वनि में परस्पर षट्-श्रुत्यान्तर संवाद सा-ग् यानी षड्ज विकृत-गान्धार (6/5) वाली सांवादिक गूँज उत्पन्न हो सके। इस युक्ति द्वारा चल वीणा के मध्यम 'म' की ध्वनि को एक निश्चित मात्रा द्वारा ऊपर की ओर चढ़ा दिया जाता है। इस मात्रा का मूल्य एक श्रुति के समान होता है। चल वीणा की इस स्थिति को, रेखांकित चित्र क्रमांक-37 द्वारा दर्शाया गया है।

जिस प्रकार से पूर्व में 'धैवत'' को विशेष युक्ति द्वारा अपकर्ष किया गया था, उसी प्रकार अब उत्कर्ष मार्ग के अन्तर्गत उपर्युक्त वर्णित युक्ति के माध्यम द्वारा, चल वीणा की चौथी खूँटी के 'म' को एक श्रुतिक मात्रा द्वारा, ऊपर चढ़ा दिया जाता है। वास्तव में चल वीणा प्रथम सारणा के पूर्व, शुद्ध स्वरों में बँधी हुई है और प्रथम सारणा के पश्चात् भी शुद्ध स्वरों में बँधी हुई पाई जाएगी परंतु उसके ध्वनिस्वरूप में कुछ विशेष अन्तर स्थापित कर दिया जाता है। ध्वनि स्वरूप के इस अन्तर को निम्न दो पैड़ियों (Steps) द्वारा स्थापित किया जाता है।

प्रथम पैड़ी (Step) द्वारा चल वीणा के किसी एक स्वर को उस निश्चित मात्रा द्वारा उत्कर्ष कर दिया जाता है। रेखांकित चित्र-37 द्वारा यह दिखलाया गया है कि मध्यम 'म' आरम्भ में श्रुति क्रमांक-10 पर था और उत्कर्ष क्रिया द्वारा श्रुति क्रमांक-11 पर पहुँच गया है अर्थात् मध्यम 'म' एक श्रुति ऊपर चढ़ गया है। इस 'चढ़े हुए मध्यम को 'मu1' द्वारा सम्बोधित किया गया है।

द्वितीय पैड़ी के अन्तर्गत अब यह कल्पना की जाती है कि चल वीणा की खूँटी नम्बर-4 (जहाँ अब मu1 स्थापित है) के अतिरिक्त सभी स्वर ढीले पड़े हैं और हमारे पास केवल एक ही स्वर मu1 उपलब्ध है। यदि हम चाहें तो क्रियात्मक रूप द्वारा (Practically), चल वीणा के शेष छः तारों को वास्तव में ढीला भी कर सकते हैं। इसके पश्चात् चल वीणा को, शुद्ध-स्वरों में इस प्रकार बाँधों कि नए सप्तक के मध्यम वाली ध्वनि का स्तर मu1 पाया जाए। इस सन्दर्भ में अध्याय-11 के पृष्ठ

197 को भी देखा जा सकता है। चल वीणा की तन्त्रियों को शुद्ध स्वरों में मिलाने का विवरण निम्न दिया गया है।

निश्चित मात्रा द्वारा मध्यम 'म' को उत्कर्ष करने की विधि (उत्कर्ष मार्ग)

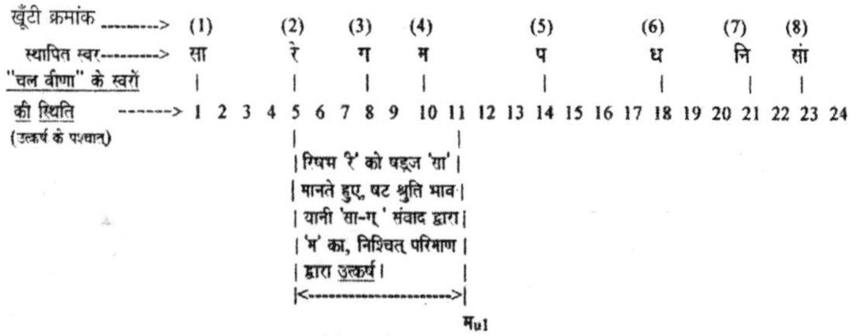

रेखांकित चित्र क्रमांक-37

प्रथम चरण–खूँटी नम्बर-1 को इस प्रकार मरोड़ो कि उसके द्वारा उत्पन्न स्वर और खूँटी नम्बर-4 की उपलब्ध ध्वनि मu1 में सा-म संवाद यानी षड्ज-मध्यम वाला सम्बन्ध स्थापित हो जाए। इस प्रकार खूँटी नम्बर-1 में नया षड्ज स्थापित हो जाएगा। इस षड्ज को साu1 द्वारा सम्बोधित किया जाएगा। एक बार नया षड्ज स्थापित हो जाता है तो पूर्व में दिएं गए अन्य स्वरों को सरलता से स्थापित किया जा सकता है।

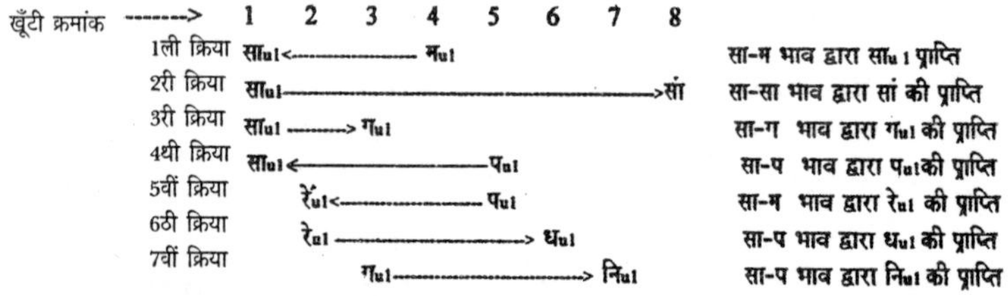

रेखांकित चित्र क्रमांक-38

द्वितीय चरण–यदि हमें एक स्वर, 'साu1' उपलब्ध है, तो इस स्वर को आधार स्वर मानकर शुद्ध स्वरों का सप्तक स्थापित किया जा सकता है। इस सम्पूर्ण प्रक्रिया को उपर्युक्त प्रथम चरण द्वारा समझाया गया है और रेखांकित चित्र-38 में इसी स्थापत्य को स्पष्ट रूप से दिखलाया भी गया है। चित्र में 1ली क्रिया द्वारा उपलब्ध स्वर मu1 के सहारे, षड्ज साu1 को प्राप्त किया गया है। चित्र में दिए गए तीर के निशान की दिशा <--------- पर ध्यान देना महत्त्वपूर्ण है जिसे तीर के छोर पर एक कोण (**<** या **>**) द्वारा दिखलाया गया है। यहाँ कोण की दिशा बतला रही है कि मu1के सहारे साu1 प्राप्त किया गया है और इस प्राप्ति के लिए सा-म यानी षड्ज मध्यम भाव को उपयोग में लिया गया है। इसी क्रम को अन्य स्वरों की स्थापना के लिए भी व्यवहार में लाया गया है। उदाहरण के लिए साu1 द्वारा पu1 स्थापित हो जाने

के पश्चात् रेu1 को स्थापित किया गया है व रेu1 स्थापित होने के बाद में धu1 स्थापित किया गया है। आदि।

इसी प्रकार 3री क्रिया द्वारा गu1 को स्थापित किया गया है और रेखांकित चित्र-38 की 7वीं क्रिया के अन्तर्गत, षड्ज-पंचम भाव द्वारा, निu1 की स्थापना की गई है।

निष्कर्ष

अभी तक उत्कर्ष मार्ग द्वारा, सारणा चतुष्टयी के चार चरणों में से, केवल प्रथम चरण का समापन हो सका है। सारणा के प्रथम चरण द्वारा, चल वीणा के सातों स्वरों को एक निश्चित परिमाण में चढ़ाया गया है। यदि इस समय हम चल वीणा के स्वरों को 'ध्रुव' वीणा के स्वरों के साथ, एक-एक करके मिलान करें, तो पाएँगे कि चल वीणा का प्रत्येक स्वर, भिन्न अवस्था में पहुँच गया है। चल वीणा का प्रत्येक स्वर, 'ध्रुव' वीणा के स्वर से, कुछ मात्रा में चढ़ा हुआ है। प्रथम सारणा की क्रियाओं द्वारा यही अपेक्षित भी था। रेखांकित चित्र-34 द्वारा इसी अवस्था को दर्शाया गया है।

प्रारम्भिक अवस्था में दोनों वीणाओं के स्वर, सब दृष्टि से एक समान थे। प्रथम चरण के अन्तर्गत, चल वीणा के मध्यम 'म' को एक निश्चित परिमाण द्वारा चढ़ाकर 'मu1' अवस्था तक पहुँचा दिया गया था। तत्पश्चात् इस चढ़ी हुई ध्वनि 'मu1 को आधार स्वर के रूप में व्यवहार में लिया गया था। इसलिए स्वाभाविक है कि जब आधार स्वर की अवस्था चढ़ी हुई हो, तो उसके द्वारा स्थापित स्वर भी चढ़े हुए होने चाहिए। यही कारण है कि प्रथम सारणा के पश्चात् चल वीणा के सभी स्वर कुछ परिमाण द्वारा चढ़े हुए पाए जाते हैं। स्वाभाविक है कि चल वीणा का कोई सा भी स्वर, 'ध्रुव' वीणा के स्वर से मेल नहीं खाएगा। इस स्थिति को रेखांकित चित्र क्रमांक-39 द्वारा स्पष्ट किया गया है। इस चित्र के ऊपरी भाग में ध्रुव वीणा की स्थिति को दिखलाया गया है और चित्र के निचले भाग में चल वीणा की प्रथम सारणा के पश्चात् स्थिति को दिखलाया गया है।

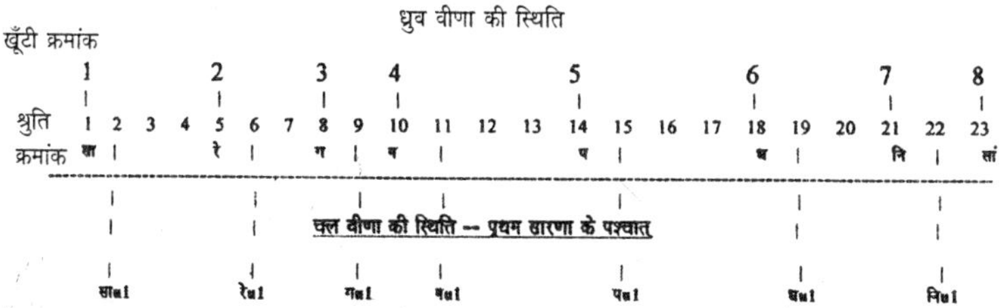

रेखांकित चित्र क्रमांक-39

टिप्पणी–ध्रुव वीणा की तुलना में चल वीणा के स्वर उत्कर्ष हो चुके हैं। स्वाभाविक है कि चल वीणा के स्वरों की आवृत्ति (Frequency), ध्रुव वीणा के स्वरों से तदनुसार अधिक पाई जाएगी। चतुःसारणा की प्रथम सारणा के अन्तर्गत, चल वीणा के स्वर और ध्रुव वीणा के स्वरों में एक निश्चित परिमाण का अन्तर उत्पन्न कर दिया गया है। इस अन्तर की मात्रा बहुत ही सूक्ष्म है। इस अति सूक्ष्म अन्तर को भरत मुनि ने नाट्य शास्त्र में 'प्रमाण श्रुति' की संज्ञा दी है। पूर्व में भी हमारे द्वारा यह स्पष्ट कर दिया गया है कि 'प्रमाण श्रुति' किसी श्रुति का नाम नहीं है। इस संज्ञा का तात्पर्य किसी प्रमाणित मान की ओर संकेत करता है।

प्रारम्भ में दोनों वीणाओं के स्वर ठीक एक समान तैयार किए गए थे मानो कि दोनों वीणाओं के स्वर परस्पर दर्पण-प्रतिबन्ध (Mirror Image) हों। प्रथम सारणा द्वारा, दोनों वीणाओं के स्वरों में एक-एक श्रुति का अन्तर स्थापित हो चुका है। इस समय दोनों वीणाओं के स्वरों में, किसी एक स्वर का भी, आपसी रिश्ता या अनुरूपता प्रतीत नहीं हो रही है जैसा कि श्रुतियों के क्रमांक द्वारा देखा जा सकता है। ध्रुव वीणा में शुद्ध स्वरों की स्थापना, श्रुति क्रमांक 1, 5, 8, 10, 14, 18, 21 पर बनी हुई है, जबकि चल वीणा में प्रथम सारणा के पश्चात्, शुद्धस्वरों का स्थान, श्रुति क्रमांक 2, 6, 9, 11, 15, 19, 22 पर परिवर्तित हो गया है। इसका मतलब यह हुआ कि चल वीणा का प्रत्येक स्वर ध्रुव वीणा की तुलना में, बिल्कुल भिन्न अवस्था में परिवर्तित हो गया है। अग्रिम अनुच्छेदों में, इस अन्तर के गणितीय मूल्य को भी आँका जाएगा। इस भिन्नता को चित्र-39 में स्पष्ट रूप से देख सकते हैं। चल वीणा के स्वर, प्रारम्भ में ध्रुव वीणा समान सा, रे ग आदि सांकेतिक शब्दों द्वारा लिखे गए हैं जबकि प्रथम सारणा के अन्त में शुद्ध स्वरों को साu1, रेu1, गu1 आदि द्वारा लिखा गया है।

उत्कर्ष मार्ग द्वारा द्वितीय सारणा

द्वितीय, तृतीय व चतुर्थ सारणाओं की क्रियाएँ प्रायः प्रथम सारणा के समान ही हैं। सभी सारणाएँ चल वीणा पर की जाती हैं। प्रत्येक सारणा द्वारा एक नवीन सप्तक का निर्माण किया जाता है और प्रत्येक बार उत्कर्षित स्वरों को ध्रुव वीणा के स्वरों से तुलना की जाती है। प्रथम सारणा के द्वारा भी एक नए उत्कर्षित सप्तक का निर्माण हुआ है जिसके आधार स्वर (षड्ज) का मूल्य, साu2 समान है। यह नवीन सप्तक भी वर्तमान बिलावल ठाट के शुद्ध स्वरों में गुँथा हुआ है। इसलिए श्रुति मालिका में सातों नए स्वरों का क्रमांक 1, 5, 8, 10, 14, 18, 21वीं श्रुति पर पाया जाएगा।

इस समय ध्रुव वीणा और चल वीणा के श्रुति क्रमांक एक समान होंगे क्योंकि दोनों ही वीणाएँ बिलावल ठाट के शुद्ध स्वरों पर बँधी हुई हैं। अन्तर इतना ही है कि ध्रुव वीणा का आधार स्वर षड्ज 'सा' के समान है और चल वीणा का आधार

षड्ज 'साu1 कुछ ऊँचे प्रकृति का है। इस वीणा के इस ऊँचे प्रकृति वाले, नवीन सप्तक के स्वरों का श्रुति क्रमांक, रेखांकित चित्र-39 में दिखलाया गया है।

जिस प्रकार से प्रथम चरण में चल वीणा के मध्यम 'म' को एक निश्चित मात्रा द्वारा उत्कर्षित किया गया था, उसी युक्ति को दोहराते हुए द्वितीय चरण में भी, चल वीणा के मध्यम 'मu1'को उत्कर्षित किया जाएगा।

निश्चित मात्रा द्वारा मध्यम 'मu1' को उत्कर्ष करने की विधि

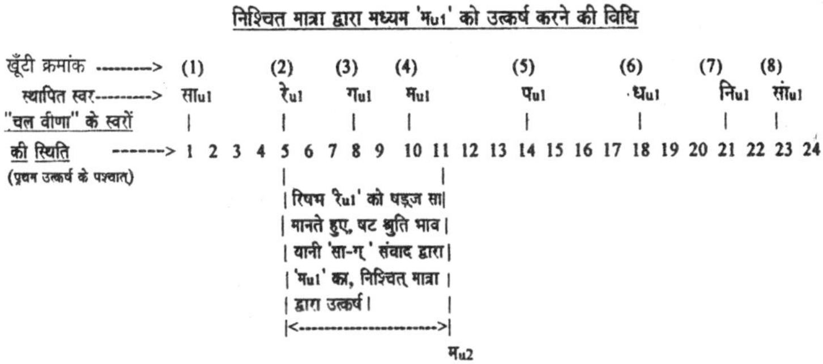

रेखांकित चित्र क्रमांक-40

चल वीणा के रिषभ रेu1 की ध्वनि को षड्ज समान मानते हुए व खूँटी नम्बर-4 को मरोड़ते हुए इतना कसो कि इन दोनों ध्वनियों में षट श्रुत्यान्तर भाव यानी सा-ग् संवाद उत्पन्न हो जाए। इस प्रकार मध्यम मu1 की ध्वनि, थोड़ी-सी सुनाई देने लग जाएगी। यह एक चढ़ा हुआ नवीन मध्यम बन गया जिसकी आवृत्ति, मu1 से कुछ अधिक होनी चाहिए। इस नवीन मध्यम को मu2 द्वारा सम्बोधित करेंगे। विशेष युक्ति द्वारा, चल वीणा के केवल एक स्वर को उत्कर्षित करने के पश्चात् उसकी अवस्था मu2 समान कर दी गई है। यहाँ तक, द्वितीय सारणा का पहला भाग समाप्त हुआ।

अब द्वितीय सारणा के द्वितीय भाग के अन्तर्गत, मध्यम मu2 की ध्वनि को एक नवीन मध्यम की ध्वनि मानते हुए, चल वीणा के स्वरों में एक नए सप्तक का निर्माण किया जाएगा। मu2 को उपलब्ध-स्वर, 'मध्यम' मानते हुए सम्पूर्ण सप्तक का निर्माण आसानी से किया जा सकता है। प्रथम हम मध्यम मu2 की ध्वनि को एक नवीन मध्यम की ध्वनि की कल्पना करते हुए, खूँटी नम्बर-1 की ध्वनि को इस प्रकार उत्कर्षित करेंगे कि इन दोनों ध्वनियों में षड्ज-मध्यम यानी सा-म भाव उत्पन्न हो जाए। इस प्रकार से चढ़े हुए षड्ज को साu2 द्वारा सम्बोधित करेंगे। चल वीणा का यदि एक बार हमें नया षड्ज प्राप्त हो जाता है तो अन्य स्वरों को सरलता से बाँधा जा सकता है। इस निर्माण कार्य को सफल व सरल बनाने के लिए, अध्याय-11 में दिए गए अनुदेशों का भी सहारा लिया जा सकता है। नए स्वरों

को साu2, रेu2, गu2, मu2, पu2, धu2, नि2 जैसे सम्बोधित किया जाएगा। चल वीणा को एक निश्चित परिणाम द्वारा दो बार उत्कर्ष किया गया है। इस अवस्था में जब हम चल वीणा के स्वरों को ध्रुव वीणा के स्वरों के साथ मिलान करते हैं तो पाया जाता है कि चल वीणा के गान्धार गu2 की ध्वनि, ध्रुव वीणा के मध्यम 'म' समान सुनाई दे रही है और निषाद निu2 की आवाज़ ध्रुव वीणा के तार षड्ज 'सां' समान सुनाई दे रही है। इसके अतिरिक्त चल वीणा के शेष पाँच स्वरों की स्थिति का, ध्रुव वीणा के साथ किसी प्रकार का ताल मेल नहीं हो रहा है।

ध्रुव वीणा की स्थिति

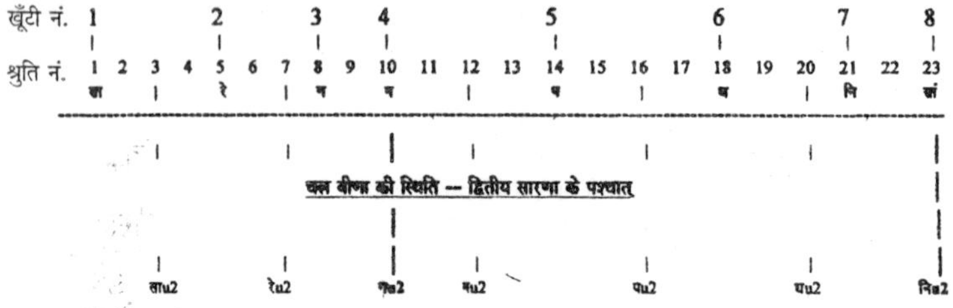

रेखांकित चित्र क्रमांक-41

द्वितीय सारणा द्वारा उपजे परिणामों को रेखांकित चित्र-41 द्वारा दिखलाया गया है। इस चित्र द्वारा चल वीणा के स्वरों की स्थिति का, अधिक गहराई से अध्ययन किया जा सकता है। चल वीणा की खूँटी नम्बर-3 यानी गान्धार गu2 को ध्रुव वीणा की खूँटी नम्बर-4 यानी मध्यम 'म' से सीधा सम्पर्क दिखलाया गया है। इस स्थिति को अधिक प्रभावशाली व स्पष्ट बनाने हेतु, चित्र में घनी व स्थूल प्रकार की खड़ी रेखाओं का प्रयोग किया गया है।

हमें यह विदित है कि बिलावल ठाट के शुद्ध गान्धार और शुद्ध मध्यम में दो श्रुतियों का अन्तर होता है। इसका मतलब यह हुआ कि 'गान्धार' को दो श्रुतियों के मूल्य के समान उत्कर्ष करने के पश्चात् उसकी स्थिति मध्यम समान हो पाई है। इसी प्रकार 'निषाद' को दो श्रुतियों का उत्कर्ष करने के पश्चात् ही उसकी स्थिति तार षड्ज समान बन पाई है। गान्धार और निषाद की उपस्थिति एक ही सप्तक में दो अलग-अलग स्थानों पर है। निष्कर्ष यह निकलता है कि द्वितीय सारणा द्वारा, हमें प्रत्यक्ष रूप से 2 + 2 = 4 श्रुतियों की उपस्थिति का प्रमाण प्राप्त हो रहा है।

उत्कर्ष मार्ग द्वारा तृतीय सारणा

इस समय ध्रुव वीणा और चल वीणा के श्रुति क्रमांक एक समान होंगे क्योंकि दोनों ही वीणाएँ बिलावल ठाट के शुद्ध स्वरों पर बँधी हुई हैं। अन्तर इतना ही है कि ध्रुव वीणा का आधार स्वर यानी षड्ज का मूल्य 'सा' के समान है और चल वीणा

का आधार षड्ज 'साu2 है, जो 'सा' को दो बार उत्कर्षण करने के पश्चात् इस ऊँची अवस्था तक पहुँच सका है। द्वितीय सारणा के पश्चात्, चित्र-42 द्वारा, चल वीणा के नवीन सप्तक के स्वरों का श्रुति क्रमांक दिखलाया गया है। जिस प्रकार से ध्रुव वीणा के षड्ज आदि स्वरों का स्थान श्रुति शृंखला में 1, 5, 8, 10, 14, 18, 21 है, ठीक उसी प्रकार से द्वितीय सारणा के समापन पश्चात्, चल वीणा के स्वर, श्रुति शृंखला में 1, 5, 8, 10, 14, 18, 21वें स्थान पर तो होंगे परन्तु प्रत्येक स्वर की आवृत्ति पूर्व की तुलना में अधिक पाई जाएगी।

चल वीणा की स्थिति - द्वितीय सारणा के पश्चात

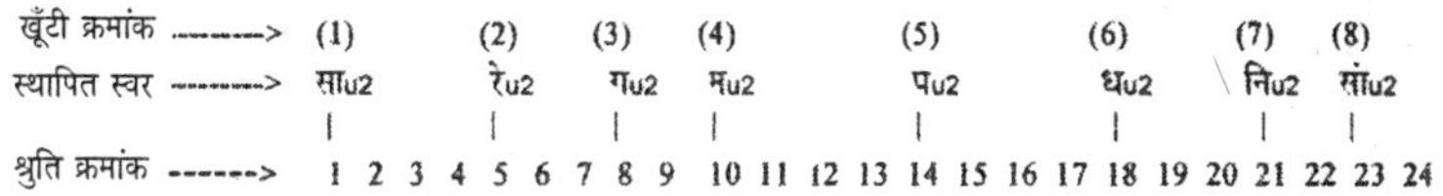

रेखांकित चित्र क्रमांक-42

जिस विधि द्वारा, प्रथम व द्वितीय सारणा के समय, मध्यम को निश्चित मात्रा द्वारा उत्कर्ष किया गया है, उसी क्रिया को तीसरी सारणा के समय भी, उसी क्रिया की पुनरावृत्ति की गई है। रेखांकित चित्र-43 में चल वीणा के मध्यम मu2 को निश्चित मात्रा द्वारा उत्कर्ष करने की युक्ति क्रो दिखलाया गया है। रिषभ रेu2 की ध्वनि को षड्ज समान मानते हुए, चल वीणा के माध्यम मu2 को इतना उत्कर्ष करो कि इन दोनों ध्वनियों में परस्पर सा-म संवाद की स्थिति उत्पन्न हो जाए। इस उत्कर्षित मध्यम को 'मu3' जैसे सम्बोधित किया जाएगा।

निश्चित मात्रा द्वारा मध्यम 'मu2' को उत्कर्ष करने की विधि

(द्वितीय उत्कर्ष के पश्चात्)

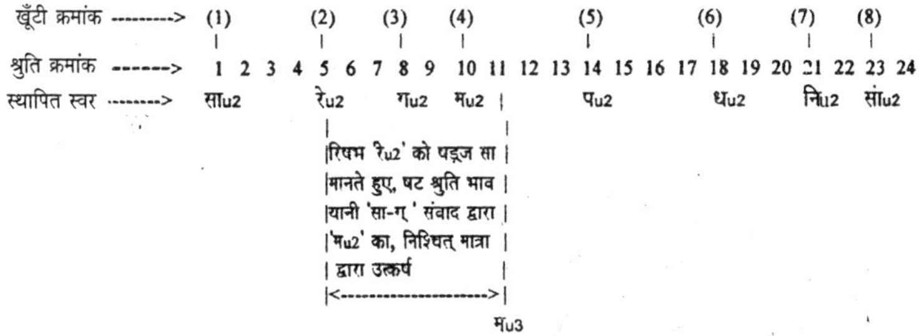

रेखांकित चित्र क्रमांक-43

अब खूँटी नम्बर-1 (जहाँ षड्ज साu2 उपस्थित है) को इतना उत्कर्ष करो कि इस नई उत्कर्षित ध्वनि और उत्कर्षित मध्यम 'मu3' में, परस्पर 'सा-म' संवाद की स्थिति बन जाए। इस प्रकार खूँटी नम्बर-1 पर नया उत्कर्षित षड्ज सुनाई देने लग जाएगा। इस नवीन उत्कर्षित षड्ज को साu3 जैसे सम्बोधित किया जाएगा।

नए षड्ज साu3 के अनुरूप, चल वीणा को पूर्ण रूप से शुद्ध स्वरों में तैयार कर लो। जब षड्ज साu3 उत्कर्षित अवस्था का है तो अन्य सम्बन्धित स्वर भी ऊँची प्रकृति के होंगे। चित्र नम्बर-44 में, इन नए स्वरों को साu3, रेu3, गu2, मu3, पu3, धu3, निu3, सांu3 जैसे सम्बोधित किया गया है। चित्र के ऊपरी भाग में श्रुति शृंखला से सम्बन्धित ध्रुव वीणा के स्वरों के स्थान दिखलाए गए हैं। चित्र के निचले भाग में तृतीय सारणा के पश्चात् चल वीणा के स्वरों की स्थिति दिखलाई गई है। तीसरी सारणा के समापन के पश्चात् जब हम चल वीणा के स्वरों को एक-एक करके ध्रुव वीणा के स्वरों से मिलान करते हैं, तो पाया जाता है कि पूर्व की भाँति इस बार भी दो स्थानों पर अनुरूपता दिखलाई देती है। चल वीणा के रिषभ रेu3 की ध्वनि, ध्रुव वीणा के गान्धार 'ग' समान सुनाई देने लग गई है और साथ-साथ में चल वीणा के धैवत धu3 की ध्वनि, ध्रुव वीणा के निषाद "नि" के समान बन गई है। चल वीणा को तीन बार उत्कर्षित करने के फलस्वरूप इस प्रकार के परिणाम प्राप्त हुए हैं।

ध्रुव वीणा की स्थिति

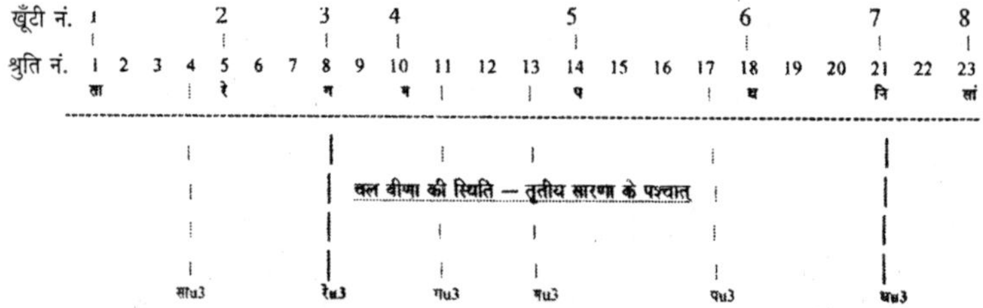

रेखांकित चित्र क्रमांक-44

बिलावल ठाट के शुद्ध रिषभ व शुद्ध गान्धार में तीन श्रुतियों का अन्तर होता है। इसी प्रकार धैवत और निषाद में भी तीन श्रुतियों का अन्तर होता है। इसलिए तृतीय सारणा के फलस्वरूप 3 + 3 = 6 श्रुतियों की उपस्थिति की पुष्टि हो जाती है। प्रथम सारणा द्वारा हमें किसी भी ताल मेल की प्राप्ति नहीं हुई है परंतु द्वितीय सारणा द्वारा 2+2=4 श्रुति की उपस्थिति की पुष्टि हो चुकी है और तृतीय सारणा द्वारा 6 श्रुतियों की उपस्थिति प्राप्त हुई है। इस प्रकार अभी तक कुल मिलाकर 0 + 4 + 6 = 10 श्रुतियों का हिसाब मिल चुका है।

उत्कर्ष मार्ग द्वारा चतुर्थ सारणा

चतुर्थ सारणा को आरम्भ करने के पूर्व दोनों वीणाओं के स्वरों के सम्बन्ध में समीक्षा कर लेना उचित होगा। तीसरी सारणा के पश्चात् ध्रुव वीणा और चल वीणा के श्रुति क्रमांक एक समान पाए जाएँगे क्योंकि दोनों ही वीणाएँ बिलावल ठाट के शुद्ध स्वरों पर बँधी हुई हैं। प्रथम सारणा से पूर्व की तैयारी वाली अवस्था में भी दोनों वीणाओं

को बिलावल ठाट में बाँधा जाता है और प्रत्येक सारणा के पश्चात् भी दोनों वीणाओं के स्वर, बिलावल ठाट के स्वरों से पूरे प्रकार से जुड़े हुए पाए पाए जाते हैं। अन्तर इतना ही है कि ध्रुव वीणा का आधार स्वर यानी षड्ज को, प्रत्येक सारणा की उत्कर्ष क्रिया द्वारा कुछ ऊँचे प्रकृति का बना दिया जाता है। इसलिए प्रत्येक सारणा के अन्त में यद्यपि चल वीणा को बिलावल ठाट में बाँध दिया जाता है परन्तु स्वरों का स्तर यानी स्वरों की आवृत्ति, प्रत्येक सारणा द्वारा बढ़ी हुई दशा में पाई जाती है। इन सबके साथ-साथ यह भी कहना सही होगा कि बिलावल ठाट में बँधे होने के कारण, चल वीणा के स्वरों का श्रुति-क्रमांक (यानी श्रुति क्रमांक 1, 5, 10, 14, 18, 21) ठीक वैसा ही बना रहता है, जैसा कि ध्रुव वीणा का बना रहता है।

रेखांकित चित्र क्रमांक-45 द्वारा, तृतीय सारणा के समापन पश्चात्, चल वीणा के नवीन सप्तक के स्वरों का श्रुति क्रमांक दिखलाया गया है। जिस प्रकार से ध्रुव वीणा के षड्ज आदि स्वरों का स्थान श्रुति शृंखला में 1, 5, 8, 10, 14, 18, 21 हैं, ठीक उसी प्रकार से तृतीय सारणा के समापन पश्चात्, चल वीणा के नवीन स्वर, श्रुति शृंखला में 1, 5, 8, 10, 14, 18, 21वें स्थान पर होंगे।

चल वीणा की स्थिति-तृतीय सारणा के पश्चात

खूंटी क्रमांक ⟶ (1) (2) (3) (4) (5) (6) (7) (8)

स्थापित स्वर ⟶ साu3 रेu3 गu3 मu3 पu3 धu3 निu3 सांu3

श्रुति क्रमांक ⟶ 1 2 3 4 5 6 7 8 9 10 11 12 13 14 15 16 17 18 19 20 21 22 23 24

रेखांकित चित्र क्रमांक-45

चतुर्थ सारणा के प्रथम चरण में चल वीणा के 'मध्यम मu3' को विशिष्ट मात्रा द्वारा उत्कर्ष किया जाएगा। पूर्व की सारणाओं में भी इस प्रकार का उत्कर्ष किया जा चुका है। वास्तव में उसी क्रिया को अब चौथी बार दोहरा दिया जाता है यानी उसी युक्ति द्वारा मध्यम मu3 को एक निश्चित मात्रा द्वारा उत्कर्ष किया जाएगा। चल वीणा के रिषभ रेu3 को षड्ज की कल्पना करते हुए, चल वीणा की खूँटी नम्बर-4 यानी मध्यम (मu3) को इतना उत्कर्ष करो कि उत्कर्षित ध्वनि और कल्पना किए हुए स्वर (षड्ज) में, परस्पर सा-ग् यानी षट् श्रुतिक संवाद की स्थिति उत्पन्न हो सके। इस प्रकार उत्कर्षित मध्यम को मu4 की संज्ञा दी जाएगी। रेखांकित चित्र-46 द्वारा मध्यम, 'मu3' को निश्चित मात्रा द्वारा उत्कर्ष करने की विधि को दर्शाया गया है।

चतुर्थ सारणा के द्वितीय चरण में, चल वीणा को इस उपलब्ध मध्यम 'मu4 की ध्वनि द्वारा बिलावल ठाट के शुद्ध स्वरों में बाँध दिया जाता है। ऐसा करने से, चल वीणा चौथी बार बिलावल ठाट के शुद्ध स्वरों में परिवर्तित हो जाती है। इस सन्दर्भ में अध्याय-11 का सहारा लिया जा सकता है, जहाँ उपलब्ध स्वर यदि मध्यम

हो तो उसके द्वारा वीणा को शुद्ध स्वरों में बाँधने की प्रक्रिया को विस्तारपूर्वक समझाया गया है। इस प्रकार अब चतुर्थ सारणा के पश्चात् चल वीणा के स्वर ऊँची प्रकृति के हो जाएँगे। इन ऊँची प्रकृति वाले स्वरों को साu4, रेu4, गu4, मu4, पu4, धu4, निu4, सांu4 जैसे सम्बोधित किया जाएगा। जिस प्रकार से पिछली तीन सारणाओं को समापन करने के पश्चात् चल वीणा के साथ मिलान किया गया था, अभी भी उसी प्रकार से चल वीणा के प्रत्येक तार की ध्वनि को, ध्रुव वीणा के साथ तुलना व जाँच की जाएगी।

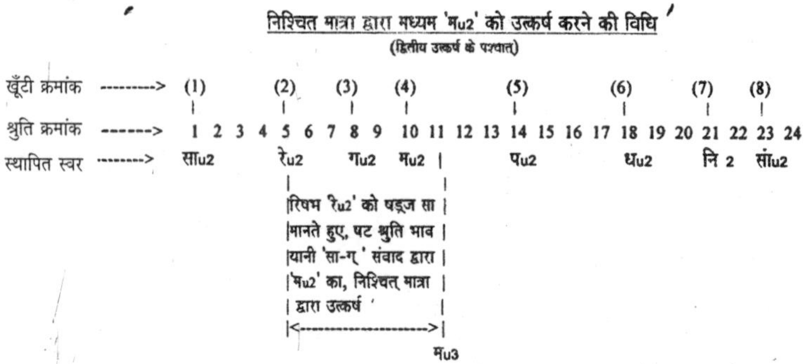

रेखांकित चित्र क्रमांक-46

रेखांकित चित्र-47 द्वारा दोनों वीणाओं के तारों की अन्तिम अवस्था को दर्शाया गया है। चित्र को दो भागों में विभाजित किया गया है। चित्र के ऊपरी भाग में ध्रुव वीणा के स्वर स्थानों को दिखलाया गया है व चित्र के निचले भाग में चल वीणा के स्वरों को तदनुसार दिखलाया गया है।

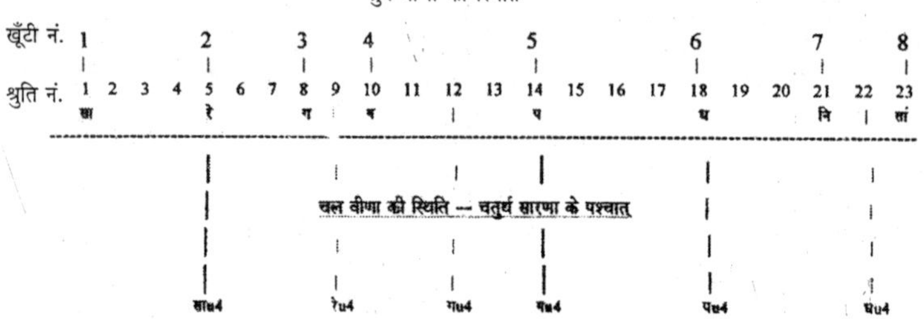

रेखांकित चित्र क्रमांक-47

चौथी सारणा के कार्यांत पश्चात्, जब हम चल वीणा के स्वरों को एक-एक करके ध्रुव वीणा के स्वरों से मिलान करते हैं तो पाया जाता है कि इस बार तीन स्थानों पर अनुरूपता दिखलाई देती है। चल वीणा के षड्ज साu4 की ध्वनि, ध्रुव वीणा के रिषभ 'रे' समान सुनाई देने लग गई है व चल वीणा के मध्यम मu4 की

ध्वनि, ध्रुव वीणा के पंचम ''प'' के समान बन गई है और चल वीणा के पu4 की धवनि, ध्रुव वीणा के धैवत 'ध' के समान हो गई है। इन तीन स्थानों के अतिरिक्त अन्य स्थानों पर किसी प्रकार की समानता या तालमेल प्राप्त नहीं हो रहा है। चल वीणा को चार बार उत्कर्षित करने के फलस्वरूप इस प्रकार के परिणाम प्राप्त हुए हैं। चित्र क्रमांक-47 द्वारा, इन तीनों अनुरूपता का अधिक गहराई से अध्ययन किया जा सकता है। चल वीणा के षड्ज साu4 की ध्वनि, ध्रुव वीणा के रिषभ 'रे' के साथ की अनुरूपता को घनी व स्थूल प्रकार की खड़ी रेखाओं द्वारा सीधा सम्पर्क दिखलाया है। चित्रांकन द्वारा अनुरूपता की स्थिति को अधिक प्रभावशाली व स्पष्ट बनाने हेतु, चित्र में घनी व स्थूल प्रकार की खड़ी रेखाओं का प्रयोग किया गया है। इस प्रकार की स्थिति 'सu4रे', 'मu4प' और 'पu4ध' इन तीन स्थानों पर देखी जा सकती है।

बिलावल ठाट में 'सा', 'म' व 'प' ये तीनों स्थान चुतःश्रुतिक हैं यानी 'सा' से 'रे' तथा 'म' से 'प' व 'प' से 'ध' के बीच चार-चार श्रुतियों का अन्तर है। इसलिए चौथी सारणा द्वारा 4 + 4 + 4 + = 12 श्रुतियों की उपस्थिति की पुष्टि हो जाती है। इस प्रकार अभी तक चारों सारणाओं द्वारा हमें 0 + 4 + 6 + 12 = 22 श्रुतियों की उपलब्धि हो चुकी है।

सारांश

श्रुति-निदर्शन या चतुःसारणा विधान का मुख्य उद्देश्य श्रुतियों की संख्या को प्रमाणित करना है। प्रारम्भ में ध्रुव वीणा के स्वरों में शुद्ध स्वर 4, 3, 2, 4, 4, 3, 2 श्रुतियों के अन्तर पर स्थापित कर दिए जाते हैं यानी स्वरों का स्थान श्रुति क्रमांक 1, 5, 8, 10, 14, 18, 21 बना दिया जाता है। यह स्थिति बराबर बनी रहती है क्योंकि जाँच प्रयोजन हेतु ध्रुव वीणा को सुरक्षित रखा जाता है। सारणा आरम्भ करने से पहले चल वीणा को भी ध्रुव वीणा के समान तैयार किया जाता है। तैयारी के पश्चात् चार बार सारणा की जाती है और प्रत्येक बार, सारणा द्वारा उपजे परिणामों की जाँच की जाती है।

प्रथम सारणा की क्रिया बहुत महत्त्वपूर्ण होती है क्योंकि इसी क्रिया की प्रत्येक सारणा में एक प्रकार से पुनरावृत्ति ही होती है। इस क्रिया के अन्तर्गत चल वीणा के तारों में एक विशिष्ट परिमाण का उत्कर्षण या अपकर्षण किया जाता है। इस क्रिया का रूप, उत्कर्षण व अपकर्षण मार्गो में अलग-अलग होता है परन्तु मूल उद्देश्य एक समान ही होता है कि किसी युक्ति द्वारा चल वीणा में, पूर्व निर्धारित विशिष्ट मात्रा का अन्तर स्थापित किया जा सके। अपकर्षण मार्ग के समय 'धैवत' का अपकर्षण, नव श्रुत्यान्तर यानी सा-म संवाद द्वारा किया गया था और उत्कर्षण मार्ग के समय 'मध्यम' का उत्कर्ष सा-ग् यानी षट श्रुत्यान्तर संवाद द्वारा किया गया है।

दोनों युक्तियों का मूल उद्देश्य एक समान ही है कि चल वीणा में केवल एक श्रुति के समान, सूक्ष्म अन्तर स्थापित हो सके। अब निम्न अनुच्छेदों में इस अंतर का गणितीय मूल्य आँका जाएगा।

सारणाओं का गणितीय मूल्य

सारणा के पूर्व की तैयारी द्वारा दोनों वीणाएँ यथा योग्य स्वर पर एक समान मिलाई जाती हैं। सारणा पश्चात चल वीणा का आधार स्वर षड्ज, पूर्व निर्धारित परिमाण द्वारा चढ़ाया या उतारा जाता है। अब हम इस विशिष्ट परिमाण के, गणितीय मूल्य को स्थापित करेंगे। अपकर्ष या उत्कर्ष इन दोनों में से कोई-सा भी मार्ग अपनाया जा सकता है। साधारण बुद्धि द्वारा यह कहा जा सकता है कि अपकर्ष किया जाए या उत्कर्ष किया जाए, लक्ष्य तो एक ही है और वह है किसी युक्ति द्वारा चल वीणा के स्वरों में 'एक श्रुति' समान अन्तर स्थापित किया जा सके। हाँ इतना अवश्य है कि प्रत्येक सारणा द्वारा अपकर्ष या उत्कर्ष की मात्रा एक समान नहीं होगी। इसका कारण है। श्रुतियों के मूल्य असमान हैं।

दूसरी सारणा द्वारा कुल मिलाकर दो श्रुतियों के बराबर अन्तर स्थापित किया जाएगा यानी दो श्रुतियों के मूल्य के समान, अन्तराल स्थापित किया जाएगा। इसी प्रकार तीसरी व चौथी सारणा द्वारा कुल मिलाकर तीन-तीन व चार-चार श्रुतियों का अन्तराल स्थापित किया जाएगा। हमें मालूम है कि प्रत्येक उत्कर्ष का मूल्य एक समान नहीं है। इसलिए प्रत्येक सारणा का कुल (Total) मूल्य भी अलग-अलग होना चाहिए। इन मूल्यों को निम्न अनुच्छेदों में स्थापित किया जाएगा।

अपकर्ष सम्बन्धित, प्रथम सारणा का मूल्य

प्रथम सारणा का अपकर्ष सम्बन्धित विवरण रेखांकित चित्र-27 में विस्तारपूर्वक दर्शाया गया है। गान्धार 'ग' को षड्ज समान मानते हुए धैवत 'ध' को इतना अपकर्षित किया गया था कि इस नए षड्ज व नए धैवत धu1 में नव श्रुत्यान्तर सा-म संवाद की स्थिति उत्पन्न हो सके। इस युक्ति द्वारा धैवत 'ध' जो 18वीं श्रुति पर था, अब एक श्रुति अपकर्ष होकर 17वीं श्रुति पर आ जाता है। इसका मतलब हुआ कि धैवत 'ध' और नवीन अपकर्षित धैवत 'धu1(17)' के बीच की दूरी का अन्तर ही, प्रथम सारणा के अपकर्षण का मूल्य है।

इस सम्पूर्ण स्थिति को रेखांकित चित्र-48 द्वारा दिखलाया गया है। षड्ज सा (1) से धैवत 'ध' (18) की दूरी यानी 'सा' व 'ध' के बीच का अन्तराल 17 श्रुतियों का है। इस 17 श्रुतिक अन्तराल का मूल्य 27/16 होता है। इस सन्दर्भ में अध्याय-9 के सारणी क्रमांक-14 को देखा जा सकता है। जब हम कहते हैं कि 'सा' से 'ध' की दूरी का मूल्य 27/16 के समान है तो समझना चाहिए कि 'सा' से 'ध', 27/16

गुणा, अधिक ऊँचा है। हम यह भी कह सकते हैं कि 'सा' की आवृत्ति, ध की आवृत्ति 27/16 गुणा अधिक ऊँची है। अध्याय-9 में इस विषय पर, विस्तारपूर्वक प्रकाश डाला गया है।

अब हम षड्ज 'सा' जो कि प्रथम श्रुति (1) पर स्थापित है और धैवत 'धu1' जो कि 17वीं श्रुति पर स्थापित हो चुका है, इन दोनों की दूरी यानी 'सा' और 'धu1 के बीच की दूरी के मूल्य को स्थापित करना चाहेंगे। यह दूरी 17–1 = 16 श्रुति अन्तराल के बराबर है। इस दूरी को हम दो भागों में बँटा हुआ मान सकते हैं। पहला हिस्सा 'सा' से 'ग' की दूरी है। यह दूरी सप्त श्रुत्यान्तर समान है। दूसरा हिस्सा, ग-धu1 की दूरी है जो हमारी युक्ति अनुसार नव श्रुत्यान्तर है। अतः

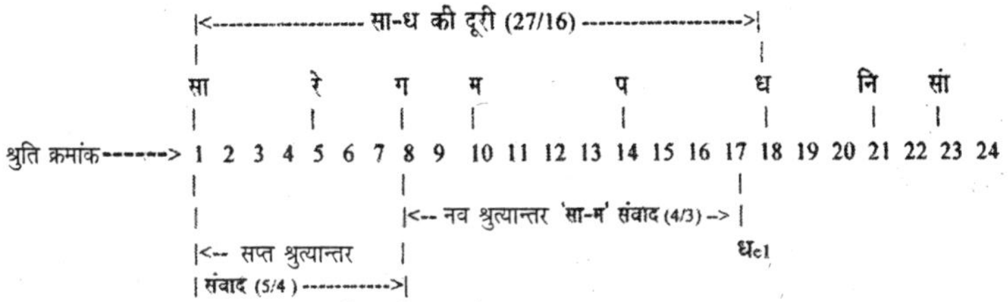

रेखांकित चित्र क्रमांक-48

सा-धu1 की दूरी

= सा-ग सप्त श्रुत्यान्तर की दूरी (5/4) + ग-धu1 नव श्रुत्यान्तर की दूरी (4/3)

= सप्त श्रुत्यान्तर + नव श्रुत्यान्तर ------(श्रुत्यान्तर मूल्यों के लिए देखिए सारणी क्रमांक-14 अध्याय-9)

= 5/4 × 4/3 ------(अनुपातों को जोड़ने के लिए हमें उनके मूल्यों को परस्पर गुणा करना पड़ता है।)

= 5/3

उपर्युक्त, स्पष्ट किया जा चुका है कि धैवत 'ध' और नवीन अपकर्षित धैवत 'धe1 (17)' के बीच की दूरी का अन्तर ही, प्रथम सारणा द्वारा अपकर्षण का मूल्य है। अतः प्रथम सारणा द्वारा अपकर्षण का मूल्य

= (सा-ध की दूरी) - (सा-धu1 की दूरी)

= (27/16) / (5/3)

= (27/16) × (3/5) ------(अनुपातों को घटाने के लिए हमें उनके मूल्यों को परस्पर भाग देना पड़ता है।)

= 81/80

सेवर्ट पद्धति द्वारा मूल्यांकन

सा(1) से ध(18) की दूरी = 227 सेवर्ट -----(देखिये अध्याय 10, सारणी नम्बर 18)

और सा-धe1 की दूरी = सा-ग की दूरी + ग-धe1 की दूरी

= सप्त श्रुत्यान्तर + नव श्रुम्यान्तर

= 97 सेवर्ट + 125 सेवर्ट

= 222 सेवर्ट ------(सेवर्ट मूल्यों के लिए देखिए सारणी-18, अध्याय-10)

उपर्युक्त तर्क अनुसार,

प्रथम सारणा द्वारा अपकर्ष का मूल्य = (सा-ध की दूरी) - 1(सा-धu1की दूरी)

= 227 सेवर्ट - 222 सेवर्ट

= 5 सेवर्ट

उपर्युक्त आधार पर अपकर्ष सम्बन्धित, प्रथम सारणा का मूल्य 81/80 या 5 सेवर्ट प्राप्त हुआ है। पाश्चात्य देशों में 5 सेवर्ट के मूल्य को, कोमा (Coma) के नाम से जाना जाता है।

अपकर्ष सम्बन्धित, द्वितीय सारणा का मूल्य

प्रथम सारणा के फलस्वरूप चल वीणा की स्थिति अपकर्षित अवस्था में पहुँच गई है। इस अपकर्षण की मात्रा एक श्रुति के समान है जिसका मूल्य 81/80 या 5 सेवर्ट के बराबर पाया गया है। द्वितीय सारणा द्वारा, एक बार फिर से उसी विधि द्वारा अपकर्षणा किया जाता है। क्या द्वितीय अपकर्षण का मूल्य भी 81/80 या 5 सेवर्ट के बराबर होगा? उत्तर स्पष्ट है–नहीं। इसका कारण यह है कि सप्तक की 22 श्रुतियों का मूल्य एक समान नहीं है। इस सन्दर्भ में अध्याय-10 के "क्या श्रुतियों का पारस्परिक अन्तराल एक समान है?" को देखना चाहिए जहाँ इस प्रसंग पर विशद विवेचना की गई है। एक ही पार्श्व में स्थित, दो श्रुतियों का मूल्य यानी द्विश्रुतिक अन्तराल का मान, अध्याय-9 में दी गई सारणी क्रमांक-14 का अवलोकन किया जा सकता है। द्विश्रुतिक का मान 16/15 स्थापित किया जा चुका है। यदि द्विश्रुतिक मान से प्रथम अपकर्षण मान को घटा देते हैं, तो हमें द्वितीय अपकर्षण का मान प्राप्त हो सकेगा।

अतः द्वितीय सारणा द्वारा अपकर्षण का मूल्य

= द्विश्रुतिक मान (16/15) - प्रथम अपकर्षण का मान (81/80)

= (16/15) / (81/80)

= (16/15) × (81/80) -------(अनुपातों को घटाने के लिए हमें उनके मूल्यों को परस्पर भाग देना पड़ता है।)

= 256/243

सेवर्ट पद्धति द्वारा मूल्यांकन

द्वितीय सारणा द्वारा अपकर्षण का मूल्य

= (द्विश्रुतिक मान (16/15) - प्रथम अपकर्षण का मान (81/80)

= (28 सेवर्ट - सेवर्ट 5) -------(सेवर्ट मूल्यों के लिए सारणी 18, अध्याय 10 को देखा जा सकता है।)

= 23 सेवर्ट

सारांश

उपर्युक्त हिसाब से द्वितीय सारणा का अपकर्ष सम्बन्धित मान 256/243 या 23 सेवर्ट प्राप्त हुआ है। पाश्चात्य देशों में मान को 'लीमा' (Lima) के नाम से भी जाना जाता है।

इसलिए अपकर्ष द्वारा अभी तक की दोनों सारणाओं का मान,
= पहले अपकर्ष का मान + दूसरे अपकर्ष का मान
= 5 सेवर्ट + 23 सेवर्ट
= 28 सेवर्ट

अपकर्ष सम्बन्धित, तृतीय सारणा का मूल्य

यदि त्रिश्रुतिक अन्तराल के मान से द्विश्रुतिक अन्तराल के मान को घटा देते हैं तो हमें, तृतीय अपकर्षण का मान प्राप्त हो सकेगा।

अतः तृतीय सारणा द्वारा अपकर्षण का मूल्य
= (त्रिश्रुतिक मान (10/9) - द्विश्रुतिक का मान (16/15)
= (10/9) / (16/15) ------(अनुपातों को घटाने के लिए हमें उनके मूल्यों को परस्पर भाग देना पड़ता है।)
= (10/9) × (15/16)
= 25/24

सेवर्ट पद्धति द्वारा मूल्यांकन

तृतीय सारणा द्वारा अपकर्ष का मूल्य
= (त्रिश्रुतिक मान (10/9) - द्विश्रुतिक का मान (16/15)
= (46 सेवर्ट – सेवर्ट 28) -----(सेवर्ट मूल्यों के लिए देखिए सारणी-18, अध्याय-10)
= 18 सेवर्ट

सारांश

उपर्युक्त तर्क द्वारा तृतीय सारणा का अपकर्ष सम्बन्धि मान 25/24 या 18 सेवर्ट प्राप्त हुआ है। पाश्चात्य देशों में इस मूल्य को "अर्ध लघु स्वर" नाम से पहचानते हैं।

इसलिए अपकर्ष द्वारा अभी तक की तीनों सारणाओं का मान,
= पहले अपकर्षण का मान + दूसरे अपकर्षण का मान + तीसरे अपकर्षण का मान
= 5 सेवर्ट + 23 सेवर्ट + 18 सेवर्ट
= 46 सेवर्ट

यदि हम सेवर्ट पद्धति का प्रयोग नहीं करना चाहते हैं, तो भी साधारण गणित द्वारा, अभी तक की तीनों सारणाओं का अपकर्षित मूल्य सरलता से प्राप्त हो सकता है। अतः अभी तक का पूरा अपकर्ष

= पहला अपकर्ष + दूसरा अपकर्ष + तीसरा अपकर्ष

= (81/80) × (256/243) × (25/24) ------(अनुपातों को जोड़ने के लिए हमें उनके मूल्यों को परस्पर गुणा करना पड़ता है।)

= 10/9 -------> (यह मूल्य त्रिश्रुतिक अंतराल का है जिसका मान 46 सेवर्ट समान होता है। देखिए सारणी 16 व 17)

अपकर्ष सम्बन्धित, चतुर्थ सारणा का मूल्य

यदि चतुःश्रुतिक अन्तराल के मान में से त्रिश्रुतिक अन्तराल के मान को घटा देते हैं तो हमें, चतुर्थ अपकर्ष का मान प्राप्त हो जाएगा।

अतः चतुर्थ सारणा द्वारा अपकर्षण का मूल्य

= (चतुःश्रुतिक मान (9/8) - त्रिश्रुतिक का मान (10/9)

= (9/8) / (10/9) -------(अनुपातों को घटाने के लिए हमें उनके मूल्यों को परस्पर भाग देना पड़ता है।)

= (9/8) × (9/10)

= 81/80

सेवर्ट पद्धति द्वारा मूल्यांकन

चतुर्थ सारणा द्वारा अपकर्षण का मूल्य

= (चतुःश्रुतिक मान)–(त्रिश्रुतिक मान)

= 51 सेवर्ट–46 सेवर्ट -------(सेवर्ट मूल्यों के लिए देखिए. सारणी-18, अध्याय-10)

= 5 सेवर्ट

सारांश

सारणा द्वारा प्रत्येक बार, चल वीणा के स्वरों को विशिष्ट युक्ति द्वारा एक श्रुति उतारा गया है। प्रथम सारणा द्वारा स्वरों को उतारने की मात्रा 5 सेवर्ट थी यानी प्रत्येक स्वर अपने स्थान से 5 सेवर्ट या 81/80 गुणा नीची मात्रा द्वारा उतारा गया है। दूसरी सारणा द्वारा भी उसी युक्ति द्वारा प्रत्येक स्वर को फिर से एक-एक श्रुति अतिरिक्त, उतारा गया है यानी चल वीणा के स्वर ध्रुव वीणा की तुलना में, कुल दो-दो श्रुति नीचे उतर जाते हैं। इस द्वितीय अपकर्षण का मूल्य 23 सेवर्ट प्राप्त हुआ है। इसी प्रकार तीसरी सारणा का मूल्य 18 व चौथी सारणा के अपकर्षण का मूल्य 5 सेवर्ट प्राप्त हुआ है।

अतः अभी तक की चारों सारणाओं द्वारा अपकर्षण का मान

= तीनों अपकर्षण का मान + चौथे अपकर्षण का मान

= (5 + 23 + 18) सेवर्ट + 5 सेवर्ट
= 46 + 5 सेवर्ट
= 51 सेवर्ट

उत्कर्ष सम्बन्धित प्रथम सारणा का मूल्य

प्रथम सारणा का उत्कर्ष सम्बन्धित विवरण रेखांकित चित्र-30 में विस्तारपूर्वक दिखलाया गया है। रिषभ 'रे' को षड्ज समान मानते हुए, मध्यम 'म' को इतना उत्कर्षित किया गया था इस नए षड्ज व नए मध्यम 'मu1', में नव श्रुत्यान्तर सा-म संवाद की स्थिति उत्पन्न हो सके। इस विधि द्वारा मध्यम 'म' जो 10वीं श्रुति पर था, अब एक श्रुति उत्कर्ष होकर 11वीं श्रुति पर आ जाता है। इसका मतलब हुआ कि मध्यम 'म' और नवीन उत्कर्षित मध्यम 'मu1(11)' के बीच की दूरी का अन्तर केवल एक श्रुति के समान है। इस सम्पूर्ण स्थिति को रेखांकित चित्र-49 द्वारा दिखलाया गया है।

षड्ज सा(1) से मध्यम 'म' (10) की दूरी यानी 'सा' व 'म' के बीच निर्मित अनुपात 4/3 समान होता है। जब हम कहते हैं कि 'सा' 'म' की दूरी का मूल्य 4/3 के समान है तो समझना चाहिए कि 'सा' से 'म', 4/3 गुणा अधिक बड़ा है। हम यह भी कह सकते हैं कि 'सा' की आवृत्ति से 'म' की आवृत्ति, 4/3 गुणा अधिक ऊँची है। अध्याय-9 में इस विषय पर विस्तारपूर्वक प्रकाश डाला गया है।

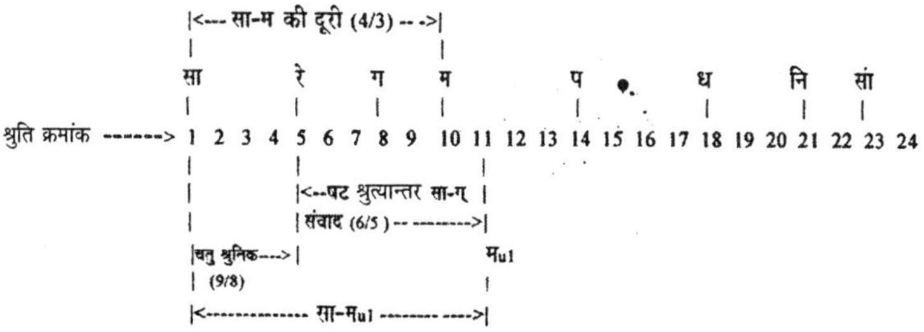

रेखांकित चित्र क्रमांक-49

अब हम षड्ज 'सा' जो कि प्रथम (1) श्रुति पर स्थापित है और मध्यम 'मu1 जो कि 11वीं श्रुति पर स्थापित हो चुका है, इन दोनों की दूरी यानी सा-मu1 की दूरी के मूल्य को स्थापित करना चाहेंगे। यह दूरी 11 – 1 = 10 श्रुति अन्तराल के बराबर है। इस दूरी को हम दो भागों में बँटा हुआ मान सकते हैं। पहला हिस्सा, सा-रे की दूरी जो चतुः श्रुत्यान्तर है और दूसरा हिस्सा रे-मu1 की दूरी, जो षट श्रुत्यान्तर है। अतः

सा-मu1 की दूरी = सा-रे की दूरी + रे-मu1 की दूरी
= चतुः श्रुत्यान्तर (9/8) + षट श्रुत्यान्तर (6/5) -----(श्रुत्यांतर मूल्यों के लिए देखिये सारणी क्रमांक 14 अध्याय 9)
= $9/8 \times 6/5$

= 27/20 ------- (अनुपातों को जोड़ने के लिए हमें उनके मूल्यों को परस्पर गुणा देना पड़ता है।)

यह स्पष्ट किया जा चुका है कि मध्यम 'म' और नवीन उत्कर्षित मध्यम 'मu1(11)' के बीच की दूरी का अंतर ही, प्रथम सारणा द्वारा उत्कर्षण का मूल्य है।

अतः प्रथम सारणा द्वारा उत्कर्ष का मूल्य

= (सा-मu1 की दूरी) – (सा-म की दूरी)

= (27/20) / (4/3)

= (27/20) × (3/4) ---(अनुपातों को घटाने के लिए हमें उनके मूल्यों को परस्पर भाग देना पड़ता है।)

= 81/80

सेवर्ट पद्धति द्वारा मूल्यांकन

षड्ज से उत्कर्षित मध्यम की दूरी यानी सा-मu1 की दूरी

= सा-रे की दूरी + रे-मu1 की दूरी

= चतुःश्रुतिक + षट श्रुतिक

= 51 सेवर्ट + 79 सेवर्ट ------- (देखिये पृष्ठ 194)

= 130 सेवर्ट

षड्ज से मध्यम यानी सा(1) से म(10) की दूरी = 125 सेवर्ट

-----(देखिए सारणी-18, अध्याय 10)

उपर्युक्त वर्णानुसार

प्रथम सारणा द्वारा उत्कर्ष का मूल्य = सा-मu1 की दूरी – सा-म की दूरी

= 130 सेवर्ट – 125 सेवर्ट

= 5 सेवर्ट

इस प्रकार उपर्युक्त आधार पर उत्कर्ष सम्बन्धित, प्रथम सारणा का मूल्य 81/80 या 5 सेवर्ट प्राप्त हुआ।

उत्कर्ष सम्बन्धित द्वितीय सारणा का मूल्य

प्रथम सारणा के फलस्वरूप चल वीणा की स्थिति उत्कर्षित अवस्था में पहुँच गई है। इस उत्कर्षण की मात्रा एक श्रुति के समान है जिसका मूल्य 81/80 या 5 सेवर्ट बराबर पाया गया है। द्वितीय सारणा द्वारा, एक बार फिर उसी युक्ति के उपयोग द्वारा उत्कर्षण किया गया है। इस प्रकार द्वितीय सारणा के पश्चात, कुल मिलाकर दो श्रुतियों के बराबर उत्कर्ष हो जाएगा। एक ही पार्श्व में स्थित, दो श्रुतियों का मूल्य यानी द्विश्रुतिक अन्तराल का मान, अध्याय 9 में दी गई सारणी क्रमांक 14 के अनुसार 16/15 स्थापित किया जा चुका है। यदि द्विश्रुतिक मान में से प्रथम

उत्कर्षित मान को घटा देते हैं तो हमें द्वितीय उत्कर्षण का मान प्राप्त हो सकेगा।

अतः द्वितीय सारणा द्वारा उत्कर्षण का मूल्य

= (द्विश्रुतिक मान (16/15) – प्रथम उत्कर्षण का मान (81/80)

= (16/15) / (81/80) - - -(अनुपातों को घटाने के लिए हमें उनके मूल्यों को परस्पर भाग देना पड़ता है।)

= (16/15) × (80/81)

= 256/243

यदि इस मान को हम 'सेवर्ट' संख्या में निकालना चाहें तो यह मान निम्न प्रकार होगा।

द्वितीय सारणा द्वारा उत्कर्षण का मूल्य

= द्विश्रुतिक मान – प्रथम उत्कर्षण का मान

= 28 सेवर्ट – 5 सेवर्ट

= 23 सेवर्ट

उत्कर्ष सम्बन्धित तृतीय सारणा का मूल्य

तृतीय सारणा के पश्चात् चल वीणा के स्वर तीन श्रुतियों के समान उत्कर्षित पाए जाएँगे। यदि त्रिश्रुतिक अन्तराल के मान में से द्विश्रुतिक के मान को घटा देते हैं तो हमें, तृतीय उत्कर्षण का मान प्राप्त हो सकेगा।

अतः तृतीय सारणा द्वारा उत्कर्षण का मूल्य

= (त्रिश्रुतिक मान (10/9) – द्विश्रुतिक मान (16/15)

= (10/9) / (16/15)

= (10/9) × (15/16) ---(अनुपातों को घटाने के लिए हमें उनके मूल्यों को परस्पर भाग देना पड़ता है।)

= 25/24

सेवर्ट पद्धति द्वारा मूल्यांकन

तृतीय सारणा द्वारा उत्कर्षण का मूल्य

= त्रिश्रुतिक मान – द्विश्रुतिक का मान

= (46 सेवर्ट – सेवर्ट 28)

= 18 सेवर्ट -----(सेवर्ट मूल्यों के लिए देखिए सारणी-16, अध्याय-10)

सारांश

उपर्युक्त तर्क द्वारा तृतीय सारणा का उत्कर्ष सम्बन्धित मान 25/24 या 18 सेवर्ट प्राप्त हुआ है।

इसलिए उत्कर्ष द्वारा अभी तक की तीनों सारणाओं का मान,

= पहले उत्कर्षण का मान + दूसरे उत्कर्षण का मान + तीसरे उत्कर्षण का मान

= 5 सेवर्ट + 23 सेवर्ट + 18 सेवर्ट

= 46 सेवर्ट

यदि हम सेवर्ट पद्धति का प्रयोग नहीं करना चाहें, तो भी साधारण गणित द्वारा अभी तक की तीनों सारणाओं का उत्कर्षित मूल्य सरलता से प्राप्त हो सकता है। अतः अभी तक का पूरा उत्कर्ष

= पहला उत्कर्ष + दूसरा उत्कर्ष + तीसरा उत्कर्ष

= (81/80) × (256/243) (25/24)

= 10/9 ---(अनुपातों को जोड़ने के लिए गुणा करना पड़ता है।)
---(यह मूल्य त्रिश्रुतिक अंतराल का है जिसका मान 46 सेवर्ट समान होता है। देखिए सारणी 16 व 17)

उत्कर्ष सम्बन्धित, चतुर्थ सारणा

यदि चतुःश्रुतिक अन्तराल के मान में से त्रिश्रुतिक अन्तराल के मान को घटा देते हैं तो हमें, चतुर्थ का मान प्राप्त हो जाएगा।

अतः चतुर्थ सारणा द्वारा उत्कर्षण का मूल्य

= (चतुःश्रुतिक मान (9/8) – त्रिश्रुतिक का मान (10/9)

= (9/8) / (10/9)

= (9/8) × (9/10) ---(अनुपातों को घटाने के लिए हमें उनके मूल्यों को परस्पर भाग देना पड़ता है।)

= (81/80)

सेवर्ट पद्धति द्वारा मूल्यांकन

चतुर्थ सारणा द्वारा उत्कर्ष का मूल्य

= (चतुःश्रुतिक मान) – (त्रिश्रुतिक मान)

= 51 सेवर्ट – 46 सेवर्ट

= 5 सेवर्ट -----(सेवर्ट मूल्यों के लिए देखिए सारणी-16, अध्याय-10)

सारांश

सारणा द्वारा प्रत्येक बार, चल वीणा के स्वरों को विशिष्ट युक्ति द्वारा, एक-एक श्रुति ऊपर चढ़ाया गया है। प्रथम सारणा द्वारा स्वरों को चढ़ाने की मात्रा 5 सेवर्ट थी यानी प्रत्येक स्वर अपने स्थान से 5 सेवर्ट या 81/80 गुणा ऊँची मात्रा द्वारा चढ़ाया गया है। दूसरी सारणा द्वारा भी उसी युक्ति को प्रयोग में लेते हुए, प्रत्येक स्वर को फिर से, एक-एक श्रुति अतिरिक्त, चढ़ाया गया है यानी चल वीणा के स्वर ध्रुव वीणा की तुलना में, कुल दो-दो श्रुति ऊपर चढ़ाए गए हैं। इस द्वितीय उत्कर्षण का मूल्य

23 सेवर्ट प्राप्त हुआ है। इसी प्रकार तीसरी व चौथी सारणा के उत्कर्षण का मूल्य 18 व 5 सेवर्ट प्राप्त हुआ है। अतः अभी तक की चारों सारणाओं द्वारा उत्कर्षण का मान

= तीनों उत्कर्षण का मान + चौथे उत्कर्ष का मान

= (5 + 23 + 18) सेवर्ट + 5 सेवर्ट

= 46 + 5 सेवर्ट

= 51 सेवर्ट

उत्कर्ष व अपकर्ष द्वारा मिले परिणामों पर तुलनात्मक विचार

पिछले अनुच्छेद में सारणा चतुष्टयी की क्रियाओं को दो मार्गों द्वारा समापन किया गया है। प्रथम मार्ग द्वारा वीणा के तारों को उतारते हुए निर्दिष्ट परिणाम तक पहुँचने का प्रयास किया गया है और द्वितीय मार्ग में वीणा के तारों को उत्कर्षित करते हुए उन्हीं परिणामों को सफलतापूर्वक प्राप्त किया गया है। प्रत्येक बार प्रयोग के अन्त में बाईस श्रुतियों की उपस्थिति की पुष्टि हो जाती है।

चतुःसारणा द्वारा उपलब्ध परिणाम

	प्रथम चरण	द्वितीय चरण	तृतीय चरण	चतुर्थ चरण	श्रुति संख्या
अपकर्ष द्वारा	81/80	256/243	25/24	81/80	22
उत्कर्ष द्वारा	81/80	253/243	25/24	81/80	22
सेवर्ट संख्या	5	23	18	5	

सारणी क्रमांक-21

प्रयोग के विभिन्न परिणामों को सारणी क्रमांक-21 में संकलित किया गया है। यद्यपि दोनों मार्गों के अन्तर्गत चतुःसारणा के प्रथम चरण को सफल बनाने के लिए, दो भिन्न-भिन्न युक्तियों को प्रयोग में लिया गया है परन्तु निरीक्षण द्वारा स्पष्ट हो जाता है कि चतुःसारणा के प्रत्येक चरण द्वारा ठीक, एक ही समान परिणाम, प्राप्त हुए हैं।

उपर्युक्त अंकों को देखते ही पुष्टि हो जाती है कि चतुःसारणा के प्रत्येक चरण द्वारा, ठीक एक ही समान परिणाम प्राप्त हुए हैं। शास्त्रीय विवेचना अनुसार, भरतादि समय में षड्ज-ग्रामिक व्यवस्था (शुद्ध स्वर) के लिए 22 श्रुति शृंखला के क्रमांक 4, 7, 9, 13, 17, 20, 22 की मान्यता थी। इसके विपरीत श्रुति क्रमांक 1, 5, 8, 10, 14, 18, 21 को अपनाने की, वर्तमान मान्यता है। यही कारण है कि चतुःसारणा के प्रथम चरण को सफलतापूर्वक निहितार्थ या लागू करने के लिए हमारे द्वारा जिन युक्तियों का निर्माण किया गया है, वह मुनि भरत द्वारा बतलाई गई युक्ति से पूर्णतः भिन्न है।

युक्तियाँ भिन्न-भिन्न होते हुए भी उनका लक्ष्य एक समान ही है कि किसी भी प्रकार से, चल वीणा की तन्त्रियों में एक-एक श्रुति का अन्तर स्थापित हो सके। इस अन्तर को ही, भरत मुनि ने 'प्रमाण' श्रुति की संज्ञा द्वारा सम्बोधित किया है। यहाँ ध्यान देने योग्य बिन्दु यही है कि चतुःसारणा प्रयोग को, वर्तमान में मान्यता प्राप्त श्रुति-स्थान 1, 5, 8, 10, 14, 18, 21 के अन्तर्गत क्रियान्वित किया गया है। इसके अतिरिक्त चतुःसारणा विधान को अपकर्षित व उत्कर्षित दोनों मार्गों द्वारा समापन करते हुए समझाया गया है। इसी कारण से प्रत्येक मार्ग के लिए, एक स्वतन्त्र युक्ति की व्यवस्था की गई है।

भारतीय विचारधारा के अन्तर्गत 81/80 वाले गणतीय मान को "प्रमाण श्रुति" संज्ञा द्वारा सम्बोधित किया जाता है। चतुःसारणा द्वारा उपलब्ध परिणामों में, "प्रमाण श्रुति" का मान (Value) सबसे छोटा है। पाश्चात्य संगीत प्रणाली के अनुसार इसी संज्ञा को 'कोमा' के नाम से जाना जाता है। अन्य परिणामों को क्रमशः 'लीमा' व लघु अर्धस्वर' के नाम से जाना जाता है। भारतीय विद्वानों ने इन्हीं परिणामों को क्रमशः 'प्रमाण श्रुति', 'महती श्रुति' व 'उपमहती श्रुति' द्वारा सम्बोधित किया है।

भारतीय शास्त्रीय संगीत के मूल स्तंभ को, पाँच प्रकार के स्वर संवाद के रूप में देखा जाता है। ये मुख्य रूप 'सासा', 'साप', 'साम', 'साग', व 'साग्' हैं। जहाँ तक शुद्ध स्वरों का प्रश्न है, उनकी स्थापना तीन प्रकार के श्रुति-पुञ्जों की सहायता द्वारा हुई है। ये तीन प्रकार के श्रुति-पुञ्ज द्विश्रुतिक, त्रिश्रुतिक व चतुःश्रुतिक हैं। इन श्रुति-पुञ्जों के ढाँचों (Structure) का रूप यानी आन्तरिक बनावट में 'प्रमाण श्रुति', 'महती श्रुति' व 'उपमहती श्रुति' के मूल्यों का, एक निश्चित अनुक्रम (Sequence) देखने को मिलता है। इस संरचना का क्रम, निम्न रूप में उभरकर सामने आया है।

द्विश्रुतिक	=	प्रथम चरण का योगदान + महती श्रुति (कोमा)
	=	कोमा + लीमा
त्रिश्रुतिक	=	द्विश्रुतिक योगदान + उपमहती श्रुति (लघु अर्धस्वर)
	=	(कोमा + लीमा) + लघु अर्धस्वर
चतुःश्रुतिक	=	त्रिश्रुतिक योगदान + प्रमाण श्रुति (कोमा)
	=	(कोमा + लीमा + लघु अर्धस्वर) + कोमा

श्रुति-विभाजन गुर (Formula) या स्वर-रोपण गुर 4, 3, 2, 4, 4, 3, 2 का ढाँचा द्विश्रुतिक व चतुःश्रुतिक श्रुति-पुञ्जों द्वारा निर्मित है। उपर्युक्त विवरण द्वारा, अब हमें प्रत्येक श्रुति पुञ्ज यानी द्विश्रुतिक, त्रिश्रुतिक व चतुःश्रुतिक के ढाँचे का आन्तरिक रूप प्राप्त हो रहा है। इस प्रकार के अन्तरीय रूप द्वारा, प्रत्येक पुञ्ज की बनावट का अनुक्रमण (Sequence) स्पष्ट दिखलाई देने लगता है। इन सभी ढाँचों का विवरण, रेखांकित चित्र क्रमांक-50 में एक ही स्थान पर देखा जा सकता है।

सांकेतिक चिह्न

प्रमाण श्रुति (81/80) – 'प्र'

महति श्रुति (256/243) = 'म'

उप महती श्रुति (25/24) = 'उ'

सांकेतिक चिह्न

कोमा = 'को' (5 सेवर्ट)

लीमा = 'ली' (23 सेवर्ट)

लघुअर्धस्वर = 'ल' (18 सेवर्ट)

रेखांकित चित्र क्रमांक-50

यह तो स्पष्ट है ही कि इस चित्र द्वारा प्रचलित बिलावल ठाट के स्वरों की स्थिति दिखलाई गई है। चित्र के अध्ययन के पश्चात् कुछ विशेषताएँ प्रकाश में आती हैं। ये विशेषताएँ इस प्रकार हैं।

1. प्रत्येक स्वर, प्रमाण-श्रुति (कोमा) पर स्थित है।
2. प्रत्येक स्वर के आकार में, एक महती-श्रुति (लीमा) की उपस्थिति अवश्य है। इस प्रकार सप्तक में 7 महती श्रुतियों की उपस्थिति की पुष्टि होती है।
3. द्विश्रुतिक स्वर जैसे गान्धार व निषाद के ढाँचे में, उपमहती श्रुति (लघु अर्धस्वर) अनुपस्थित है परन्तु सप्तक के अन्य पाँच स्वरों में यह उपमहती श्रुति विद्यमान है। इसलिए सप्तक में कुल 5 उपमहती श्रुति (लघु अर्धस्वर) होते हैं।
4. चतुःश्रुतिक स्वर की अन्तिम श्रुति हमेशा प्रमाण-श्रुति ही होती है। सप्तक में चतुःश्रुतिक की संख्या तीन है। इस प्रकार चतुःश्रुतिक से सम्बन्धित तीन, और प्रत्येक स्वर की प्रथम स्थान सम्बन्धित सात, यानी कुल मिलाकर दस प्रमाण-श्रुति (कोमा) की उपस्थिति सिद्ध हो जाती है।
5. यदि हम सप्तक के स्वरों के कुल मूल्य की गणितीय राशि के विषय में अनुमान लगाना चाहें तो निम्न ढंग से लगा सकते हैं।

उपर्युक्त बिन्दु 4 के अनुसार, सप्तक में कुल दस प्रमाण-श्रुतियाँ हैं। प्रत्येक का मूल्य 81/80 है। सामूहिक रूप से इन दस अंकों का मूल्य प्राप्त करने के लिए, हमें इस मूल्य को परस्पर 10 बार लगातार गुणा करना पड़ेगा। अतः

$(81/80) \times (81/80) \times (81/80) \times (81/80) \times (81/80) \times (81/80) \times (81/80) \times (81/80) \times (81/80) \times (81/80) = A$ ---- ---- ---- ----1

उपर्युक्त बिन्दु 2 के अनुसार, सप्तक में कुल सात महती-श्रुति हैं। प्रत्येक का मूल्य 256/243 है। सामूहिक रूप से इन सात अंकों का मूल्य प्राप्त करने के

लिए, हमें इस मूल्य को परस्पर 7 बार लगातार गुणा करना पड़ेगा। अतः

(256/243) × (256/243) × (256/243) × (256/243)× (256/243) × (256/243) × (256/243) = B - - - - -(2)

इसी प्रकार उपर्युक्त बिन्दु 3 के अनुसार, सप्तक में कुल 5 उपमहती-श्रुति हैं। प्रत्येक का मूल्य 25/24 है। सामूहिक रूप से इन 5 अंकों का मूल्य प्राप्त करने के लिए हमें इस मूल्य को परस्पर 5 बार लगातार गुणा करना पड़ेगा। अतः

(25/24) × (25/24) × (25/24) × (25/24) × (25/24) = C --------(3)

हम जानते हैं कि सप्तक की 22 श्रुतियों का सामूहिक रूप से मूल्य प्राप्त करने के लिए, हमें सभी 22 अंकों का परस्पर व लगातार गुणा करना चाहिए। इसलिए सप्तक के स्वरों का सम्पूर्ण मूल्य प्राप्त करने के लिए उपर्युक्त समीकरण नम्बर (1), (2) व (3) का परस्पर गुणनफल निकालना चाहिए। अतः

सप्तक के स्वरों का सम्पूर्ण मूल्य = (A) × (B) × (C)

= 2

6. यदि हम सप्तक के मूल्य का 'सेवर्ट' संख्या द्वारा मिलान करना चाहें तो निम्न प्रकार से होगा।

(*i*) 10 प्रमाण-श्रुति (कोमा) का मूल्य	= 10 × 5 सेवर्ट	=	50 सेवर्ट
(*ii*) 7 महती-श्रुति (लीमा) का मूल्य	= 7 × 23 सेवर्ट	=	161 सेवर्ट
(*iii*) 5 उपमहती श्रुति (लघु अर्धस्वर)	= 5 × 18 सेवर्ट	=	90 सेवर्ट
कुल सेवर्ट संख्या			**301 सेवर्ट**

टिप्पणी

अध्ययन करते समय यह ध्यान में रखना अति आवश्यक है कि उपर्युक्त वर्णित परिणाम, वर्तमान प्रणाली पर पूर्णतः आधारित हैं, जहाँ श्रुति शृंखला में षड्ज 'सा' को प्रथम पर स्थापित होना स्वीकारा गया है। इसलिए स्वरों के लिए श्रुतियों का उपर्युक्त वर्णित अनुक्रमण (Sequence), उस अनुक्रमण से भिन्न होगा जहाँ श्रुति शृंखला में षड्ज 'सा' का स्थान, प्रथम श्रुति पर स्वीकारा गया है। जब हम सप्तक के अलग-अलग श्रुति स्थानों के मूल्यों की अपेक्षा करते हुए, सम्पूर्ण सप्तक का ध्यान करते हैं, तो अन्तिम परिणाम एक समान ही मिलते हैं। उपर्युक्त बिन्दु नम्बर 5 व 6 द्वारा प्राप्त परिणाम यानी सप्तक के स्वरों का सम्पूर्ण गणितीय मूल्य 2 या 301 सेवर्ट प्राप्त होना, इस तथ्य का प्रमाण है। मूल्यों के सन्दर्भ में सारणी क्रमांक-17 को भी देखा जा सकता है। पूर्व में ही स्थापित किया जा चुका है कि सम्पूर्ण सप्तक का मूल्य 301 सेवर्ट या अंक 2 के समान होता है। इस प्रकार चतुः सारणा द्वारा जिन मूल्यों को हम प्राप्त करते हैं, वे सभी मूल्य पूर्व में स्थापित किए हुए मूल्यों से भिन्न नहीं हैं।

अध्याय-13

स्वर की श्रेणियाँ

परिचयात्मक विवरण

अभी तक की विवेचना द्वारा हमें स्वर सम्बन्धित दो प्रकार की श्रेणियों से परिचय हो चुका है—शुद्ध व विकृत। ये दोनों ही श्रेणियाँ, स्वर की जाति या स्वर के वर्गीकरण (Classification) से सम्बन्धित हैं। प्रथम हम अपना ध्यान उन विषयों पर केन्द्रित करना चाहेंगे जिनके द्वारा 'स्वर' की तकनीकी परिभाषा को गठित करने में सहायता मिल सके। इसलिए अभी हमें स्वर सम्बन्धित उन विशेषताओं का विस्तारपूर्वक अध्ययन करना चाहिए, जिनके द्वारा हम 'स्वर' की एक आदर्श व सरल परिभाषा तैयार करने में सफल हो सकें। स्वर सम्बन्धित कुछ ऐसी भी श्रेणियाँ हैं, जो स्वर की व्यावहारिक उपयोगिता से अधिक सम्बन्ध रखती हैं और स्वर के गुणों पर महत्त्वपूर्ण प्रकाश डाल सकती हैं। संगीत के विद्यार्थी को अपने अध्ययन काल में ऐसे बहुत से वाक्य व शब्द समूह, सुनने व पढ़ने के लिए मिलते हैं, जहाँ 'स्वर शब्द' अपना महत्त्व झलकाता रहता है, जैसे वादी, संवादी व अनुवादी स्वर, विवादी व वर्जित स्वर, कण स्वर, न्यास स्वर, मद्रं स्वर, तार स्वर, राग के संगति-स्वर की जोड़ी, गमक व मींड रूपी स्वर, स्वयंभू स्वर आदि-आदि। कुछ ऐसे भी शब्द समूह पढ़ने को मिलते हैं जो स्वर सम्बन्धित विशेष विधियों से जुड़े हुए होते हैं जैसे स्वर-प्रस्तार (खण्ड मेरू), स्वर साधना आदि। ये सभी शब्द प्रमाणित हैं और इन शब्दों को वर्तमान संगीत समाज ने अपना रखा है।

'स्वर' शब्द से जुड़े कुछ ऐसे भी समूह हैं जिन्हें निकट भूतकालीन गुणी जनों द्वारा, संगीत सम्बन्धित समस्याओं को सुलझाने के लिए गढ़ा गया है और संगीत समाज, ऐसे शब्दों को सहर्ष स्वीकारता जा रहा है जैसे महती स्वर, उपमहती स्वर, उप-स्वर, परिणामी स्वर, इष्ट व अनिष्ट स्वर, शैषिक स्वर, यौगिक स्वर, स्वर संघात, स्वर रोपण, स्वर संवाद आदि-आदि।

स्वयंभू-स्वर

स्वयंभू-स्वर, जैसा कि इस नाम द्वारा संकेत मिल रहा है, एक विशेष प्रकार का स्वर है जो बिना किसी प्रयत्न के प्रकाश में आ जाता है। कहा जाता है कि तुम्बरू ऋषि ने सदियों पहले स्वयंभू-गांधार का अनुभव प्राप्त किया था। इस सूक्ति के साथ, तत्क्षण (Spontaneously) विचार उत्पन्न हो जाते हैं कि क्या अन्य स्वर जैसे रिषभ, मध्यम, पञ्चम, धैवत, निषाद आदि भी स्वयंभू स्वर की श्रेणी में प्रकट हो सकते हैं और उनका अनुभव प्राप्त किया जा सकता है या नहीं? क्या आज के किसी गायक को स्वयंभू-गांधार का अनुभव प्राप्त हो सकता है या नहीं? स्वयंभू-गांधार की अनुभव प्राप्ति के पश्चात्, संगीत के विद्यार्थी या कलाकार को किस प्रकार का लाभ हो सकता है? स्वयंभू-स्वर के विषय में, निम्न कुछ विचार-विमर्श किया जा रहा है जो हमारी आशंकाओं के समाधान की पूर्ति में सहायक सिद्ध हो सकता है।

उन्मुक्त विचार द्वारा हमें स्वीकार कर लेना चाहिए कि भारतीय संगीत जगत में, स्वर व श्रुति जैसे मार्मिक विषयों को गहराई से समझने की प्रवृत्ति प्रायः शीतल पड़ गई है। विशेषकर आज की स्थिति बहुत ही विचारणीय है। ऐसे विषय को यदि विज्ञान व गणित का चोला पहना दिया जाता है तो साधारण विद्यार्थी तो क्या, शिक्षक समाज भी ऐसे विषय को तिरस्कार की दृष्टि द्वारा देखने लग जाएगा। यही कारण है कि इस विषय में सम्बन्धित सामग्री, बहुत कम उपलब्ध है। इसके अतिरिक्त इस दिशा में किसी प्रकार के अनुसंधान की प्रगति के चिह्न भी, दिखाई नहीं दे रहे हैं। आज के संगीत-समाज में ऐसे बहुत कम लोग पाए जाएँगे जिन्हें क्रियात्मक रूप से स्वयंभू-स्वरों का अनुभव प्राप्त है। उन अनुभव प्राप्त व्यक्तियों में से कुछ गिने-चुने लोग ही ऐसे होंगे–जो अपना अनुभव दूसरों को बाँटने में सफल हो सकते हों।

स्वयंभू-स्वर को, तानपूरे या वीणा व सितार जैसे तन्त्री वाद्य पर सुना जा सकता है। साधारणः तानपूरे के प्रथम तार को खरज के तार के नाम से जाना जाता है। इस तार को मंद्र सप्तक के षड्ज पर बाँधा जाता है। स्वरांकन (Notation) के द्वारा इस मंद्र-षड्ज को 'सा़' जैसे सम्बोधित किया जा सकता है। तार नम्बर दो व तीन को मध्य सप्तक के षड्ज 'सा' पर बाँधा जाता है। तार नम्बर चार को मध्य सप्तक के पञ्चम 'प' पर या मध्यम 'म' पर बाँधा जाता है। खरज के तार यानी मंद्र-षड्ज 'सा' को छोड़ने के पश्चात् उसमें से मंद्र षड्ज 'सा' की ध्वनि के साथ-साथ, एक गांधार जैसी ध्वनि भी सुनाई देती है। इस गांधार की ध्वनि, बहुत तीखी प्रकृति की होती है, मानो कि वह ध्वनि अति-तार सप्तक से भी ऊँची प्रकृति से सम्बन्ध रखती हो। इस गांधार की ध्वनि को ही 'स्वयंभू गांधार' के नाम से जाना जाता है। तानपूरे वादन की प्रक्रिया के अन्तर्गत, इस प्रकार के गांधार की ध्वनि की सब समय उपेक्षा (Ignore) की जाती है। इसका कारण है। तानपूरे द्वारा निकले षड्ज व पञ्चम आदि

स्वरों का, गायन प्रक्रिया में पूरा योगदान रहता है परन्तु तानपूरे से निकले, 'स्वयंभू-गांधार' का गायन प्रक्रिया में किसी भी प्रकार का योगदान नहीं होता है। वास्तव में यदि तानपूरे की जवारी (जवारिश) उपयुक्त प्रकार से खुली हुई नहीं है, तो स्वयंभू-गांधार के दर्शन हो ही नहीं पाते हैं। विशेष स्थिति व प्रतिबन्धों के अन्तर्गत ही 'स्वयंभू-गांधार' को सुना जा सकता है परन्तु इसकी उत्पत्ति अपने आप यानी स्वतः (Automatic) होने के कारण, इस ध्वनि को स्वयंभू कहा गया है।

यदि हम आधुनिक ध्वनि विज्ञान के अन्तर्गत 'स्वयंभू स्वर' को समझना चाहते हैं, तो हमें ध्वनि विज्ञान (Science of Sound) के, इस विषय में सम्बन्धित दो चार सिद्धान्तों का अध्ययन करना पड़ेगा। निम्न अनुच्छेद में ऐसे सिद्धान्तों का सूक्ष्म रूप से वर्णन किया गया है।

उप-स्वर

जब हम किसी तार को बीच में से पकड़कर छोड़ते हैं, तो बीच के बिन्दु से दोनों ओर तरंग चलना शुरू हो जाती हैं और यह तरंग तार के दोनों ओर बँधे हुए छोर को छूती हुई, पुनः उलटकर चल पड़ती हैं। बीच में पहुँचने के पश्चात् ये तरंग एक-दूसरे को पार करती हैं और फिर अपनी राह पर चल पड़ती हैं। इसी क्रिया के परिचालन के कम्पन का अनुभव प्राप्त होता है और यह कम्पन एक संयुक्त तरंग का रूप धारण कर लेता है जो कि कई छोटे-छोटे विभागों या खण्डों के समूहित होने के कारण, संपुटित दशा तक पहुँचता है। इस प्रकार कि क्रियाएँ कुछ क्षणों तक स्वचालित रहती हैं और धीरे-धीरे शान्त हो जाती हैं। इन तरंगों के कारण हवा में जो प्रक्रियाएँ होती हैं, उनकी कुछ महत्त्वपूर्ण विशेषताएँ हैं।

द्वि खण्डी ग्रन्थि को (अ) और अष्ट खण्डी को स्थान (ब) पर चित्रित किया गया है।

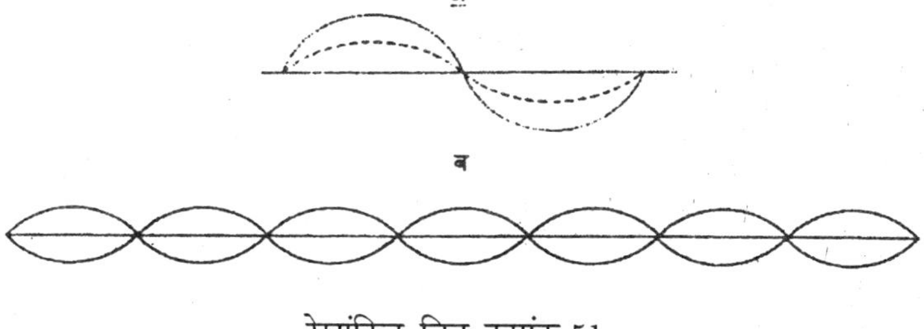

रेखांकित चित्र क्रमांक-51

आधुनिक ध्वनि विज्ञान द्वारा यह स्थापित हो चुका है कि जब किसी कसे हुए तार पर आघात किया जाता है तब तार में कम्पन उत्पन्न हो जाता है और यह कम्पन एक ही खण्ड में नहीं होता है बल्कि तार में यह कम्पन 2,3,4,5,....

खण्डों में होता है। यह कम्पन पैदा तो एक साथ होता है परन्तु धीरे-धीरे दबते (Sub side) हुए एकदम शान्त हो जाता है। रेखांकित चित्र 51 'अ' में द्विखण्डी कम्पन की अवस्था को दिखलाया गया है। छोटी-छोटी विच्छिन्न रेखाओं (Dotted Lines) द्वारा, कम्पन के शांत होने की पूर्व-अवस्था को दर्शाया गया है और अखण्डित रेखा (Unbroken of Firm Line) द्वारा, कम्पन की युवा अवस्था को दिखलाया गया है।

ध्वनि विज्ञान द्वारा यह भी सिद्ध हो चुका है कि उपर्युक्त वर्णित अवस्था द्वारा तार के मौलिक कम्पन का ढ़ाँचा (Structure) बहुत कुछ बदल जाता है। जब तार मुक्त अवस्था में होता है यानी ऐकल खण्डी होता है तो उसके द्वारा उत्पन्न कम्पन को मूल आवृत्ति (Fundamental Frequency) कहते हैं। जब तार दो खण्डों में काँपता है तो उसकी आवृत्ति (Frequency) शुद्ध या मूल कम्पन की तुलना में, दो गुनी हो जाती है। इसी प्रकार जब कम्पन तीन चार खण्डों में होता है तो उसकी आवृत्ति शुद्ध कम्पन (एक खण्डी कम्पन) की तुलना में तीन या चार गुनी हो जाती है। इन द्विगुन, त्रिगुन चतुर्गुन कम्पन को आवर्त्तक (Harmonics) के नाम से जाना जाता है। ध्वनि विज्ञान की भाषा में इन आवर्त्तकों को उप-स्वर (Overtones OR Upper-partials) भी कहते हैं। भारतीय शास्त्रकारों ने इस उपस्वर को 'स्वयंभू स्वर' की संज्ञा प्रदान की है।

इस सन्दर्भ में, ध्वनि विज्ञान में सर थोमस यंग द्वारा स्थापित किए गए सिद्धान्त बहुत ही महत्त्वपूर्ण हैं। रेखांकित चित्र 51 'ब' में अष्ट खण्डी तरंग को दर्शाया गया है। जिस प्रकार तार को कम्पित करने के ढंग से स्वर के गुण में परिवर्तन हो जाता है, उसी प्रकार यदि तार के, छेड़ने के स्थान को बदल दिया जाता है तो तार के 'स्वर' का गुण बदल जाता है। थोमस यंग साहब के अनुसार, तार को छेड़ने के स्थान पर जिन आवर्त्तकों की 'ग्रन्थि', तार के ठीक बीच में पड़ती है, ऐसे आवर्त्तक उस 'स्वर' से लुप्त हो जाते हैं। रेखांकित चित्र 51 'अ' में द्विखंडी तरंग को दिखलाया गया है। यहाँ दूसरे आवर्त्तक की ग्रन्थि, तार के ठीक बीच में पड़ती है। इसलिए 4,6,8वें, आवर्त्तक की ग्रन्थि भी वहीं पड़ेगी। अतः तार को यदि बीच में छेड़ें तो 2रा, 4था, 6ठा, 8वाँ, आदि आवर्त्तक (Harmonic) लुप्त हो जाएँगे और 'स्वर' में 1ला, 3रा, 5वाँ, 7वाँ आदि आवर्त्तक (उप-स्वर) बच जाएँगे। लुप्त आवर्त्तकों की कमी के कारण 'स्वर' के गुण में परिवर्तन हो जाएगा। इसी प्रकार यदि तार को एक तिहाई की दूरी पर छेड़ेंगे तो 3रा, 6ठा, 9वाँ, आदि उपस्वर लुप्त हो जाएँगे और इन आवर्त्तकों (उपस्वर) की कमी के कारण स्वर का गुण बदल जाएगा।

स्वयंभू गांधार

उपर्युक्त स्वयंभू-स्वर सम्बन्धित चर्चा द्वारा यह स्पष्ट हो चुका है कि केवल एक ही तार को विशिष्ट परिस्थितियों में छेड़ा जाता है तो हमें कई स्वयंभू स्वर उपलब्ध

हो सकते हैं। अब हम स्वयंभू-गांधार के विषय में गहराई से मनन करेंगे। स्वयंभू-गांधार को तानपूरे के खरज वाले तार पर आसानी से सुना जा सकता है। साधारणतः संगीत की पुस्तकों में आधार स्वर षड्ज 'सा' की आवृत्ति को 240 कम्पन प्रति सैकण्ड मानकर विभिन्न विषयों को समझाने का प्रयत्न किया गया है। यदि हम तानपूरे के आधार स्वर षड्ज यानी मध्य सप्तक के षड्ज 'सा' की आवृत्ति को 240 समान कल्पना करते हैं, तो स्वतः खरज यानी मन्द सप्तक के षड्ज की आवृत्ति हमें 120 क.प्र. सै. प्राप्त होगी यानी हमारे तानपूरे के खरज 'सा़' के स्वर की आवृत्ति 120 होगी।

जब हम तानपूरे के खरज को छेड़ते हैं तो उपर्युक्त चर्चानुसार, खरज के द्वारा हमें जो स्वर प्राप्त हो रहा है, उसके द्वारा हमें कई खण्डों में उपस्वर (Harmonics) भी उपलब्ध हो रहे हैं। इस स्थिति को रेखांकित चित्र 51 'ब' में दर्शाया गया है। अब यदि हम खरज की आवृत्ति को 120 कम्पन प्रति सैकण्ड मानते हैं, तो विभिन्न खण्डों को अपनी-अपनी आवृत्तियों की गणना की जा सकती है। प्रत्येक खण्ड में, एक आवर्त्तक यानी उपस्वर (Harmonic Or Overtone) की उपस्थिति होने की क्षमता है।

रेखांकित चित्र 52 द्वारा ऐसे आठ उपस्वर से सम्बन्धित आवृत्तियों को स्पष्ट, रूप से अंकित किया गया है। इस प्रकार के अंकों को एक स्थान पर एक साथ उपलब्ध होने के कारण, सम्पूर्ण स्थिति का अवलोकन किया जा सकता है। ऊपर ध्वनि विज्ञान के सम्बन्धित सिद्धान्तों का भी विवरण दिया जा चुका है। इसलिए अब हम ऐसी स्थिति में हैं कि उपलब्ध विवरण द्वारा, स्वयंभू-गांधार से सम्बन्धित आवृत्ति का निर्णय ले सकते हैं। **यहाँ हम खरज तार के षड्ज को, 'सा'** (120) **जैसे सम्बोधित कर रहे हैं।**

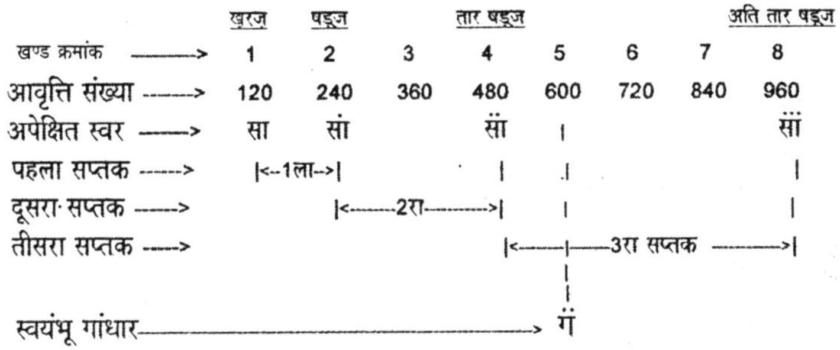

रेखांकित चित्र क्रमांक-52

हमें इस तथ्य का ध्यान रखना चाहिए कि तानपूरे की चार तन्त्रियों में से केवल खरज की तन्त्री द्वारा ही स्वयंभू गांधार प्राप्त किया जा सकता है। **गायन** के आधार षड्ज यानी तानपूरे के षड्ज के लिए, हमने उसकी **आवृत्ति** 240 **प्रति**

सैकण्ड समान कल्पना की है। इसलिए ख़रज़ की आवृत्ति 120 समान होनी चाहिए। चित्र-52 में इसी 120 आवृत्ति को 'सा' जैसे संबोधित किया गया है। यही हमारे खरज के तार का षड्ज 'सा' है। इसी आवृत्ति को आधार मानकर, विभिन्न आवर्त्तकों का परिकलन (Calculation) किया गया है। इसलिए 2,3,4,5,6,7,8वें आवर्त्तक यानी उपस्वर की आवृत्तियाँ निम्न प्रकार से होनी चाहिए।

खरज के तार की मुक्त आवृत्ति 'सा' = 120

इसलिए खरज तन्त्री के

2रे खण्ड से सम्बन्धित, उपस्वर की आवृत्ति = 120 × 2 = 240 जो तारषड्ज 'सा' समान है।

3रे खण्ड से सम्बन्धित, उपस्वर की आवृत्ति = 120 × 3 = 360 जो तार-पञ्चम 'पं' समान है।

4थे खण्ड से सम्बन्धित, उपस्वर की आवृत्ति = 120 × 4 = 480 जो अति तारषड्ज 'सां' समान है

5वें खण्ड से सम्बन्धित, उपस्वर की आवृत्ति = 120 × 5 = 600 जो अति तारगांधार 'गां' समान है।

6ठे खण्ड से सम्बन्धित, उपस्वर की आवृत्ति = 120 × 6 = 720

7वें खण्ड से सम्बन्धित, उपस्वर की आवृत्ति = 120 × 7 = 840

8वें खण्ड से सम्बन्धित, उपस्वर की आवृत्ति = 120 × 8 = 960 जो खरज के अति-अतितार षड्ज 'सां' की आवृत्ति समान है।

निष्कर्ष

उपर्युक्त उपलब्ध परिणामों द्वारा हम इस निष्कर्ष पर पहुँचे हैं कि किसी भी तार द्वारा उपजे 2रे खण्ड से, हमें तार-षड्ज की उपलब्धि होती है। उपर्युक्त उदाहरण में तार की मौलिक आवृत्ति 120 है। इस आवृत्ति को हम 'सा' मानते हैं। इसलिए 2रे खण्ड द्वारा हमें तारषड्ज यानी 'सां' = 240 आवृत्ति प्राप्त हो रही है।

तीसरे खण्ड द्वारा हमें 360 आवृत्ति प्राप्त हो रही है। हमें मालूम है कि तार सप्तक का क्षेत्र 240 से 480 आवृत्ति वाला कम्पन, तार-सप्तक का पञ्चम 'पं' होगा क्योंकि षड्ज से पञ्चम का अनुपात 3/2 होता है। (240 × 3/2 = 360) । अतः त्रिखण्डी आवर्त्तक द्वारा हमें तारपञ्चम 'पं' प्राप्त होता है।

चौथे खण्ड द्वारा हमें 480 आवृत्ति प्राप्त हो रही है। यह आवृत्ति खरज तन्त्री के अतितार षड्ज सां के समान है क्योंकि तारषड्ज 'सां' की तुलना में, अति तारषड्ज 'सां' का माप हमेशा दोगुना होता है। तारषड्ज 'सां' की आवृत्ति 240 है। इसलिए

240 × 2 = 480 द्वारा पुष्टि होती है। यहाँ इस तथ्य पर ध्यान देना चाहिए कि खरज तन्त्री के लिए, 480 आवृत्ति का स्तर, अतितार षड्ज 'सां' के समान है परन्तु यही 480 आवृत्ति तानपूरे के स्वर के लिए, मात्र तार-षड्ज के समान मानी जाएगी।

पाँचवें खण्ड की आवृत्ति 120 × 5 = 600 प्राप्त हो रही है। यहाँ ध्यान रखना चाहिए कि अतिसार षड्ज 'सां' की आवृत्ति, 480 व 960 आवृत्ति क्षेत्र के अन्दर बनी हुई है। यह आवृत्ति-क्षेत्र, अतितार-सप्तक का क्षेत्र है। इसलिए हमें अब पता लगाना है कि 600 संख्या, अतितार-सप्तक में किस स्वर से सम्बध रखती है? यानी अतितार सप्तक के षड्ज 480 के साथ क्या अनुपात बनता है? साधारण गणित द्वारा हमें यह अनुपात 600/480 = 5/4 समान प्राप्त हो रहा है, जिसके द्वारा स्पष्ट रूप से कह सकते हैं कि 600 आवृत्ति वाला आवृर्त्तक (उपस्वर), खरज तन्त्री की अतितार गांधार 'गं' होता है।

सभी परिकलन व गणना (Calculations) खरज के तार पर आधारित की गई हैं। इसलिए उपलब्ध परिणामों को स्वतन्त्र रूप से किसी भी तार के लिए, घटित किया जा सकता है। खरज शब्द के किसी प्रकार की गड़बड़ी (Confusion) की स्थिति उत्पन्न नहीं होनी चाहिए। हाँ, इतना अवश्य है कि यदि हम तानपूरे वाले आधार-स्वर के साथ तुलना करना चाहें तो, खरज तन्त्री द्वारा उपजे उपस्वर या स्वयंभू-स्वर, तानपूरे वाले आधार-स्वर सम्बन्धित स्वयंभूस्वर, से एक-एक सप्तक नीचे स्तर के पाए जाएँगे।

यह पंचखण्डी आवर्त्तक सदियों से स्वयंभू गांधार की संज्ञा द्वारा पहचाना जा रहा है। इस गांधार का स्थान अति-अतितार सप्तक के अन्तर्गत माना गया है। भारतीय संगीत का संपादन केवल तीन सप्तकों तक सीमित रखा गया है। क्रियात्मक रूप (Practical) से गायन का क्षेत्र लगभग दो सप्तकों तक ही माना जाता है। पूर्ण मध्य-सप्तक + अर्ध मन्द-सप्तक + अर्ध-तारसप्तक यानी कुल मिलाकर दो सप्तकों के उपयुक्त आवाज ऊपर-नीचे होती रहती है। आवाज को मन्द षड्ज तक पहुँचाने तक यह तारषड्ज तक खींचकर ले जाने पर, एक बड़ी उपलब्धि मानी जाती है। अभी-अभी हमने स्थापित किया है कि स्वयंभू गांधार का स्थान तो अति-अतितार सप्तक के अन्तर्गत है। अतः स्वयंभू-गांधार तक, गायन क्रिया के प्रस्तार का प्रश्न ही नहीं उठता है।

भारतीय वाद्यों के निर्माण के समय, स्वर सम्बन्धित सीमा को ध्यान में रखा गया है कि किसी भी वाद्य से उपजाई हुई ध्वनि, मानव कण्ठ द्वारा निकली ध्वनि के समीप से समीप हो, चाहे यह समीपता वाद्य की तारता (Pitch) से सम्बन्ध रखती हो या स्वर की जाति (Timber) से सम्बन्ध रखती हो। इसीलिए सारंगी वाद्य का स्थान भारतीय वाद्यों में सर्वोच्य माना जाता है। स्वयंभू-गांधार का अनुभव वीणा, सितार व तानपूरे जैसे वाद्य पर किया जा सकता है परन्तु स्वयंभू-गांधार जैसे स्वर, भारतीय कण्ठ-गायन स्वरों की परिधि से बाहर रहते हैं।

अनिष्ट, विवादी व वर्ज्य स्वर

दो नादों के मध्य इष्टता का अनुभव प्राप्त करने की सफलता द्वारा, श्रुति का ज्ञान व श्रुतियों की प्रमाणित संख्या को स्थापित किया जा सका है। इष्टता के आधार पर ही षड्ज 'सा' व तार षड्ज 'सां' के अन्तराल को, 'अति-उत्तम' श्रेणी प्रदान की गई है। सा-प, सा-म, सा-ग, सा-ग् की इष्टता उतनी ही बलिष्ठ है परन्तु इन्हें केवल 'उत्तम' स्वीकारा गया है परन्तु सा-रे, सा-ध, सा-नि आदि की इष्टता उत्तम श्रेणी की तुलना में, इतनी प्रबल सिद्ध नहीं हो सकी है। इष्टता की श्रेणी-क्रम का चयन, सम्पूर्णतः श्रवण सापेक्ष रहा है। इस प्रकार के चयन क्रिया की सच्चाई इसी तथ्य द्वारा प्रमाणित हो जाती है कि इष्टता की श्रेणी के विषय में कभी भी मतभेद दिखलाई नहीं दिया है। आधुनिक ध्वनि विज्ञान भी इसी प्रकार के श्रेणी चयन का समर्थन करता है।

जिस पदक्रम को श्रवण शक्ति द्वारा, सदियों पहले स्थापित किया जा चुका है, उस तत्त्व को, आधुनिक ध्वनि विज्ञान के सिद्धान्त भी अनुमोदित करते हैं। आधुनिक ध्वनि शास्त्र के अन्तर्गत जिन स्वर-जोड़ियों का निर्माण छोटे अंकों द्वारा होता है, उनका स्थान उत्तमता की सीढ़ी में प्रथम गिना जाता है। सां-सा = 2/1, सा-सा = 1/1, पसा = 3/2, म-सा = 4/3 आदि अंक इनकी इष्टता की श्रेणी का समर्थन करते हैं और वहीं ग-सा = 5/4 ग्-सा = 6/5, छोटे अंक होते हुए भी तदनुसार अल्प इष्टता की श्रेणी में गिने जाएँगे।

इसी प्रकार रे-सा = 9/8, ग-रे = 10/9, आदि समूह अनिष्टता की ओर संकेत देते हैं क्योंकि ऐसे समूहों के निर्माण में, 8,9,10 जैसे कुछ-बड़े अंकों का योगदान हो रहा है परन्तु रे-सा = 16/15, ध-सा = 27/16, और म-सा = 64/45, अति-अनिष्ट समूह में गिने जाएँगे क्योंकि इनका निर्माण 15, 16, 27, 45, 64 जैसी बड़ी-बड़ी संख्याओं द्वारा हुआ है।

उपर्युक्त सरसरी चर्चा द्वारा इष्टता व अनिष्टता के विषय में सामान्य ज्ञान मिल सकता है। अधिक जानकारी के लिए आधुनिक ध्वनि-विज्ञान का, गहराई से अध्ययन करना हितकर होगा। मनन करने के पश्चात् इस वास्तविकता को सकारा जा सकता है कि इन इष्ट और अनिष्ट स्वरों का सीधा सम्बन्ध आवर्त्तकों से है। यदि मौलिक स्वर के आवर्त्तक में उपर्युक्त स्वर की विद्यमानता है तो वहाँ इष्टता बढ़ जाती है।

विवादी व वर्ज्य स्वर

स्वरों की प्रियता या इष्टता अनुभव की वस्तु है। अनुभव के आधार पर यह स्थापित किया गया है कि 6 व 7 श्रुत्यान्तर वाले स्वर, इष्ट हैं तथा 13 व 9 श्रुत्यान्तर वाले स्वर अति-इष्ट श्रेणी में है। इसी प्रकार जिन दो स्वरों में 3 या 4 श्रुतियों का अन्तराल

बनता हो, वहाँ अप्रियता या अनिष्टता का अनुभव प्राप्त होता है। इस प्रकार यह अनुभव किया गया कि द्विश्रुतिक अन्तराल द्वारा, अति-अनिष्टता की स्थिति का निर्माण उत्पन्न हो जाता है। गायन के समय यदि ऐसे अनिष्ट स्वरों का उपयोग किया जाता है तो वहाँ रंग में भंग या विवाद उत्पन्न होना स्वाभाविक है। ऐसी विवादपूर्ण स्थिति में जिन स्वरों का प्रयोग किया जाता है, उन स्वरों को 'विवादी स्वर' कहा गया है।

स्वर शास्त्र के अन्तर्गत स्वरों के सात नाम (षड्ज आदि) को आरक्षित रखा गया है। इन नामों के साथ एक विशेष प्रकार का अर्थ बँधा हुआ है और यह अर्थ, संगीत साहित्य में सब समय एक समान झलकता रहता है। भारत के विभिन्न प्रान्तों में अपनी-अपनी भाषा का प्रयोग होता आया है। जब हम कण्ठ संगीत के सम्बन्ध में विचारते हैं तो हम पाएँगे कि विभिन्न प्रान्तों में, विभिन्न भाषाओं द्वारा रचित पदों को, गायन के माध्यम द्वारा प्रस्तुत करने की, एक साधारण-सी परिपाटी है। परन्तु जब हम उन पदों के संगीत की ओर ध्यान करते हैं या उस संगीत से जुड़े शास्त्र की ओर विचारते हैं, तो हम अनुभव करते हैं कि सम्पूर्ण भारत में, स्वरों के वही सात नामों का प्रयोग चिरकाल से होता आया है। इस तथ्य को ध्यान में रखते हुए कि सभी स्वर श्रेणियों की पहचान ठीक से की जा सके, कोमल व विकृत जैसी संज्ञाओं का संयोग अवश्य हुआ है परन्तु इन सात नामों की संख्या में किसी प्रकार का परिवर्तन नहीं किया गया है। बारह स्वरों को उन्हीं सात नाम (षड्ज आदि) द्वारा, सम्बोधित किया जाता है। इन्हीं स्वरों द्वारा राग का निर्माण भी किया जाता है।

राग में ये स्वर किस प्रकार से व्यवहार में लाए जाते हैं, उसी के अनुसार इन स्वरों के अपने नाम के अतिरिक्त कुछ विशेष संज्ञाओं का भी उपयोग किया जाता है। ऐसी संज्ञाएँ राग शास्त्र से अधिक सम्बन्धित होती हैं, जैसे वादी स्वर, संवादी स्वर, अनुवादी स्वर, विवादी स्वर आदि। किसी भी राग में वादी-स्वर का अधिक प्रभुत्व होता है मानो कि वह राजा समान है। संवादी स्वर, वादी के साथ विशेष भाव बनाने में सक्षम होता है जैसे षड्ज-पञ्चम या षड्ज-मध्यम आदि। यदि वादी राजा समान है, तो संवादी उस राज्य के मन्त्री समान माना जा सकता है। वादी संवादी के अतिरिक्त, राग में व्यवहार में होने वाले अन्य स्वर अनुवादी कहलाते हैं। व्यावहारिक दृष्टि द्वारा, अनुवादी-स्वर सहचर समान प्रतीत होते हैं।

बहुधा ऐसा पाया गया है कि जो स्वर राग में नहीं लगते हैं उन्हें भी 'विवादी' मान लिया जाता है। वास्तविक स्थिति ऐसी नहीं है। यह सही है कि जिन स्वरों को राग के लिए निर्धारित नहीं किया गया है, यदि उन स्वरों को राग में व्यवहार किया जाए तो विवाद उत्पन्न होता है परंतु शास्त्र की दृष्टि द्वारा, ऐसे सभी स्वरों

को 'विवादी' स्वर नहीं मान सकते। जो स्वर राग में प्रयोग नहीं किए गए हैं, उन्हें 'वर्ज्य स्वर' कहा जाता है।

विवादी और वर्ज्य स्वर को स्पष्ट रूप से समझ लेना चाहिए। वर्तमान राग-व्यवस्था में बारह स्वरों का उपयोग किया जाता है परन्तु बारह के बारह स्वरों को एक राग में एक साथ प्रयोग नहीं कर सकते। वास्तव में रागों की उत्पत्ति ठाट द्वारा होती है। इस तथ्य को भी ध्यान में रखना चाहिए कि जब ठाट के स्वर निर्धारित किए जाते हैं तो हमारे सामने सात स्वरों का ही लक्ष्य रहता है न कि बारह स्वरों का। इन बारह स्वरों में से हम ठाट के लिए केवल सात स्वरों को ही चुनते हैं। ठाट के इन चुने हुए सात स्वरों द्वारा ही राग की उत्पत्ति होती है। इसलिए राग के स्वरों में व ठाट के स्वरों में सब समय समानता रहती है। उदाहरण के लिए मालकौंष व भूपाली में पाँच स्वरों का प्रयोग होता है। ठाट के सात स्वरों में से, दो स्वर वर्जित रहते हैं। यह सत्य है कि ऐसे दो स्वरों को राग में लगाते ही विवाद उत्पन्न हो जाएगा परन्तु इन दो वर्ज्य स्वरों में से किसी एक को भी विवादी मान लेते पर कठिनाई होगी। अब हम दूसरा उदाहरण लेते हैं। अल्हैया बिलावल, छायानट, कामोद, भैरव आदि सम्पूर्ण राग हैं यानी अपने-अपने ठाट का कोई भी स्वर वर्ज्य नहीं है, तो ऐसी दशा में विवादी स्वर कहाँ से आ जाएगा? हम जानते हैं कि इन रागों में कोमल निषाद (नि), विवादी स्वर जैसे उपयोग में लाया जाता है और हम यह भी जानते हैं कि यहाँ विवादी स्वर राग में विवाद उत्पन्न नहीं कर रहा है बल्कि राग में विचित्र माधुर्य का वातावरण बनाने में सहायक हो रहा है।

वास्तव में वर्ज्य स्वर उन्हें कहेंगे जो ठाट में तो वर्ज्य हैं पर राग में नहीं हैं परन्तु विवादी स्वर को ठीक इसका उल्टा समझना चाहिए। विवादी स्वर ठाट में तो नहीं है परन्तु राग को सुन्दर बनाने के लिए, उस राग में किया जाता है। इसका मतलब यह हुआ है विवादी स्वर, वर्ज्य स्वरों में से कोई एक स्वर हो सकता है परन्तु हर वर्ज्य स्वर, विवादी नहीं बन सकता ।

स्वर-शास्त्र व राग-शास्त्र में विवादित्व का स्थान

स्वर-शास्त्र के अन्तर्गत विभिन्न स्वरों का, यथोचित स्थान स्थापित किया जाता है तत् पश्चात दो स्वरों के मध्य बनी स्थिति यानी इष्टता या अनिष्टता के भाव को परखा जाता है। राग शास्त्र के द्वारा, राग का प्रधान गुण, कर्णप्रियता को माना गया है। राग निर्माण या राग को परिभाषित करने के लिए कई नियमों का पालन करना पड़ता है परन्तु उन सभी नियमों में सर्वप्रथम नियम यह है कि राग कर्णप्रिय हो। स्वर शास्त्र के अन्तर्गत जिन स्वरों को अति अनिष्ट या दोष उत्पन्न करने वाला ठहराया गया हो, उन्हीं स्वरों द्वारा यदि रागों में माधुर्य को बढ़ावा मिल सकता हो, तो राग शास्त्र ऐसे अनिष्ट स्वरों के उपयोग के लिए स्वीकृति दे देता है। स्वर शास्त्र

व राग शास्त्र का अन्तःकरण बिलकुल अलग-अलग है। स्वर शास्त्र में गणित का प्रभुत्व रहता है जहाँ नियमों को दृढ़ता से पालन किया जाता है परन्तु राग-शास्त्र भाव प्रधान होता है जहाँ रस, काकु, भाव को प्राथमिकता देते हुए नियमों में ढील भी दी जा सकती है।

स्वर शास्त्र के अन्तर्गत कोई से दो स्वरों के बीच यदि केवल दो श्रुतियों का अन्तर बनता हो तो वे आपस में विवादी होते हैं। ऐसे विवादी स्वरों का गणितीय मान 1,2,3,4 संख्याओं द्वारा निर्मित न होकर 15,16 या 27 आदि संख्याओं से बनता है जैसे 16/15 आदि। दो स्वरों का आपस में विवादी होना एक पहलू है और किसी राग में एक विवादी स्वर को सही ढंग से प्रयोग में लाना दूसरा पहलू है। उदाहरण के लिए राग केदार, कल्याण ठाट के अन्तर्गत है परन्तु इस राग में कोमल निषाद 'नि' का, विवादी स्वर होने के नाते, प्रयोग करने का प्रचलन है। राग केदार, कल्याण ठाट का एक राग है। कल्याण ठाट में कोमल निषाद 'नि' नहीं है। इसलिए कोमल निषाद 'नि' कल्याण ठाट के लिए एक वर्ज्य स्वर है। स्वतः राग केदार के लिए भी कोमल निषाद वर्ज्य स्वर होना चाहिए। स्वर शास्त्र के अन्तर्गत, शुद्ध धैवत व कोमल-निषाद में दो श्रुतियों का अन्तराल है यानी इन दोनों स्वरों में 16/15 का सम्बन्ध बनता है जो कि अति अनिष्ट माना जाता है। इन दोनों स्थितियों को ध्यान में रखते हुए, राग केदार में कोमल निषाद का प्रयोग बिलकुल त्याज्य होना चाहिए परन्तु राग केदार में कोमल निषाद नि् बड़ी श्रद्धा के साथ व्यवहार में लाया जाता है। कोमल निषाद 'नि्' जिस ढंग से केदार में प्रयोग किया जाता है, उसके कारण राग की माधुर्य को बढ़ावा मिलता है। इसलिए इस स्थिति में कोमल निषाद 'नि्' विवादी-स्वर के पद को पा लेता है।

जिस प्रकार से वादी, संवादी स्वरों में षड्ज-पञ्चम सा-प या षड्ज-मध्यम सा-म का भाव बना रहता है, उसी प्रकार से विवादी स्वरों में भी संवाद की सम्भावना बनी रहती है। जब किसी राग में किसी विशेष स्वर का 'विवादी' जैसे व्यवहार में लाते हैं तो उस विवादी स्वर का सप्तक के अन्य स्वर के साथ, संवाद की सम्भावना बनी रहती है। उदाहरण के लिए राग देश में कोमल गांधार 'ग्' विवादी जैसे प्रयोग में लाया जाता है। यहाँ कोमल गांधार का षड्ज-पञ्चम भाव द्वारा कोमल निषाद 'नि्' का संवाद बनता है जो राग का एक स्वर है। कल्याण ठाट के राग छायानट, केदार, हमीर आदि रागों में कोमल निषाद 'नि्' विवादी स्वर जैसे व्यवहार में लाया जाता है। इस कोमल निषाद का शुद्ध मध्यम 'म' के साथ, षड्ज-मध्यम का भाव बनता है। यहाँ ध्यान देने योग्य विषय है कि शुद्ध मध्यम 'म', कल्याण ठाट का स्वर नहीं है परन्तु फिर भी इन रागों में तीव्र मध्यम के साथ शुद्ध मध्यम भी लगता है जो कि विवादी स्वर कोमल निषाद 'नि्' के साथ षड्ज-मध्यम का भाव बनाता है।

रागों में संगति (स्वर जोड़ी) की इष्टता

ऐसा अनुभव किया गया है कि कुछ रागों में, कोई दो विशेष स्वरों को, एक के बाद दूसरे का उच्चारण करने के फलस्वरूप, उस राग का रूप निखर उठता है। व्यावहारिक दृष्टि द्वारा यह कहा जा सकता है कि, इस राग में इन दो स्वरों की संगति सुहावनी लगती है। इस प्रकार की संगति द्वारा, राग की रंजकता बढ़ जाती है और उस राग को पहचानने में भी सहायता मिल जाती है। उदाहरण के लिए नि्-प की संगति दरबारी, तिलंग, शाहना आदि रागों में एक महत्त्वपूर्ण व चित्ताकर्षक स्थान है और राग का एक परिचायक अंग भी है।

संगति द्वारा माधुर्य का निर्माण होता है। इसलिए यह सरल-सा तत्त्व है कि संगति वाले दोनों स्वरों के मध्य, निर्मित अन्तराल, दो श्रुतियों से अधिक होना चाहिए क्योंकि अभी-अभी उपर्युक्त चर्चानुसार यह स्थापित किया गया है कि द्विश्रुतिक, त्रिश्रुति व चतुःश्रुतिक अन्तराल द्वारा अनिष्टता का भाव उत्पन्न होता है। जिस प्रकार प्रत्येक राग के वादी और संवादी स्वरों में षड्ज-पञ्चम (सा-प = 13 श्रुत्यान्तर) भाव या षड्ज-मध्यम (सा-म = 9 श्रुत्यान्तर) भाव द्वारा निर्मित, एक महत्वपूर्ण स्थिति, गोप्य रूप से बनी हुई रहती है, उसी प्रकार संगति वाले स्वरों की जोड़ी का आपसी श्रुति अन्तराल ऐसा होना चाहिए जिसके द्वारा इष्टता का भाव, गोप्य रूप से सब समय बना रह सके। गायन पद्धति के अन्तर्गत जैसे ही संगति वाले स्वर के जोड़ों को प्रस्तुत किया जाता है वैसे ही तुरन्त माधुर्य प्रकट रूप से अपना प्रभाव दिखलाने लगता है। राग में संगति-स्वर की जोड़ियों का चयन अनुभव, द्वारा किया गया है परन्तु ऐसे मार्मिक विषय के पीछे छिपे रहस्य का अध्ययन व शास्त्रोक्त गणीतीय स्थापना, कुछ काल पश्चात ही सम्भव हो सकी है।

राग विभास में ग-प की संगति, एक महत्त्वपूर्ण व चित्त-आकर्षक अंग माना जाता है। अब हम ग-प संगति के स्वर विश्लेषण सम्बन्धित अध्ययन करते हैं। वर्तमान मान्यता अनुसार, श्रुति शृंखला में शुद्ध गांधार 'ग' आठवीं श्रुति पर स्थित है और पञ्चम 'प', चौदहवीं श्रुति पर स्थित माना गया है। इन दोनों स्वरों का अन्तराल 14–8 = 6 श्रुतियों का बनता है यानी इन दोनों स्वरों में षड्ज-गांधार (कोमल) = सा-ग़ = 6/5 का संवादी भाव उभरता है। इसलिए राग विभास के अन्तर्गत जब-जब ग-प संगति का प्रयोग किया जाएगा, वहाँ अनजाने में षड्ज-गांधार (कोमल) संवाद का रस प्राप्त होगा। शास्त्रीय संगीत के जिन रागों में संगति-स्वर की प्रधानता को अपनाया गया है वहाँ अधिकांश सा-ग़ संवाद का ही प्रभुत्व पाया गया है।

उपर्युक्त उदाहरण द्वारा यह नहीं समझ लेना चाहिए कि रागों में सब समय सा-ग़ संवाद ही स्वर संगति के रूप में अपना रस प्रकट करता है। रागों में अन्य संवाद भी अपना रंग दिखलाते रहते हैं। राग कामोद में रे-प की संगति सुहावनी प्रतीत होती है। यदि हम इस संगति के विषय में स्वर विश्लेषण करें तो पाएँगे कि

वर्तमान श्रुति-शृंखला में 'रे' का स्थान 5वीं श्रुति 'दयावती' पर है और 'प' का स्थान 14वीं श्रुति 'क्षिति' पर स्थित है। तदनुसार इन दोनों स्वरों में 14–5 = 9 श्रुतियों का अन्तराल यानी 'सा-म' सांवादिक भाव उभरकर सामने आ जाता है। इसलिए कामोद में जब-जब 'रे-प' स्वर संगति का प्रयोग किया जाएगा, उसी समय प्रस्तुतिकरण द्वारा षड्ज-मध्यम भाव, गुप्त रूप से अपना रस बिखेरता रहेगा।

किसी-किसी राग में दो-दो स्वर संगति के जोड़ों का शास्त्रोक्त वर्णन मिलता है। राग मध्यमादि सारंग में 'नि़-प' और 'प-रे' की संगति का वर्णन किया गया है। 'प-रे' स्वर संगति द्वारा षड्ज-मध्यम भाव के विषय में अभी-अभी स्पष्टीकरण हो चुका है। यदि हम 'नि़-प' संगति के विषय में स्वर विश्लेषण करते हैं, तो पाएँगे कि वर्तमान श्रुति-शृंखला में 'नि़' का स्थान 20वीं श्रुति 'रम्या' पर है और 'प' का स्थान 14वीं श्रुति 'क्षिति' पर स्थित है। तदनुसार इन दोनों स्वरों में 20−14 = 6 श्रुतियों का अन्तराल यानी 'सा-ग़' सांवादिक भाव उभरकर सामने आ जाता है।

एक-दो ऐसे भी उदाहरण हैं जहाँ राग में दोनों स्वर-संगति के जोड़े एक ही प्रकार की श्रेणी के पाए जाते हैं। राग भटिहार में 'प-ग' और 'ध-म़' की स्वर-संगति सुहावनी लगती है। 'प-ग' की संगति के विषय में उपुर्यक्त स्पष्टीकरण द्वारा, षट्श्रुतिक संवाद यानी 'सा-ग़' स्थापित हो चुका है। यदि हम 'ध-म़' की संगति के विषय में स्वर-विश्लेषण करें तो पाएँगे कि वर्तमान श्रुति-शृंखला में 'ध' का स्थान 18वीं श्रुति 'मदन्ति' पर है और विकृत मध्यम 'म' का स्थान 12वीं श्रुति 'प्रीति' पर स्थित है। तदनुसार इन दोनों स्वरों में 18–12 = 6 श्रुतियों का अन्तराल यानी 'सा-ग़' षट्श्रुतिक सांवादिक भाव, उभरकर सामने आ जाता है। इस प्रकार 'पग' और 'धम़' की स्वर-संगति की जोड़ियों द्वारा, एक ही प्रकार की श्रेणी का स्वर संवाद यानी षट्-श्रुतिक 'साग़' संवाद प्रसारित होते रहते हैं।

राग में प्रयोग आने वाले स्वर, एक निश्चित व्यवस्था के अन्तर्गत निर्धारित किए जाते हैं जैसे ठाट, जाति (औड़व, षाड़व, सम्पूर्ण आदि) आरोह-अवरोह, आदि। इन्हीं निर्धारित स्वरों में से राग के वादी व संवादी स्वरों का चुनाव होता है। जिस प्रकार से वादी व संवादी स्वरों को घोषित किया जाता है उसी प्रकार से 'संगति' वाले स्वरों को भी रसानुभूति के आधार पर निर्धारित कर दिया जाता है। संगीत के आचार्यों व पण्डितों ने इस प्रकार का निर्धारण व चयन, राग-शास्त्र व्यवस्था का अंग माना है। संगीत की पुस्तकों में राग परिचय के समय ही, उस राग से सम्बन्धित 'संगति' स्वरों की ओर ध्यान आकर्षित करा दिया जाता है। भातखण्डे जी द्वारा रचित 'हिन्दुस्तानी संगीत पद्धति क्रमिक पुस्तक मालिका' में भी 'संगति स्वरों' को यथास्थान पर दर्शाया गया है। निम्न सारणी क्रमांक-22 द्वारा, विभिन्न क्रमिक पुस्तक मालिका में दिए गए स्वर संगतियों को एक स्थान पर दिया गया है। अधिकांश रागों में षट्-श्रुतिक संवाद (सा-ग़) का प्रयोग दिखलाई देता है।

राग नाम	संगति	श्रुति क्रमांक	श्रुति अन्तराल	स्वर-संवाद का नाम
तिलंग	नि्-प	नि् = 20 प = 14	20–14 = 6	सा-ग् षड्ज गांधार कोमल
दरबारी	नि्-प	नि् = 20 प = 14	20–14 = 6	सा-ग् षड्ज गांधार कोमल
शाहना	नि्-प	नि् = 20 प = 14	20–14 = 6	सा-ग् षड्ज गांधार कोमल
नारायणी	नि्-प	नि् = 20 प = 14	20–14 = 6	सा-ग् षड्ज गांधार कोमल
विभास	ग-प	ग = 8 प = 14	14–8 = 6	सा-ग् षड्ज गांधार कोमल
हंस कंकणी	प-ग	प = 14 ग = 8	14–8 = 6	सा-ग् षड्ज गांधार कोमल
मालश्री	ग-प	ग = 8 प = 14	14–8 = 6	सा-ग् षड्ज गांधार कोमल
जोगिया	ध्-म	ध् = 16 म = 10	16–10 = 6	सा-ग् षड्ज गांधार कोमल
	रे्-म	रे् = 3 म = 10	10–3 = 7	सा-ग षड्ज गांधार (शुद्ध)
भटिहार	प-ग	प = 14 ग = 8	14–8 = 6	सा-ग् षड्ज गांधार कोमल
	ध-म्	ध = 18 म् = 12	18–12 = 6	सा-ग् षड्ज गांधार कोमल
मध्यमादि-	नि्-प	नि् = 20 प = 14	20–14 = 6	सा-ग् षड्ज गांधार कोमल
सारंग	प-रे	प = 14 रे = 5	14–5 = 9	सा-ग् षड्ज मध्यम
धनाश्री	प-ग्	प = 14 ग् = 7	14–7 = 7	सा-ग षड्ज गांधार (शुद्ध)
कामोद	रे-प	रे = 5 प = 14	14–5 = 9	सा-म षड्ज मध्यम
रागेश्वरी	ध-म	ध = 18 म = 10	18–10 = 8	
खंभावती	ध-म	ध = 18 म = 10	18–10 = 8	

सारणी क्रमांक-22

संगति स्थापित करने वाले स्वरों की जोड़ी जैसे नि्-प, ग-प, ध्-म, ध-म् आदि एक-दूसरे से भिन्न दिखलाई पड़ रही हैं परन्तु यदि उपर्युक्त सारणी की प्रविष्टियों का ध्यानपूर्वक अध्ययन करें, तो हम इस निष्कर्ष पर पहुँचेंगे कि अधिकांश, संगति वाली जोड़ियों की अन्तरात्मा एक ही प्रकार के संवाद यानी सा-ग् भाव द्वारा बँधी हुई हैं। जहाँ तक इष्टता का प्रश्न है हमें यह मालूम है कि सा-ग् संवाद की इष्टता उत्तम मानी जाती है।

ऐसा भी नहीं समझ लेना चाहिए कि रागों में केवल षट्श्रुतिक अन्तराल द्वारा ही संगति का निर्माण होता है। धनाश्री में प-ग यानी सप्तश्रुतिक अन्तराल वाली की मान्यता है। मध्यमादि सारंग में प-रे यानी नव श्रुतिक अन्तराल द्वारा माधुर्य को बढ़ावा मिलता है। यह आवश्यक नहीं है कि राग में संगति वाले स्वर जोड़ियों का रूप, हमारे द्वारा स्थापित किए गए मानक (Standard) स्वरसंवाद यानी सासा, साग्, साग, साम, साप वाले अन्तराल के अनुरूप ही हो। राग खंबावती, रागेश्वरी, सोरठा, दुर्गा आदि में ध-म स्वर संगति मधुर लगती है, जहाँ अष्ट-श्रुतिक अन्तराल

स्थापित होता है। कामोद में तो रे-प (नव श्रुतिक) की संगति, राग परिचायक स्वरों का रूप धारण कर लेती है।

हिन्दुस्तानी राग पद्धति के नियमानुसार, स्वर के एक ही श्रेणी के दो स्वरूप यानी शुद्ध व कोमल रूप, किसी भी राग में एक साथ प्रयुक्त नहीं हो सकते हैं परन्तु अपवाद स्वरूप, राग ललित में शुद्ध व कोमल मध्यम के एक साथ प्रयोग को, सर्व सम्मति द्वारा स्वीकारा गया है। इसी प्रकार राग 'श्री' में, विकृत रे़ और पञ्चम को वादी संवादी की श्रेणी में सर्व सम्मति द्वारा अपनाया गया है। यह भी एक अपवाद ही है। इन दोनों स्वरों का अन्तराल 14–3 = 11 श्रुतियों का बनता है जो हमारे द्वारा अपनाए गए सांवादिक अन्तराल 13,9,7,6 से मेल नहीं खाता है।

कूटतान व स्वर प्रस्तार

राग के नियमानुसार, शास्त्रोक्त आलाप व तान करते समय, संगति वाली स्वर की जोड़ियाँ माधुर्य को उभारती रहती हैं, उसी प्रकार राग के नियमों का पालन करते हुए, आलाप व तान प्रक्रिया के अन्तर्गत, निश्चित स्वरों द्वारा और विविध क्रम द्वारा, राग को सजाया जाता है। इस तरह एक, दो, तीन, चार या अधिक स्वरों के, अधिकतम अलग-अलग प्रकार बनाए जाते हैं। तानों की ऐसी विविध प्रकारों को कूटतान भी कहते हैं। इस प्रकार की कूटतानों की गणित-सिद्ध विधि को 'स्वर प्रस्तार' कहा गया है। स्वर प्रस्तार को गणितीय आकलन द्वारा स्थापित किया जाता है। इस विधि में एक प्रकार की सारणी तैयार की जाती है, जिसे 'खण्ड मेरू' का नाम दिया गया है। शास्त्रों में दो प्रकार के 'खण्ड मेरू' का वर्णन मिलता है—स्वर सम्बन्धित व ताल सम्बन्धित। सम्प्रति स्वर सम्बन्धित 'खण्ड मेरू' का वर्णन किया जा रहा है।

'स्वर' व 'श्रुति' का परिचय देने के पश्चात् शास्त्रों द्वारा अलंकार, तान और स्वर प्रस्तार, इन तीनों का वर्णन किया गया है। सात स्वरों के आधार पर संगीत का किस प्रकार से निर्माण होता है, उसे समझने के लिए इन तीनों विषयों का विशेष महत्त्व रहता है। इन तीनों विषय का, संगीत के शास्त्र पक्ष व संगीत के क्रियात्मक पक्ष पर, समान भाव से अधिकार रहता है। सम्पूर्ण विषय इतना विशाल है कि तीनों विषयों पर एक-एक करके, पूरे-पूरे ग्रन्थ लिखे जा सकते हैं।

संगीत की गायन व वादन पुस्तकों में राग वर्णन, स्थाई अंतरा, स्वर विस्तार आदि विषयों की भरपूर सामग्री मिलती है परन्तु 'खण्डमेरू' विधि को गायन व वादन के समय क्रियात्मक रूप से किस प्रकार के प्रयोग में लिया जाए, इस विषय पर लेशमात्र भी सामग्री नहीं मिल पाती है। शास्त्रीय गायन की मुख्य पुस्तकें (1) भातखण्डे जी कृत हिन्दुस्तानी संगीत पद्धति क्रमिक पुस्तक मालिका 6 भागों में, (2) राग विज्ञान सात भागों में लेखक पण्डित वि.ना. पटवर्धन, (3) पण्डित ओंकारनाथ ठाकुर रचित संगीतांजलि 6 भागों में, (4) पं. रामआश्रय झा द्वारा लिखित 'अभिनव संगीतांजली'

सात भागों में, विश्वसनीय व अधिक प्रमाणित पुस्तकें मानी जाती हैं। इन पुस्तकों में स्वर प्रस्तार व खण्डमेरू विधि को सीधे-सीधे व्यवहार में लाने के लिए, खुलकर कोई मार्गदर्शन नहीं मिलता है। यही कारण है कि खण्डमेरू की ओर ध्यान नहीं दिया जा रहा है। संगीताजंली भाग 5 में पं. ओंकारनाथ ठाकुर लिखते हैं–

"स्वर प्रस्तार बनाने की सरल, विद्यार्थियों को समझ में आ जाने से, तान विस्तार की चाबी हाथ में आ जाएगी और केवल तान ही क्यों आलाप में भी तो स्वर-प्रस्तार के टुकड़े यथास्थान उपयोग में लाए जाते हैं। प्रस्तार का यह ढंग, वश में आ जाने से, विस्तार का अनन्त भण्डार हाथ लग जाएगा।

संगीतांजली भाग-5 पं. ओंकारनाथ ठाकुर"

पण्डित ओंकारनाथ ठाकुर ने बहुत ही अनुभव सिद्ध विचार व्यक्त किए हैं। अलंकार, तान व स्वर प्रस्तार, देखा जाए तो एक प्रकार से खण्डमेरू से सीधे जुड़े हुए हैं। आज का विद्यार्थी 'खण्डमेरू' को एक अनुपयोगी वस्तु के समान समझता है। कदाचित् इसलिए कि खण्डमेरू विधि गणित से सीधी जुड़ी हुई है। अभी इक्कीसवीं शताब्दी का पहला दशक है। पता नहीं इस शताब्दी के अंत तक, शास्त्रीय संगीत के खण्डमेरू की क्या स्थिति रहेगी क्योंकि 20वीं शताब्दी के अंत तक पहुँचते-पहुँचते ऐसे बहुत कम संगीतज्ञ रह गए थे जिन्होंने अपने गायन को खण्डमेरू विधि द्वारा चमकाने में सफलता पा सकी हो। इसमें दो राय नहीं है कि खण्डमेरू आधारित स्वर-विस्तार व तान-विस्तार प्रस्तुत करना, संगीत जगत में उच्चकोटि की मान्यता रखते हैं। शास्त्रीय संगीत की गुणवत्ता का गिरता हुआ परिवर्तन किन कारणों से हुआ है और उसमें कैसे समुन्नति व सुधार किया जाए, यह एक अलग विषय है। इस विषय पर अलग से विचार किया जा सकता है। संप्रति स्वर-प्रस्तार व खण्डमेरू विधि पर चर्चा का विषय, हमारे सामने है।

स्वर-प्रस्तार क्रिया (विचार-विमर्श)

वास्तव में स्वर प्रस्तार क्या है? सम्पूर्ण विषय को उदाहरण द्वारा समझा जा सकता है। मान लो हमारे पास तीन स्वरों का एक समुदाय है। ये तीनों स्वर सा, रे, ग हैं और इन तीनों का नाम इसी अनुक्रम (Sequence) यानी 'सा' उसके पश्चात् 'रे' और अन्त में 'ग' को, एक कागज पर लिख दिया जाता है। अब हम चाहें तो इन्हीं तीनों स्वरों को, दूसरे अनुक्रम द्वारा भी लिख सकते हैं जैसे ग, रे, सा या फिर तीसरे रूप द्वारा भी लिख सकते हैं जैसे रे, सा, ग आदि। अब हमारे मन में यह प्रश्न उठ सकता है कि ये भिन्न-भिन्न अनुक्रम (Sequence) कितने प्रकार के हो सकते हैं? प्रस्तार विधि द्वारा हम निश्चित रूप से बतला सकते हैं कि तीन स्वरों के समुदाय द्वारा, 6 प्रकार के रूप अथवा अनुक्रम तैयार किए जा सकते हैं या कागज पर लिखे जा सकते हैं।

यदि हमारे पास चार स्वरों का समुदाय है तो साधारण गणित के आधार द्वारा, हम तुरन्त बतला सकते हैं कि इन चारों के 24 अनुक्रम या प्रस्तार तैयार किए जा सकते हैं। चार संख्याओं का एक के बाद एक, लगातार गुणनफल 24 के समान पाया जाता है जैसे $1 \times 2 \times 3 \times 4 = 24$ । विभिन्न स्वर समुदाय की प्रस्तार संख्या को, साधारण गणित द्वारा सारणी क्रमांक-23 में दिखलाया गया है।

किसी भी स्वर समुदाय के विभिन्न रूपों को प्राप्त करने की क्रिया को स्वर प्रस्तार विधि कह सकते हैं। यदि स्वर के समुदाय में केवल एक ही स्वर है, तो उलट-पुलट करने का प्रश्न ही नहीं उठता है। ऐसी स्थिति में केवल एक ($1 \times 1 = 1$) ही प्रस्तार या रूप बन सकता है। यदि हमारे पास दो स्वर हैं तो हम 2 प्रस्तार ($1 \times 2 = 2$) बना सकते हैं। मान लो हमारे स्वर समुदाय में दो स्वर 'सा' व 'रे' हैं जिनका मूल क्रम भी 'सा रे' जैसा है। प्रथम प्रस्तार तो 'सा रे' है ही और द्वितीय प्रस्तार 'रे सा' बन सकता है। इसके अतिरिक्त तीसरा प्रस्तार सम्भव नहीं है। इस प्रकार के परिणाम प्राप्त होने के कारण, यह कहा जा सकता है कि दो स्वरों के, दो ही प्रस्तार होते हैं।

स्वर संख्या (जिसका प्रस्तार बनाना हो)	**प्रस्तार संख्या (गणित द्वारा प्रदत्त)**
1	$1 \times 1 = 1$
2	$1 \times 2 = 2$
3	$1 \times 2 \times 3 = 6$
4	$1 \times 2 \times 3 \times 4 = 24$
5	$1 \times 2 \times 3 \times 4 \times 5 = 120$
6	$1 \times 2 \times 3 \times 4 \times 5 \times 6 = 720$
7	$1 \times 2 \times 3 \times 4 \times 5 \times 6 \times 7 = 5040$

सारणी क्रमांक-23

दो स्वरों के प्रस्तार स्थापित करने में कोई समस्या या कठिनाई का सामना नहीं करना पड़ा है। अब हम तीन संख्याओं के प्रस्तार सम्बन्धित मनन करेंगे। मान लो हमारे पास मूल समुदाय में तीन संख्या 1, 2, व 3 उपलब्ध हैं और इनका मूल अनुक्रम (Original Sequence), 1 2 3 है। संख्या एक, दो, व तीन के क्रम को हम 123 यानी एक सौ तेईस के रूप में देख सकते हैं। उलट-पुलट क्रिया द्वारा, इस 123, के मूल रूप को छोड़कर, हम पाँच अतिरिक्त रूप/प्रस्तार प्राप्त कर सकते हैं जैसे 1ला प्रस्तार 231, 2रा प्रस्तार 132, 3रा प्रस्तार 213, 4था प्रस्तार 321 और 5वाँ प्रस्तार 312। यहाँ देख रहे हैं कि किसी भी अंक की पुनरावृत्ति नहीं हुई है। इन्हीं पाँच प्रस्तारित संख्याओं को हम, दूसरे क्रम में भी प्राप्त कर सकते हैं जैसे

1ला प्रस्तार 132, 2रा प्रस्तार 213, 3रा प्रस्तार 231, 4था प्रस्तार 312, 5वाँ प्रस्तार 321। ये पाँचों प्रस्तार संख्या बिलकुल सही हैं परन्तु इन पाँचों प्रस्तार का क्रम, पूर्व में प्राप्त क्रम से, भिन्न है। इसके अतिरिक्त और भी कई प्रकार के क्रम द्वारा, इन पाँच प्रस्तारों को तैयार किया जा सकता है। जब मूल संख्या सात, आठ या बड़े अंकों (Digits) के द्वारा बनी हो जैसे 1,2,3,4,5,6,7 तो, प्रस्तारों की संख्या बहुत अधिक बढ़ जाती है और प्रस्तारों की पुनरावृत्ति होने की सम्भावना भी बढ़ जाती है। ऐसी अवस्था में हमें कई प्रकार की कठिनाइयों से सामना करना पड़ सकता है।

यदि हम प्रस्तार के विभिन्न रूप का निर्माण करते समय, किसी निश्चित मार्ग का अनुसरण करते हैं तो पुनरावृत्ति नहीं हो सकती और प्राप्त हुई प्रसारित संख्याओं का क्रम भी एक समान बना रहेगा। इस प्रकार के निश्चित मार्ग को अपनाने से एक और भी लाभ होता है। मान लो हमारे पास तीन संख्याएँ 1,2,3 हैं और इनके मूल क्रम को भी हम 123 के रूप में ही मानते हैं। अब मान लो चार व्यक्ति अलग-अलग बैठकर 1, 2, 3 के पाँचवें नम्बर के क्रम को प्राप्त करना चाहते हैं, तो उन चारों व्यक्तियों का उत्तर, सब समय एक समान रहेगा। निश्चित मार्ग को अपनाने से, प्रस्तारों का क्रम हमेशा निश्चित रूप में ही प्राप्त होगा। इस प्रकार के विचार निश्चित रूप से असंदिग्ध वैज्ञानिक सोच माने जाते हैं।

स्वर-प्रस्तार क्रिया...निश्चित मार्ग द्वारा

निम्न प्रस्तार व खण्ड मेरू मार्ग, पं. शाङ्र्गदेव कृत संगीत रत्नावली में वर्णित विधि पर आधारित है। उन्हीं की बतलाई हुई मूल क्रिया को आधार मानकर, सम्पूर्ण विषय को विस्तारपूर्वक ढंग से प्रस्तुत किया जा रहा है।

1. मान लो हमारे पास तीन स्वर 'सा', 'रे' व 'ग' का समुदाय है। समुदाय में इन तीनों स्वरों का क्रम 'सा' रे 'ग' ही है। यही इन स्वरों का मूलभूत प्रारम्भिक अनुक्रम (Original Sequence) भी है। उपर्युक्त सारणी क्रमांक-22 द्वारा हम यह कह सकते हैं कि इन तीन स्वरों के कुल मिलाकर 6 प्रस्तार हो सकते हैं। इन 6 प्रस्तारों में से, एक प्रस्तार तो प्रारम्भिक स्वर समुदाय सा रे ग ही है। हमें इस मूल स्वरूप से सम्बन्धित, पाँच अतिरिक्त प्रस्तार से सम्बन्धित, पाँच स्वरूपों को प्राप्त करना है।

2. मूल स्वर समुदाय (सा रे ग) की दो सीमाएँ हैं। प्रथम सीमा के स्थान पर यानी समुदाय के बांई ओर 'सा' स्थित है और दूसरी सीमा स्थान पर यानी समुदाय के दाहिनी ओर 'ग' स्थित है। **क्रिया के नियम अनुसार, दाहिने सीमांत स्वर को अचलायमान या 'ध्रुव' रखा जाता है और शेष स्वरों को उलट-पुलट करते हुए नए नए प्रस्तार तैयार किए जाते हैं।** यह उलट-पुलट क्रिया तब तक करते रहना चाहिए,

जब तक नए-नए प्रस्तार स्वरूप की सम्भावना बनी रहे। इस समय हमारे पास अचलायमान (Undisturbed) स्वर 'ग' है। शेष के स्वर 'सा' व 'रे' को उलट-पुलट करना चाहिए। इन स्वरों में, यह उलट-पुलट की क्रिया दो ही बार हो सकती है। उलट-पुलट क्रिया द्वारा सा रे और रे सा, ऐसे दो स्वरूप प्राप्त हो सकेंगे। इस प्रकार 'ग' अपने स्थान पर दो बार टिका रहेगा। दो बार के पश्चात उलट-पुलट की क्रिया बन्द हो जाएगी क्योंकि यहाँ दो से अधिक क्रम बनने की सम्भावना नहीं है। इस प्रकार 'ग' की अचलायमान स्थिति द्वारा, हमें मूल स्वर समुदाय के दो प्रस्तार प्राप्त हो जाएँगे। ये दोनों प्रस्तार निम्न स्वरूप के होंगे।

''अ''—अचलायमान स्थान 'ग' को मानते हुए

1ला स्वरूप सा रे ग

2रा स्वरूप रे सा ग

3. अब अचलायमान (Fixed) स्वर का एक बार फिर से चयन किया जाएगा। यहाँ मुख्य ध्यान देने योग्य बिन्दु यह है कि 'ध्रुव' या अचलायमान स्वर का चयन, उतनी ही बार करना पड़ता है जितनी मूल स्वर-समुदाय की संख्या है। यहाँ मूल स्वर समुदाय की संख्या तीन है। इसलिए अचलायमान स्थान के लिए, तीन बार स्वर का चयन करना पड़ेगा। अब हमें यह निर्णय लेना है कि अचलायमान स्वर को किस प्रकार चुना जाए?

अचलायमान स्वर का चुनाव करते समय प्रत्येक बार, मूल स्वर समुदाय के अनुक्रम (Sequence of Original Group of Swar) को ध्यान में रखना चाहिए। मूल स्वर समुदाय 'सा रे ग' के 'ग' का चुनाव हो चुका है। इसलिए बचे हुए स्वर 'सा रे' के दाहिनी ओर का, अन्तिम स्वर 'रे' का, चुनाव किया जाएगा। मूल स्वर समुदाय ''सा रे ग'' में से 'रे' को निकाल कर अचलायमान (ध्र ुव) स्थान पर बैठा देना चाहिए जैसे सा ग रे। इस प्रकार अग्रिम 'ध्र ुव' यानी अचलायमान स्वर का चुनाव हो गया।

4. दूसरा अचलायमान स्वर, 'रे' होने के कारण, स्वर समुदाय का स्वरूप 'सा ग रे' बन जाएगा। अब 'रे' को 'ध्रुव' मानकर हमें शेष के स्वर 'सा ग' के साथ उलट-पुलट क्रिया करनी पड़ती है जो कि दो बार होगी। इस प्रकार हमें, मूल समुदाय का तीसरा व चौथा स्वरूप प्राप्त हो जाएगा जो कि निम्न प्रकार के होंगे।

''अ''—अचलायमान स्थान पर 'रे' को मानते हुए

3रा स्वरूप सा ग रे

4था स्वरूप ग सा रे

5. मूल समुदाय में कुल तीन स्वर हैं। इसलिए अचलायमान स्वर का चयन भी तीन बार होना चाहिए। अभी तक अचलायमान स्वर का दो बार चयन हो चुका है। इसलिए अचलायमान स्वर के अन्तिम चुनाव में वही स्वर स्थान पा सकेगा, जो

अभी तक इस क्रिया से बचा हुआ है। यह स्वर 'सा' है। अतः मूल समुदाय में से 'सा' को उठाकर अचलायमान स्थान पर बैठा दो। ऐसा करने से स्वर समुदाय का नया स्वरूप 'रे ग सा' हो जाएगा। अचलायमान स्थान पर 'सा' होने के कारण, शेष स्वर 'रे ग' में उलट-पुलट क्रिया करनी पड़ेगी। इस प्रकार हमें, मूल समुदाय का पाँचवाँ व छठा स्वरूप प्राप्त हो जाएगा। ये स्वरूप निम्न प्रकार के होंगे।

''इ''–अचलायमान स्थान पर 'सा' को मानते हुए

5वाँ स्वरूप रे ग सा

6ठा स्वरूप ग रे सा

निष्कर्ष

यदि प्रस्तार क्रिया के अन्तर्गत, उपर्युक्त वर्णित विधि का अनुसरण करते हैं तो प्रस्तारों का स्वरूप भी हमें एक निश्चित आकृति का प्राप्त होगा। मूल समुदाय कितने भी स्वरों द्वारा निर्मित हुआ हो, हमें प्रस्तारों का स्वरूप, सदा एक समान ही प्राप्त होगा। उदाहरण के लिए मान लो हम तीन स्वरों द्वारा निर्मित प्रस्तारों में से, 5वें प्रस्तार का स्वरूप ज्ञात करना चाहते हैं। यदि उपर्युक्त वर्णित विधि का अनुसरण करते हैं तो हमें 5वें प्रस्तार के स्वरूप में, प्रत्येक समय, स्वरों का क्रम 'रे ग सा' ही प्राप्त होगा।

चार स्वरों का प्रस्तार (निश्चित मार्ग द्वारा)

सारणी क्रमांक 22 द्वारा यह स्थापित हो चुका है कि चार स्वरों के $1 \times 2 \times 3 \times 4 = 24$ प्रस्तार बन सकते हैं। उपर्युक्त विधि द्वारा इन प्रस्तारों को स्थापित कर सकते हैं।

1. मान लो मूल समुदाय में सा रे ग म ये चार स्वर हैं और समुदाय में इन स्वरों का क्रम भी 'सा रे ग म' प्रकार ही है।

2. मूल समुदाय में क्योंकि चार स्वर हैं इसलिए दाहिनी ओर का अन्तिम स्वर-स्थान (जिसे हम अचलायमान या 'ध्रुव' स्थान कहते हैं) का चयन, चार बार होगा। इस चयन के समय, प्रत्येक बार हमें मूल समुदाय 'सा रे ग म' के स्वरूप को ध्यान में रखना चाहिए। सर्व प्रथम 'म' का चुनाव होगा। तत्पश्चात् 'ग' का चुनाव होगा, फिर 'रे' का और अन्त में 'सा' का चुनाव होगा।

3. अचलायमान स्वर के लिए प्रथम चुनाव 'म' का होगा। इसलिए 'म' को यदि 'ध्रुव' स्थान में रखते हैं तो हमारे पास तीन स्वर सा रे ग बचते हैं। ऊपर तीन स्वर द्वारा 6 प्रस्तारों को प्राप्त करने की विधि को विस्तार पूर्वक वर्णन किया गया है। इसलिए उस क्रिया को दोहराने की आवश्यकता नहीं समझी गई है। इतना ध्यान रखना चाहिए कि इन सभी 6 प्रस्तार-स्वरूप के अन्त में, 'म' को अवश्य लिखना

चाहिए। इस प्रकार, इन 6 प्रस्तारों के स्वरूप को निम्न दिया गया है।

अचलायमान स्थान पर 'म' का चुनाव करते हुए प्रस्तार का,

1ला स्वरूप सा रे ग म	2रा स्वरूप रे सा ग म	3रा स्वरूप सा ग रे म
4था स्वरूप ग सा रे म	5वाँ स्वरूप रे ग सा म	6ठा स्वरूप ग रे सा म

4. अब मूल समुदाय यानी 'सा रे ग म' में से अचलायमान स्वर का चुनाव फिर से करना चाहिए। जो स्वर नहीं चुने गए हैं यानी 'सा रे ग' उनके दाहिनी ओर का अन्तिम स्वर 'ग' को अचलायमान स्वर के लिए चुनना चाहिए। स्थिर स्वर के चुनाव के पश्चात, हमारे पास अब 'सा रे म' बच जाएँगे। इन्हीं तीन स्वरों के उलट पुलट द्वारा छः नए प्रस्तार बनाए जाएँगे। अब प्रत्येक नए प्रस्तार के अन्त में 'ग' को जोड़ देना चाहिए। इस प्रकार दूसरी बार अचलायमान स्थान से सम्बन्धित 6 नए प्रस्तार के स्वरूप निम्न क्रम के होंगे।

1ला स्वरूप सा रे म ग	2रा स्वरूप रे सा म ग	3रा स्वरूप सा म रे ग
4था स्वरूप म सा रे ग	5वाँ स्वरूप रे म सा ग	6ठा स्वरूप म रे सा ग

5. अभी तक, मूल समुदाय 'सा रे ग म' से, 'म' व 'ग' का चयन हो चुका है। शेष के स्वर 'सा' व 'रे' हैं। शेष स्वरों के दाहिनी ओर का अन्तिम स्वर 'रे' है। इसलिए अचलायमान स्थान पर, अब 'रे' को बैठा देना चाहिए। मूल समुदाय में से 'रे' को निकाल देने के पश्चात् शेष के स्वरों का स्वरूप 'सा ग म' हैं। अब इन्हीं तीन स्वरों में उलट-पुलट की क्रिया करनी चाहिए और नए प्रस्तार प्राप्त करने के लिए, प्रत्येक बार 'रे' को जोड़ देना चाहिए। इस प्रकार तीसरी बार अचलायमान स्थान से सम्बन्धित, 6 नए प्रस्तार के स्वरूप निम्न क्रम के होंगे।

1ला स्वरूप सा ग म रे	2रा स्वरूप ग सा म रे	3रा स्वरूप सा म ग रे
4था स्वरूप म सा ग रे	5वाँ स्वरूप ग म सा रे	6ठा स्वरूप म ग सा रे

6. अन्त में अचलायमान स्वर स्थान पर, 'सा' को बैठा देना चाहिए। ऐसा करने से स्वर समुदाय का स्वरूप 'रे ग म सा' बन जाएगा। यहाँ 'रे ग म' इन तीन स्वरों में उलट-पुलट करना चाहिए और नए प्रस्तार प्राप्त करने के लिए, अन्तिम स्थान पर, प्रत्येक बार 'सा' को जोड़ देना चाहिए। इस प्रकार चौथी बार, अचलायमान स्थान से सम्बन्धित, 6 नए प्रस्तार के स्वरूप निम्न क्रम के होंगे।

1ला स्वरूप रे ग म सा	2रा स्वरूप ग रे म सा
3रा स्वरूप रे म ग सा	4थ स्वरूप म रे ग सा
5वाँ स्वरूप ग म रे सा	6ठा स्वरूप म ग रे सा

सारांश

उपर्युक्त तीन स्वरों से सम्बन्धित प्रस्तार बनाने की क्रिया बहुत ही महत्त्वपूर्ण है। उसी के आधार पर चार स्वरों के 24 प्रस्तारों को स्थापित किया जा सकता है। इसी विधि को अपनाते हुए पाँच स्वरों के 120 प्रस्तार, छः स्वरों के 720 प्रस्तार व सात स्वरों से सम्बन्धित 5040 प्रस्तार बनाए जा सकते हैं। इस प्रकार के स्वरों के क्रम को 'कूट तान' के नाम से भी जाना जाता है। उपर्युक्त ढंग से प्रस्तार तैयार करने की विधि को अपनाने से, एक बहुत बड़ा लाभ है। सभी प्रस्तार एक निश्चित क्रम के सूत्र में बँधे हुए मिलेंगे और प्रस्तार के पुनरावृत्ति होने की सम्भावना सम्पूर्णतः समाप्त हो जाती है। स्वर प्रस्तार को समझने व समझाने के लिए उपर्युक्त वर्णित विधि बहुत उपयोगी है परन्तु इसमें कुछ कठिनाई भी है।

यदि कोई हमसे पूछे कि सात स्वरों के 5040 प्रस्तारों में से 1601 क्रमांक वाला प्रस्तार क्या होगा, तो हम शीघ्रता से उत्तर देने में असमर्थ होंगे या इसके विपरीत हमसे कोई पूछे कि 'नि प ध सा ग म' वाले छः स्वरों के समुदाय का प्रस्तार-अनुबंध में कौन-सा नम्बर बनता है, तो भी हम शीघ्रता से सही उत्तर देने में असमर्थ रहेंगे। कदाचित् इसी कठिनाई को दूर करने के लिए संगीत के आचार्यों ने अत्यन्त सरल, 'खण्डमेरू' जैसी विधि को लिखकर छोड़ दिया है। यह हमारा ही दुर्भाग्य है कि हम ऐसी सरल व सुगम विधि की ओर, न तो ध्यान देते हैं और न ही इस प्रकार के ज्ञान से लाभ उठाने का प्रयत्न करते हैं। धीरे-धीरे ऐसी अवस्था पहुँच गई है कि इक्का-दुक्का संगीतज्ञ ही ऐसे सिद्धान्तों को अपने प्रस्तुतिकरण के अन्तर्गत क्रियात्मक रूप द्वारा प्रयोग में लाता है। द्वितीय, ऐसे श्रोतागण भी दुर्लभ हो गए हैं जो इस प्रकार की कलाकारी की प्रशंसा या आदर कर सकें। निम्न अनुच्छेद में 'खण्डमेरू' विधि को विस्तारपूर्वक समझाया गया है।

खण्ड मेरू विवरण

खण्डमेरू एक प्रकार की प्रालेख आकृति है जो सीढ़ी की आकृति समान बनी हुई होती है। इस प्रालेख या खाके (Diagram) को कई आड़ी पंक्तियों द्वारा बनाया जाता है। प्रत्येक पंक्ति में कई खण्ड होते हैं और प्रत्येक खण्ड का आकार, एक-एक वर्ग (Square) समान प्रतीत होता है मानो कि कई सारे वर्ग आपस में सटा दिए गए हों। यह पूरा खाका कम से कम तीन से लेकर अधिकतम सात पंक्तियों द्वारा गढ़ा जाता है। सात पंक्तियों वाले खाके का गढ़न, इस प्रकार होता है कि खाके की प्रथम पंक्ति में सात खण्ड होते हैं, दूसरी पंक्ति में छः, तीसरी पंक्ति में पाँच खण्ड, व चौथी पंक्ति में चार, पाँचवीं में तीन, छठी में दो और अन्त की सातवीं पंक्ति में केवल एक खण्ड होता है।

ख़ाके का चित्रण करते समय इस बात का ध्यान रखना चाहिए कि प्रत्येक पंक्ति के दाहिनी ओर का अन्तिम खण्ड, एक सीध में इस प्रकार सट जाना चाहिए कि सातों पंक्तियों के अन्तिम खण्डों का रूप, एक खड़े स्तम्भ (Column) समान प्रतीत होने लगे। इस प्रकार चित्र के दाहिनी ओर के अन्तिम स्तम्भ में सात खण्ड होंगे और उसके बाईं ओर वाले स्तम्भों में क्रमशः छः, पाँच, चार आदि खण्डों से घटते-घटते केवल एक खण्ड वाला स्तम्भ दिखलाई देगा। यह खण्ड, प्रथम पंक्ति का प्रथम खण्ड भी है। यदि हम प्रथम पंक्ति के प्रथम खण्ड को 1ला स्तम्भ (Column) का नाम आवंटित करते हैं तो प्रथम पंक्ति के दूसरे खण्ड वाले स्तम्भ को 2रा स्तम्भ कहेंगे। प्रथम पंक्ति के तीसरे खण्ड वाले स्तम्भ को 3रा स्तम्भ कहेंगे। इस प्रकार प्रथम पंक्ति के सातवें खण्ड को 7वाँ स्तम्भ द्वारा सम्बोधित करेंगे।

उपर्युक्त विधि द्वारा खण्डमेरू चित्र को रेखाओं द्वारा तैयार किया जाता है। इस चित्र की आकृति इस प्रकार बन जाती है कि इसके 28 खण्डों द्वारा, सात आड़ी पंक्तियों (Horizontal Lines) का रूप भी दिखलाई देता है और सात खड़े स्तम्भों (Vertical Column) का भी रूप दिखलाई पड़ता है। ख़ाका तैयार हो जाने के पश्चात्, उसके प्रत्येक खण्ड के अन्दर एक-एक अतिरिक्त (Extra) खण्ड बना दिया जाता है। स्वतः इस खण्ड का आकार, मूल-खण्ड के आकार की तुलना में छोटा प्रतीत लगेगा। इस छोटे से खण्ड को, मूल खण्ड का सहायक-खण्ड (Auxiliary) के समान माना जा सकता है। इस छोटे से खण्ड को, प्रत्येक मूल खण्ड के नीचे वाले स्थान की दाहिनी ओर चित्रित किया गया है जिसे रेखांकित चित्र 53 में देखा जा सकता है।

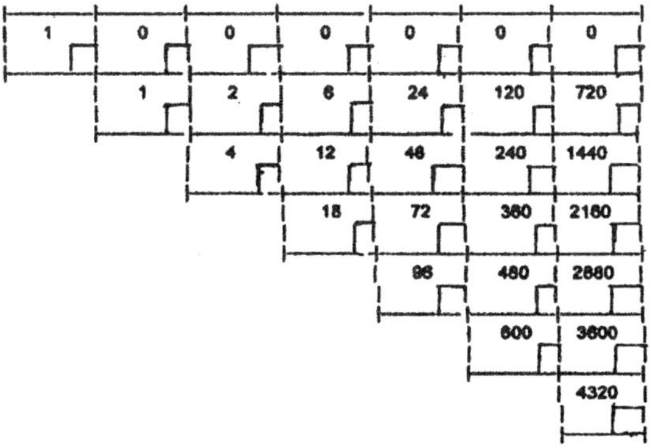

रेखांकित चित्र क्रमांक-53

खण्डमेरू साहित्य से सम्बन्धित पुस्तकों व ग्रन्थों में, इस छोटे से आकार के सहायक खण्ड (Auxiliary) के विषय में, कोई विवरण नहीं दिया गया है। खण्डमेरू के ख़ाके में छोटे-छोटे खण्डों को हमारे द्वारा ही जोड़ा गया है। नष्ट व उद्दिष्ट क्रियाओं

को क्रियान्वित करते समय, ये छोटे-छोटे खण्ड, सुगमता प्रदान करने में सहायक सिद्ध हुए हैं। ख़ाके का ढाँचा तैयार हो जाने के पश्चात्, ख़ाके के प्रत्येक खण्ड में, विशेष अंक भरे जाते हैं। अग्रिम अनुच्छेद में, अंक भरने की विधि का विस्तार पूर्ण विवरण दिया गया है।

अंक भरने की विधि

प्रथम प्रत्येक खण्ड में एक ही अंक भरा जाता है। रेखांकित चित्र-44 में ऐसे खण्डमेरू चित्र को दिखलाया गया है जहाँ प्रत्येक खण्ड में एक अंक भर दिया गया है। अंकों को पंक्तियों के अनुसार (Linewise) भी भर सकते हैं और स्तम्भ-अनुसार (Column wise) भी भर सकते हैं। हमारे विचार से, स्तम्भ (Column) अनुसार, अंकों को भरना, अधिक युक्ति संगत रहेगा।

प्रथम पंक्ति (Line) का प्रथम खण्ड ही, 1ले स्तम्भ का रूप है यानी प्रथम स्तम्भ का रूप, केवल एक ही खण्ड द्वारा बनता है। इस खण्ड में '1' का अंक लिखा जाएगा।

2रे स्तम्भ का स्थान, प्रथम स्तम्भ के दाहिनी ओर स्थित रहता है। 2रे स्तम्भ में दो खण्ड रहते हैं। 2रे स्तम्भ के, ऊपर वाले खण्ड में '0' यानी 'शून्य' का अंक भर दो और उसके नीचे वाले खण्ड में '1' का अंक भर दो।

3रा स्तम्भ, 2रे स्तम्भ के दाहिनी ओर स्थित रहता है। इस स्तम्भ में तीन खण्ड हैं। सबसे ऊपर के खण्ड में '0' का अंक लिख दो। उसके नीचे वाले खण्ड में '2' का अंक भर दो और स्तम्भ के 3रे खण्ड यानी सब से नीचे वाले खण्ड में '4' का अंक भर दो।

4थे स्तम्भ का स्थान, 3रे स्तम्भ के दाहिनी ओर स्थित है। इस स्तम्भ में चार खण्ड होते हैं। प्रथम खण्ड यानी सबसे ऊपर वाले खण्ड में '0' का अंक भर दो। दूसरे खण्ड में '6' का अंक व तीसरे खण्ड में '12' का अंक और चौथे खण्ड यानी सबसे नीचे वाले खण्ड में '18' का अंक भर दिया जाता है।

5वाँ स्तम्भ, चौथे स्तम्भ के दाहिनी ओर स्थित है। इस स्तम्भ में पाँच खण्ड होते हैं। प्रथम खण्ड में '0' शून्य का अंक भर दो। ऊपर से नीचे की ओर 2रे, 3रे, 4थे व 5वें खण्ड में क्रमशः '24', '48', '72' व '96' में अंक भर दो।

6ठे स्थान के ऊपर से नीचे की ओर यानी 1ले, 2रे, 3रे, 4थे, 5वें व 6ठे खण्डों में क्रमशः '0', '120', '360', '480' व '600' के अंकों को भर दो।

अन्त में 7वें स्तम्भ में, ऊपर से नीचे की ओर के खण्डों में क्रमशः '0', '720', '1440', '2160', '2880', '3600' व '4320' के अंक लिख दो।

इस प्रकार खण्ड मेरू का सम्पूर्ण चित्र तैयार हो जाएगा।

टिप्पणी

अंकों को भरने की विधि, दो प्रकार से हो सकती है जैसे 1ली, प्रत्येक पंक्ति अनुसार (Line wise), 2री, प्रत्येक स्तम्भ अनुसार (Column wise) । यदि पंक्ति अनुसार अंकों को भरा जाता है तो 1ली पंक्ति के खण्डों में क्रमशः '1', '0', '0', '0', '0', '0', '0', इस प्रकार अंकों को भरना होगा। 2री पंक्ति में '1', '2', '6', '24', '120', '720' इस प्रकार अंकों को भरना पड़ेगा। इसी प्रकार 3री पंक्ति में '4', '12', '48', '240', '1440' भरना पड़ेगा। 4थी पंक्ति में '18', '72', '360', '2160', व पाँचवीं पंक्ति में '96', '480', '2880' व छठी पंक्ति में '600', '3600' और सातवीं पंक्ति में केवल एक अंक '4320' को भरना पड़ेगा। इस प्रकार हम देख रहे हैं कि यदि अंकों को पंक्ति अनुसार भरते हैं तो हमें बहुत कुछ कंठस्त करना पड़ेगा।

उपर्युक्त, अंकों को स्तम्भ अनुसार भरने की विधि को विस्तारपूर्वक लिखा गया है। उसी विधि के समुन्नत अंग को निम्न प्रस्तुत किया जा रहा है। समुन्नत अंग (Improved Method), में पंक्ति विधि व स्तम्भ विधि, दोनों का मिश्रण है। सर्व प्रथम 1ली व दूसरी पंक्ति में अंकों को भर लो। 1ली पंक्ति के पहले खण्ड में '1' का अंक लिखा जाएगा। पंक्ति के शेष सभी छः खण्डों में '0' का अंक लिखा जाएगा। 2री पंक्ति के छः खण्डों में क्रमशः 1,2,6,24,120,720 के अंक लिखे जाएँगे। इन अंकों के विषय में सारणी क्रमांक 22 को देखा जा सकता है। ये अंक 1 से 6 तक के अंकों की प्रस्तार संख्या से सम्बन्धित हैं। सुगमता, हेतु, प्रथम दो पंक्तियों की संख्याओं को पुनः चित्र क्रमांक-54 में दिया जा रहा है। **यहाँ ध्यान रखना होगा कि स्तम्भों के खण्डों की गिनती ऊपर से नीचे की ओर की गई है। उदाहरणार्थ 7वें स्तम्भ के 1ले खण्ड का स्थान, स्तम्भ के सबसे ऊपर वाले खण्ड में है और 7वें खण्ड का स्थान, स्तम्भ में सबसे नीचे वाले खण्ड में गिना गया है।** रेखांकित चित्र 54 और 55 में, सातों स्तम्भ (Columns) से सम्बन्धित खण्डों के नम्बर लिखे गए हैं।

1ला स्तंभ	2रा स्तंभ	3रा स्तंभ	4था स्तंभ	5वां स्तंभ	6ठा स्तंभ	7वां स्तंभ	
1	0	0	0	0	0	0	खण्ड न. 1
	1	2	6	24	120	720	खण्ड न. 2

रेखांकित चित्र क्रमांक-54

प्रथम दो पंक्तियों के अंकों को भरने के पश्चात्, अब संख्याओं को स्तम्भ अनुसार भरना सुगम होगा। प्रथम दो स्तम्भों की संख्याएँ तो भरी ही जा चुकी हैं। स्तम्भ नम्बर 3 से 7 तक की संख्याओं को भरना शेष है। पंक्ति न. दो की संख्याओं

को आधार मानकर, स्तम्भों में लिखी जाने वाली संख्याओं को स्थापित किया जा सकता है।

4	12	48	240	1440	खण्ड न.3
3रा स्तंभ	18	72	360	2160	खण्ड न.4
	4था स्तंभ	96	480	2880	खण्ड न.5
		5वां स्तंभ	600	3600	खण्ड न.6
			6ठा स्तंभ	4320	खण्ड न.7
				7वां स्तंभ	

रेखांकित चित्र-55

स्तम्भ नम्बर 3 के तीसरे खण्ड की संख्या = 2 × 2 = 4
स्तम्भ नम्बर 4 के तीसरे खण्ड की संख्या = 6 × 2 = 12
स्तम्भ नम्बर 4 के 4थे खण्ड की संख्या = 6 × 3 = 18
स्तम्भ नम्बर 5 के तीसरे खण्ड की संख्या = 24 × 2 = 48
स्तम्भ नम्बर 5 के 4थे खण्ड की संख्या = 24 × 3 = 72
स्तम्भ नम्बर 5 के 5वें खण्ड की संख्या = 24 × 4 = 96
स्तम्भ नम्बर 6 के 3रे खण्ड की संख्या = 120 × 2 = 240
स्तम्भ नम्बर 6 के 4थे खण्ड की संख्या = 120 × 3 = 360
स्तम्भ नम्बर 6 के 5वें खण्ड की संख्या = 120 × 4 = 480
स्तम्भ नम्बर 6 के 6ठे खण्ड की संख्या = 120 × 5 = 600
स्तम्भ नम्बर 7 के 3रे खण्ड की संख्या = 720 × 2 = 1440
स्तम्भ नम्बर 7 के 4थे खण्ड की संख्या = 720 × 3 = 2160
स्तम्भ नम्बर 7 के 5वें खण्ड की संख्या = 720 × 4 = 2880
स्तम्भ नम्बर 7 के 6वें खण्ड की संख्या = 720 × 5 = 3600
स्तम्भ नम्बर 7 के 7वें खण्ड की संख्या = 720 × 6 = 4320

नष्ट विधि

खण्डमेरू के प्रयोग द्वारा, स्वर प्रस्तार प्रक्रिया में, किसी दी हुई संख्या से सम्बन्धित प्रस्तार का स्वरूप ज्ञात करने की विधि को नष्ट विधि कहते हैं।

उदाहरण-1–नष्ट-क्रिया को उदाहरण द्वारा समझना हितकर होगा। यदि किन्ही सात स्वरों के मूल समुदाय का रूप सा, रे, ग, म, प, ध, नि है, तो इन स्वरों द्वारा बने हुए 825वाँ स्वरूप क्या होगा? इस स्वरूप को प्राप्त करने के लिए हमें निम्न मार्ग को अपनाना होगा।

1. दिए हुए मूल समुदाय का रूप सात स्वरों द्वारा निर्मित है, इसलिए हमें सात स्वरों से सम्बन्धित खण्डमेरू चित्र तैयार करना चाहिए।

2. सातवें स्तम्भ में 7 खण्ड हैं। मूल स्वर समुदाय के सातों स्वरों को स्तम्भ के छोटे खण्डों में इस प्रकार लिखो कि प्रत्येक खण्ड में एक स्वर लिखा ज़ा सके। स्वरों को लिखने का क्रम, नीचे से ऊपर की ओर होना चाहिए। इस प्रकार स्तम्भ के 7वें खण्ड में 'सा' लिखा जाएगा और सबसे ऊपर वाले 1ले खण्ड में 'नि' लिखा जाएगा।

3. नियम : नष्ट संख्या 825 से सम्बन्धित स्वर प्रस्तार को ज्ञात करने के लिए हमें कुछ नियमों का पालन करना पड़ेगा। खण्ड मेरू चित्र के प्रत्येक स्तम्भ से एक-एक अंक इस प्रकार चुनना होगा, जिससे चुने हुए सातों अंकों का योग 825 के समान हो जाए। अंक को चुनते समय इस तत्त्व का भी ध्यान रखना होगा कि वह चुना हुआ अंक, उस स्तम्भ का सबसे बड़ा अंक हो और 825 से कम भी हो।

यहाँ 7वें स्तम्भ में 0, 720, 1440, 2160, 2880, 3600 व 4320 अंकों में से हम 720 के अंक को चुनेंगे क्योंकि यह अंक, स्तम्भ का सबसे बड़ा अंक है जो कि 825 से छोटा भी है। स्तम्भ 7 को, अलग से चित्र-56 में दिखलाया गया है। देखिए–

0	नि
*** 720	ध
1440	प
2160	म
2880	ग
3600	रे
4320	सा

रेखांकित
चित्र-56

स्तम्भ के 720 अंक का चुनाव हो चुकने के पश्चात, तथ्य को प्रकाश में लाने के लिए इस खण्ड में ***** ऐसा चिह्न लगा दिया गया है। स्तम्भ के अंक का चुनाव करने के पश्चात् दो बिन्दुओं को ध्यान में लाना आवश्यक है। प्रथम-सातों स्तम्भों में से चुने हुए अंकों का योग 825 हो जाना चाहिए। इसलिए इस सम्बन्ध में 825–720 = 105 ही बचे हैं। द्वितीय-, धैवत के चुनाव के पश्चात अब मूल स्वर समुदाय में से हमारे पास सा, रे, ग, म, प, नि ये छः स्वर बचे हैं।

उपर्युक्त दोनों तथ्यों को ध्यान में रखते हुए, नष्ट विधि को आगे बढ़ाना चाहिए।

खण्ड मेरू चित्र तैयार करने का मुख्य उद्देश्य यह है कि किसी भी तान के स्वरूप का, प्रस्तार क्षेत्र में कौन-से नम्बर का स्थान है? इस विषय पर हम पूर्व में ही चर्चा कर चुके हैं कि यदि प्रस्तार करते समय किसी निश्चित मार्ग का अनुसरण करते हैं जैसे कि खण्ड मेरू चित्रण तो, प्रस्तार क्षेत्र में उस तान को सदैव एक निश्चित स्थान पर ही पाया जाएगा। खण्ड मेरू चित्र में, इस निश्चित स्थान को प्राप्त करने की विधि को 'नष्ट विधि' के नाम से जाना जाता है। 'नष्ट' द्वारा, किसी भी दी हुई क्रम-संख्य से सम्बन्धित तान या प्रस्तार के स्वरूप को ज्ञात किया जा सकता है।

अब खण्ड मेरू चित्र के छठे स्तम्भ के खण्डों में से, उपयुक्त अंक को चुनना चाहिए।

4. छठे स्तम्भ से अंक व स्वर का चुनाव–7वें स्तम्भ में से 'ध' को चुनने के पश्चात्, 6ठे स्तम्भ (Column) के खण्डों में, सा, रे, ग, म, प, नि (बचे हुए स्वर) को नीचे से ऊपर की ओर लिख देना चाहिए। रेखांकित चित्र 57 में, खण्डमेरू के सभी स्तम्भों को दिखलाया गया है। स्तम्भ नम्बर 7 और स्तम्भ नम्बर 6 को थोड़ा-सा अलग करके दिखलाया गया है व अन्य स्तम्भ 1,2,3,4,5 आदि को पूर्व की भाँति, (देखिए चित्र 53 व 55) आपस में सटाकर दिखलाया गया है। इस प्रकार 'सा' का स्थान, सबसे नीचे वाले खण्ड में हो जाएगा और 'नि' का स्थान सबसे ऊपर वाले खण्ड में हो जाएगा।

जिस प्रक्रिया द्वारा 7वें स्तम्भ से एक अंक व एक स्वर का चयन किया गया था, उसी प्रक्रिया द्वारा 6ठे स्तम्भ में से एक स्वर को चुना जाएगा। 7वें स्तम्भ की प्रक्रिया के पश्चात् हमारे पास 825–720 = 105 संख्या बची है। छठे स्तम्भ के अंकों में से, हमें एक अंक का चुनाव इस प्रकार करना है कि वह अंक, स्तम्भ के अंकों (120, 240, 360, 480, 600) में सबसे बड़ी हो और 105 से छोटा भी हो। 6ठे स्तम्भ में ऐसा अंक कोई भी नहीं है। इसलिए 6ठे स्तम्भ में से हम शून्य '0' को चुनेंगे। उस खण्ड में से, शून्य के साथ 'नि' का भी चुनाव कर लेना चाहिए।

उपर्युक्त क्रिया द्वारा 'नि' व '0' का चुनाव हुआ है। इसलिए चुने हुए खण्ड को '*****' इस चिह्न द्वारा अंकित कर देना चाहिए। चयनित स्वर 'ध' को 7वें स्तम्भ के बाहर व सबसे ऊपर वाली पंक्ति में लिख देना चाहिए और 'नि' को 6ठे स्तंभ के बाहर सबसे ऊपर वाली पंक्ति में लिख देना चाहिए। देखिए चित्र 57। अब हमारे पास, मूल समुदाय के स्वर "सा, रे, ग, म, प" बचेंगे और अंक में 105-0 = 105 की संख्या बचेगी।

5. शेष स्वर 'सा रे ग म प' का चुनाव–अग्रिम चुनाव के लिए हमें 5वें स्तम्भ की ओर ध्यान लगाना चाहिए। शेष स्वर सा, रे, ग, म, प को 5वें स्तम्भ के खण्डों में, नीचे से ऊपर की ओर लिखने के पश्चात्, अंक का चुनाव करना चाहिए। 5वें

स्तम्भ में 96 अंक को चुना जाएगा क्योंकि यह अंक, स्तम्भ में सबसे बड़ा है और 105 से छोटा भी है। इस खण्ड के 96 अंक को चुनने के साथ-साथ, स्वर 'सा' का भी चुनाव कर लेना चाहिए और चुनाव सम्बन्धित चिह्न ***** को भी लगा देना चाहिए। इसके पश्चात् चयनित स्वर 'सा' को स्तम्भ के बाहर, यथास्थान पर लिख देना चाहिए जैसा कि चित्र क्रमांक 57 में देखा जा सकता है। 96 अंक का चुनाव हो जाने के कारण, अब अग्रिम गणना के लिए हमारे पास 105-96 = 9 बचे हैं और नए स्वर समुदाय का स्वरूप रे, ग, म, प, बन गया है।

जिस प्रकार से 'सा' 'नि' 'ध' को स्थापित किया गया है, उसी विधि द्वारा 4थे स्तम्भ से स्वर 'म' का चयन हो जाएगा। 'म' चयन करने के पश्चात्, अब हमारे पास 9–6 = 3 बचे हैं और बचे हुए स्वर समुदाय का नया रूप रे, ग, प प्राप्त होगा।

अब तक हम 'सा नि ध म' को स्थापित कर चुके हैं। उपर्युक्त विधि द्वारा, 3रे स्तम्भ से 'ग' का चयन हो जाएगा। 'ग' चयन करने के पश्चात्, अब हमारे पास 3–2 = 1 का अंक बचेगा और स्वर समुदाय का नया रूप 'रे, प' हो जाएगा। स्वर 'ग' को भी 'स्तम्भों द्वारा चयनित स्वर' पंक्ति में लिख देना चाहिए। देखिए चित्र क्रमांक-57।

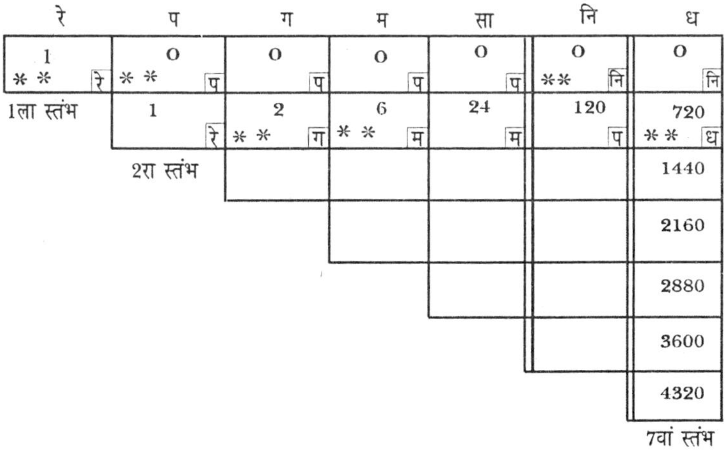

रेखांकित चित्र-57

अभी तक स्वर 'सा नि ध म ग' स्थापित हो चुके हैं। अब नियमानुसार दूसरे स्तम्भ में, नए स्वर समुदाय 'रे प' को लिखा जाएगा। हमें ध्यान रखना चाहिए कि

नियमानुसार प्रत्येक स्तम्भ में से एक अंक को चुनना आवश्यक है। जिस प्रकार से अभी तक अंक का चुनाव हो रहा है, उसके अनुसार तो हमें स्तम्भ में लिखे अंक 1 का चुनाव कर लेना चाहिए परन्तु ऐसा करने से, अग्रिम कार्यवाही के लिए हमारे हाथ में कुछ भी नहीं बचेगा। इसलिए 2रे स्तम्भ से हम शून्य "0" का चुनाव करेंगे और साथ-साथ में 'प' का भी चुनाव करेंगे। पूर्व अनुसार 'प' को भी 'स्तम्भों द्वारा चयनित स्वर' पंक्ति में लिख देना चाहिए।

इस प्रकार अभी तक 'सा नि ध प म ग' स्थापित हो चुके हैं। अन्त में 1ले स्तम्भ में 'रे' को लिख देना चाहिए। पूर्व की भाँति 'रे' को भी "स्तम्भों द्वारा चयनित स्वर" वाली पंक्ति में, 1ले स्तम्भ के ऊपर वाली पंक्ति में लिख देना चाहिए। जब हम रेखांकित चित्र-57 की पंक्ति "स्तम्भों द्वारा चयनित स्वर" को पढ़ते हैं तो हमें "रे प ग म सा नि ध" प्राप्त हो जाता है। यही मूल समुदाय सा रे ग म प ध नि के 825वें प्रस्तार का स्वरूप है।

एक बार 'नष्ट' विधि को ठीक प्रकार से समझ लिया जाता है तो भविष्य में किसी भी प्रस्तार संख्या में जुड़ा स्वरूप सरलता व शीघ्रता से स्थापित किया जा सकता है।

नष्ट विधि उदाहरण-2

मान लो हमें तीन स्वरों के मूल समुदाय 'सा रे ग' का 3रा प्रकार ज्ञात करना है। नष्ट विधि द्वारा इस प्रकार के स्वरूप को सरलता से जाना जा सकता है। इस प्रयोजन सिद्धि के लिए, केवल तीन स्तम्भों वाले खण्डमेरू चित्र को तैयार करना चाहिए। खण्ड मेरू खाका तैयार करने के पश्चात उसमें विधिवत् अंक और स्वर भरना चाहिए।

स्तम्भों द्वारा चयनित स्वर–

```
     सा         ग          रे
|---------- |----------|----------|
|    1      |    0     |    0     |
|****| सा   |**** |ग   |      |ग  |
|-----------|--------- |----------|
   1ला स्तंभ |    1     |    2     |
            |      |सा |****  |रे |
            |--------- |----------|
               2रा स्तंभ |    4     |
                       |      |सा |
                       |----------|
                          3रा स्तंभ |
```

रेखांकित चित्र-58

1ली पंक्ति के क्रमशः 1, 0, 0 और दूसरी पंक्ति में क्रमशः 1, 2 भरना चाहिए। तीसरी पंक्ति में केवल 4 का अंक भरना चाहिए। अंक भरने के पश्चात्, 3रे स्तम्भ में मूल समुदाय के स्वर 'सा रे ग' को भरना चाहिए। स्वरों को भरने का क्रम नीचे से ऊपर की ओर होना चाहिए। इस प्रकार 'सा' सबसे नीचे के खण्ड में लिखा जाएगा और 'रे' को बीच के खण्ड में व 'ग' को सबसे ऊपर वाले खण्ड में लिखा जाएगा। इतना हो जाने पर, प्रश्न उपयुक्त, खण्डमेरू चित्र तैयार हो गया है।

अब 3रे स्तम्भ से एक संख्या चुननी है जो स्तम्भ में सबसे बड़ी हो और निर्दिष्ट नष्ट-संख्या 3 से, छोटी हो। तीसरे स्तम्भ में ऐसी संख्या 2 है। इसलिए स्तम्भ के इस खण्ड में से अंक 2 का चयन किया जाएगा और साथ में उस खण्ड में लिखे हुए स्वर 'रे' का भी चयन कर लिया जाएगा। चयन के पश्चात्, उस खण्ड में **** चयन निह्न भी लगा देना चाहिए। चयनित स्वर 'रे' को 3रे स्तम्भ की ऊपर वाली पंक्ति में, परिणामस्वरूप लिख देना चाहिए। चयन के पश्चात् हमारे पास 3–2 = 1 बच जाएगा और अब नए स्वर समुदाय का रूप 'सा ग' बन जाएगा।

'रे' का चयन हो जाने के पश्चात् बचे हुए स्वर 'सा ग' को स्तम्भ नम्बर-2 में इस प्रकार लिख दो कि 'सा' को नीचे वाले खण्ड में और 'ग' को ऊपर वाले खण्ड में स्थान मिल जाए। स्तम्भ नम्बर-2 में से भी एक संख्या चुननी है जो स्तम्भ में सबसे बड़ी हो और बची हुई संख्या 1 से छोटी हो। दूसरे स्तम्भ में ऐसी संख्या 1 है परन्तु इस संख्या का चुनाव नहीं कर सकते क्योंकि चयन के पश्चात हमारे हाथ में कुछ भी नहीं बच सकेगा। इसलिए स्तम्भ से शून्य "0" अंक का चुनाव करना चाहिए और साथ में उस खण्ड में लिखे हुए स्वर 'ग' का भी चयन कर लेना चाहिए। चयन के पश्चात्, उस खण्ड में **** चयन चिह्न भी लगा देना चाहिए। चयनित स्वर 'ग' को स्तम्भ की ऊपर वाली पंक्ति में, परिणामस्वरूप लिख देना चाहिए। चयन के पश्चात अब हमारे पास अंक 1 और स्वर 'सा' बचा है। स्वतः 'सा' को स्तम्भ नम्बर-1 में लिख दिया जाएगा साथ में 'सा' को 1ले स्तम्भ के ऊपर भी लिख देना चाहिए।

रेखांकित चित्र-58 में 'स्तम्भों द्वारा चयनित स्वर' वाली पंक्ति को पढ़ने के पश्चात् हमें "सा ग रे" प्राप्त होगा जो कि हमारे प्रश्न का उत्तर है। यही मूल समुदाय 'सा रे ग' का 3रा प्रसारित स्वरूप है।

'उद्दिष्ट विधि' परिचय

उद्दिष्ट विधि को हम उपर्युक्त वर्णित नष्ट विधि का उल्टा स्वरूप मान सकते हैं। यदि हमारे पास कोई प्रस्तारित स्वर समुदाय है, तो उस स्वर समुदाय से सम्बन्धित प्रस्तार संख्या को स्थापित करने की क्रिया को 'उद्दिष्ट' विधि के नाम से जाना जाता

है। 'नष्ट' विधि को यदि ठीक से समझ लिया जाता है, तो 'उद्दिष्ट' विधि को समझने में कोई कठिनाई का सामना नहीं करना पड़ता है। उद्दिष्ट व नष्ट विधि द्वारा उचित परिणामों को प्राप्त करने के लिए खण्डमेरू चित्र की आवश्यकता पड़ती है। जितनी मूल स्वर समुदाय की संख्या होती है, उतने ही स्वरों से सम्बन्धित यानी आवश्यकता अनुसार खण्डमेरू का खाका बना लेना चाहिए और उसमें अंक आदि भर लेना चाहिए। जिस प्रकार से नष्ट विधि को समझने के लिए उदाहरण दिए गए थे, उसी प्रकार उद्दिष्ट विधि को उदाहरणों द्वारा समझना ठीक रहेगा।

उद्दिष्ट विधि

उदाहरण-1–मान लो हमारे पास सात स्वरों का मूल समुदाय 'सा रे ग म प ध नि' है। यदि इस समुदाय के, किसी एक प्रस्तार का स्वरूप 'ग म सा ध प नि रे है तो इस प्रस्तार से सम्बन्धित संख्या क्या होगी? इस प्रश्न का उत्तर 'उद्दिष्ट' विधि द्वारा सरलता से प्राप्त किया जा सकता है।

पृ. 269-70 में वर्णित निश्चित मार्ग द्वारा स्वर-प्रस्तार क्रिया की सहायता से हम इस निर्णय तक पहुँच सकते हैं कि मूल समुदाय 'सा रे ग म प ध नि' सात स्वरों से निर्मित होने के कारण, कुल प्रस्तारों की संख्या 5040 तो होगी परंतु इस तथ्य का निर्णय करना कठिन है कि 'ग म सा ध प नि रे' से संबंधित प्रस्तार संख्या क्या होगी? उद्दिष्ट विधि खण्डमेरू आधारित है और इस विधि द्वारा हमारी समस्या का उत्तर सरलता से व सही प्रकार से प्राप्त हो सकता है।

जिस प्रकार से 'नष्ट' विधि को क्रियान्वित करते समय कुछ नियमों का पालन करना पड़ता है, उसी प्रकार 'उद्दिष्ट' विधि के लिए भी कुछ आवश्यकता रहती है।

1. सर्व प्रथम सात स्वरों से सम्बन्धित प्रस्तार संख्याओं को भरते हुए 'खण्डमेरू' चित्र तैयार कर लेना चाहिए। पूर्व की भाँति 7वें स्तम्भ (Column) में, नीचे से ऊपर की ओर का क्रम रखते हुए, सात स्वर 'सा रे ग म प ध नि' को यथावत लिख देना चाहिए।

2. खण्डमेरू खाके के बाहर सबसे ऊपर वाली पंक्ति में 'ग म सा ध प नि रे' इस प्रकार लिखो कि 1ले स्तम्भ से सम्बन्धित स्थान पर 'ग' लिखा जाए व दूसरे स्तम्भ से सम्बन्धित स्थान पर 'म' लिखा जाए। इस प्रकार क्रमशः लिखते हुए 7वें स्तम्भ से सम्बन्धित स्थान पर 'रे' लिख दो। देखिए रेखांकित चित्र-59।

3. इस प्रकार प्रश्न में दिए गए 'ग म सा ध प नि रे' स्वर समुदाय, खण्ड मेरू खाके के बाहर होते हुए भी खाके से जुड़ जाता है। 'नष्ट' क्रिया द्वारा इस प्रकार के समुदाय को, खाके के अन्तर्भाग में से स्वरों को खींचकर, तैयार किया जाता है और सम्बन्धित स्वरों को खाके के बाहर लिखा जाता है। इसके विपरीत 'उद्दिष्ट' क्रिया में, इस प्रकार के स्वरों को, खण्ड मेरू खाका तैयार करते समय ही

साथ-साथ लिख दिया जाता है। रेखांकित चित्र-59 में 'उद्दिष्ट' सम्बन्धित प्रस्तार वाले स्वर 'ग म सा ध प नि रे' को खाके के बाहर वाली पंक्ति में देखा जा सकता है। इन स्वरों की सहायता द्वारा, सम्बन्धित अंकों को खाके के अन्तर्भाग में से खींच कर, उद्दिष्ट संख्या का निर्माण किया जाता है।

4. 'नष्ट' क्रिया को आरम्भ करते समय, सर्व प्रथम 7वें स्तम्भ के अंक का चयन किया गया था। चयन करने के पश्चात, उस खण्ड पर **** चिह्न लगा कर, सम्बन्धित स्वर को 7वें स्तम्भ के ऊपर वाले स्थान पर, परिणामस्वरूप लिख दिया गया था। उद्दिष्ट विधि के समय भी, क्रिया को 7वें स्तम्भ से ही आरम्भ करेंगे। 7वें स्तम्भ के बाहर वाले स्थान पर 'रे' लिखा हुआ है। अब हमें यह ढूँढ़ना है कि 7वें स्तम्भ के अन्दर 'रे' कहाँ लिखा हुआ है? सरसरी दृष्टि द्वारा देखते ही हम पाएँगे कि 7वें स्तम्भ के 6ठे खण्ड में 'रे' स्थित है। इसलिए हम खण्ड नम्बर छः (6) का चयन कर लेंगे और इस खण्ड पर ****चिह्न लगा देंगे। इस प्रकार 7वें स्तम्भ से 3600 अंक का भी चयन कर लिया जाएगा। 'रे' का चयन हो जाने के पश्चात, स्तम्भ के मूल समुदाय में अब 'सा ग म प ध नि' बच जाएँगे।

उद्दिष्ट संबंधित प्रस्तार वाले स्वर---->	ग	म	सा	ध	प	नि	रे
	1	0	0	0	0	0	0
	**** ग	**** म	म	**** ध	ध	**** नि	नि
	1ला स्तंभ	1	2	6	24	120	720
		ग	ग	म	**** प	ध	ध
		2ग स्तंभ	4	12	48	240	1440
			**** सा	ग	म	प	प
			3रा स्तंभ	18	72	360	2160
				सा	ग	म	म
				4था स्तंभ	96	480	2880
					सा	ग	म
					5वाँ स्तंभ	600	3600
						सा	**** रे
						6ठा स्तंभ	4320
							सा
							7वाँ स्तंभ

रेखांकित चित्र-59

5. पूर्व की भाँति नीचे से ऊपर की ओर का क्रम अपनाते हुए, 6ठे स्तम्भ (Column) के छोटे-छोटे खण्डों में, मूल समुदाय के बचे हुए स्वर 'सा ग म प ध

नि' को यथावत लिख देंगे। चित्र नम्बर-50 में, 'उद्दिष्ट सम्बन्धित प्रस्तार वाले स्वर' पंक्ति में से, स्वर 'रे' का चयन हो जाने के पश्चात, स्वर 'नि' को ढूँढ़ने की बारी है। 'नि' को 6ठे स्तम्भ में ढूँढ़ना होगा। स्वर 'नि', 6ठे स्तम्भ के सबसे ऊपर वाले खण्ड नम्बर 1 में स्थित है इसलिए हम खण्ड नम्बर 1 का चयन कर लेंगे और इस खण्ड पर ****चिह्न लगा देंगे। इस खण्ड द्वारा स्वर 'नि' और शून्य के अंक '0' का भी चयन कर लिया जाएगा। अभी तक स्तम्भ के मूल समुदाय में से 'रे' व 'नि' का चयन हो चुका है। स्तम्भ के खण्डों में अब 'सा ग म प ध' बचे हैं। इन बचे हुए स्वरों को, नीचे से ऊपर की ओर का क्रम अपनाते हुए, 5वें स्तम्भ में लिख देना चाहिए। चुनाव प्रक्रिया द्वारा कुल दो अंक यानी 3600 व 0 का चुनाव हुआ है।

6. अब फिर से चित्र-59 की ओर ध्यान लगाना चाहिए। 'उद्दिष्ट सम्बन्धित प्रस्तारित स्वर' समुदाय में से स्वर 'रे' व 'नि का चयन हो चुका है। अब 5वें स्तम्भ के, उद्दिष्ट सम्बन्धित प्रस्तारित स्वर 'प' को ढूँढ़ने की बारी है। 'प' को, 5वें स्तम्भ (Column) में ढूँढ़ना चाहिए। हम पाएँगे कि स्वर 'प' का स्थान, 5वें स्तम्भ के दूसरे खण्ड में है। इसलिए इस खण्ड में ****चयनित चिह्न लगा देना चाहिए। इस खण्ड से 'प' के साथ, संख्या 24 का भी चयन हो जाएगा। अब हम अभी तक की स्थिति की समीक्षा करते हैं, तो पाएँगे कि अभी तक स्तम्भों के मूल समुदाय के स्वर 'रे, नि व प' का चयन हो चुका है। स्तम्भ के मूल समुदाय में अब 'सा ग म ध' बचे हैं। इन बचे हुए स्वरों को, नीचे से ऊपर की ओर का क्रम रखते हुए, 4थे स्तम्भ में लिख देना चाहिए।

7. उद्दिष्ट क्रिया को आगे बढ़ाने के लिए, अब फिर से चित्र 59 की ओर ध्यान लगाना चहिए। उद्दिष्ट सम्बन्धित, प्रारम्भ में दिए गए स्वर समुदाय में से, स्वर 'रे', 'नि' व 'प' का चयन हो चुका है। अब 4थे स्तम्भ के ऊपर लिखे हुए, 'उद्दिष्ट' सम्बन्धित स्वर, 'ध' की बारी है। 'ध' का स्थान, 4थे स्तम्भ (Column) में ढूँढ़ना चाहिए। हम पाएँगे कि स्वर 'ध' का स्थान, 4थे स्तम्भ के 1ले खण्ड में दिखलाई दे रहा है। इसलिए इस खण्ड में ****चयनित चिह्न लगा देना चाहिए। इस खण्ड से 'ध' के साथ, संख्या "0" का भी चयन हो जाएगा।

अब हम एक बार फिर से, चयन प्रक्रिया द्वारा उपलब्ध परिणामों की समीक्षा करना चाहेंगे। हम पाएँगे कि अभी तक, 'उद्दिष्ट सम्बन्धित प्रस्तार वाले स्वर' वाली पंक्ति में से 'रे, नि, प व ध' का चयन हो चुका है और इसके अतिरिक्त, चयन किए हुए विविध स्तम्भों में से, चार अंक 3600, 0, 24, 0 का भी चयन हो चुका है। स्तम्भ में लिखे जाने वाले स्वरों में से, अब तीन स्वर 'सा ग म' बचे हुए हैं। इन बचे हुए स्वर 'सा ग म' को, नीचे से ऊपर की ओर का क्रम अपनाते हुए, 3रे स्तम्भ में लिख देना चाहिए।

8. अब 3रे स्तम्भ (Column) में 'सा' को ढूँढ़ना चाहिए। हम पाएँगे कि स्वर 'सा' का स्थान, 3रे स्तम्भ के 3रे खण्ड में दिखलाई दे रहा है। इसलिए इस खण्ड में ****चयनित चिह्न लगा देना चाहिए। इस खण्ड से 'सा' के साथ, संख्या "0" का भी चयन हो जाएगा।

अब हम चयन स्थिति की समीक्षा करते हैं तो पाएँगे कि अभी तक, स्तम्भ में लिखे जाने वाले स्वर 'सा रे प ध नि' का चयन चुका है और ****वाले इस प्रकार चिह्नित खण्डों में से 3600, 0, 24, 0, 4 संख्याओं का भी चयन हो चुका है। उद्दिष्ट सम्बन्धित प्रस्तार वाले स्वरों में से केवल 'ग' और 'म' बचे हुए हैं, जिनका चयन होना शेष है। इन बचे हुए स्वरों को, नीचे से ऊपर की ओर का क्रम रखते हुए, 2रे स्तम्भ में लिख देना चाहिए। इस प्रकार 2रे स्तम्भ में, नीचे के खण्ड में 'ग' और ऊपर के खण्ड में 'म' लिखा जाएगा।

स्तम्भ नम्बर-2 के शीर्ष स्थान और 'उद्दिष्ट सम्बन्धित प्रस्तार वाले स्वर' वाली पंक्ति में 'म' लिखा हुआ है। इसलिए 'म' को 2रे स्तम्भ में ढूँढ़ना चाहिए। हम पाएँगे कि 'म', दूसरे स्तम्भ के 1ले खण्ड में स्थित है। इसलिए इस खण्ड में, ****चयनित चिह्न लगा देना चाहिए और इस खण्ड से 'म' के साथ, संख्या "0" का भी चयन कर लेना चाहिए। इस प्रकार कुल अंक 3600, 0, 24, 0, 4, 0 का चयन हो जाएगा। शेष स्वर 'ग' बचा, जिसका 1ले स्तम्भ में अपने आप चयन हो ही जाएगा क्योंकि 1ले स्तम्भ में एक ही खण्ड है। इसलिए 1ले स्तम्भ के प्रथम खण्ड में भी ****चयन चिह्न लगा देना चाहिए। इस खण्ड द्वारा, संख्या '1' का भी चयन हो जाएगा।

अब हम सम्पूर्ण स्थिति की समीक्षा करते हैं। हमें प्रस्तार का स्वरूप 'ग म सा ध प नि रे' दिया गया था और यह पूछा गया था कि इस स्वरूप से सम्बन्धित प्रस्तार संख्या कौन-सी है? उद्दिष्ट विधि के अनुसार सात स्तम्भों से निर्मित खण्डमेरू चित्र बनाकर, सम्बन्धित संख्या 3600, 0, 24, 0, 4, 0, 1 को चित्र से बाहर खींच कर, उपयुक्त स्थान पर एकत्रित किया गया है। इन्हीं संख्याओं के योग यानी 3600 + 0 + 24 + 0 + 4 + 0 +1 = 3629 ही हमारे प्रश्न का उत्तर है।

उद्दिष्ट विधि

उदाहरण-2—मान लो हमें पाँच स्वर सा, रे ग, म, प द्वारा निर्मित, एक प्रस्तार दिया गया है जिसका स्वरूप 'म रे सा प ग' है। इस समुदाय का उद्दिष्ट क्रमांक क्या होगा?

उपर्युक्त उदाहरणों के उत्तर को पढ़ने पर, ऐसा प्रतीत होने लगता है कि नष्ट व उद्दिष्ट विधि की प्रक्रिया अत्यधिक विशाल व कठिन है परन्तु वास्तविक स्थिति ऐसी नहीं है। यह सच है कि प्रस्तार व खण्डमेरू आदि गणित आधारित विषय हैं परन्तु यदि एक बार, विषय ठीक से समझ में आ जाता है तो सम्बन्धित प्रश्नों के उत्तर सरलता व शीघ्रता से प्राप्त हो जाता है।

अभी हमें 5 स्वरों से निर्मित प्रस्तार दिया गया है। इसलिए खण्डमेरू खाके का निर्माण भी पाँच स्तम्भों की सहायता से करना चाहिए। रेखांकित चित्र-60 द्वारा ऐसे चित्र को दिखलाया गया है। खाके के बाहर की पंक्ति में 'म रे सा प ग' प्रस्तार स्वरूप को, यथास्थान पर लिख दिया गया है।

उद्दिष्ट सम्बन्धित प्रस्तार के स्वर

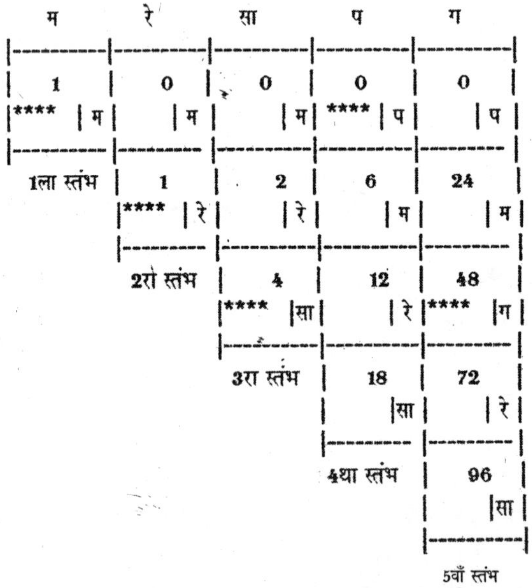

रेखांकित चित्र क्रमांक-60

1. सर्व प्रथम उद्दिष्ट सम्बन्धित प्रस्तार के स्वर 'ग' को, सबसे बड़े स्तम्भ यानी 5वें स्तम्भ में ढूँढ़ना चाहिए। 'ग' पाँचवें स्तम्भ के 3रे खण्ड में स्थित है। इस खण्ड को *****द्वारा चिन्हित करके, खण्ड के स्वर 'ग' और अंक 48 का चयन कर लेना चाहिए। 5वें स्तम्भ के स्वर 'ग' के चयन के पश्चात मूल स्वरों का प्रभावी समुदाय 'सा रे म प' बचेगा।
2. पाँचवें स्तम्भ में से अंक 48 के चयन होने के पश्चात, खण्डमेरू के 4थे स्तम्भ के छोटे-छोटे खण्डों में, 'सा रे म प' लिख देना चाहिए।
3. अब 4थे स्तम्भ में उद्दिष्ट सम्बन्धित प्रस्तार स्वर 'प' को ढूँढ़ना चाहिए। पूर्व की भाँति उन्हीं सब क्रियाओं को दोहरा दो, जो क्रियाएँ 5वें स्तम्भ के लिए की गई थीं।
4. इसके पश्चात स्तम्भ नम्बर 3, 2 व 1 में भी वही क्रियाएँ दोहराई जाएँगी।
5. मूलभूत में, एक ही प्रकार की क्रियाएँ पाँच बार दोहराई जाएँगी क्योंकि

उद्दिष्ट सम्बन्धित स्वर समुदाय का स्वरूप 'म रे सा प ग' पाँच स्वरों द्वारा निर्मित है।

6. इन पाँच प्रकार से दोहराए गए विवरण को, निम्न पाँच पंक्तियों में देखा जा सकता है।
7. चयनित अंकों का कुल योग करने से जो संख्या प्राप्त होती है, वही संख्या (हमें दिए हुए) स्वर प्रस्तार से सम्बन्धित उद्दिष्ट क्रमांक की संख्या होगी।

स्तम्भ क्रमांक	प्रभावी मूल स्वर	चयनित स्वर	चयनित अंक
5	सा रे ग म प	ग	48
4	सा रे म प	प	0
3	सा रे म	सा	4
2	रे म	रे	1
1	म	म	1

चयनित अंकों का कुल योग = 48 + 0 + 4 + 1 + 1 = 54

अतः प्रस्तार 'म रे सा प ग' का अपेक्षित उद्दिष्ट क्रमांक, 54 होगा।

षड्ज, आधार स्वर व उपस्वर

वैदिक काल में स्वरों की संज्ञा उद्दात्त, अनुदात्त और स्वरित बतलाई गई है। उद्दात्त स्वर ऊँचे प्रकृति के माने गए हैं और नीचे प्रकृति के स्वरों को अनुदात्त की श्रेणी में माना गया है। स्वरित स्वर उस स्थान की ओर संकेत देता है, जहाँ उद्दात्त और अनुदात्त स्वर का मेल होता है। इस स्वरित का उच्चारण बार-बार होता है। ऐसी स्थिति वाले 'स्वरित' को आधार-स्वर के समान मान सकते हैं जिसे साधारण बोल चाल की भाषा में 'सुर' कहते हैं।

भरतादि काल में स्वर की कई नई श्रेणियों को शास्त्रलोक आधार प्राप्त था। उस समय मूर्छना स्रोत के, जाति गायन की प्रधानता थी। भरत-पद्धति में 'जाति' का वही स्थान माना जाता है, जो कि आज की पद्धति में 'राग' के स्थान की मान्यता है। जैसे राग की उत्पत्ति ठाट से होती है वैसे ही मूर्छना से जाति की उत्पत्ति होती है। जिस प्रकार से ठाट में अनेक राग हो सकते हैं, उसी प्रकार से मूर्छना में अनेक जातियाँ हो सकती हैं। जैसे रागों की पहचान ठाट आरोही, अवरोही, वादी, संवादी पर निर्भर होती है वैसे ही जाति की गुणज्ञता मूर्छना ग्रह, अंश, न्यास आदि पर निर्भर करती है। 'ग्रह' वह स्वर है जिससे जाति-गान का आरम्भ होता है। 'अंश' स्वर को सबसे प्रधान यानी 'जीव स्वर' समान मान्यता होती है और 'न्यास' स्वर को गान की समाप्ति पर प्रयोग में लिया जाता है। भरतादि काल में जैसे श्रुति से स्वर

व स्वर से ग्राम, ग्राम से मूर्छना और मूर्छना से जाति का प्रादुर्भाव हुआ, ठीक इसी तरह वर्तमान मान्यता यह है कि नाद से श्रुति व श्रुति से स्वर और स्वर से ठाट व रागों की उत्पत्ति होती है।

प्राचीन समय में जाति गायन को शास्त्रीय आधार प्राप्त था जहाँ ग्रह, अंश स्वरों के साथ, श्रुतियों के अन्तराल की परिपाटी को जीवित रखना पड़ता था। वर्तमान में यह धारणा बदल गई और उसके स्थान पर षड्ज यानी तारता (Pitch) को आधार माना जाने लगा। संगीत के कार्यक्रमों में साधारणतः देखा जाता है। कि शहनाई, बाँसुरी आदि वाद्यों के साथ पीछे बैठा व्यक्ति स्वरित प्रदान करता रहता है। इस प्रकार के स्वरित को अपनाने के साथ-साथ श्रुति के अन्तरालों की गणना आरोही क्रम में कहने लगी, जब कि भरत व शार्ङ्गदेव आदि के समय, इस प्रकार का क्रम अवरोही के रूप में था। ऐसा अनुमान किया जा सकता है कि 'षड्ज' को स्वरित (आरम्भ का स्थान) मानने का स्वाभाविक परिणाम यह हुआ कि आवर्त्तकों यानी उपस्वर (Harmonics/Over Tones/Partials) को अनजाने में प्रधानता दी जाने लगी।

वर्तमान में स्वरित ही आधार स्वर है क्योंकि स्वरित के सतत चैतन्य रहने से, अन्य स्वरों का तारतम्य लगातार व स्पष्ट बना रहता है। इस प्रक्रिया में तानपूरा सबसे प्रमुख वाद्य है। इस आधार स्वर की इतनी प्रधानता रहती है कि कोई शास्त्रीय गान, तानपूरे के स्वर के बिना सम्पन्न नहीं होता है। स्वरित या आधार स्वर की लगातार संगति आवश्यक है। गान कार्यक्रम के आधार स्वर का व्यवहार, बहुत ही प्राथमिक व मौलिक अवस्था मानी जाती है, यहाँ तक कि तबला व पखावज भी इसी सुर से मिला रहता है जो स्वरित यानी आधार स्वर का काम देता है।

तानपूरे का स्वरों की उत्पत्ति, उसके तारों की हलकी-सी ठोकर मारने के कारण होती है। साधारण भाषा में इस क्रिया को तानपूरा छेड़ना कहा जाता है। तानपूरे के तार, घुड़च की सतह पर से होकर खूँटी तक पहुँचते हैं। तार व घुड़च की सतह के बीच में उपयुक्त धागे का प्रयोग किया जाता है। धागे के इस टुकड़े को 'जीवा' या 'जवारी' का धागा भी कहते हैं। इस धागे के कारण तार घुड़व की सतह से अल्प मात्रा में ऊपर उठ जाता है। जब तानपूरे को छेड़ा जाता है, तो तार में कम्पन्न होता है और तार का वह भाग, घुड़च की सतह पर ठोकर मारता है। इस क्रिया द्वारा तार में उपस्वर (Harmonics) उत्पन्न होने की क्षमता बढ़ जाती है। ठोकर के कारण बार-बार नई शक्ति मिलते रहने से, कम्पन्न देर तक टिक जाता है। जवारी वाले स्वर की इसी श्रेणी द्वारा 'अनुरणन' की स्थिति बनती है। यदि तानपूरे के तारों में 'जीवा' या 'जवारी' की व्यवस्था नहीं की जाती है, तो एक नम्बर तार की ध्वनि बन्द होने पर ही दूसरे नम्बर के तार की ध्वनि सुनाई पड़ेगी। जवारी ठीक होने पर चारों तारों की ध्वनि, एक में एक मिलकर तीव्र हो जाती है और ध्वनि की गूँज

बहुत देर तक टिकी रहती है। उपस्वर भी बलवान होकर स्पष्ट सुनाई देने लगते हैं। जवारी के कारण तानपूरे द्वारा निकले स्वर एक अन्य श्रेणी में पहुँच जाते हैं जहाँ आवर्त्तक द्वारा स्वर की रंजकता बढ़ जाती है।

हमें ज्ञात है कि मूल स्वर और उससे उपजे आवर्त्तक की तारता (Pitch) भिन्न-भिन्न होती है। मूलस्वर और सम्बन्धित आवर्त्तकों के मेल द्वारा, एक प्रकार के मिश्रित स्वरों का निर्माण हो जाता है। मिश्रण क्रिया द्वारा मूल स्वर यानी आधार स्वर का गुण भी बदल जाता है। संगीतज्ञ ऐसे स्वरों को पसन्द करते हैं क्योंकि उपस्वरों का मिश्रण मधुर और चित्ताकर्षक होता है। आधुनिक ध्वनि विज्ञान की दृष्टि में नाद व स्वर आदि तरंगों द्वारा प्रसारित होते हैं। मूल स्वर व आवर्त्तक भी अपनी-अपनी तरंगों द्वारा प्रसारित होते हैं। ये तरंगें सरल व शुद्ध प्रकार की होती हैं परन्तु जब ये तरंगें आपस में मिल जाती हैं, तो ये मिश्रित रूप धारण कर लेती हैं। परिणामस्वरूप हमें मिश्रित स्वर सुनने को मिलता है और तरंगों का आपसी मेल हो जाने के कारण, एक संग्रहीत लहर (Composit Wave) का निर्माण हो जाता है। इस प्रकार की पारिणामिक लहर के स्वरूप को, आधुनिक यन्त्रों के पटल (Screen) पर देखा जा सकता है। ऐसे यन्त्रों द्वारा इस नई लहर के स्वरूप को चक्षु द्वारा देखा जा सकता है परन्तु देखकर हम यह नहीं बतला सकते कि इस लहर का कौन-कौन-सी सरल व शुद्ध तरंगों के योगदान द्वारा, इस नए रूप का निर्माण हो सका है?

दो या दो से अधिक, सरल व शुद्ध तरंगें अपनी मौलिक आकृति (Original Features) को त्याग कर, एक प्रकार का पारिणामिक (Resultant) रूप धारण कर लेती हैं। इसलिए हमें यन्त्र के पटल (Screen) पर केवल एक ही लहर दिखलाई देती है। विलक्षण तत्त्व यह है कि मानव कान ऐसे मिश्र स्वर को सुनकर यह बतला सकता है कि उस मिश्र ध्वनि में कौन-कौन से नाद उपस्थित है। यही कारण है कि हम स्वयंभू-गांधार जैसे उपस्वर का स्वतन्त्रता पूर्वक अनुभव कर सकते हैं।

मेलॉडि (Melody) व हारमॉनी (Harmony)

यद्यपि मेलॉडि (Melody) व हारमॉनी (Harmony) दोनों ही अंग्रेजी के शब्द हैं परन्तु हमारे वर्तमान संगीत समाज, में ये दोनों शब्द व्यापक रूप से व्यवहार में लाए जाते हैं। ये शब्द संगीत की विशिष्टता से सम्बन्ध रखते हैं। साधारणतः ऐसी धारणा है कि भारतीय संगीत मेलॉडि आधारित है और पाश्चात्य संगीत की रचना हारमॉनी द्वारा होती है। इन दोनों विषयों के सम्बन्ध में गहराई से चिन्तन करना हितकर रहेगा। मोटा मोटी रूप से यह कह सकते हैं कि जब एक स्वर के पश्चात दूसरे शब्द का प्रयोग इस प्रकार किया जाए कि वह नियमबद्ध, कर्णप्रिय व चित्त आकर्षक भी हो, तो वहाँ मेलॉडि की छवि उत्पन्न होती है। इसके विपरीत जब दो या दो से अधिक स्वरों को एक साथ बजाते हैं तो वहाँ हारमॉनी का वातावरण बनता है। पाश्चात्य

संगीत के नियमों के अनुसार जब दो या दो से अधिक, किन्ही विशेष स्वरों को एक साथ बजाते हैं तो उसे कॉर्ड (Chord) कहते हैं और जब इन कॉर्ड को बार-बार व लगातार बजाते हैं तो जो मिश्रित ध्वनि सुनाई देती, वह हारमॉनी कहालाएगी।

मान लो हमारे पास तीन स्वर 'सा', 'ग', 'प' हैं। यदि इन स्वरों को एक के बाद एक, गाते हैं या बजाते हैं तो वहाँ मेलॉडि के दर्शन होते हैं। यहाँ स्पष्ट रूप से, तीनों स्वर को बजाने का समय अलग-अलग (Separate) है यानी मेलॉडि में तीन विभिन्न क्षणों के लिए, तीन अलग-अलग स्वरों की आवश्यकता होती है। इसके विपरीत जितने समय में मेलॉडि के अन्तर्गत केवल 'सा' या 'ग' या 'प' को बजाया जाता है, उतने ही समय में यदि इन तीनों स्वरों को एक साथ बजाया जाए, तो इस मिश्रित ध्वनि की श्रेणी को कॉर्ड (Chord) कहेंगे। इसी प्रकार 'ग प नि' को एक साथ बजाया जाए, तो वह भी एक कॉर्ड कहलाएगा। इस प्रकार एक या एक से अधिक कॉर्ड को लगातार व बार-बार बजाया जाए, तो जो मिश्रित ध्वनि सुनाई देगी वह हारमॉनी (Harmony) कहलाएगी

मेलॉडि में एक क्षण में एक ही स्वर की आवश्यकता होती है परन्त हारमॅनी में दो या दो से अधिक नादों को एक ही क्षण में बजाया जात है। मेलॉडि से सम्बन्धित यदि तीन स्वर 'सा' 'ग' 'प' का सामान्य स्वरांकन (Notation) के अन्तर्गत लिखा जाए तो तीन विभिन्न क्षणों के लिए तीन अलग-अलग स्वरों की आवश्यकता पड़ेगी जैसे "| सा | ग | प |"; "| ग | प | नि |" आदि आदि। मेलॉडि सम्बन्धित तीन स्वरों के लिए तीन विभागों की आवश्यकता पड़ती है जब कि तीन स्वरों के कॉर्ड को, एक ही विभाग की आवश्यकता पड़ती है। तीन स्वरों के कॉर्ड को इस प्रकार दर्शाया जा सकता है–

|सा|
|ग|
|प|

स्वर उच्चारण क्षमता की कुछ सीमाएँ हैं। मानव कण्ठ एक समय में एक ही स्वर का उच्चारण कर सकता है। एक क्षण में एक ही स्वर को क्रमबद्ध गाते हुए राग, तान, गीत, धुन आदि का जन्म हुआ और विकास भी हुआ है। इसी संस्कार को पाश्चात्यों ने मेलॉडि (Melody) शब्द द्वारा सम्बोधित किया है। भारतीय गायन व वादन में, एक ही पद्धति 'मेलॉडि' का अनुसरण किया जाता है। उदाहरण के लिए मान लो किसी वृंदवादन (Orchestra) में किसी विशेष क्षण पर, किसी वाद्य द्वारा 'प' बजाया जाता है, तो सभी अन्य वाद्य जैसे बाँसुरी, सितार, सरोद, सारंगी आदि द्वारा भी, उस क्षण में स्वर 'प' ही बजता मिलेगा। हारमॉनी में यह क्रिया भिन्न रूप से होती है।

हारमॉनी पद्धति के अन्तर्गत एक कॉर्ड के पश्चात दूसरा कार्ड बार-बार बजाया जाता है। वृन्द वादन के अन्तर्गत कॉर्ड का निर्माण भी दो से अधिक वाद्यों को एक साथ बजाने के परिणाम द्वारा भी हो सकता है। कल्पना करो कि वृन्द-वादन (Orchestra) के अन्तर्गत हमें कॉर्ड 'ग प नि' का निर्माण करना है। किसी क्षण पर, एक वाद्य 'ग' बजाएगा, दूसरा वाद्य उसी क्षण 'प' बजाएगा और तीसरा वाद्य ठीक उसी क्षण 'नि' बजाएगा। इस प्रकार उस क्षण में, तीन वाद्यों द्वारा एक मिश्रित ध्वनि यानी कॉर्ड का निर्माण हो सकेगा। यहाँ ध्यान देने योग्य विशेष बिन्दु यह है कि कॉर्ड के स्वर सुनिश्चित योजना द्वारा चयन किए जाते हैं जो कि पाश्चात्य संगीत के शास्त्रीय ज्ञान का एक अंग है।

तानपूरे की तन्त्रियों को एक के बाद एक को छेड़ना पड़ता है। यह प्रक्रिया मेलॉडि का मुख्य आधार है। साधारणतः तानपूरे की 'प सा सा स़' वाली तन्त्रियों को एक के बाद एक, जल्दी-जल्दी छेड़ने पर, 'कॉर्ड' का भास हो सकता है परन्तु इस प्रकार की ध्वनि विशुद्ध कॉर्ड नहीं होगी। यदि इन चारों तन्त्री यानी 'प सा सा स़' पर एक गज (Bow) (जो कि सारंगी, इसराज या वायलिन में प्रयोग में लिया जाता है) को एक साथ चलाया जाए, तो मिश्र ध्वनि उत्पन्न होगी, वह कॉर्ड कहलाने योग्य हो सकती है। तानपूरे के तारों को, एक के बाद एक को छेड़ने पर, मेलॉडि का ही रूप प्राप्त होगा।

ध्यानपूर्वक विश्लेषण करने के पश्चात् यह कहा जा सकता है कि पाश्चात्य संगीत का गायक भी, मेलॉडि अनुगामी स्वर यानी एक क्षण में एक ही स्वर की पद्धति द्वारा गाता है क्योंकि कण्ठ के प्राकृतिक गुणों के साथ वह भी बँधा हुआ है। वहाँ संगति देने वाले वाद्य, कुछ भिन्न रूप से संगति करते हैं। कुछ अल्प संख्यक वाद्य जैसे पियानो, हार्प व आर्गन आदि, गायक के साथ हारमॉनी का उपयोग करते हैं। परन्तु अन्य वाद्य, मेलॉडि द्वारा संगति को निभाते हैं। इसका मतलब यह हुआ कि गयाक व वादक, दोनों ही मेलॉडि का प्रयोग करते हैं। जिस समय बहुत सारे वाद्य, संगति करने के लिए उपलब्ध होते हैं, तब उनमें से कुछ ही वाद्य विशुद्ध मेलॉडि बजाते हैं परन्तु अन्य वादक, दो या तीन की संख्या में मिलकर कॉर्ड का निर्माण करते हैं। ऐसे वादक सामूहिक रूप से अन्त तक हारमॉनी प्रदान करते रहते हैं।

वास्तव में पाश्चात्य संगीत द्वारा नई रचना करने वाले कलाकार या निर्देशक (Director) सर्वप्रथम मेलॉडि की ही रचना करते हैं। जब मूल रचना तैयार हो जाती है, तो उसके पश्चात अन्य वाद्यों के लिए हारमॉनी की रचना की जाती है। पाश्चात्यों ने अपना संगीत, अपने ही ढंग से सजाया है। धीरे-धीरे हमारा भारतीय सिने संगीत (चल चित्र या सिनेमा संगीत) पूर्णतः हारमॉनी पद्धति पर आश्रित हो चुका है।

भारतीय शास्त्रीय संगीत तो सम्पूर्णतः मेलॉडि है ही। इसको और अधिक मधुर व भावपूर्ण बनाने के लिए कण-स्वर, मुर्की, जमजमा, मींड, काकु आदि का सम्मिश्रण किया जाता है। शास्त्रीय संगीत को अधिक चित्ताकर्षक बनाने के लिए, लय व ताल का सुहावना रंग चढ़ा दिया जाता है। भारतीय संगीत में लय व ताल का अपना आकर्षण है। यद्यपि स्वर-विस्तार का अंग, ताल मुक्त रहता है परन्तु विस्तार के साथ-साथ अन्तरंग चल रही लय का आस्वाद, भारतीय शास्त्रीय संगीत की अपनी ही विशेषता है।

अध्याय-14

अनुसंधान अपेक्षित विषय

विचारणीय उद्‌भावना

विश्व में हमेशा से भारतीय शास्त्रीय संगीत को सर्वोत्कृष्ट स्थान प्राप्त होता आ रहा है। ऐसे उच्चतम संगीत की गहराइयाँ, अनेक रहस्यों से भरी पड़ी हैं। प्राचीन संस्कृत वर्णित ग्रन्थ, इन सिद्धान्तों को उद्घाटित करते हैं परन्तु अधिकांश ऐसे ग्रन्थ अप्राप्य हैं। जो ग्रन्थ प्राप्य हैं उनमें सामग्री इधर-उधर बिखरी हुई पाई जाती है। इसलिए संगीत के रहस्यों को समझने में बहुत कठिनाइयाँ सामने आती हैं। इस विद्या को गुरु शिष्य परिपाटी द्वारा ही आगे बढ़ाया जा रहा था परन्तु दुर्भाग्यवश, गायक या कलावंत वर्ग, इस विद्या की सम्पूर्ण रक्षा न कर सका। गायक वर्ग प्रायोगिक विषयों की ओर ही लिप्त रहने का प्रयास करता रहा। इसी कारण कालान्तर में जो भी थोड़े-बहुत ग्रन्थ लिखे गए, वहाँ केवल प्रायोगिक विषय यानी राग की स्थाई अन्तरा आदि पर ही अधिक बल दिया गया है।

प्राचीन संस्कृत वर्णित ग्रन्थों द्वारा इस बात की पुष्टि हो जाती है कि संगीत के सिद्धांतों को केवल अनुभव या कल्पना के आधार पर अंगीकार नहीं किया जाता था। सम्पूर्ण विषय, विज्ञान आधारित था और उस समय जो भी वैज्ञानिक विचारधारा प्रचलित थी, उसी आधार पर, विभिन्न विषयों को परखा जाता था। पूर्णरूप से वैज्ञानिक मान्यता प्राप्त कर लेने के पश्चात् ही, स्वर व उसके गुणों को शास्त्रों तक पहुँचाया जाता था। अब सबसे बड़ी समस्या यह खड़ी हो गई कि प्राप्य ग्रन्थों द्वारा इस बात का पता नहीं चल पा रहा है कि इन सिद्धान्तों व रहस्यों को किन विधियों द्वारा स्थापित किया गया था। प्राप्य ग्रन्थों में केवल सिद्धान्तों का ब्योरा मिलता है। इस प्रकार हम उन विधियों से वंचित रह गए जिन विधियों द्वारा ऐसे रहस्यों व सिद्धान्तों को स्थापित किया गया था।

ऐसी महत्त्वपूर्ण विधियों के अभाव में, हमारे सामने अनेक भ्रमात्मक विचार

उत्पन्न होते हैं क्योंकि अभी तक हम इस प्रकार की स्थिति का, पूर्णरूप से समाधान नहीं निकाल पाए हैं। आज की विचारधारा कुछ ऐसी है कि प्रत्येक सिद्धान्त को, आधुनिक विज्ञान की कसौटी पर खरा उतरने के पश्चात् ही उस सिद्धान्त को स्वीकार किया जाता है। इस प्रकार इस विषय को दो भागों में, विभाजित किया जा सकता है–

(अ) अभी तक, जिन सिद्धान्तों या उनसे सम्बन्धित अंगों को, आज के विज्ञान द्वारा जाँच लिया गया हो तथा उन विषयों से सम्बन्धित विभिन्न मूल्यों का मान भी पूर्णतः स्थापित कर दिया गया हो जैसे श्रुतियों की संख्या 22 व उनका गणितीय मूल्य तथा 13, 9, 7, 6 श्रुति अन्तराल द्वारा स्वर संवाद, स्वयंभू गांधार, खण्डमेरू के 5040 प्रस्तार आदि-आदि।

(आ) कुछ ऐसे विषय हैं जिनका वर्णन ग्रन्थों में बारम्बार हुआ है परन्तु इन विषयों को, हमारे द्वारा, अभी भी प्रमाणित अवस्था तक, स्थापित करना शेष है। ऐसे विषय अनुसंधान की अपेक्षा रखते हैं जैसे स्वरों का पशु-पक्षी सम्बन्ध, स्वरों के रंग, कुल, वर्ण, द्वीप, ऋषि, देवता, छन्द, रस आदि आदि।

सम्प्रति, स्वरों के रंगों से सम्बन्धित कुछ विचार लिखे जा रहे हैं। उसके पश्चात् स्वर के साथ पशु-पक्षी सम्बन्ध, श्रुतियों के विभिन्न नाम व माप आदि विषयों से सम्बन्धित समीक्षा की जाएगी।

स्वर व उसके रंग

यह सर्वविदित है कि विशेष प्रकार के गुणों से सुशोभित ध्वनि ही, 'स्वर' कहलाने योग्य होती है। ऐसे गुणों को कानों द्वारा सुनकर, पहचाना जा सकता है। रंगों का विषय आँखों से सम्बन्धित है। जब मानव, किसी भी प्रकार की ध्वनि को, चक्षु द्वारा देख ही नहीं सकता है, तो उसके रंग के विषय में निर्णय लेना असंगत प्रतीत होता है। संगीत के वे सभी ग्रन्थ, जिन्हें हम मान्यता की दृष्टि द्वारा देखते हैं, उन ग्रन्थों में स्वर के रंगों का वर्णन अवश्य मिलता है। हमारा आदि ग्रन्थ नाट्य शास्त्र इस विषय पर मौन है। ऐसी स्थिति में हम यह मान सकते हैं कि नाट्य शास्त्र में भरत मुनि ने नाट्य को प्राथमिकता देते हुए, संगीत सम्बन्धित विषयों पर, उतना ही प्रकाश डाला है जितना कि नाट्य के लिए आवश्यक समझा गया हो। इसके विपरीत संगीत-विषयक-ग्रन्थों के सभी रचयिता जैसे मतंग, पार्श्वदेव, शार्ङ्गदेव, नारद आदि ने, स्वरों के रंगों के विषय में स्पष्ट मत प्रकट किए हैं।

वैसे तो इस विषय से सम्बन्धित संगीत ग्रन्थ, दर्जनों उपलब्ध हैं परन्तु अभी हमने अपना ध्यान उन प्राचीन ग्रन्थों पर केन्द्रित किया है जहाँ संगीत की थ्योरी पर, अधिक गहराई से चिंतन किया गया है। निम्न उद्धरण केवल तीन ग्रंथों से लिए गए हैं। संगीत के ये तीनों ग्रन्थ, प्राचीनतम माने गए हैं। जहाँ तक स्वरों के रंगों

का प्रश्न है, तीनों ग्रन्थों में, सातों स्वरों के रंगों के विषय में स्पष्ट रूप से लिखा गया है। ऐतिहासिक दृष्टि द्वारा, यदि देखा जाए तो इन ग्रन्थकारों के परवर्ती ग्रन्थकारों ने इन्हीं के मत को दोहराया है।

मतंग मुनि अपने ग्रन्थ बृहद्देशी में इस प्रकार लिखते हैं।

''पद्मप्रभः षड्ज रिषभः शुकवर्णकः।
कनकाभस्तु गांधारो मध्यमः कुन्दसन्निभः।
पञ्चमस्तु भवेत् कृष्णः पीतवर्णस्तु धैवतः।
निषादः सर्ववर्णोऽयं विज्ञेयाः स्वरवर्णकाः।

अर्थात्–षड्ज का रंग कमल-पत्र के समान लाल, रिषभ का रंग तोता (पक्षी) जैसा हरा, गांधार का रंग स्वर्ण (सोना) समान सुनहरा, मध्यम का रंग, कुंद = चमेली पुष्प समान सफेद, पञ्चम का रंग कृष्ण वर्ण = गहरा नीला, धैवत का रंग पीत = पीला, व निषाद का रंग सभी रंगों को समाहित करने वाला समझना चाहिए।

बृहद्देशी–मतंग मुनि''

इसी प्रकार 'नारद' कृत 'संगीत मकरंद' में भी स्वरों के विभिन्न रंगों का विवरण मिलता है।

''षड्जः कमलवर्णः स्याद्रषभः पिंजरस्तथा।
गांधारः स्वर्णवर्ण स्यान्मध्यमः कुंदवर्णकः।
पञ्चमः सितवर्णः स्यान्मध्यमः पीतवर्णकः।
नैषादः कर्बुरो वर्णः सप्तवर्णा निरूपिताः।

अर्थात्–षड्ज का रंग कमल समान लाल, रिषभ का रंग पिंजर = कुछ ललाई लिये हुए पीला यानी संतरा/नारंगी (Orange) समान, गांधार का रंग स्वर्ण यानी सोने के समान सुनहरा, मध्यम का रंग कुंद = चमेली समन सफेद, पञ्चम का रंग असित वर्ण = गहरा नीला, धैवत का रंग पीला (Yellow), निषाद का रंग कर्बुर वर्ण = रंग बिरंगा या चितकबरा मिश्रित रंग वाला, निरूपित किया गया है अर्थात् देखा गया या खोजा गया है। कर्बुर शब्द के अर्थ के लिए, रंग-बिरंगा से हटकर भी राय मिलती है। कुछ विद्वान निषाद का रंग कर्बुरः = धतूरे के पौधे समान, मिश्रित रंग ठहराते हैं।

संगीत मकरंद.................................नारद

आज का संगीत समाज पं. शार्ङ्गदेव कृत 'संगीत रत्नाकर' को, संगीत के ज्ञान-कोश के रूप में देखता है। संगीत रत्नाकर के 'स्वरगताध्याय' प्रकरण तीन (3) में, स्वर के रंगों के विषय में इस प्रकार लिखा है–

	शाङ्र्गदेव	नारद	मतंग
स्वर नाम	'संगीत रत्नाकर'	'संगीत मकरंद'	'बृहद्देशी'
षड्ज	पद्माभ = लाल (Red)	कमल वर्ण = लाल (Red)	पद्माभ = लाल (Red)
रिषभ	पिञ्जर = नारंगी (Orange)	पिञ्जर = नारंगी (Orange)	शुक वर्ण = तोता समान हरा (Parrot Green)
गांधार	स्वर्ण वर्ण = सुनहरा (Golden)	स्वर्ण वर्ण = सुनहरा (Golden)	कनक = सोना समान (Golden)
मध्यम	कुन्दप्रभ = चमेली समान सफेद (White)	कुन्द वर्ण = चमेली समान सफेद (White)	कुन्द = चमेली जैसा सफेद (White)
पञ्चम	असित = गहरा नीला (Deep Blue)	असित = गहरा नीला (Deep Blue)	कृष्ण वर्ण = गहरा नीला या काला (Deep Blue OR Black)
धैवत	पीत वर्ण = पीला (Yellow)	पीत वर्ण = पीला (Yellow)	पीत वर्ण = पीला (Yellow)
निषाद	कर्बुर = रंग बिरंगा, मिश्रित	कर्बुर वर्ण = मिश्रित रंग वाला	सभी रंगों को समाहित करने वाला ऐसे रंग वाला

सारणी क्रमांक-24

........स्वरौ वर्णास्त्विमे क्रमात्।
पद्माभः पिञ्जरः स्वर्णवर्णः कुंदप्रभोऽसितः॥
पीत कर्बुर इत्येषां........... ।

अर्थात्–सात स्वरों के रंग क्रमशः इस प्रकार हैं। पद्माभ यानी कमल समान लाल; पिञ्जर = कुछ लाली लिये हुए पीला-सा यानी नारंगी (Orange) रंग; कुन्द = चमेली समान सफेद (White); असित = गहरा नीला (Deep Blue); पीत = पीला (Yellow); कर्बुर = रंग-बिरंगा, चितकबरा मिश्रित रंग।

संगीत रत्नाकर...........पण्डित शार्ङ्गदेव"

ऊपर लिखे गए उद्धरणों में वर्णित रंगों को, सामूहिक रूप से सारणी क्रमांक-24 में देखा जा सकता है।

ध्यान पूर्वक अध्ययन करने के पश्चात् यह कहा जा सकता है कि इन तीनों ग्रन्थकारों के विचार प्रायः एक समान हैं। सात स्वरों में से, छः स्वर यानी सा, ग, प, ध, नि, से सम्बन्धित रंगों का ब्योरा प्रायः एक समान ही है परन्तु रिषभ से सम्बन्धित रंग में अल्प-सा मतभेद है। नारद व शार्ङ्गदेव ने रिषभ के रंग को पिञ्जर बतलाया है, वहीं मतंग ने रिषभ 'रे' से सम्बन्धित रंग को शुक वर्ण (तोता समान हरा) माना है। वर्तमान में, अभी तक हमारे पास ऐसी कोई युक्ति या ज्ञान उपलब्ध नहीं है, जिसके द्वारा स्वरों के रंग की पुष्टि की जा सके। पं. शार्ङ्गदेव के पश्चात् जितने भी अन्य ग्रन्थकार हुए हैं, उन सभी ने पं. शार्ङ्गदेव के लेखन का ही अनुमोदन किया है। भौतिक विज्ञान के अन्तर्गत, हम अभी तक यह भी कहने की स्थिति में नहीं हैं कि स्वरों के अपने रंग होते हैं। यदि स्वरों के अपने रंग होते हैं, तो ऐसी स्थिति में यही कारण कहना उचित होगा कि पं. शार्ङ्गदेव द्वारा प्रस्तुत रंगों की सूची ही सही होनी चाहिए।

स्वरों के रंग का अनुमानित प्रभाव

अमुक स्वर का अमुक रंग है। इस कथन के सन्दर्भ में प्रायः सभी ग्रन्थकारों ने, एक से ही मत प्रकट किए हैं परन्तु इन रंगों को स्थापित करने के लिए, किस विधि को अपनाया गया था, इस सम्बन्ध में लेशमात्र भी उल्लेख, देखने को नहीं मिलता है। इसके अतिरिक्त इस तथ्य का भी पता नहीं चल पाता है कि स्वर व रंग की अवधारणा स्वीकार करने के फलस्वरूप, संगीत के शास्त्रीय पक्ष व संगीत के क्रियात्मक पक्ष को, कुछ लाभ मिल सकता है या नहीं? हमें यह भी नहीं भूलना चाहिए कि यदि हमें कोई विषय समझ में नहीं आ रहा है तो इसका अर्थ यह नहीं लगा लेना चाहिए कि शास्त्रों ने रंगों के विषय को, व्यर्थ में ही पकड़ रखा था। आज की स्थिति को देखते हुए, यह भी अनुमान लगाया जा सकता है कि स्वरों के इस गुण के सम्बन्ध

में, उस समय के सभी लोग, भलीभाँति परिचित थे। इसलिए इस विषय पर, विस्तारपूर्वक लिखने की आवश्यकता नहीं समझी गई हो। यह भी संभव हो सकता है इस प्रकार के विषय पर, अलग से ग्रन्थ लिखे गए हों और वे ग्रन्थ आज अप्राप्य हैं।

हमारे चिन्तकों ने अनुभव किया है कि, भारतीय मूल की सभी विद्या व कला से जुड़ी विचारधारा एक ही दिशा में प्रवाहित होकर, अन्त में एक ही निष्कर्ष पर पहुँच जाती है मानो कि सभी विद्याओं का उद्‌गम बिन्दु एक ही स्थान है। इन विद्यारूपी सरिताओं का जल, विभिन्न मार्गों द्वारा उछलता हुआ, अन्त में एक ही स्थान पर पहुँच जाता है। यही कारण है कि हमारे प्राचीन ग्रन्थ, अधिकांश रूप से नष्ट या लुप्त हो जाने के उपरान्त भी, जो बचे-खुचे ग्रन्थ उपलब्ध हैं, उन ग्रन्थों की उपलब्ध सामग्री द्वारा, सब प्रकार की जटिल समस्याओं का निराकरण, सफलतापूर्वक किया जा सकता है। वास्तव में इन ग्रन्थों में कोई न कोई कड़ी, ऐसी उपस्थित रहती है जिसके कारण उनमें वर्णित कलाएँ व विद्याएँ एक-दूसरे से, पूरी तरह गुँथी होने के कारण, अपने भारतीय मूल का परिचय देती रहती हैं।

यथार्थ में यह भी सम्भव नहीं है कि केवल स्वर के रंगों का महत्त्व समझाने के लिए, किसी विद्यार्थी को कहा जाए कि पहले वह वेद, वेदांग, पुराण, आयुर्वेद, व्याकरण, छन्द, योग, दर्शन, ज्योतिष आदि विद्याओं से जुड़े प्राचीन ग्रन्थों का अध्ययन करे, उसके पश्चात् रंगों से जुड़ी उस कड़ी की अनुगंध मिल सकेगी। हमारे विचार से संगीत-विद्या से जुड़े रहस्य को, संगीत के ग्रन्थों में ही खोजना हितकर होगा। ततूपश्चात् रंग से जुड़ी, उस कड़ी तक पहुँचना पड़ेगा जिसके द्वारा अन्य विद्याओं व अन्य स्थलों में रंगों के प्रभाव का ब्योरा मिल सके। यह एक गहन विषय है जहाँ पूर्णरूप से अनुसंधान की गुंजाइश है।

आदिकाल से रंगों का, भारतीय संस्कृति के साथ घनिष्ठ सम्बन्ध स्थापित होने के उदाहरण पाए जाते हैं। ध्यान से सोचें तो पाएँगे कि रंगों ने हमारे जनजीवन में गहराई से जड़ें बिछा रखी हैं। भगवा रंग के वस्त्रों को साधु-संन्यासियों का परिचायक माना जाना, लाल हरे रंग के आभूषण व वस्त्रों को उल्लास तथा सुहाग का प्रतीक माना जाना, आदि-आदि कई ऐसी सच्चाइयाँ हैं जिनको नकारा नहीं जा सकता है। हम अपने भोज्य पदार्थों को भी किसी कृत्रिम रंग द्वारा सजा हुआ देखना पसन्द करते हैं। कहावत है कि रंग है तो प्राण है। प्राण रहित शव को ढकने के लिए, रंग विहीन, सफेद कफन को ही चुना जाता है। पाश्चात्य भी रंगों के गुणों से अनभिज्ञ नहीं रहा है। भैंसा व साँड जैसे पशुओं को लाल रंग का कपड़ा दिखाकर, उनके गुस्से को उकसाने की क्रिया को, पाश्चात्यों ने सदियों से पहचान रखा है। रंगों से सम्बन्धित जितने भी उदाहरण अभी दिए गए हैं, वे सब दृष्य अनुभूति आधारित हैं यानी ये सभी उदाहरण रंगों को चक्षु द्वारा देखे जाने से सम्बन्ध रखते हैं। हमारे

सामने, स्वरों के रंगों की समस्या है जिसे चक्षु द्वारा देखा नहीं जा सकता।

इतना तो अवश्य मानना पड़ेगा कि स्वर अदृश्य होते हुए भी, स्वर द्वारा उत्पन्न मानसिक प्रभाव को प्रत्यक्ष रूप से देखा जा सकता है। रंगों को हम देख सकते हैं और रंगों के प्रभाव का भी हमें ज्ञान है। शारीरिक व मानसिक प्रभाव के लिए हीरा, पन्ना, पुखराज आदि विभिन्न रंगों के रत्नों को प्रयोग में लाने की धारणा सदियों से चली आ रही है। आँखों की पीड़ा निवारण हेतु पीले व नीले रंग की पट्टी को चुना जाता है। कड़ी धूप की चमचमाहट से बचने के लिए, हम आँखों के लिए उपयुक्त रंग के चश्मे व्यवहार में लाते हैं। शारीरिक पीड़ा में, लाल रंग की रोशनी (Infra Red Rays) द्वारा सेंकना लाभदायक माना जाता है।

जाने-अनजाने हम रंगों के गुण-धर्म से जुड़े हुए हैं। स्वतः रंगों के गुणधर्म व मानव शरीर का आपस में गहरा सम्बन्ध स्थापित हो जाता है। जब मानव शरीर के हितों की ओर ध्यान जाता है, तब हम आयुर्वेद व उससे जुड़े सिद्धान्तों को भूल नहीं सकते। प्रकृति द्वारा प्रदान की गई वस्तुओं को काम में लेते हुए, जनप्राणी के उपचार करने के ध्येय को निभाना ही, आयुर्वेद का मुख्य दृष्टिकोण रहा है। सूर्य की रोशनी का उपयोग करते हुए 'सूर्य किरण चिकित्सा' जैसी पद्धति की स्थापना की गई परन्तु सूर्य किरण चिकित्सा, पूर्ण रूप से विकसित होने से पहले ही, प्रायः लुप्त-सी हो गई है। लाल, पीले, हरे आदि रंगों की, काँच की बोतलों में, शुद्ध पानी भरकर धूप में रख दिया जाता है। इस प्रकार दो-चार दिन, बोतलों का पानी धूप सेवन करता है परन्तु प्रत्येक बोतल का पानी धूप के केवल एक प्रकार के रंग का सेवन कर सकता है यानी उस रंग के अक्ष को ग्रहण कर सकता है जो कि बोतल का स्वयं का रंग होता है। सूर्य की किरणों को हम देख नहीं सकते हैं परन्तु आधुनिक विज्ञान द्वारा यह सिद्ध हो चुका है कि सूर्य की किरणों में सात प्रकार के रंग विद्यमान रहते हैं।

सूर्य की रोशनी जब बोतल पर पड़ती है तो पीले रंग की बोतल का पानी, केवल पीले रंग द्वारा ही प्रकाशित होता है व आसमानी रंग की बोतल का पानी केवल आसमानी रंग का ही सेवन कर सकता है। इस प्रकार लाल, पीली, आसमानी, धूप सेवन किया हुआ पानी, एक प्रकार की औषध बन जाता है। ऐसी मान्यता है कि इस प्रकार की औषध द्वारा चिकित्सा भी की जा सकती है। रंगों के प्रभाव द्वारा, साधारण पानी औषध बन जाता है।

इस समय हमारे ध्यान 'सूर्य किरण चिकित्सा' के अध्ययन की ओर नहीं है। उपर्युक्त निदर्शन द्वारा हम इतना तो सोचने के लिए विवश हो ही जाते हैं कि जिस प्रकार सूर्य की किरणों के, सात रंगों को हम देख नहीं सकते, उसी प्रकार स्वर के सात रंगों को हम देख नहीं सकते हैं। साधारण बुद्धि द्वारा ऐसा विचार अवश्य आता है कि किसी विशिष्ट स्वर द्वारा, मानव शरीर पर भी क्या वही प्रभाव हो सकता

है जो कि उस रंग के द्वारा अपेक्षित है? अन्तर इतना ही है कि यदि सूर्य-रश्मि-प्रभावित पानी जिसको औषध-रूप होने का दावा किया जाता है कि उस पानी के सेवन द्वारा यथावत् लाभ मिल सकता है, तो क्या स्वर से जुड़े रंगों का उपयुक्त लाभ, कानों द्वारा सुनकर प्राप्त किया जा सकेगा?

उपर्युक्त दिए गए तर्क द्वारा हम इस निष्कर्ष पर पहुँच सकते हैं कि रंगों का प्रभाव हमारे मन व शरीर पर होता तो है परन्तु किस रंग द्वारा कौन-सा व कैसा प्रभाव होता है और ऐसा प्रभाव कितना शक्तिशाली हो सकता है, उन सभी विषयों पर अलग से अध्ययन होना चाहिए। उपस्थित, हमारे सामने यह समस्या है कि सात स्वरों से सम्बन्धित सात प्रकार के वर्णित रंग क्या वही हैं जो कि सूर्य की रश्मि में पाए जाते हैं?

आधुनिक विज्ञान द्वारा यह स्थापित हो चुका है कि सूर्य रश्मि में, सात प्रकार के रंग समाहित हैं। इन रंगों के नाम के प्रथम वर्ण द्वारा निर्मित, शब्द, VIBGYOR को प्रसिद्ध गुर समान स्वीकारा गया है। उन रंगों के नाम क्रमशः निम्न प्रकार के हैं।

V = Violet - बैंगनी
I = Indigo - हल्का नीला। 'नील' पौधे से बनाए गए रंग समान
B = Blue - नीला
G = Green - हरा
Y = Yellow - पीला
O = Orange - नारंगी यानी ललाई लिये हुए पीला
R = Red - लाल

रंग विशेषज्ञों के अनुसार मौलिक या आधारभूत (Basic) रंग तीन प्रकार के ही होते हैं– लाल, पीला व नीला (Red, Yellow & Blue)। क्रियात्मक व सैद्धान्तिक रूप से, इन्हीं तीनों रंगों में से, केवल एक-दो या तीनों रंगों के, विभिन्न प्रकार के मिश्रण व अनुपातों द्वारा किसी भी प्रकार का रंग तैयार किया जाता है। उदाहरण के लिए, लाल रंग को हल्का या फीका करने पर, गुलाबी रंग तैयार हो जाता है। नीले व पीले रंग के मिश्रण द्वारा हरा रंग तैयार हो जाता है आदि। जहाँ तक रंग का प्रश्न है, सूर्य किरण व सप्त-स्वरों में कुछ समानता है। प्रथम सूर्यकिरण में सातों रंग की उपस्थिति होते हुए भी, हमें दिखलाई नहीं देते हैं। ठीक इसी प्रकार स्वरों को सुना जा सकता है परन्तु देखा नहीं जा सकता है। यन्त्रों की सहायता द्वारा, किसी विशेष अवस्था में ही सूर्य किरण के छिपे हुए सातों रंगों को देखा जा सकता है। इसी प्रकार किसी विशेष विधि द्वारा स्वरों के विभिन्न रंगों को देखने की सम्भावना बन सकती है। ऐसी विधि के विषय में, अभी तक हमें प्रकट रूप से ज्ञान नहीं है। यदि भविष्य में, स्वरों के रंगों को देखने में सफलता प्राप्त होती है तो, आशा की जा सकती है कि इन रंगों द्वारा मानव समाज को यथोचित लाभ मिल सकता है।

स्वर के रंग व 'संगीत रत्नाकर'

अन्य ग्रन्थों की तुलना में, पण्डित शार्ङ्गदेव रचित 'संगीत रत्नाकर' अधिक प्रमाणित व शास्त्र उपयोगी माना जाता है। आकार में बड़ा अवश्य है परन्तु जब हम केवल, स्वरों के रंगों से सम्बन्धित सामग्री ढूँढ़ने लगते हैं, तो हमें मालूम पड़ता है कि इस विषय से सम्बन्धित सामग्री को केवल एक-डेढ़ पंक्ति ही में लिख कर प्रसंग को आगे बढ़ा दिया गया है, जब कि अन्य ग्रन्थकारों ने, इसी सामग्री को व्यक्त करने के लिए, कम से कम चार-चार पंक्तियों का सहारा लिया है। इस तथ्य से, पण्डित शार्ङ्गदेव की चतुराई का परिचय मिलता है व उनके लेखन कार्य द्वारा गागर में सागर वाली कहावत पूर्ण रूप से चरितार्थ होती है। शायद यही कारण है कि 'संगीत रत्नाकर' को समझने व समझाने के लिए कई टीकाएँ लिखी गईं, जिनमें से कल्लिनाथ कृत 'कलानिधि' व सिंह भूपाल कृत 'सुधाकर' उल्लेखनीय हैं। यह अब हमारे ऊपर निर्भर करता है कि सागर में से, अपनी मनचाही सामग्री को कितनी सफलतापूर्वक निकाल सकते हैं?

संगीत रत्नाकर के प्रथम अध्याय (जिसको स्वरगताध्याय का नाम दिया गया है।) में ही, स्वरों के रंगों के विषय को लिखा गया है। इस अध्याय का आरम्भ 'मंगलाचरण व पदार्थ संग्रह' द्वारा किया गया है जिसका निर्माण 48 श्लोकों द्वारा किया गया है। मंगलाचरण व पदार्थ संग्रह के पश्चात् सर्व प्रथम 'पिंडोत्पत्ति प्रकरण' पढ़ते-पढ़ते, प्रारम्भ में ही यह भास होने लगता है कि मानो हम संगीत ग्रन्थ न पढ़ते हुए, कोई आयुर्वेद विषयक ग्रन्थ पढ़ रहे हों क्योंकि स्वरगताध्याय के प्रथम दो प्रकरणों के 215 श्लोकों में से लगभग 78% श्लोकों में 'पिण्डोत्पत्ति' का विवरण किया गया है। यह मानना पड़ेगा कि पण्डित शार्ङ्गदेव जी को अच्छी तरह से मालूम था कि 'संगीत रत्नाकर' एक संगीत विषयक ग्रन्थ लिखा जा रहा है। प्रारम्भ में ही आयुर्वेदिक विषय को इतना बल देने की अवस्था को, हमें यह कहकर लापरवाही नहीं बरतना चाहिए कि इस प्रकार का लेखन कार्य, मात्र एक संयोग की स्थिति है। उनके सन्देश को गम्भीरता से स्वीकार करना चाहिए कि संगीत का, मानव व आयुर्वेद से घनिष्ठ सम्बन्ध है। 'संगीत रत्नाकर' के पिण्डोत्पत्ति प्रकरण में शार्ङ्गदेव जी स्वयं सुझाव देते हैं कि अंग-प्रत्यंगों के विषय में, यदि अधिक जानकारी ग्रहण करनी हो तो उनके लिखे हुए ग्रन्थ 'अध्यात्मक विवेक' का अध्ययन करना चाहिए।

''इति प्रत्यंग संक्षपो विस्तारस्त्विह तत्त्वतः
अस्मद्वि रचितेऽध्यात्म विवेक वीक्ष्यतां बुधेः''।

अर्थात्--यह प्रत्यंगों का संक्षेप में वर्णन है। इस विषय पर अधिक विस्तारपूर्वक ज्ञान, हमारे ही रचे हुए 'आध्यात्म विवेक' नामक ग्रन्थ में देखना चाहिए।

'संगीत रत्नाकर.....................प. शार्ङ्गदेव''

इस समय हमारे सामग्री द्वारा एक ही लक्ष्य तक पहुँचना है, वह है 'स्वर व उससे जुड़े रंगों की समस्या का समाधान'। पिण्डोत्पत्ति के ढेर सारे (167) श्लोक द्वारा हम यह नहीं समझ पा रहे हैं कि पिण्डोत्पत्ति या आयुर्वेद को संगीत की गहन समस्याओं से किस प्रकार जोड़ा गया है? संगीत रत्नाकर के प्रथम अध्याय का नाम 'स्वरगताध्याय' है। प्रथम अध्याय के आठ प्रकरण हैं। प्रथम प्रकरण, 'पदार्थ संग्रह' से सम्बन्धित है व द्वितीय प्रकरण में पिण्डोत्पत्ति का विवरण है। पदार्थ संग्रह प्रकरण में 'गीत' के माहात्म्य के विषय में वर्णन दिया गया है कि संगीत धर्म, अर्थ, काम और मोक्ष का एक मात्र साधन है।

"अज्ञातविषयास्वादो बालः पर्यंकिकागतः।
रुदन्गीतामृतं पीत्वा हर्षोत्कर्षं प्रपद्यते।
बनेचरस्तृणाहारश्चित्रं मृगशिशु पशुः
लुब्धो लुब्धकसंगीते गीते यच्छति जीवितम्॥
तस्य गीतस्य माहाऽऽत्म्यं के प्रशंसितुमीशते।
धर्मार्थकाममोक्षाणामिदमेवैकसाधनम्॥

अर्थात्–जिस बालक को, अभी विषयों का ज्ञान प्राप्त नहीं हुआ है और जो केवल पालना में सोना जानता है, वह भी गीत के अमृत को प्राप्त करके अपना रुदन समाप्त कर देता है और प्रफुल्लित हो जाता है। कितने आश्चर्य की बात है कि वनचर वन में भ्रमण करता है और तृण ही जिसका आहार है, ऐसा मृगशावक भी लुब्धक (व्याध) के संगीत पर मोहित होकर अपना जीवन समर्पित कर देता है। इस गीत का वर्णन कौन कर सकता है जो धर्म-अर्थ-काम-मोक्ष का एक मात्र साधन है।

संगीत रत्नाकर..................पण्डित शार्ङ्गदेव

पण्डित शार्ङ्गदेव द्वारा दी गई विचारधारा द्वारा इतना निर्णय तो लिया जा सकता है कि संगीत का मानव-शरीर व मन पर आश्चर्यजनक प्रभाव पड़ता है। संगीत की शक्ति किन-किन मार्गों द्वारा विचरण करती है व प्राणियों पर कैसा और कितना प्रभाव डालती है, यह सब विषय अनुसंधान का है। इतना तो सर्वमान्य है कि स्वर के बिना संगीत की उत्पत्ति हो ही नहीं सकती। इसलिए यह माना जा सकता है कि स्वर द्वारा मानव-शरीर पर कुछ प्रभाव अवश्य होता है। हम यह जानते हैं कि मानव-शरीर व 'स्वर', दो स्वतन्त्र विद्यमानता (Entity) हैं। यदि मानव-शरीर पर 'स्वर' द्वारा किसी प्रकार का प्रभाव होता है तो, यह स्पष्ट है कि मानव-शरीर तक पहुँचने के लिए, 'स्वर' को कोई न कोई मार्ग अपनाना ही पड़ेगा। इन विभिन्न, मार्गों में से एक मार्ग, स्वर के रंगों से भी सम्बन्धित हो सकता है। इस प्रकार की सोच द्वारा, कुछ अनुकूल परिणाम प्राप्त हो सकते हैं परन्तु साथ-साथ में एक अड़चन भी प्रतीत हो रही है। स्वर के रंग का प्रभाव स्थापित करने के लिए हमने 'सूर्यकिरण चिकित्सा

प्रणाली' का सहारा लिया है, जिसे भारत में भी प्रमाणित अवस्था तक पहुँचना शेष है। इस प्रणाली को आयुर्वेद का एक अंग माना जाता है। वास्तविक स्थिति ऐसी है कि आयुर्वेद की तुल्यता स्वयं में, विश्व प्रमाणित स्तर तक इतनी मजबूत नहीं मानी जाती है। आयुर्वेद को भले ही विश्वव्यापी स्तर तक न अपनाया गया हो परन्तु आयुर्वेद के सिद्धान्तों को विश्व में, आदर व सम्मान की दृष्टि द्वारा अवश्य देखा जाता है।

हम यह समझते हैं कि हमारा इतिहास व हमारी संस्कृति सम्पूर्ण है परन्तु विश्व के विकसित देश हमारी इस सम्पूर्णता के लिए वैज्ञानिक प्रमाण की अपेक्षा रखते हैं। हमारे यहाँ प्रत्येक दिशा में अनुसंधान की आवश्यकता है। अन्य देशों के सभी क्षेत्रों में, अनुसंधान निरन्तर होते रहते हैं। कई बार ऐसा अनुभव किया गया है कि वहाँ उन विषयों पर भी अनुसंधान किया जाता है, जिनका उनकी संस्कृति से कुछ भी सम्बन्ध नहीं है परन्तु ऐसा विषय भारतीय संस्कृति व भारतीय ज्ञान कोश के विषयों में से एक पाया जाता है। समय पर हमें समाचार के माध्यम से सूचना भी मिलती रहती है परन्तु फिर भी हम अनुसंधान के विषय में उदासीन बने रहते हैं।

समाचार पत्र दैनिक नवभारत टाइम्स दिनांक 20 जनवरी सन् 2004 में छपे शीर्षक 'गाना गाइए, प्रतिरोधक क्षमता बढ़ाइए' बहुत ही रोचक प्रतीत होना स्वाभाविक है क्योंकि शीर्षक से सम्बन्धित विषय, भारतीय विचारधारा के शत-प्रतिशत अनुकूल है। इससे भी अधिक रोचकता, उस शीर्षक के अन्तर्गत दी गई सामग्री द्वारा दिखलाई पड़ती है कि पश्चिम जर्मनी में 'संगीत व मानव स्वास्थ्य' से जुड़े विषयों पर अनुसंधानिक प्रयोग किए गए। समाचार निम्न प्रकार है–

'फ्रेंकफुर्त'। मानव की प्रतिरोधक क्षमता का उसके स्वास्थ्य से सीधा सम्बन्ध है और इस क्षमता को बढ़ाने का सहज उपाय है, गाना गाना। जर्मनी में फ्रेंकफुर्त विश्व-विद्यालय के वैज्ञानिकों की यह रिपोर्ट अमेरिकी चिकित्सा पत्रिका 'बिहेवियरल मेडिसिन'' के ताजा अंक में छपी है। रिपोर्ट के अनुसार, एक घण्टे तक अभ्यास करने वाले एक पेशेवर गायक मण्डली के सदस्यों पर कार्यक्रम शुरू होने से पहले और कार्यक्रम के बाद किए गए परीक्षण में, वैज्ञानिकों ने पाया कि प्रतिरोधक तन्त्र में दबाव कम करने के लिए जिम्मेदार इम्यूनोग्लोबिन ए प्रोटीन और हाइड्रोकोर्ट्रीसन, गाना गाने के बाद काफी बढ़ गया। ये दोनों तत्त्व ऐण्टीबॉडी के तरह काम करते हैं। गायक मण्डली के जिन सदस्यों पर यह प्रयोग किया गया, उनसे एक हफ्ते बाद कहा गया कि अब वे बिना गाए-गुनगुनाए अपनी गीत की रिकार्डिंग सुनें। पाया गया कि उनके रक्त के अवययों में कोई खास परिवर्तन नहीं आया। अनुसंधानकर्ता इस नतीजे पर पहुँचे कि गाने से न केवल प्रतिरोधक तन्त्र मजबूत होता है बल्कि गाने के मिजाज में भी काफी बदलाव आता है।

(एपीपी) नवभारत टाइम्स 20.1.04''

उपर्युक्त छपी सूचना द्वारा हम निम्न बिन्दुओं तक पहुँचते हैं।

(अ) गायन का स्वास्थ्य व प्रतिरोधक क्षमता से सीधा सम्बन्ध है।

(आ) फलदायक परिणाम तक पहुँचने के लिए, कम से कम एक घण्टे का अभ्यास अनिवार्य है।

(इ) गाने की क्रिया द्वारा एक गायक स्वयं की प्रतिरोधक क्षमता बढ़ाने में सफल है। यदि उसी गाने को कोई अन्य पुरुष सुने या अपने गाए हुए गाने की रिकॉर्डिंग को स्वयं सुने, तो भी लाभ की आशा नहीं की जा सकती। इसका मतलब यह हुआ कि गाना गाने के अभ्यास को हम, एक यौगिक क्रिया मान सकते हैं। इसलिए जो इस यौगिक क्रिया को स्वयं नियमानुसार करेगा, उसे ही आशातीत लाभ प्राप्त हो सकेगा।

संक्षेप में हम इस प्रतिफल पर पहुँचते हैं कि गायन यानी स्वर का मानव स्वास्थ्य के साथ, गहरा सम्बन्ध है, परंतु यह निश्चित नहीं है कि क्या यह संबंध, स्वरों में छिपे हुए अदृश्य रंगों के परिणाम द्वारा प्रभावित होते हैं? इसका मतलब यह हुआ कि हमारी समस्या ज्यो की त्यों बनी हुई है। जब तक हम स्वयं अनुसंधान में नहीं जुट पाते हैं, तक तक इस समस्या का निराकरण, इतनी आसनी से नहीं हो सकेगा।

स्वरों का पशु-पक्षी संबंध

संगीत से जुड़े जितने भी प्राचीन ग्रन्थकार हुए हैं उन सभी ने जहां स्वर के विषय में लिखा है, वहां साथ-साथ स्वर का वर्ण, रंग, कुल, द्वीप, ऋषि, देवता, छन्द, रस व पशु-पक्षी संबंध जैसे विषयों पर भी प्रकाश डाला है। सरसरी दृष्टि से देखने से ऐसा लगता है कि स्वर का रंग, रस, छन्द, पशु-पक्षी आदि विषय, संगीत क्रियात्मक पक्ष के लिए शायद ही लाभदायक हों परंतु दूसरी ओर ध्यान जाते ही स्मरण हो उठता है कि मुनि, पण्डित व आचार्यों द्वारा लिखा गया साहित्य यदि क्रियात्मक पक्ष में सहयोग नहीं दे सकता है, तो बाधक भी नहीं हो सकता है। युगों से संगीत समाज, मुनि व आचार्यों द्वारा प्रदान की गई इस विचारधारा का अनुकरण करता हुआ लाभान्वित हुआ ही है, साथ-साथ लगातार प्रगति की ओर भी अग्रसर हुआ है।

संगीत की स्थापना मूलतः आत्मा की शुद्धि व मोक्ष-प्राप्ति के लिए की गई थी। इस असाध्य लक्ष्य को साधारण विधि द्वारा उपलब्ध कराने का माध्यम था यह शास्त्रीय संगीत। काल की चपेट में आकर वही समाज अपने लक्ष्य को भूलने लगा। यह ध्यान में रखते हुए कि मोक्ष जैसे दुर्गम लक्ष्य को पाने के लिए, शास्त्रीय संगीत जैसे कठिन व शुष्क साधना-मार्ग का सामना करना पड़ेगा, हमारे आचार्यों ने प्रारम्भ से ही कुछ सीमित अवस्था तक संगीत में मनोरंजन अंग का भी प्रावधान रख छोड़ा था। व्यावहारिक दृष्टि द्वारा गीत, नृत्य, नाट्य आदि संगीत की प्रविष्टि, एक सीमित अंश तक ही अपनाने की अनुमति प्रदान कर रखी थी। आजकल संगीत का उपयोग

संगीत के लिए बहुत कम और मनोरंजन के लिए सीमा से अधिक होने लगा है। अब स्थिति ऐसी बन गई है कि संगीत के गूढ़ रहस्य, पूर्णतः रहस्यमय बन गये हैं । यदि इन रहस्यों से जुड़े विषयों को प्रारंभ से ही व्यवहार में लिया होता तो आज हमें अपनी ही सम्पत्ति को शोध द्वारा, खोज करने की आवश्यकता नहीं पड़ती। अस्तुः ।

हम जानते हैं कि हर पशु व पक्षी, किसी न किसी प्रकार की आवाज निकालता रहता है। यही आवाज उसकी बोली है। प्रत्येक पशु व पक्षी बोली में, एक प्रकार की विशिष्टता होती है जिसके द्वारा हम पहचान सकते हैं कि वह पशु या पक्षी किस जाति या वर्ग का है। संगीत के आचार्यों ने इन विशिष्ट आवाजों व बोलियों का गहराई से अध्ययन किया और इन विशिष्ट आवाज़ों का सप्त स्वरों के साथ संबंध स्थापित किया है। निम्न तीन उद्धरणों द्वारा पायेंगे कि इन तीनों आचार्यों ने, इस विषय पर एक ही प्रकार के मत प्रकट किये हैं।

गजपति श्री नारायण देव रचित संगीत नारायण में विभिन्न पशु-पक्षियों की बोलियों का, सप्त स्वरों के साथ निम्न प्रकार से संबंध जोड़ा है–

''मयूरः षड्जमाख्याति ऋषभं वक्ति चातकः।
छागो गांधारमाचष्टे क्रौंच्यो वदति मध्यमम्।।
कोकिलः पञ्चमं ब्रूते भेको वदति धैवतम्।
निषादं भाषते हस्तीत्येवं ब्रह्मादिसम्मतम्।।

अर्थात् - - मयूर षड्ज बोलता है, चातक रिषभ, बकरी गांधार, क्रौंच मध्यम, कोकिल पञ्चम व दादुर (मेंढक) धैवत व हाथी निषाद बोलता है। यही ब्रह्मादि का मत है।

संगीत नारायण - - - - – गजपति नारायण देव

मुनि मतंग ने अपने ग्रन्थ बृहद्देशी में महामहेश्वर का कथन, उद्धरण स्वरूप दर्शाया है।

''षड्जं वदित मयूरः ऋषभं चातको वदेत।
अजा वदति गांधारं क्रौञ्चो वदति मध्यमम्।।
पुष्पसाधारणे काले कोकिलं पञ्चमं वदेत्।
प्रवाट्काले तु सम्प्राप्ते धैंवतं दर्दुरो वदेत।
सर्वदा च तथा देवी निषादं वदेत गजः।।

अर्थात्

महेश्वर ने 'कोहल' (कृत) में भी कहा है–

मयूर षड्ज बोलता है, चातक ऋषभ बोलता है, अजा (बकरी) गांधार बोलती

है, पुष्पों के (विकास/खिलना) साधारण काल यानी बसंत ऋतु में कोयल पञ्चम बोलती है, वर्षा काल आने पर मेंढक धैवत बोलता है। तथा हे देवी हाथी निषाद बोलता है।

बृहद्देशी... ... ... मतंग

पण्डित शार्ङ्गदेव ने भी ठीक इसी प्रकार के विचार व्यक्त किये हैं—

"मयूरचातकच्छागक्रौञ्चकोकिलदर्दुराः।
गजश्च सप्त षड्जादीन्क्रमादुच्चारयन्त्यमी॥

अर्थात!... ... ... मोर, चातक बकरी, क्रौंच, कोकिल, मेंढक, हाथी, ये क्रम से षड्ज आदि स्वरों में उच्चारण करते हैं।

संगीत रत्नाकर ... . पण्डित शार्ङ्गदेव"

पशु-पक्षी की बोली से संबंधित उपर्युक्त मतों के अतिरिक्त, कुछ मत और भी देखने को मिलते हैं। ऐसे मत ऊपर दिये हुए उद्धरणों में दिये गये विचारों से कुछ हटकर लिखे गये हैं। जैसे—

1. नारद रचित 'संगीत मकरंद' में षड्ज, रिषभ, गांधार, मध्यम, पञ्चम व निषाद—इन छः स्वरों को क्रमशः मयूर, चातक, बकरी, क्रौंच, कोकिल व हाथी द्वारा उच्चारित आवाजों के साथ बंधन किया है परंतु धैवत का संबंध अश्व के साथ किया गया है।

2. 'नारदीय शिक्षा' में पाँच आवाज़ का संबंध तो पण्डित शार्ङ्गदेव के संगीत रत्नाकर जैसा ही है परंतु रिषभ और धैवत अश्व के साथ किया गया है—"गावो रंभान्ति चर्षभम् अश्वस्तु धैवतं वक्ति"

3. जैन ग्रन्थ 'ठाणांगसुत्त' में इन बोलियों का अनुभव, काफी भिन्न है। षड्ज मयूर, पञ्चम कोकिल, धैवत दर्दुर, ये तीन स्वर तो शार्ङ्गदेव के रत्नाकर जैसे ही हैं परंतु रिषभ का कुक्कुट (मुर्ग), गांधार का हंस, मध्यम का गाय व निषाद का सारस पक्षी की बोली जैसा बतलाया गया है।

4. नान्य देव कृत "भरत भाष्य" एक प्राचीन ग्रन्थ है जो कि नाम से तो ऐसा लगता है कि ग्रन्थ नाट्य शास्त्र का भाष्य होगा परन्तु वास्तव में यह एक स्वतंत्र ग्रन्थ है जो कि नाट्य शास्त्र के गायन सम्बन्धी अध्यायों की सामग्री से अधिक सम्बन्ध रखता है। नान्य देव का मत लगभग 'नारदी शिक्षा' जैसा ही है यानी मयूर षड्ज, साँड रिषभ, बकरी गांधार, क्रौंच मध्यम, कोयल पञ्चम, घोड़ा धैवत व हाथी का निषाद के साथ सम्बन्ध स्थापित किया गया है। ग्रन्थकारों में केवल नान्य देव ही ऐसे ग्रंथकार हैं जिन्होंने इन बोलियों के साथ, उनके मनोभाव को भी महत्त्व दिया है। मनोभाव व आवाज़ सम्बन्धित कुछ विचारों का विवरण निम्न अनुच्छेद में दिया गया है।

पशु-पक्षी की आवाज व उनके मनोभाव

बृहद्देशी में कोकिल का बसन्त ऋतु (पुष्पों के साधारण काल) व दादुर का वर्षा काल से सम्बन्ध जोड़ा है। शेष के पाँच स्वर षड्ज, रिषभ, गान्धार, मध्यम व निषाद के सम्बन्ध में केवल इतना दिया गया है कि मयूर, चातक, बकरी, क्रौंच व हाथी क्रमशः षड्ज, रिषभ, गान्धार, मध्यम व निषाद बोलते हैं। नान्य देव ने वदति यानी बोलता है, इस शब्द के साथ, भाव की अभिव्यक्ति को भी जोड़ने का प्रयास किया है।

मेघ गर्जन काल अर्थात् वर्षा ऋतु में मोर का बोलना, नान्य देव का इस प्रकार लिखना, मोर की बोली के साथ मोर के भावों की ओर अधिक खींचता है। मयूर षड्ज बोलता है और मयूर मेघ गर्जन सुनकर षड्ज बोलता है ये दो अलग-अलग स्थिति हैं। रिषभ स्वर में साँड का दहाड़ना व बकरी का कामार्त काल में गान्धार स्वर में बोलना, कुछ अलग सन्देश देता है। मदोन्मत्त काल में क्रौंच का मध्यम में बोलना, बसन्त ऋतु में कोयल का पंचम में कूह कूह करना, बसन्त ऋतु में घोड़े का धैवत में तथा क्रोध से लाल नेत्र हाथी का निषाद में चिंघाड़ना, ये सब स्थिति भाव अभिव्यक्ति से अधिक सम्बन्ध रखती हैं।

मनुष्य द्वारा हँसना, रोना, धीरे बोलना व चिल्लाना, आवेश अथवा क्रोध में कठोर वाणी और सम्भाषण में मधुर वाणी के उपयोग को, भावों की अभिव्यक्ति ही कहा जायेगा परन्तु हँसना, रोना, सम्भाषण व चिल्लाना आदि को संगीत की श्रेणी में नहीं कहा जा सकता। पशु-पक्षी की विभिन्न प्रकार की बोलियाँ, विभिन्न परिस्थितियों में किसी भाव को ब्यक्त कर सकती हैं और उस बोली को 'स्वर' के रूप में प्रतिष्ठित स्थान देने का सम्मान श्री नान्य देव को ही जाता है। उस भाव को नाना स्वरों से सम्बन्ध स्थापित करना जैसे कामार्त में बकरी का गान्धार, मदोन्मत्त काल में क्रौंच का मध्यम, क्रोध से उन्मत्त लाल नेत्र वाले हाथी का निषाद स्वर जैसा अनुभव, नान्य देव द्वारा ही किया गया है।

स्वर उच्चारण क्रिया व पशु-पक्षी की बोली

साधारण बोलचाल की भाषा में शब्दों का उच्चारण ध्वनि के उतार-चढ़ाव द्वारा होता है परन्तु ध्वनि के इस उतार-चढ़ाव को संगीत ध्वनि या नाद नहीं कह सकते। नाद की नियमित अवस्था यानी स्थिर आवृत्ति वाली ध्वनि कुछ देर के लिए लम्बा उच्चारित होने पर, स्वर कहलाने योग्य हो सकती है। नियमित उच्चारण के पश्चात, दो स्वरों के बीच का अन्तराल जब सिद्धान्त के अनुकूल बनता है तभी स्वरों के विभिन्न रूप षड्ज, रिषभ, गान्धार, मध्यम आदि का स्वरूप दिखलाई देता है। आचार्यों की उक्ति अनुसार कोकिल वदति पंचमः यानी कोकिल पंचम में बोलती है। इसका मतलब यह भी हो सकता है कि कोकिल जब बोलती है तो उसके मुख/कण्ठ द्वारा कुछ

ध्वनि निकलती हुई पंचम तक पहुँच जाती है यानी कोकिल का कण्ठ उसके स्वयं के षड्ज पर खुलता है और पंचम तक पहुँच जाता है। कोकिल द्वारा यह क्रिया प्रत्येक बार बोलने पर एक समान ही होती है। सभी कोयल वर्ग प्राकृतिक (Natural) रूप से बोलते समय इस क्रिया को दोहराने में सक्षम होती हैं। इसी प्रकार अन्य पशु-पक्षी भी अपनी-अपनी बोलियों द्वारा षड्ज, रिषभ, गान्धार स्वर निकालने में सक्षम पाये जाते हैं।

साधारण बुद्धि द्वारा यह कहा जा सकता है कि पशु-पक्षी के प्रत्येक वर्ग की बोली, अपना-अपना एक विशिष्ट मार्ग अपनाती हैं। हजारों वर्षों के अनुभव के पश्चात, हमारे आचार्य इस निर्णय पर पहुँचे होंगे कि बकरी की बोली द्वारा निकला स्वर व गान्धार की उच्चारण प्रक्रिया एक समान है और मयूर द्वारा उच्चारित ध्वनि व षड्ज से तार षड्ज (सां) तक की उच्चारण क्रिया एक समान है आदि-आदि। यह तो निर्विवाद सत्य है कि प्रत्येक प्राणी के भावावेश व सामान्य अवस्था द्वारा, कण्ठ ध्वनि में प्राकृतिक रूप से अन्तर स्थापित हो जाता है। इस अन्तर का हम अनुभव भी करते रहते हैं और इस प्रकार के अन्तर को हम सही भी मानते हैं। अब इस तथ्य को प्रमाणित करना है कि भावावेश द्वारा पशु-पक्षी, क्या उन्हीं स्वरों को उपजाते हैं, जिन्हें नान्य देव आदि ने लिख दिया है। यह विषय अनुसन्धान करने के पश्चात् ही, नान्य देव के विचारों को सर्वसम्मति द्वारा अपनाया जा सकता है।

अब यह प्रश्न उठता है कि पशु-पक्षी की बोली व सप्त स्वरों को यदि हम सिद्ध कर देते हैं तो हमें यह सोचना है कि इस प्रकार की सफलता द्वारा संगीत को कितना लाभ मिल सकता है? इतना अनुमान लगाया जा सकता है कि स्वरों के रंग व पशु-पक्षी सम्बन्ध आदि, संगीत की गुणवत्ता (Quality) सुधारने में सहायक हो सकते हैं। संगीत रत्नाकर टीकाकार आचार्य सिंहभूपाल के मतानुसार, स्वर के रंग, वर्ण, ऋषि, देवता, पशु-पक्षी सम्बन्ध, संगीत स्वरोपासना के लिए अधिक उपयुक्त हैं।

'श्रुति नाम' के विभिन्न पुञ्ज क्यों?

हमारे आचार्यों ने श्रुति व स्वर का गहराई तक अध्ययन किया, विश्लेषण किया व गणित द्वारा उनके माप (Value) को स्थापित किया परन्तु जब संगीत के क्रियात्मक (Practical) पक्ष का विषय सामने आया, तो वहाँ उन्होंने किसी भी क्रिया को गणित के आश्रित नहीं छोड़ा। वास्तविक रूप से देखा जाये तो संगीत कला के क्षेत्र में गणित का अधिकार, हमेशा से गौणकोटीय (Secondary) समझा जाता रहा है। श्रुति व स्वर का विशिष्ट परिचय, कानों के माध्यम द्वारा व गुरु-मुख वाणी के योगदान पर निर्भर होता आया है। यह अनुभव, गणित की जटिल क्रियाओं से कोसों दूर रहता है। प्राचीन समय से ही यह तथ्य, श्राव्य सापेक्ष था। सभी सिद्धान्त कानों द्वारा सुनकर निर्धारित किये जाते थे। इसीलिए किसी भी प्रकार का विश्लेषण (Analysis) ऐसे

श्रवणाधार सूत्रों पर निर्भर करता था। इस सन्दर्भ में श्रुति विधान (चतुःसारणा) एक उत्कृष्ट उदाहरण माना जा सकता है।

जहाँ तक श्रुतियों के गणितीय मान को स्थापित करने की विधि को अपनाने का प्रश्न उठता है वहाँ किसी प्रकार का मतभेद दिखलाई नहीं पड़ता है। प्रारम्भ से ही माना गया है कि श्रुतियों की संख्या 22 है और प्रथम श्रुति से दूसरी श्रुति का परिमाण ऊँचा होते-होते अन्त में द्विगुना हो जाता है। सबसे अधिक गड़बड़ी श्रुतियों के नाम के विषय में पाई जाती है। विभिन्न आचार्यों ने अपने मतानुसार सप्तक की बाईस श्रुतियों के नाम अपने-अपने मतानुसार रच डाले। छः/सात श्रुति सम्बन्धित पुञ्जों के नाम तो हमारे द्वारा, अध्याय नम्बर आठ में लिखे ही गये हैं परन्तु इसके अतिरिक्त प्राचीन ग्रन्थों में, कई और पुञ्च भी देखने को मिलते हैं।

एक श्रुति का मान दूसरी श्रुति से कितना ऊँचा है, इस गणितीय विषय पर प्रकट रूप से लिखित सामग्री उपलब्ध नहीं है। हो सकता है कि किसी आचार्य ने प्रथम व दूसरी नम्बर की श्रुति की ऊँचाई को, किसी एक प्रकार के मूल्य द्वारा अनुभव किया हो और अन्य आचार्यों ने उसी ऊँचाई (रिश्ते) को दूसरे रूप में अनुभव किया हो। क्योंकि ये अनुभव एक-दूसरे से भिन्न थे इसिलिए शायद, अपने द्वारा प्राप्त श्रुति के मान को, एक भिन्न नाम आवंटित कर दिया हो। यह सम्भव हो सकता है कि इस प्रकार कानों द्वारा सुने हुए, उन श्रव्य-आश्रित परिणामों को पहचानने के लिए, अलग-अलग बाईस नामों के कई पुञ्जों का निर्माण हो गया हो। यदि प्रारम्भ से ही प्रत्येक श्रुति के नाम से सम्बन्धि उसका गणितीय मूल्य भी स्थापित कर दिया होता, तो श्रुतियों के नाम से जुड़े, ढेर सारे पुञ्जों के निर्माण का अवसर ही नहीं मिल पाता।

श्रुति के गणितीय मूल्य

श्रुतियों की स्थापना के लिए, प्रारम्भ से ही सांवादिक गूँज वाले मार्ग को अपनाया गया है। नाद की सांवादिक गूँज को व्यक्तिगत रूप से सुनकर, श्रुतियों को स्थापित करने के लिए किसी भी ग्रन्थ में स्पष्ट रूप से आदेश नहीं मिलता है परन्तु भरत का सम्पूर्ण साहित्य इसी सांवादिक गूँज के आधार पर समापन किया गया है। इस मार्ग द्वारा श्रुति स्थापन के लिए, किसी भी प्रकार के गणित का सहारा नहीं लिया जाता है परन्तु जब स्वरों को श्रुति शृंखला में रोपित करने की बारी आई या स्वरों के लिए श्रुति विभाजन मार्ग सोचा गया, तो गणित का पूर्ण रूप से सहारा लिया गया है। स्वरों की स्थापना के लिए आनुवंशिक गुर (4, 3, 2, 4, 4, 3, 2) का सहारा लिया गया था और वर्तमान स्वर प्रणाली की रचना भी इसी गुर के आधार पर टिकी हुई है। इस गुर के मूलाधार चतुः, त्रि व द्वि श्रुतिक समूह का मान, अध्याय-9

के सारणी क्रमांक-11 में देखा जा सकता है। चतुः, त्रि व द्वि श्रुतिक समूह के मूल्यों द्वारा स्वरों के मान को श्रुति अन्तराल द्वारा स्थापित करने में सहायता मिल सकती हैं परन्तु श्रुति शृंखला की प्रत्येक श्रुति के गणितीय मान को, केवल आनुवंशिक गुर के सहारे स्थापित करना चाहें तो वह एक अत्यन्त कठिन कार्य होगा। यदि आनुवंशिक गुर के साथ-साथ, गूँज और तार की लम्बाई वाले मार्ग की सहायता ली जाती है, तो प्रत्येक श्रुति के गणितीय मान को सरलता से स्थापित किया जा सकता है।

वर्तमान में हमने उन्हीं श्रुति-नामों को अपना रखा है जिन्हें पं. शार्ङ्गदेव द्वारा 'संगीत रत्नाकर' में दर्शाया गया है परन्तु संगीत रत्नाकर में इन श्रुतियों के गणितीय मूल्यों के विषय में कुछ चर्चा नहीं की गई है। श्रुतियों के भिन्न-भिन्न नाम क्यों रखे गये हैं उन नामों से सम्बन्धित उनका गणितीय मूल्य क्या रहा होगा, यह एक शोध का विषय है और शोधकर्ताओं द्वारा ही, इस विषय की सिद्धि व समाधान सम्भव हो सकता है।

अध्याय-15

स्वर-प्रदूषण

स्वर-प्रदूषण क्या है?

वर्तमान युग में वायु-प्रदूषण, जल-प्रदूषण व ध्वनि-प्रदूषण आदि समस्याओं के विषय में बहुधा सुनने को मिलता रहता है। जब वायु और जल में कुछ ऐसे तत्त्वों की मिलावट हो जाती है जो सामान्य जनजीवन के लिए हानिकारक सिद्ध होती हैं, तब ऐसी स्थिति को प्रदूषण की संज्ञा दी गई है। इन प्रदूषण उत्पन्न करने वाले अवयवों के कारण प्राकृतिक शुद्धता को हानि पहुँचती है। राजकीय स्तर पर इस प्रकार के प्रदूषण पर नियन्त्रण किया जाता है। शहरों में कुछ क्षेत्र ऐसे होते हैं जहाँ शोरगुल, कोलाहल व रव की मात्रा अत्यधिक पाई जाती है। ऐसे शहरों में व्यवसाय सम्बन्धित प्रचार एवं विविध प्रकार के विज्ञापन व घोषणा हेतु, एम्प्लीफायर और लाउडस्पीकर द्वारा ध्वनि को प्रचंड रूप से प्रसारित करते हैं। इस प्रकार की ध्वनि प्रचंडता भी सामान्य जनजीवन के लिए हानिकार सिद्ध हो चुकी है। ध्वनि-प्रदूषण समस्या के निराकरण हेतु, कारखानों को योजनाबद्ध ढंग से शहर के बाहरी क्षेत्रों में स्थापित किया जाता है।

संगीत का निर्माण स्वरों द्वारा होता है। विशेषकर भारतीय संगीत का निर्माण, पूर्ण रूप से प्राकृतिक स्वरों द्वारा ही होता है। भारतीय संगीत का अपना साम्राज्य है और अपना वातावरण है। जब प्राकृतिक स्वर अपने स्थान से कुछ विचलित हीने लगते हैं, तो ऐसे स्वर भारतीय संगीत की मौलिकता के लिए हानिकारक बन जाते हैं। ऐसा लगता है मानो अजातीय स्वरों की मिलावट हो रही हो। प्राकृतिक स्वरों का पदच्युत होना यानी विचलित होना ही अजातीय को जन्म देता है और यह हलका-सा विचलित स्वर ही, दूषित स्वर का रूप धारण कर लेता है। जब ऐसे स्वरों का बारम्बार व अनवरत प्रयोग होने लगता है तो ऐसी स्थिति 'स्वर-प्रदूषण' का रूप धारण कर लेती है।

जाने-अनजाने ऐसे दूषित स्वरों द्वारा, हमारे वर्तमान प्रचलित स्वर धीरे-धीरे प्रभावित हो रहे हैं। वर्तमान प्रचलित स्वरों से हमारा अभिप्राय उन स्वरों से है, जिसे आजकल शास्त्रीय संगीत ने अपनाया हुआ है। ये स्वर तानपूरे द्वारा निकले स्वर को आधार मानकर सा-प, सा-म, सा-ग, सा-ग् आदि संवादों द्वारा पूर्ण रूप से गुँथे रहते है। इस प्रकार के स्वरों को ही हमारे भारतीय शास्त्रीय संगीत के विशुद्ध स्वर होने का गौरव प्राप्त है। परिस्थिति को देखते हुए यह आशंका बनने लगी है कि कहीं ये विशुद्ध स्वर, भयानक 'स्वर प्रदूषण' के घेरे में न फँस जायें।

यह निर्विवाद सत्य है कि संगीत विद्या सुनने की परिपाटी पर निर्भर करती है। सभी जानते हैं कि कुछ समय पूर्व, राजा-महाराजा स्वयं बहुत अच्छी श्रेणी के श्रोता हुआ करते थे। उनके कान विशुद्ध स्वरों को सुनकर पक जाया करते थे क्योंकि उनके दरबार में निरन्तर विशुद्ध स्वरों द्वारा ही गायन-वादन हुआ करता था। अब ऐसा अनुभव किया जा रहा है कि उसी विशुद्ध प्रणाली में बदलाव आना आरम्भ हो गया है। स्वर की स्थिति कुछ डाँवाडोल होती जा रही है। इस समय पाश्चात्य देशों की स्वर प्रणाली, भारतीय स्वर प्रणाली पर अपना रंग जमाती जा रही है। फलस्वरूप विशुद्ध स्वर धीरे-धीरे विचलित हो रहे हैं। ऐसा इसलिए हो रहा है कि क्योंकि हमारे कान पाश्चात्य टेम्परेट स्केल (Tamperate Scale) के स्वरों को निरन्तर सुनने के आदी होते जा रहे हैं।

हमने मूल रूप से 'स्वर संवाद' प्रक्रिया (सा-प, सा-म, सा-ग, सा-ग् संवाद) पर टिकी हुई स्केल को अपनाया है और पाश्चात्यों ने टेम्परेट स्केल को अपना रखा है। स्वर-संवाद एक प्राकृतिक देन है, जब कि टेम्परेट स्केल शत-प्रतिशत मानव निर्मित स्केल है। टेम्परेट स्केल को पाश्चात्यों ने अपनी आवश्यकता अनुसार गढ़ा है। मानव प्राकृतिक स्वरों पर आदिकाल से गुनगुनाता रहा है व गाता रहा है। हमने इन्हीं प्राकृतिक स्वरों को अपनाया है। इन्हीं प्राकृतिक स्वरों का विवरण हमारे शास्त्रों में पाया जाता है। प्राकृतिक स्केल शाश्वत है, अजन्मा है। सम्प्रति हमारे सामने जो समस्या बन चुकी है, वह इसी टेम्परेट स्केल द्वारा उपजी है। इसलिए सर्वप्रथम 'टेम्परेट स्केल' को ठीक प्रकार से समझ लेना आवश्यक है। उसके पश्चात् उन विविध विषयों का अध्ययन करना आवश्यक है, जिनके द्वारा टेम्परेट-स्केल हमारी प्राकृतिक स्केल को कैसे, कब और कौन-सी अवस्था में दूषित कर रही है तथा इस प्रकार के प्रदूषण से किस प्रकार निपटा जाये?

टेम्परेट स्केल क्या है?

टेम्परेट स्केल को साधारणतः टेम्पर्ड स्केल (Tampered Scale) के नाम से जाना जाता है जो पाश्चात्य देशों द्वारा अपनाई गई स्वर प्रणाली है। इस प्रणाली में एक स्वर की दूरी को, एक विशेष प्रकार की व्यवस्था द्वारा निर्धारित किया गया है। टेम्पर्ड

स्केल (Tampered Scale) से जुड़ी समस्या तन्तु वाद्य (String Instruments) में इतनी गम्भीर दिखलाई नहीं पड़ती है जितनी कि हवा के प्रयोग द्वारा बजने वाले वाद्यों में पाई जाती है। पाश्चात्यों ने टेम्पर्ड स्केल को क्यों जन्म दिया? इसका कारण है।

अठारहवीं शताब्दी में यूरोप के कलाकारों को घोर समस्या का सामना करना पड़ा था। उस समय इंगलैन्ड, फ्रान्स, जर्मनी, इटली, हॉलैन्ड आदि किसी भी एक देश के बनाये हुए बाजे, दूसरे देश के बनाए हुए बाजे, एक समान नहीं बोलते थे। एक समान स्वर वाले, दो बाजों का मिलना अत्यंत दुर्लभ था। इसलिए वृन्द वादन (Orchestra) के लिए, सही प्रकार के स्वर वाले वाद्यों का चुनाव करना अपने आप में **बड़ी भारी समस्या थी, विशेष कर जब बाजे अलग-अलग कम्पनी व विभिन्न देशों द्वारा बनाये गये हो।** समस्या समाधान हेतु सभी देशों ने अपने-अपने स्तर पर प्रयास भी किये परन्तु कोई लाभप्रद व ठोस रास्ता नहीं निकल पाया। श्री ए.एफ. अब्बाट द्वारा लिखी पाठ्यक्रम पुस्तक (Text Book) में, इस विषय पर अच्छा विवरण मिलता है।

"......Thus during the eighteenth century it would be rare to find two Organs whose middle 'c' pipes had same frequency, although of course the ratio of pitches of different pipes would be substantially the same for all instruments....

....Attempts were made at various times to establish a unformity of pitches acceptable to musicians in all countries–

Ordinary Level of Physics....A.F. Abbott

अर्थात् ....अठारहवीं शताब्दी में ऐसे दो ऑरगन बाजे मिलने दुर्लभ हो गये थे जिनका आधार-स्वर षड्ज ('c'), एक समान हो यद्यपि इतना अवश्य था कि अलग-अलग ऑरगन बाजों के अपने स्वरों के अनुपात (Ratio of Pitches) लगभग सभी बाजों का समान था।

....समय-समय पर प्रयास भी किये गये कि एक ऐसी तारता (Pitch) को अपनाया जा सके जो सभी देशों के संगीतज्ञों को मान्य हो।

ऑर्डनरी लेवल ऑफ फिज़िक्स.....ए.फ. अब्बॉट

अधिकांश देश षड्ज ('c') की आवृत्ति (Pitch) = 240 Hz यानी कम्पन संख्या प्रति सैकेन्ड को आधार मानकर, अपने-अपने बाजे बनाते रहे। इधर वैज्ञानिकों ने अपनी स्केल को 256 Hz पर आधारित किया जिसे उन्होंने साइन्टीफिक स्केल (Scientific Scale) का नाम दिया। इस स्केल पर आधारित ट्यूनिंग फोर्क आज भी स्कूल व कॉलेज की प्रयोगशाला (Laboratory) में काम में ली जाती हैं। ये ट्यूनिंग फोर्क निम्न आवृत्ति से सम्बन्ध रखते हैं। देखिये चित्र क्रमांक-61

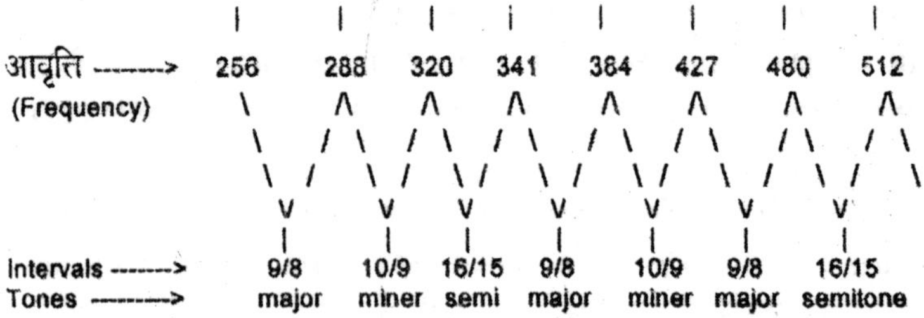

रेखांकित चित्र क्रमांक-61

वैज्ञानिकों द्वारा जिस स्केल को स्थापित किया गया, मूलतः उसका उद्देश्य स्कूल व कॉलेज की प्रयोगशाला तक ही था परन्तु बहुत से बाजे (Instruments) 260 Hz के आस पास तैयार होने लगे। इस प्रकार समस्या और अधिक बढ़ गई। पाश्चात्यों के पास मूल रूप से दो प्रकार की समस्याएँ थीं।

प्रथम–बाजों के आधार स्वर "c" सम्बन्धित समस्या। बाजों का आधार स्वर 240 Hz से 260 Hz के बीच में इच्छानुसार होने के कारण, वृन्दवादन (Orchestra) के लिए बाजों का चयन कठिन हो गया । यह कठिनाई हवा के प्रयोग सम्बन्धित बाजों के साथ प्रमुख रूप से अनुभव की जा रही थी।

द्वितीय–गवैयों के मूल स्वर स्थान यानी आधार स्वर "c" भिन्न-भिन्न होने के नाते, हवा से बजने वाले बाजे संगति करने के लिए अनुप्रयुक्त प्रमाणित हुए। गवैये को यद्यपि अपना मूल स्वर स्थान, बाजे में स्थापित स्वरों में से ही एक स्वर को चुनना पड़ता था फिर भी गले से निकली आवाज की, बाजा पूरी प्रकार से संगति नहीं कर पाता था।

विशेष ध्यान योग्य बिन्दु–हम यहाँ केवल पाश्चात्य संगीत के गवैयों के संगति के विषय में चर्चा कर रहे हैं। पाश्चात्यों की परिपाटी के अनुसार साधारण से साधारण संगति में हारमानी यानी स्वर संघात का प्रयोग किया जाता है। ऐसा कहा जाता है **कि हारमोनियम का आविष्कार अलक्जेंडर डिवेन ने सन् 1840 में पेरिस** (Paris-France) फ्रान्स में किया था। उन्होंने अपनी बुद्धि द्वारा एक सप्तक (Octave) को बारह बराबर हिस्सों में बाँट दिया। इस प्रकार दूसरे नोट (Note) से तीसरे (Note) की ऊँचाई वही बनी रही जो पहले 'नोट' से दूसरे 'नोट' में बनी है। संक्षिप्त में कहा जा सकता है कि बारह के बारह 'नोट' के अन्तराल, समान-समान हो गये। इस समान अन्तराल वाली स्वर व्यवस्था को 'टेम्पर्ड स्केल' का नाम दिया गया। ऐसा करने से गवैयों के साथ हारमॉनी द्वारा संगति करने में आसानी प्रतीत होने लगी।

19वीं सदी में ही हारमोनियम का भारत में पदार्पण हुआ। यह वाद्य शीघ्रता से लोकप्रिय बन गया। धीरे-धीरे नाटक, भजन, कीर्तन मण्डलियों में हारमोनियम व

ऑर्गन को प्राथमिकता मिलने लगी। हारमोनियम द्वारा प्रबल प्रकार की ध्वनि उपलब्धता के कारण, उस समय मण्डलियों में संगति करने के लिए, प्रयोग में लाये जा रहे वाद्य जैसे सारंगी, वीणा आदि की पूछ कम होने लगी। हारमोनियम के कुछ अवगुण भी थे। इसलिए शास्त्रीय गायन के क्षेत्र में हारमोनियम को विशेष स्थान नहीं मिल सका। यह अवगुण था, हारमोनियम में बसे हुए 'टेम्पर्ड स्केल' के स्वर। भारतीय शास्त्रीय संगीत के स्वर और टेम्पर्ड स्केल के स्वरों में सूक्ष्म अन्तर बना रहता है। इस अन्तर को सधे हुए कान ही पहचान पाते हैं। इस विषमता को गणित की सहायता द्वारा अधिक स्पष्टता से समझा जा सकता है।

टेम्पर्ड स्केल व गणित–

हमारे द्वारा प्रयोग में लाये जा रहे वर्तमान प्रचलित स्वर और टेम्पर्ड स्वरों से गठित सप्तक में एक स्पष्ट समानता है। दोनों ही पद्धति में सप्तक के सीमान्त स्वर एक-दूसरे से दूने ऊँचे हैं। स्वरों की ऊँचाई से तात्पर्य है कि सप्तक सीमान्त स्वर की तारता (Pitch) यानी कम्पन संख्या प्रति सैकंड, एक-दूसरे से दोगुनी होती है। दोनों पद्धति में सप्तक के बारह-बारह स्वर हैं।

अब दोनों पद्धति के स्वरों की विषमता के विषय में सोचें तो पायेंगे कि बारह-बारह स्वरों की तारता एक-दूसरे से भिन्न होती चली गई है। शास्त्रीय संगीत द्वारा अपनाए गए स्वरों के विषय में, पूर्व के अध्यायों में यथेष्ट चर्चा हो चुकी है। षड्ज से रिषभ 9/8 गुणा ऊँचा होता है और रिषभ से गान्धार 10/9 गुणा ऊँचा होता है, गान्धार से मध्यम 16/15 गुणा ऊँचा होता है आदि। इसी प्रकार षड्ज 'सा' से तार षड्ज 'सां' भी 2 गुना ऊँचा होता है। ध्यान रहे कि तार-षड्ज सप्तक का 13वाँ स्वर है। इसके विपरीत टेम्पर्ड स्वरों की तारता को इस प्रकार का रूप दिया गया है कि 1ले स्वर से 2रे स्वर की ऊँचाई उतनी ही है जितनी कि 2रे स्वर से 3रे स्वर की व 3रे से 4थे आदि। सभी स्वर एक-दूसरे से समान भाव द्वारा ऊँचे होते चले गये हैं।

मान लो कि 1ले स्वर की आवृत्ति = 100 कम्पन संख्या प्रति सैकेन्ड है और 2रा स्वर, 1ले स्वर से 'क' गुना अधिक है। इसलिए 2रे स्वर की आवृत्ति 100× 'क' कम्पन संख्या प्रति सैकेन्ड होगी। जब 2रे स्वर की आवृत्ति (100× 'क') है, तो 3रे स्वर की आवृत्ति (100 ×'क') × 'क' होगी। इसी क्रम को अपनाते हुए हम कह सकते हैं कि सप्तक के 13वें स्वर की आवृत्ति 100 × 'क' × 'क' × .....इस प्रकार 'क' की 12 बार पुनरावृत्ति होगी।

साथ में हमें यह भी ज्ञात है कि 13वें स्वर की आवृत्ति एक-दूसरे से दूनी होती है। 1ले स्वर की आवृत्ति को हमारे द्वारा 100 के समान माना गया है। इसलिए 13वें स्वर की आवृत्ति 100×2 =200 कम्पन संख्या प्रति सैकैन्ड के समान होगी।

अब हम 13वें स्वर की आवृत्ति को एक समीकरण का रूप दे सकते हैं।

अतः (100)×'क' × 'क' × 'क' × .... × 'क' (इस प्रकार 12 'क' तक) =200

या 'क'×'क'×'क'×'क'× ....× 'क' (इस प्रकार 12 'क' तक) = 200/100=2

या{'क'}^{12} = 2

या 'क' = $\sqrt[12]{2}$ यानी 2 का 12वां मूल

या 'क' = 1.0595

= 1.06 लगभग

इसका मतलब यह हुआ कि 1ले स्वर से 2रा स्वर 1.06 गुना ऊँचा होना चाहिए और 2रे स्वर से 3रा स्वर भी 1.056 गुना ऊँचा होना चाहिए। इस प्रकार बारह स्वरों द्वारा बने प्रत्येक जोड़े का अन्तराल 1.056 होगा। इस विधि का अनुसरण करने के फलस्वरूप, यूरोप में टेम्पर्ड स्केल आधारित बाजे तैयार होने लगे। वर्षों तक इसी तकनीकी को अपनाते हुए विदेशों में व भारत में, हारमोनियम बाजे का उत्पादन होता रहा परन्तु भिन्न-भिन्न देशों के बाजे, अभी तक भी एक प्रामाणिक सूत्र में बँध नहीं पाये थे। विदेशों में हारमोनियम जैसे बाजों को ऑरकैस्ट्रा के लिए उपयुक्त नहीं माना जाता था। भारत में हारमोनियम का उपयोग नाटक, भजन, कीर्तन आदि में अधिक सुलभ माना जाने लगा। पाश्चात्य वाले इस स्थिति से सन्तुष्ट नहीं थे। उन्होंने अपनी समस्या का हल स्वयं कर डाला। आज से लगभग 70 वर्ष पूर्व सन् 1939 A.D. में अन्तरराष्ट्रीय संघटन द्वारा यह तय किया गया कि प्रामाणिक स्केल वही मानी जायेगी जिसमें धैवत की आवृत्ति 440 Hz हो। श्री अब्बाट साहब ने अपनी पुस्तक ऑर्डीनरी लेवल ऑफ फिजिक्स में इस तथ्य का विवरण दिया है।

" In the year 1939 A.D. an international committee agreed that the standard Musical Pitch should be based on the frequency of 440 Hz for a'....

Ordinary Level of Physics..... ..... A.F. Abbott

अर्थात् सन् 1939 A.D. में अन्तरराष्ट्रीय संघटन द्वारा सर्वसम्मत इस विचार को अपनाया गया कि संगीत के लिए, एक ऐसा स्केल होना चाहिए जिसके धैवत ('a') की आवृत्ति 440 Hz = कम्पन्न संख्या प्रति सेकेन्ड हो।

ऑर्डिनरी लेवल ऑफ फिजिक्स.... .... ए.फ. अब्बॉट

यह मानना पड़ेगा कि 1939 A.D. के अंतरराष्ट्रीय संघटन की बैठक के सर्वसम्मत निर्णय ने, पाश्चात्यों की सभी समस्याओं का निराकरण कर दिया। अब विदेशों के प्रत्येक देश के बाजों का स्केल एक समान हो गया। टेम्पर्ड स्केल यानी एक स्वर से अगले स्वर की दूरी एक समान रखने की परिपाटी को पाश्चात्यों ने पहले से ही अपना रखा था। अब सभी देशों में धैवत ('a') एक-सा हो गया तो

स्वतः टेम्पर्ड स्केल के षड्ज सा ('c') की आवृत्ति भी 240 Hz के बदले 262 Hz बन गई। इस प्रकार पाश्चात्य के सभी देशों के बाजों का षड्ज सा ('c") एक समान हो गया। इसके पश्चात् न तो "सा c" की तारता (Pitch) का भिन्न-भिन्न होने का डर रहा और न ही अन्य स्वरों की तारता का असमानता (Miss-match) की ओर से कठिनाई का सामना करना पड़ा। यद्यपि पाश्चात्य देशों के संगीत से जुड़े, बहुत बड़े वर्ग, उस समय भी टेम्पर्ड स्केल की अवधारणा से सन्तुष्ट नहीं थे।

टेम्पर्ड स्केल आधारित वाद्य परिचय

टेम्पर्ड स्केल का जन्म पाश्चात्य देशों में हुआ था। इसलिए यह स्वाभाविक था कि टेम्पर्ड स्केल को पाश्चात्य मूल के बाजों में ही बसाया गया। हवा के प्रयोग से बजने वाले बाजे दो वर्गों में पनपने लगे। प्रथम- रीडस (Reeds) आधारित जैसे हारमोनियम आदि व द्वितीय- छिद्र आधारित बाँसुरी प्रकार के वाद्य। पीतल की पतली- पतली पत्तियों द्वारा एक प्रकार की वस्तु का निर्माण किया जाता है जिसमें हवा के प्रयोग द्वारा विभिन्न प्रकार के स्वर उत्पन्न करने की क्षमता रहती है, उसे रीड्स के नाम से जाना जाता है। इन रीड्स में स्वर की तारता यानी आवृत्ति को पहले से ही निर्धारित कर दिया जाता है।

बाजों को बजाने की कालावधि में, रीड्स के स्वरों में किसी प्रकार का परिवर्तन नहीं किया जा सकता। इसी प्रकार छिद्र आधारित बाँसुरी के वाद्यों में स्वर निकालने के स्थान पहले से ही सुनिश्चित कर दिये जाते हैं। इस प्रकार के बाजों में, इच्छानुसार स्वर परिवर्तन करने की सम्भावना बिल्कुल नहीं रहती है। इसके विपरीत वॉलयिन या सेलो आदि बाजों में, वादक अपनी इच्छानुसार स्वर को ऊँचा-नीचा करके, अपनी सुविधानुसार बाजे को किसी भी तारता (Pitch) के लिए उपयुक्त बना सकता है। सेलो और वॉयलिन, तन्तु वाद्य की श्रेणी में गिने जाते हैं जहाँ उनको बजाने के लिए हवा का प्रयोग नहीं किया जाता है परन्तु पियानो प्रजाति वाद्यों में, वाद्य का प्रत्येक स्वर, बाजे को तैयारी करते समय ही निश्चित (Fix) कर दिया जाता है। हारमोनियम व पियानो जैसे बाजों के बजाने की कालावधि में, स्वर सम्बन्धित परिवर्तन करने की सम्भावना समाप्त हो जाती है। इन बाजों में टेम्पर्ड स्केल के सुनिश्चित स्वर बसे रहते हैं।

पाश्चात्य मूल के वाद्यों में से केवल हारमोनियम ही ऐसा वाद्य है जिसे भारतीय समाज ने खुलकर अपना रखा है। वास्तविक स्थिति ऐसी बन चुकी है कि हारमोनियम की उपस्थिति सभी अवसरों पर अनिवार्य मानी जाने लगी है। आजकल ऐसी औपचारिकता बन गई है कि भज़न, गीत, कव्वाली, सिने-संगीत , कीर्तन, घरेलू, गान आदि सभी कार्यक्रमों में कोई दूसरा वाद्य हो न हो परन्तु हारमोनियम तो अवश्य पाया ही जायेगा। यदि शास्त्रीय संगीत की ओर झाँककर देखें तो पता चलेगा कि

एकल वादन (Instrumental Solo) के समय भले ही हारमोनियम दिखलाई न दे परन्तु हिन्दुस्तानी शास्त्रीय संगीत के लगभग सभी कार्यक्रमों में, विशेष कर गायन व नृत्य सम्बन्धी कार्यक्रमों में, हारमोनियम को श्रद्धा पूर्वक सम्मिलित किया जाता है। ऐसी लोकप्रियता का कारण है। हारमोनियम बजाने में सरल है। इस वाद्य का आकार व भार, व्यावहारिक रूप से बहुत सुविधाजनक है। इस बाजे के द्वारा किसी भी पट्टी (Reed) को षड्ज मानकर, संगति करने में सुविधा होती है।

आजकल तो कार्यक्रमों में एम्प्लीफायर व लाउडस्पीकर आदि की सुविधा को सामान्य-सा समझा जाता है। परन्तु एक सदी पहले तक, हमारे यहाँ नाटक आदि खुले वातावरण या बड़े-बड़े तम्बू की छाया के नीचे सम्पन्न हुआ करते थे। हारमोनियम की आवाज प्रचंड व देर तक टिकने के कारण, ऐसे कार्यक्रमों में हारमोनियम को प्राथमिकता द्वारा अपनाया जाने लगा। साधारण जनता इस तथ्य से परिचित नहीं होती है कि हारमोनियम द्वारा कौन-से स्वरों की प्रस्तुति हो रही है। आश्चर्य तो यह है कि शास्त्रीय संगीत से जुड़ी जनता भी हारमोनियम के दुष्प्रभाव से अवगत नहीं है। ऐसी अवस्था में, यह और भी महत्त्वपूर्ण हो जाता है कि टेम्पर्ड स्वरों के ढाँचे को गहराई तक समझा जाये।

टेम्पर्ड स्वरों का मान

धैवत (a") की आवृत्ति 440 Hz को स्वीकारते हुए, हम सप्तक के अन्य स्वरों की आवृत्ति को स्थापित कर सकते हैं। पृ. 318 पर हम जान चुके हैं कि सप्तक के बारह स्वरों का अन्तराल एक समान है तो इस प्रकार के अन्तराल का मूल्य 1. 0595 या 1.06 होता है। स्वरों की आवृत्ति को स्थापित करने के लिए हमें 'धैवत' को केन्द्र स्थान पर मानना पड़ेगा। धैवत से ऊपर की ओर बढ़ते हुए हमें 'नि॒' 'नि' और 'सा' का स्थान प्राप्त होता है। टेम्पर्ड स्केल का प्रत्येक स्वर 1.0595 गुना ऊँचा होता जाता है। इसलिए

विकृत 'नि॒' की आवृत्ति = धैवत 'ध' की आवृत्ति $\times$ 1.0595
= 440 $\times$ 1.0595
= 466

इसी प्रकार शुद्ध 'नि' की आवृत्ति = विकृत 'नि॒' आवृति $\times$ 1.0595
= 466 $\times$ 1.0595
= 494

और तार षड्ज 'सां' की आवृत्ति = 'नि' की आवृत्ति $\times$ 1.0595
= 494 $\times$ 1.0595
= 524

जिस प्रकार से स्वर 'नि॒' 'नि' व 'सा' की आवृत्ति को प्राप्त करने के लिए

हमें 1.0595 से गुणा करना पड़ा है, उसी प्रकार 'धैवत ध' से नीचे की ओर चलते हुए, हमें अन्य स्वर 'ध्', 'प', 'म्' आदि को पाप्त करने के लिए, 1.0595 से भाग देना पड़ेगा। निम्न सारणी क्रमांक -25 में टेम्पर्ड स्केल के बारह स्वरों की सम्भावित आवृत्तियों को एक स्थान पर देखा जा सकता है। सारणी दो भागों में दर्शाई गई है। सारणी के ऊपरी भाग के केवल 'नि्', 'नि' व 'सां' से सम्बन्धित आवृत्तियों को स्थापित करने के लिए 1.0595 से गुना किया गया है और सारणी के नीचे वाले हिस्से में 1.0595 से भाग देते हुए हमने अन्त में षड्ज 'सा' की आवृत्ति को 262 क.सं.प्र.से. समान प्राप्त किया है।

अन्तरराष्ट्रीय स्तर पर स्वीकृत धैवत 'ध' की आवृत्ति = 440 Hz

स्वर	गणितीय विवरण	अपेक्षित आवृत्ति क.सं.प्र.सै.
नि्	440 × 1.0595	466
नि	466 × 1.0595	494
सां	494 × 1.0595	524
ध्	440/1.0595	415
प	415/1.0595	392
म्	392/1.0595	370
म	370/1.0595	349
ग	349/1.0595	329
ग्	329/1.0595	311
रे	311/1.0595	294
रे्	294/1.0595	278
सा	278/1.0595	262

सारणी क्रमांक-25

वर्तमान स्वरों की टेम्पर्ड स्वरों के साथ तुलना

पाश्चात्यों ने वृन्द वादन व हारमॉनी की ओर ध्यान देते हुए, अपनी स्केल के षड्ज (c') की आवृत्ति = 262 Hz कम्पन्न संख्या प्रति सैकण्ड का प्रत्यक्ष या अप्रत्यक्ष रूप से ध्रुव (Fixed) माना है। इसका मतलब यह हुआ कि गायक या ऑरकैस्ट्रा को 262, 278, 294, 311 या अन्य स्वर जो कि टेम्पर्ड स्केल के अनुरूप हो, उसी को आधार स्वर (Key Note) के रूप में चुनना पड़ेगा और टेम्पर्ड स्केल द्वारा विन्यस्त (Set or Arranged) आवृत्तियों यानी 262, 278, 294, 311, 329, 349, 370, 392, 415, 466, 494, 524 को ही, अपने गायन या वादन में, प्रयोग में लाना पड़ेगा। उन्होंने अन्तराल (Intervals) और आधार स्वर को हमेशा के लिए अचल कर दिया।

इसके विपरीत भारतीय शास्त्रीय पद्धति अनुसार गायक के लिए आधार स्वर षड्ज का चयन बिलकुल स्वतन्त्र रहता है, यानी गायक की इच्छानुसार चुना जाता है। परन्तु विभिन्न स्वरों का अन्तराल भारतीय शास्त्रों के अनुसार ही होना चाहिए। ये अन्तराल या आनुपातिक मान, पूर्व के अध्यायों में विस्तृत रूप से वर्णित किए गए हैं। जिस प्रकार से टेम्पर्ड स्केल में यह अन्तराल सदैव एक ही प्रकार का बना रहता है उसके विपरीत भारतीय शास्त्रीय संगीत में ऐसे अन्तराल छोटे-बड़े होते रहते हैं जैसे 'सा' व 'रे' के बीच का अन्तराल 9/8 होता है तो वहीं 'रे' व 'ग' के बीच का अन्तराल 10/9 होता है आदि-आदि।

पूर्व के अध्यायों के आधार स्वर षड्ज 'सा' की आवृत्ति को 240 समान मानते हुए बारह स्वरों की आवृत्तियों को सारणी क्रमांक 14 व 17 में दिया गया है। अब निम्न सारणी क्रमांक-26 में आधार स्वर 'सा' की आवृत्ति को 262 समान मानते हुए भारतीय शास्त्रीय संगीत से सम्बन्धित बारह स्वरों की अपेक्षित आवृत्तियों को दिखलाया गया है और साथ में टेम्पर्ड स्केल के स्वरों की सम्बन्धित आवृत्ति को भी दिखलाया गया है। दोनों पद्धतियों में 'सा' की आवृत्ति को 262 समान ही रख कर सप्तक के अन्य स्वरों की आवृत्तियों की गणना की गई है, जिससे दोनों पद्धतियों का तुलनात्मक अध्ययन सरलता से किया जा सके।

स्वर	भारतीय पद्धति संबंधित अपेक्षित आवृत्ति	टेम्पर्ड स्केल संबंधित आवृत्ति सारणी 25 से ली गई	तुलनात्मक स्थिति
सा	262	262	0
रे्	262 × 16/15=279	278	- 1
रे	262 × 9/8=295	294	- 1
ग्	262 × 6/5=314	311	- 3
ग	262 × 5/4=328	329	+ 1
म	262 × 4/3=349	349	0
म्	262 × 64/45=373	370	- 3
प	262 × 3/2=393	392	- 1
ध्	262 × 8/5=419	415	- 4
ध	262 × 27/16=442	440	- 2
नि्	262 × 9/5=472	466	- 6
नि	262 × 15/8=491	494	+ 3
सां	262 × 2=524	524	- 1

सारणी क्रमांक-26

तुलनात्मक दृष्टि द्वारा दोनों स्केलों को यदि ध्यानपूर्वक देखा जाए तो हम कह सकते हैं कि बारह स्वरों में से केवल दो तीन स्वर ही ऐसे हैं जिनकी आवृत्ति समान-समान है। दस स्थानों पर भिन्नता दिखलाई पड़ रही है। यह असमानता एक से छः कम्पन्न संख्या प्रति सैकण्ड की है। श्री अब्बॉट साहब मानते हैं कि नैचुरल स्केल के स्वर यानी भारतीय शास्त्रीय संगीत में प्रयोग में लाए जाने वाले स्वर, ऐसी टेम्पर्ड स्केल द्वारा नहीं निकाले जा सकते हैं परन्तु उनके विचार के अनुसार, दोनों अवस्थाओं में इतना कम अन्तर है कि केवल खूब पैने कान ही, इस प्रकार के अन्तर को पहचानने में सफल हो सकते हैं।

".....Those notes do not allow true Diatonic Scales to be played, its differences are so small that only those who with extremely sensitive musical ears claim to be able to detect them.

Ordinary Level of Physics..............A.F. Abbott

भावार्थ—टेम्पर्ड स्केल पर डायटोनिक स्केल के स्वर सही प्रकार से नहीं निकाले जा सकते हैं। इन दोनों में भिन्नता है परन्तु इन दोनों प्रकार के स्वरों में इतना कम अन्तर है कि बहुत ही अच्छे सधे हुए म्युजिकल कान इस अन्तर को समझने का दावा कर सकते हैं और ऐसे अन्तर प्रर उँगली उठा सकते हैं।

आर्डीनरी लेवल ऑफ फिजिक्स..............ए.फ. अब्बॉट"

अब हमें यह विचार करना चाहिए कि स्वर के इस सूक्ष्म अन्तर को जब किसी कलाकार के सधे हुए कान ही परख सकते हैं, तो वैज्ञानिक वर्ग इस प्रकार के अन्तर का कैसे अनुभव कर सकता है? यह भी सम्भव नहीं है कि इस प्रकार की प्रतिभा की सिद्धि के लिए, एक वैज्ञानिक को म्युजिसियन बनना पड़े। वैज्ञानिकों ने दो ध्वनियों के इस छोटे से अन्तर को गहराई तक समझते हुए, बीट्स (Beats) सिद्धान्त को स्थापित किया है। इस बीट्स सिद्धान्त द्वारा म्युजिसियन यानी संगीतज्ञ व वैज्ञानिक, ये दोनों प्रकार के वर्ग इस अन्तर को सरलता से पहचान सकते हैं। यदि संगीत के विद्यार्थी को, स्वरों के इस छोटे से अन्तर का, प्रारम्भ से ही ज्ञान हो जाता है, तो वह इस अन्तर द्वारा फैलाए जा रहे प्रदूषण से, अपने स्वरों का बचाव कर सकता है। इसलिए बीट्स सिद्धान्त को समझ लेने में ही हित है। स्वर के इस छोटे से अन्तर की ओर यदि प्रारम्भ से ही ध्यान नहीं दिया जाता है, तो बचपन से ही हमारे कान, इन दूषित स्वरों को सहन करने के लिए अभ्यस्त हो जाते हैं और हम सही प्रकार के स्वर को पहचानने की क्षमता को खो बैठते हैं।

बीट्स सिद्धान्त (Principle of Beats)

बीट्स सिद्धान्त के विषय में भौतिक विज्ञान (Physics) की पाठ्यक्रम पुस्तकों में, इस प्रकार का विवरण पाया जाता है—

"When two Notes of nearly equal pitch, are both sounded together, regular rise and fall occures in the loudness of sound of tone heard. These alteration in loudness is called Beats"

अर्थात्–''जब दो नाद लगभग एक समान आवृत्ति (Frequency) वाले, यदि दोनों नादों की आवृत्तियों का अन्तर सूक्ष्म हो और इन दोनों नादों को साथ-साथ ध्वनित किया जाए, तो ध्वनि की गूँज (Loudness) बारी-बारी से व नियमित रूप से, कुछ नीची व ऊँची सुनाई देती है। इस प्रकार ध्वनि का, फीका व तीव्र होने की क्रिया को बीट्स (Beats) कहते हैं।''

यदि दोनों नादों की आवृत्ति एक समान है और ऐसे नादों को कुछ समय के लिए एक साथ ध्वनित किया जाता है तो वहाँ बीट्स होने का प्रश्न ही नहीं उठता है। ऐसी स्थिति में दोनों नादों की तीव्रता (Loudness) आपस में मिलकर अधिक बलवती हो जाती है और परिणामिक (Resultant) नाद की गूँज अधिक कर्णप्रिय लगने लगती है। जब दोनों नादों की तारता (Pitch) में बहुत अल्प-सा अन्तर होता है तभी बीट्स उत्पन्न होने की स्थिति बनती है। बीट्स द्वारा पारिणाणिक नाद, एक ही क्षण में ऊँची व नीची तीव्रता (Loudness) यानी कुछ हिलता हुआ-सा प्रतीत होता है। इस हिलती हुई-सी स्थिति के कारण नादों की कर्णप्रियता व माधुर्य का ह्रास भी होता है।

बीट्स द्वारा उत्पादित कठिनाइयाँ

यह तो निश्चित है कि जब जब बीट्स उत्पन्न होने की सम्भावना बनती है, वहाँ ऐसी स्थिति बन जाती है कि स्वर हिलता हुआ-सा प्रतीत होता है। स्वाभाविक है कि ऐसी स्थिति कर्णप्रियता में बाधक तो होगी ही। कण्ठ-संगीत मंच प्रदर्शन के समय, वाद्यों द्वारा संगति करने का प्रचलन प्रारंभ से ही होता आया है। वाद्य द्वारा संगति करने का मुख्य उद्देश्य यह है कि कण्ठ द्वारा निकले स्वरों के साथ व वाद्य द्वारा निकले स्वरों के साथ, आपसी मिलाप बनता चला जाए। स्वाभाविक है कि दोनों स्रोत द्वारा निकले स्वर यानी कण्ठ द्वारा निकली ध्वनि व वाद्य द्वारा निकली ध्वनि की तारता एक समान होती है तो पारिणामिक ध्वनि की गूँज (Loudness) व मध ुरता बढ़ जाती है। गायक व श्रोतागण, दोनों इस माधुर्य का आनंद ले सकते हैं। इस प्रकार की संगति, गज़ (Bow) वाले वाद्य जैसे सारंगी, वायलिन, इसराज आदि वाद्यों द्वारा ठीक प्रकार से हो सकती है क्योंकि ऐसे वाद्य, स्केल के बन्धनों से मुक्त होते हैं। फलस्वरूप ऐसे वाद्यों द्वारा मनचाही स्केल व मनचाहे स्वर के रूप जैसे गमक, मींड, घसीट आदि को सरलता से निकाला जा सकता है।

पटरी व रीड्स (Reeds) वाले वाद्यों द्वारा केवल निर्धारित आवृत्ति वाले स्वर

निकाले जा सकते हैं। स्वरों के विभिन्न रूप जैसे मींड गमक आदि को निकालने का प्रश्न ही नहीं उठता है। यदि ऐसे वाद्यों का संगति के लिए चुनाव किया जाता है तो गायक को अपने आधार स्वर का चुनाव भी, वाद्य की किसी रीड (Reed) के अनुरूप ही करना पड़ेगा। हारमोनियम के टेम्पर्ड स्वर, पाश्चात्य द्वारा अपनाए गए हारमॉनी आधारित संगीत के लिए एकदम उपयुक्त हैं। भारतीय शास्त्रीय संगीत के लिए, हारमोनियम द्वारा सही प्रकार से संगति करना संभव नहीं हो सकता है क्योंकि हारमोनियम के टेम्पर्ड स्वर द्वारा सब समय बीट्स उत्पन्न होने की सम्भावना बनी रहती है। आलापचारी के समय हारमोनियम के टेम्पर्ड स्वरों के साथ यदि संगति करने का प्रयत्न किया जाता है तो बीट्स प्रत्यक्ष रूप से अपना प्रभाव ठोकना आरम्भ कर देते हैं। तानों के समय बीट्स बनने की स्थति बनती तो है परन्तु स्वरों पर ठहराव कम होने के कारण, मानव कान उस स्थिति को पकड़ने में असमर्थ रहता है। हारमोनियम की बनावट रीड्स (Reeds) द्वारा होती है। इसलिए उसके द्वारा की गई संगति, मींड गमक आदि रहित रहती है। हारमोनियम में टेम्पर्ड स्वरों की उपस्थिति के कारण, उसके द्वारा की गई संगति को अधूरा ही समझा जाएगा।

स्वर प्रदूषण समस्या

प्रारम्भ से ही, स्वर-ज्ञान को भारतीय शास्त्रीय संगीत सीखने की प्रथम सीढ़ी के रूप में देखा गया है। यहाँ 'स्वर' से उन्हीं स्वरों से अभिप्राय है जिन्हें स्वर शास्त्र के नियमों के अन्तरगत, प्रमाणित माना गया हो। पीछे अध्याय 8 में स्वर ज्ञान अर्जित करने के लिए विचार-विमर्श किया गया है। संगीत सीखने के लिए सही वातावरण का होना अति आवश्यक है। प्रारम्भ से ही सही स्वरों को सुनने के अवसर को ही उपयुक्त वातावरण माना गया है। यदि बचपन से ही मस्तिष्क पर शुद्ध स्वरों की छाप अंकित हो जाती है तो गुरु व शिक्षार्थी, दोनों को बहुत कम परिश्रम करना पड़ता है। यहाँ 'गुरु' से अभिप्राय है कि वह शिक्षक जो स्वयं शास्त्रोक्त स्वर की साधना करते हुए, सही शिक्षा प्रदान करने के योग्य हो गया हो। गुरु का प्रधान कार्य बनता है कि वह शिष्य को स्वर-संवाद की अनुभूति प्रदान करे। पूर्व के अध्यायों में समझाया गया है कि यह अनुभूति दो प्रकार की होती है—(क) दो समान नादों के संवाद की अनुभूति यानी जिन नादों की आवृत्ति पूर्ण रूप से एक समान हो। (ख) दो विषम नादों के संवादों की अनुभूति। इस वर्ग में चार प्रकार के संवाद सा-म, सा-प, सा-ग, सा-ग् आते हैं।

आजकल युवा वर्ग को हारमोनियम के टेम्पर्ड स्वर आधारित गान सुनने को मिलते हैं। स्कूल व कॉलेज की प्रातःकालीन प्रार्थना, राष्ट्रीय गान आदि से लेकर आमोद-प्रमोद के सभागृह, नृत्य, नाटक, सिनेमा, गीत, कव्वाली, आराधना स्थान के भजन, कीर्तन व घरेलू संगीत द्वारा सभी समय हारमोनियम की टेम्पर्ड स्केल आधारित

स्वरों को सुनना पड़ता है। पिछले तीन-चार दशकों से बिजली संचालित की-बोर्ड (Key Board) का प्रचलन तीव्र गति से बढ़ रहा है। की-बोर्ड भी हारमोनियम का ही प्रतिबिम्ब है। वहाँ भी टेम्पर्ड स्केल बैठा हुआ है। एक ही प्रकार के स्वर प्रतिदिन, प्रतिवर्ष सुनते-सुनते हमारे कान उन्हीं स्वरों के आदी हो जाते हैं। ऐसी अवस्था पीढ़ी दर पीढ़ी तक पहुँच गई है। यह सही है कि बचपन से ही एक प्रकार के स्वरों की छाप पड़ते-पड़ते, वह गहरी हो जाती है, तो संगीत आसानी से सीखा जा सकता है। यदि यह छाप टेम्पर्ड स्वरों की पड़ती है तो सिने-संगीत, भजन, कव्वाली आसानी से सीखा जा सकता है परन्तु कठिनाई तो उन गुरुओं की बढ़ती ही जाएगी, जो अपनी धरोहर बचाने के प्रयास में लगे हुए हैं। उन्हें तलाश रहती है अच्छे शिष्यों की, जो सच्चे स्वर संवाद द्वारा रचे गए संगीत को सीखें व किसी सीमा तक उस मूल्यवान धरोहर को भी बचा लें। दुर्भाग्यवश धरोहर बचाने वालों की संख्या कम होती जा रही है।

कानों को दूषित करने वाले मार्ग अधिक खुल गए हैं। फलस्वरूप संगीत की शालेय शिक्षा से लेकर गुरु शिष्य परिपाटी तक जो भी विद्यार्थी संगीत में रुचि ले रहे हैं, उन सबके कान, स्वर प्रदूषण की चपेट में, छलांगती गति से घिरते चले जा रहे हैं। वह दिन दूर नहीं, जब सच्चे स्वर विजातीय लगने लग जाएँगे और प्रदूषित स्वर ही प्रमाणित स्वर की गिनती में आ जाएँगे। धीरे-धीरे ऐसी अवस्था पहुँच चुकी है कि हमारे कान पहचान-क्षमता खोते जा रहे हैं जिसके द्वारा टेम्पर्ड स्केल के स्वर व सांवादिक प्रणाली के स्वरों में बसे अन्तर को त्वरित (Spontaneously) पहचाना जा सकता है। वर्तमान में हम ऐसी मध्यकालिक (Interium) स्थिति से निकल रहे हैं, जहाँ अभी भी कुछ कलाकार तानपूरा आधारित स्वरों में रंगे हुए हैं और शेष कलाकर हारमोनियम की टेम्पर्ड स्केल के रंग में डूबते जा रहे हैं। संगीत के बहुत से कार्यक्रमों में तो तानपूरा एक दिखावटी वस्तु बनकर रह जाता है। गायक के पीछे वाले स्थान पर दो तानपूरे, फोटो खींचते समय अवश्य दिखलाई देने चाहिए, जिससे इस बात का पता चल सके कि वह कार्यक्रम शास्त्रीय संगीत का था। ऐसे कलाकार को हारमोनियम की उपस्थिति चाहिए ही क्योंकि वह हारमोनियम के स्वरों में पूरी तरह डूब चुका है।

केवल एक ही क्षेत्र बचा है जहाँ यह बाजा (Harmonium) दिखलाई नहीं देता है, वह है शास्त्रीय संगीत का एकल (Solo) वाद्य कार्यक्रम। कुछ दशक पूर्व आकाशवाणी (All India Radio) के शास्त्रीय संगीत के कार्यक्रमों में हारमोनियम की उपस्थिति निषेध थी परन्तु उसी हारमोनियम के टेम्पर्ड स्वरों के प्रयोग को, वर्तमान में आपत्तिजनक नहीं माना जाता है। हारमोनियम को बढ़ावा हमारे द्वारा ही दिया गया है। स्वतः इसके द्वारा फैलाए हुए संक्रामक रोग का निराकरण हमारे द्वारा ही हो सकता है।

हारमोनियम द्वारा गायक के अधिकारों का हनन

एकल वाद्य (Solo) प्रदर्शन के समय, वादक अपने वाद्य को अपने मनवांछित स्वर यानी षड्ज 'सा' में बाँधता है। उसके पश्चात यह भी जाँच लेता है कि संगति वाले वाद्य जैसे तानपूरा व तबला आदि के स्वर यथोचित स्वर में बोल रहे हैं। कहने का तात्पर्य यह है कि मंच के स्वर की बागडोर वादक कलाकार के हाथों में रहती है। जिस षड्ज स्वर में प्रमुख वादक कलाकार अपने वाद्य को बाँधता है, उसी स्वर को आधार मानकर संगति करने वाले, कलाकार, अपने-अपने वाद्य (तबला व तानपूरा आदि) को बाँधते हैं।

ठीक इसी प्रकार कण्ठ संगीत के कलाकार का अधिकार बनता है कि वह अपने मनवांछित स्वर पर तानपूरे को बाँधे और संगति करने वाला तबला कलाकार भी अपने तबले को उसी स्वर पर बाँधे जिस स्वर पर तानपूरे को बाँधा गया है। यदि संगति करने वाले वाद्य पखावज, सारंगी या वायलिन आदि हैं तो वे कलाकार भी अपने-अपने वाद्यों को तानपूरे के अनुरूप बाँध कर संगति करने के लिए तैयार हो जाने चाहिए। यह कोई नई प्रथा नहीं है। गायक कलाकार की मण्डली सदा से इस प्रकार की प्रक्रिया का अनुसरण करती आई है। इन सबके बीच में यदि हारमोनियम की उपस्थिति है, तो स्वर बाँधने की प्रक्रिया एकदम विपरीत हो जाती है। ऐसी परिस्थिति में, हारमोनियम प्रमुख आगंतुक बन बैठता है। हारमोनियम की पटरी में बसे हुए स्वरों में से ही, एक पटरी के स्वर को, चुनकर, सभी कलाकार अपने वाद्यों को बाँधते हैं। बादशाह कहलाने वाले कण्ठ-संगीत का कलाकार, अन्त में उसी पटरी वाले स्वर को आधार मानकर, अपना गायन समापन करता है। गायक को अपने कार्यक्रम के अन्तरगत आलाप, गमक, मींड व राग के मार्मिक स्वरों की संगति के समय, संगति से वंचित रहना पड़ता है। कहने का तात्पर्य यह है कि जिस प्रयोजन के लिए सहायक वाद्य-वादकों को, निमन्त्रण देकर बुलाया जाता है, वह उद्देश्य तो पूरा होता ही नहीं है, इसके विपरीत हमारे युवा वर्ग के श्रोता व संगीत के विद्यार्थी आदि यह स्मृति लेकर घर लौटते हैं कि हारमोनियम हमारे संगीत का अभिन्न अंग है। टेम्पर्ड स्वरों से हमारे भावी कलाकार इतने प्रभावित होते चले जा रहे हैं कि इस संक्रामक रोग को वे समस्या ही नहीं समझ रहे हैं कि इस प्रदूषण को बढ़ावा देने के कारणों में से एक कारण यह भी है कि हमारे कण्ठ संगीत कलाकार अपने अधिकार व स्वाभिमान को भूलते जा रहे हैं, यों कहिए कि भूल ही गए हैं। कलाकारों को यह भास भी नहीं हो रहा है इस स्वर प्रदूषण के मीठे विष द्वारा, उनकी धरोहर का अस्तगमन हो चला है।

स्वर-प्रदूषण बचाव के लिए सुझाव

समस्या इतनी गम्भीर हो चुकी है कि वर्तमान में कोई भी व्यक्ति यह मानने को तैयार नहीं होगा कि इस प्रकार की कोई समस्या भी है। स्वर-प्रदूषण के बारे में

कई बार अनायास चर्चा हो उठती है कि केवल हारमोनियम के विषय में ही इतना क्यों कहा जा रहा है? हारमोनियम एक विदेशी मूल का बाजा है इसलिए इसे इतना भला-बुरा कहा जा रहा है। गिटार व वायलिन आदि भी तो विदेशी बाजे हैं परन्तु स्वर-प्रदूषण के चक्कर में इन बाजों का नाम क्यों नहीं लिया जा रहा है? इस तथ्य को भूलना नहीं चाहिए कि हमारी समस्या का विषय है 'स्वर-प्रदूषण', न कि देशी-विदेशी मूल। यह भी नहीं समझना चाहिए कि हमें मनपसन्द नामकरण से सन्तुष्टि मिल जाएगी जैसे गिटार को मोहन वीणा और वायलिन को बहेला कह दें। वास्तव में, गिटार वायलिन जैसे वाद्यों में, टेम्पर्ड स्केल बसे होने की समस्या नहीं है। गिटार व वायलिन आदि वाद्यों द्वारा सच्चे व शास्त्रोक्त स्वर निकालकर ही, हमारे द्वारा भारतीय शास्त्रीय संगीत सम्पन्न किया जाता है। इसके विपरीत हारमोनियम द्वारा, उपस्थित टेम्पर्ड स्वर व अतिरिक्त अन्य स्वर निकाले नहीं जा सकते हैं। यदि इन पटरियों/रीड्स में सच्चे, भारतीय प्रचलित स्वर बैठा दिए जाएँ, तो समस्या का कुछ सीमा तक, हल निकालने का मार्ग स्वतः बन सकता है।

हारमोनियम बाजे में टेम्पर्ड स्वरों के बदले, शास्त्रोक्त नए स्वर बैठा देने पर किसी को भी अड़चन नहीं होगी। वास्तव में सुगम गान (Light Music) कार्यक्रम यानी गीत, भजन, कीर्तन, सिने-गान आदि में, इस प्रकार के परिवर्तन के लिए किसी को भी आपत्ति नहीं होनी चाहिए। संगीत कार्यक्रमों का यही वर्ग है जिसके द्वारा हारमोनियम का प्रयोग सबसे अधिक रूप में किया भी जाता है। जो कलाकार भजन, कीर्तन, सिने-गान आदि को हारमोनियम के प्रयोग द्वारा प्रस्तुत करते हैं, उनको तो इसका भास भी नहीं हो पाएगा कि स्वरों में किसी प्रकार का परिवर्तन किया गया है। हारमोनियम के स्वरों में परिवर्तन द्वारा, शास्त्रीय संगीत के कलाकारों को भी किसी प्रकार की आपत्ति नहीं होनी चाहिए। अब समस्या यह रह जाती है कि पटरियों में नए स्वरों को कैसे बैठाया जाए? विस्तार भय के कारण इस विषय सम्बन्धित विवरण को यहाँ नहीं दिया जा रहा है परन्तु यह पूर्ण रूप से सम्भव है और हम विश्वास के साथ कह सकते हैं कि हारमोनियम के स्वरों में इस प्रकार के परिवर्तन द्वारा, प्रदूषण समस्या के निवारण में सहायता अवश्य मिलेगी।

अध्याय-16

शंका-समाधान प्रश्नोत्तरी

शंका समाधान : एक चिन्तनीय प्रकरण

कुशल कलाकार बनने के लिए एक संगीतज्ञ को कला की जानकारी व कला-प्रदर्शन, दोनों पर समान रूप से अधिकार होना चाहिए। केवल सुनी-सुनाई बातों को आधार मानते हुए जो सज्जन यह दावा करते हैं कि उन्हें उक्त विषय का पूर्ण ज्ञान है, वास्तव में उन लोगों का ऐसा सोचना केवल अपने आप को भ्रम में डालने के समतुल्य है। यह सही है कि संगीत हमारी धरोहर है और उस पर हमारा जन्म सिद्ध अधिकार है परन्तु उस धरोहर को सँवारकर रखने के लिए विशेष प्रयत्न की आवश्यकता है। संगीत से जुड़े प्रत्येक व्यक्ति का कर्तव्य बनता है कि इस धरोहर को सँवारने में एक-लगन हो कर जुट जाए। केवल प्रदर्शन में ही लगन रखने से, संगीत-जीवन अधूरा-सा बना रहता है। संगीत-शास्त्र-ज्ञान, स्वर-विज्ञान व कला-प्रदर्शन की बारीकियों को समझकर, उसमें एकरस हो जाए बिना, संगीत के क्षेत्र में संतोषप्रद स्तर तक पहुँचना अत्यंत कठिन है। आज के युग में मीडिया या जान-पहचान के द्वारा, बहुत कुछ बटोरा जा सकता है परंतु 'स्वर' व 'कला प्रदर्शन' संबंधित शास्त्रीय ज्ञान—इनमें से किसी एक का अभाव होने से, संगीत जीवन पर एक प्रकार का अधूरापन चिपक जाता है, जो किसी भी तथाकथित संगीतकार को जीवन पर्यंत अन्दर ही अन्दर कचोटता रहता है, भले ही वह कलाकार अपने समाज में कितनी ही ऊँचाई तक पहुँच जाए।

भारतीय संगीत का ध्येय आत्मा से सीधा सम्बन्ध बनाए रखने में ही माना जाता रहा है। इसीलिए हमारे ऋषि-मुनियों ने संगीत को धर्म, अर्थ, काम, मोक्ष तक पहुँचने का सुगम साधन माना है। हम इस आदर्श को यथावत नहीं सँभाल सके। सदियों के परिवर्तन द्वारा संगीत के इस प्रकार के आदर्शों का दृष्टि-कोण भी बदल गया। संगीत अनेक वर्गों में बँट गया और प्रत्येक वर्ग, अपने दृष्टि-कोण द्वारा नए-नए

रूप को अपनाता गया। परिणामस्वरूप संगीत के अनेक घराने उपज गए। संगीत में सस्तापन आने लगा और जो संगीत ठोस सिद्धान्तों द्वारा रचा गया था, वह दिशाहीन हो गया। इस प्रकार संगीत अपने नैतिकता के पवित्र स्तर से नीचे की ओर गिरता गया। फलस्वरूप संगीत जिन ठोस सिद्धान्तों द्वारा खड़ा किया गया था, वे सिद्धान्त इतिहास बनकर रह गए हैं।

अब स्थिति ऐसी पहुँच चुकी है कि उन्हीं सिद्धान्तों व पुराने दृष्टि-कोण से जुड़े विषयों पर खोज हो रही है क्योंकि न तो गुरु-शिष्य परिपाटी द्वारा उन सिद्धान्तों से जुड़े विषयों को जीवित रखा गया और न ही लिखित रूप में मिलने वाली सामग्री-सम्बन्धित साहित्य, अब उपलब्ध है। संगीत के कुछ अध्यापक व प्रतिष्ठित गुरु वर्ग कलाकार, जाने-अनजाने उस लुप्त विशाल भण्डार के कुछ अल्प अंशों का उपयोग, अभी भी करते चले आ रहे हैं परन्तु कठिनाई यह है कि इन सिद्धान्तों से जुड़े रहस्यों से, सभी विद्यार्थी लाभान्वित नहीं हो पा रहे हैं। ऐसी अवस्था में अधिकांश शिक्षार्थी वही करने लगते हैं, तो उनके मन को भाता है। शास्त्रीय संगीत में रुचि रखने वालों में से बहुत कम विद्यार्थी ऐसे पाए जाएँगे जो किसी अच्छे विद्यालय द्वारा शिक्षा ग्रहण करने के पश्चात, किसी अच्छे मास्टर या गुरु के सान्निध्य में रहकर, कलाकार बनने की सीढ़ी तक पहुँच पाते हों। परिणाम यह होता है कि एक बहुत बड़ा वर्ग, शास्त्रीय संगीत के किसी मान्यता प्राप्त स्तर तक पहुँचने से पहले ही, इधर-उधर भटक जाता है।

भिन्न-भिन्न व्यक्तियों से जुड़े अलग-अलग कारण हो सकते हैं जिनके कारण उन शिक्षार्थियों को इधर-उधर भटकना पड़ता है। यदि ऐसे समय में उन शिक्षार्थियों को सही मार्गदर्शन मिल जाता है तो उनके मन में उठी शंकाओं को निवारण किया जा सकता है। शिक्षा अवधि के अन्तर्गत शिक्षार्थी के मन में, अपने विषयों से सम्बन्धित शंकाएँ उत्पन्न होना एक स्वाभाविक क्रिया है। शिक्षा अवधि के अन्तर्गत यदि विद्यार्थी चुप्पी साधे रहता है और केवल गर्दन हिलाता रहता है, तो इसका मतलब यह नहीं समझ लेना चाहिए कि उसने सब कुछ ठीक से समझ लिया है। इसके विपरीत यदि कोई विद्यार्थी, अपने विषयों से सम्बन्धित, प्रश्नों की झड़ी लगा देता है तो यह नहीं समझ लेना चाहिए कि उस विद्यार्थी ने विषय को ठीक प्रकार से नहीं समझा है। हो सकता है कि वास्तव में वह विद्यार्थी, उस विषय को अधिक गहराई तक समझने का प्रयत्न कर रहा हो और अपनी शंका मिटाने के लिए, प्रश्न के ऊपर प्रश्न कर रहा हो। सच पूछा जाए तो ऐसा विद्यार्थी, शंका समाधान द्वारा, अपने पाठ्य को सही प्रकार से समझने में सफलता प्राप्त कर लेता है। ऐसे विद्यार्थी की सोच उन विद्यार्थियों से कई गुना उच्चतर होती है, जो किसी झिझक व संकोच के कारण, सही समय पर मौन की शरण में चले जाते हैं।

शंका समाधान, संगीत शिक्षा का प्रमुख अंग माना जाता है। इसी बिन्दु को ध्यान में रखते हुए, इस अध्याय में शंका समाधान हेतु कुछ प्रश्नों के उत्तर लिखे जा रहे हैं।

प्रश्न नम्बर-1

क्या संगीत सीखने के लिए, विद्यार्थियों को शास्त्र (Theory) सीख लेने के पश्चात् क्रियात्मक पक्ष (Practical) की ओर बढ़ना चाहिए? अच्छा संगीत सीखने के लिए सही मार्ग क्या है?

उत्तर–यह आवश्यक नहीं है कि संगीत सीखने के लिए, सर्वप्रथम शास्त्र सम्बन्धित ज्ञान को पक्का कर लिया जाए। शास्त्र ज्ञान पक्का करने की बात तो अलग रही, वास्तविक स्थिति कुछ और ही है। संगीत जैसे विषय के लिए संभव ही नहीं हो सकता है कि क्रियात्मक पक्ष (Practical) को शक्तिशाली बनाए बिना, कोई व्यक्ति शास्त्र को ठीक प्रकार से समझ सके। संगीत की अच्छी शिक्षा के लिए, अच्छे मार्गदर्शन की आवश्यकता पड़ती है। उपयुक्त मार्गदर्शन के साथ, अभ्यास व परिश्रम का बराबर-सा स्थान होता है। अच्छा शिक्षक अपने विद्यार्थी को इस प्रकार से शिक्षा देता है कि शिक्षा की कालावधि में, विद्यार्थी को इस तथ्य का ठीक प्रकार से आभास भी नहीं हो पात है कि उसने क्रियात्मक शिक्षा के साथ-साथ, शास्त्र (Theory) के आवश्यक अवययों को भी, पर्याप्त मात्रा में ग्रहण कर लिया है। संगीत की शालेय शिक्षा का भी पाठ्यक्रम इस प्रकार रखा जाता है कि विद्यार्थी को शास्त्रीय व क्रियात्मक पक्ष, दोनों को एक साथ सीखने का अवसर प्राप्त हो जाता है। यह विचार संगीत की तीनों विधा–गायन, वादन व नृत्य पर, समान भाव से लागू होता है।

शालेय पद्धति द्वारा संगीत शिक्षा का प्रचलन बहुत ही आधुनिक है। कुछ समय पूर्व, गुरु शिष्य परिपाटी द्वारा, इस बात पर बल दिया जाता था कि संगीत शिक्षा सीखते समय, शिक्षार्थी कागज-कलम का व्यवहार नहीं करे। सब कुछ स्मरण कर लेना ही हितकर माना जाता था। इस प्रकार की शिक्षण पद्धति द्वारा विद्यार्थी को एक प्रत्यक्ष लाभ मिलने की सम्भावना अधिक बनी रहती थी। विद्यार्थी को केवल सुनने की प्रक्रिया पर पूर्णरूप से आश्रित रहना पड़ता था। विद्यार्थी को स्मरण शक्ति के बल पर, अपने पाठ व शिक्षा के पदार्थ को सँभाल कर रखना पड़ता था। उसी स्मरण किए हुए पदार्थ को अपने गले में बैठाना पड़ता था और भविष्य में इसी प्रक्रिया द्वारा अभ्यास भी करना पड़ता था। इसके विपरीत शालेय पद्धति का अधिकांश विद्यार्थी, अपनी पुस्तक व पुस्तिका (Note Book) पर अधिक आश्रित रहता है। इस प्रकार विद्यार्थी यह सोचता रहता है कि "पुस्तिका में तो सब कुछ लिख रखा है। जब इच्छा होगी तब देख लेंगे।" आदि आदि। विद्यार्थी को केवल पुस्तिका पर आश्रित रहने

की आदत-सी पड़ जाती है और इस प्रकार वास्तविक साधना के लिए, जो परिश्रम करने की आदत डालने की आवश्यकता होती है, उसमें एक प्रकार की दरार-सी बन जाती है। जब प्रत्यक्ष में गाना गाने की बारी आती है तो सम्पूर्ण प्रक्रिया डगमगा जाती है और मस्तिष्क की कल्पना, गले में पूर्ण रूप से नहीं उतर पाती है। अन्त में गाने की दुर्दशा हो जाती है।

संगीत एक प्रयोग-शील (Performing) विषय भी है और कला भी है। इसलिए संगीत सीखने की अवधि में, क्रियात्मक पक्ष से जुड़े पाठ का अनवरत अभ्यास करते रहना चाहिए। इस प्रकरण में सबसे महत्त्वपूर्ण तथ्य यह है कि अभ्यास किए हुए अंग की, साथ साथ में, सही समय पर, जाँच करवाते रहना चाहिए। एक अच्छे शिक्षक का कर्तव्य बनता है कि वह शिक्षार्थी की भूलों का यथानुकूल सुधार करता रहे व शिक्षार्थी की शंकाओं का पूर्ण रूप से समाधान करता रहे। शिक्षार्थी को भी पूरी लगन के साथ, शिक्षक द्वारा दिए गए अनुदेशों का पालन करते रहना चाहिए। इस प्रकार शिक्षक व शिक्षार्थी–दोनों के प्रयास द्वारा अच्छा संगीत सीखा जा सकता है।

प्रश्न नम्बर-2

सारंगी व सितार जैसी तन्त्री वाद्य में तरब के तार क्यों लगाए जाते हैं? वादन क्रिया के अन्तर्गत तरबों पर आघात नहीं किया जाता है फिर भी हमें कुछ झंकार सुनने को मिल जाती है। क्या तरब द्वारा उत्पन्न झंकार को आहत नाद समझें?

उत्तर–प्राचीन ग्रन्थों में नाद को दो प्रकार का माना गया है। संगीत सम्बन्धित नाद को 'आहत नाद' की श्रेणी में रखा गया है। वादन के अन्तर्गत, वाद्य की तरबों पर किसी प्रकार का आघात नहीं किया जाता है, फिर भी तरबें झंकृत हो उठती हैं यानी बिना किसी प्रकार का आघात किए, 'नाद' उत्पन्न हो जाता है। संगीत शास्त्रों में जिस प्रकार से नाद के विषय में कहा गया है कि नाद की उत्पत्ति वह्नि तथा मारुत के संयोग से होती है, उसे ध्यान में रखते हुए, तरबों से उत्पन्न नाद को 'आहत नाद' की श्रेणी में नहीं मानना चाहिए। साथ-साथ में इस तथ्य को भी अस्वीकार नहीं किया जा सकता है कि वाद्यकार ऐसे नाद को, वाद्य वादन की प्रक्रिया के अन्तर्गत सब समय सुनते आए हैं। स्वाभाविक है कि इस प्रकार के प्रश्न मन में उठने ही चाहिए कि क्या ऐसे नाद (झंकार) को अनाहत-श्रेणी में रखा जा सकता है? यदि नहीं तो तरबों द्वारा उत्पन्न नाद, किस प्रकार का नाद है?

यदि हम 'नाद' की व्याख्या, वर्तमान भौतिक विज्ञान (Physics) के अन्तर्गत स्वीकार करते हैं तो नाद को 'ध्वनि' का ही अंग माना जाएगा। इस नाद की कुछ आवृत्ति (Frequency) भी होनी चाहिए। जिस प्रकार से ध्वनि एक शक्ति है, उसी प्रकार से नाद भी एक शक्ति (Energy) का रूप है। कहने का अभिप्राय यह है कि जो नियम ध्वनि पर लागू होते हैं, वे सभी नियम 'नाद' पर भी लागू होने चाहिए।

अब हम तरबों द्वारा उत्पन्न हुए नाद की झंकार के विषय में अध्ययन करना चाहेंगे। तत्पश्चात् उन कारणों का पता लगाएँगे, जिनके कारण तरबों की झंकार को, आहत नाद की श्रेणी में गिनती की जाती है।

वादन की क्रिया द्वारा नाना प्रकार के नाद उत्पन्न होते रहते हैं और ये नाद तरंगों द्वारा वातावरण में प्रसारित होते रहते हैं। ये तरंग, हमारे कानों तक पहुँचती हैं और तरबों तक भी पहुँचती रहती हैं। सामान्यतः तरबें सब समय शान्त पड़ी रहती हैं परन्तु जैसे ही वादन द्वारा उपजे नाद की आवृत्ति, किसी भी तरब के अन्दर बसी हुई आवृत्ति के समरूप बनती है, तो केवल वही तरब तुरन्त झंकृत हो उठती है और अन्य तरबें शान्त पड़ी रहती हैं। उस समय कलाकार ने अपने हाथ द्वारा, तरबों को बिलकुल नहीं छेड़ा है परन्तु फिर भी उन तरबों में से, एक तरब झंकृत हो उठती है। जब केवल एक तन्त्री के झंकृत होने का प्रश्न सामने आता है तो हमें एकतारा की ओर अपना ध्यान आकृष्ट करना चाहिए।

'एकतारा' भी एक वाद्य है जिसके द्वारा एकसमान आवृत्ति वाला नाद उत्पन्न किया जाता है। अध्याय 6 में, दो 'एकतारा' से निकले हुए 'नाद' का उदाहरण दिया गया है। उसमें वर्णित प्रक्रिया को यहाँ दोबारा दोहराया जा रहा है। यदि दोनों एकतारा वाद्यों को एक समान आवृत्ति पर कस दिया जाता है और एक साथ बजाया जाता है तो उनसे निकला नाद बलिष्ठ प्रकृति का बन जाता है यानी उस नाद की गूँज व माधुर्य बढ़ जाता है। अब हम किसी भी तरबों वाले तन्त्री वाद्य के विषय पर विवेचन करेंगे।

साधारणतः किसी भी वाद्य वादन के अन्तर्गत, तरबों के साथ छेड़छाड़ नहीं की जाती है। मुख्य तार पर ही एक के बाद दूसरा आघात किया जाता है। आघात के कारण एक नाद के बाद दूसरा नाद निकलता रहता है। इन नादों की भिन्न-भिन्न आवृत्ति होती है। नादों की ध्वनि, तरंगों (Waves) द्वारा हमारे कानों तक पहुँचती है और तरंगों द्वारा ही यह ध्वनि, शान्त पड़ी हुई तरबों तक भी पहुँचती रहती है। इन तरंगों में शक्ति (Energy) विद्यमान रहती है और यह शक्ति शान्त तरबों को भी स्पर्श करती रहती है। जैसे ही तरबों को स्पर्श करने वाली शक्ति की आवृत्ति, किसी भी तरब की आवृत्ति के समान बनती है, तो तब तरब जीवित हो उठती है। उस समय उस तरब के द्वारा एक अतिरिक्त नाद सुनाई देने लगता है। इस नाद की आवृत्ति वही होती है जो उस समय वाद्य के प्रधान तार द्वारा उपजाई जा रही थी। इस प्रकार हमारे पास अब दो नाद हो गए जिनकी आवृत्ति एक समान है। अभी-अभी हम उपर्युक्त विवेचना द्वारा स्थापित कर चुके हैं कि एकसमान आवृत्ति/तारता वाले दो नादों की ध्वनि, आपस में मिलकर बलिष्ठ रूप धारण कर लेती है। इस प्रकार वाद्य के प्रधान तार से निकली हुई, उस समय की ध्वनि, बलवान प्रकृति वाली हो जाती है यानी प्रधान तार की ध्वनि उस समय अधिक गूँज वाली बन जाती है।

गूँज के साथ-साथ, नाद अधिक मधुर भी सुनाई देता है। यही कारण है कि तरब वाला सितार वाद्य, उस सितार से अच्छा माना जाता है जिस सितार में तरब नहीं होती है।

तरब के तारों को अदृष्य शक्ति का योग मिलता है, तभी वे झंकृत हो उठती हैं। यह संयोग आघात समान होता है। यदि ध्यान से सोचें तो स्पर्श क्रिया भी तो एक प्रकार का अणु आघात है जिसके द्वारा शक्ति का अन्तरण यानी एक स्थान से दूसरे स्थान पर शक्ति का स्थानांतर होता है। ऐसी स्थिति को 'अनहद' की श्रेणी में नहीं गिना जा सकता। तरबों द्वारा निकली ध्वनि को आहत-नाद के रूप में ही देखा जा सकता है।

प्रश्न नम्बर-3

संगीत का अभ्यास करते समय, यह कैसे अनुमान किया जाए कि हमारा अभ्यास ठीक प्रकार से हो रहा है?

उत्तर–प्रथम यह समझ लेना आवश्यक है कि संगीत जिस प्रकार से एक कला है, वैसे ही वह शास्त्र भी है। संगीत कला का उद्गम स्थान गांधर्व विद्या है। अतः इस कला के साथ, उसका शास्त्र हर समय जुड़ा होना स्वाभाविक है। 'शास्त्र' वस्तुनिष्ठ होता है व व्यक्ति निरपेक्ष भी होता है अर्थात् 'शात्र'- स्वयं में एक, प्राण-रहित सिद्धान्तों का पुतला है। निर्जीव होने के नाते, 'शास्त्र' में स्वयं के भाव व मनोभाव कुछ भी नहीं होते हैं परन्तु 'कला' व्यक्तिनिष्ठ होती है। इसलिए 'कला', कलाकारसापेक्ष होती है तथा उसके प्रस्तुतिकरण में नवनिर्मित यानी नया निर्माण और विस्तार की सम्भावना सब समय बनी रहती है। 'कला' प्रदर्शन में यदि शास्त्र का उपयोग होता है तो ऐसा संगम 'कला' को एक अद्भुत प्रभावात्मक-स्तर (Effective Level) तक पहुँचा देता है।

खगोल-शास्त्र (Astronomy), भूगोल-शास्त्र (Geography), अर्थ-शास्त्र (Economics) आदि स्वतन्त्र विषयों से सम्बन्धित शास्त्र हैं। इनके अध्ययन का उद्देश्य, अध्ययन के लिए ही होता है–कला जैसे अन्य विषयों की सहायता करना इनका उद्देश्य नहीं होता है। कला का शास्त्र निरा शास्त्र नहीं होता है। कला का शास्त्र, उस कला को प्रभावात्मक बनने में सतत सहायता करता रहता है। कला के प्रस्तुतिकरण अवधिकाल में, शास्त्र के नियमों का पालन करने के फलस्वरूप कभी विस्तार, कभी विश्राम, कभी गति, कभी काकु द्वारा रस उत्पादन, कभी स्वरों के साथ गमक व कण जैसी छेड़छाड़ आदि, प्रस्तुतिकरण में चार चाँद लगा देते हैं। आरोही-अवरोही, वादी-संवादी, राग का चलन आदि का निभाव करना–शास्त्र का ही अंग है। कलाकार की सफलता इसी में झलकती है कि उसने शास्त्रों के नियमों का पालन किस खूबसूरती से निभाया है।

गुरु द्वारा बतलाए गए मार्ग, शास्त्रों में वर्णित नियमों के अनुसार ही होते हैं। शास्त्रों में वे नियम किसी विशेष क्रम में व अपने ही ढंग से लिखे होते हैं और उनका अध्ययन उसी क्रम में करना भी चाहिए। गुरु उन नियमों को, शिषयों तक, सही ढंग से सही समय पर पहुँचाने का योगदान करता है। इस प्रकार के अभ्यास की प्रक्रिया द्वारा, विद्यार्थी को एक अनुशासन व आत्मविश्वास प्राप्त हो जाता है और विद्यार्थी एक प्रकार की निजी शैली निर्माण करने में सफलता प्राप्त कर लेता है। इसी आत्मविश्वास के बलबूते पर, वह विद्यार्थी या कलाकार अपने प्रत्येक प्रस्तुतिकरण में नई-नई रचनाएँ व कलाकृतियों को श्रोताओं के सामने प्रस्तुत करने की क्षमता, अर्जित कर लेता है। कलाकार के आत्मविश्वास पर, उसकी कला की प्रभावात्मकता काफी अंशों तक निर्भर करती है। यदि गायक का सुर, लय, राग और ताल पर इच्छानुसार नियन्त्रण हो तो उसका आत्मविश्वास बढ़ जाता है।

हर प्राणी में आत्मविश्वास का बीज ईश्वर प्रदत्त होता ही है। यदि सही दिशा मिल जाती है तो यह आत्मविश्वास पनपता रहता है। आत्मविश्वास एक उपजाऊ वस्तु है। प्रारम्भ में, स्वयं पैदल चलने के लिए, एक बालक को भी शकटी (गाड़ी जैसे उपकरण) के सहारे की आवश्यकता पड़ती है। उसमें इतना आत्मविश्वास उत्पन्न करा दिया जाता है कि वह आजीवन, बिना किसी उपकरण के स्वयं पैदल चलता ही रहता है। वह दौड़ना भी सीख जाता है। अब यदि वह दौड़ने वाली किसी प्रतियोगिता में भाग लेने की रुचि रखता है, तो उसे यथावत अभ्यास करना पड़ेगा यानी किसी अच्छे शिक्षक (Coach) के सान्निध्य में रहते हुए, क्रीड़ा के नियम और सही प्रकार से दौड़ने की कला को सीखना पड़ेगा।

क्रिकेट, टैनिस, बैडमिंटन, पानी में तैरने की दौड़ (Swimming) आदि की अपनी नियमावली होती है। सभी खेलों के नियमों को यदि ठीक प्रकार से अध्ययन किया जाए तो स्पष्ट हो जाएगा कि नियमावली में दिए गए प्रतिबन्धों के कारण ही उस खेल का सौन्दर्य व आकर्षण बढ़ पाता है। उदाहरण के लिए टेनिस के खेल में अद्भुत बेग से मन्त्रमुग्ध करने वाली सर्विस आदि निर्धारित रेखा के थोड़ी-सी भी बाहर हो तो उस सर्विस को अवैध घोषित कर दिया जाता है। ऐसे नियमों के कारण टेनिस खेल की शक्ति और स्तर में बढ़ोतरी होती है और उस सम्बन्ध में दर्शकों का आकर्षण भी बढ़ता है। इसी प्रकार संगीत के प्रस्तुतिकरण में स्वर, लय, राग व ताल आदि के बंधन, गायकों एवं वादकों को अधिक सक्षम बनाने के लिए उपयोगी सिद्ध होते हैं। नियमों के अभाव में संगीत चैतन्यहीन हो जाएगा।

संगीत को सीखने के लिए, शास्त्र का दिन-प्रतिदिन अध्ययन करने की आवश्यकता नहीं है परन्तु संगीत के विद्यार्थी को शास्त्र में दिए गए नियमों का पालन, प्रारम्भ दिन से लेकर मृत्यु पर्यंत करना ही पड़ता है। उदाहरण—आँखों को बन्द करके गाना या चेहरे पर विकृत या भद्दी आकृत्ति बनाकर गाना आदि दोषपूर्ण माने गए

हैं। सही/शास्त्रोक्त मूल्यों के स्वरों का उच्चारण न करना भी, इसी प्रकार के दोषों की श्रेणी में आ जाता है। इस प्रकार के दोष, गायन सीखने के प्रथम दिन से ही, अपना घर बना लेते हैं। ऐसी परिस्थितियों में गुरु का नियत कर्त्तव्य बन जाता है कि वह विद्यार्थी को सही मार्गदर्शन कराता रहे। विद्यार्थी तो प्रारंभ में, एक अबोध बालक समान होता है। उसके द्वारा भूल व त्रुटि होना स्वाभाविक है।

प्रारंभ में विद्यार्थी के दोष एवं त्रुटियों का अध्ययन करके, उन्हें दूर करने के लिए सही उपाय गुरु द्वारा ही प्रदान किए जाने चाहिए। विद्या-दान की अवधिकाल में, विद्या-ग्रहण ठीक से हो रहा है या नहीं–इस बात का अनुमान गुरु द्वारा ही किया जा सकता है। संगीत एक प्रायोगिक कला होने के कारण, विद्यार्थी में कौशल-निर्माण का कार्य गुरु द्वारा ही हो जाना चाहिए, तभी विद्यार्थी में इस प्रकार का आत्मविश्वास उत्पन्न हो सकता है कि जब वह अकेले में अभ्यास करे तो, अपनी भूलों को साथ-साथ स्वयं सुधार सकता है।

कई बार गुणी लोगों से हम सुनते आए हैं कि 'संगीत-कला पूर्ण रूप से एक जन्म में सीखी नहीं जा सकती। उसके लिए अनेक जन्म आवश्यक होते हैं।" इन उद्गारों में निहित गहरे मर्म को यदि हम जान भी जाएँ तो ऐसे विशाल ध्येयवाद द्वारा किसी भी विद्यार्थी को लाभ, नहीं होने की संभावना अधिक होती है। गुरु के पास संगीत सीखने के लिए आते ही विद्यार्थी की शिक्षा चालू हो जाती है। प्रत्येक गुरु अपनी विचारधारा के अनुसार विद्यार्थी को संगीत सिखाना आरंभ कर देता है। प्रथम दिन ही गुरु जाँच लेता है कि विद्यार्थी के पाठ का रूप किस प्रकार का होना चाहिए? पाठ्यक्रम का रूप विद्यार्थी की आवश्यकतानुसार गढ़ा जाता है। वास्तव में ऐसे निर्देश दिए जाते हैं कि विद्यार्थी प्रथम दिन से ही अकेले में अल्प-सा अभ्यास कर सके।

विद्या ग्रहण की प्रत्येक बैठक में विद्यार्थी के अभ्यास किए हुए पदार्थ को गुरु द्वारा संशोधन कर दिया जाता है। इस प्रकार बहुत ही शीघ्र, विद्यार्थी इतना आत्मविश्वास अर्जित कर लेता है कि वह अकेले में सही रूप का अभ्यास कर सके। धीरे-धीरे वह विद्यार्थी स्वयं ही गुरु बन जाता है और अपने पाठ को दिन पर दिन निखारने में सफल हो जाता है। इस प्रकरण में गुरु की ज्ञान शक्ति के अतिरिक्त, विद्यार्थी की कौशल आदि प्राप्त करने की उत्कृष्ट इच्छा का बहुत बड़ा स्थान होता है। ऐसे बहुत से उदाहरण हैं जहाँ वंशगत परंपरा में सीखने वाले विद्यार्थी वर्षों तक संगीत सीखकर भी गुणवत्ता (Quality) हासिल नहीं कर सके हैं। उसके भिन्न-भिन्न कारण हो सकते हैं। इस प्रकार की चर्चा सम्प्रति हमारे विचारों से हटकर होगी। संक्षिप्त में, इतना कहना उचित होगा कि संगीत का अभ्यास तो दिन-प्रतिदिन करना ही पड़ता है परंतु **कठोर अभ्यास या साधना तभी करना चाहिए जब इतना आत्म-विश्वास अर्जित हो चुका हो कि अपनी अल्प से अल्प प्रकार की चूक को अपने ही द्वारा, तत्क्षण**

(Immediately) संशोधन किया जा सके। इस स्तर का आत्मविश्वास अर्जित करने के लिए शास्त्र-ज्ञान (Theory) का होना आवश्यक है क्योंकि सही शास्त्र-ज्ञान रहित परिश्रम भी निरर्थक हो जाता है।

गायन, वादन या अभिनय—किसी भी प्रकार की विधा हो, प्रस्तुतिकरण के समय इस प्रकार की भूल-चूक महान से महान कलाकार द्वारा होती रहती है और वह कलाकार उस त्रुटि को स्वयं पकड़ता है और स्वयं ही त्वरित ठीक करता हुआ अपने कार्यक्रम को आगे बढ़ाता है। गायक अपने तानपूरे के स्वरों की जाँच करता रहता है व ठीक करता रहता है। तबला वादक भी वाद्य के स्वर व लय को आवश्यकतानुसार नियंत्रण में रखता है। इसी प्रकार अभिनय व नृत्य-कलाकार द्वारा मुद्रा और लय आदि पर सघन नियंत्रण एक प्रकार का व्यावहारिक अंग माना जाता है। वास्तव में इस प्रकार के अणु-संशोधन की आवश्यकता का दर्शक व रसिक जन कुछ अनुमान लगाएँ, इसके पूर्व ही कलाकार उन अंगों का सुधार करता हुआ कार्यक्रम को आगे की ओर बढ़ाता चला जाता है। गायन व वादन में इस प्रकार की भूल-चूक अधिकांश स्वर-शास्त्र व राग-शास्त्र से सम्बन्धित होती हैं और उनका संशोधन पूर्णरूप से आत्मविश्वास पर निर्भर करता है। कौन-से राग में कौन-सा स्वर कितना दमदार होना चाहिए, कौन-सी परिस्थिति में उसी स्वर को किस प्रकार घुमाना चाहिए आदि-आदि गुप्त संकेत (Tips), शिक्षक द्वारा समझाए जा सकते हैं परन्तु उन अमूल्य मन्त्रों का, सही समय पर सही ढंग से, उपयोग तो गायक से ही अपेक्षित हो सकता है। इस प्रकार के आत्मविश्वास को अर्जित करने का मन्त्र, गुरु द्वारा शिक्षण काल की अवधि में ही प्रदान कर दिया जाता है और इस आत्मविश्वास को बलवान व जीवित रखने का उत्तरदायित्व शिष्य पर ही रहता है।

प्रश्न नम्बर-4

क्या कारण है कि संगीत शास्त्र-पक्ष सम्बन्धित ग्रन्थ तो कुछ देखने को मिल जाते हैं परन्तु ऐसे ग्रन्थों का पूर्ण अभाव है जिसमें संगीत साधना विधि व कण्ठ संस्कार विधि आदि क्रियात्मक विषयों पर विस्तारपूर्वक प्रकाश डाला गया हो? इसी प्रकार वाद्य निर्माण व वाद्य वादन से जुड़ी विविध क्रियाओं सम्बन्धित ग्रन्थ तो बिल्कुल भी देखने को नहीं मिलते हैं। इस प्रकार के ग्रन्थ, क्या लिखे ही नहीं गए हैं?

उत्तर—कारण की ओर ध्यान न देते हुए यह मान लेना पर्याप्त होगा कि संगीत व संगीत-सम्बन्धित विषयों पर लिखित सामग्री बिखरी-बिखरी-सी प्रतीत होती है। जहाँ तक ग्रन्थों की संख्या का प्रश्न है, मैं तो यही कहूँगा कि प्राचीन समय की जनसंख्या व साधनों की उपलब्धि को ध्यान में रखते हुए, उस समय के लिखित ग्रन्थ की संख्या बहुत ही सन्तोषजनक मानी जानी चाहिए। आज हमारे पास अनेक सुविधाएँ उपलब्ध हैं जैसे, कागज, पुस्तक छपाई उपकरण, सरकारी व सामाजिक

आर्थिक-सहायता आदि-आदि। उस समय की तुलना में, आज हमारी जनसंख्या व संगीत से जुड़े व्यक्तियों की संख्या कई गुणा अधिक है। इन सभी को ध्यान में रखते हुए यह कहना उचित होगा कि वर्तमान संगीत विषयक ग्रन्थों की संख्या बहुत ही कम है।

आजकल शास्त्रीय संगीत सीखने वालों की संख्या अवश्य बढ़ गई है परन्तु संगीत की गुणवत्ता (Quality) सुधारने की ओर ध्यान, नहीं के बराबर दिया जा रहा है। संगीत-कला का स्तर दिन पर दिन गिरता जा रहा है। संगीत-साधना किस प्रकार से की जाए जिसमें कम परिश्रम द्वारा अधिक से अधिक व उत्तम परिणाम मिल सकें, कण्ठ संस्कार यानी प्रारम्भ से विद्यार्थी के कण्ठ द्वारा निकले स्वर सही रूप के हों, विभिन्न वाद्यों को बजाने के लिए सम्बन्धित वादन क्रियाएँ यानी विद्यार्थी के हस्त परिचालन सही प्रकार के हों, वाद्यों का निर्माण अपेक्षित माप-दण्ड व रूपरेखा के हों, जिससे विद्यार्थी प्रारम्भ से ही सही प्रकार के वाद्य पर अपनी शिक्षा का श्रीगणेश कर सके आदि-आदि बहुत से ऐसे मार्मिक विषय हैं जहाँ वर्तमान संगीत समाज उदासीन है। कदाचित इसी उदासीनता के कारण ऐसे मार्मिक विषयों से सम्बन्धित ग्रन्थ सामान्य रूप से देखने को नहीं मिल पाते हैं।

प्राचीन ग्रन्थों में बहुत से ग्रन्थ ऐसे हैं जो संगीत के क्रियात्मक विधियों के रहस्यों के ऊपर प्रकाश डालते हैं परन्तु दुर्भाग्यवश अधिकांश ग्रन्थ अप्राप्य हो गए हैं या फिर किसी-किसी ग्रन्थ के छिन्न-भिन्न अंश, इधर-उधर देखने को मिल जाते हैं। हमारे यहाँ ग्रन्थों को स्मरण करते हुए, विद्या अर्जित करने की परिपाटी को अपनाया गया था। आज भी भारत के कुछ प्रदेशों में बहुत से ऐसे लोग मिल जाएँगे जिन्हें बीसियों श्लोक कण्ठस्थ हैं। उन्हें स्वयं भी ज्ञात नहीं है कि वे श्लोक उन्हें क्यों कण्ठस्थ करवाए गए थे और उन श्लोकों का क्या अर्थ है? इन वृद्ध पुरुषों को धूमिल-सी अणु स्मृति द्वारा इतना याद आता है कि उनके वंशज शायद संगीत से जुड़े हुए थे, जब कि वे स्वयं इस समय कृषक हैं या अन्य हस्त-शिल्प के माध्यम द्वारा जीविकोपार्जन कर रहे हैं और संगीत जैसे विषय सें कोसों दूर हैं। आज के दिन वे लोग अधिकांश निरक्षर हैं। इनमें से कुछ-एक यह भी दावा करते हैं कि कुछ सदियों पूर्व उनके पूर्वजों ने धर्म-परिवर्तन स्वीकार कर लिया था परन्तु वे लोग अभी भी देवी-देवताओं की पूजा करते हैं। अपने कुल के शिष्टाचार के अनुसार ये लोग वर्ष में एक-दो बार अपने इष्ट देवी-देवताओं के सम्मुख इन श्लोकों को दोहरा लेते हैं या आवश्यकतानुसार बच्चों के स्वास्थ्य सम्बन्धी कष्ट निवारण हेतु उन मन्त्रों का जाप कर लेते हैं क्योंकि उनको पूरा विश्वास है कि उनके पूर्वज भी इस प्रकार की जाप विधि द्वारा पूरा लाभ उठाते रहे हैं। किसी-किसी को यह भी कहते पाया गया है कि जो श्लोक उन्हें याद हैं वे अति पुराने ग्रन्थ 'गांधर्व वेद', 'सप्तपदी', 'नन्दीमत','गात्रवीणा योग', 'अध्यात्म विवेक', आदि ग्रन्थों के हैं। ग्रन्थों के ये नाम कण्ठ-संस्कार से सम्बन्धित ज्ञान की ओर संकेत करते हैं।

आजकल ऐसा वातावरण बन गया है कि हम संगीत के क्षेत्र को केवल प्रस्तुतिकरण (Performance) तक ही सीमित समझने लगे हैं। संगीत सीखने का ध्येय केवल मंच प्रदर्शन तक बनकर रह गया है। फलस्वरूप हमारा रुझान सिने संगीत, गीत व भजन जैसे सुगम संगीत की ओर अधिक बढ़ गया है। यह एक कटु सत्य है कि शास्त्रीय संगीत का गलियारा बहुत ही कठिन व दुर्गम मार्ग से घिरा हुआ है। शास्त्रीय संगीत के प्रस्तुतिकरण के स्तर तक पहुँचने के लिए अच्छे गुरु की अनुकंपा, घोर परिश्रम व धैर्य की आवश्यकता पड़ती है। ऐसी परिस्थितियों में शास्त्रीय संगीत विषयक पदार्थों पर पुस्तक लिखना एक चुनौती भरा कार्य है। जब पुस्तकें लिखी ही नहीं जाएँगी तो पढ़ने व देखने को कहाँ से मिलेंगी?

शास्त्रीय गायन में माधुर्य को प्रथम स्थान प्राप्त है और यह माधुर्य केवल संस्कारित कण्ठ द्वारा ही प्राप्त किया जा सकता है। स्वरों की सही तारता (Pitch) को स्वर-ज्ञान द्वारा पनपाया जा सकता है परन्तु उसमें भावना पुटित ध्वनि को संस्कारित कण्ठ द्वारा ही उत्पन्न किया जा सकता है। इसलिए शास्त्रीय गायन के लिए संस्कारित कण्ठ की स्थिति को बहुत महत्त्वपूर्ण माना गया है। वर्तमान में भारत की जन संख्या एक अरब (1,00,00,00,000 = शत कोटि) के आँकड़े को लाँघ चुकी है। आश्चर्य की बात है कि शास्त्रीय संगीत के उच्च कोटि के गायकों की संख्या केवल उँगलियों पर गिने जाने योग्य ही पाई जाएगी। इन अल्प संख्यक संगीतज्ञों ने पिछले पाँच छ दशकों में, एक भी ऐसी पुस्तक नहीं लिखी है जिसमें संगीत-साधना विधि व वाद्य-निर्माण जैसे विषयों पर विस्तारपूर्वक प्रकाश डाला गया हो।

परिशिष्ट

वीणा पर तार की लम्बाई द्वारा स्वरों की स्थापना

यदि हम ऐतिहासिक दृष्टिकोण द्वारा अध्ययन करें तो पाएँगे कि पं. हृदयनारायण देव द्वारा रचित, 'हृदयकौतुक' व 'हृदयप्रकाश' ग्रन्थ (15वीं से 16वीं शताब्दी) और पं. अहोबल प्रणीत संगीत-पारिजात लगभग समकालीन ग्रन्थ हैं, जहाँ पर स्वरों की स्थापना का विवरण वीणा के तार की लम्बाई द्वारा स्पष्ट रूप से किया गया है। इसलिए गणित की सहायता से उनके बताए हुए 'स्वरों की स्थिति ठीक प्रकार से ज्ञात हो सकती है। इस विषय से सम्बन्धित, एक और ग्रन्थ उपलब्ध है—'राग तत्त्वविबोध' जिसे पं. श्री निवास द्वारा, अनुमानित 200 वर्ष पश्चात् यानी 18वीं शताब्दी में रचा गया है।

'हृदयकौतुक', 'हृदय प्रकाश' व 'राग तत्त्व-विबोध' की तुलना में, पं. अहोबल का संगीत-पारिजात ग्रन्थ (17वीं शताब्दी) कहीं अधिक विशाल एवं महान माना जाता है।

पं. अहोबल कहते हैं कि

"ध्वन्यवच्छिन्नवीणायां मध्ये तारकस (सः) स्थितः।
उभयोर्षड्जयोर्मध्ये मध्यमं स्वरमाचरेत्॥
त्रिभागात्मकवीणायां पञ्चमः स्यात्तदाग्रिमे।
षड्जपञ्चमयोर्मध्ये गांधारस्य स्थितिर्भवेत्॥
सपयोः पूर्वभागे च स्थापनीयोऽथ रिस्वरः।
सपयोर्मध्यदेशे तु धैवतं स्वरमाचरेत्॥
तत्रांशद्वयसंत्यागान्निषादस्य स्थितिर्भवेत्॥

किसी भी ग्रन्थकार ने वीणा के तार की लम्बाई के विषय में कोई निर्देश नहीं दिया है। निकट भूतकालीन विद्वानों ने पाठकों की सुविधा के लिए, 36 इंच की तार की लम्बाई मानकर स्वरों की स्थापना के विषय को सरलता प्रदान कर दी है। वर्तमान में हम इस लम्बाई को 90 सेंमी. या 900 मिमी. मान सकते हैं। इस

प्रकार वीणा के मुक्त तार की 900 मिमी. लम्बाई द्वारा, मध्य षड्ज 'सा' की ध्वनि प्राप्त होगी।

तार षड्ज 'सां'–ध्वन्यवच्छिन्नवीणायां मध्ये तारकस (सः) स्थितः। अर्थात् वीणा की सम्पूर्ण तन्त्री की लम्बाई के ठीक बीच में तप षड्जि 'सां' का स्थान है।

```
           'सा'                          'सां'
अटी 'अ' ^^------------------------------|---------------------------<><>← 'घ' घुड़च
           |                             |                          |
           |←- -----450 mm ----→ |←-  --450 mm(18")---- →|
           |                                                        |
           |←------------------- 900 mm(36")-------------------→|
     "अंत्य मेरू"                                          "पूर्व मेरू"
```

यदि तार की लम्बाई 36" = 90cm = 900mm है तो घुड़च या पूर्व मेरू से तार षड्ज का स्थान 450mm होगा। इस स्थान पर यदि परदा बाँधें और तार को दाहिने हाथ से आघात करें तो हमें तार षड्ज 'सां' प्राप्त हो सकेगा।

इसके पश्चात् पं. अहोबल शुद्ध मध्यम 'म' के स्थान को प्राप्त करने की विधि को बतलाते हैं।

मध्यम 'म'–उभयोर्षड्जयोर्मध्ये मध्यमं स्वरमाचरेत्॥ अर्थात् दोनों षड्ज यानी तार-षड्ज व मध्य षड्ज के ठीक बीच में 'मध्यम' स्थित है। अभी-अभी 'सा' और 'सां' के बीच को दूरी को 450mm स्थापित किया जा सकता है। 'सा' और 'सां' के ठीक बीच में 'म' का स्थान है यानी 'म' का स्थान अन्त्य मेरू से 450/2 = 225 मि.मि. दूर स्थित होगा। इस प्रकार 'म' का स्थान, पूर्व मेरू से 225 + 450 = 675mm या 27" दूर पाया जाएगा।

```
      "अंत्य मेरू"                                              "पूर्व मेरू"
       |←----------------------- 900 mm(36") -----------------------→|
       'सा'              'म'             'सां'                  "पूर्व मेरू"
अटी 'अ' ^^----------------|---------------|------------------------<><>← 'घ' घुड़च
       |                  |               |                           |
       |←- 225 mm --→|←- 225 mm -----→ |←- ----------450 mm --------→ |
                         'म'
                         |<----------------- 675 mm(27") --------------------> |
```

पञ्चम 'प'–त्रिभागात्मकवीणायां पञ्चमः स्यात्तदाग्रिमे। अर्थात् वीणा के सम्पूर्ण तार के तीन भाग करके,

```
      "अंत्य मेरू"                                          "पूर्व मेरू"
       |<----------------------- 900 mm (36") ----------------------->|
'अ' ^^-----------------------|-----------------------|--------------------<><>← 'घ' घुड़च
       |<------ 300 mm ------>|<--------- 300 mm -----> |<------- 300 mm ----->|
   "अंत्य मेरू"               'प'
                              |<-------------------- 600 mm (24") ------------>|
                              'प'                                  "पूर्व मेरू"
```

अंत्यमेरू की ओर से प्रथम भाग पर पञ्चम 'प' प्राप्त होता है। वीणा के तार की लम्बाई 900mm है। इसलिए इन तीन, प्रत्येक भाग की लम्बाई 300mm बनती है। इसे सम्पूर्ण तार की लम्बाई में से घटाने पर हमें पूर्वमेरू से 900–300 = 600mm या 24" की दूरी पर पञ्चम 'प' प्राप्त हो जाएगा।

गांधार 'ग'–षड्जपञ्चमयोर्मध्ये गांधारस्य स्थितिर्भवेत्॥ अर्थात् अन्त्यमेरू और पञ्चम के मध्य, गांधार स्थित है। यहाँ ध्यान देने योग्य बिन्दु है कि हृदय नारायण, श्री निवास व अहोबल का शुद्ध सप्तक वर्तमान काफी के समान था। इसलिए इस गांधार को वर्तमान कोमल गांधार 'ग्' के समान समझना चाहिए।

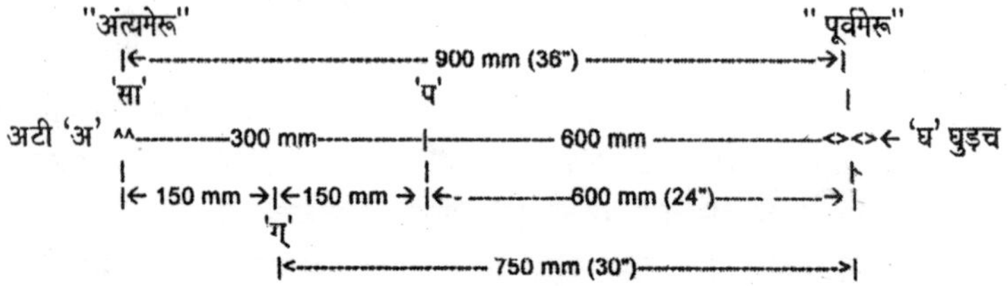

अंत्यमेरू और पञ्चम की दूरी 360mm की है। इसलिए निर्देशानुसार गांधार ग् और पञ्चम में 300/2 = 150mm की दूरी पाई जाएगी। स्वतः गांधार ग् और पूर्वमेरू में 150 + 600 = 750mm या 30" की दूरी होनी चाहिए क्योंकि पञ्चम और पूर्वमेरू में 600mm = 24" का माप स्थापित किया जा चुका है।

रिषभ 'रे'–सपयोः पूर्वभागे च स्थापनीयोऽथ रिस्वरः। अर्थात् वीणा की तन्त्री के उस भाग को जो अन्त्यमेरू और पञ्चम के बीच स्थित है, (यानी 300mm को) तीन बराबर हिस्सों में विभाजन कर लो। इस प्रकार प्रत्येक ऐसे भाग की लम्बाई 100mm होगी। अंत्यमेरू की ओर से प्रथम भाग पर शुद्ध 'रे' की स्थापना का निर्देश दिया गया है। इस प्रकार पूर्वमेरू से स्थापित 'रे' की दूरी 800mm या 32" समान होगी।

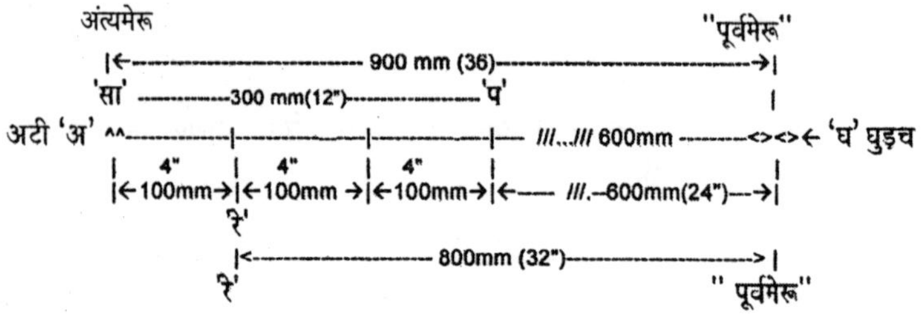

धैवत 'ध'–सपयोर्मध्यदेशे तु धैवतं स्वरमाचरेत्॥ अर्थात् पञ्चम और तारषड्ज 'सां' के मध्य में धैवत 'ध' का स्थान है।

```
"अंत्य मेरू"                                                              "पूर्व मेरू"
|<--------------------------------- 900 mm (36")--------------------------------->|
|          ---         --        सां          ---          ---                    |
^^<--300(12")-->प<---------------------------600mm(24")------------------------><><>
|<---300(12")--->'प'<-----150mm(6")----->'सां'-------------450mm(18")-------------|
|<-- 300(12")---->|<---------(6")-----------|<------------- 450 mm(18") ---------->|
      12"              3"          3"                     18"
                  |<--75(3")-->|<--75(3")--->|<------------ 450 mm (18")----------->|
                              'ध'
                              |<-------------------525 mm (21")------------------->|
                              'ध'                                          "पूर्व मेरू"
```

पञ्चम और पूर्वमेरू के मध्य 600mm की दूरी स्थापित कर दी गई है और तारषड्ज व पूर्वमेरू में 450mm का अन्तराल है। इस प्रकार पञ्चम और तारषड्ज के मध्य 150mm दूरी पाई जाएगी।

पं. अहोबल मतानुसार पञ्चम और तारषड्ज के मध्यस्थ यानी पञ्चम अथवा तारषड्ज से 75mm दूर, धैवत का स्थान है। इस प्रकार धैवत का स्थान, पूवमेरू से 75mm + 450mm = 525mm या 21" प्राप्त होता है। परन्तु **ऐसा करने से धैवत अल्प चढ़ा हुआ सुनाई देता है**। इसका मतलब यह हुआ कि धैवत के लिए जो 525mm या 21" की लम्बाई प्राप्त हुई है, वह बिलकुल ठीक (exact) न होकर, एक प्रकार से लगभग (approximate) मूल्य की है। इसके पहले कि हम इस विषय पर कुछ गहराई से चर्चा करें, हमें निषाद की स्थापना सम्बन्धित विवरण को भी समझ लेना उचित होगा।

निषाद 'नि्'–तत्रांशद्वय संत्यागान्निषादस्य स्थितिर्भवेत्॥ पूर्व में यह स्पष्ट कर दिया गया है कि हृदय नारायण, श्री निवास व अहोबल का शुद्ध सप्तक वर्तमान काफी से समान था इसलिए इस निषाद को वर्तमान कोमल निषाद 'नि्' के समान समझना चहिए।

```
"अंत्य मेरू"                                                              "पूर्व मेरू"
|<------------------------------------ 900 mm(36")-------------------------------->|
|          ----           ----          सां          ----          ----            |
|-----300(12")---'प'------------150mm(6")---------'सां'-----------450mm(18")-------|
|<-- 300(12")---->|<---------------6"--------------|<------------------18" -------->|
                  |    2"         2"         2"    |              18"
                  |<-50mm->|<-50mm>|<-50mm>|<------------- 450 mm(18")------------>|
                                  'नि्'
                                  |<--------------------500 mm(20") --------- ------>|
                                  'नि्'                                    "पूर्व मेरू"
```

पञ्चम और तारषड्ज के अन्तराल (यानी 150mm) के तीन भाग करने पर पञ्चम की ओर से दूसरे अथवा तारषड्ज सां की ओर से प्रथम भाग पर, अहोबल

द्वारा शुद्ध निषाद (वर्तमान कोमल निषाद नि्) स्थापित किया गया है। इस प्रकार पूर्वमेरू से इस निषाद नि् की दूरी 50mm + 450 = 500mm यानी 20" होगी।

धैवत स्थापना सम्बन्धित मीमांसा

तार की लम्बाई द्वारा स्वरों की स्थापना के विषय में पण्डित अहोबल व हृदयनारायण देव स्पष्ट रूप से लिखते हैं कि स्वरों के यथार्थ व परिशुद्ध (accurate) स्थान स्वरसंवादिता ज्ञान के आधार पर ही स्थापित करने चाहिए। दोनों ग्रन्थकारों का मत निम्न प्रकार है।

स्वरज्ञानविहीनेभ्यो मार्गोऽयं बोधितो गया।
स्वरसंवादिता ज्ञानं स्वरस्थापनकारणम्॥
षड्जपञ्चम भावेन षड्जे ज्ञेयाः स्वराः बुधैः।

भावार्थ–मैंने स्वर स्थापित क्रिया के इस सरल ढंग को इसलिए अपनाया है, ताकि अल्प स्वरज्ञान वाले मनुष्य भी इसे समझ सकें। स्वरों के बिलकुल ठीक स्थान 'स्वरसंवादिता ज्ञान' के आधार पर ही स्थापित करने चाहिए। यह सैदव ध्यान रखना चाहिए कि मेरे षड्ज-ग्राम (शुद्ध ठाट) के स्वरों में संवादित्व सम्बन्ध अवश्य होने चाहिए अर्थात् इन स्वरों के उत्तरांग में संवादी का सम्बन्ध यानी पूर्वांग के स्वरों से षड्ज-पञ्चम भाव अवश्य बना रहना चाहिए जैसे सा-प, रे-ध, ग्-न्, म-सां आदि।

यह स्पष्ट है कि दोनों ग्रन्थकारों को रे, ग्, म, प और नि् को सरल विभाजन विधि द्वारा स्थापित करने में किसी प्रकार का सन्देह नहीं था। सम्भवतः इस प्रकार के सरल विभाजन द्वारा धैवत की प्राप्ति नहीं हो सकती है। इस तथ्य को वे भली भाँति जानते थे। इसीलिए उन्होंने तार को दो या तीन भागों में अत्यन्त सरलता से विभाजित करने के मार्ग को अपनाया तो, परन्तु धैवत स्थापना के लिए स्पष्ट रूप से निर्देश दे दिया कि **"स्वरसंवादिता ज्ञानं स्वरस्थापनकारणम्॥" अर्थात् ठीक प्रकार से स्वरों की स्थापना के लिए स्वर संवादित्व भावना का ही सहारा लेना चाहिए।**

स्वर सांवादित्व भावना वाला मार्ग, गणितीय-विभाज वाले सरल मार्ग की तुलना में अधिक जटिल व कठिन है। पं. हृदयनारायण देव अपने ग्रन्थ 'हृदय प्रकाश' में बल पूर्वक लिखते हैं कि उनके मतानुसार सम्पूर्ण स्वर शास्त्र जनसाधारण के लिए नहीं है।

"संगीतशास्त्रसर्वस्वमसाधारणगोचरम्।
वीणादौ रागमेलादि हृदयेशेन कथ्यते॥

अर्थात्–संगीत का वैज्ञानिक रहस्य केवल उन्हीं लोगों की समझ में स्पष्ट रूप से आता है, जिनमें इस प्रकार की प्राकृतिक प्रतिभा है। हृदय, वीणा के द्वारा उन्हें समझाने का प्रयत्न करता है।"

उपर्युक्त मार्गदर्शन अनुसार वीणा के 36" तार पर धैवत का स्थान, पूर्वमेरू से 21" के समान बनता है। अब हम स्वरसंवादिता ज्ञान द्वारा धैवत को स्थापित करते हैं। धैवत उत्तरांग क्षेत्रीय होने के कारण, वह अपने पूर्वांग स्थित शुद्ध रिषभ 'रे' के साथ षड्ज-पञ्चम भाव स्थापित करता है। जिन स्वरों में षड्ज-पञ्चम भाव की स्थिति प्रकाशित होती है, उन स्वरों से सम्बन्धित तारों की लम्बाई में परस्पर 2/3 का सम्बन्ध बन जाता है। लेखक के कथनानुसार, 36" (900mm) वीणा में शुद्ध 'रे' की पूर्वमेरू सम्बन्धित लम्बाई को 800mm = 32" स्थापित किया जा चुका है। इसलिए धैवत सम्बन्धित लम्बाई पूर्वमेरू से, निम्न प्रकार होनी चाहिए।

$800 \times 2/3 = 1600/3\text{mm} = 533.33\text{mm}$

यही माप इंच प्रणाली में इस प्रकार होगा।

$32 \times 2/3 = 64/3 = 21\ 1/3^{rd}$ inches.

विकृत स्वरों की स्थापना (अहोबल)

विकृत स्वरों की स्थापना के सम्बन्ध में पं. अहोबल इस प्रकार लिखते हैं—

''भागत्रयोदिते मध्य मेरोः ऋषभसंज्ञिनः।
भागद्वयोत्तरं मेरोः कुर्यात् कोमलरिस्वरम्॥
मेरूधैवतयोर्मध्ये, तीव्रगांधारमाचरेत्।
भागत्रयविशिष्टेऽस्मिन् तीव्रगांधारषड्जयोः॥
पूर्वभागोत्तरं मध्ये मं तीव्रतरमाचरेत्।
भागत्रयान्विते मध्ये पञ्चमोत्तरषड्जयोः॥
कोमलो धैवतः स्थाप्यः पूर्वभागे मनीषिभिः।
तथैव धसयोर्मध्ये भागत्रयसमन्विते।
पूर्वभागद्वयादूर्ध्वं निषादं तीव्रमाचरेत्॥

अर्थात्—यदि मेरू और शुद्ध रिषभ के मध्य के भाग को तीन भागों में विभाजित कर दें तो दूसरे किनारे का कोमल रिषभ होगा। तीव्र गांधार मेरू और शुद्ध धैवत के ठीक बीच में होगा। यदि तीव्र 'ग' और तार 'सां' की दूरी को तीन बराबर भागों में बाँट दें तो पहले भाग के किनारे पर तीव्रतर मध्यम होगा। यदि 'प' और तार 'सां' के मध्यांतर को तीन समान भागों में बाँट दें तो पहली ओर के किनारे पर कोमल धैवत होगा। यदि धैवत और तार सां की दूसरी को तीन भागों में बाँट दें तो दूसरे भाग के किनारे पर तीव्र निषाद होगा। जिस प्रकार के शुद्ध स्वरों के मूल्यों को 36" तार की विभिन्न लम्बाइयों द्वारा स्थापित किया गया है उसी प्रक्रिया को अपनाते हुए विकृत स्वरों के मूल्यों को स्थापित किया जा सकता है। अन्ततः इस प्रकार की स्थापन क्रिया विशुद्ध गणित ही तो है।

उपर्युक्त वक्तव्य अनुसार हमें कोमल रिषभ का मूल्य $33\frac{1}{3}$ (833.3mm), तीव्र गांधार का मूल्य $38\frac{2}{3}$ (716.6mm), तीव्र माध्यम का मूल्य $25\frac{1}{9}$ (627.8mm), कोमल धैवत का मूल्य 22" (550mm), और तीव्र निषाद का मूल्य $19\frac{1}{9}$ (477.8mm) प्राप्त होगा। इस रीति से प्राप्त कोमल धैवत, शुद्ध 'ध' की भाँति कुछ चढ़ा हुआ प्राप्त होता है। इसलिए इसे भी स्वरसंवादिक विधि द्वारा स्थापित करना पड़ेगा।

श्रीनिवास (राग तत्त्व विबोध)

पं. श्रीनिवास प्रणीत 'राग तत्त्वविबोध' (18वीं शताब्दी) द्वारा भी वीणा के तार पर स्वरों की स्थापना की गई है। उनकी विचारधारा पं. अहोबल समान ही है।

''भागत्रयोदिते मध्ये मेरो ऋषभसंज्ञितात्।
भागद्वयोत्तरं मेरोःकुर्यात् कोमल रि स्वरम्॥
मेरूधैवतयोर्मध्ये तीव्रगांधारमाचरेत्।
भागत्रयविशिष्टेऽस्मिन् तीव्रगांधारषड्जयोः॥
पूर्वभागोत्तरं मध्ये मं तीव्रतरमाचरेत्।
भागत्रयान्विते मध्ये पञ्चमोत्तरषड्जयोः॥
कोमलधैवतः स्थाप्यः पूर्वभागे विवेकिभिः॥
तथैव धसयोर्मध्ये भागत्रयसमन्विते।
पूर्वभागद्वयादूर्ध्वं निषदं तीव्रमाचरेत्॥

श्रीनिवास की शब्द रचना ठीक अहोबल जैसी ही है। इसलिए पंक्तियों का शब्दार्थ व भावार्थ दोबारा से देना उचित नहीं समझा जा रहा है।

मंजरीकार (अभिनव रागमंजरी)

पं. विष्णु नारायण भातखण्डे ही लेखक मंजरीकार हैं। इन्होंने भी वीणा के खुले तार पर मध्य षड्ज को मानते हुए 36" (900mm) तार पर शुद्ध व विकृत स्वरों को स्थापित किया है।

''पूर्वान्त्ययोश्च मेर्वोश्च मध्ये तारकसः स्थितः।
तदर्धे त्वतितारस्य सस्वरस्य स्थितिर्भवेत्।1।
मध्यस्थानादिमषड्जमारभ्यातारषड्जगम्।
सूत्रं कुर्यात्तदर्धे तु स्वरं मध्यममाचरेत्।2।
भागत्रयसमायुक्तं तत्सूत्रं कारितं भवेत्।

पूर्वभागद्वयादग्रे स्थापनीयोऽथ पञ्चमः ।3 ।
षड्जपञ्चमगं सूत्रमंशत्रयसमन्वितम् ।
तत्रांशद्वयसंत्यागात् पूर्वभागे तु रिर्भवेत ।4 ।
पञ्चमोत्तरषड्जाख्यमध्ये धैवतमाचरेत् ।
यथा शुद्धर्षभस्यासौ प्रस्फुटः पञ्चमो भवेत् ।5 ।
मेरूधैवतायेर्मध्ये तीव्रगांधारमाचरेत् ।
तत्संवादिनिषादाख्यं षड्जधैवतयोः क्षिपेत् ।6 ।
मध्ये षड्जर्षभकयोः संस्थितः कोमलर्षभः ।
षड्जपञ्चमभावेन तत्संवादी धकोमिलः ।7 ।
षड्जपञ्चमयोर्मध्येगांधारः कोमलो भवेत् ।
मध्यपञ्चमयोर्मध्ये तीव्रमध्यममाचरेत् ।8 ।
सपयोर्मध्यभागे स्याद्भागत्रयसमन्विते ।
पूर्वभागद्वयादग्रे निषादः कोमलो भवेत् ।9 ।

हृदय नारायण देव और अहोबल के अतिरिक्त श्रीनिवास व मंजरीकार ने वीणा के खुले तार की लम्बाई द्वारा स्वरों के मूल्यों को स्थापित किया है। इन सभी लेखकों ने एक-सा ढंग अपनाया है और सभी ने स्पष्ट रूप से निर्देश दिए हैं कि 'स्वरसंवादिता ज्ञानं स्वरस्थापनकारणम्' यानी ठीक प्रकार से स्वरों की स्थापना के लिए स्वर संवादिक भावना को ही विश्वसनीय मानना चाहिए। निम्न सारणी में हृदय नारायण, अहोबल, श्रीनिवास, व मंजरीकार के द्वारा बतलाए गए स्वर स्थानों को 36" (900mm) तार की लम्बाई पर दर्शाया गया है।

	हृदय, अहोबल, श्रीनिवास के स्थान			मंजरीकार के स्वर स्थान		
क्र.	स्वर नाम	(इंचों में)	मि.मी. mm में		(इंच)	मि.मी.
1.	मध्य षड्ज	36	900	1. मध्य षड्ज	36	900
2.	कोमल रिषभ	$33\frac{1}{9}$	833.3	2.* कोमल रिषभ रे	34	850
3.	शुद्ध रिषभ	32	800	3. शुद्ध रिषभ	32	800
4.	शुद्ध गांधार	30	750	4. कोमल गांधार ग्	30	750
5.	तीव्र गांधार	$28\frac{2}{3}$	716.6	5.* शुद्ध गांधार	$28\frac{2}{9}$	716.5
6.	शुद्ध मध्यम	27	675	6. शुद्ध मध्यम	27	675
7.	तीव्र मध्यम	$25\frac{1}{9}$	627.8	7.* तीव्र मध्यम म्	$25\frac{1}{2}$	637.5

8.	पञ्चम	24	600	8. पञ्चम	24	600
9.	कोमल धैवत	22	550	9.* कोमल धैवत धृ	$22\frac{2}{9}$	566.6
10*	शुद्ध धैवत	21	525	10.* शुद्ध धैवत	21	525
11.	शुद्ध निषाद	20	500	11. कोमल निषादनि	20	500
12.	तीव्र निषाद	$19\frac{1}{9}$	477.8	12. तीव्र निषाद	$19\frac{1}{9}$	477.8
13.	तार षड्ज	18	450	13. तार षड्ज	18	450

सारांश

उपर्युक्त वर्णित सभी लेखकों ने विषय को सरल ढंग से प्रस्तुत करने का प्रयत्न किया है। वर्तमान में आज का शिक्षार्थी प्राचीन स्वर व स्वर-व्यवस्था से पूर्णतः अनभिज्ञ है। इसलिए ऐसे विषय को समझने में कठिनाई का अनुभव होना स्वाभाविक है। यदि उपर्युक्त विषय का तुलनात्मक अध्ययन करते हैं तो हम पाएँगे कि बारह स्वरों में से मात्र चार स्वर–षड्ज सा, शुद्ध रिषभ रे, शुद्ध मध्यम म और पंचम प से सम्बन्धित गणितीय परिणामों में तो समानता दिखलाई पड़ रही है, परन्तु शेष के स्वरों से सम्बन्धित स्थानों को सभी लेखकों ने स्वरसंवादिक रीति को अपनाते हुए और कानों द्वारा सुनकर स्थापित करने के लिए आदेश दिया है। **कहने का तात्पर्य है कि स्वर-ज्ञान और स्वर संवादिक-विधि द्वारा स्थापित किए गए मूल्य ही निर्णायक व अन्तिम परिणाम घोषित किए जाने चाहिए। इस प्रकार की विधि द्वारा निकाले गए परिणाम ही विश्वसनीय श्रेणी में सम्मिलित किए जाने योग्य होते हैं।**

सन्दर्भ-ग्रन्थ-सूची

1. अनूप विलास, भाव भट्ट
2. अनुपांकुश, भाव भट्ट
3. अभिनव भारती, अभिनव गुप्त
4. अभिनव राग मंजरी, मंजरीकार
5. ध्वनि और संगीत, प्रो. ललित किशोर सिंह
6. नाट्य शास्त्र भाग-4, भरत मुनि
7. प्रणव भारती, पं. ओंकार नाथ ठाकुर
8. बृहदेशी, मतंग मुनि
9. भारतीय संगीत शास्त्र, तुलसी राम देवांगन
10. भातखण्डे संगीत शास्त्र भाग 1 से 4, पं. विष्णु नारायण भातखण्डे
11. राग विबोध, पं. सोमनाथ
12. राग तरंगिणी, पं. लोचन
13. राग विज्ञान भाग-5, पं. विनायक नारायण पटवर्धन
14. राग तत्त्व विबोध, पं. श्रीनिवास
15. संगीतांजली भाग 1 से 6, पं. ओंकार नाथ ठाकुर
16. सद्राग चंद्रोदय, पुण्डरीक विट्ठल
17. संगीत मकरंद, श्री नारद
18. संगीत पारिजात, पं. अहोबल
19. संगीत दर्पण, पं. दोमादर
20. संगीत चिंतामणि, आचार्य बृहस्पति
21. श्री मल्लक्ष्य संगीतम्, पं. विष्णु नारायण भातखण्डे
22. संगीत नारायण, गजपति श्री नारायण देव
23. संगीत रत्नाकर, पं. शार्ङ्गदेव
24. संगीत शास्त्र, के. वासुदेव शास्त्री
25. हृदय कौतुक, पं. हृदय नारायण देव
26. हृदय प्रकाश, पं. हृदय नारायण देव
27. हिन्दुस्तानी संगीत क्रमिक पुस्तकमालिका भाग 1 से 6, पं. विष्णु नारायण भातखण्डे
28. The Science of Music, Pictro Blasserna
29. Ordinary Level of Physics, A.F. Abbott
30. Modern a b c of Physics Vol-1, Satish K. Gupta

❑❑❑